"十四五"时期国家重点出版物出版专项规划项目

烤烟生产氮肥减施增效理论与模式

邓小华　肖汉乾　等　著

中国农业科学技术出版社

图书在版编目(CIP)数据

烤烟生产氮肥减施增效理论与模式 / 邓小华等著. --北京：中国农业科学技术出版社，2023. 10

ISBN 978-7-5116-6266-8

Ⅰ. ①烤…　Ⅱ. ①邓…　Ⅲ. ①秸秆还田-作用-烟草-耕作土壤-土壤肥力-研究　Ⅳ. ①S572. 06

中国国家版本馆 CIP 数据核字(2023)第 079132 号

责任编辑 金　迪
责任校对 贾若妍　李向荣
责任印制 姜义伟　王思文

出 版 者 中国农业科学技术出版社
北京市中关村南大街 12 号　邮编：100081
电　　话 (010) 82106625 (编辑室)　(010) 82109702 (发行部)
(010) 82109709 (读者服务部)
网　　址 https://castp.caas.cn
经 销 者 各地新华书店
印 刷 者 北京建宏印刷有限公司
开　　本 185 mm×260 mm　1/16
印　　张 22
字　　数 550 千字
版　　次 2023 年 10 月第 1 版　2023 年 10 月第 1 次印刷
定　　价 98. 00 元

《烤烟生产氮肥减施增效理论与模式》
著者名单

主　著：邓小华　肖汉乾

副主著：陈治锋　李　伟　王　灿　张振宇　李武进
刘勇军　杨佳蒴　易　克

著　者：单雪华　汪耀富　段淑辉　黄　杰　杨丽丽
廖超林　李宏光　肖艳松　吴文信　李思军
侯建林　张　赛　秦　凌　金江华　江智敏
邹　凯　白帮国　易百科　向铁军　江　涛
肖志鹏　母婷婷　肖亦雄　肖孟宇　陈启新
张　阳　陈舜尧　谢会雅　周　毅　何　阳
杨　坤　余　贝　何　伟　李　生　周　乾
邓茹婧　胡久伟　谭志鹏　刘永斌　李丽娟
胡　琦　肖依依　张海涛　陈立军　文伟康
成志军　蒋宇仙　龙大彬　钟越峰　陆　超
杨　柳　夏　冰　王新月　邓永晟　李　旭
于大棚　李源环　齐永杰　张仲文　李　奇
毕一鸣　章　程　菅攀锋　王卫民　刘　涛
高　旭　温永财　胡庆辉　吴晶晶　蒋尊龙

前　言

氮是影响烟株生长发育和烟叶产量及品质最敏感，也是最重要的营养元素。南方稻作烟区烤烟大田前期的低温阴雨和稻田土壤的黏性重、土块大而硬，不利于烤烟伸根期的根系生长和烟株对养分的吸收而影响烤烟早生快发，加之大田期过程降水量大导致氮素肥料流失严重而肥料利用率低，不仅增加稻茬烤烟种植成本和污染环境，而且导致烟叶烟碱含量过高和可用性下降，影响稻作烟区烤烟生产可持续发展，减施氮肥迫在眉睫。

湖南稻作烟区位于南岭丘陵焦甜醇甜香型生态区，是中国浓香型烟叶主要产区。为减少稻茬烤烟施氮量，作者在《邵阳烟叶结构优化的群体质量及其关键调控技术研究》（湖南省烟草公司邵阳市公司，2013 年）、《满足真龙品牌的郴州烤烟优化群体质量及其调控技术研究》（广西中烟，2015 年）、《稻茬烤烟化肥减施增效技术模式构建与应用》（中国烟草总公司湖南省烟草公司立项重点课题，2019 年）、《稻茬烤烟促早生快发关键技术研究与应用》（湖南省烟草公司株洲市公司，2020 年）等科研课题中开展了一系列研究，总结研究成果撰写了本书。

本书针对湖南稻作烟区生态特点和稻茬烤烟化肥氮用量偏高这一现实问题，围绕调优稻作烟田土壤生态、调整稻茬烤烟营养状态、控制烟田面源污染和提高高端原料定制化生产水平的目标，以稻茬烤烟生产减施化肥氮提质增效为主线，探明了湖南稻茬烤烟氮素高效利用机制和氮素损失途径及氮素平衡特点，探索了稻茬烤烟增密减氮效应、有机无机肥料协同促进效应、根区施肥促进肥料吸收效应、有机碳肥施用促进烤烟早生快发效应、不同基追肥比例和施用促根剂效应、晚稻秸秆就地还田提高土壤肥力和减施化肥氮机理，研制和改进新型灌蔸肥和烟草专用追肥，创建了稻茬烤烟增密减氮绿色增效、根区施用有机肥替代化肥氮减氮增效、增碳减氮增效、促根减氮增效和稻秸还田重构耕层减氮增效等技术模式，系统集成并大面积示范推广，减少了稻茬烤烟化肥氮施用量，降低了生产成本，提高了烟叶质量，增加了烤烟种植效益，保护了烟区生态环境，促进烤烟生产与生态环境协调发展，形成了稻茬烤烟绿色循环发展道路。

本书分为烤烟需肥与湖南稻作烟区施肥、稻茬烤烟化肥氮吸收与损失途径、稻茬烤烟增密减氮绿色增效技术、稻茬烤烟有机肥替代减氮增效技术、稻茬烤烟根区施肥提质增效技术、稻茬烤烟增碳减氮增效技术、稻茬烤烟促根减氮增效技术、稻秸还田重构耕层减氮增效技术、稻茬烤烟化肥氮减施增效模式构建与应用研究实践九章内容。本书的撰写得到了中国烟草总公司湖南省公司、湖南省烟草公司郴州市公司、湖南省烟草公司衡阳市公司、湖南省烟草公司株洲市公司、湖南省烟草公司邵阳市公司、广西中烟、湖南金叶众望科技股份有限公司等单位领导与专家的支持和帮助。在撰写过程中引用了大量资料，除书中注明引文出处外，还引用了其他文献资料，未能一一列出，谨此表示衷心感谢！

鉴于稻茬烤烟化肥减施研究工作还在不断探索之中，加之撰写时间仓促和作者水平有限，书中疏漏和内容有误在所难免，希望同行专家和广大读者不吝赐教。

邓小华

2022 年 12 月于长沙

目　录

第一章 烤烟需肥与湖南稻作烟区施肥

第一节 湖南稻作烟区烤烟生产概况

一、湖南烤烟产业发展概况

湖南烤烟于1952年开始试种，距今已有70年。近年来，在湖南省委省政府和国家烟草专卖局的正确领导下，湖南烟叶认真贯彻绿色发展理念，坚持稳中求进总基调，有效应对新冠肺炎疫情、自然灾害频发多发等多重考验，狠抓优结构、促转型、保供给、严规范、促增收工作，烟叶产业呈现稳中向好的发展态势，在国家烟草专卖局“十三五”实施的“限产压库”宏观调控政策下逆势增长，常年烤烟种植面积130万亩（1亩≈667m^2）、收购量320万担（1担=50kg）左右，已发展成为全国第三大烤烟主产区（仅次于云南和贵州两省），年度烟叶收购调拨计划占全国的8.7%以上。由于质量风格特色显著、工业可用性良好，湖南烟叶已成为中华、双喜、芙蓉王、白沙、利群等10多个国内重点知名卷烟品牌不可或缺的核心原料。烟叶产业为湖南省五大优势农业产业之一。“十四五”期间，湖南全省累计种植烤烟565.8万亩，收购烟叶1 385.8万担，实现烟叶税41.83亿元，烟农收入234.26亿元，户均达到8.97万元；累计投入烟叶生产基础设施建设资金18.58亿元，建成烟基项目11.04万个，新增烟草援建水源工程8个，投入援建资金8.14亿元。湖南烟叶产业在促进地方经济发展、农民增收、脱贫攻坚、乡村振兴方面发挥了重要作用。

二、湖南稻作烟区分布及烟叶规模

湖南主要拥有两大生态烟区，即南岭丘陵烟稻水旱轮作烟区和武陵山地旱土烟区，其中前者主要包括位于湘南湘中的郴州、永州、衡阳、长沙、邵阳、株洲及常德（桃源县和临澧县）烟区，常年种植烤烟100万亩、烟叶收购量250万担以上，烟叶规模占全省的75%以上，其中郴州为全省第一大烟区，2022年烤烟合同面积45.75万亩、收购计划116.65万担；永州为全省第二大烟区，2022年烤烟合同面积27.59万亩、收购计划70.35万担；长沙为全省第四大烟区，2022年烤烟合同面积9.94万亩、收购计划24.80万担。武陵山地旱土烟区主要包括湘西自治州、张家界、常德（石门县）、怀化市烟区，常年种植规模33万担、烟叶收购量75万担，烟叶规模仅占全省总量的近25%。在烟草行业“十三五”实施烤烟限产压库的宏观调控政策下，湖南的湘南、湘中烟区特别是郴州、永州等典型浓香型烟区的规模不降反增，保持了稳中求进、逆势上扬的良好发展态势。

三、湖南稻作烟区烟叶的质量风格特征

湖南稻作烟区烟叶质量风格特色突出。在 2004 年国家烟草专卖局组织全国烟叶评吸专家进行的盲评中，湖南桂阳烟叶综合得分排名在全国第一，仅次于津巴布韦烟叶，高于巴西烟叶。在中国烟草总公司组织开展最新一轮全国烟区品质区划中，将全国烟区划分成为八大香型，其中郴州桂阳县为全国烤烟八大香型中南岭丘陵生态区焦甜醇甜香型烟叶的典型代表产地。湖南稻作烟区分布在南岭丘陵生态区，森林覆盖率高，光热水气适宜，生态禀赋优越，所产烟叶颜色橘黄，“熟松强足”特点明显，以及成熟度好、结构疏松、光泽强、油分足，化学成分上呈现中糖中碱高钾的特征，感官评吸质量呈现出浓、甜、透、厚的典型浓香风格，即香气浓郁、焦甜感强、透发性好、醇厚丰满的风格鲜明。近年来，随着中式卷烟降焦减害战略实施和新型烟草制品（细支烟、短支烟等）的蓬勃发展，湖南浓香型烟叶对中式卷烟原料保障和风格稳固方面的作用进一步凸显，已成为支撑“中华”“双喜”“白沙”“利群”“黄金叶”“南京”“泰山”“黄果树”“长白山”等国内重点知名卷烟品牌发展的重要核心原料。郴州“福城金叶”、永州“九嶷金叶”、长沙“鹤源烟叶”等浓香型烟叶品牌的美誉度和竞争力不断提升。

四、湖南稻作烟区烤烟“十四五”发展规划

进入新发展阶段，面对全国烟叶由稳转增的新形势，湖南稻作烟区作为全国烟稻水旱连作最大规模区，将以习近平新时代中国特色社会主义思想为指导，深入贯彻新发展理念，积极融入党和国家重农抓粮大格局，认真践行国家烟草局“以烟稳粮、抓烟促粮”的决策部署，坚持稳中求进工作总基调，着力建设“烟叶+水稻”协同发展的特色产业带，围绕湖南烟草行业系统“三高三进”发展思路和烤烟产业“一带一区”发展战略，探索推行烟田共建、设施共享、主体共育、技术共构、产业共融的粮烟协同发展模式，以高端卷烟品牌原料定制化开发和烘烤质量提升为抓手，深化烟叶供给侧结构性改革，大力稳定产业规模、稳定烟农队伍、稳定市场需求，提高关键技术整体到位率，提高烟叶等级纯度，提高上部叶成熟度，提高湖南烟叶在中高端卷烟品牌中的使用率，着力打造 105 万亩、270 万担典型浓香型烟叶产业带和浓香型烟叶产区示范样板，推动烟叶产业高质量发展，积极助力烟区乡村振兴，服务湖南省“三高四新”发展战略。

第二节　烟草对养分的需求与吸收

一、烟草的矿质营养

烟草生长与发育必须从环境中摄取水分、二氧化碳、矿质元素和能量。烟草吸收的各

种矿质元素主要通过根系从土壤中吸收，烟株根系发育状况和吸收能力就决定了烟草对矿质元素利用效率。在烟草生长与发育过程中，需要碳、氢、氧、氮、磷、钾、钙、镁、硫等大量元素，也需要铜、锌、锰、硼、铁、钼、氯等微量元素。这些元素各具有不同生理功能，不能相互替代，称为必需元素。烟草吸收的碳、氢、氧主要来自空气，钙、镁、硫、铁以及其他元素土壤难以完全满足，而烟株需求量较大的氮、磷、钾元素在土壤中往往含量不足，需要施肥大量补给。氮、磷、钾常被称为肥料三要素。

（一）大量元素

氮素是影响烟株生长发育和烟叶产量及品质的最重要元素。氮在土壤中移动性强，被植株吸收和转移也较快。氮素不足，烟株生长缓慢，植株矮小，节距短，叶片小，身份薄，单位叶面积质量低。缺氮烟株从下部烟叶开始，向中部渐黄；严重时下部叶片呈淡棕色似火烧，逐渐干枯而死亡。缺氮的烟叶内蛋白质、烟碱含量低，烟叶的香气和吃味淡薄。氮素过多，烟株生长过分旺盛，叶片大而脆，叶色浓绿，叶片成熟延迟或不能正常成熟，易形成黑暴烟。烤后烟叶颜色暗绿或呈青黄色，甚至褐色或黑色，光泽不鲜亮，叶片疏松而粗糙。烟叶中蛋白质、烟碱、总氮含量高，碳水化合物含量低，吃味辛辣，杂气重，刺激性强，香气质差，香气量少，有时甚至失去使用价值。

磷素与蛋白质合成、细胞分裂、细胞生长有密切关系。它参与光合作用和呼吸作用，可提高烟株对外界环境的适应性，提高抗旱、抗寒、抗病等能力。烟草生长前期对磷比较敏感，施磷对烟草早期生长的影响比对烤后烟叶产量和品质的影响更明显，所以移栽前期施磷效果较好。磷对烟草生长最明显的影响之一就是缩短植株达到成熟的时间。在缺磷烟区适当供应磷素，可加速根系和地上部生长，促进烟叶早熟。同时，可增进烟叶色泽，增加香味。烤烟生长前期缺磷，烟株生长缓慢，根系发育不全，植株矮小，叶片狭小而直立，叶片浓绿色或暗绿色而无光泽，易感病，烟叶成熟延迟。缺磷烟叶调制后，叶片呈深棕色或青色，缺乏光泽，品质低劣。但是，施磷过多易造成烟叶增厚、叶脉突出、组织粗糙，烟叶缺乏弹性和油分，易破碎。

钾是烟草吸收量最多的营养元素，在烟株体内可作为多种酶的活化剂，促进蛋白质合成，增强叶片光合作用，提高烟株抗逆性。钾对增强烟支的燃烧性和持火力有决定性作用。施钾可改善烟叶颜色、身份、燃烧性和吸湿性，提高烟叶成熟度，提高烟叶香气质和香气量以及燃烧性和持火力，减少烟气中有害物质和焦油释放量，提高烟叶安全性。钾在烟株体内属于可再利用元素，田间缺钾症状大多是在旺长期，出现在中部和上部叶片上。烟草缺钾时，外部症状明显，叶尖、叶缘处先出现黄绿色斑块，叶面凹凸不平，严重时斑块变成红色或棕褐色枯死斑。另外，钾素不足时，烟株生长缓慢，植株矮小，烟叶组织脆弱，颜色呈暗褐色。缺钾叶片调制后，组织粗糙，缺乏油分，弹性和燃烧性极差，大大降低烟叶的品质。

钙是植物细胞壁的构成成分，能活化植物细胞中许多酶，在调节细胞代谢活动中起重要作用。烟株供钙充分可加速叶绿素和蛋白质合成，延迟衰老，对烟株抗病有一定作用。烟株缺钙会造成生理紊乱，淀粉、蔗糖、还原糖等在叶片中大量积累，叶片变得肥厚，根生长停止，植株生长不良。

镁是叶绿素的成分，是羧化酶和磷酸化酶的激活剂，直接参与光合作用，促进碳水化合物代谢。镁对于烟支燃烧性和烟灰凝结性与色泽有良好的促进作用。缺镁烟叶先在叶尖、叶缘的脉间失绿，叶肉由淡绿色转为黄绿色或白色，但叶脉仍呈绿色，失绿部分逐渐扩展到整叶，使叶片形成清晰的网状脉纹。缺镁症状由下部叶片逐渐向上部叶片扩展，严重时的下部叶几乎黄色和白色，叶尖、叶缘枯萎，向下翻卷。缺镁烟叶调制后成灰暗无光泽的浅棕色，叶片薄而无弹性。

硫是植物体内蛋白质和酶的构成成分，在生长发育中起重要作用。缺硫与缺氮症状相似，叶片明显失绿黄化，但不像缺氮时那样有枯焦现象。烟株硫素不足时，烟株生长缓慢而矮小，叶尖往往有些向下卷缩，叶面上也会有突起的泡点。烟草肥料中含硫较多，田间种植的烟草缺硫症状较少出现。恰恰相反，土壤施硫过高，导致土壤理化性质恶化，给烟草生长带来不良影响。过多的硫素抵消增施钾肥的作用，抑制烟草对镁的吸收，还会使烟叶的燃烧性下降，烟叶燃烧还会产生恶臭气味。

（二）微量元素

微量元素在植物体内含量甚微，却是烟株生长和烟叶产量、品质形成必不可少的营养元素。缺乏这些元素，烟株不能正常生长，但稍有过量，就会对烟株生长产生毒害。

硼对植物细胞壁的形成、细胞分裂、碳代谢、氮代谢过程起重要的调节作用。硼能提高烟叶光合效率和同化物的运输能力，参与蛋白质和生物碱的合作，与花粉、花粉管萌发和受精有密切关系，还能促进根的生长。烟株缺硼时，生长受阻，根系明显瘦小呈灰褐色，根、茎部肿胀剥落，木质部发育不良而细弱；幼嫩的烟叶呈淡青色、畸形、扭曲；上部烟叶细而尖，中脉和支脉深棕色并有黑色条纹；下部叶变厚发脆，中脉易折断。

锌是合成生长素前体色氨酸的必需元素，是氧化还原反应的催化剂，能促进蛋白质氧化，又是碳酸酐酶的成分，与光合作用有关。烟株缺锌时，生长缓慢，植株矮小，节距缩短，叶片扩展受抑，叶面皱褶，叶片小而厚。缺锌烟株的色氨酸合成减少，吲哚乙酸含量下降，叶绿素含量减少，由下部叶片开始出现缺绿坏死枯斑，有不规则的轮纹和小颗粒。

铁主要分布在叶绿体内，参与叶绿素的合成过程，又是许多酶的辅基，参与呼吸作用及其他许多氧化还原过程。缺铁使叶色褪绿黄化，严重时由黄白色变为白色，但老叶仍为绿色。铁过多时，在组织中沉积，烤后烟叶易挂灰，叶片呈现不明显的污点并呈灰褐色，烟气品质下降。

铜是一些氧化酶的辅基，能促进烟株体内的氧化还原过程，加强呼吸作用。铜能保持叶绿素的稳定性，还能加强烟株对病害的抵抗力。铜素不足时，叶面呈现暗绿色；严重缺铜时，植株矮小，生长缓慢，顶部新叶失绿黄化，干枯呈烧焦状，叶片内皱，叶片容易脱落。缺铜烟叶调制后呈灰白色。

钼是硝酸还原酶和固氮酶的组分，其突出表现在氮营养方面，也能够提高烟草对病毒的抗性。烟株缺钼时，生长缓慢而矮小，根系弱，幼叶上有坏死区域，老叶边缘出现黄色甚至白色；脉间有坏死斑块，叶肉皱缩使叶面呈波浪状；会引起早花、早衰。

锰是形成叶绿素和维持叶绿素正常结构的必需元素，是许多氧化还原酶的成分，参与有机体的氧化还原过程。锰有利于促进淀粉的水解和糖的转移。缺锰烟株纤弱，茎秆细长，叶片狭窄。缺锰时，早期嫩叶发生缺绿现象，叶脉呈淡青色甚至白色，但极小叶脉仍可保持绿色，后期叶片上出现网状坏死枯斑，组织破落。坏死斑往往从叶基和边缘开始，在叶片出现斑点的同时，叶片生长受阻。

氯是烟草生长必需的一种矿质元素。适量的氯供应可促进烟株生长，提高烟草抗旱能力，提高烟叶产量，改善烟叶颜色、弹性和贮藏品质，还能改进烟叶吸湿性，从而减轻烟叶的干裂。但是，烟叶含氯量过大对烟叶品质影响特别严重，当叶片含氯超过 1%~2% 时，叶色青绿，厚而发脆，边缘上卷，叶表面光滑，背面灰暗。这种叶片在烘烤过程中脱水慢，淀粉降解为糖的生化过程不良，淀粉含量异常高，叶绿素降解也不充分。含氯过高的烤后烟叶吸湿性强，存放时颜色变深；叶面呈暗灰色至暗绿色，主脉呈灰白色；抽吸时，燃烧性不良，有海藻腥味，品质低劣。

二、烤烟养分吸收规律

（一）烤烟养分吸收量

烤烟是选择性地吸收养分，不是简单、机械地按照土壤中养分存在的比例来成比例吸收，而是按照烟株自身生长发育的需要来吸收。Hawks 和 Colins 等（1993）研究认为，生产 100kg 烤烟干烟叶需要从土壤中吸收氮 8.65kg、磷 1.49kg、钾 9.88kg、钙 6.80kg、镁 2.72kg、硫 2.23kg、锰 0.087kg、硼 0.008 7kg。烟草吸收钾元素最多，其次是氮和钙。刘大义等（1984）对贵州烟区烤烟研究认为，生产 100kg 干烟叶需从土壤中吸收氮素 2.68kg、磷素 0.72kg、钾素 3.82kg，三要素吸收比例为 1.00 ：0.26 ：1.43。符云鹏等（1998）对豫西雨养烟区烤烟研究认为，生产 100kg 干烟叶需从土壤中吸收养分为氮素 3.45kg、磷素 1.15kg、钾素 4.60kg、钙素 6.38kg、镁素 0.48kg、铁素 0.61kg、铜素 2.13g、锌素 5.21g 和锰素 13.23g。可见，烤烟在不同土壤、气候、栽培与施肥条件下，对不同营养元素的吸收量是不同的。要做好一个烟区的烤烟营养调控，需要长期的试验和生产总结。

（二）烤烟对养分的吸收规律

烤烟在不同生育时期对养分的吸收量是不同的，这是烤烟的生物学特性、生长发育的需要和生物化学变化所决定的。烟草对营养元素的吸收和干物质的积累都近似于“S”形曲线（图 1-1；Hawks 和 Colins，1994）。从图 1-1 可以看出，干物质积累反映烤烟生长发育状况，钾素吸收规律几乎与干物质积累相一致，始终较干物质积累速率有所提前；氮素吸收在采收前较为强烈，后期缓慢甚至停止；磷素吸收一直都较低且平缓；5 种大量元素吸收量分别是钾>氮>钙>镁>磷。符云鹏等（1998）对豫西雨养烟区烤烟养分吸收规律研究认为，烤烟对氮、磷、钾等养分的吸收均以旺长期最高，但在封顶期仍吸收相当比例的养分，其中尤以铁、锰、氮、钾突出。刘大义等（1984）对贵州烟区烤烟研究认为，在移栽后 30d 内，烟株对养分的吸收量不多，以后急剧上升；氮和钾的大量吸收期在移栽后 31~70d，这 40d 的氮吸收量占烟株总吸收量的 61.4%，钾占 52.9%；磷的大量吸收期比氮、钾时间长，从移栽后 31d 一直延续到移栽后 90d，在 31~70d 内处于相对较低水平，直到 71~90d 才达到高峰。综合以上研究，烤烟在移栽后 35d 内，各种营养元素吸收量较少；移栽后 36~76d 的时间内（40d）是烤烟生长速度最快和营养元素吸收速率最快的阶段，干物质积累量占 70%以上，主要营养元素吸收量在 75%~80%。烤烟对氮、磷、钾素吸收高峰略有差异，氮素的吸收高峰一般在移栽后 45d 左右，钾素在 55d 前后；磷素吸收速率较均衡，在移栽后 65d 有一个小的吸收峰值。可见，烤烟施肥应在进入旺盛生长期前至旺长期充分供给，以保证烤烟旺长期的正常生长。同时，施氮不能过迟，否则烤烟进入成熟期仍然不能迅速脱去氮素供应，烟叶贪青晚熟，导致烟叶内在品质降低。

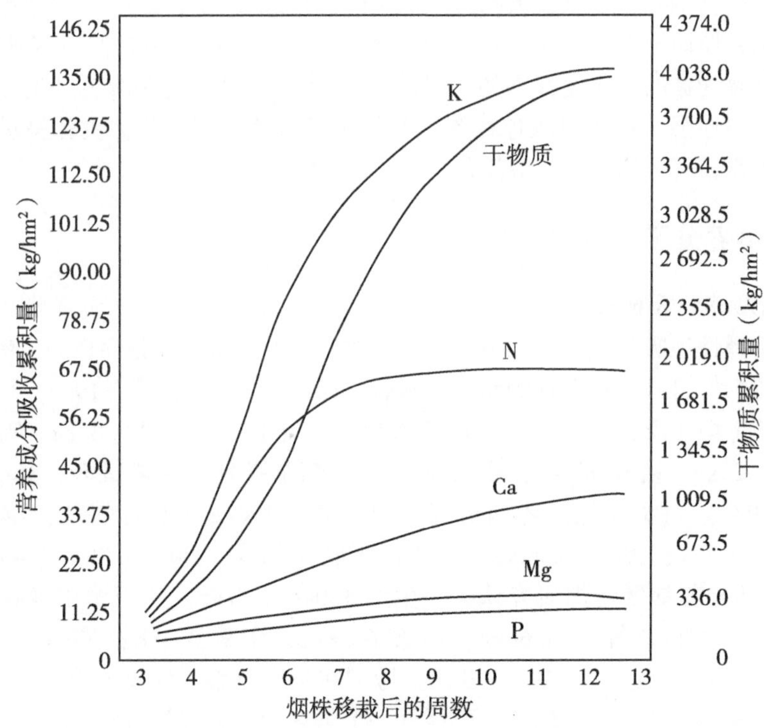

图 1-1　烤烟植株生长和养分吸收曲线（Hawks 和 Colins，1994）

（三）烤烟养分在器官中的分配

烟株吸收的养分在其体内分配，随着器官的不同，其含量各异。韩锦峰等（1987）研究认为，氮、磷、钾在叶中的分布均以团棵期最多，旺长期次之，成熟期最少，烟叶中氮、磷、钾的比例随生育期延长而递减。刘大义等（1984）研究认为，氮、磷、钾的分配率均以烤烟叶中为最高，在叶中的分配率均大于根、茎之和，这说明烤烟在生长发育的各个时期所吸收的各种营养元素绝大部分都分配在叶片中。根与茎比较，钾在茎的分配率在各时期内均大于根；氮和磷则是在栽后 70d 以内，根的分配率大于茎，70d 以后是茎的分配率大于根。

（四）烤烟氮、磷、钾养分比例

烤烟的施肥效果不仅取决于施肥量、施肥时期和施用方法，还与氮、磷、钾三要素的配合比例有关。一般从烤烟对氮、磷、钾的吸收量或植株干物质氮、磷、钾含量上，可以近似地反映烟草对氮、磷、钾三要素的要求。人工培养表明，烟草吸收钾最多，氮次之，磷最小，氮：磷：钾大体为 1：0.5：2.5。中国农业科学院烟草研究所资料，一般生产 50kg 干烟叶，吸收氮 1.25~1.75kg、磷 0.75kg、钾 2.5~3.25kg，氮、磷、钾比例为（1~1.4）：0.7：（2~2.7）。一般氮肥利用率 50%~60%，磷肥利用率为 20%~30%，钾肥利用率为40%~60%。烤烟生产过程中，氮、磷、钾施用比例应根据土壤养分状况和肥料利用率确定施用比例和数量。

长期以来各烤烟产区总结提出了适合当地的氮磷钾配比（李莎，2008）。云南省田间试验表明，烤烟经济产量和产值均以 $N:P_2O_5:K_2O$ 为1：1：3时最高。四川省的川南烟区富氮缺磷钾，以施氮量 $90kg/hm^2$，$N:P_2O_5:K_2O=1:2:3$ 或1：2：2为宜。安徽皖北烟区烟草氮磷钾肥较理想的配比是1：1：3或1：1.5：3。河南省不同烟区氮磷钾的施用比例为豫中1：1：3，豫西1：1.5：3，豫东1：1：3。广东烟区施氮量 $135kg/hm^2$，$N:P_2O_5:K_2O$ 为1.0：1.0：2.5。广西隆林烟区施氮量 $90kg/hm^2$，$N:P_2O_5:K_2O$ 为1：2：3。贵州烟区中等肥力的土壤，施用纯氮以 $90\sim105kg/hm^2$，$N:P_2O_5:K_2O$ 为1：1：2较为合适。湖南烟区研究表明，施氮量 $142.5kg/hm^2$，$N:P_2O_5:K_2O$ 为1：1：3的产量和产值最高（邹高寿等，2009）。

三、影响烤烟养分吸收的因素

（一）养分形态

烤烟对养分吸收受养分形态和营养元素相对数量的影响。烤烟施肥的氮素形态主要为有机态氮、硝态氮、铵态氮和酰胺态氮。有机态氮需在微生物作用下矿化才能被吸收，其氮释放速率和数量受土温、水分等环境因子和有机氮本身质量（含氮量及C/N比）的制约，有机氮可供当季烤烟利用的数量较难预测。国外优质烟生产国家都不主张施用有机肥，但有机肥可改善土壤理化性状，调节土壤微生物活性，提高土壤肥力，有利于烟叶化学成分协调和香气物质的形成。硝态氮易被烟株根系吸收而肥效快，但带阴离子，被土壤胶体所吸持能力弱，在南方多雨烟区易随雨水渗透和冲刷而淋失，利用率低；在烟株早期，南方多雨烟区常常出现低温阴雨天气，对硝态氮的耗能吸收过程，也不利于烟株生长；其施用效果在多雨烟区就会被打折扣。铵态氮易被土壤胶体所吸附，前期肥效不如硝态氮快，同时烟株吸收较多的铵态氮后会抑制钾离子吸收。酰胺态氮（尿素）施入土壤后可很快水解为 NH_4^+，转化为可被烟株吸收形态，容易导致烟叶过量吸收氮素，造成叶片贪青晚熟，降低烟叶品质。以硝态氮为单独氮源的烟株前期生长快，长势强，后期烟叶落黄迅速，容易烘烤，烤后颜色橘黄，油分足，叶内糖、有机酸、酚类物质含量较高，香气质量好；以铵态氮为单独氮源的烟叶产量降低，质量下降。硝态氮和铵态氮配合施用有利于提高烟叶产量和品质，但烤烟生产中适宜施用多少硝态氮和铵态氮仍存在争议。

烤烟吸收无机磷主要为正磷酸盐（H_3PO_4），也能吸收偏磷酸盐（H_3PO_3）和焦磷酸盐（$H_4P_2O_7$）。3种形态中，烟草吸收哪种与所形成的盐类有关。一般以磷酸铵和磷酸钾最易被烤烟吸收。其次为磷酸镁和磷酸钙。土壤酸碱度及供磷状况等因素影响烟株对磷的吸收。

烤烟钾肥主要有硫酸钾和硝酸钾两种，一般不提倡施用氯化钾。施硫过多对烟叶品质不利。最好的烟草钾肥是硝酸钾，因为施 KNO_3 的好处是 NO_3^- 与 K^+ 的吸收相互促进，提高肥料利用率，且 NO_3^- 可抑制 Cl^- 吸收，提高烟叶的燃烧性。

（二）营养平衡

某种养分肥效的发挥，必须是在其他营养元素充足供应的前提下才能实现。离子间还有交互作用，包括拮抗作用和协助作用，都影响烟株对养分的吸收。因此，烤烟生产上应做到平衡施肥。

（三）土壤酸碱度

土壤酸碱度（pH 值）通过影响烟根细胞表面的电荷、养分的有效性及养分平衡、微生物的活动来影响烤烟对养分的吸收。一般来讲，在 pH 值较低土壤，由于 H^+浓度增加，对外界溶液中阴离子（如 NO_3^-等）吸收有利；在 pH 值较高土壤，有利于外界溶液中阳离子（NH_4^+、K^+等）吸收。但是，土壤 pH 值过高或过低均不利于烤烟吸收养分。土壤 pH 值过高，介质中的 OH^-例子与阴离子养分发生竞争吸附而减少吸收，同时也降低了养分离子的有效性，造成养分吸收困难；土壤 pH 值过低，破坏根细胞原生质膜透性而减少对养分的吸收。相关研究表明，根际环境由微酸性向中性、微碱性变化时，磷的吸收量下降，钾的吸收量略有升高，钙的吸收量显著增加，而铁、锰的吸收量显著降低；根际环境由酸性向中性、微碱性变化时，硝酸态氮的吸收量降低，铵态氮吸收量逐渐增加。在酸性和碱性土壤条件下，磷在土壤中易被固定成不易吸收的形态，从而使根际可吸收量减少。

（四）光照

光照对根系吸收矿质养分一般没有直接影响，但可通过影响植物叶片的光合强度而对一些酶的活性、气孔开闭和蒸腾强度等产生间接影响，从而影响根系吸收矿质元素的能力。研究发现，烟草对氮和磷的吸收随光照强度增强而增加，钾离子吸收量随光照强度增强而减少，钙和镁的吸收量与光照强度的关系不大。

（五）温度

在一定温度范围内，温度升高可加强烟株呼吸作用，植物吸收养分的能力也随之增强。土壤温度高低，对根系呼吸作用和生理活性也有较大的影响。据研究，烟草根系在生长适温即土温 30~32℃时，对氮素的吸收最旺盛，土温超过 32℃，氮素吸收量开始降低。当土温由低向适温升高时，烟草对硝态氮的吸收量显著低于对铵态氮素的吸收量。土温较低，以铵态氮素作氮源时，烟株生长不良。昼夜土温都是 15℃的组合，比昼温 25℃、夜 15℃的组合，钾的吸收量降低近一半。钙、镁、磷的吸收量随温度的上升而有所增加。受土壤温度升降的影响，营养成分吸收量的增减程度由大至小依次排列为：硝态氮、铵态氮、钾、磷、钙、镁，即温度升高或降低时硝酸态氮吸收量的增加或减少最大，而镁吸收量的变化最小。

（六）土壤氧气

土壤空气中氧气含量的多少，直接影响根系的呼吸和养分的代谢性吸收与转化；一般随着氧含量增加，养分吸收量也增加。受土壤含氧量增减而养分吸收增减的大小程度，是按钾、氮、钙、镁、磷的顺序减弱。在氮素的吸收中，随着氧浓度增加，硝酸态氮素吸收量显著多于铵态氮素吸收量。当根系处于含氧低的环境条件时，烟草吸收铵态氮的量多于硝态氮的量；氧不仅可以促进氮素的吸收，而且还能促进吸收后的氮在根系内的同化和向地上部分的转移。

（七）土壤水分

土壤水分含量的多少，影响土壤有效养分的浓度，水分不足时，土壤溶液浓度增加，当浓度超过某种限度，就会由于土壤溶液渗透压过高而妨碍甚至中断根系吸收养分。水分适宜时，对氮、磷、钾的吸收利用率高。当然，水分过多，甚至呈渍水状态时，会因土壤空气状况恶化，使根系活性降低甚至死亡，养分吸收必然降低或停止。

第三节　烤烟肥料与施肥

一、烤烟需肥特点

烤烟大田生育期短，成熟集中，养分需要量大，吸收强度高。烤烟全生育期为160~180d，苗床期为60d左右，分为出苗期、十字期、生根期、成苗期；大田期为100~120d，分为还苗期、伸根期、旺长期、成熟期。据研究，生产100kg干烟叶需氮（N）2.3~2.6kg、磷（P_2O_5）1.2~1.5kg、钾（K_2O）4.8~6.4kg。烟草既是喜钾作物又是忌氯作物，需钾较多，且喜硝态氮肥，但不宜施用含氯肥料。

烤烟在不同生育阶段需肥量不同。苗床阶段在十字期以前需肥较少，十字期以后需肥量逐渐增加，以移栽前15d内需肥量较多，这一时期吸收量约占苗床阶段烟草吸氮总量的68.4%、磷72.7%、钾76.7%。大田阶段，在移栽后30d内吸收养分较少，此时吸收氮、磷、钾分别占全生育期吸收总量的6.6%、5.0%、5.6%。大量吸肥的时期是在移栽后45~75d，吸收高峰是在团棵—现蕾期的旺长期，这一时期吸收氮为烟草吸氮总量的44.1%、磷50.7%、钾59.2%，此后各种养分吸收量逐渐下降。打顶以后由于发生次生根，对养分吸收又有回升，为吸收总量的14.5%。但此时土壤含氮素过多，容易造成徒长，形成黑暴烟，不宜烘烤，烟叶品质下降。

烤烟对不同矿质元素和不同形态肥料的需求特点不同。氮是对烟叶产量和品质影响最敏感的元素之一，其吸收规律是生长初期（移栽后至团棵前）吸收少，中期（团棵至打顶前）吸收量最多，后期（打顶后）吸收比例降低。一般认为，土壤中有效氮应在烟叶开始落黄时基本耗尽，即施肥应遵循烟草“少时富、老来穷、烟棵长成肥劲退”的需肥规律。烤烟喜欢硝态氮，要求氮肥中的硝态氮达到30%~50%。烤烟施用钾肥能提高产量和品质，要重视钾肥施用。烤烟对氯敏感，烟叶适宜含氯量在0.3%~0.8%，其质地柔软有弹性，油润膨胀性好，切丝率高；烟叶含氯量大于0.8%，品质下降；含氯量大于1%，叶片燃烧不良，严重时熄火。烤烟吸钙仅次于钾，也容易缺锌，应及时补充钙肥和锌肥。

二、烟草肥料种类

烟草肥料的种类很多，成分性质差别也很大，分类方法也多种多样。一般可分为有机肥料、化学肥料、生物肥料、腐殖酸类肥料和控释缓释肥料。其他的肥料分类方法主要有：按肥效快慢分为速效、缓效和控释肥料；按酸碱性质分为酸性、碱性和中性化学肥料；按形态分为固体、液体和气体肥料。根据不同的施用方式分为基肥、追肥、种肥和叶面肥。依据作物对元素的需要量分为大量、中量、微量元素肥料，大量元素肥料如氮肥、磷肥、钾肥；中量元素肥料如钙肥、镁肥和硫肥；微量元素肥料如铁肥、锰肥、硼肥、锌肥、铜肥和钼肥等。烤烟生产上常用的肥料品种主要有烟草专用复合肥、饼肥、硫酸钾、硝酸钾和过磷酸钙等，南方部分烟区有施用火土灰的习惯。

（一）有机肥料

有机肥料主要为饼肥类、畜禽粪便类（厩肥、圈肥）、堆沤肥料类、秸秆类、绿肥类、草木灰、火土灰、沼气肥等，来源广，种类多，含有机质，营养齐全，能改良土壤，提高地力，但有效养分含量较低，肥效迟缓。部分有机肥中含有1%～2%的氯，应选用不含氯离子有机肥。有机肥一般做基肥施用，施用量按肥料中有效氮计算，不宜超过肥料氮总用量的40%。烤烟生产中应用较多的有饼肥、秸秆肥、绿肥和火土灰。

饼肥是含油料作物种子经压榨去油后的残渣，主要有大豆饼、菜籽饼、芝麻饼、花生饼、棉籽饼等。饼肥富含有机质和氮素，一般含有机质75%～85%、含氮2%～7%、含磷1%～3%、含钾1%～3%。饼肥属缓效肥料，施用腐熟后的饼肥，在温度、水分适宜情况下，7～10d开始释放养分，15d达高峰，并持续供肥。饼肥最好腐熟后施用，可作基肥或追肥施用，采用条施或穴施，对提高烟叶油分、香气有作用。

火土灰是采用草皮或枯枝落叶与泥土堆制熏烧而成，有机质和氮素基本损失，含钾0.6%～0.7%、含磷0.2%～0.3%，呈碱性反应，在南方烟区应用较多。火土灰不仅仅提供钾、磷养分，主要是用来改善根际与土壤的物理性状，具有调节根区土壤水、肥、气、热的作用，还具有抑制病害和促根生长的作用。火土灰主要用作基肥或围兜肥，以穴施效果最好。

（二）化学肥料

化学肥料又叫无机肥料，如氮肥、磷肥、钾肥、复混肥、微量元素肥料等，种类多，有效养分含量高，肥效快，在烟草生产中被广泛采用。但化肥不含有机质，有不同程度的酸碱性，长期单独施用会使土壤理化特性变差和板结，应与有机肥料配合施用。

1. 氮肥

氮肥有硝态氮肥（主要有硝酸钠、硝酸钾、硝酸铵等）、铵态氮肥（主要有硫酸铵、碳酸氢铵等）和酰胺态氮肥（主要是尿素）。在烟叶生产中常用氮肥种类有硝态氮、铵态氮。硝态氮溶解度大，易溶于水，但是硝态氮怕潮，很容易结块，因其受热易产生氮气，容易发生燃烧和爆炸，因此在贮存和运输方面要求较高。如硝酸铵含氮34%～35%，其中铵态氮和硝态氮各半，在烟草中应用较多，可作基肥和追肥。铵态氮的水溶性也很好，在碱性土壤中容易挥发，在透气性较好的土壤中可较快转化为硝态氮。如硫酸铵含氮20%～21%，全部为铵态氮，硫酸根离子也可被烟草吸收，可作基肥施用；但长期施用会使土壤板结，酸度增加，在土壤硫含量高的地区最好不用。碳酸氢铵和尿素也可用于烟田，但大量施用对烟叶质量有一定影响，应限制施用。硝态氮和铵态氮配合施用有利于促进烤烟生长和提高烟叶产量与品质。烟草上目前使用的氮肥主要是无机氮肥，最常用的是含N、P、K的三元复合肥，如烤烟专用复合肥等；也有含NK、NP或PK的二元复合肥，如硝酸钾、磷酸铵等。

2. 磷肥

烟草常用的磷肥有过磷酸钙、重过磷酸钙、磷矿粉、钙镁磷肥等，最常用的为过磷酸钙和钙镁磷肥。过磷酸钙中P_2O_5含量为12%～18%，有吸湿性、腐蚀性，主要成分是磷酸二氢钙，为化学酸性肥料。过磷酸钙为速效磷肥，适用于各类土壤，但易被土壤化学固定，较好的方法是用作基肥，条施或穴施，施在根区土层中，或与农家肥混合堆沤作为基肥施用。钙镁磷肥是一种多元素肥料，由磷、硅、钙和镁为主要组分构成的玻璃体，P_2O_5 含量一般为 14%～18%，此外还含有 20%～35%的氧化钙、15%～18%的氧化镁等，不吸湿，不结块，属于化学碱性肥料。此肥料适宜在酸性土壤上应用，不要与铵态氮肥混合，以免氮素挥发损失。由于钙镁磷肥属于枸溶性磷肥，肥效较慢，适合于作基肥施用。

3. 钾肥

钾肥有硫酸钾、氯化钾和硝酸钾。烟草上使用的钾肥主要是硫酸钾和硝酸钾。商品农用硫酸钾一般 K_2O 含量为 50%，属于化学中性、生理酸性肥料，易溶于水，吸湿性小，不易结块。硫酸钾中含有 18%的硫，由于烟株对钾离子大量吸收，硫酸根积累在土壤中，长期大量施用能使土壤酸化。硫酸钾作基肥、追肥均宜。施肥时应适当深施，追施补钾可用硫酸钾做叶面肥喷施。硝酸钾是氮钾二元复合肥，钾含量为 46%，同时含有 13%的硝态氮，物理性状好，易溶于水。硝酸钾是一种无氯、无硫的低氮高钾肥料，特别适合在烟叶生产上使用。

4. 复合（混）肥料

复混肥料是复合肥和混合肥的统称，由化学合成或物理混配制成，分为两元、三元或者多元复合肥料。复混肥料可提高肥效，减少施肥次数，节省施肥成本。复混肥料实际上是二种或者三种主要营养元素如氮、磷、钾的肥料的总称，多元肥料是指不仅含有大量营养元素氮、磷、钾，同时还含有多种微量元素的肥料。复混肥料的生产都是将多种单元素肥料或者多元素肥料按照不同作物对养分的需要，以一定比例进行混合，并经过一定的生产工艺制成颗粒，然后进行包装而成的肥料，如烟草专用肥、蔬菜专用有肥、果树专用肥、小麦专用肥等等。烟草生产上施用的二元复合肥一般为磷酸二氢钾、磷酸铵、硝酸磷肥、烤烟专用复合肥（追肥）等。含有氮磷钾三元素的复合（混）肥称为三元复合（混）肥，如烤烟专用复合肥或烤烟专用复合肥（基肥、追肥）等。生产上用的三元复合肥大部分是以磷酸铵和硝酸磷肥这两大系列为基础。硝酸磷肥在其生产过程中加入硫酸钾或氯化钾，就可以制得不同比例的氮磷钾三元复合肥。农业生产上使用更多的是三元复混肥，原料中所用的氮肥主要有尿素、硫酸铵、硝酸铵；磷肥主要有磷酸一铵、磷酸二铵、过磷酸钙、重过磷酸、钙镁磷肥等；钾肥主要用氯化钾和硫酸钾。烟叶生产上选择复合（混）肥时要注意氮素形态，选择含硝态氮较高的硝酸磷肥系列复合肥和以硫酸钾为钾源的无氯或低氯复合（混）肥较好。

5. 有机无机复合（混）肥料

有机无机复合（混）肥料是以有机质为基础，多用腐殖酸、饼肥、圈肥等与化肥混合制成，有效养分含量介于化肥和有机肥之间，一般含有机质、微量元素、氨基酸和植物生长素等，肥效长，营养全，功能多，可作基肥施用，促进烤烟生长和提高烟叶产量与品质。

6. 微量元素肥料

微量元素微量可以是含有一种或多种微量元素的肥料。镁肥主要有硫酸镁和钙镁磷肥。硫酸镁是烟草镁肥的主要品种，含氧化镁约为 13%，呈现弱酸性，吸湿性较强，是速效肥料，可作基肥穴施，也可在烟株出现缺镁时追施或叶面喷施。锌肥主要有硫酸锌及螯合态锌等。烟叶生产上常用的锌肥是七水硫酸锌（含 Zn 23%），易溶于水，可作基肥、追肥、种肥或根外追肥。铁肥主要有硫酸亚铁（含 Fe 19%）、硫酸亚铁铵（含 Fe 14%）和螯合态铁（含 Fe 9%~12%）等。硫酸亚铁施于土壤后部分铁会迅速转化为无效态，作叶面喷施效果更佳，螯合态铁宜叶面喷施。锰肥主要有硫酸锰（含 Mn 31%）、硫酸铵锰（含 Mn 26%~28%）、螯合态络合物（含 Mn 12%，仅作叶面喷施用）等，土壤基施或追施时，最好与有机肥等混合施用，可采用条施或穴施。硼肥主要有硼砂（含 B 11.3%）、硼酸（含 B 17.5%），于移栽前条施或穴施于土壤中，叶面喷可溶性硼砂水溶液，也有较好效果。钼肥主要有钼酸钠（含 Mo 39%）、钼酸铵（含 Mo 54%），可以土壤穴施，因钼肥价高，用量少，建议叶面喷施较好。

（三）腐殖酸类肥料

腐殖酸类肥料是以农业用腐殖酸深加工原料制品和黄腐酸制品为基础原料，加入一定量的氮、磷、钾和某些微量元素，制成含有一定养分标明量的肥料，包括矿物源腐殖酸肥料、矿物源黄腐酸肥料和生物质腐殖酸肥料、生物质黄腐酸肥料。腐殖酸类肥料具有农家肥料的多种功能，同时又含有速效养分，兼有化肥的某些特性，是一种多功能的有机无机复合肥料。腐殖酸肥料能改良土壤，主要是腐殖酸与土壤中的钙离子结合形成凝胶，能把土粒胶结起来，使土壤中水稳性团粒结构增加；另外，腐殖酸中的活性基团，对土壤的阳离子 Na^+、Ca^{2+}、Mg^{2+}、Fe^{3+}、$A1^{3+}$和阴离子 Cl^-、SO_4^{2-} 等具有很强的交换能力和吸附作用，可减轻土壤盐分对植物的危害。腐殖酸肥料除含腐殖酸外，还含一定数量速效氮、磷、钾养分，供植物生长需要；腐殖酸又能吸附、交换和活化土壤中很多矿质营养元素，如磷、钾、钙、镁、铁、硫以及微量元素等，使这些元素的有效性大大增强，从而改善植物的营养条件。腐殖酸肥料能刺激植物生长，如促进植物种子萌发、提高种子出苗率、促进根系生长、提高根系吸收水分和养分的能力、增加分蘖（枝）和提早成熟。腐殖酸肥料主要用作基肥，亦可用作追肥，也可用于浸种、浸根、根外喷施等。

（四）生物肥料

生物肥料以有机质为基础配以菌剂和无机肥混合而成，既能提供作物营养，又能改良土壤；同时还可对土壤进行消毒，即利用生物（主要是微生物）分解和消除土壤中的农药（杀虫剂和杀菌剂）、除莠剂以及石油化工等产品的污染物，并同时对土壤起到修复作用。狭义的生物肥料是指微生物菌肥肥料，是由具有特殊效能的微生物经过发酵而成，如解钾菌剂、解磷菌剂、固氮菌剂、生防菌剂、VA 菌剂、复合菌剂等。广义的生物肥料泛指利用生物技术制造的、对作物具有特定肥效（或有肥效又有刺激作用）的生物制剂，其有效成分可以是特定的活生物体、生物体的代谢物或基质的转化物等，这种生物体既可以是微生物，也可以是动、植物组织和细胞，如烤烟生产中常见的复合微生物肥料、生物有机肥等。

（五）控释缓释肥料

控释缓释肥料是指肥料养分在土壤中释放速度缓慢或者养分释放速度可以得到一定程度的控制以供作物持续吸收利用的肥料。美国作物营养协会（AAPFCO）对缓释和控释肥料的定义为：所含养分形式在施肥后能延缓被作物吸收与利用，其所含养分比速效肥具有更长肥效的肥料。欧洲标准化委员会（Committee European Normalization，CEN）综合了有关缓释和控释肥养分缓慢或控制释放的释放率和释放时间的研究，提出了作为缓释和控释肥应具备的几个具体标准，即在25℃下，①肥料中的养分在24h内的释放率（即肥料的化学物质形态转变为植物可利用的有效形态）不超过15%；②在28d之内的养分释放率不超过75%；③在规定时间内，养分释放率不低于75%；④专用控释肥的养分释放曲线与相应作物的养分吸收曲线相吻合。控释缓释肥料分三大类：①难溶于水的化合物，如磷酸镁铵等；②包膜或涂层肥料，如包硫尿素等；③载体缓释肥料，即肥料养分与天然或合成物质呈物理或化学键合的肥料。使用控释缓释肥料可减少肥料养分特别是氮素在土壤中的损失；减少施肥作业次数，节省劳动力成本；避免发生由于过量施肥而引起的对种子或幼苗的伤害。

（六）叶面肥料

叶面肥料，是指含有速效养分、专供作物叶面喷施的肥料。叶面肥料养分含量较全，吸收快，分布均匀。叶面肥料常用于矫正烟株的缺素症状，特别是微量元素供应不足问题。烟草上应用叶面肥料只能作为烟草根际吸收养分的有益补充，在烟草苗期或田间某一发育阶段辅助施用。在配制叶面肥时必须加入黏着剂和湿润剂，以增加肥料在叶片上的附着和停留时间，从而提高肥料的利用率。叶面肥料可在多种灌溉系统中施用，能充分发挥水、肥的协同效应。

三、烤烟需肥量的确定

烤烟施肥量受当地气候条件、种植密度、烤烟品种、烤烟营养特性、土壤肥力、前茬作物、肥料品种及利用率、肥料施用方法等诸多因素的影响。施肥量的确定要综合分析影响因素，全面考虑，才能制定切合实际的施肥方案。烤烟适宜施肥量以保证获得最佳烟叶品质和适宜产量为准，依据确定的产量指标计算所需养分含量，然后再依据烟田肥力状况、肥料种类和利用率等来最后确定。在制定施肥量时，要依据当地的施肥试验和施肥经验，以及测土施肥，采用测土施肥与经验施肥相结合，以经验施肥为主的方法，强调平衡施肥。

烤烟施肥量的确定，首先要确定氮素的施用量，然后依据氮、磷、钾施用比例确定磷、钾施用量。具体做法是：根据目标烟叶产量计算出所需的养分数量，然后测定土壤速效养分含量，计算出土壤能够为烤烟提高的养分含量，最后依据上述二者及土壤养分利用率和所使用肥料利用率计算出肥料的施用量。

四、烤烟施肥原则

正确的烤烟施肥，要根据烤烟品种需肥特点、土壤质地和养分状况、肥料性质、烤烟大田期的温度和降雨等情况，以获得烟叶的适宜产量作依据，来确定适宜的氮素用量、氮磷钾比例、肥料种类、基肥追肥用量及施用方法。

一是坚持烟叶品质第一的指导思想，要强调优质适产，培育中棵烟。通过施肥协调好烟叶产量和品质的矛盾，不能以牺牲烟叶质量来追求高产，也不能以片面追求烟叶质量而忽视烟叶产量。

二是要有机营养与无机营养结合，以复合肥、饼肥为主，农家肥为辅。有机肥营养齐全，例如，饼肥不仅为烟草提供矿质营养，还可提供有机营养，同时又能改善土壤结构和蓄水保墒，对烟草品质如钾含量、香气质量以及油分都有较为显著的作用。烟草专用复合肥的营养全面、肥效短，施用后发苗快，分解转化速度与烤烟需肥规律相吻合，能促进烟株健康生长，烟叶适熟落黄，提高烟叶品质。一般农家肥的肥效慢而长，可少量施用来改良土壤，对部分含有氯、重金属等农家肥应禁止施用。

三是要适施氮肥，增施磷钾肥，铵态氮和硝态氮相结合。烤烟施肥要做到养分供应总量与烟株需求间平衡，施肥量少或过量均不利于优质烟叶生产。烤烟矿质营养中，以氮、磷、钾吸收量最大，同时土壤又常缺乏，需要施肥补充。氮、磷、钾肥又以氮肥最为重要，对烟叶品质和产量起决定性作用。烤烟氮、磷、钾需要保持一个合理比例，才能获得优质烟叶和理想的烟叶产量。在氮肥施用中，铵态氮与硝态氮结合施用可以促进烟株对阴、阳离子的平衡吸收，提高烟叶的产量和品质。其中硝态氮应占总施氮量的40%~60%。

四是大量元素与微量元素相结合，满足烤烟生长发育所需各种必需营养元素之间平衡。烟草氮素营养应是“前期足而不过，后期少而不缺”，保证烟棵“发得起，控得住，退得下”，满足“少时富，老来贫，烟株长成肥退劲”的动态需求。磷素营养应是“足而不多”，钾肥营养应“充足供应”。烤烟中微量养分的施用量一般都较低，但在烤烟生长发育和品质形成中具有不可忽视的生理作用。长期以来，氮、磷、钾肥用量不断增加，微量元素的补给被忽视，导致土壤的中、微量元素严重失衡，已成为烤烟生产中的制约因素之一。施用饼肥、秸秆还田、绿肥掩青等技术不仅可提高土壤有机质，而且可以补充微量元素。在常规施肥的基础上增施微量元素肥料是烤烟生产常用方法，微量养分的施用应遵循“缺什么，补什么”的原则。具体到不同肥力水平和不同区域的烟田，施肥要求不一样，对中高肥力烟田要采取“控氮，调磷，增钾、镁，控钙、硫，降氯，配微肥”技术，对中低肥力烟田要采取“稳氮，增磷、钾、镁，控钙、硫，降氯，配微肥”技术，南方烟田要采取“控（稳）氮，增磷、钾、镁，调钙、氯，降硫，配微肥”技术措施。

五是基肥与追肥相结合，满足烤烟养分供应强度与优质烟叶生长规律相吻合。在我国烤烟生产中，肥料施用的一般原则是以基肥为主，追肥为辅；基肥足，追肥早。北方烟区以2/3的肥料做基肥，剩余1/3的肥料在移栽后一个月内施完。南方烟区雨水较多，肥料流失严重，应适当减少基肥用量，相应增加追肥比例（60%~70%）和追肥次数（3~5次），并适当推迟追肥时期，一般在移栽后40~50d内追完。我国南方烟区的烟叶烟碱含量普遍偏高，除与施氮量过高有关外，可能还与肥料的施用方法有关。氮肥的基追肥比例7∶3，在一个月内全部施入，这种氮素供应模式与烟株的氮素吸收或需求规律不相吻合。由于烤烟移栽后生长缓慢和植株生物量小，烟株生长前期对肥料的吸收和利用较少，大量氮素易通过挥发、反硝化、淋失等途径损失或微生物固定，降低氮肥利用率，在南方多雨的稻作烟区尤为明显。另外，在烟株的生长前期，土壤中氮浓度过高会抑制根系生长，不利于根系的生长。因此，烤烟的基追肥比例要根据具体情况而定，在烟草生长前期多雨烟区要少施基肥。

五、烤烟施肥技术

烟草施肥分基肥和追肥。施肥方法有撒施、条施、穴施、水肥灌根、浇施、喷施等。

（一）烤烟基肥施用方法

基肥是指整地起垄时或移栽时施用的肥料，具有提供养分和改良土壤的作用。适宜作烤烟基肥的肥料有厩肥、饼肥、烟草专用基肥（复合肥）、过磷酸钙、钙镁磷肥、火土灰等，依据种植区域实际情况选用。基肥氮施用量一般少雨地区或北方占70%~80%，多雨地区以30%~40%为适宜。基肥施用方法有撒施、单行条施、双行条施、穴施、环施等，无论哪种方法，必须与烤烟在垄上根系分布规律相一致，才能最有效地发挥肥料作用。烤烟根系主要分布在地表以下30cm、横向40cm左右范围内；旺长期以距离主茎15~20cm根系分布密度最大。因此，施肥以保证肥料分布在距离主茎10~20cm为半径的范围内为好。

起垄时的厩肥、堆肥等农家肥以撒施或条施居多，烟草专用复合肥、饼肥以条施或穴施为好。由于磷肥移动性差，也是最不容易淋失的元素，其利用率也低，一般做基肥，可混入农家肥中施用，以减少固定。钙镁磷肥为碱性肥料，不宜与烟草复合肥、硫酸钾等酸性肥料混合施用，以免发生化学反应而降低肥效。由于钾肥容易被烟株吸收和利用，也可被土壤晶格固定，钾肥可少部分做基肥。施用硫酸钾最好分层分次施用，起垄时条施一部分，移栽时一部分可混入农家肥中做移栽肥施用，大部分还是做追肥较好。

移栽时的基肥以根区穴施为好，一般将部分饼肥或少部分烟草专用复合肥与火土灰等农家肥混匀，采用根区穴施方法与土壤混匀，以免根系直接与化肥接触而出现烧苗现象。根区施肥，既能经济用肥，又可充分发挥肥效。

（二）烤烟追肥施用方法

烤烟移栽后施用的肥料为追肥。部分烟区采用基追一体肥或一次性施肥的，可不用追肥。适合做追肥的肥料很多，生产上常用的有提苗肥、烟草专用追肥（复合肥）、硫酸钾、硝酸钾和一些微量元素叶面肥等。追肥方法有条施、穴施、兑水浇施、叶面喷施等。南方稻作烟区要提高追肥比例，少量多次施用追肥以减少肥料损失、提高肥料利用率，但施肥次数增多会导致用工成本增加，以后要加强农机农艺融合施肥技术研究，减轻施肥劳动强度和用工成本。烟草前期生长慢，团棵至现蕾快，后期又慢，其需肥规律是旺长期最多。因此，少雨烟区追肥主要在烤烟移栽后25~30d内施入。对于多雨烟区，以追肥为主，加之还苗期长，追肥氮主要在烤烟移栽后30~40d内施入，可控制在烤烟移栽后50d内施完，钾肥要适当后移，主要集中在烤烟移栽后35~50d内施入。

大田前期的追肥以氮肥和一些促根生长物质为主，一般采用兑水浇施为好，如提苗肥，在移栽后20d内施完，浇施浓度控制在2%~3%较为安全。大田中期的追肥主要是烟草专用追肥和钾肥，一般可采用条施、环施、穴施、兑水浇施方法，控制在移栽后40~50d内施完。对于干旱天气，以兑水浇施效果较好；追肥干施要深施（10~20cm）并覆土，以防肥料挥发，提高肥料施用效果。大田后期追肥主要是根外追肥，在烟株生长缓慢、营养失调时采用叶面喷施。叶面施肥主要是微肥，要注意喷施溶液的浓度，尿素溶液浓度一般为0.5%，草木灰溶液浓度为10%，过磷酸钙溶液浓度为0.5%，磷酸二氢钾溶液浓度为0.5%，硫酸亚铁溶液浓度为0.2%～0.3%，硼砂溶液浓度为0.25%，硫酸锌溶液浓度为0.2%，硫酸锰溶液浓度为0.1%。叶面施肥时间以夜晚或傍晚较好，下午温度不高的时候喷施也可以。

湖南省桂阳县属于南方多雨的稻作烟区，其稻茬烤烟的施肥原则控氮、适磷、增钾，重视有机肥，调配微量肥。施用肥料种类主要有提苗肥、烟草专用基肥、烟草专用追肥、硫酸钾、硫酸钾镁、饼肥、火土灰等。其基肥施用方法：在穴施基肥前30d左右，按基肥用量（火土灰12～15t/hm^2、腐熟的厩肥1.5～7.5t/hm^2、饼肥450kg/hm^2、烟草专用基肥750kg/hm^2）洒适当清水混配均匀沤制，在移栽前7～10d采用“101”或双层施肥法或环施法施用。穴施基肥时，一定将肥料散开，以免局部浓度过高而伤根矬苗。追肥施用方法：原则上分5次追施，第一次在移栽后5～7d，用30～45kg/hm^2烟草专用提苗肥浇施；第二次在移栽后10～15d，用45～60kg/hm^2烟草专用提苗肥浇施；第三次在移栽后20～25d，用余下提苗肥（30～45kg/hm^2）补追欠肥烟株，再用150～225kg/hm^2烟草专用追肥和30kg/hm^2硫酸钾镁兑水浇施；第四次在移栽后30～35d，用45kg/hm^2硫酸钾镁和375～450kg/hm^2烟草专用追肥兑水浇施；第五次在移栽后45d左右，用余下追肥（150kg/hm^2左右）补追欠肥烟株，再用225kg硫酸钾浇施。针对缺镁严重的田块，可预留用量7.5～15kg/hm^2的硫酸钾镁用于叶面喷施。

第四节　稻茬烤烟施肥现状及施肥建议

一、湖南稻茬烤烟施肥与其他烟区比较

由表1-1可知，河南、山东烤烟一般施氮量67.5～82.5kg/hm^2，云南、贵州、安徽烤烟一般施氮量90～105kg/hm^2，广东烤烟施氮量一般105～135kg/hm^2，福建烤烟施氮量一般120～127.5kg/hm^2，而湖南的稻茬烤烟一般施氮量150～180kg/hm^2，大约是河南烤烟的2.5倍，是云南烤烟的2倍以上，也远远高于临近的广东和福建。特别是部分烟农为追求更高的经济收益，烟田施氮量甚至在180kg/hm^2以上。

表1-1　我国主要烟区的化肥氮施用量

产区	氮肥用量（kg/hm^2）	烟株吸氮量（kg/hm^2）	烟叶产量（kg/hm^2）	年降水量（mm）
广东	105～135	90～97.5	2 100～2 400	>1 200
福建	120～127.5	67.5～75	2 100～2 400	>1 200
云南、贵州	90～105	67.5～82.5	2 100～2 400	1 000～1 200
安徽	90～105	82.5～97.5	2 250～2 700	1 000
湖北	45～105	67.5～82.5	2 100～2 700	1 000
河南、山东	67.5～82.5	82.5～90	2 250～2 550	<800
黑龙江	45	82.5～97.5	2 100～2 400	>800

目前的烤烟生产水平，烤烟的烟株吸氮量在 60～90kg/hm^2，远低于湖南省稻茬烤烟施氮量。这种过度依赖化肥氮现象，并不是湖南省稻茬烤烟真正的需氮量，而是我们不了解稻茬烤烟的氮肥需求特性和稻茬烟区的气候特点，在具体制定烤烟施肥技术措施时，部分烟农以增加施氮量来减少施肥用工量，氮肥不能被烟株及时吸收利用而损失，导致氮肥利用率低，烤烟病害也加重。不仅增加烤烟种植成本，也加剧烤烟生产对环境的污染。因此，需要加快改变烤烟对化肥过分依赖的传统生产方式，减少烤烟生产中化肥投入使用，降低烤烟生产成本，提高烟农收入，保护烟区生态环境，促进烤烟生产与烟区生态协调，形成绿色循环发展。

二、湖南稻茬烤烟施肥现状

2018 年，在郴州桂阳县和衡阳的耒阳市、常宁市、衡南县对部分稻茬烤烟产质量开展调研，结果（表 1-2）表明，稻茬烤烟平均产量在 2 100kg/hm^2 以上，上等烟比例在 75%以上，均价在 30 元/kg 以上，产值在 60 000 元/hm^2 以上。较好的桂阳产量在 2 223kg/hm^2 左右，产值在 76 371 元/hm^2 左右。

表 1-2 不同烟区烤烟经济性状（2018 年）

产区	产量（kg/hm^2）	上等烟比例（%）	中等烟比例（%）	均价（元/kg）	产值（元/hm^2）
郴州桂阳	2 222.70	84.55	15.45	34.36	76 371.15
衡阳耒阳	2 067.00	74.07	25.93	29.06	61 283.85
衡阳常宁	1 947.30	74.10	25.90	32.21	62 803.65
衡阳衡南	2 163.00	75.98	24.31	29.08	62 941.80
平均值	2 100.00	77.18	22.90	31.18	65 850.15

从稻茬烤烟基肥施用情况看，基肥主要为烟草专用基肥和生物饼肥。在桂阳烟区，部分添加有撒可富复合肥；在衡阳烟区添加有钙镁磷肥。烟草专用基肥一般 750（郴州）～900（衡阳）kg/hm^2，饼肥一般 225～450kg/hm^2；撒可富复合肥 225kg/hm^2；钙镁磷 450kg/hm^2。施氮量为 69～78kg/hm^2。在施肥方式上，郴州烟区大都是穴施；衡阳烟区是穴施与条施相结合，专用基肥条施，饼肥和钙镁磷肥穴施，施肥深度 15～20cm，施肥时间是移栽前 7～10 天。主要存在问题：一是施肥深度 15～20cm 是否可行，还是控制在 10～15cm 为好；二是条施肥料利用率低；三是穴施肥料如何与土壤混匀问题，以防止肥料成堆而烧苗。

从稻茬烤烟追肥施用情况看，各个产区不完全相同，具体如下：

（1）桂阳：移栽时部分烟农浇施 7.5kg/hm^2 提苗肥做定根肥；移栽后 1 周第 1 次追肥，浇施提苗肥 30～52.5kg/hm^2；第 2 次追肥，浇施提苗肥 45～75kg/hm^2，浇施烟草专用追肥 150～225kg/hm^2；第 3 次追肥，干施或浇施烟草专用追肥 375～750kg/hm^2，干施或浇施硫酸钾 75～225kg/hm^2；第 4 次追肥，浇施烟草专用追肥 300～450kg/hm^2，浇施硫酸钾 225～300kg/hm^2。

（2）嘉禾：专用提苗肥分 2 次浇施，112.5kg/hm^2；专用追肥分 4 次淋施，750kg/hm^2；硫酸钾分 2 次淋施，225kg/hm^2。还有一种是：专用提苗肥分 3 次浇施，150kg/hm^2；专用追肥分 2 次淋施，750kg/hm^2；硫酸钾 150kg/hm^2，淋施；叶面肥 2.25kg/hm^2，喷施。

（3）安仁：专用提苗肥分 2 次浇施，112.5kg/hm^2；专用追肥分 2～3 次淋施，750kg/hm^2；硫酸钾分 1～2 次淋施，150～225kg/hm^2。

（4）宜章：专用提苗肥分 2 次浇施，112.5～120kg/hm^2；专用追肥分 3 次淋施，750kg/hm^2；硫酸钾分 2 次淋施，225～300kg/hm^2。

（5）永兴：专用提苗肥分 2 次浇施，112.5kg/hm^2；专用追肥分 3～4 次淋施，750kg/hm^2；硫酸钾分 2 次淋施，225kg/hm^2，也有不施的。

（6）常宁：浇施定根肥（提苗肥）15kg/hm^2；第 1 次追施提苗肥 60kg/hm^2；第 2 次硝酸钾 225kg/hm^2；第 3 次追施专用追肥 225kg/hm^2，硫酸钾 150kg/hm^2；第 4 次追施专用追肥 300kg/hm^2，硫酸钾 150kg/hm^2。

（7）衡南：浇施定根肥（提苗肥）15kg/hm^2；第 1 次追施提苗肥 60kg/hm^2；第 2 次专用追肥 150kg/hm^2；第 3 次追施专用追肥 450kg/hm^2，硫酸钾 150kg/hm^2；第 4 次追施硫酸钾 150kg/hm^2。

（8）耒阳：浇施定根肥（提苗肥）15kg/hm^2；第 1 次追施提苗肥 60kg/hm^2，专用追肥 75kg/hm^2；第 2 次硝酸钾 75kg/hm^2，专用追肥 150kg/hm^2；第 3 次追施专用追肥 225kg/hm^2，硫酸钾 75kg/hm^2；第 4 次追施专用追肥 150kg/hm^2，硫酸钾 150kg/hm^2。

比较郴州烟区和衡阳烟区施肥习惯，郴州烟区一般在烤烟移栽时是不施定根肥，但衡阳烟区一般在烤烟移栽时用提苗肥做定根肥。郴州烟区提苗肥一般为 112.5kg/hm^2，多于衡阳（75.0kg/hm^2）。郴州烟区专用追肥一般 750.0kg/hm^2，多于衡阳（600.0kg/hm^2）。衡阳施用钾肥要高于郴州，郴州一般施硫酸钾 225.0kg/hm^2；衡阳施硫酸钾 225.0kg/hm^2，加硝酸钾 150.0～225.0kg/hm^2，或者施硫酸钾 300.0kg/hm^2。总体上看，郴州烟区追肥氮量为 105.0kg/hm^2；衡阳烟区为 85.5～96.0kg/hm^2；施肥基本上是 4 次追肥（不包括浇施定根水时的施肥）。

以上分析表明，郴州烟区施氮量为平均为 174.0kg/hm^2，基肥氮占 40%；衡阳烟区施氮量为 163.5～174.0kg/hm^2，基肥氮占 45%～48%。在此基础上，部分烟农添加了其他复合肥 150.0～300.0kg/hm^2 做基肥，基肥氮增加 15.0～30.0kg/hm^2；部分烟农在追施提苗肥时，添加 75.0～120.0kg/hm^2 尿素，追肥氮增加 34.5～40.5kg/hm^2。总体上看，湖南稻茬烤烟的施氮量在 180.0kg/hm^2 以上。

有关稻茬烤烟施肥的研究较多，张雨薇等（2016）在研究浏阳烟区 G80 品种的施氮量和密度时认为，基追肥比 4∶6，以施氮量 180kg/hm^2 和密度 16 500～18 000 株/hm^2 的耦合效应最佳，烟叶产量分别为 2 364.0～2 383.5kg/hm^2；黎娟等（2016）对浏阳烟稻轮作区烤烟适宜施氮量研究，基追肥比 5∶5，施氮量为 120kg/hm^2、150kg/hm^2、180kg/hm^2、210kg/hm^2，烟叶产量分别为 1 854.0kg/hm^2、2 184.0kg/hm^2、2 379.0kg/hm^2、2 530.5kg/hm^2。段淑辉等（2018）研究认为湘烟 5 号在湖南烟区推荐施氮量，郴州为 176.0～187.5kg/hm^2，永州为 142.5～157.5kg/hm^2，衡阳为 154.5～

177.0kg/hm²，湘西为 112.5～161.5kg/hm²，张家界为 111.0～126.0kg/hm²、常德为 112.5～127.5kg/hm²。李云霞等（2019）在桂阳烟区研究了湘烟 7 号施氮量，基追肥比 4：6，设计施氮量 150kg/hm²、172.5kg/hm²、195kg/hm²，烟叶产量分别为 2 636.85kg/hm²、3 139.05kg/hm²、3 301.35kg/hm²，以施氮量 172.5kg/hm² 的处理产质量最佳。周玲红等（2018）在桂阳烟区研究了湘烟 5 号施氮量，基追肥比 4：6，设计施氮量 187.5kg/hm²、165.0kg/hm²、142.5kg/hm²，烟叶产量分别为 2 809.95kg/hm²、2 891.85kg/hm²、2 542.05kg/hm²。罗建钦等（2016）在桂阳烟区设计施氮量 180kg/hm²、150kg/hm²、135kg/hm²，基肥 750kg/hm²，追肥分 5 次施用，烟叶产量分别为 2 692.5kg/hm²、2 226.0kg/hm²、2 143.5kg/hm²。

李洪斌等（2013）采用基追肥比 6：4，运用"3414"试验设计方案得到湖南农业大学试验点烤烟推荐施肥宜使用一元二次方程模型，据此所得最佳施肥量分别为 N 159.8kg/hm²，P_2O_5 86.1kg/hm²，K_2O 152.2kg/hm²；永州试验点推荐施肥宜使用三元二次方程组模型，据此所得最佳施肥量分别为 N 175.2kg/hm²，P_2O_5 52.1kg/hm²，K_2O 278.3kg/hm²；常宁试验点推荐施肥宜使用一元二次方程模型，据此所得最佳施肥量分别为 N 178.7kg/hm²，P_2O_5 107.8kg/hm²，K_2O 279.2kg/hm²；综合各函数的最佳施肥量得到湘中南双季稻地区的烟草作物的施肥决策：烤烟作物对氮、磷、钾养分的最佳产量的施肥量为 N 172.2kg/hm²，P_2O_5 93.3kg/hm²，K_2O 300.0kg/hm²。

从以上研究者的结果看（饼肥没有计算为施氮量），湖南稻茬烤烟施氮量是比较高的，施氮量在 165～180kg/hm²，才能获得 2 250kg/hm² 的烟叶产量。

那么，湖南稻茬烤烟是否可以减氮？为回答这个问题，我们开展了如下研究。

在基追肥氮比例试验中，施氮量 162kg/hm²，N：P_2O_5：K_2O 配比为 1：1.04：2.69，试验设计基追肥比例 0：10、2：8、4：6、6：4 等 5 个处理，烟叶产量分别为 2 211.52kg/hm²、2 314.30kg/hm²、2 460.52kg/hm²、2 120.71kg/hm²，表明在减氮 18kg/hm²（相对于 180kg/hm²）的情况下，基追肥比例 0：10、2：8、4：6 处理的产量均在 2 250kg/hm² 以上。

在促根减氮施肥模式试验中，促根减氮施肥模式施氮量 126.0kg/hm²，基肥无机氮占比总氮 28.6%；传统施肥模式施氮量 162.0kg/hm²，基肥无机氮占比总氮 36.4%；烟叶产量分别为 2 358.03kg/hm²、2 367.97kg/hm²，烟叶产量均超过了 2 250kg/hm²。

在施用有机碳肥减氮试验中，施氮量 162.16kg/hm²，T1，施全能有机碳肥，减氮 0%；T2，施全能有机碳肥，减氮 10%；T3，施全能有机碳肥，减氮 20%；T4，施液态有机碳肥，减氮 0%；T5，施液态有机碳肥，减氮 10%；T6，施液态有机碳肥，减氮 20%；CK 不施有机碳肥，也不减氮；其产量分别为 2 817.71kg/hm²、2 630.21kg/hm²、2 312.50kg/hm²、2 640.63kg/hm²、2 583.34kg/hm²、2 539.58kg/hm²、2 468.75kg/hm²，这几个处理的产量均在 2 250kg/hm² 以上。

在基于稻秸还田土壤重构模式的化肥氮减施试验中，T1，稻草还田，纯氮用量为 135kg/hm²，N：P_2O_5：K_2O＝1：1：2.5；T2，稻草还田+腐熟剂，施肥量按 T1；T3，稻草还田+腐熟剂+减氮 15%，纯氮施用量为 T1 的 85%；T4，稻草还田+腐熟剂+减氮 30%，纯氮施用量为 T1 的 70%；T5，稻草还田+腐熟剂+粉垄深耕，施肥量按 T1；T6，稻草还田+腐熟剂+粉垄深耕+减氮 15%，纯氮施用量为 T1 的 85%；T7，稻草还田+腐熟剂+粉垄深耕+减氮 30%，纯氮施用量为 T1 的 70%。其产量分别为 1 864.89kg/hm^2、1 857.78kg/hm^2、1 633.66kg/hm^2、1 371.22kg/hm^2、2 223.56kg/hm^2、1 893.67kg/hm^2、1 537.56kg/hm^2，虽然大部分处理烟叶产量在 2 250kg/hm^2 以下，但 T5 处理的产量还是接近 2 250kg/hm^2。

从以上分析，传统的施肥方法，施氮量在 135kg/hm^2 以下，稻茬烤烟产量很难达到 2 250kg/hm^2。如果采用减少基肥氮的施肥方法，在施氮量 180kg/hm^2 以下，烟叶产量可以超过 2 250kg/hm^2；如果采用促根减氮施肥模式，施氮量可减至 126kg/hm^2，烟叶产量可以超过 2 250kg/hm^2。否则，烟叶产量较难以达到 2 250kg/hm^2。因此，湖南稻茬烤烟产量在 2 250kg/hm^2 以上，在传统施肥 180kg/hm^2 的基础上可以减施氮肥，但必须注意施肥方式和方法。

三、湖南稻茬烤烟施肥技术建议

湖南稻茬烤烟大田生育期短（一般在 120d 内，这也是烟稻复种连作的需要），留叶数少（一般 16 片），同时，烤烟生长前期处于低温阴雨天气，中后期又处于高温天气环境，整个大田期的过程降水量大，导致肥料利用率不高。为提高湖南稻茬烤烟肥料利用率，减施化肥氮，特提出如下建议：

1. 湖南稻茬烤烟适量减氮，实现烤烟施氮量与产质量匹配

烤烟减氮的目的是提质增效。要增加烤烟种植效益，烟叶产量是保证。在目前的栽培技术条件下，一般烤烟栽培需施氮量在 165kg/hm^2 以上（包括施用有机肥的氮量），低于这个施氮量，大多数年份产量不会丰产。如果采用一些减肥技术措施，施氮量可减至 135kg/hm^2（包括施用有机肥的氮量），可减氮 20%～30%，但施氮量相对于其他产区还是比较高的。

2. 减少基肥氮和增加追肥氮，实现养分提供与烤烟养分需求强度的规律相匹配

以烤烟生长为中心，围绕烤烟的养分需求，来组织烤烟养分管理，这是稻作烟区减施氮肥最有效的方法。湖南稻茬烤烟的氮素积累主要来自施肥（这与其他产区不同），可见施肥对烟叶产量和质量的重要性。一般基追肥比为 4∶6；如果条件允许，可降至 2∶8～3∶7。基肥用量大，不仅肥料流失率高，还会导致上部烟叶的质量不稳定，特别是烟碱含量的不稳定。凡是基肥量大的产区，其施肥量也高。基肥量大，烟农为促进烤烟生长，不得已（隐性施肥）在前期增加追肥，导致整个施肥量增加。在雨水多的年份，能获得较高产量，质量也可以，但在雨水较少的年份，就会导致烟叶难以落黄成熟，上部烟叶的烟碱含量就会超标。

3. 根系/根层调控促进根系生长，提高烤烟自身吸氮能力

湖南稻作烟区的烤烟根系发育受多种不利条件的影响，一是移栽和伸根期的低温阴雨，不仅气温低和土温低，而且土壤通气性也差，这不利于烤烟根系发育，不利于烤烟早生快发；二是稻田土壤黏性重，土块大，根系生长穿插土层的阻力大，不利根系发育；三是漂浮育苗的烟苗素质弱，移栽时伤根，导致根系吸收能力弱。因此，烤烟种植过程中可采用根系活力调控（促根剂或其他促根措施）、根层土壤的水肥气热调控（施用火土灰、

中耕培土）、早耕早起垄熟化土壤、培育壮根苗、提高移栽质量等技术措施，促进烤烟根系生长，促进烤烟早生快发，提高烤烟对氮素的吸收能力，提高肥料利用率。

4. 4R 施肥技术优化养分管理，提高烤烟吸收养分能力

湖南稻作烟区的烤烟大田前期气温低，不利于养分在土壤中的移动，难以被烤烟吸收；土壤氮素矿化能力强，土壤养分易挥发；基肥采用条施和深施，部分肥料难以被烤烟吸收；追肥采用表施易挥发和流失。因此，要提高氮肥利用率，采用合理施肥量（Right rate）、正确的施肥时间（Right time）、合适的肥料（Right source）、合理施肥位置（Right placement）的 4R 技术优化养分管理非常重要。如控制基肥施用量和每次追肥用量、适当延迟追肥时间、选择水溶性追肥和饼肥、采用穴施基肥等技术措施，减少肥料流失和土壤残留量，提高养分被烤烟根系的吸收率，以减少氮肥施用量。

5. “精、调、改、替”多途径控制化肥氮投入，减少化肥氮施用量

“精”就是精准施肥，不仅要定量到田，还要定量到株。定量到株，才能做到均匀施肥，烟株才能长势均匀，烟叶质量才能有保障，烘烤的损失率才会降低。“调”就是调整化肥使用结构，不仅是基追肥比例、氮磷钾比例的问题，而且要增施饼肥、微生物肥和其他功能性肥料。“改”就是改变施肥方法，如改基肥条施为穴施，改追肥表施为根层施肥。“替”就是有机肥替代部分化学肥料。

6. 农机与农艺融合，减轻施肥劳动强度和用工

在稻作烟区，一次性追肥是不可取的。但是，施肥劳动强度大，增施追肥次数后用工多，这也是事实。要解决这些矛盾，研发施肥机械刻不容缓。施肥机械要以轻便机械为主，可根据机械改变施肥方法，做到农机和农艺两者有机融合。

第二章 稻茬烤烟化肥氮吸收与损失途径

第一节 不同产量水平稻茬烤烟生长与养分利用效率

一、研究目的

烤烟生长和干物质积累是烟叶质量和产量形成的基础，不仅受品种和栽培技术的影响，也受生态环境的影响。不同品种烤烟生长和干物质积累及氮、磷、钾养分积累存在差异，不同水分调控方法也影响烤烟生长、干物质积累和养分吸收；适宜施用镁肥有利烤烟生长发育、干物质和养分的积累，粉垄耕作可促进烤烟生长，也有利于干物质和养分积累。刘国顺等（1998）研究了豫西烤烟生长和干物质积累规律，认为把烟株团棵至圆顶期安排在雨量最大的月份是优质丰产的重要措施；李君等（2020）研究了氮、磷、钾肥配施对烤烟生长、养分吸收分配和利用率的影响，并提出了泸州烟区烤烟施肥参数；王世济等（2004）对皖南烟区烤烟干物质和养分积累规律研究认为移栽后 31~75d 的烟株干物质积累量占干物质积累总量 69%；滕永忠等（2005）研究表明滇东南烟区烤烟干物质和养分在烟株中的分配随烟株的生长发育而发生不均匀和单向的变化；陈懿等（2010）研究认为贵州典型烟区烟株生育期干物质重量与根系体积呈显著正相关。但有关湖南稻茬烤烟生长、干物质和养分积累规律的研究报道较少，特别是涉及不同烤烟产量水平的研究还是空白。湖南稻茬烤烟是中国重要的浓香型烟叶，其主产区郴州和衡阳是浓香型烟叶重要产区之一。本研究采用典型案例分析方法，选择郴州桂阳县和衡阳耒阳市两种产量水平的烟田为研究对象，比较分析其烤烟生长、干物质和养分积累及养分利用效率差异，以期为湖南浓香型烟叶生产提供理论依据。

二、材料和方法

（一）研究地点

于 2019 年在湖南省浓香型烟区的郴州市桂阳县正和镇梧桐村（25. 77°N，112. 69°E）和衡阳市耒阳市马水镇燕中村（26. 65°N，113. 06°E）的典型烟稻轮作田进行。桂阳县烤烟大田期日平均温度、降水量、日照时数分别为 22. 35℃、750. 05mm、525. 75h；耒阳市烤烟大田期日平均温度、降水量、日照时数分别为 23. 45℃、809. 24mm、542. 46h。

烤烟品种为云烟 87。种植密度为 16 500 株/hm^2。

（二）调查田选取

本研究采用案例方法，在烤烟团棵期（移栽后 30d），每村分别选取具有适产水平（2 250~2 700kg/hm^2）和丰产水平（2 700~3 150kg/hm^2）的两种典型烟田作为试验田。每类型选取 3 处烟田作为重复（面积在 1 000m^2 以上）。典型烟田的选择，依据近 3 年烤烟种植的烟叶产量水平和当年烟苗长势，经过长期在烤烟生产第一线工作的技术员和具有丰富烤烟种植经验的烟农及研究人员多次磋商确定，并经试验后统计产量验证。在确定典型烟田后，调查各烟田的土壤养分状况和烤烟大田种植情况，分别如表 2-1 所示。

表 2-1 不同处理烟田的土壤养分与氮矿化量

处理	土壤 pH 值	养分						氮矿化量（mg/kg）		
		有机质（g/kg）	全氮（g/kg）	全磷（g/kg）	全钾（g/kg）	铵态氮（mg/kg）	硝态氮（mg/kg）	30~60d	60~90d	90~120d
GSY	7.12	12.00	1.00	1.30	6.50	5.29	1.96	38.93	66.66	71.08
LSY	7.25	20.80	1.15	1.80	7.30	4.91	2.25	43.57	79.00	69.18
GHY	7.19	14.50	1.30	2.40	12.50	6.36	2.86	56.84	75.34	90.29
LHY	7.23	15.10	1.10	1.30	14.50	7.14	2.32	54.51	88.07	78.86

桂阳适产水平烟田（GSY）和丰产水平烟田（GHY）：水稻土，烤烟栽培管理措施按照桂阳县优质烤烟生产技术规程进行。具体为：氮、磷、钾施用量分别为 182.55kg/hm^2、130.73kg/hm^2、479.10kg/hm^2；N∶P_2O_5∶K_2O = 1∶0.72∶2.62；基肥 N∶追肥 N = 38∶62。烤烟采用两段育苗，3 月 8 日第 2 段育苗移栽，4 月 4 日大田移栽，5 月 24 日现蕾打顶，并去除低脚叶 4~5 片，留叶数 16~18 片。

耒阳适产水平烟田（LSY）和丰产水平烟田（LHY）：水稻土，烤烟栽培管理措施按照衡阳市优质烤烟生产技术规程进行。具体为：氮、磷、钾施用量分别为 180.00kg/hm^2、145.35kg/hm^2、441.00kg/hm^2；N∶P_2O_5∶K_2O = 1∶0.81∶2.45；基肥 N∶追肥 N = 53∶47。烤烟采用漂浮育苗，3 月 18 日大田移栽，5 月 25 日现蕾打顶，并去除低脚叶 4~5 片，留叶数 16~18 片。

（三）主要检测指标及方法

烤烟农艺性状和叶面积指数调查：每类型烟田定 10 株长势均匀一致烤烟，于移栽后 30d、60d、90d，按标准《烟草农艺性状调查测量方法》（YC/T 142—2010）测定株高、茎围、节距、叶片数、最大叶长、最大叶宽等。计算叶面积 = 叶长×叶宽× 0.634 5。叶面积指数 = 单株叶面积（m^2）×1 100÷666.7（m^2）。

根系形态指标和烤烟干物质及全氮、全磷、全钾含量测定：于移栽后 30d、60d、90d，每类型烟田选择 5 株长势均匀一致的烤烟。小心挖取根系，采用 LA-2400 多参数根系分析系统（加拿大 Regent），测定根长、根表面积、根体积、根直径及根尖数。将植株切分为根、茎、叶片 3 部分，在 105℃ 杀青 30min，80℃ 烘干至恒重后测定干物质量。植株用 H_2SO_4-H_2O_2 法消煮，全氮采用凯氏定氮法测定，全磷钼锑抗比色法测定，全钾火焰光度法测定。

（四）统计分析方法

采用 Microsoft Excel 2003 和 SPSS17.0 进行数据处理和统计分析。采用 Duncan 法在 $P=0.05$ 水平下检验显著性。

单位面积干物质积累量（kg/hm^2）= 单株干物重（g）×种植密度/1 000。

单位面积氮（磷、钾）积累量（kg/hm^2）= 不同时期单株干物重（g）×单株含氮（磷、钾）量（%）×种植密度/1 000。

干物质（氮、磷、钾）分配率（%）= 某器官干物质（氮、磷、钾）量/植株干物质（氮、磷、钾）总量×100。

氮（磷、钾）肥吸收效率（Fertilizer absorption efficiency，FAE,%）= 单位面积烟株氮（磷、钾）积累量（90d）/单位面积施氮（磷、钾）量×100。

氮（磷、钾）肥利用效益（Fertilizer utilization efficiency，FUE，kg/kg）= 单位面积烟叶干物质量（90d）/单位面积施氮（磷、钾）量。

氮（磷、钾）烟叶生产效率（Leaf production efficiency，LPE，kg/kg）= 单位面积烟叶干物质量（90d）/单位面积植株氮（磷、钾）素积累总量。

氮（磷、钾）收获指数（Harvest index，HI,%）= 单位面积烟叶中的氮（磷、钾）积累量（90d）/单位面积植株氮（磷、钾）积累量×100。

三、结果与分析

（一）烤烟农艺性状特征及烟区间比较

由表 2-2 可知，在烤烟移栽后 30d，同一产量水平的桂阳烤烟叶片数多于耒阳，不同烟区烤烟农艺性状差异不显著。60d 后，LSY 烤烟株高、茎围、节距大于 GSY，GSY 烤烟的最大叶长、宽、面积大于 LSY；LHY 烤烟茎围大于 GHY，GHY 烤烟节距大于 LHY。90d 后，LSY 烤烟株高、茎围、叶片数大于 GSY，GSY 烤烟的最大叶长、面积大于 LSY；LHY 烤烟茎围、叶片数大于 GHY；因为桂阳烟叶仅留上部 4~6 片烟叶，而耒阳烟叶还留有有效叶 8~11 片，造成耒阳烤烟长势好于桂阳烤烟的假象。不同烟区烤烟农艺性状各有特色，总体上看，耒阳烤烟植株高大、茎粗；桂阳烤烟叶片长、宽、面积要大于耒阳，为烟叶产量打下良好基础。

表 2-2　不同处理的烤烟农艺性状比较

时间	处理	株高（cm）	茎围（cm）	叶片数（片）	节距（cm）	最大叶长（cm）	最大叶宽（cm）	最大叶面积（cm^2）
30d	GSY	19.75±3.55a	6.48±0.58a	11.00±0.63a	1.98±0.45a	42.27±3.26a	19.97±2.77a	538.76±103.36a
	LSY	18.69±3.01a	5.59±0.37a	9.42±0.42b	1.93±0.24a	39.75±2.65a	17.45±2.40a	440.20±91.86a
	GHY	20.97±2.24a	6.33±0.45a	11.67±1.21a	2.33±0.20a	44.20±3.85a	20.27±3.10a	571.12±116.5a
	LHY	21.80±0.91a	6.55±1.00a	9.00±1.41b	2.43±0.43a	43.93±2.45a	20.93±2.19a	585.18±88.29a

（续表）

时间	处理	株高（cm）	茎围（cm）	叶片数（片）	节距（cm）	最大叶长（cm）	最大叶宽（cm）	最大叶面积（cm^2）
60d	GSY	85. 13±1. 92b	8. 45±0. 43b	13. 67±0. 58a	3. 97±0. 37b	71. 97±1. 80a	30. 03±0. 67a	1 371. 71±57. 97a
	LSY	95. 38±3. 73a	9. 33±0. 22a	12. 17±1. 95a	4. 55±0. 55a	64. 75±5. 02b	27. 82±1. 58b	1 145. 24±133. 13b
	GHY	104. 33±6. 81a	9. 73±0. 12b	15. 67±0. 58a	6. 52±0. 48a	82. 97±5. 71a	33. 83±1. 17a	1 782. 36±162. 18a
	LHY	101. 75±6. 01a	10. 83±0. 59a	15. 00±1. 00a	5. 08±0. 43b	81. 30±2. 19a	32. 93±1. 40a	1 697. 58±28. 01a
90d	GSY	87. 17±3. 69b	8. 93±0. 12b	5. 33±0. 58b	5. 86±1. 22a	80. 50±1. 80a	26. 50±1. 45a	1 354. 36±97. 77a
	LSY	97. 47±9. 56a	9. 80±0. 76a	8. 33±0. 20a	5. 23±0. 42a	71. 34±0. 55b	24. 15±2. 42a	1 099. 27±116. 57b
	GHY	103. 00±9. 54a	10. 20±0. 36b	4. 00±0. 01b	5. 92±0. 58a	78. 83±7. 29a	28. 80±3. 02a	1 448. 73±272. 40a
	LHY	108. 00±4. 06a	11. 47±0. 65a	10. 67±0. 58a	6. 04±0. 42a	85. 33±4. 16a	34. 63±3. 59a	1 877. 45±244. 06a

注：烤烟在移栽后 90d 桂阳已采收 3 房烟叶，耒阳已采收 2 房烟叶。

（二）烤烟叶面积指数特征及烟区间比较

由图 2-1 可知，在烤烟移栽后 30d，同一产量水平的不同烟区烤烟大田叶面积指数差异不显著。60d 后，GSY 叶面积指数高于 LSY 69. 35%；GHY 叶面积指数高于 LHY 70. 63%。90d 后，LSY 叶面积指数高于 GSY18. 76%；LHY 叶面积指数高于 GHY205. 69%；这种差异与耒阳烟叶采收较迟有关。

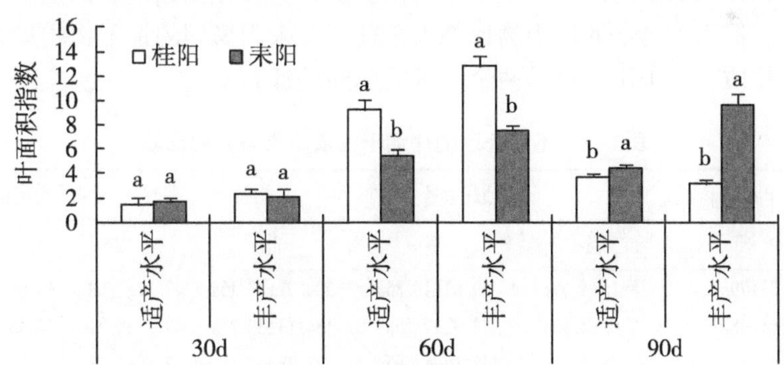

图 2-1　不同处理的烤烟叶面积指数比较

（三）烤烟根系形态指标特征及烟区间比较

由表 2-3 可知，在烤烟移栽后 30d，LSY 烤烟根系长度、根系表面积、根系体积、根系平均直径大于 GSY；丰产水平下，不同烟区烤烟根系形态指标差异不显著。60d 或 90d 后，同一产量水平下的烤烟根系长度、根系表面积是桂阳大于耒阳，根系体积、根系平均直径是耒阳大于桂阳。丰产水平的烤烟根系形态指标显著大于适产水平。造成这种差异的主要原因是桂阳烤烟侧分枝多、细根多，耒阳烤烟侧根较粗，分枝少。

表 2-3　不同处理的烤烟根系形态指标比较

时间	处理	根长度（cm）	根表面积（cm^2）	根体积（cm^3）	根平均直径（mm）
30d	GSY	130. 99±29. 77b	121. 24±20. 43b	10. 71±0. 78b	0. 37±0. 04b
	LSY	414. 65±36. 53a	212. 60±10. 00a	13. 67±0. 51a	0. 49±0. 06a
	GHY	289. 28±100. 48a	235. 61±44. 90a	14. 11±5. 02a	0. 43±0. 01a
	LHY	379. 57±83. 53a	253. 22±10. 86a	14. 44±1. 07a	0. 44±0. 06a
60d	GSY	3 850. 89±790. 53a	1 849. 97±783. 52a	138. 35±15. 73b	0. 79±0. 07b
	LSY	1 309. 45±155. 86b	669. 62±93. 30b	247. 62±24. 92a	1. 25±0. 08a
	GHY	13 232. 89±347. 73a	3 670. 95±1 829. 34a	140. 26±12. 47b	1. 05±0. 03b
	LHY	1 423. 61±167. 27b	746. 79±188. 18b	197. 50±40. 84a	1. 41±0. 10a
90d	GSY	7 534. 67±918. 84a	2 251. 73±216. 71a	160. 69±3. 27b	1. 05±0. 08b
	LSY	2 256. 77±287. 50b	835. 55±40. 10b	256. 67±23. 08a	2. 13±0. 07a
	GHY	22 870. 42±2 137. 92a	3 971. 18±155. 34a	163. 43±7. 72b	1. 51±0. 02b
	LHY	3 112. 27±178. 15b	1 345. 89±83. 15b	298. 76±59. 38a	2. 47±0. 27a

（四）烤烟干物质积累与分配特征及烟区间比较

由表 2-4 可知，在烤烟移栽后 30d，同一产量水平下，不同烟区烤烟干物质积累差异不显著。60d 后，LSY 烤烟干物质总量、根干物质、茎干物质大于 GSY；GHY 烤烟叶干物质大于 LHY，LHY 根干物质大于 GHY。90d 后，耒阳烤烟干物质总量、根干物质、茎干物质大于桂阳，桂阳烤烟的叶干物质大于耒阳。从干物质分配比例看，桂阳烤烟叶干物质比例大于耒阳，但耒阳烤烟的根干物比例大于桂阳。耒阳烤烟的根干物质量大于桂阳，桂阳烤烟的叶干物质大于耒阳，这是两个产区的明显特征。

表 2-4　不同处理的烤烟干物质积累与分配比较

时间	处理	总干物质量（kg/hm^2）	干物质积累量（kg/hm^2）			干物质分配比例（%）		
			根	茎	叶	根	茎	叶
30d	GSY	261. 83±79. 92a	18. 15±4. 55a	39. 62±16. 86a	204. 07±59. 15a	7. 12±1. 08	14. 60±2. 17	78. 28±1. 80
	LSY	237. 65±48. 70a	19. 63±4. 56a	33. 92±7. 55a	184. 13±39. 25a	8. 25±0. 34	14. 38±2. 35	77. 40±2. 39
	GHY	287. 12±68. 22a	21. 75±6. 23a	42. 10±11. 65a	223. 33±52. 11a	7. 58±1. 33	14. 58±1. 26	77. 83±0. 89
	LHY	291. 78±53. 67a	22. 70±2. 48a	45. 35±15. 37a	223. 75±40. 95a	8. 02±1. 79	15. 28±2. 72	76. 68±2. 80
60d	GSY	2 592. 46±59. 71b	570. 36±53. 23b	531. 66±32. 91b	1 490. 45±80. 72a	21. 74±3. 92	20. 58±1. 27	57. 68±2. 87
	LSY	2 901. 45±37. 78a	721. 55±22. 81a	795. 37±64. 75a	1 384. 54±159. 33a	24. 89±3. 49	27. 38±4. 87	47. 73±1. 38
	GHY	4 556. 09±708. 01a	904. 97±47. 31b	1 012. 42±82. 18a	2 638. 69±333. 64a	19. 45±4. 55	22. 41±1. 98	58. 14±3. 60
	LHY	4 377. 87±424. 73a	1 467. 72±90. 63a	1 178. 82±55. 70a	1 731. 33±509. 30b	33. 79±4. 53	27. 18±3. 99	39. 03±8. 45
90d	GSY	4 642. 34±57. 38b	1 173. 72±18. 82b	1 160. 04±60. 46b	2 308. 57±36. 69a	21. 93±0. 53	26. 05±2. 75	52. 02±2. 37
	LSY	4 806. 84±29. 95a	1 223. 96±73. 14a	1 355. 23±59. 55a	2 227. 65±30. 66b	25. 56±6. 35	28. 16±2. 78	46. 28±3. 68
	GHY	6 003. 62±64. 85b	1 450. 63±90. 91b	1 618. 49±64. 02b	2 934. 50±72. 21a	17. 20±2. 79	29. 44±1. 56	53. 36±3. 07
	LHY	6 359. 76±53. 44a	1 666. 83±32. 88a	1 968. 46±12. 64a	2 724. 48±45. 30b	26. 27±2. 89	31. 07±4. 62	42. 66±7. 03

（五）烤烟氮积累与分配特征及烟区间比较

由表2-5可知，在烤烟移栽后30d，GSY烤烟氮积累总量、叶的氮积累量大于LSY；LHY烤烟氮积累总量及根、茎、叶的氮积累量大于GHY。60d后，GSY烤烟氮积累及根、叶氮积累量大于LSY；GHY烤烟氮积累总量、叶氮积累量大于LHY，但LHY的根、茎的氮积累量大于GHY。90d后，适产水平下烤烟氮积累烟区间差异与60d一样；LHY根氮积累量大于GHY，GHY茎氮积累量大于LHY。整体上看，氮主要分配给叶片，其比例随生育进程下降；在烤烟生长的中、后期，桂阳烟区的烤烟氮积累大于耒阳。

表2-5 不同处理的烤烟氮积累与分配比较

时间	处理	氮积累总量（kg/hm²）	氮积累量（kg/hm²）			氮分配比例（%）		
			根	茎	叶	根	茎	叶
30d	GSY	9.12±0.12a	0.47±0.01a	0.87±0.04a	7.78±0.07a	5.11±0.05	9.57±0.34	85.32±0.39
	LSY	7.94±0.03b	0.45±0.02a	0.80±0.03a	6.69±0.01b	5.63±0.22	10.09±0.22	84.28±0.44
	GHY	8.87±0.13b	0.54±0.02b	0.73±0.03b	7.60±0.11b	6.05±0.14	8.22±0.16	85.73±0.03
	LHY	12.60±0.06a	0.61±0.01a	1.04±0.04a	10.95±0.10a	4.87±0.11	8.25±0.32	86.87±0.44
60d	GSY	58.11±2.11a	12.94±0.57a	11.09±0.41a	34.08±1.13a	22.27±0.17	19.08±0.01	58.65±0.19
	LSY	47.84±0.76b	10.73±0.39b	10.12±0.31a	26.99±1.46b	22.43±1.17	21.16±0.98	56.40±2.15
	GHY	69.32±1.37a	16.05±0.73b	14.50±0.25b	38.78±0.39a	23.14±0.59	20.92±0.05	55.94±0.55
	LHY	64.69±3.87b	19.79±2.53a	17.36±0.62a	27.54±0.71b	30.52±2.09	26.85±0.64	42.62±1.45
90d	GSY	62.84±2.03a	15.22±0.38a	14.44±0.58a	33.18±1.07a	24.23±0.18	22.97±0.18	52.80±0.01
	LSY	59.53±1.40b	13.89±0.70b	14.43±0.58a	31.21±0.12b	23.32±0.62	24.23±0.41	52.45±1.03
	GHY	74.70±3.31a	15.65±0.73b	23.17±0.92a	35.88±1.65a	20.95±0.06	31.02±0.14	48.03±0.09
	LHY	73.74±2.41a	17.19±2.05a	19.77±3.98b	36.78±1.45a	23.33±2.91	26.75±4.93	49.91±2.46

（六）烤烟磷积累与分配特征及烟区间比较

由表2-6可知，在烤烟移栽后30d，LHY烤烟磷积累总量及茎、叶的磷积累量大于GHY。60d后，LHY烤烟根、茎磷积累量大于GHY。90d后，LSY烤烟磷积累总量及茎、叶磷积累量大于GSY；GHY烤烟磷积累总量、叶磷积累量大于LHY。从磷在根、茎、叶分配比例看，磷主要分配给叶片，随烤烟生育进程，叶磷积累比例下降，但根、茎磷积累比例上升。

表2-6 不同处理的烤烟磷积累与分配比较

时间	处理	磷积累总量（kg/hm²）	磷积累量（kg/hm²）			磷分配比例（%）		
			根	茎	叶	根	茎	叶
30d	GSY	1.08±0.04a	0.05±0.01a	0.12±0.02a	0.91±0.04a	4.72±0.44	11.36±1.71	83.92±1.70
	LSY	0.98±0.04a	0.06±0.02a	0.12±0.01a	0.79±0.13a	6.63±0.50	12.54±0.73	80.83±0.24
	GHY	1.14±0.05b	0.08±0.01a	0.12±0.01b	0.95±0.04b	6.77±0.82	10.37±0.13	82.86±0.89
	LHY	1.37±0.06a	0.06±0.02a	0.15±0.03a	1.16±0.06a	4.71±0.16	10.80±1.89	84.50±2.00

（续表）

时间	处理	磷积累总量（kg/hm²）	磷积累量（kg/hm²）			磷分配比例（%）		
			根	茎	叶	根	茎	叶
60d	GSY	8.31±0.39a	1.62±0.26a	2.03±0.14a	4.65±0.24a	19.51±1.10	24.47±0.60	56.02±0.55
	LSY	8.89±0.43a	1.96±0.10a	2.36±0.44a	4.57±0.16a	22.06±1.27	26.44±4.04	51.50±2.79
	GHY	12.01±3.44a	2.40±0.35b	3.44±0.15b	6.16±2.96a	20.71±3.59	30.41±9.06	48.88±12.62
	LHY	13.11±0.15a	3.78±0.31a	4.97±0.42a	4.36±0.37a	28.80±2.10	37.90±2.95	33.30±3.15
90d	GSY	9.42±0.88b	3.00±0.23a	2.84±0.15b	3.58±0.52b	31.88±1.08	30.2±1.16	37.92±2.00
	LSY	13.82±0.51a	3.40±0.27a	4.49±0.26a	5.92±0.58a	24.58±1.32	32.60±2.85	42.82±2.94
	GHY	16.37±0.73a	4.02±0.30a	4.81±0.11a	7.54±0.99a	24.59±2.40	29.44±2.05	45.96±4.14
	LHY	14.89±1.08b	4.22±0.19a	5.77±0.64a	4.91±0.62b	28.48±3.30	38.66±1.58	32.86±2.07

（七）烤烟钾积累与分配特征及烟区间比较

由表2-7可知，在烤烟移栽后30d，LHY烤烟钾积累总量及茎、叶的钾积累量大于GHY。60d后，LSY烤烟钾积累总量及根、茎钾积累量大于GSY；LHY烤烟根钾积累量大于GHY。90d后，LSY茎钾积累量大于GSY。从钾在根、茎、叶分配比例看，钾主要分配给叶片，随烤烟生育进程，叶钾积累比例下降，至烤烟生长的中后期，叶钾积累比例稳定在50%左右。整体上看，桂阳烤烟叶钾积累比例大于耒阳，耒阳烤烟根钾积累大于桂阳，这可能与这两个烟区的烤烟根系类型和干物质多少有关。

表2-7　不同处理的烤烟钾积累与分配比较

时间	处理	钾积累总量（kg/hm²）	钾积累量（kg/hm²）			钾分配比例（%）		
			根	茎	叶	根	茎	叶
30d	GSY	10.61±0.19a	0.45±0.15a	1.79±0.08a	8.38±0.06a	4.22±0.42	16.82±0.51	78.96±0.93
	LSY	11.50±0.67a	0.60±0.13a	1.88±0.07a	9.02±0.64a	5.25±0.44	16.33±0.84	78.41±1.03
	GHY	12.08±0.13b	0.71±0.03a	1.84±0.17b	9.54±0.19b	5.84±0.32	15.19±1.33	78.98±1.46
	LHY	15.14±0.65a	0.70±0.10a	2.19±0.30a	12.25±0.41a	4.62±0.54	14.44±1.64	80.94±1.55
60d	GSY	86.01±3.36b	15.48±0.07b	22.05±0.16b	48.49±3.30a	18.01±0.73	25.66±0.93	56.33±1.65
	LSY	96.92±0.99a	17.27±0.40a	30.54±0.92a	49.11±2.28a	18.82±0.58	30.52±1.26	50.66±1.84
	GHY	125.34±7.18a	20.03±3.84b	39.06±2.32a	66.25±3.19a	16.45±2.48	33.05±9.57	50.5±11.93
	LHY	131.50±3.32a	28.87±1.19a	41.98±4.86a	60.65±6.65a	21.95±0.49	31.99±4.44	46.06±4.03
90d	GSY	116.32±2.96a	15.81±1.16a	31.86±0.58b	68.65±2.37a	13.58±0.79	27.40±0.67	59.01±1.19
	LSY	119.87±0.49a	16.85±0.49a	39.75±1.66a	63.27±0.77a	14.06±0.47	33.16±1.26	52.78±0.81
	GHY	169.56±8.07a	22.56±1.26a	58.00±3.30a	89.00±5.34a	13.76±3.13	34.99±5.26	51.65±8.34
	LHY	153.90±9.59a	22.61±1.01a	51.39±7.57a	80.40±4.29a	14.71±2.24	33.70±3.68	51.59±5.32

（八）烤烟养分利用效率特征及烟区间比较

由图2-2可知，同一产量水平下，不同烟区的氮利用效率指标差异不显著（N-LPE除外）；但丰产水平的烤烟N-FAE较适产水平高15.88%~19.27%，适产水平的烤烟N-HI较高产水平高4.86%~9.03%，丰产水平的烤烟N-FUE较适产水平高18.24%~

21.33%，丰产水平的烤烟 N-LPE 较适产水平高 3.64%~14.93%。由图 2-3 可知，从磷肥利用看，丰产水平烤烟的 P-FAE、P-FUE 大于适产水平烤烟，以桂阳丰产水平烤烟的 P-FAE、P-FUE 最高。从 P-HI 看，GHY>LSY>GSY>LHY；从 P-LPE 看，GSY>LHY>GHY>LSY。由图 2-4 可知，从钾肥利用看，丰产水平烤烟的 K-FAE、K-FUE 大于适产水平烤烟；同时，耒阳适产水平烤烟的 K-FAE 大于桂阳烤烟。从钾素吸收看，适产水平烤烟 K-HI、K-LPE 大于丰产水平烤烟；但只有桂阳适产水平烤烟的 K-HI、K-LPE 显著高于丰产水平。以上说明丰产水平的氮、磷、钾肥利用效率高。

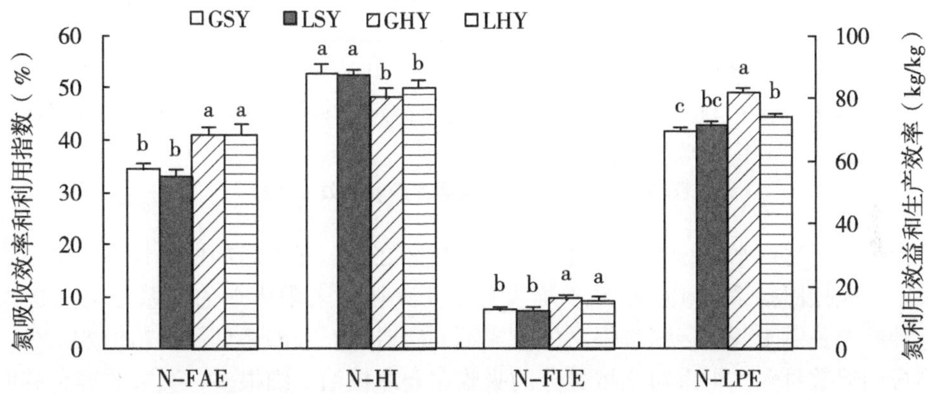

N-FAE. 氮肥吸收效率,%；N-FUE. 氮肥利用效益，kg/kg；N-LPE. 氮烟叶生产效率，kg/kg；N-HI. 氮收获指数,%。

图 2-2　不同烟区的烤烟氮素利用效率比较

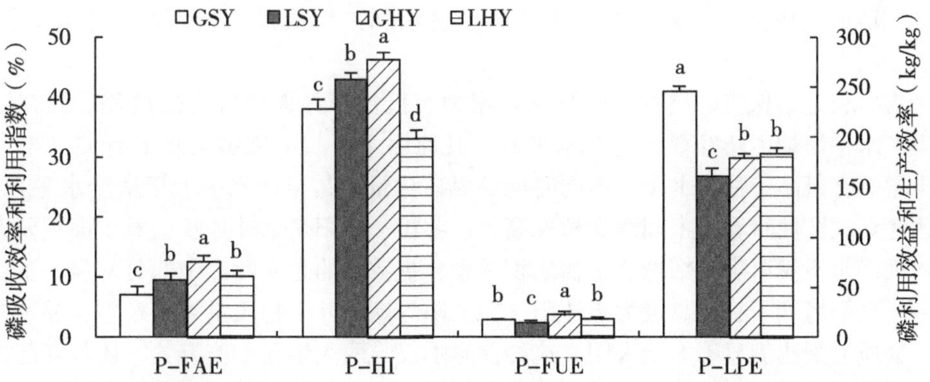

P-FAE. 磷肥吸收效率,%；P-FUE. 磷肥利用效益，kg/kg；P-LPE. 磷烟叶生产效率，kg/kg；P-HI. 磷收获指数,%。

图 2-3　不同烟区的烤烟磷素利用效率比较

四、讨论与结论

烤烟生产与根系生长发育、环境条件密切相关，根系好坏决定着烤烟产量和质量。土壤质地比土壤温度和水分对烤烟根系生长的影响更大。研究结果显示，丰产水平的烤烟根

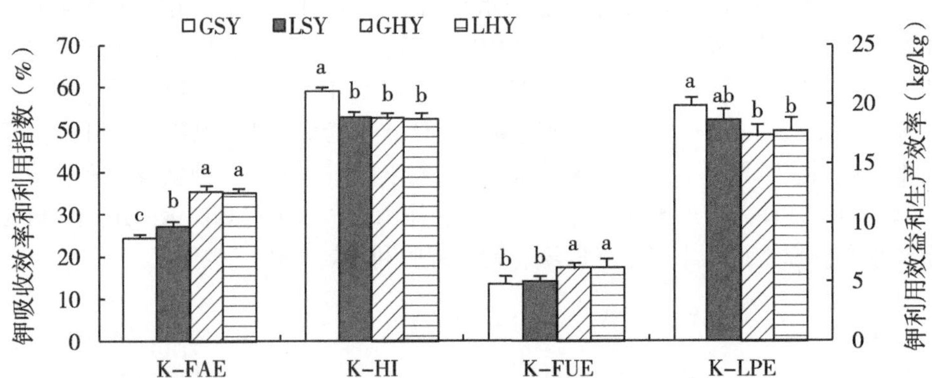

K-FAE. 钾肥吸收效率,%；K-FUE. 钾肥利用效益，kg/kg；K-LPE. 钾烟叶生产效率，kg/kg；K-HI. 钾收获指数,%。

图 2-4　不同烟区的烤烟钾素利用效率比较

系形态指标大于适产水平，这容易理解。不同烟区之间，桂阳烤烟根系长度、根系表面积大于耒阳，但桂阳根系体积、根系平均直径小于耒阳，耒阳烤烟的根系干物质也大于桂阳。这种差异是由于两烟区烤烟根系的组成不同所造成。耒阳烤烟侧根粗但数量少，桂阳烤烟侧根细但数量多。根系对土壤养分的吸收主要靠根毛，细根多，其吸收养分的面积就大。桂阳烟区和耒阳烟区烤烟产量和质量差异，其根系侧根组成不同可能是其原因之一。所以，评价烤烟根系的好与差，仅看根系的干物质重或根系体积会导致错误的判断。烤烟侧根粗细与土壤紧实度关系密切。在紧实土壤中的烤烟根系迫不得已增加自己的粗度为适应根系下扎，从而导致侧根粗而数量少。因此，稻茬烤烟种植，要尽量熟化土壤，减少土壤板结，增加土壤细度，减轻根系下扎的能量消耗，为根系生长创造一个良好的土壤环境。

烤烟生长是烟株将矿质营养转化、积累为有机营养并构建自身的过程。研究结果表明，丰产水平烤烟生长发育较适产水平好，其原因主要与土壤供氮水平有关（丰产水平烟田土壤铵态氮高于适产水平，不同时期的氮矿化量均是丰产水平大于适产水平）。从两大烟区烤烟农艺性状看，耒阳烤烟植株高大、茎粗，桂阳烤烟叶片长、宽、面积要大于耒阳。烤烟产量不仅取决于烟株总干物质积累量，更重要的是在叶片中的分配量。本研究结果显示，耒阳烤烟干物质总量大于桂阳，但桂阳烤烟的叶干物质量大于耒阳，导致桂阳烤烟叶干物质分配比例显著大于耒阳。这种差异不仅与两大烟区土壤有关，还与育苗方式有关。桂阳烟区采用两段育苗，移栽后返苗快，根系发育好，为烟叶发育打下良好的基础。耒阳烟区采用漂浮育苗，虽移栽期早，但返苗期长，加之土壤颗粒粗和土块大，根系早期发育受到抑制；植株虽然高大和茎粗，但叶片发育差。因此，南方稻茬烤烟移栽和伸根期处于低温阴雨天气，培育壮根苗，提高移栽质量，可促进早生快发，为烟叶优质丰产打下良好基础。

氮磷钾是烤烟生长发育的三大必要营养元素。烤烟质量与烟株对氮磷钾养分的吸收及其在烟株体内的分配密切相关，而烤烟对氮磷钾养分的吸收又受烤烟根系发育、农艺性状及土壤养分供应的影响。研究结果表明，烟株吸收的氮、磷、钾主要分配给叶片，这与多数人的研究结论一致；桂阳烟区的烤烟氮积累量大于耒阳，这可能与桂阳烟区土壤后期的供氮能力强、烤烟侧根中细根多有关；土壤后期供氮能力强，可能会引起烟叶的烟碱含量高，生产中要注意。桂阳烤烟叶钾积累比例大于耒阳，耒阳烤烟根钾积累大于桂阳，这也与桂阳烤烟根系中侧根多、吸收养分能力强有关。从稻茬烤烟对氮、磷、钾养分利用效率看，不同烟区差异不显著，丰产水平烤烟的氮、磷、钾肥利用效率高，但适产水平的氮、磷、钾素收获指数较高。适产水平烤烟的养分收获指数高，说明适产水平烤烟的养分积累总量虽不高，但在烟叶中分配比例高。稻茬烤烟生产中，如何将烟株吸收的氮、磷、钾养分更好地分配给烟叶，以提高烟叶产量和质量潜力，是烤烟栽培中要重视的问题。本研究干物质和养分积累采用的是移栽后90d数据，此以后烟株对氮磷钾养分的吸收和在不同器官之间的分配一直发生，会导致试验数据被低估，但本试验的数据仍然可以体现两地烤烟干物质和养分利用效率的主要差异，具有一定的参考价值。

综上所述，典型浓香型稻茬烤烟种植的郴州桂阳和衡阳耒阳烟区，其烤烟生长发育、干物质和养分积累与分配、养分利用效率存在差异。丰产水平较适产水平烤烟地上部生长发育好，根系发达，干物质和氮、磷、钾养分积累多，氮、磷、钾肥利用效率高；但适产水平的氮、磷、钾养分在烟叶中分配比例大，氮、磷、钾养分收获指数高。不同产区之间，耒阳烟区烤烟植株高大，茎粗，根粗，根与茎的干物质和养分积累多；桂阳烟区烤烟叶片面积大，侧根数量多，烟叶干物质和养分积累多。稻茬烤烟生产中，要针对稻茬烤烟土块大和低温阴雨天气，熟化土壤，细碎土壤，为烤烟根系生长创造一个良好的土壤环境，促进烤烟早生快发。

第二节　不同类型烟田稻茬烤烟生长与养分利用效率

一、研究目的

烤烟生物量是高产优质的前提，而烤烟养分吸收与分配又是生物量累积的基础。在烤烟栽培过程中，协调好烤烟干物质和养分积累及其在根、茎、叶器官中的分配比例，对培育“中棵烟”和实现烤烟优质适产意义深远。影响烤烟生长、干物质和养分积累与分配的因素有很多，土壤类型、土壤盐分、土壤水势、海拔、种植模式、施肥方式、耕作方式等均有重要的影响。烤烟产量和风格特征是品种、生态环境、栽培措施共同作用的结果。不同土壤类型的养分含量及各养分的贡献率不同，从而影响烤烟对养分的吸收与分配，进而影响烤烟生长发育和干物质积累及烟叶品质。马新明等（2003）发现不同类型土壤烟草根系生长虽有差异，但烟草根系干重的变化趋势相同。熊淑萍等（2004）发现调根剂在不同的土壤类型上对烟草根系的调节作用不同，应根据不同土壤类型选择使用。梁洪波等（2006）认为山东烟区石灰岩母质发育的土壤所产烟叶品质最好。李峥（2018）研究贵州毕节烟区认为土壤耕层质地与速效钾对烟叶感观质量的影响较大，在烟叶生产中要注重钾肥的分配。而有关湖南浓香型稻茬烤烟，特别是不同产量水平烟田的烤烟干物质和养分积累与分配特征的研究报道较少。鉴于此，本研究采用案例研究方法，以湖南浓香型稻茬烤烟为对象，研究了 3 种典型烟田的烤烟生长、干物质和养分积累与分配规律，及其烟叶养分利用效率，为优化湖南特色优质烟叶栽培技术提供理论依据。

二、材料与方法

（一）研究地点与烤烟种植概况

研究地点位于湖南省耒阳市马水镇稻茬烟田。烤烟大田期日平均温度、降水量、日照时数分别为 23.45℃、809.24mm、542.46h。烤烟品种为云烟 87。烤烟采用漂浮育苗，3 月 18 日大田移栽，烤烟种植密度为 16 500 株/hm^2，5 月 25 日现蕾打顶，并去除低脚叶 3~5 片，留叶数 16~18 片。烤烟施氮量为 180.00kg/hm^2，N：P_2O_5：K_2O =1：0.81：2.45。其他烤烟栽培管理措施按照耒阳市优质烤烟生产技术规程进行。

（二）调查田选取

采用典型案例方法，在烤烟团棵期（移栽后 30d），依据最近 3 年种植的烟叶产量水平和当年烟苗长势，选择 3 种典型烟田（经过长期在烤烟生产一线工作的技术员和具有丰富烤烟种植经验的烟农及研究人员多次磋商确定），其差异主要表现在土壤类型和产量水平不同，T1，保障烟田，烟叶产量 1 800~2 250kg/hm^2，土壤为黏性较重的水稻土；T2，适产烟田，烟叶产量 2 250~2 700kg/hm^2，土壤为中壤的水稻土；T3，丰产烟田，烟叶产量 2 700~3 150kg/hm^2，土壤为沙壤的水稻土。每类烟田选择 3 丘，面积不小于 1 000m^2。各烟田土壤养分状况见表 2-8。

表 2-8　不同处理烟田的土壤养分与氮矿化量

处理	土壤 pH 值	养分						氮矿化量（mg/kg）		
		有机质（g/kg）	全氮（g/kg）	全磷（g/kg）	全钾（g/kg）	铵态氮（mg/kg）	硝态氮（mg/kg）	30~60d	60~90d	90~120d
T1	7.33	20.70	1.40	1.70	11.90	2.86	34.57	34.07	46.54	66.42
T2	7.25	21.50	2.30	1.80	14.10	2.03	27.33	52.98	74.96	70.48
T3	6.41	18.10	1.30	1.50	7.30	4.53	35.63	54.51	92.40	78.98

（三）主要检测指标及方法

（1）烤烟根系生长指标测定：于移栽后 30d、60d、90d，每类型烟田选择 5 株长势均匀的烟株，小心连根土一起将植株挖取，用水浸泡，使根土分离并冲洗干净，用网筛承接根系，尽量保持根系完整。采用 LA-2400 多参数根系分析系统，测定根长、根表面积、根体积、根直径和根尖数。

（2）烤烟地上部生长指标测定：于移栽后 30d、60d、90d，每类型烟田定 10 株长势均匀的烟株，按照标准《烟草农艺性状调查测量方法》（YC/T 142—2010）测定农艺性状。

（3）烤烟干物质及全氮、全磷、全钾、烟碱含量测定：于移栽后 30d、60d、90d，每类型烟田选择 5 株长势均匀的植株，分为根、茎、叶片，在 105℃ 杀青 30min，80℃ 烘干至恒重后测定干物质量。植株用 H_2SO_4-H_2O_2 法消煮，全氮采用凯氏定氮法测定，全磷钼锑抗比色法测定，全钾火焰光度法测定；烟碱含量采用流动分析仪测定。

(4) 养分烟叶生产效率和收获指数计算：氮（磷、钾）烟叶生产效率（LPE，g/g）= 单株烟叶干物质量（90d）/植株氮（磷、钾）素积累总量。氮（磷、钾）收获指数（HI,%）= 单株烟叶中的氮（磷、钾）积累量（90d）/植株氮（磷、钾）积累量×100。

（四）统计分析方法

采用 Microsoft Excel 2003 和 SPSS17.0 进行数据处理和统计分析。采用 Duncan 法在 $P=0.05$ 水平下检验显著性。

三、结果与分析

（一）根系生长特征

由表 2-9 可知，在烤烟移栽后 30d、60d，T2 和 T3 烟田的烤烟根长度、根表面积、根体积、根平均直径显著高于 T1；3 类烟田间烤烟根尖数差异显著。在烤烟移栽后 90d，T3 根长度、根表面积、根体积、平均直径和根尖数较 T2 高 27.71%、28.23%、51.63%、12.21%、52.30%；较 T1 高 57.11%、51.34%、60.57%、44.66%、86.08%。表明丰产烟田烤烟根系发育最好，其次是适产烟田。

表 2-9　不同处理的烟草根系形态指标

时间	处理	根长度 (cm)	根表面积 (cm^2)	根体积 (cm^3)	根平均直径 (mm)	根尖数
30d	T1	187.24±25.65b	63.77±3.81b	2.50±0.50b	0.30±0.08b	619.33±38.00c
	T2	409.64±13.47a	208.83±19.81a	13.45±0.49a	0.48±0.04a	1 640.5±82.73b
	T3	425.08±39.12a	258.25±19.16a	14.06±1.19a	0.51±0.03a	2 174.5±46.78a
60d	T1	495.34±167.09b	317.66±20.85b	124.6±17.14b	0.67±0.11c	6 477.33±486.86b
	T2	1 269.76±173.66a	792.93±34.92a	232.92±7.66a	1.16±0.12b	15 576.00±766.35a
	T3	1 513.60±185.89a	822.96±89.78a	245.01±38.7a	1.42±0.13a	15 962.00±214.51a
90d	T1	1 363.58±144.34c	632.32±37.96c	223.68±20.07b	1.45±0.12b	68 188.50±6 710.96c
	T2	2 298.07±163.59b	932.70±27.54b	274.38±55.44b	2.30±0.13b	233 669.50±6 542.86b
	T3	3 178.98±191.75a	1 299.58±30.95a	567.29±33.27a	2.62±0.07a	489 889.00±5 959.30a

（二）地上部生长特征

由表 2-10 可知，在烤烟移栽后 30d，T2 和 T3 烟田的烤烟株高、茎围、节距、有效叶片数显著高于 T1；3 类烟田间烤烟最大叶面积差异显著。在烤烟移栽后 60d，T2 和 T3 烟田的烤烟株高、茎围、节距显著高于 T1；3 类烟田的烤烟有效叶片数差异不显著，但最大叶面积差异显著。在烤烟移栽后 90d，T3 株高、茎围、节距、有效叶片数、最大叶面积较 T2 高 5.40%、13.14%、6.08%、6.62%、16.87%；较 T1 高 21.52%、23.73%、30.42%、13.98%、28.08%。表明丰产烟田烤烟地上部分生长发育最好，其次是适产烟田。

表 2-10 不同处理的烟草地上部生长指标

时间	处理	株高（cm）	茎围（cm）	节距（cm）	叶片数	最大叶面积（cm^2）
30d	T1	10.13±0.95b	3.63±0.43b	1.15±0.24b	7.50±0.84b	298.86±18.15c
	T2	19.32±1.24a	5.68±0.41a	1.86±0.19a	9.25±0.96a	426.66±39.96b
	T3	21.44±1.13a	6.72±0.81a	2.30±0.47a	10.25±0.96a	621.16±51.02a
60d	T1	83.88±3.26b	7.52±0.69b	3.30±0.55b	17.33±0.58a	828.12±35.91c
	T2	103.00±2.12a	9.37±0.75a	4.58±0.42a	17.67±1.15a	1 260.84±36.67b
	T3	105.13±1.94a	10.76±0.49a	4.87±0.30a	18.00±1.00a	1 612.36±13.39a
90d	T1	82.33±3.91b	9.00±0.26b	3.66±0.23b	15.20±0.75b	1 440.75±65.19c
	T2	99.24±5.94a	10.25±0.71ab	4.94±0.13a	16.50±1.25ab	1 665.42±81.34b
	T3	104.90±3.20a	11.80±0.42a	5.26±0.25a	17.67±0.75a	2 003.38±54.88a

（三）烤烟干物质积累与分配特征

由表 2-11 可知，在烤烟移栽后 30d，T2 和 T3 处理干物质总量和各器官干物质量显著大于 T1 处理；在烤烟移栽后 60d、90d，T1、T2 和 T3 处理干物质总量和各器官干物质量差异显著。在烤烟移栽后 30d、60d、90d，T3 的总干物质较 T2 分别高 24.84%、68.28%、35.08%，较 T1 分别高 89.38%、144.00%、70.41%。干物质分配比例总体表现为叶>茎>根；在烤烟移栽后 30d，3 个处理间没有差异；在烤烟移栽后 60d、90d，T3 处理根干物质分配比例最高，叶干物质分配比例较低。表明丰产烟田烤烟干物质积累量大，其根系也发达。

表 2-11 不同处理的干物质积累与分配

时间	处理	总干物质（g/株）	干物质积累量（g/株）			干物质分配比例（%）		
			根	茎	叶	根	茎	叶
30d	T1	9.13±2.13b	0.68±0.27b	1.19±0.33b	7.27±1.67b	7.28±1.51a	13.11±2.56a	79.61±3.31a
	T2	13.85±2.34a	1.17±0.36a	1.85±0.58a	10.83±2.56a	8.36±1.18a	13.32±2.47a	78.31±2.73a
	T3	17.29±3.86a	1.27±0.26a	2.68±0.98a	13.34±2.85a	7.44±1.33a	15.29±2.72a	77.27±2.23a
60d	T1	108.74±20.70c	15.75±1.27c	30.54±6.74c	62.45±6.91c	14.91±3.39c	28.09±4.02a	57.00±5.77a
	T2	157.67±13.32b	34.57±7.80b	44.61±5.72b	78.49±6.32b	21.75±5.94b	28.22±4.84a	50.03±4.44a
	T3	265.33±25.74a	88.95±5.50a	71.44±3.38a	104.93±10.86a	33.61±4.21a	27.12±3.46a	39.15±4.45b
90d	T1	259.26±10.56c	57.78±2.09c	60.00±5.52c	141.48±11.3c	22.32±1.47b	23.14±1.92a	54.54±2.99a
	T2	327.07±11.97b	68.64±5.45b	87.53±1.90b	170.91±7.77b	20.95±1.60b	26.80±1.53a	52.25±1.21a
	T3	441.81±45.73a	107.69±5.16a	119.3±12.89a	214.82±29.45a	24.49±1.85a	27.00±0.58a	48.51±1.68b

（四）烤烟氮积累与分配特征

由表 2-12 可知，在烤烟移栽后 30d、60d、90d，T3 烟株氮素积累量较 T2 分别高 66.67%、64.71%、33.84%，较 T1 分别高 127.27%、73.45%、44.51%。氮素在烟株中的分配比例表现为叶>茎>根；在烤烟整个生育期，不同处理的根、茎、叶氮素分配比例差异不显著。

表 2-12　不同处理的氮积累与分配

时间	处理	烟株氮积累量（g/株）	氮积累量（g/株）			氮分配比例（%）		
			根	茎	叶	根	茎	叶
30d	T1	0.33±0.01c	0.02±0.01a	0.03±0.01b	0.29±0.01c	4.84±0.14b	7.86±0.15b	87.31±0.29a
	T2	0.45±0.01b	0.03±0.01a	0.04±0.01b	0.38±0.01b	6.17±0.08a	9.45±0.15a	84.38±0.24b
	T3	0.75±0.01a	0.03±0.01a	0.06±0.01a	0.65±0.01a	4.59±0.11b	8.21±0.32b	87.2±0.43a
60d	T1	2.26±0.42b	0.36±0.03c	0.60±0.13b	1.30±0.35b	16.57±3.72b	26.37±3.82a	57.06±5.83a
	T2	2.38±0.17b	0.47±0.15b	0.56±0.12b	1.35±0.01b	19.47±5.37b	23.57±4.18b	56.96±4.40a
	T3	3.92±0.42a	1.20±0.07a	1.05±0.05a	1.67±0.49a	30.93±4.48a	27.09±4.28a	41.97±8.70b
90d	T1	3.64±0.10b	0.77±0.03b	0.89±0.08b	1.98±0.20c	21.25±0.47a	24.35±1.60a	54.40±1.54a
	T2	3.93±0.16b	0.68±0.07b	0.93±0.02b	2.32±0.19b	17.30±1.95a	23.64±1.45a	59.06±2.51a
	T3	5.26±0.18a	1.01±0.05a	1.41±0.15a	2.84±0.21a	19.26±0.63a	26.74±1.99a	54.00±1.90a

（五）烤烟磷积累与分配特征

由表 2-13 可知，在烤烟移栽后 30d、60d、90d，T3 的烟株磷积累量较 T2 分别高 41.74%、55.05%、18.18%，较 T1 分别高 163.99%、73.19%、63.53%；但是，根、茎、叶磷积累量在不同时期表现不一致。磷素在烟株中的分配比例表现为叶 >茎 >根；在烤烟移栽后 30d、60d，不同处理的根、茎、叶磷素分配比例表现不一致；在烤烟移栽后 90d，不同处理的根、茎、叶磷素分配比例差异不显著。

表 2-13　不同处理的磷积累与分配

时间	处理	烟株磷积累量（mg/株）	磷积累量（mg/株）			磷分配比例（%）		
			根	茎	叶	根	茎	叶
30d	T1	30.77±0.87c	1.70±0.03b	2.69±0.01b	26.37±0.83c	5.53±0.07a	8.75±0.22b	85.71±0.29a
	T2	57.31±4.23b	3.36±0.26a	6.95±0.30a	47.00±3.86b	5.88±0.52a	12.15±0.42a	81.97±0.77b
	T3	81.23±3.64a	3.60±0.26a	8.72±1.57a	68.9±3.55a	4.43±0.15a	10.74±1.88ab	84.82±1.99a
60d	T1	450.33±92.11c	52.62±4.23c	100.47±22.18b	297.24±80.47a	12.07±2.89c	22.39±3.62b	65.53±5.34a
	T2	503.02±38.69b	94.73±29.59b	138.30±30.12b	269.99±11.12a	18.71±5.27b	27.40±4.63ab	53.89±4.30b
	T3	779.92±65.36a	228.61±14.12a	272.2±12.86a	279.11±82.1a	29.48±3.53a	35.15±4.63a	35.36±8.08c
90d	T1	599.64±21.50c	134.62±4.87c	196.20±18.07c	268.81±28.22c	22.46±0.55a	32.68±1.89a	44.87±1.64a
	T2	829.75±26.36b	175.71±19.07b	269.60±5.87b	384.44±30.63b	21.17±2.19a	32.53±1.72a	46.30±2.55a
	T3	980.60±44.37a	216.45±10.38a	349.55±37.76a	414.60±24.10a	22.08±0.77a	35.58±2.28a	42.34±1.94a

（六）钾积累与分配特征

由表 2-14 可知，在烤烟移栽后 30d、60d、90d，T3 的烟株钾素积累量较 T2 分别高 32.35%、53.93%、28.03%，较 T1 分别高 125.00%、83.75%、59.94%；其中，烤烟移栽后 30d、60d，烟株钾积累量表现为 T3 显著大于 T2 和 T1；移栽后 90d，3 个处理烟株钾积累量差异显著。钾素在烟株中的分配比例表现为叶>茎>根；在烤烟移栽后 30d，根、茎、叶钾分配比例差异不显著；移栽后 60d、90d，根、茎、叶钾分配比例表现不一致。

表 2-14 不同处理的钾积累与分配

时间	处理	烟株钾积累量（g/株）	钾积累量（g/株）			钾分配比例（%）		
			根	茎	叶	根	茎	叶
30d	T1	0.40±0.01b	0.02±0.01b	0.06±0.01b	0.32±0.01b	4.99±0.08a	13.99±0.50a	81.03±0.52a
	T2	0.68±0.05b	0.04±0.01a	0.10±0.01a	0.54±0.05ab	5.42±0.53a	15.40±1.15a	79.18±1.54a
	T3	0.90±0.04a	0.04±0.01a	0.13±0.02a	0.73±0.02a	4.35±0.51a	14.38±1.64a	81.27±1.54a
60d	T1	4.80±0.96b	0.52±0.04b	1.52±0.33b	2.77±0.75b	11.13±2.61b	31.64±4.44a	57.23±5.66a
	T2	5.73±0.45b	0.88±0.28b	1.83±0.40b	3.01±0.01ab	15.33±4.55ab	31.85±4.98a	52.82±4.15ab
	T3	8.82±0.96a	1.79±0.11a	3.16±0.15a	3.87±1.14a	20.46±3.04a	36.28±5.84a	43.25±8.83b
90d	T1	6.94±0.19c	0.71±0.03c	1.85±0.17c	4.39±0.80b	10.23±0.26b	26.58±1.75b	63.19±1.73a
	T2	8.67±0.34b	0.95±0.10b	2.66±0.06b	5.06±0.40ab	11.01±1.32b	30.73±1.77a	58.26±2.37b
	T3	11.15±0.41a	1.45±0.07a	3.40±0.37a	6.29±0.90a	13.04±0.47a	30.45±2.18a	56.51±2.09b

（七）烤烟烟碱积累与分配特征

由表 2-15 可知，在烤烟移栽后 30d、60d、90d，T3 的烟碱积累量较 T2 分别高 32.20%、15.30%、25.24%，较 T1 分别高 44.51%、24.99%、21.81%；其中，移栽后 30d，烟株烟碱积累量与根、叶烟碱积累量表现为 T3 大于 T2 和 T1；移栽后 60d，烟株总烟碱含量和茎部烟碱积累量表现为 T3 显著大于 T1，根部烟碱积累量表现为 T3>T2>T1；移栽后 90d，烟株总烟碱含量和根、叶烟碱积累量表现为 T3 大于 T2 和 T1，茎烟碱积累量表现为 3 个处理差异显著。从烟碱分配比例看，在烤烟移栽后 60d、90d，烟叶的烟碱分配比例是 T1>T2>T3。可见，丰产烟田的烤烟烟碱积累量虽高，但其分配给烟叶的比例却相对较低。

表 2-15 不同处理的烟碱积累与分配

时间	处理	烟株烟碱积累量（mg/株）	烟碱积累量（mg/株）			烟碱分配比例（%）		
			根	茎	叶	根	茎	叶
30d	T1	10.74±1.49b	3.45±0.62c	3.91±0.82a	3.39±2.94b	32.82±10.37b	37.25±12.82a	29.93±23.19a
	T2	11.74±2.03b	5.62±0.06b	3.36±0.76a	2.77±1.57b	48.88±9.19ab	28.69±4.40b	22.42±10.64a
	T3	15.52±1.60a	8.10±0.58a	2.22±0.65a	5.20±1.92a	52.66±7.84a	14.30±3.67c	33.04±9.99a
60d	T1	1 717.71±117.81b	102.40±8.22c	91.61±20.22b	1 523.69±42.52a	6.23±1.71c	5.41±1.17a	88.35±2.57a
	T2	1 862.01±152.50ab	176.33±55.07b	115.99±25.26ab	1 569.69±26.51a	9.43±2.76b	6.22±1.28a	84.35±2.68a
	T3	2 146.93±185.13a	311.34±19.23a	135.74±6.41a	1 699.85±50.03a	15.16±4.40a	6.63±2.03a	78.21±6.42a
90d	T1	5 425.01±44.12b	629.79±22.76b	282.01±25.97c	4 513.21±220.04b	11.61±0.34a	5.20±0.44b	83.2±0.68a
	T2	5 276.62±65.55b	576.55±62.57b	411.41±18.96b	4 288.67±341.74b	10.96±1.43a	7.82±0.61ab	81.22±1.74ab
	T3	6 608.35±92.57a	701.04±33.61a	644.22±69.59a	5 263.09±146.08a	10.61±0.41a	9.74±0.92a	79.65±1.12b

（八）烟叶生产效率特征

氮、磷、钾烟叶生产效率是用来描述烤烟对氮、磷、钾养分的利用效率。由图 2-5 可知，3 个处理间的 N-LPE、P-LPE、K-LPE 差异不显著，表明不同烟田的烤烟，其单位干物质积累量所需的氮、磷、钾量没有差异。

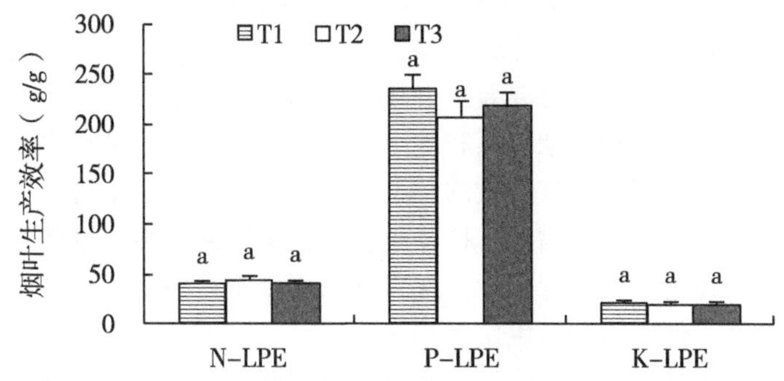

N-LPE（g/g）-（氮烟叶生产效率）（%）；P-LPE（g/g）-（磷烟叶生产效率）；K-LPE（g/g）-（钾烟叶生产效率）。

图 2-5 不同烤烟产量水平的氮磷钾烟叶生产效率

（九）烟叶收获指数特征

氮磷钾烟叶收获指数是指烤烟吸收的氮磷钾被转运到叶片中的百分数，即氮磷钾在叶片中的分配比例。由图 2-6 可知，3 类烟田的烤烟氮收获指数表现为 T2 显著大于 T1、T3；磷收获指数表现为 T2 显著大于 T3，T1 与 T2、T3 差异不显著；表明适产烟田烤烟对氮、磷的收获指数高。钾收获指数是 T1 显著大于 T3，T2 与 T1、T3 差异不显著，以保障烟田烤烟对钾收获指数高；可见保障烟田的烟叶钾含量高。

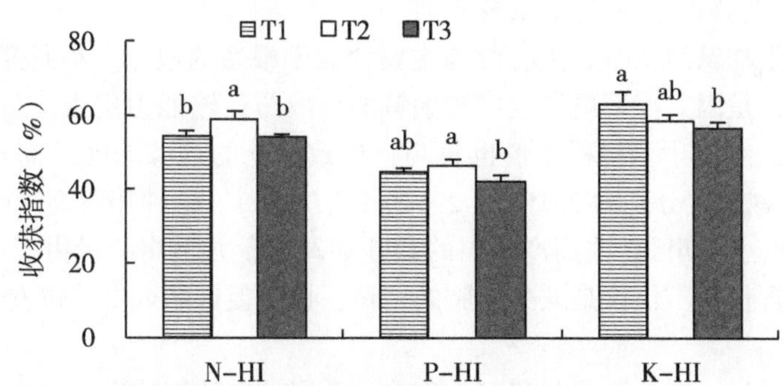

N-HI（%）-（氮收获指数）（%）；P- HI（%）-（磷收获指数）；K- HI（%）-（钾收获指数）。

图 2-6 不同烤烟产量水平的氮磷钾收获指数

四、讨论与结论

氮素是影响烤烟产量和品质的重要因素，烟株在土壤中可直接吸收的氮素主要是硝态氮和铵态氮，土壤氮矿化量在一定程度上反映了土壤对植物氮素的供应能力。本研究中，T3 处理土壤为沙壤土，其总氮含量虽低于其他处理，但其铵态氮含量和氮矿化量远高于其他处理，说明土壤供氮能力强，因而烤烟根系和地上部生长发育优于其他处理。与此同时，沙壤土质地较疏松、孔隙度高、透气性好，有利于大田前期（伸根期、旺长期）土壤温度升高，也有利于烤烟根系和地上部的生长发育。烟株良好的生长发育是其产量和品质形成的前提，T3 处理的烤烟表现为丰产水平。相反，T1 处理的土壤质地较黏重，虽保水保肥力强，但土块颗粒大而硬，通气性差，春季土壤升温慢，不利于烤烟早生快发，因而烤烟根系和地上部生长发育相对要差，产量表现为保障水平。可见，不同类型土壤的质地和理化性质有很大差别，对烤烟根系和地上部生长发育影响差别也大，表现为不同的烤烟产量水平。因此，对土壤质地较黏重的稻茬烟田，实行秸秆全量还田，在晚稻收获后及早冬翻掩埋水稻秸秆，促进秸秆腐熟，提高土壤有机质和通透性，以熟化土壤，将保障烟田改良成丰产烟田。在烤烟田间管理中，保障烟田更要重视中耕培土，以提高土壤通气性和促进土壤温度升高，促进烤烟早生快发。

作物干物质积累量是衡量作物生长发育状况及代谢强弱的重要生理生化指标。烤烟光合产物并不是平均分配给各器官，研究表明烤烟各生育时期干物质分配均表现为叶>茎>根，这与刘卫群等（2004）、邓小华等（2020）的研究结果是一致的。本研究中 T3 处理干物质积累量更多，与其烤烟根系发育较好和土壤供氮能力较强有关。因此，烤烟的促早生快发主要是促进烤烟早发根、多发根，以提高烤烟对肥料的吸收与利用率，为烟叶产量和质量奠定基础。

氮磷钾是烤烟生长发育的三大必要营养元素。烤烟质量与烟株对氮磷钾养分的吸收及其在烟株体内的分配密切相关。烟株吸收的氮、磷、钾主要分配给叶片，与张翔等（2012）、邓小华等（2020）的研究一致。氮、磷、钾在叶中分配比例均随着生育进程而降低，这可能与现行田间管理措施注重地上部生长，前期施氮量过大有关。这也是南方稻茬烤烟施氮量大、肥料利用率低的重要原因。

烟碱占烟草生物碱的90%以上，烟碱主要合成于根系的根冠。本研究中 T3 处理烤烟的烟碱积累较多，是因其根系更发达，对烟碱的合成与运输能力更强。虽然 T3 处理烟株烟碱总积累量大，但烟叶干物积累量也较高，导致烟叶的烟碱浓度反而较低（90d，T1、T2、T3 的烟叶烟碱浓度分别为 3.19%、2.51%、2.45%）。这种相对高产带来的烟碱“稀释效应”，是我国南方烟区一些高产烟田的烟叶烟碱含量并不高的缘由。因此，南方烟区要降低烟叶烟碱含量，不仅仅是减少氮肥的用量，也要促进烤烟早生快发，保证烟叶产量在适当水平。

从稻茬烤烟对氮、磷、钾养分利用效率看，不同处理的烟叶生产效率差异不显著，但 T2 处理的氮、磷收获指数显著高于 T3 处理。适产烟田烤烟的氮、磷养分收获指数高，说明适产烟田烤烟的氮、磷养分积累总量虽不高，但在烟叶中分配比例高。T1 处理的钾素收获指数较高，与其土壤全钾含量较高有关。稻茬烤烟生产中，如何将烟株吸收的氮、磷、钾养分更好地分配给烟叶，以提高烟叶产量和质量潜力，是烤烟栽培中要重视的问题。

以上分析表明，不同类型烟田的土壤质地、理化特性和供氮能力不同，导致稻茬烤烟生长发育和物质积累存在差异。丰产烟田的烤烟根系发达、数量多、吸收表面积大，茎秆粗壮，叶面积大，更有利于养分的吸收和运输及光合作用，其烤烟干物质和氮、磷、钾养分积累多，为优质丰产奠定了基础。丰产烟田的烤烟的根部干物质分配比例高于保障烟田，保障烟田烤烟的叶部干物质分配比例高于丰产烟田。保障烟田烤烟的叶部烟碱分配比高于丰产烟田。适产烟田烤烟的烟叶氮、磷、钾收获指数较高。稻茬烤烟生产要选择适宜土壤类型，实行秸秆全量还田以提高土壤有机质，及早冬翻晒垡促进土壤熟化，重视中耕培土以提高土壤通气性和地温，促进烤烟早生快发。

第三节　不同追肥氮量稻茬烤烟生长与养分利用效率

一、研究目的

氮肥施用是保证作物产量、改善作物品质的重要栽培措施，但不合理施氮会造成氮利用率低和污染环境的不良后果。烤烟氮素需求为“伸根期少、旺长期多、成熟期控”，而烤烟氮肥管理上片面理解“少时富、老来贫”的重基肥轻追肥现象，导致氮肥施用与烤烟的氮素需求规律不一致，在低温阴雨的南方稻作烟区更加突出。湖南 3—5 月的稻茬烤烟大田前期，降水量多而集中，传统重施基肥氮方式，一方面大田前期氮素供应量大，而烟苗小，吸收量有限，导致土壤固定和氮肥随降雨径流损失较多，造成氮肥利用率低和污染环境；另一方面在烤烟旺盛生长期氮素供应不足影响生长，进而影响烟叶产量和品质。研究表明，移栽前一次性施肥，有可能抑制烟株根系前期生长，而不利于烟株在旺长期的发育（李文卿等，2010）。近年来，南方稻茬烟区传统施氮习惯正逐渐改变，由重施基肥氮向适当减少基肥氮并结合分次追施转变，但关注重点是对烤烟产量和品质的影响，而关于追肥施氮量对稻茬烤烟养分积累及利用效率影响的研究少有报道。据此，研究湘南典型稻茬烟区追施氮量对烤烟生长以及对氮磷钾积累动态和养分利用效率的影响，为稻茬烟区制定化肥减施策略提供理论依据。

二、材料与方法

（一）试验地点与材料

试验于 2019 年在湖南省耒阳市马水镇烟稻轮作田进行（26. 65°N，113. 06°E）。烤烟品种为云烟 87。试验地土壤为水稻土，全氮 2. 30g/kg，全磷 1. 80g/kg，全钾 14. 50g/kg，铵态氮 7. 82mg/kg，硝态氮 13. 86mg/kg，pH 值 7. 25，有机质 23. 20g/kg。施用的肥料包括生物发酵饼肥（氮、磷、钾比例为 5. 0：0. 8：1. 0），烟草专用基肥（氮、磷、钾比例为 8. 0：10. 0：11. 0），烟草专用提苗肥（氮、磷、钾比例为 20. 0：9. 0：0. 0），烟草专用追肥（氮、磷、钾比例为 10. 0：0. 0：32. 0），含钾 50. 0%的硫酸钾肥，含氮 13. 0%和含钾 46. 0%硝酸钾肥，含磷 12. 0%钙镁磷肥。

（二）试验设计

试验设 3 个追施氮量处理，基肥氮（94. 50kg/hm^2）和磷肥（145. 35kg/hm^2）、钾肥（442. 50kg/hm^2）保持一致。T1 为追肥氮 67. 50kg/hm^2，基追肥氮比例为 0. 59：0. 41，总施氮量为 162. 00kg/hm^2，相当于减施氮肥总量 10%；T2 为追肥氮 86. 50kg/hm^2，基追肥氮比例为 0. 53：0. 47，总施氮量为 180. 00kg/hm^2，当地推荐施肥；T3 为追肥氮 103. 50kg/hm^2，基追肥氮比例为 0. 48：0. 52，总施氮量为 198. 00kg/hm^2，相当于增施氮

肥总量10%。3次重复，小区面积60m^2，随机区组排列。种植密度为16 500株/hm^2。烟草专用基肥900.00kg/hm^{2}在起垄时作基肥条施，生物发酵饼肥450.00kg/hm^{2}和钙镁磷肥375.00kg/hm^{2}在移栽前10d穴施；烟草专用提苗肥在烟苗移栽时（15.00kg/hm^2）和第1次追肥时（60.00kg/hm^2）分2次兑水浇施；烟草专用追肥（T1为420kg/hm^2、T2为600.00kg/hm^2、T3为780.00kg/hm^2）分4次兑水浇施；硫酸钾肥（T1为340.20kg/hm^2、T2为225.00kg/hm^2，T3为109.80kg/hm^2）分2次兑水浇施；硝酸钾肥75.00kg/hm^{2}在第2次追肥时兑水浇施。两段育苗，3月28日大田移栽，5月25日现蕾打顶，并去除低脚叶4~5片，留叶数16~18片。其他栽培管理措施同衡阳市优质烤烟生产技术规程。

（三）主要检测指标及方法

（1）农艺性状与叶面积指数：每小区定5株烟进行观察，于移栽后30d、60d、90d，按照《烟草农艺性状调查测量方法》（YC/T 142—2010）测定株高、茎围、节距、叶片数、最大叶长、最大叶宽等。每小区分别选择10株长势均匀一致的烟株测量所有烟叶的长和宽，计算单株叶面积=叶长×叶宽×0.6345。

（2）根系形态：于移栽后30d、60d、90d，每小区选择3株长势均匀一致的烟株，小心连根土一起将植株挖取，用水浸泡，使根土分离并冲洗干净，用网筛承接根系，尽量保持根系完整。采用LA-2400多参数根系分析系统，测定根长、根表面积、根体积、根直径及根尖数。

（3）烤烟干物质及全氮、全磷、全钾含量：于移栽后30d、60d、90d，每小区选择5株长势均匀一致的植株，分为根、茎、叶片，在105℃杀青30min，80℃烘干至恒重后测定干物质量。植株用H_2SO_4-H_2O_2法消煮，全氮采用凯氏定氮法测定，全磷钼锑抗比色法测定，全钾火焰光度法测定烟株烟叶适熟采收并单独杀青，分别统计在60d和90d的烟叶干物质量。

（四）主要参数计算方法

（1）叶面积指数（Leaf area index，LAI）=单株叶面积（m^2）×1 100÷666.7（m^2）。

（2）单位面积干物质积累量（kg/hm^2）=单株干物重（g）×种植密度/1 000。

（3）单位面积氮（磷、钾）积累量（kg/hm^2）=不同时期单株干物重（g）×单株含氮（磷、钾）量（%）×种植密度/1 000。

（4）干物质（氮、磷、钾）分配率（%）=某器官干物质（氮、磷、钾）量/植株干物质（氮、磷、钾）总量×100。

（5）氮（磷、钾）肥吸收效率（Fertilizer absorption efficiency，FAE,%）=单位面积烟株氮（磷、钾）积累量（90d）/单位面积施氮（磷、钾）量×100。

（6）氮（磷、钾）肥利用效益（Fertilizer utilization efficiency，FUE，kg/kg）=单位面积烟叶干物质量（90d）/单位面积施氮（磷、钾）量。

（7）氮（磷、钾）烟叶生产效率（Leaf production efficiency，LPE，kg/kg）=单位面积烟叶干物质量（90d）/单位面积植株氮（磷、钾）素积累总量。

（8）氮（磷、钾）收获指数（Harvest index，HI,%）=单位面积烟叶中的氮（磷、钾）积累量（90d）/单位面积植株氮（磷、钾）积累量×100。

（五）统计分析方法

采用 Microsoft Excel 2003 和 SPSS17.0 进行数据处理和统计分析。采用 Duncan 法在 $P=0.05$ 水平下检验显著性。

三、结果与分析

（一）对烤烟农艺性状的影响

由表 2-16 可知，烤烟移栽 30d，农艺性状指标均表现为 T3>T2>T1；但不同处理的叶片数差异不显著，株高、茎围、节距和最大叶面积表现为 T3 显著高于 T1。移栽 60d，农艺性状指标均表现为 T3>T2>T1；节距和最大叶面积表现为 T3 显著高于 T1、T2，其他指标差异不显著。移栽 90d，农艺性状指标均表现为 T3>T2>T1；茎围、节距表现为 T3 显著高于 T1，其他指标差异不显著。从叶面积指数看，烤烟移栽 30d，T3 叶面积指数较 T2、T1 分别高 20.90%、27.36%；移栽 60d，T3 叶面积指数较 T2、T1 分别高 6.42%、17.40%；移栽 90d，T3 叶面积指数较 T2、T1 分别高 2.38%、10.58%。T3 叶面积指数在 3 个取样时期均显著高于 T1，但 T2 叶面积指数与 T1、T3 差异不显著。表明增加追肥施氮量可改善烤烟农艺性状。

表 2-16　不同施氮量对烤烟农艺性状的影响

时间	处理	茎围（cm）	节距（cm）	株高（cm）	叶片数（片）	最大叶面积（cm^2）	叶面积指数
30d	T1	5.57±0.34b	1.08±0.26b	17.35±2.00b	9.17±0.75a	436.84±40.06b	1.46±0.18b
	T2	5.60±0.42b	1.78±0.23ab	20.03±2.07ab	9.67±1.03a	443.56±54.68b	1.59±0.25ab
	T3	6.23±0.50a	2.20±0.30a	23.35±3.23a	10.00±1.26a	599.20±85.85a	2.01±0.28a
60d	T1	9.29±0.65a	4.75±0.25b	95.10±8.26a	12.67±1.15a	1 052.94±121.94b	4.89±0.40b
	T2	9.37±0.75a	4.35±0.50b	95.67±12.79a	13.67±2.52a	1 237.54±47.97b	5.54±0.43ab
	T3	9.70±0.82a	5.44±0.19a	101.83±8.40a	14.33±1.53a	1 311.4±122.02a	5.92±0.41a
90d	T1	9.53±0.31b	4.88±0.14b	93.13±4.44a	8.33±0.58a	1 126.45±313.98a	4.14±0.16b
	T2	10.07±0.32ab	5.12±0.20ab	101.8±6.42a	8.33±0.58a	1 199.84±127.31a	4.52±0.35ab
	T3	11.03±0.47a	5.70±0.17a	112.23±5.05a	8.67±0.58a	971.51±220.45a	4.63±0.11a

注：烤烟在移栽后 60d 已打顶和采摘 1 房烟叶；烤烟在移栽后 90d 已采收 2 房烟叶。

（二）对烤烟根系的影响

由表 2-17 可知，烤烟移栽 30d，根形态指标表现为 T3>T2>T1（根体积和根平均直径除外）；不同处理的根表面积、根体积和根平均直径差异不显著，根长度、根尖数表现为 T3 显著高于 T1 和 T2 处理。移栽 60d，根形态指标表现为 T3>T2>T1（根平均直径除外）；不同处理的根平均直径差异不显著，但不同处理的根尖数差异显著；T3 根表面积显著高于 T1、T2；T3 根长度和根体积显著高于 T1。在移栽 90d，根形态指标均表现为 T3>T2>T1；不同处理的根平均直径差异不显著，T3 根长度、根体积和根尖数显著高于 T1、

T2，T3 根表面积显著高于 T1。表明增加追肥施氮量可促进根系发育。

表 2-17　不同施氮量对烤烟根系形态指标的影响

时间	处理	根尖数	根平均直径（mm）	根长度（cm）	根表面积（cm^2）	根体积（cm^3）
30d	T1	1 625. 00±88. 76b	0. 50±0. 07a	414. 32±36. 64b	213. 23±8. 99a	12. 57±2. 40a
	T2	1 677. 67±86. 98b	0. 47±0. 06a	442. 01±56. 13b	216. 49±14. 97a	13. 17±0. 60a
	T3	2 216. 00±290. 95a	0. 52±0. 03a	608. 83±35. 41a	226. 47±9. 36a	10. 77±2. 14a
60d	T1	8 680. 33±548. 00c	1. 27±0. 11a	1 135. 55±118. 48b	516. 28±72. 27b	215. 99±20. 75b
	T2	14 637. 67±2 049. 73b	1. 21±0. 13a	1 332. 75±120. 9ab	747. 92±81. 77b	259. 48±12. 59ab
	T3	25 856. 00±2 177. 12a	1. 31±0. 10a	1 568. 79±71. 40a	1 300. 48±186. 59a	301. 81±18. 64a
90d	T1	30 835. 67±548. 85b	2. 10±0. 02a	2 264. 63±284. 76b	792. 09±36. 57b	268. 42±13. 76b
	T2	62 642. 00±662. 81b	2. 17±0. 23a	2 381. 69±185. 36b	915. 41±35. 71ab	254. 90±51. 72b
	T3	127 287. 33±1 415. 5a	2. 29±0. 20a	2 776. 52±218. 57a	1 086. 88±107. 96a	410. 30±12. 77a

（三）对烤烟干物质积累与分配影响

由表 2-18 可知，烤烟干物质分配比例为叶>茎>根，且随烤烟生育进程发展，根、茎干物质分配比例增加，叶干物质分配比例降低；根、茎、叶干物质分配比例处理间差异不显著。烤烟移栽 30d，烟株总干物质和根、茎、叶干物质积累量均表现为 T3>T2>T1，且 T3 显著高于 T1、T2。移栽 60d，烟株总干物质和根、茎、叶干物质积累量均表现为 T3>T2>T1，T3 总干物质和根、茎干物质积累量显著高于 T1、T2，T3 叶干物质积累量显著高于 T1。移栽 90d，烟株总干物质和根、茎、叶干物质积累量均表现为 T3>T2>T1；其中，总干物质和茎干物质积累量各处理间差异显著，T3 根干物质积累量显著高于 T1，叶干物质积累量表现为 T2、T3 显著高于 T1。表明增加追肥施氮量可促进烟株干物质积累，但不影响干物质在根、茎、叶中分配比例，烤烟干物质在根、茎、叶中的分配比例与生育进程有关。

表 2-18　不同施氮量对烤烟干物质积累与分配的影响

时间	处理	总干物质（kg/hm^2）	干物质积累量（kg/hm^2）			干物质分配比例（%）		
			根	茎	叶	根	茎	叶
30d	T1	198. 97±32. 08b	19. 12±6. 04b	27. 75±5. 76b	152. 11±24. 49b	9. 61±2. 61a	13. 89±1. 33a	76. 51±2. 08a
	T2	228. 56±55. 14b	19. 36±6. 00b	30. 53±9. 57b	178. 67±42. 23b	8. 37±1. 18a	13. 32±2. 47a	78. 31±2. 73a
	T3	307. 86±56. 15a	24. 64±4. 98a	50. 46±10. 69a	232. 76±42. 08a	8. 01±0. 66a	16. 34±1. 19a	75. 65±1. 70a
60d	T1	3 370. 47±139. 72b	768. 91±81. 04b	837. 81±116. 19b	1 763. 75±36. 14b	22. 83±2. 57a	24. 97±4. 28a	52. 20±4. 78a
	T2	3 507. 25±275. 30b	845. 48±96. 42b	846. 09±140. 01b	1 815. 68±54. 59ab	24. 31±4. 20a	24. 03±2. 56a	51. 66±4. 10a
	T3	4 292. 52±353. 25a	1 202. 68±126. 79a	1 095. 14±85. 80a	1 994. 71±47. 90a	28. 29±5. 23a	25. 59±2. 30a	46. 11±6. 47a
90d	T1	4 066. 85±36. 18c	987. 21±104. 99b	1 298. 69±86. 13c	1 780. 95±157. 18b	24. 26±2. 38a	31. 92±1. 86a	43. 82±4. 22a
	T2	4 952. 76±213. 94b	1 132. 51±122. 90ab	1 444. 30±31. 44b	2 375. 96±193. 85a	22. 85±2. 00a	29. 22±1. 92a	47. 94±2. 32a
	T3	5 781. 40±291. 75a	1 521. 76±47. 09a	1 861. 81±80. 97a	2 397. 83±259. 46a	26. 39±2. 17a	32. 21±0. 35a	41. 39±2. 45a

（四）对氮积累与分配的影响

由表2-19可知，在烤烟移栽30d，T3的烟株和根、茎、叶的氮积累量均显著高于T1、T2；在移栽60d、90d，烟株和根、茎、叶氮积累量均表现为T3>T2>T1，且各处理间差异达到显著水平；表明随追肥施氮量增加，烟株氮积累量增加。在烤烟整个生育期，从氮分配比例上来看，叶>茎>根；T1和T2处理烟株根的氮分配比例以移栽后60d最高，3个处理茎的氮分配比例随时间呈增加趋势，叶的氮分配比例则呈降低趋势。在烤烟移栽后90d，增施追肥氮可增加根的氮积累比例，减少烟叶的氮积累比例。

表2-19 不同施氮量对烤烟氮积累与分配的影响

时间	处理	氮积累总量（kg/hm²）	氮积累量（kg/hm²）			氮分配比例（%）		
			根	茎	叶	根	茎	叶
30d	T1	6.41±0.17b	0.42±0.02b	0.68±0.05b	5.31±0.14b	6.53±0.21a	10.54±0.04b	82.93±0.25b
	T2	7.90±0.14b	0.46±0.05b	0.70±0.04b	6.75±0.17b	5.79±0.14a	8.85±0.24c	85.36±0.38a
	T3	10.62±0.15a	0.62±0.05a	1.36±0.11a	8.64±0.10a	5.87±0.36a	12.79±0.08a	81.34±0.28b
60d	T1	37.53±0.91c	9.26±0.28c	8.23±0.57c	20.05±0.06c	24.66±0.14a	21.90±1.00a	53.44±1.14b
	T2	52.86±0.34b	11.01±0.26b	10.65±0.10b	31.20±0.70b	21.42±0.63b	19.99±0.32a	58.58±0.94a
	T3	66.63±1.19a	19.04±0.55a	14.09±0.47a	33.50±2.21a	25.34±1.10a	18.28±0.90a	56.38±2.00a
90d	T1	45.73±1.66c	9.89±1.19c	12.76±0.75c	23.08±0.28c	17.99±2.05b	29.16±0.61a	52.85±2.66a
	T2	58.72±0.49b	11.24±0.54b	15.24±0.35b	32.24±0.40b	19.14±0.75b	25.96±0.39b	54.90±1.14a
	T3	74.09±1.77a	19.43±0.51a	19.99±0.67a	34.67±0.58a	26.22±0.06a	26.99±0.27b	46.79±0.33b

（五）对磷积累与分配的影响

由表2-20可知，烤烟移栽30d，T3烟株和叶的磷积累量显著高于T1、T2；移栽60d，T3烟株和根、茎的磷积累量显著高于T1、T2，T2、T3叶的磷含量显著高于T1；移栽90d，T3烟株以及根和叶的磷积累量显著高于T1、T2，茎的磷积累量表现为T3显著高于T1；表明增加追肥施氮量可促进烟株对磷元素的吸收。从磷分配比例上来看，烤烟整个生育期均表现为：叶>茎>根；随烤烟生育进程，根和茎的磷积累比例表现增加的趋势，叶的磷积累比例减少；至移栽后90d，不同追肥施氮量对根、茎、叶的磷积累比例的影响不显著。

表2-20 不同施氮量对烤烟磷积累与分配的影响

时间	处理	磷积累总量（kg/hm²）	磷积累量（kg/hm²）			磷分配比例（%）		
			根	茎	叶	根	茎	叶
30d	T1	0.82±0.01b	0.07±0.01a	0.10±0.01a	0.65±0.01b	8.75±0.54a	11.86±1.63a	79.38±1.10a
	T2	0.95±0.07b	0.06±0.01a	0.11±0.01a	0.77±0.06b	5.89±0.52b	12.16±0.43a	81.95±0.78a
	T3	1.39±0.10a	0.07±0.01a	0.18±0.05a	1.14±0.08a	5.39±0.62b	12.86±3.09a	81.75±2.61a
60d	T1	10.18±0.44b	2.07±0.14b	2.54±0.13b	5.58±0.42b	20.32±0.97b	24.98±2.18b	54.70±1.75a
	T2	11.16±0.68b	2.31±0.20b	2.60±0.85b	6.25±0.21a	20.73±1.20b	23.31±7.02b	55.96±5.99a
	T3	13.92±0.93a	3.37±0.37a	4.13±0.10a	6.42±0.66a	24.15±1.18a	29.79±2.49a	46.06±2.10b

（续表）

时间	处理	磷积累总量（kg/hm²）	磷积累量（kg/hm²）			磷分配比例（%）		
			根	茎	叶	根	茎	叶
90d	T1	12.34±0.37b	2.96±0.19b	4.29±0.17b	5.09±0.22b	23.95±1.15a	34.80±1.69a	41.25±0.62a
	T2	13.70±0.40b	3.05±0.03b	4.81±0.66ab	5.84±0.96b	22.27±0.46a	35.18±5.51a	42.56±5.91a
	T3	17.15±1.48a	3.83±0.16a	5.85±0.92a	7.47±0.56a	22.45±2.13a	33.97±2.47a	43.58±0.54a

（六）对烤烟钾积累与分配的影响

由表 2-21 可知，烤烟移栽 30d，T3 烟株和根、茎、叶的钾积累量均显著高于 T1、T2；移栽 60d、90d，烟株和根、茎、叶的钾积累量均表现为 T3>T2>T1，且各处理间差异显著；表明增加追肥施氮量可促进烟株对钾元素的吸收。钾的分配比例均表现为叶>茎>根；随烤烟生育进程，根的钾积累比例以移栽后 60d 最高，茎的钾积累比例增加，叶的钾积累比例减少；不同追肥施氮量对根、茎、叶的钾积累比例的影响不显著。

表 2-21　不同施氮量对烤烟钾积累与分配的影响

时间	处理	钾积累总量（kg/hm²）	钾积累量（kg/hm²）			钾分配比例（%）		
			根	茎	叶	根	茎	叶
30d	T1	9.45±0.74b	0.58±0.02b	1.51±0.10b	7.36±0.40b	6.10±0.43a	15.98±0.91a	77.92±0.83a
	T2	11.18±0.78b	0.61±0.04b	1.72±0.03b	8.86±0.79b	5.44±0.53a	15.40±1.14a	79.16±1.54a
	T3	15.19±1.30a	0.73±0.02a	2.52±0.43a	11.93±0.95a	4.83±0.36a	16.56±1.90a	78.62±1.65a
60d	T1	104.49±8.16c	17.17±0.54c	29.94±1.24c	57.38±6.78c	16.48±0.78a	28.73±1.68a	54.80±2.38a
	T2	126.05±5.37b	21.59±1.48b	34.75±3.13b	69.72±2.74b	17.12±0.57a	27.54±1.70a	55.35±2.28a
	T3	161.03±28.12a	29.02±2.5a	44.24±1.14a	87.77±17.82a	18.27±2.58a	28.07±5.13a	53.66±7.42a
90d	T1	106.18±8.23c	13.49±1.31c	36.71±2.50c	55.98±8.79c	12.78±1.90a	34.70±3.44a	52.52±4.17a
	T2	129.94±1.21b	15.70±0.80b	43.91±0.76b	70.33±2.18b	12.09±1.61a	33.79±0.84a	54.12±1.32a
	T3	158.68±7.34a	23.03±1.27a	51.88±2.24a	83.76±9.99a	14.54±1.24a	32.79±2.93a	52.67±3.93a

（七）对烤烟养分利用效率的影响

由图 2-7 可知，随着追施氮量增加（T1 至 T3），N-FAE（氮肥吸收效率）增加；T3 的 N-FAE 分别比 T1、T2 提高了 24.52%和 12.82%。N-FUE（氮肥利用效益）差异不显著。但 N-LPE（氮烟叶生产效率）、NHI（氮收获指数）均表现为 T2>T1>T3。从磷肥利用看，随着追施氮量增加（T1 至 T3），P-FAE（磷肥吸收效率）、P-FUE（磷肥利用效益）增加；T3 的 P-FAE 分别较 T1、T2 提高了 28.05%和 20.12%；T3 的 P-FUE 分别较 T1、T2 提高了 25.73%和 0.91%。但 P-LPE（磷烟叶生产效率）以 T2 最高，显著高于其他两个处理；P-HI（磷收获指数）处理间差异不显著。从钾肥利用看，随着施氮量增加（T1 至 T3），K-FAE（钾肥吸收效率）增加；T3 的 K-FAE 分别较 T1、T2 提高了 33.09%和 18.11%。不同处理的 K-FUE（钾肥利用效益）、K-LPE（钾烟叶生产效率）、K-HI（钾收获指数）差异不显著。表明增加追肥氮量可提高氮、磷、钾肥吸收效率，适量增加追肥氮施用量还可提高氮烟叶生产效率和收获指数，还可提高磷烟叶生产效率和钾肥吸收效率。

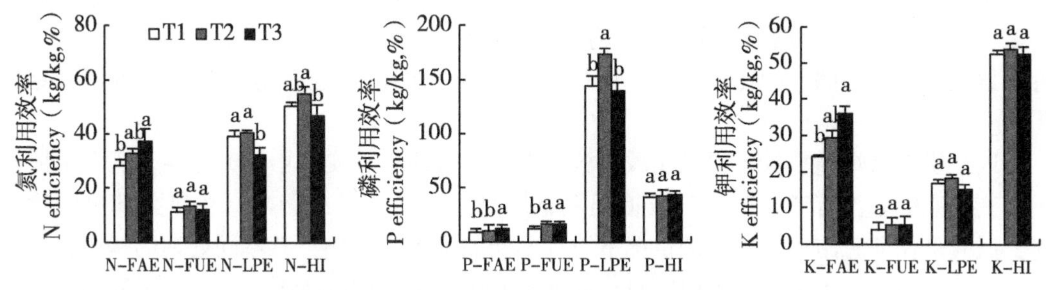

图 2-7　不同施氮量对氮磷钾素利用效率的影响

四、讨论与结论

南方烟区烤烟氮肥利用率仅为 20%左右，这与烤烟施肥多采用重施基肥（一般占 60%~70%）易造成土壤中氮肥流失有关。南方稻作烟区大量基施氮肥，而烟株苗期小，需氮小，加之大田前期雨水多，肥料易通过径流、淋溶、挥发和反硝化损失，其推荐施氮量远高于北方和西南烟区。Lopez 等（2005）指出氮肥施用时间和基追比例较优化施氮量更重要；适当减少基肥氮，增加追肥量和次数，适当延长追肥时期，可提升肥料农学利用率、偏生产力、吸收利用率和收获指数；在降水较多的云南玉溪，2/3 的氮肥作追肥施用利用率最高（陈萍等，2003）。在多雨的湖南浏阳烟区烤烟吸收氮素 58. 14%~62. 55%来自肥料，基肥氮利用率为 28. 25%~40. 18%，追肥氮利用率为 35. 95%~69. 62%（段淑辉，2016）；王耀富等（2019）认为径流和渗漏损失量较大是多雨烟区烤烟氮肥利用率低的主要原因。可见，湖南稻茬烤烟施氮量大，主要是基肥氮比例大，导致肥料流失多，利用率低。本研究的 T3 施氮量达到了 198. 00kg/hm^2，其结果虽然表明稻茬烤烟增加追肥施氮量可提高氮、磷、钾肥吸收效率，但由于基肥氮比例在 48%，导致氮肥吸收效率在 40%以下，氮肥利用效益在 15%以下。因此，湖南稻茬烤烟减施基肥氮量，同时增加追肥氮施用量和采用分次追施，才能提高肥料利用率。

烤烟生长各时期氮的营养状况对烟叶产量和品质形成影响很大。种植烤烟以基肥为主，前重后轻的施肥配置常导致氮肥供应与烤烟需求不一致。相关研究表明，在总施氮量相同情况下，增加追肥量能够合理调控烟株营养，保证烟叶正常成熟，提高烟叶产量和质量；在多雨的赣南烟区施纯氮 135kg/hm^2，适当提高追施氮量，能够促进烟株生长，获得较高的烟叶产量和质量（张海伟等，2013）；广东南雄烟区施纯氮 150kg/hm^2，70% 氮肥追施，可促进烤后烟叶化学成分比例协调（薛刚等，2012）。这些研究的追肥氮虽不同，但均表现为适当增加追肥氮有利于提高烟叶产量和改善烟叶品质。本研究认为，增加追肥施氮量，可改善烤烟农艺性状，促进根系生长和干物质积累，从另外一个角度阐明了南方多雨烟区增加烤烟追肥施氮量的重要性。因此，南方多雨烟区的烤烟减施氮肥不能减施追肥氮，主要减施基肥氮。

烟叶产量取决于烟叶干物质积累，而烟叶质量与烟株对氮、磷、养分的积累和分配有关。本研究表明，随着追肥氮量增加，烟株干物质量和氮、磷、钾积累量均增加，但不同生育阶段烤烟体内氮、磷、钾的含量与分布有所变化。烤烟在移栽后30d，烟株干物质量和氮、磷、钾积累量分配比例均表现为叶>茎>根，随烤烟发育进程，干物质和氮、磷、钾积累量在烟叶中的分配比例变小，这与段淑辉等（2016）、普匡等（2014）的研究结果一致。

以往研究烤烟施氮量主要采用减少施氮总量的方法，在实操中同时减少基肥和追肥氮量，其研究结果没有考虑基肥氮或追肥氮施用量不同所造成的影响；在研究基追肥比例时，试验是保证总施氮量一致的情况下设计不同的基追肥比例，其不同处理的基肥施用量不同，追肥施用量也不同。本研究是在保证基肥施用量相同的情况下，研究不同追肥施氮量对烤烟生长的影响，是对以往研究的有益补充，其研究结果对指导稻茬烤烟氮肥减施具有一定参考价值。

本研究表明，在湖南稻作烟区，增加追肥施氮量，可促进烤烟根系生长，改善烤烟农艺性状，提高叶面积指数，为优质烟叶生产打下良好基础。烟株干物质量和氮、磷、钾积累量主要分配给烟叶；随烤烟发育进程，干物质和氮、磷、钾积累量在烟叶中的分配比例变小。增加追肥施氮量可促进烟株干物质积累，提高烟株的氮、磷、钾吸收效率。稻茬烤烟氮肥减施策略是减施基肥氮比例，增加追肥氮比例，以减少径流和渗漏损失，提高氮肥利用率。

第四节　湘中稻茬烤烟氮素吸收利用特征

一、研究目的

氮素是烟草生长发育过程中最重要的营养元素之一，氮素供应合理与否对烟叶产质量和品质影响较大。不同种植地区，不同肥力条件，烤烟吸氮规律存在较大差异。在实际生产过程中，烟农为了追求较高的经济效益，通常依赖于过量施肥，尤其是多施氮肥来获取较高的产量，由此导致烟叶品质下降，工业可用性较差。同时，氮素施用过量导致氮素损失加剧，不仅导致氮肥利用率降低，更对环境带来较严重的负面影响。为此，科学合理的氮肥管理成为近年来作物养分资源管理研究的热点。有研究表明，玉米、小麦等经济作物氮肥利用率随着施氮量的增加呈先增加后降低的趋势，与产量表现出一致的趋势，氮肥的损失率在超过一定施氮量后随着施氮量的增加而显著增加。对于烤烟而言，目前氮肥吸收利用方面的研究多针对同一施氮水平下不同氮肥形态、不同基追比等条件下进行研究，关于不同施氮水平对烤烟氮素利用率及损失率等方面的研究鲜见报道。为此，本研究以湘中浏阳烟区烤烟品种K326为研究对象，采用^{15}N同位素示踪技术研究了不同施氮量对烟叶干物质积累和氮素吸收利用、残留及损失的影响，为提高氮肥利用率和减少农业环境污染提供依据。

二、材料与方法

（一）试验点基本情况

试验点位于浏阳市永安镇丰裕村，地处中亚热带季风湿润气候区，年平均温度17.5℃左右，年降水量 1 551mm 左右，无霜期 268d 左右，大于 10℃积温为 5 123～5 447℃，日均温大于 20℃时间为 140～160d。供试土壤类型为红壤，前作为水稻，土壤 pH 值 6.32，全氮 1.17g/kg，全钾 0.55g/kg，全磷 10.9g/kg，有机质 21.2g/kg，碱解氮 108mg/kg，有效磷 34.4mg/kg，速效钾 220mg/kg。试验期间降水量较常年偏多，属于多雨年份。其中 3 月降水偏多 19%，为 193.0mm；4 月降水偏多 10%，为 236.2mm；5 月降水量偏多 67.9%，为 372.5mm；6 月降水量偏少 7.6%，为 240.7mm。

（二）试验设计

本试验烤烟品种为 K326，由湖南烟草公司永州烟草科学研究所提供。

以常规大田施肥量为基础，设 3 个施氮水平，施入纯氮 115kg/hm^2、136kg/hm^2 和 158kg/hm^2，分基肥和追肥两次施入，其中基肥在烟苗移栽时施入（3 月 20 日），追肥在移栽后 30d（4 月 20 日）施入，基肥采用穴施法，挖穴后将定量的肥料施入穴内再覆土移栽；追肥采用浇施法，将配好的肥料溶于定量的水中从烤烟根基部淋施。供试氮肥用硝酸铵，磷肥用钙镁磷肥，钾肥用硫酸钾。

^{15}N 微区设置在田间小区中，分基肥和追肥进行^{15}N 标记，共 6 个处理，3 次重复（表 2-22），每个微区 2m^2，种植 3 株烤烟，微区采用根系分隔法设置，将土表向下 60cm 层次以上用塑料膜分隔。^{15}N 标记的肥料是丰度为 5%的硝酸铵（双标），由上海天乐技术经济发展公司提供。

表 2-22　^{15}N 微区处理施肥量

处理	基肥（g/株）			追肥（g/株）		
	N	P_2O_5	K_2O	N	P_2O_5	K_2O
N1	5.715	8.4	7.1	1.314	0	14.9
N2	5.715	8.4	7.1	2.614	0	14.9
N3	5.715	8.4	7.1	3.914	0	14.9
N4	5.714	8.4	7.1	1.315	0	14.9
N5	5.714	8.4	7.1	2.615	0	14.9
N6	5.714	8.4	7.1	3.915	0	14.9

（三）采样与测定

于烤烟成熟期（6 月 15 日）分别采集植物样和土样。植物样采集时，地上部茎秆、叶片和地下根系分开采集，在 105℃下杀青 30min 后继续在 75℃烘至恒重，测定干物质量，样品粉碎后测定总氮及^{15}N 丰度。用土钻在分别采集 0～20cm、20～40cm 和 40～60cm 土层土壤，风干后测定总氮及^{15}N 丰度。植株和土壤总 N 含量及^{15}N 丰度由河北农林科学院遗传生理研究所进行检测，总 N 含量用凯氏半微量蒸馏定氮法测定，^{15}N 丰度用同位素质谱法测定。

（四）数据处理

烟株吸收的总氮量=叶片干物质重×叶片含氮浓度+茎秆干物质重×茎秆含氮浓度+根系干物质重×根系含氮浓度；烟株肥料氮占总氮的比例（Ndff,%）=烟株^{15}N 原子百分超/肥料^{15}N 原子百分超；原子百分超=样品^{15}N 丰度-自然丰度（0.365%）；N 分配率=各器官^{15}N 吸收量/^{15}N 总吸收量；烟株吸收的肥料氮=烟株吸收的总氮量×烟株吸收肥料氮的比例；烟株吸收的土壤氮=烟株吸收的总氮量-烟株吸收的肥料氮；氮肥利用率=烟株吸收的肥料氮/施氮量×100%；肥料氮在土壤中的残留率=土壤^{15}N 原子百分超/肥料^{15}N 原子百分超×100%；肥料氮在土壤中的残留量=土壤全氮含量×土样干重×肥料氮在土壤中的残留率；肥料氮损失量=施氮量-烟株吸收的肥料氮-肥料氮在土壤中的残留量；肥料氮损失率=肥料氮损失量/施氮量×100%。

（五）统计分析

应用 Microsoft Excel 2007 软件进行图表绘制，应用 DPS 7.05 软件，采用单因素方差分析进行数据的统计分析。

三、结果与分析

（一）烟株干物质量与氮素吸收

表 2-23 示出，增加施氮量提高了烤烟干物质积累量，N158 处理烤烟干物质量较高，为 5 321.05kg/hm^2，分别比 N115 处理和 N136 处理提高 1 096.15kg/hm^{2}和 903.91kg/hm^2。随着氮肥用量增加，植株吸氮量明显增加，从 71.13kg/hm^2 增加至 97.17kg/hm^2。其中，叶片氮吸收量为 45.11~60.41kg/hm^2，占烟株总吸氮量的 60%以上，烟株茎秆吸氮量次之，根系吸氮量最少，根、茎、叶三者吸氮量比例平均为 1∶2.5∶6.5。从各部位吸氮量数据比较可以发现，每生产 1kg 烤烟干烟叶，需要吸氮 20~24g，每生产 1kg 烤烟茎秆，需要吸氮 12~13g，每生产 1kg 烤烟根系，需要吸氮 10~13g，随着施氮水平的变化，烤烟各个部位对氮的需求变化幅度较小。

表 2-23　不同施氮水平下烟株各个部位干物质量及氮吸收量

处理	干物质量（kg/hm^2）				氮吸收量（kg/hm^2）			
	根	茎	叶	合计	根	茎	叶	合计
N115	601.35b	1 465.23b	2 158.32b	4 224.90b	6.91c	19.11b	45.11c	71.13c
N136	836.56a	1 313.13b	2 267.45b	4 417.14b	10.08a	16.90b	54.97b	81.95b
N158	656.78b	2 096.38a	2 567.89a	5 321.05a	8.57b	28.18a	60.41a	97.17a

（二）烟株各部位氮素来源及^{15}N 分配率

从表 2-24 可见，不同处理烟株各部位间肥料氮占总氮比例存在差异。基肥肥料氮占总氮比例变化范围为 32.87%~38.96%，无明显差异。追肥肥料氮占总氮比例值变化范围为 17.48%~27.78%，根系总氮中来自追肥氮的比例最小，平均为 20.60%，叶片总氮中来自追肥氮的比例最大，平均为 25.14%。随追肥^{15}N施用量增加，根系、茎秆和叶片 3 个部位肥料氮占总氮比例均呈增加趋势。可见，施氮量的增加有利于烟株对肥料氮的吸收利用，且在一定范围内，这种促进作用随着施氮量的增大而提高。不同处理下，烟株^{15}N分配量和分配率均表现为叶片>茎秆>根系，叶片^{15}N分配量和分配率平均为 17.09kg/hm^{2}和 66.87%，茎秆^{15}N分配量和分配率平均为 5.97kg/hm^{2}和 23.86%，根系^{15}N分配量和分配率平均为 2.45kg/hm^{2}和 9.26%，不同追肥用量对茎秆和叶片中肥料^{15}N分配量呈显著影响。可见，本试验^{15}N在烟株内的分布和迁移规律基本一致，施氮量大小并未改变这一规律。由于烟株叶片质量占烟株 50%以上，因此 64%以上的氮肥累积在叶片中。

表 2-24　烟株不同部位肥料氮占总氮比例与^{15}N分配率

处理		根系			茎秆			叶片		
		Ndff (%)	^{15}N分配量 (kg/hm^2)	^{15}N分配率 (%)	Ndff (%)	^{15}N分配量 (kg/hm^2)	^{15}N分配率 (%)	Ndff (%)	^{15}N分配量 (kg/hm^2)	^{15}N分配率 (%)
基肥示踪	N1	36.35a	2.65b	9.91b	37.03a	6.84b	25.58a	37.10a	17.25b	64.51a
	N2	32.87b	3.99a	12.16a	34.97b	6.32b	19.26b	36.77a	22.50a	68.58a
	N3	38.07a	3.65a	9.66b	38.96a	8.76a b	23.19a	38.59a	25.36a	67.14a
追肥示踪	N4	17.48b	1.14a	7.80a	20.25b	4.00b	27.36a	21.68b	9.48c	64.84a
	N5	21.31a	1.54a	8.47a	25.20a	3.98b	21.89b	25.97a	12.66b	69.64a
	N6	23.00a	1.74a	7.56a	25.23a	5.96a	25.90a	27.78a	15.31a	66.54a

(三) 整株氮素来源及^{15}N肥料利用率

从表 2-25 可以看出，N1、N2、N3 3 个处理下，随追施氮量的增加，基肥 Ndff 值未呈现明显差异，在 34.20%~38.54%，但烟株基肥^{15}N吸收量和基肥^{15}N肥料利用率明显增加。N3 处理基肥^{15}N吸收量和基肥^{15}N肥料利用率分别为 37.77kg/hm^{2}和 40.18%。N1 处理基肥^{15}N吸收量和基肥^{15}N肥料利用率分别为 26.74kg/hm^{2}和 28.45%，N1、N2、N3 3 个处理之间二者均呈现显著差异。

随着追肥^{15}N用量增加，追肥 Ndff 值逐渐增加，N5、N6 与 N4 呈显著差异，N5 和 N6 两个处理 Ndff 值无明显差异。可见，在一定范围内，随着追肥^{15}N用量增加，烟株氮来自肥料氮的比例增大。此外，随着追肥^{15}N用量增加，烟株追肥^{15}N吸收量逐渐增加，而追肥^{15}N肥料利用率逐渐降低，N4、N5 和 N6 3 个处理间^{15}N吸收量和^{15}N肥料利用率均呈显著差异。由以上结果可以看出，氮肥用量增加将导致植株吸收肥料氮增加，基肥氮利用率随追肥用量增加而提高，追肥氮利用率随着追肥用量增加明显降低。

同时，基肥^{15}N肥料利用率在 28.25%~40.18%，追肥^{15}N肥料利用率在 35.95%~69.62%，基肥^{15}N肥料利用率远低于追肥^{15}N肥料利用率。整个生育期，烟株吸收的肥料氮数量随着施氮水平的增加而增加，变化范围在 41.36~60.78kg/hm^2，其占施氮总量的比例即整个生育期肥料氮利用率为 35.97%~39.47%，随着施氮水平的增加变化不大，各处理之间无明显差异。施氮水平对烟株吸收的肥料氮和土壤氮的比例影响不大，烟株吸收的总氮中58.14%~62.55%来自肥料氮，37.45%~41.86%来自土壤氮。不同氮素水平下，烤烟吸收的肥料氮均高于土壤氮。

表2-25 不同施氮水平下烟株^{15}N吸收利用率

处理		^{15}N施入量（kg/hm^2）	Ndff（%）	^{15}N吸收量（kg/hm^2）	^{15}N肥料利用率（%）
基肥示踪	N1	94	36.83a	26.74c	28.45c
	N2	94	34.20a	32.81b	34.90b
	N3	94	38.54a	37.77a	40.18a
追肥示踪	N4	21	19.80b	14.62c	69.62a
	N5	42	24.19a	18.18b	43.29b
	N6	64	25.34a	23.01a	35.95c
小计	N115	115	58.14a	41.36c	35.97a
	N136	136	62.22a	50.99b	37.49a
	N158	158	62.55a	60.78a	39.47a

（四）土层中残留氮及肥料氮损失

本试验条件下，氮肥烟株利用率、土壤残留率和损失率三者比值为1：0.6：1。由表2-26可以看出，烤烟收获后，0~60cm土层土壤残留肥料氮为25.26~36.27kg/hm^2，N115处理残留肥料氮最低，N158处理残留肥料氮最高，3种氮素水平处理之间呈显著差异。可见，随着施氮量的增加，土壤残留肥料氮数量也逐步增加。土壤残留肥料氮占施入肥料氮的比例变化幅度较小，变化范围在21.97%~23.57%，各处理之间无明显差异。肥料氮损失量随着施氮水平的增加而增加，变化范围在48.38~56.95kg/hm^2，但肥料氮损失比例呈相反的变化趋势，随着施氮水平的增加而减小，变化范围在36.98%~42.07%。

表2-26 肥料氮去向

处理	土壤中残留肥料氮含量		肥料氮损失	
	数量（kg/hm^2）	比例（%）	数量（kg/hm^2）	比例（%）
N115	25.26b	21.97a	48.38b	42.07a
N136	32.06ab	23.57a	52.95ab	38.93ab
N158	36.27a	23.55a	56.95a	36.98b

四、讨论与结论

（一）烟株不同器官氮素吸收分配规律

试验结果表明，随着氮肥用量增加，烟株干物质量和总吸氮量均随之增加，烟株总吸氮量变化范围在71.13~97.17kg/hm^2，烟株不同器官氮素累积量表现为叶片>茎>根，与杨志晓（2009）在南雄烟区研究结果一致。根、茎、叶3个部位吸氮量比值为1：2.5：6.5，烟株叶片对氮的需求量最大，烟株吸收的氮素60%以上用于叶片的生长发育。^{15}N在烟株不同器官的分布和迁移规律基本一致，施氮水平高低并未改变这一规律。

（二）施氮水平及时间对烟株吸氮来源的影响

植株吸收的氮主要来源于肥料氮和土壤氮，烟株吸收的肥料氮占总氮的比例受施氮量、烟株长势、土壤氮矿化速率等多重因素影响。微区示踪结果表明，施氮水平增加将导致植株总吸氮量及吸收的肥料氮增加。本试验中施氮水平对烟株吸收的肥料氮和土壤氮的比例影响不大，烟株吸收的总氮中 58. 14%～62. 55%来自肥料氮，37. 45%～41. 86%来自土壤氮。不同氮素水平下，烤烟吸收的肥料氮均高于土壤氮，与马兴华等（2009）研究结果不同。分析认为试验期间降水量较大，土壤水分含量过高在一定程度上抑制了土壤氮素矿化，减少了土壤氮素供应，从而降低了土壤氮对烟株吸氮的贡献。

整个生育期肥料氮利用率为 35. 97%～39. 47%，施氮水平对整个生育期肥料氮利用率影响不大，与前人研究结果有所不同，可能是本试验 3 个氮肥水平设置梯度较小，各处理间未表现出显著差异。基肥肥料氮利用率（28. 45%～40. 18%）远低于追肥肥料氮利用率（35. 95%～69. 62%），一方面是因为基肥氮用量是追肥氮用量的 1. 5～4. 5 倍，氮素水平越高，肥料氮利用率越低；另一方面可能是由于试验期间烤烟生长前期降水量较大，且该时期烟株对氮肥需求量较小，导致大量基肥肥料氮随雨水流失，旺长期以后，烟株快速生长，对氮素需求急剧增加，追肥肥料氮相对流失较少。

（三）施氮水平对肥料氮去向的影响

针对肥料氮在烟田中的利用和损失率，有许多研究学者进行了相关研究，因试验方法及气候环境不同，结果存在一定差异。以往大部分研究指出，烤烟氮肥利用率为 20%～50%，多雨地区烟株氮肥吸收利用率较低，约为 20%，当季残留在土壤中的肥料氮比例约为 30%，通过地表径流、地下淋失、氨挥发等途径损失的肥料氮比例超过 40%。本试验结果指出，氮肥烟株利用率、土壤残留率和损失率分别为 37. 64%、23. 03%和 39. 32%。本试验氮肥吸收利用率稍高于前人多雨烟区研究结果，分析认为因本试验施氮水平较低，同时本试验微区采取塑料膜隔离，水肥均不能通过，且试验地为水稻土，土壤较黏重，犁底层厚实，在一定程度上减少了肥料氮侧渗和下渗损失，土壤氮残留率和损失率较低。研究结果表明，在试验施氮范围内，肥料氮损失率随氮素水平增加而减小，在 158kg/hm^{2}处理下，肥料氮损失率为 36. 98%，比其余两个处理分别低 1. 95%和 5. 09%，该结果与袁仕豪等（2008）在多雨烟区研究结果相同，随着追肥比例增大，肥料氮的损失率减少。该结果表明在一定施氮量范围内，增施氮素对烟株干物质积累及氮素吸收的效应大于对氮素损失的效应，导致损失量增大，但损失率稍有减小。

综合研究结果表明，在适宜施氮量范围内，增施追肥氮用量有利于烟株的生长发育和干物质积累，进而促进了烟株对肥料氮的吸收利用，并在一定程度上降低肥料氮损失率。在试验供氮范围（158kg/hm^2）内，增加施氮水平对降低烤烟氮素利用率效应不明显。在不考虑烟叶品质的前提下，试验地区烤烟单季施氮量在 158kg/hm^{2}时，烤烟产量、氮肥利用率和损失率等因素达到最佳水平。

第五节　基于微区设计的多雨地区烟田土壤氮素平衡

一、研究目的

氮素是烟草最重要的营养元素，氮肥形态、用量和施用方法对烤烟生长发育、生理生化代谢、烟叶产量与品质都有显著的影响。为提高烟叶质量和可用性，烤烟的施氮量必须保持在适宜水平。然而，目前我国烟叶生产中普遍存在过量施用氮肥的问题，导致烤烟氮肥当季利用率低，烟叶可用性差，并出现了一系列环境问题。因此，探明烤烟大田生育期对氮素的吸收特性以及肥料氮进入土壤后的去向是实现烟草氮素养分有效管理的基础。烟田肥料氮的去向包括烟株吸收利用、土壤残留和各种途径的损失 3 个方面。^{15}N 同位素示踪研究表明，烤烟大田生育期吸收的氮素主要来源于土壤氮，打顶前以吸收肥料氮为主，成熟期以吸收土壤氮为主（刘卫群等，2004；习向银等，2008；陈萍等，2003）。我国烤烟氮肥利用率较低，平均仅为 30%~40%，南方一些烟区只有 20%左右（李超等，2014）。烟田氮肥损失的主要途径是地表径流、硝酸根淋溶及氨的挥发。有报道指出，硝酸铵深施于烟田后 24%~29%被烟株吸收，38%~40%渗漏损失，32%~35%残存于土壤中（陆引罡等，1990）。烟田肥料氮主要残留于 0~20cm 土层的土壤中，随氮用量增加，肥料氮向深层土壤中的淋溶量增大（袁仕豪，2008），灌水会增加肥料氮的径流和淋溶损失量。可见，目前在烟田土壤供氮特征、烟草对氮素的吸收利用，以及烟田氮肥损失途径等研究方面已有不少报道。但针对多雨地区烟田氮素平衡的研究很少，特别是多雨地区烟田土壤残留肥料氮去向的研究尚未见报道。为此，以烤烟品种 K326 为材料，采用^{15}N 同位素田间定位试验，研究了多雨烟区不同施氮量条件下烤烟对氮素的吸收利用特征及烟田肥料氮的当季和第 2 季去向，以期为优化烤烟氮肥管理技术提供依据。

二、材料和方法

（一）试验条件

试验于 2011—2012 年在湖南浏阳官渡烟草试验站进行。试点年平均气温 16.7~18.2℃，年日照时数 1 490~1 850h，全年无霜期 235~293d，年降水量 1 457~2 247mm。1980—2010 年烟草大田期内降水量平均值达 880mm 以上，试验年份烤烟大田生育期总降水量在 908~1 101mm（表 2-27），属典型的多雨烟区。试验田前作为水稻，土壤质地为壤土，基础肥力如表 2-28 所示。供试品种 K326，2 年试验的移栽期均为 3 月 26 日，行距 120cm，株距 50cm，种植密度 16 500 株/hm^2。

表 2-27　烤烟各生育阶段降水量　　单位：mm

年份	伸根期	旺长期	圆顶期	成熟期	合计
2011	261	152	307	188	908

（续表）

年份	伸根期	旺长期	圆顶期	成熟期	合计
2012	401	423	72	205	1 101
1980—2010 年均值	269	187	145	281	882

表 2-28 2011 年试验田土壤养分含量

土层（cm）	pH 值	有机质（g/kg）	碱解氮（mg/kg）	速效磷（mg/kg）	速效钾（mg/kg）
0~20	6.32	28.85	155.25	22.12	211.29
20~40	6.56	26.34	57.37	7.55	198.46
40~60	6.48	21.76	42.19	6.24	103.91

（二）试验设计

采用随机区组试验设计，设氮用量 90kg/hm^2、120kg/hm^2 和 150kg/hm^2 3 个处理，3 次重复，小区面积 135m^2。2011 年试验整地时在每个小区设置 1 个微区进行^{15}N 同位素试验，微区长 3.6m，宽 3.0m，种烟 3 行，每行 6 株。每个微区四周用埋深 1m 的塑料隔板隔开，地上部分高 50cm，防止降水泥沙溅出和小区外围水分进入微区内。分别在微区内外修建径流池和渗漏池，采用径流和渗漏自动监测系统收集并测定每次降水烟田水分和泥沙的径流量及 60cm 以下土层的渗漏量。试验用肥料为硝酸铵、硝酸钾、钙镁磷肥和硫酸钾，微区内氮肥用^{15}N 标记的硝酸铵和硝酸钾（^{15}N 丰度 10.28%）。各处理 P_2O_5 和 K_2O 用量分别为 120kg/hm^2 和 300kg/hm^2。其中氮肥和钾肥的 60%作基肥，40%作追肥，磷肥全部作基肥。微区内外的施肥用量和施肥方法一致，试验田其他栽培管理方法按当地优质烟叶生产技术规范进行。2012 年试验设计与 2011 年完全相同。为确保两年试验小区与微区排列重合，2011 年试验结束后烟田休耕，对各小区和微区进行标记，翌年按标记进行整地施肥、设置微区，但微区内氮肥不再施用^{15}N 同位素肥料。

（三）测定项目与方法

在施肥起垄前和试验结束后，采用 5 点取样法用土钻采集试验田 0~20cm、20~40cm、40~60cm 土层的土壤，参考鲍士旦（2008）的方法测定 pH 值及有机质、碱解氮、速效磷和速效钾含量（质量分数）。于烤烟现蕾期在每个小区和微区各选 6 株采样烟株挂牌标记，打顶时按单株收集打掉的顶芽及侧芽，各部位烟叶成熟时按单株采收烟叶样品，烟叶采收结束挖取采样烟株，冲洗根系。每次所取烟株（根、茎、叶、顶芽和侧芽）样品均在 105℃温度下杀青，60℃烘干称量，粉碎过 250μm（60 目）网筛。取样结束按单株将根、茎、叶及顶芽和侧芽样品分开归类，合并混匀后测定烟株全氮含量（质量分数）和^{15}N 原子百分超。在挖取烟株的同时，采用 5 点取样法在各微区内外垄上距烟株茎基部 10cm 处，取 0~20cm、20~40cm、40~60cm 土层的土壤，测定全氮含量和^{15}N 原子百分超；同时取每次径流与渗漏的水样和泥沙样品，测定全氮含量和^{15}N 原子百分超。其中烟株、土壤、泥沙及径流和渗漏水样中全氮含量采用凯氏定氮法测定，^{15}N 原子百分超采用同位素质谱仪（Finniga-Mat-251，Finnigan，Germany）测定，由中国科学院南京土壤研究所进行检测。

计算公式：烟株吸收的总氮量=烟株干质量×氮含量；烟株吸收肥料氮比例（%）=（微区内烟株^{15}N原子百分超-微区外烟株自然丰度^{15}N原子百分超）/肥料^{15}N原子百分超×100；烟株吸收肥料氮量=烟株吸收的总氮量×烟株吸收肥料氮比例；烟株吸收土壤氮量=烟株吸收的总氮量-烟株吸收肥料氮量；烟株吸收土壤氮的比例（%）=烟株吸收土壤氮量/烟株吸收的总氮量×100；氮肥利用率（%）=烟株吸收肥料氮量/施氮量×100；肥料氮土壤残留比例（%）=（烟叶采收结束微区内土壤^{15}N原子百分超-微区外土壤^{15}N原子百分超）/肥料^{15}N原子百分超×100；肥料氮土壤残留量=施氮量×肥料氮土壤残留比例；肥料氮径流损失比例（%）=（微区内径流水和泥沙中^{15}N原子百分超-微区外径流水和泥沙中^{15}N原子百分超）/肥料^{15}N原子百分超×100；肥料氮径流损失量=施氮量×肥料氮径流损失比例；肥料氮渗漏损失比例（%）=（微区内渗漏水中^{15}N原子百分超-微区外渗漏水中^{15}N原子百分超）/肥料^{15}N原子百分超×100；肥料氮渗漏损失量=施氮量×肥料氮渗漏损失比例；肥料氮其他形式损失量=施氮量-烟株吸收肥料氮量-肥料氮土壤残留量-肥料氮径流损失量-肥料氮渗漏损失量；肥料氮其他形式损失比例（%）=肥料氮其他形式损失量/施氮量×100。

三、结果与分析

（一）烤烟对肥料氮和土壤氮的吸收比例

2011年试验结果表明，在施氮量90~150kg/hm^{2}范围内，烤烟对肥料氮和土壤氮的吸收量及总吸氮量的差异均不显著，但随施氮量增加烟株对肥料氮的吸收比例增大，对土壤氮的吸收比例减小。施氮量90kg/hm^2、120kg/hm^2、150kg/hm^{2}处理烤烟对肥料氮的吸收比例分别为55.18%、58.45%、60.44%，对土壤氮的吸收比例分别为44.82%、41.55%、39.56%（表2-29）。从肥料氮和土壤氮在烟株体内的积累与分配情况看，不同施氮量处理烤烟根、茎、叶及侧芽和顶芽中氮素积累量的差异均不显著（表2-30），但烤烟各器官积累的氮素中来自肥料氮的比例均大于土壤氮的比例，且随施氮量增大肥料氮所占比例升高（表2-31）。

表2-29　不同施氮量处理烤烟对土壤氮和肥料氮的吸收

施氮量（kg/hm^2）	总吸氮量（kg/hm^2）	肥料氮		土壤氮	
		吸收量（kg/hm^2）	比例（%）	吸收量（kg/hm^2）	比例（%）
90	51.19a	28.25a	55.18	22.94a	44.82
120	54.15a	31.65a	58.45	22.50a	41.55
150	53.80a	32.52a	60.44	21.28a	39.56

表 2-30　不同施氮量处理土壤氮和肥料氮在烟株体内的积累量

施氮量 (kg/hm²)	根 (kg/hm²)		茎 (kg/hm²)		叶 (kg/hm²)		侧顶芽 (kg/hm²)	
	肥料氮	土壤氮	肥料氮	土壤氮	肥料氮	土壤氮	肥料氮	土壤氮
90	3. 27a	3. 27a	6. 60a	5. 82a	11. 47a	9. 35a	6. 91a	4. 50a
120	3. 60a	3. 01a	7. 50a	5. 52a	13. 32a	9. 45a	7. 24a	4. 53a
150	2. 56a	2. 09a	6. 85a	4. 93a	17. 61a	11. 39a	5. 51a	2. 88a

表 2-31　烟株不同器官吸收土壤氮和肥料氮的比例

施氮量 (kg/hm²)	根 (%)		茎 (%)		叶 (%)		侧顶芽 (%)	
	肥料氮	土壤氮	肥料氮	土壤氮	肥料氮	土壤氮	肥料氮	土壤氮
90	50. 02	49. 98	53. 13	46. 87	55. 10	44. 90	60. 53	39. 47
120	54. 44	45. 56	57. 62	42. 38	58. 49	41. 51	61. 53	38. 47
150	55. 08	44. 92	58. 13	41. 87	60. 73	39. 27	65. 68	34. 32

(二) 烤烟对肥料氮的吸收与分配

从 2011 年不同施氮量处理烤烟对肥料氮的吸收量及其在不同器官中的分配情况看，尽管 3 个施氮量处理烤烟对肥料氮的吸收量没有显著差异，但随施氮量增加，烤烟吸收的肥料氮在根、茎、侧芽和顶芽中的分配比例有减小的趋势，在叶中的分配比例有增大的趋势，高施氮量处理（150kg/hm²）烤烟吸收的氮素在叶中的分配比例达到 54. 14%，较低施氮量处理（90kg/hm²）增加 13. 54 个百分点（表 2-32）。增施氮肥促进了烤烟吸收的氮素向叶中分配，这是施氮量较大时烤烟叶片总氮含量较高的主要原因。

表 2-32　不同施氮量处理烤烟对肥料氮的吸收与分配

施氮量 (kg/hm²)	根		茎		叶		侧顶芽	
	吸收量 (kg/hm²)	比例 (%)	吸收量 (kg/hm²)	比例 (%)	吸收量 (kg/hm²)	比例 (%)	吸收量 (kg/hm²)	比例 (%)
90	3. 27a	11. 58	6. 60a	23. 37	11. 47b	40. 60	6. 91a	24. 45
120	3. 60a	11. 36	7. 50a	23. 69	13. 32ab	42. 07	7. 24a	22. 87
150	2. 56a	7. 86	6. 85a	21. 06	17. 61a	54. 14	5. 51a	16. 93

(三) 烟田氮素平衡

由于本试验中未进行秸秆还田和灌溉，所用肥料全部为化肥，因此在不考虑降雨带入养分的情况下，烟田土壤养分的收入主要来自所施用的肥料，养分支出包括烤烟对养分的吸收利用，养分在土壤中的残留，以及养分的径流、渗漏和其他形式损失。由表 2-33 可知，在 2011 年烤烟大田生育期内降水量 908mm 条件下，随施氮量增加烤烟对肥料氮的吸收量有增大的趋势，但不同施氮量处理间差异不显著，而肥料氮的土壤残留量及径流、渗漏和其他形式损失量显著增大，烤烟对氮肥的利用率明显降低。在施氮量 90~150kg/hm² 范围内，烤烟对肥料氮的吸收量由 28.25kg/hm² 增加至 32.52kg/hm²，氮肥利用率由 31.39%降低至 21.68%；肥料氮在烟田土壤中的残留量在 24.89~45.77kg/hm²，占施氮量的 27.65%~30.51%；径流损失量达 20.18~38.69kg/hm²，占施氮量的 22.42%~25.79%；渗漏损失量为 10.88~22.74kg/hm²，占施氮量的 12.09%~15.16%；其他形式损失量 5.82~10.29kg/hm²，占施氮量的 6.47%~6.86%。可见，在烤烟生育期内降水量 900mm 以上的多雨地区，烟田肥料氮的土壤残留量、径流损失量和渗漏损失量较大，以其他形式的损失量也不可忽略，这是多雨烟区烤烟氮肥当季利用率较低的主要原因。表 2-34 是第 1 季（2011 年）烟田土壤残留的肥料氮在第 2 季（2012 年）烟田土壤中的再平衡状况。在 2012 年烤烟大田生育期内降水量 1 100mm 条件下，随施氮量增加，烤烟的总吸氮量及其对烟田土壤残留肥料氮的吸收量、残留肥料氮在第 2 季土壤中的再残留量以及残留肥料氮的径流损失量和渗漏损失量都明显增大，其中高施氮量处理显著大于低施氮量处理。在施氮量 90~150kg/hm² 范围内，烤烟对氮素的总吸收量达 53.52~73.26kg/hm²，其中来自烟田残留肥料氮的量为 6.39~12.22kg/hm²，占肥料氮残留量的 25.67%~26.70%，占当季烤烟施氮量的百分比（即残留肥料氮的再利用率）为 7.10%~8.15%。当季烟田残留的肥料氮在第 2 季烟田土壤中的再残留量为 8.00~14.92kg/hm²，占施氮量的 8.89%~9.95%；径流损失量为 4.01~7.01kg/hm²，占施氮量的 4.46%~4.68%；渗漏损失量为 5.36~9.88kg/hm²，占施氮量的 5.73%~6.59%；其他形式损失量为 1.13~1.74kg/hm²，占施氮量的 1.16%~1.37%。由此可知，在烤烟大田生育期中，降水量为 900~1 100mm 的多雨地区，当年（季）施入烟田的肥料氮在第 2 年（季）仍有较大量被烟株吸收利用或在土壤中继续残留，径流损失和渗漏损失仍然是烟田土壤中残留肥料氮损失的主要途径。

表 2-33　不同施氮量处理烤烟当季烟田土壤氮素平衡（2011）

施氮量（kg/hm²）	肥料氮吸收量（kg/hm²）	氮肥利用率（%）	氮肥径流损失量		氮肥渗漏损失量		氮肥土壤残留量		氮肥其他形式损失量	
			径流量（kg/hm²）	损失率（%）	渗漏量（kg/hm²）	损失率（%）	残留量（kg/hm²）	残留率（%）	损失量（kg/hm²）	损失率（%）
90	28.25a	31.39	20.18c	22.42	10.88c	12.09	24.89c	27.65	5.82b	6.47
120	31.65a	26.38	29.64b	24.70	16.55b	13.79	34.13b	28.44	8.04ab	6.70
150	32.52a	21.68	38.69a	25.79	22.74a	15.16	45.77a	30.51	10.29a	6.86

表 2-34　不同施氮量处理当季烟田土壤残留肥料氮在第 2 季的再平衡（2012）

施氮量（kg/hm²）	当季土壤残留氮（kg/hm²）	烟株吸氮量（kg/hm²）		残留氮利用率（%）		残留氮径流损失量		残留氮渗漏损失量		残留氮土壤残留量		残留氮其他形式损失量	
		烟株总吸氮量	残留氮吸收量	利用率	占残留氮比例	径流量（kg/hm²）	损失率（%）	渗漏量（kg/hm²）	损失率（%）	残留量（kg/hm²）	残留率（%）	损失量（kg/hm²）	损失率（%）
90	24.89c	53.52c	6.39b	7.10	25.67	4.01b	4.46	5.36b	5.96	8.00b	8.89	1.13a	1.25

（续表）

施氮量 (kg/hm^2)	当季土壤残留氮 (kg/hm^2)	烟株吸氮量 (kg/hm^2)		残留氮利用率（%）		残留氮径流损失量		残留氮渗漏损失量		残留氮土壤残留量		残留氮其他形式损失量	
		烟株总吸氮量	残留氮吸收量	利用率	占残留氮比例	径流量 (kg/hm^2)	损失率 (%)	渗漏量 (kg/hm^2)	损失率 (%)	残留量 (kg/hm^2)	残留率 (%)	损失量 (kg/hm^2)	损失率 (%)
120	34.13b	64.25b	8.82ab	7.35	25.84	5.34ab	4.45	6.87ab	5.73	11.46ab	9.55	1.64a	1.37
150	45.77a	73.26a	12.22a	8.15	26.70	7.01a	4.68	9.88a	6.59	14.92a	9.95	1.74a	1.16

四、讨论与结论

烤烟体内积累的氮素主要来源于肥料氮和土壤氮。郭培国等（1998）研究表明，烤烟全生育期积累的氮素以土壤氮为主，随氮肥用量增加，烤烟对肥料氮的吸收量增大，对土壤氮的吸收量减少。刘卫群等（2004）研究指出，烤烟移栽后5周内积累的氮素以肥料氮为主，移栽9周后积累的氮素以土壤氮为主。本试验结果表明，在施氮量90~150g/hm^2范围内，烤烟生长后期（打顶至采收结束）对肥料氮的吸收比例大于对土壤氮的吸收比例。这与前人的研究结果不尽相同，其原因可能与试验条件不同有关。有研究认为，烤烟对肥料氮和土壤氮的吸收比例受土壤有机质含量的影响，在有机质含量高的土壤上，烤烟生长前期以吸收肥料氮为主，后期以吸收土壤氮为主；而在有机质含量低的土壤上，烤烟全生育期均以吸收肥料氮为主（郭群召等，2006）。本试验的耕层土壤有机质含量在2.9%以下，低于稻-烟轮作区植烟土壤有机质含量（3.5%~4.5%）的标准，有可能影响烤烟对土壤氮和肥料氮的吸收比例。此外，本研究中从烤烟下部烟叶成熟采收开始取样，直到烟叶生产季节结束，测定结果反映的是烤烟全生育期对土壤氮和肥料氮的累积吸收情况，而不是仅在成熟期的吸收比例，这可能是本试验与前人研究结果不一致的主要原因。本试验中随施氮量增加，烤烟对肥料氮的吸收比例增大，对土壤氮的吸收比例减小，与韩锦峰等（1992）的研究结果一致。随施氮量增加，烤烟吸收的肥料氮在根、茎、侧芽和顶芽中的分配比例有减小趋势，在叶中的分配比例有增大趋势，说明增施氮肥促进了烤烟吸收的肥料氮向叶中分配，有利于提高叶片含氮量。

^{15}N示踪法可以准确跟踪检测肥料氮施入土壤后的转化与去向，是研究肥料氮施入土壤后被作物吸收及其淋溶、挥发、在土壤中残留等问题比较可靠的方法。烟田肥料氮的去向和损失途径受土壤质地（类型）、种植方式、肥料种类、施肥量、施肥时期与方法、降雨与灌溉等多种因素的影响，不同研究者报道的结果有很大差异。杨宏敏等（1991）研究发现，硝酸铵施入土壤后的利用率为17%~26%，在土壤中的残留率盆栽试验为15%~38%，田间微区试验为20%~36%，损失率大于40%。单德鑫等（2007）研究表明，肥料氮施入土壤中有39%~53%被烟株吸收利用，22%~41%损失，20%~37%残留于土壤中。本试验结果表明，在施氮量90~150kg/hm^2范围内，烤烟对肥料氮的当季利用率为31.38%~21.68%，肥料氮在烟田0~60cm土层土壤中的残留量占施氮量的27.65%~30.51%，径流和渗漏损失率分别为22.42%~25.79%和12.09%~15.16%，以其他形式损

失率达6.47%~6.86%。随施氮量增加，氮肥利用率下降，肥料氮在土壤中的残留量及其径流、渗漏和其他形式的损失量都明显增大，这可能与试验年份烟草大田生育期内的降水量较大（900~1 100mm）有关。有研究指出，在烤烟生育期内降水量和降雨强度大，肥料氮的径流损失及其向深层土壤中的淋溶损失量多，氨挥发和反硝化损失量大；而采用覆盖栽培，降低氮肥用量，增加追肥比例，有机肥与无机肥配施等均能不同程度减少烟田氮肥径流和淋溶损失。在本研究中还发现，当年（季）施入烟田的肥料氮在第2年（季）仍有较大量被烤烟吸收利用或在土壤中残留，这与侯毛毛等（2016）的研究结果一致。由于烟田残留的肥料氮在第2年（季）烤烟栽培中已属于土壤氮，其径流和渗漏损失量仍然较大，说明径流和渗漏也是烟田土壤氮损失的主要途径。

综上所述，施入烟田的氮素肥料在土壤中残留量较多，径流损失量和渗漏损失量较大，还有部分肥料氮以其他形式损失掉；而且施氮量越高，肥料氮的土壤残留量和各种形式的损失量越大，这是导致多雨烟区烤烟氮肥利用率较低的主要原因。尽管烟田残留的肥料氮在第2季仍有较大量可被烤烟吸收利用，但其径流和渗漏损失量仍然较大。因此适当控制氮素用量，采取有效措施减少氮肥的径流和渗漏损失是提高多雨地区烤烟氮肥利用率的主要途径。

本研究结果表明，在烟草大田生育期内降水量900~1 100mm的多雨地区，随施氮量增大，烤烟对肥料氮的吸收比例及肥料氮在烟草叶片中的分配比例都有增加的趋势，但氮肥的当季利用率明显降低，肥料氮在土壤中的残留量及其径流、渗漏和其他形式的损失量都显著增大。在施氮量90~150kg/hm^{2}范围内，施入烟田的肥料氮有21.68%~31.38%被当季烤烟吸收利用，22.42%~25.79%被降水造成的地表径流水带走，12.09%~15.16%向地表60cm以下土层渗漏，6.47%~6.86%以其他形式损失，还有27.65%~30.51%残留于烟田土壤0~60cm土层中。烟田残留的肥料氮在第2年（季）被烤烟再吸收利用率为7.1%~8.15%，径流和渗漏损失量分别为4.46%~4.68%和5.73%~6.59%，以其他形式损失量为1.16%~1.37%，在土壤中的残留量仍有8.89%~9.95%。两年（季）合计，烤烟对氮肥的综合利用率为29.83%~38.49%，肥料氮在烟田土壤中的残留量为8.89%~9.95%，径流和渗漏损失量分别达26.88%~30.47%和18.04%~21.75%，其他形式损失量为7.72~8.02%。

第六节　稻作烟区土壤氮素矿化特征

一、研究目的

土壤中全氮的85%~95%以有机态氮的形式存在。土壤氮矿化是指土壤有机态氮在土壤动物和微生物的作用下转化为可被农作物直接吸收利用的无机态氮（NH_4^+-N和NO_3^--N）的过程。土壤氮矿化对土壤无机态氮的动态变化有重要影响，是反映土壤供氮能力的重要因素之一。氮素对烟草体内重要代谢过程和形态建成具有重要作用，是决定烟草产量和品质的关键因素。烟株生长发育吸收的氮素主要来自土壤氮和施入的肥料氮。土壤氮大部分以有机态氮的形式存在，需矿化为无机态的铵态氮和硝态氮才有利于烟株利用。烤烟大田期间的土壤氮素矿化能力以及变化特征对烟叶产量和品质有重大的影响。土壤氮矿化的影响因素较多，如土壤温度、湿度、类型、质地、有机质、pH 值和土壤动物、微生物等，相关的研究也较多。马兴华等（2011）认为水稻土氮素供应能力较高，而棕壤和褐土氮素供应能力较低；Sollins 等（1984）和 Reich 等（1997）认为土壤有机质含量越高氮素矿化能力越强，黏粒含量越高氮素矿化能力越弱；高真真等（2019）认为土壤温度和含水量显著影响土壤氮素矿化量和矿化速率，合理调控土壤温度和含水量，可以有效调节土壤氮素矿化动态变化。但是，有针对性地开展稻作烟区典型植烟土壤氮素矿化研究相对较少。据此，以湘南稻作烟区典型植烟土壤为对象，开展了土壤不同氮素形态、氮素矿化量和速率以及土壤酶动态变化研究，为稻茬烤烟氮肥减施提供参考。

二、材料与方法

（一）试验设计

试验安排在桂阳县和耒阳市。采用典型烟田调查研究方法。依据以往研究，参考当地烟站工作人员经验，每个产区选取 1~3 户烤烟种植户，每户选取具有代表性烟田作为研究对象。具体如下：

（1）不同追肥氮量烟田氮素矿化特征研究。试验安排在耒阳市，试验设 3 个追施氮量处理，基肥氮（94.50kg/hm^2）和磷肥（145.35kg/hm^2）、钾肥（442.50kg/hm^2）保持一致。T1 为追肥氮 67.50kg/hm^2，基追肥氮比例为 0.59 ∶ 0.41，总施氮量为 162.00kg/hm^2，相当于减施氮肥总量 10%；T2 为追肥氮 86.50kg/hm^2，基追肥氮比例为 0.53 ∶ 0.47，总施氮量为 180.00kg/hm^2，当地推荐施肥；T3 为追肥氮 103.50kg/hm^2，基追肥氮比例为 0.48 ∶ 0.52，总施氮量为 198.00kg/hm^2，相当于增施氮肥总量 10%。

（2）不同类型土壤烟田氮素矿化特征研究。试验安排在耒阳市，一个为紫色页岩发育的水稻土，一个是沙壤水稻土。

（3）不同产量水平烟田氮素矿化特征研究。试验分别安排在桂阳县和耒阳市。在烤烟团棵期（移栽后 30d），每村分别选取具有适产水平（2 250~2 700kg/hm^2）和丰产水平（2 700~3 150kg/hm^2）的 2 种典型烟田作为试验田。每个类型选取 3 处烟田作为重复（面积在 1 000m^2 以上）。典型烟田的选择，依据近 3 年烤烟种植的烟叶产量水平和当年烟苗长势，经过长期在烤烟生产第一线工作的技术员和具有丰富烤烟种植经验的烟农及研究人员多次磋商确定，并经试验后统计产量验证。

（二）主要检测指标与方法

试验采用田间埋袋培养法进行。每处理选择 3 处烟田，取垄上 0~20cm 混合土样。每次所取土样分为 2 份，一份用来测定土壤中的全氮、铵态氮、硝态氮含量和土壤蛋白酶（加勒斯江法）、脲酶活性（苯酚钠—次氯酸钠比色法）；把余下的土样装入自封袋中后封口，用塑料软管保持封口袋与外界通气，选择取过土样的位置将自封袋垂直埋于 0~20cm 取过土样的土层中，封口朝上，塑料通气管露出地面约 5cm。培养 30d 后取出自封袋，置于冰盒中，将样品带回实验室进行分析。同时，采样并进行下一轮的培养，直至烟叶采收结束。培养前后无机氮（硝态氮+铵态氮）的差值即为土壤氮素矿化量。土壤氮素矿化速率为矿化量除以时间。

三、结果与分析

（一）不同类型土壤烟田的氮素矿化特征

1. 全氮含量动态变化特征

由图 2-8 可知，紫色土壤全氮含量高于沙壤土壤，这可能与沙壤土的保肥性弱于紫色土有关。总体上看，紫色土全氮含量较沙壤土高 103. 85%。土壤全氮基本上呈先升高、后下降态势；紫色土的全氮含量在大田期 90d 最高，但沙壤土的全氮含量在大田期 60d 最高，这可能是沙壤土烤烟落黄较早的原因之一。

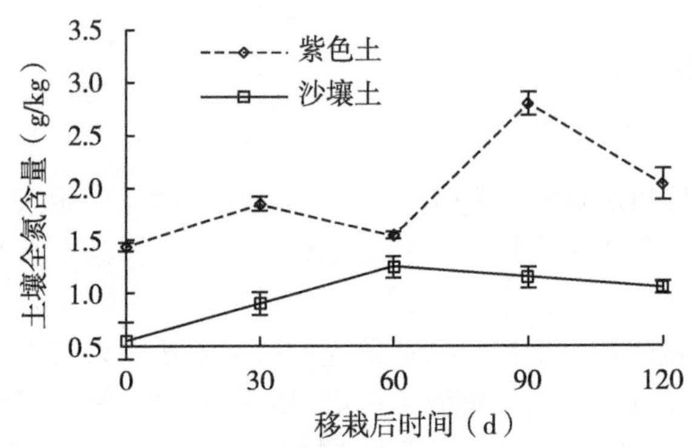

图 2-8　不同土壤全氮含量变化

2. 铵态氮含量动态变化特征

由图 2-9 可知，紫色土壤铵态氮含量低于沙壤土壤。总体上看，紫色土铵态氮含量较沙壤土低 61. 84%。土壤铵态氮基本上呈先升高后下降态势；两种土壤铵态氮均以烤烟大田期 60d 最高，这可能与施肥有关。

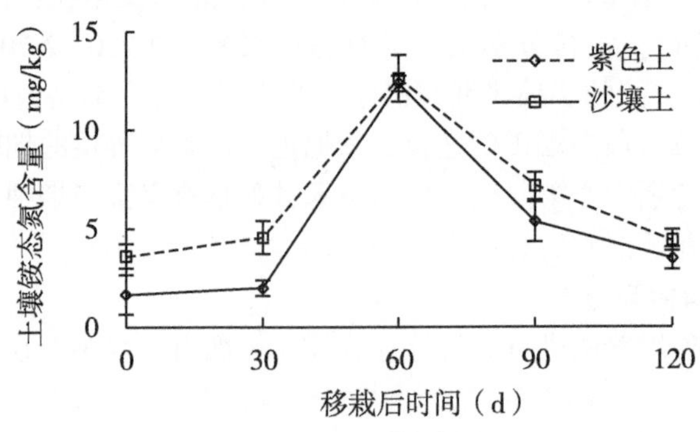

图 2-9　不同土壤铵态氮含量变化

3. 硝态氮含量动态变化特征

由图 2-10 可知，在 0~30d 和 120d，沙壤土壤硝态氮含量高于紫色土壤；在 60~90d，紫色土硝态氮含量较沙壤土高。土壤硝态氮基本上呈先升高、后下降态势；两种土壤的硝态氮含量在大田变化趋势基本一致，为单峰变化，以 30d 的土壤硝态氮最高。比较图 2-9 和图 2-10，硝态氮峰值要早于铵态氮。

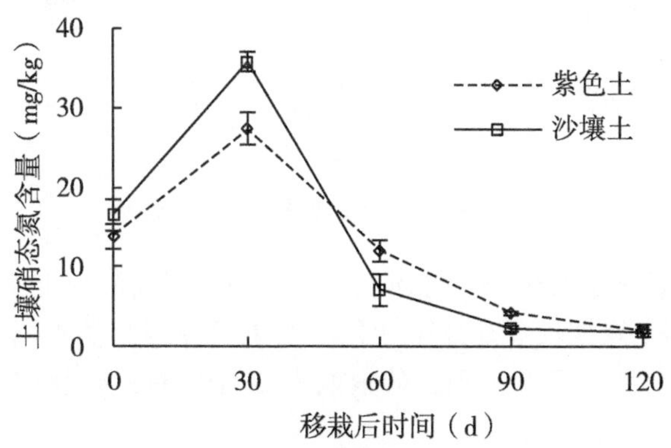

图 2-10 不同土壤硝态氮含量变化

4. 蛋白酶活性动态变化特征

由图 2-11 可知，紫色土壤蛋白酶活性低于沙壤土壤。总体上看，紫色土蛋白酶活性较沙壤土低 6.71%。土壤蛋白酶基本上呈先升高后下降态势；两种土壤的蛋白酶活性均为单峰变化，以大田期 60d 最高。

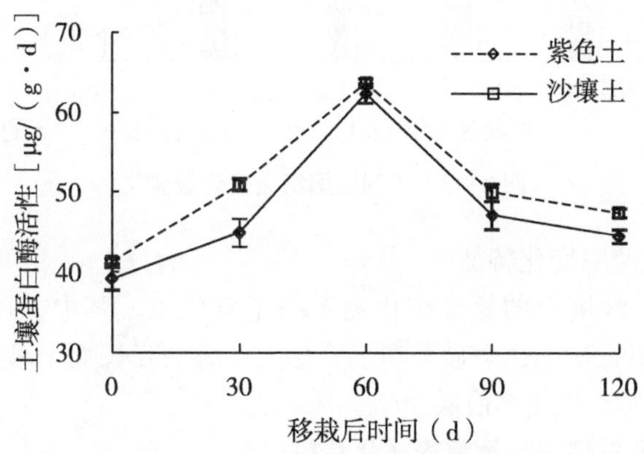

图 2-11 不同土壤蛋白酶活性变化

5. 脲酶活性动态变化特征

由图 2-12 可知，在 0d、120d 的脲酶活性为沙壤土高于紫色土壤；在 30~90d，脲酶活性为紫色土高于沙壤土壤。土壤脲酶基本上呈先升高后下降态势；两种土壤的脲酶活性均为单峰变化，以大田期 30d 最高。比较图 2-11 和图 2-12，蛋白酶峰值要迟于脲酶。

6. 土壤氮素矿化量特征

由图 2-13 可知，沙壤土的氮素矿化量高于紫色土。其中，在 30~60d、60~90d，沙

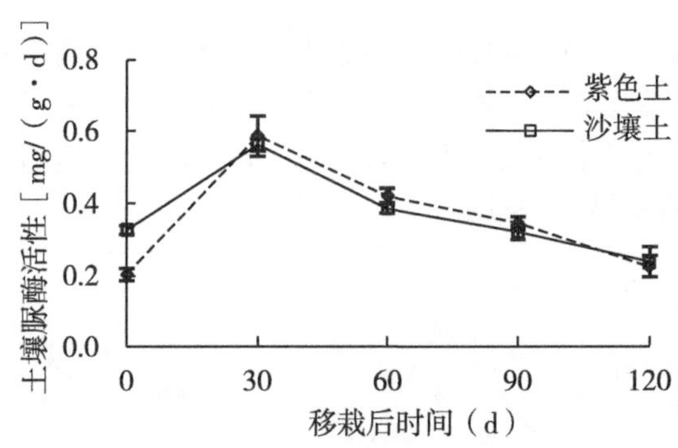

图 2-12　不同土壤脲酶活性变化

壤土的氮素矿化量显著高于紫色土。总体上看，烤烟大田期沙壤土氮素矿化量较紫色土高10.64%，这也是沙壤土烤烟长势要好于紫色土的重要原因。从不同生育期的氮素矿化量比例来看，两种土壤没有明显的区别，伸根期占20%左右，旺长期占30%左右，成熟期占50%左右。

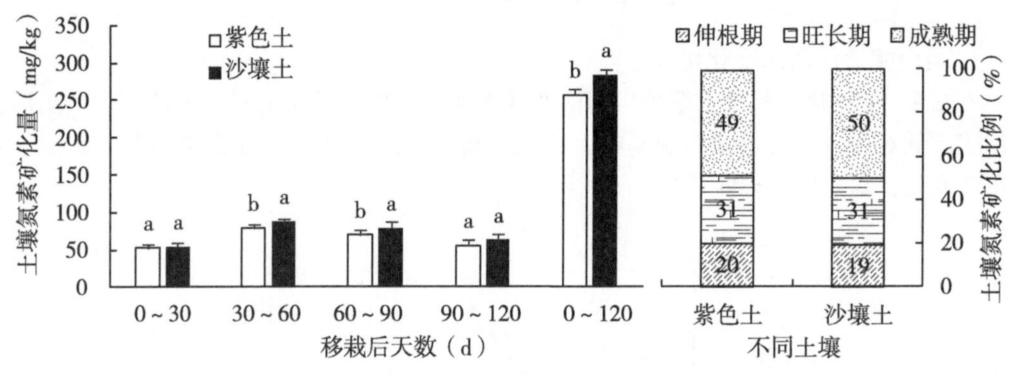

图 2-13　不同土壤氮素矿化量变化

7. 土壤氮素矿化速率变化特征

由图 2-14 可知，沙壤土的氮素矿化速率高于紫色土。其中，在 30～60d、60～90d、90～120d，沙壤土的氮素矿化速率显著高于紫色土。烤烟旺长期土壤矿化速率最高，其次是成熟前期，伸根期的矿化速率最低。

（二）不同追肥氮量烟田土壤氮素矿化特征

1. 全氮含量动态变化特征

由图 2-15 可知，在烤烟大田期间，随追肥量增加，土壤全氮增加。土壤全氮在 30d 有一个高峰期，可能与追肥有关；在 90d 有另一个高峰期，这可能与有机氮矿化有关。在 120d 后的土壤全氮要高于 0d，这说明植烟土壤残留氮素较多。这虽有利于晚稻生长，但对烤烟生产来说，施氮量高，生产成本增加。

2. 铵态氮含量动态变化特征

由图 2-16 可知，在烤烟大田期间，随追肥量增加，土壤铵态氮增加。整个烤烟大

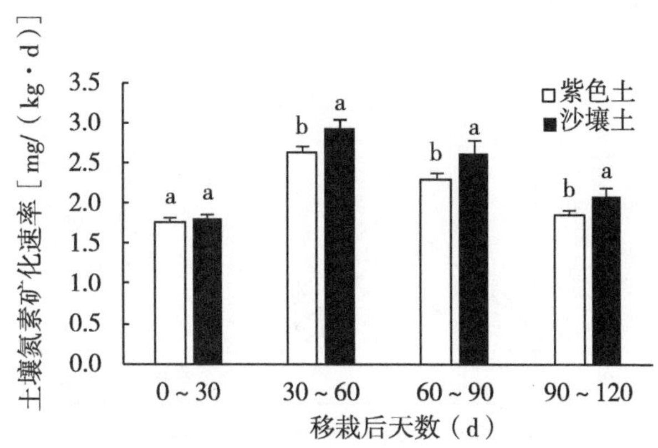

图 2-14　不同土壤氮素矿化速率变化

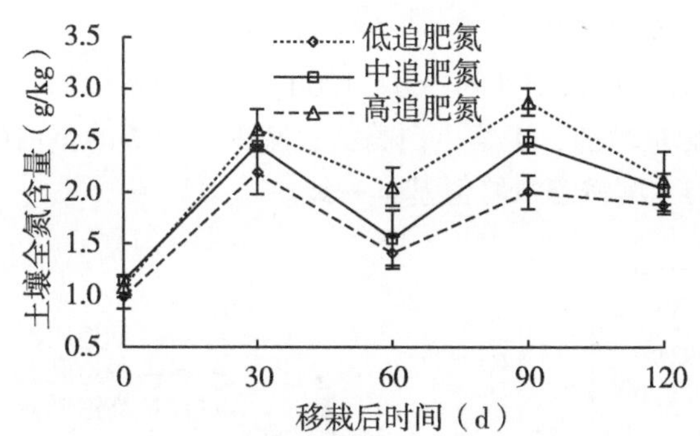

图 2-15　不同追肥氮量土壤全氮含量变化

田期间，土壤铵态氮含量为单峰曲线变化，以 60d 最高，这与烤烟大田生长需氮规律是一致的。在 120d 后的土壤铵态氮要高于 0d，这说明植烟土壤残留铵态氮较多。

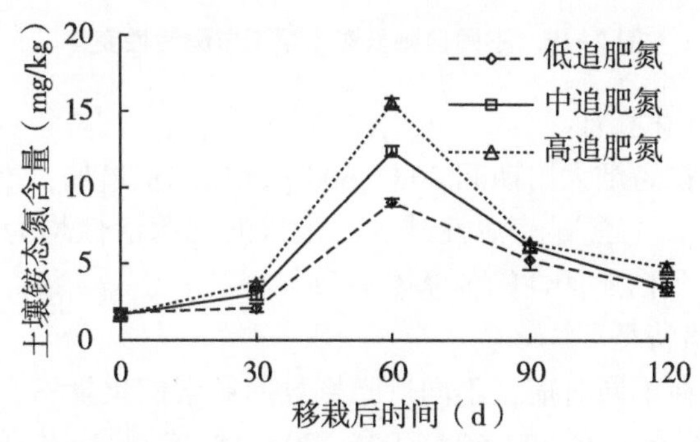

图 2-16　不同追肥氮量土壤铵态氮含量变化

3. 硝态氮含量动态变化特征

由图 2-17 可知，在烤烟大田期间，随追肥量增加，土壤硝态氮增加。土壤的硝态氮含量在大田变化趋势基本一致，为单峰变化，以30d的土壤硝态氮含量最高，较铵态氮峰值要早。

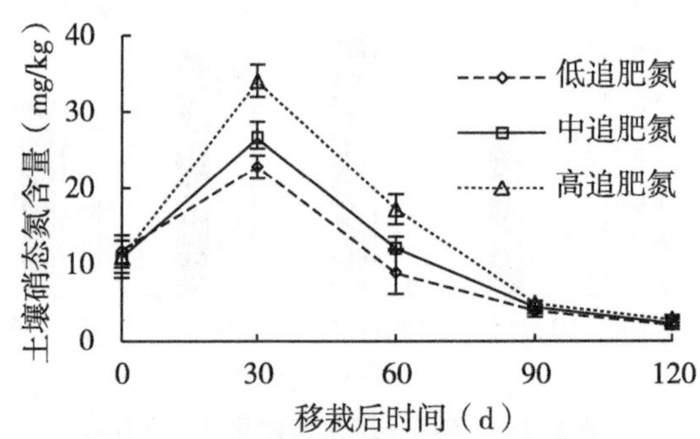

图2-17　不同追肥氮量土壤硝态氮含量变化

4. 蛋白酶活性动态变化特征

由图2-18可知，在烤烟大田期间30d、120d，随追肥量增加，土壤蛋白酶活性增加。但在60d、90d，随追肥量增加，土壤蛋白酶活性减少。土壤的蛋白酶活性均为单峰变化，以大田期60d最高，与土壤铵态氮峰值基本一致。

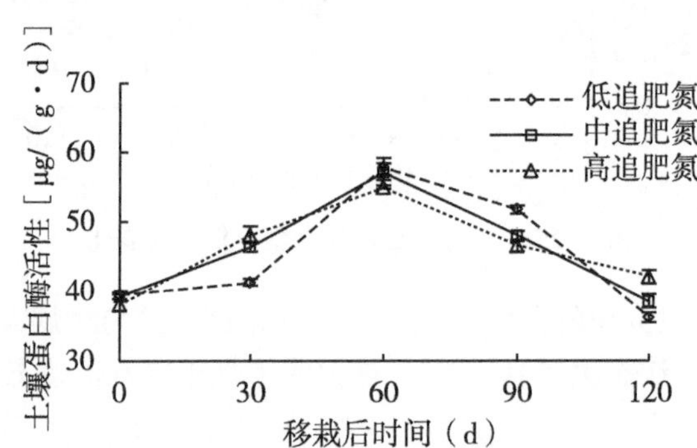

图2-18　不同追肥氮量土壤蛋白酶活性变化

5. 脲酶活性动态变化特征

由图2-19可知，在烤烟大田期间30d、60d，随追肥量增加，土壤脲酶活性增加。但在90d，随追肥量增加，土壤脲酶活性减少。土壤的脲酶活性均为单峰变化，以大田期60d最高，与铵态氮、蛋白酶活性峰值基本一致。

6. 土壤氮素矿化量特征

由图2-20可知，在不同时期，不同追肥氮量的氮素矿化量不一致；在0~30d，中追肥量>低追肥量>高追肥量；在30~60d、90~120d，低追肥量>中追肥量>高追肥量；在60~90d，高追肥量>低追肥量>中追肥量。在整个烤烟大田期间，土壤氮素矿化量为中追肥量>低追肥量>高追肥量；其中，中追肥量和低追肥量较高追肥量显著增加。从不同生育期的氮素矿化量比例来看，没有明显的区别，伸根期占20%左右，旺长期占30%左右，

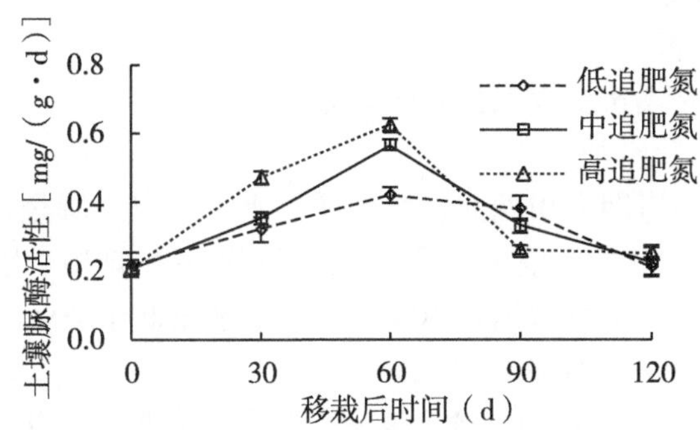

图 2-19　不同追肥氮量土壤脲酶活性变化

成熟期占 50%左右。

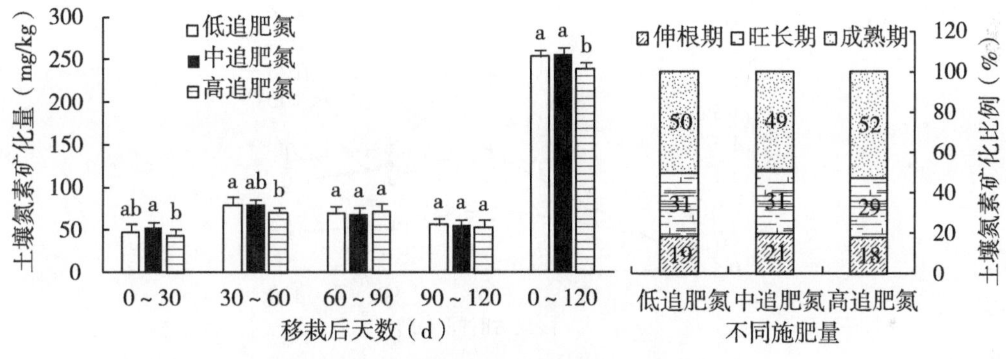

图 2-20　不同追肥氮量土壤氮素矿化量变化

7. 土壤氮素矿化速率变化特征

由图 2-21 可知，在不同时期，不同追肥氮量的氮素矿化速率不一致；在 0～30d，中追肥量土壤氮素矿化速率显著高于高追肥量；在 30～60d，低追肥量和中追肥量土壤氮素

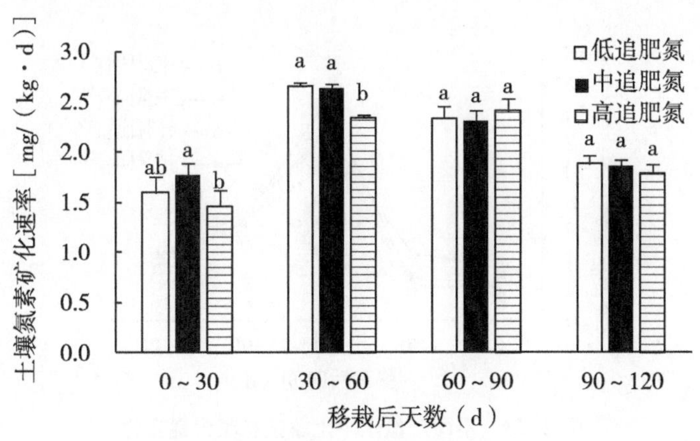

图 2-21　不同追肥氮量土壤氮素矿化速率变化

矿化速率显著高于高追肥量；在 60～90d、90～120d，高追肥量、低追肥量、中追肥量的土壤矿化速率差异不显著。

（三）不同产量水平烟田土壤氮素矿化特征

1. 全氮含量动态变化特征

由图 2-22 可知，在烤烟大田期间，耒阳适产水平烟田土壤全氮高于丰产水平烟田，其变化曲线为单峰，以 60d 的土壤全氮最高。桂阳适产水平烟田土壤全氮高于丰产水平烟田（除 60d 外）；桂阳适产水平烟田在 60d 时，土壤全氮低于 30d 和 90d，可能与该类型烟田保肥能力差，养分易随雨水流失有关。

两个产区均存在适产水平烟田土壤全氮高于高产水平烟田，但其处理差异较大，可能与不同烟田土壤氮素转化有关，丰产水平烟田的土壤有机氮矿化速率快，提供的无机养分多，也就是烟农所说的“来苗快”。不同产区比较，桂阳烟区的土壤全氮要低于耒阳烟区。

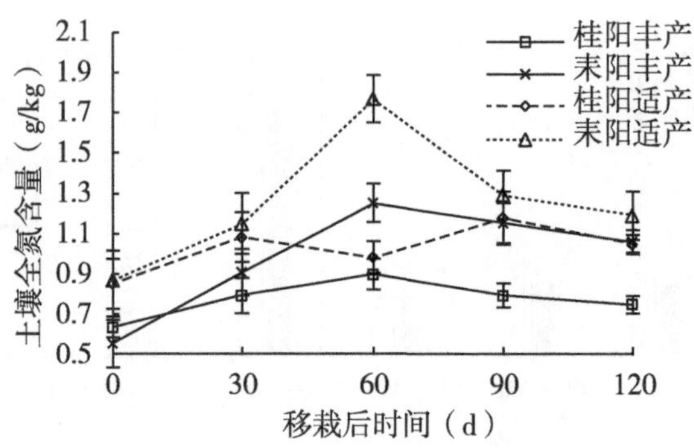

图 2-22　不同产量水平土壤全氮含量变化

2. 铵态氮含量动态变化特征

由图 2-23 可知，在烤烟大田期间，丰产烟田土壤铵态氮含量要高于适产烟田；丰产烟田与适产烟田铵态氮含量差别主要体现在 30d、60d，此期间的丰产烟田土壤铵态氮明显高于适产烟田。

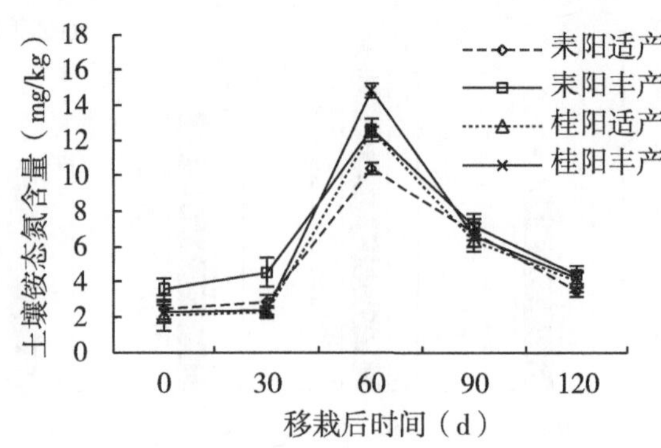

图 2-23　不同产量水平土壤铵态氮含量变化

从不同产区看，桂阳烟区的烤烟大田期间铵态氮要高于耒阳烟区，这可能是桂阳烟区产量要高于耒阳烟区的一个重要原因。特别是60d，这种差异更加突出。

3. 硝态氮含量动态变化特征

由图2-24可知，在烤烟大田期间，丰产烟田土壤硝态氮含量要高于适产烟田；丰产烟田与适产烟田铵态氮含量差别主要体现在30d、60d，此期间的丰产烟田土壤硝态氮明显高于适产烟田。

从不同产区看，桂阳烟区的烤烟大田期间硝态氮要高于耒阳烟区，这也可能是桂阳烟区产量要高于耒阳烟区的重要原因之一。特别是30d、60d，这种差异更加突出。

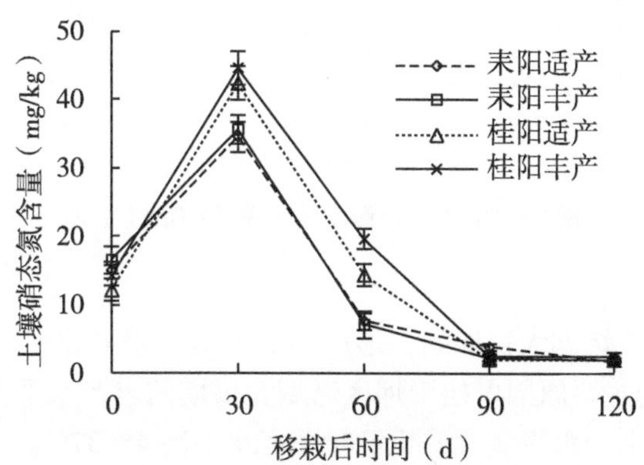

图2-24　不同产量水平土壤硝态氮含量变化

4. 蛋白酶活性动态变化特征

由图2-25可知，在烤烟大田期间，丰产烟田土壤蛋白酶活性要高于适产烟田。从不同产区看，桂阳烟区的烤烟大田期间蛋白酶活性要高于耒阳烟区。特别是30d、90d，这种差异更加突出。

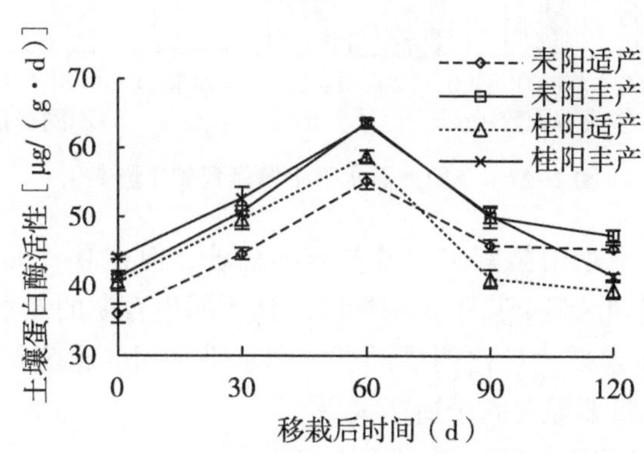

图2-25　不同产量水平土壤蛋白酶活性变化

5. 脲酶活性动态变化特征

由图2-26可知，在烤烟大田期间，丰产烟田土壤脲酶活性要高于适产烟田。耒阳烟区，土壤的脲酶活性均为单峰变化，以大田期30d最高；桂阳烟区，土壤的脲酶活性均为单峰变化，以大田期 90d 最高。这种差异，说明桂阳烟区土壤在烤烟成熟后期，还保持较高的供氮水平，这可能是该烟区烟碱含量较高的一个重要原因。

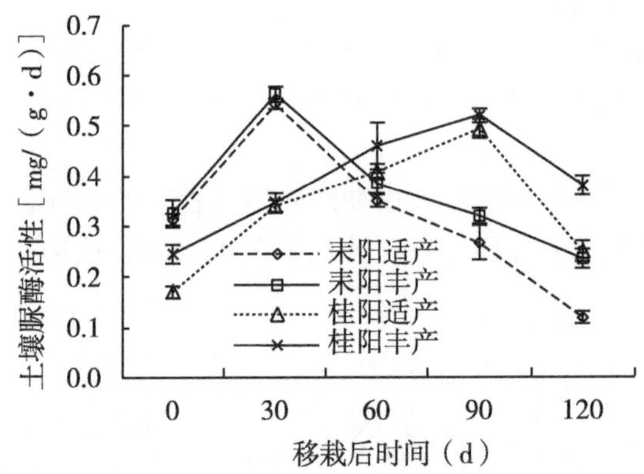

图 2-26　不同产量水平土壤脲酶活性变化

6. 土壤氮素矿化量特征

由图 2-27 可知，在烤烟大田期间，丰产烟田土壤氮素矿化量要高于适产烟田，这也是丰产烟田产量较高的主要原因。桂阳烟区烤烟大田期间丰产水平氮素矿化量较适产水平高 24.63%；耒阳烟区丰产水平氮素矿化量较适产水平高 45.37%。

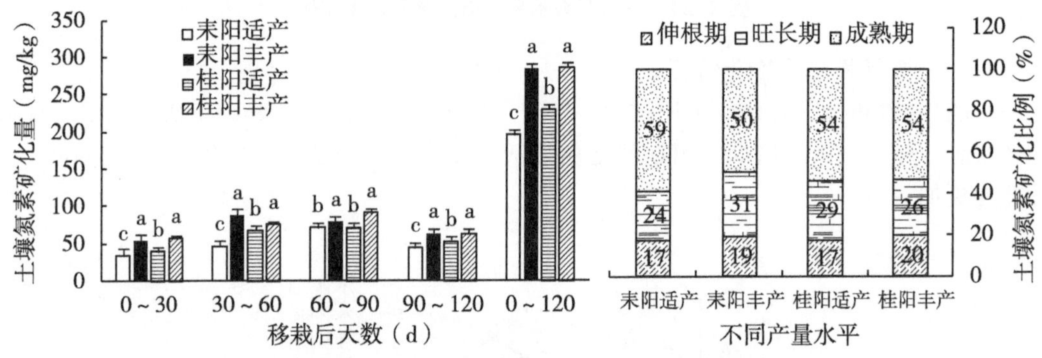

图 2-27　不同产量水平土壤氮素矿化量变化

不同产区的丰产水平烟田氮素矿化量差异不显著，但在 0~30d、30~60d、90~120d 的适产水平烟田，桂阳烟区显著高于耒阳烟区。从不同生育期的氮素矿化量比例来看，适产水平烟田的 0~30d 氮素矿化量比例要低于丰产水平烟田，也就是说，丰产水平烟田在伸根期的土壤氮素矿化量要显著高于适产水平。

7. 土壤氮素矿化速率变化特征

由图 2-28 可知，从不同产量水平看，丰产水平烟田土壤氮素矿化速率显著高于适产水平。从不同产区看，在伸根期、旺长期和成熟后期，桂阳烟区适产水平烟田土壤氮素矿化速率要高于耒阳烟区；在旺长期，耒阳烟区丰产水平烟田土壤氮素矿化速率要高于桂阳，但成熟前期刚好相反。

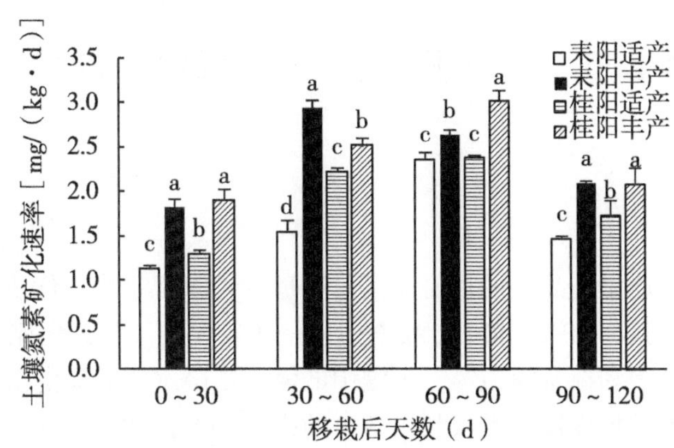

图 2-28　不同产量水平土壤氮素矿化速率变化

四、讨论与结论

紫色土壤的全氮含量高于沙壤土，但沙壤土氮素矿化总量和矿化速率大于紫色土；沙壤土蛋白酶和脲酶活性也高于紫色土，导致沙壤土铵态氮和硝态氮含量高于紫色土，土壤供氮水平高，这可能是沙壤土烤烟长势要好于紫色土的原因之一。

高追肥量的土壤全氮、铵态氮、硝态氮含量高于中追肥氮、低追肥氮，但其蛋白酶和脲酶活性在烤烟大田旺长后期和成熟初期低于中追肥氮、低追肥氮，导致高追肥氮的土壤氮素矿化量少于中追肥氮、低追肥氮，可能是高追肥氮对土壤氮素矿化相关酶活性有抑制作用。所以，过高的追肥量，会导致土壤残留氮素较多，虽对后茬作物水稻增产有利，但会增加烤烟生产和环境成本。

所取样本适产烟田土壤的全氮高于丰产水平烟田，但其蛋白酶和脲酶活性低，其氮素矿化量也低于丰产水平烟田（特别是在伸根期的氮矿化量小）。丰产水平烟田的土壤有机氮矿化速率快，提供的无机养分多，也就是烟农所说的了“来苗快”。适产水平烟田土壤铵态氮和硝态氮低于丰产水平烟田，说明适产烟田土壤供氮能力弱，这是其烤烟产量低于丰产烟田的原因之一。

桂阳烟区的土壤全氮要低于耒阳烟区，但桂阳烟区的烤烟大田期间铵态氮和硝态氮要高于耒阳烟区。桂阳烟区的烤烟大田期间蛋白酶和脲酶活性要高于耒阳烟区，特别是30d、60d、90d，适产水平烟田的差异更加突出，导致桂阳烟区土壤氮素矿化量高于耒阳烟区，这可能是桂阳烟区产量要高于耒阳烟区的重要原因之一。

耒阳烟区的土壤脲酶活性以大田期 30d 最高，桂阳烟区的土壤脲酶活性以大田期 90d 最高，这种差异，说明桂阳烟区在烤烟成熟后期，土壤还保持较高的供氮水平，这可能是该烟区烟碱含量较高的重要原因之一。

第七节　淹水模拟对化肥氮损失的影响

一、研究目的

氮素是影响烤烟产量和品质的重要元素。合理管控氮肥是烤烟优质适产的保证。我国烟草氮肥利用率平均只有30%~40%，氮素损失是比较大的。氮素化肥的损失主要有土壤残留、地表径流、淋溶和挥发损失等。土壤中的氮素随降水或灌溉淋溶至植株根系有效活动层以下，导致不能被植株根系吸收利用带来的损失一般称为淋溶损失，这是烟草种植氮素损失的主要途径。但是，对于南方稻作烟区，由于烤烟大田期间降雨次数多、降水量大，特别是一次过程降水量大，地表径流导致的氮素流失也是非常严重的。下雨时，种植烟草的垄沟常被水淹，之后水必须被排出，土壤氮素随排水而流失，这可能是南方稻作烟区烤烟施氮量大，利用率低的一个不可忽视的重要原因。由于南方烤烟大田期降雨次数、一次过程降水量等年度变化大、区域变化大，导致这种地表径流损失无法精确计算，而这种氮素流失，往往被研究者所忽略。这种地表径流所导致的氮素流失年度差异大，再加上施氮量高，雨水少年份，氮素流失少，易造成黑暴烟；雨水多的年份，烤烟后期易早衰；这种现象已成为南方多雨烟区烤烟种植的一大难题。为估算淹水对土壤氮素损失的影响，本研究采用室内模拟方法，以估算淹水时间、淹水次数、淹水量等对不同施氮水平、不同类型土壤氮素损失的影响，为南方稻茬烤烟减氮增效提供参考。

二、材料与方法

（一）试验地点与材料

试验于2021年在湖南农业大学生科楼进行。黏壤土、沙壤土取自宁乡市。基肥为烟草专用基肥，N：（P_2O_5）：（K_2O）=8：17：7；追肥为烟草专用追肥，N：（P_2O_5）：（K_2O）=11：0：31。水为蒸馏水。

（二）淹水模拟试验设计

1. 淹水量试验

采用盆栽模拟，土壤质地为黏壤土，每盆装风干土20kg。两因素随机区组设计。A因素为肥料类型，设置2个水平，即A1（基肥20g）、A2（追肥20g）；B因素为淹水量，每盆分别加蒸馏水12L、14L、16L、18L、20L、22L、24L，共7个水平。将土壤和肥料混合均匀，添加蒸馏水，淹水24h后，取土样检测全氮。

2. 淹水次数试验

采用盆栽模拟，土壤质地为黏壤土，每盆装风干土20kg。两因素随机区组设计。A因素为肥料类型，设置2个水平，即A1（基肥20g）、A2（追肥20g）；B因素为淹水次数，分别淹水1次、2次、3次、4次，每次淹水24h，排水完成后再进行下一次灌水。每次排水后用量筒记录排水体积，同时补充相等体积蒸馏水。先将土壤和肥料混合均匀，每盆加入蒸馏水 12L，淹水 24h 后取样检测全氮。

3. 不同质地土壤和淹水时间试验

采用盆栽模拟，每盆装风干土 20kg，每盆施基肥或追肥 20g。试验为两因素随机区组设计，A 因素为土壤质地类型，设置 2 个水平，即 A1（黏壤土）、A2（沙壤土）；B 因素为淹水时间，分别为淹水 2h、6h、12h、24h、36h、48h。先将土壤和肥料混合均匀，每盆加入蒸馏水 12L，分别在淹水 2h、6h、12h、24h、36h、48h 后取样检测全氮。

4. 不同施肥量和淹水时间试验

采用盆栽模拟试验，每盆装风干土 20kg，试验土壤有黏壤土、沙壤土，试验用肥料有基肥、追肥。试验为两因素随机区组设计。A 因素为施肥量，设置 2 个水平，即 A1（每盆 20g）、A2（每盆 50g）；B 因素为淹水时间，分别为淹水 2h、6h、12h、24h、36h、48h。先将土壤和肥料混合均匀，每盆加入蒸馏水 12L，分别在淹水 2h、6h、12h、24h、36h、48h 后取样检测全氮。

（三）主要检测指标和氮损失计算方法

（1）淹水前全氮测定：将土壤和肥料混合均匀，添加少量蒸馏水，让土壤湿润，放置 6h，取土样检测全氮含量。

（2）淹水后土壤全氮测定：将剩余蒸馏水再次加入土壤中，按试验设计要求时间完成后，放干多余水分，取土样检测全氮。

（3）氮素损失计算：前后 2 次测定土壤全氮差值就是氮素损失量（绝对损失量）；将绝对损失量除以第 1 次测定土壤全氮含量就是全氮损失率。

三、结果与分析

（一）淹水量对土壤全氮损失的影响

由图 2-29 左可知，淹水 24h，淹水量从 0.6L/kg 增加至 1.2L/kg，施用基肥氮处理的土壤全氮损失率 2.00%~9.78%；施用基肥氮处理土壤全氮随淹水量损失率模型为：

$y = -11.73x^2 + 34.066x - 14.188$，$R^2 = 0.997$。

由图 2-29 左可知，淹水 24h，淹水量从 0.6L/kg 增加至 1.2L/kg，施用追肥氮处理的土壤全氮损失率 3.38%~16.68%；施用追肥氮处理土壤全氮随淹水量损失率模型为：

$y = -29.431x^2 + 75.232x - 31.413$，$R^2 = 0.994$。

由图 2-29 右的全氮损失量可知，淹水 24h，淹水量从 0.6L/kg 增加至 1.2L/kg，施用基肥氮处理的土壤全氮损失量为 31.79~155.57mg/kg；施用基肥氮处理土壤全氮随淹水量的绝对损失量模型为：

$y = -186.51x^2 + 541.66x - 225.59$，$R^2 = 0.994$。

由图 2-29 右的全氮损失量可知，淹水 24h，淹水量从 0.6L/kg 增加至 1.2L/kg，施用追肥氮处理的土壤全氮损失量为 55.47~273.50mg/kg；施用追肥氮处理土壤全氮随淹水量的绝对损失量模型为：

$y = -482.66x^2 + 1\,233.8x - 515.37$，$R^2 = 0.994$。

以上分析表明，随淹水量增加，土壤全氮损失增加；施用追肥氮处理损失要大于基肥氮，这种差值也随淹水量增加而增加。这主要与追肥氮处理后，其土壤全氮含量较高有关。

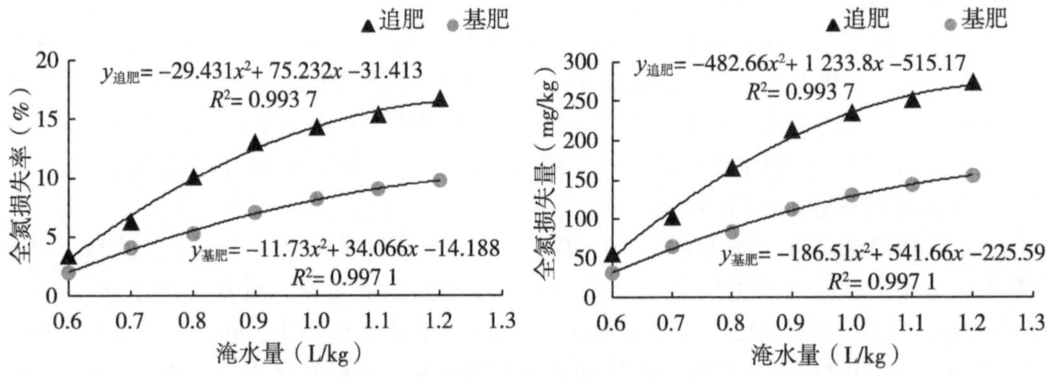

图 2-29　淹水量对土壤全氮损失的影响

（淹水时间 24h，施肥量 1g/kg 土，黏壤土）

（二）淹水次数对土壤全氮损失的影响

由图 2-30 上左可知，淹水 1～4 次，基肥氮处理的土壤全氮累计损失率为 4.09%～12.15%；土壤全氮随淹水次数损失率模型为：

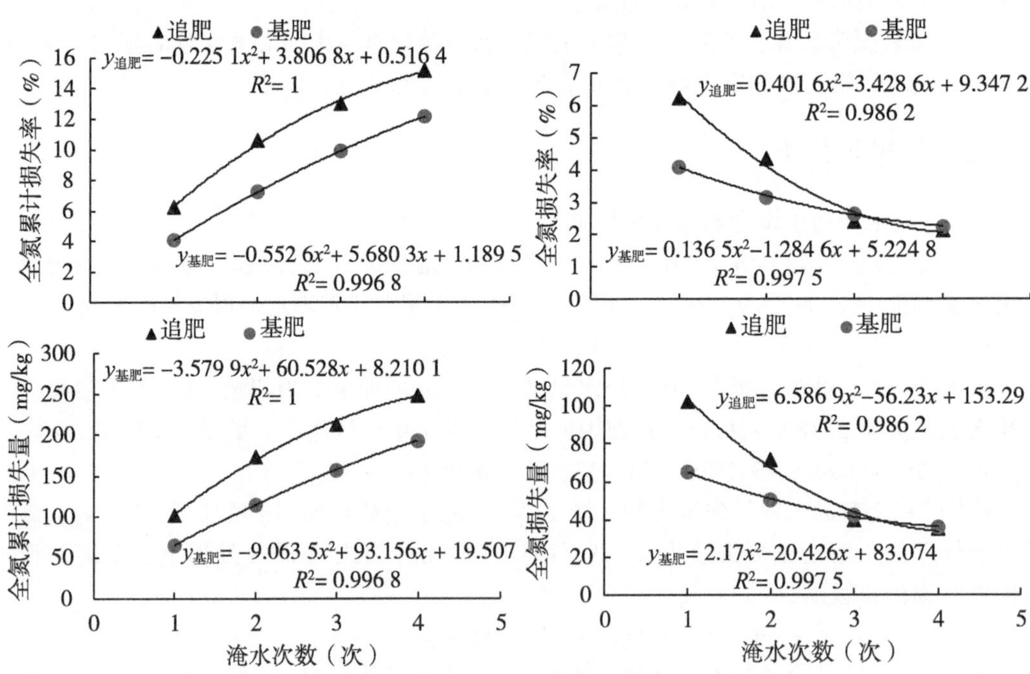

图 2-30　淹水次数对土壤全氮损失的影响

（每次淹水时间 24h，淹水量 0.6L/kg 土，施肥量 1g/kg 土，黏壤土）

$y = -0.5526x^2 + 5.6803x + 1.1895$，$R^2 = 0.997$。

由图 2-30 上左可知，淹水 1～4 次，追肥氮处理的土壤全氮累计损失率为 6.23%～15.15%；土壤全氮随淹水次数损失率模型为：

$y = -0.2251x^2 + 3.8068x + 0.5124$, $R^2 = 1$。

由图2-30上右可知，第1、2次淹水，追肥氮处理的土壤全氮损失率大于基肥氮，但淹水3次以后，基肥氮处理的土壤全氮损失率略大于追肥氮。

由图2-30下左可知，淹水1~4次，基肥氮处理的土壤全氮累计绝对损失量为65.06~193.14mg/kg；土壤全氮随淹水次数损失量模型为：

$y = -9.0635x^2 + 93.156x + 19.507$, $R^2 = 0.997$。

随淹水次数增加，土壤全氮累计损失量增加。

由图2-30下左可知，淹水1~4次，追肥氮处理的土壤全氮累计损失量为102.23~248.49mg/kg；土壤全氮随淹水次数损失量模型为：

$y = -3.5799x^2 + 60.528x + 8.2101$, $R^2 = 1$。

由图2-30下右可知，第1、2次淹水，追肥氮处理的土壤全氮损失量大于基肥氮，但淹水3次以后，基肥氮处理的土壤全氮损失量略大于追肥氮。

以上分析表明，随淹水次数增加，土壤全氮损失增加，施用追肥氮处理的土壤全氮损失要大于基肥氮，这主要与追肥氮处理的土壤全氮含量相对较高及其配方不同有关。

（三）淹水时间对不同质地土壤全氮损失的影响

由图2-31上左可知，淹水2~48h，在沙壤土中，追肥氮处理的土壤全氮损失率为10.58%~26.26%，随淹水时间土壤全氮损失率模型为：

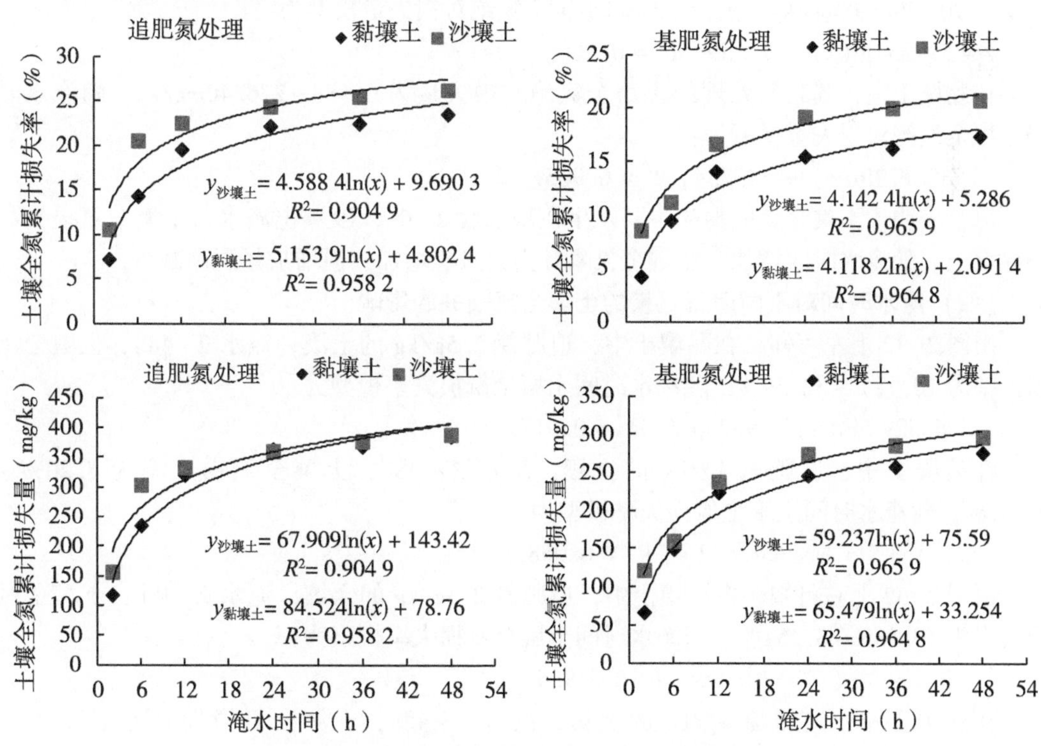

图2-31　淹水时间对不同质地土壤全氮损失的影响

（淹水量0.6L/kg土，施肥量1g/kg土）

$y = 4.588\ 4\ln(x) + 9.690\ 3$, $R^2 = 0.905$。

在黏壤土中，追肥氮处理的土壤全氮损失率为 7.20%～23.52%，随淹水时间土壤全氮损失率模型为：

$y = 5.153\ 9\ln(x) + 4.802\ 4$, $R^2 = 0.958$。

由图 2-31 上右可知，淹水 2～48h，在沙壤土中，基肥氮处理的土壤全氮损失率为 8.52%～20.77%，随淹水时间土壤全氮损失率模型为：

$y = 4.142\ 4\ln(x) + 5.286$, $R^2 = 0.966$。

在黏壤土中，基肥氮处理的土壤全氮损失率为 4.21%～17.28%，随淹水时间土壤全氮损失率模型为：

$y = 4.118\ 2\ln(x) + 2.091\ 4$, $R^2 = 0.965$。

由图 2-31 下左可知，淹水 2～48h，在沙壤土中，追肥氮处理的土壤全氮绝对损失量为 156.54～388.60mg/kg，随淹水时间土壤全氮绝对损失量模型为：

$y = 67.909\ln(x) + 143.42$, $R^2 = 0.905$。

在黏壤土中，追肥氮处理的土壤全氮绝对损失量为 117.99～385.67mg/kg，随淹水时间土壤全氮绝对损失量模型为：

$y = 84.524\ln(x) + 78.76$, $R^2 = 0.958$。

由图 2-31 下右可知，淹水 2～48h，在沙壤土中，基肥氮处理的土壤全氮绝对损失量为 121.90～296.98mg/kg，随淹水时间土壤全氮绝对损失量模型为：

$y = 59.237\ln(x) + 75.59$, $R^2 = 0.966$。

在黏壤土中，基肥氮处理的土壤全氮绝对损失量为 66.88～276.40mg/kg，随淹水时间土壤全氮绝对损失量模型为：

$y = 65.479\ln(x) + 33.254$, $R^2 = 0.965$。

以上表明，土壤全氮的损失主要发生在淹水后 2～6h，沙壤土淹水后土壤全氮损失高于黏壤土。随淹水时间增加，土壤全氮累计损失虽有增加，但增加量逐渐减少。

(四) 淹水时间对不同追肥氮量的土壤全氮损失的影响

由图 2-32 上左可知，在黏壤土中，追肥氮 2.5g/kg 的土壤，淹水 2～48h，土壤全氮损失率为 10.77%～32.59%；随淹水时间土壤全氮损失率模型为：

$y = 6.529\ 5\ln(x) + 9.254\ 5$, $R^2 = 0.917$。

在黏壤土中，追肥氮 1g/kg 的土壤，淹水 2～48h，土壤全氮损失率为 7.20%～23.52%；随淹水时间土壤全氮损失率模型为：

$y = 5.153\ 9\ln(x) + 4.802\ 4$, $R^2 = 0.958$。

由图 2-32 上右可知，在沙壤土中，追肥氮 2.5g/kg 的土壤，淹水 2～48h，土壤全氮损失率为 13.48%～37.51%；随淹水时间土壤全氮损失率模型为：

$y = 7.459\ 3\ln(x) + 10.664$, $R^2 = 0.955$。

在沙壤土中，追肥氮 1g/kg 的土壤，淹水 2～48h，土壤全氮损失率为 10.57%～26.26%；随淹水时间土壤全氮损失率模型为：

$y = 4.588\ 4\ln(x) + 9.690\ 3$, $R^2 = 0.905$。

由图 2-32 下左可知，在黏壤土中，追肥氮 2.5g/kg 的土壤，淹水 2～48h，土壤全氮

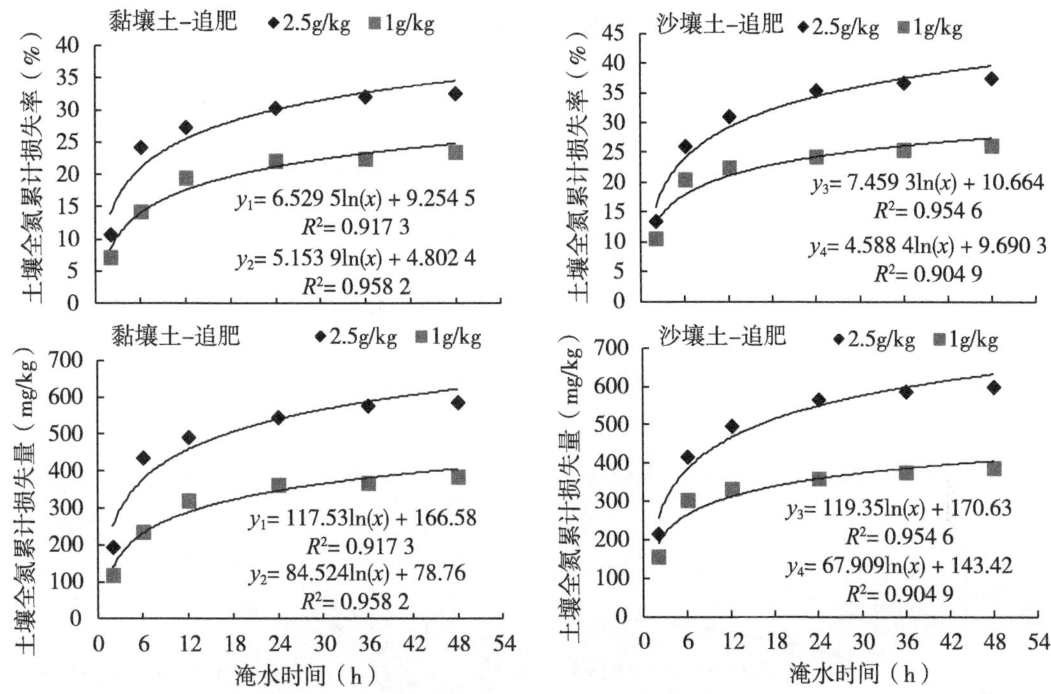

图 2-32 淹水时间对不同追肥用量的土壤全氮损失的影响

（淹水量 0.6L/kg 土）

绝对损失量为 193.91~586.61mg/kg；随淹水时间土壤全氮损失量模型为：

$y = 117.53\ln(x) + 166.58, R^2 = 0.917$。

在黏壤土中，追肥氮 1g/kg 的土壤，淹水 2~48h，土壤全氮绝对损失量为 117.99~385.67mg/kg；随淹水时间土壤全氮损失量模型为：

$y = 84.524n(x) + 78.76, R^2 = 0.958$。

由图 2-32 下右可知，在沙壤土中，追肥氮 2.5g/kg 的土壤，淹水 2~48h，土壤全氮绝对损失量为 215.67~600.16mg/kg；随淹水时间土壤全氮损失量模型为：

$y = 119.35\ln(x) + 170.63, R^2 = 0.955$。

在沙壤土中，追肥氮 1g/kg 的土壤，淹水 2~48h，土壤全氮绝对损失量为 156.54~388.60mg/kg；随淹水时间土壤全氮损失量模型为：

$y = 67.909\ln(x) + 143.42, R^2 = 0.905$。

以上表明，无论是沙壤土还是黏壤土，随追肥氮用量增加，土壤全氮损失增加，且随淹水时间增加，这种损失差异会增大（图 2-33）。

（五）淹水时间对不同基肥氮量的土壤全氮损失的影响

由图 2-34 上左可知，在黏壤土中，基肥氮 2.5g/kg 的土壤，淹水 2~48h，土壤全氮损失率为 6.59%~23.49%；随淹水时间土壤全氮损失率模型为：

$y = 5.706\ 3\ln(x) + 2.625\ 3, R^2 = 0.958$。

在黏壤土中，基肥氮 1g/kg 的土壤，淹水 2~48h，土壤全氮损失率为 4.21%~

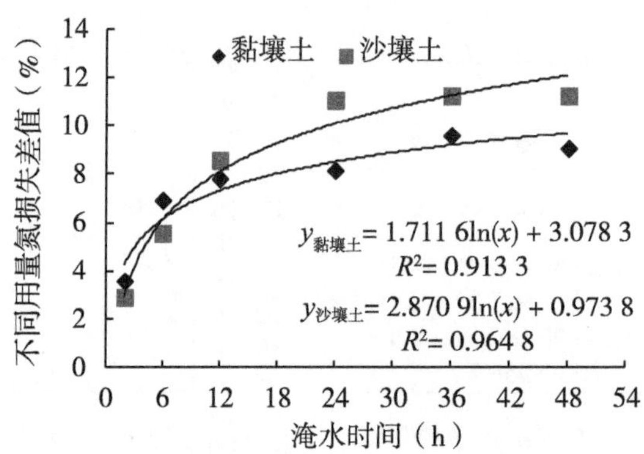

图 2-33　不同追肥用量的土壤全氮损失差值变化

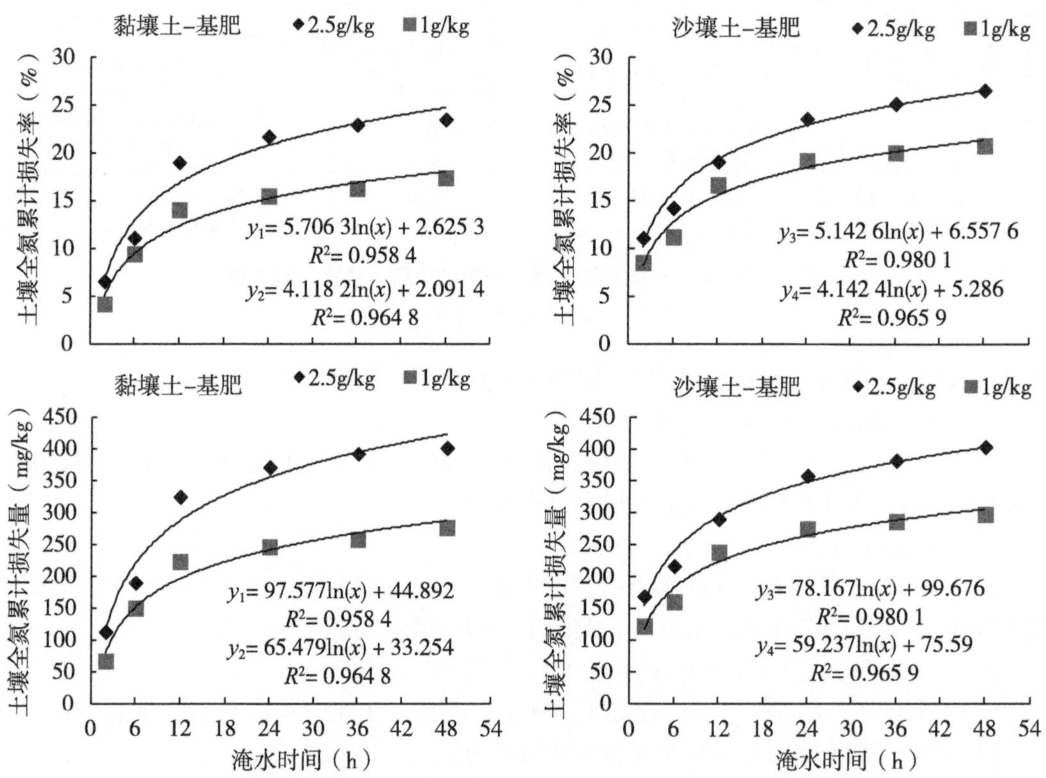

图 2-34　淹水时间对不同基肥用量的土壤全氮损失的影响

（淹水量 0. 6L/kg 土）

17. 38%；随淹水时间土壤全氮损失率模型为：

$y = 4.118\ 2\ln(x) + 2.091\ 4$，$R^2 = 0.965$。

由图 2-34 上右可知，在沙壤土中，基肥氮 2. 5g/kg 的土壤，淹水 2～48h，土壤全氮损失率为 11. 10%～26. 52%；随淹水时间土壤全氮损失率模型为：

$y = 5.142\ 6\ln(x) + 6.557\ 6$，$R^2 = 0.98$。

在沙壤土中，基肥氮 1g/kg 的土壤，淹水 2～48h，土壤全氮损失率为 8.52%～20.77%；随淹水时间土壤全氮损失率模型为：

$y = 4.1424\ln(x) + 5.286, R^2 = 0.966$。

由图 2-34 下左可知，在黏壤土中，基肥氮 2.5g/kg 的土壤，淹水 2～48h，土壤全氮绝对损失量为 112.67～401.76mg/kg；随淹水时间土壤全氮损失量模型为：

$y = 97.577\ln(x) + 44.892, R^2 = 0.958$。

在黏壤土中，基肥氮 1g/kg 的土壤，淹水 2～48h，土壤全氮绝对损失量为 66.88～276.40mg/kg；随淹水时间土壤全氮损失量模型为：

$y = 65.479\ln(x) + 33.254, R^2 = 0.965$。

由图 2-34 下右可知，在沙壤土中，基肥氮 2.5g/kg 的土壤，淹水 2～48h，土壤全氮绝对损失量为 168.71～403.03mg/kg；随淹水时间土壤全氮损失量模型为：

$y = 78.167\ln(x) + 99.676, R^2 = 0.98$。

在沙壤土中，基肥氮 1g/kg 的土壤，淹水 2～48h，土壤全氮绝对损失量为 121.90～296.98mg/kg；随淹水时间土壤全氮损失量模型为：

$y = 59.237\ln(x) + 75.59, R^2 = 0.966$。

以上表明，无论是沙壤土还是黏壤土，随基肥氮用量增加，土壤全氮损失增加，且随淹水时间增加，这种损失差异会增大（图 2-35）。

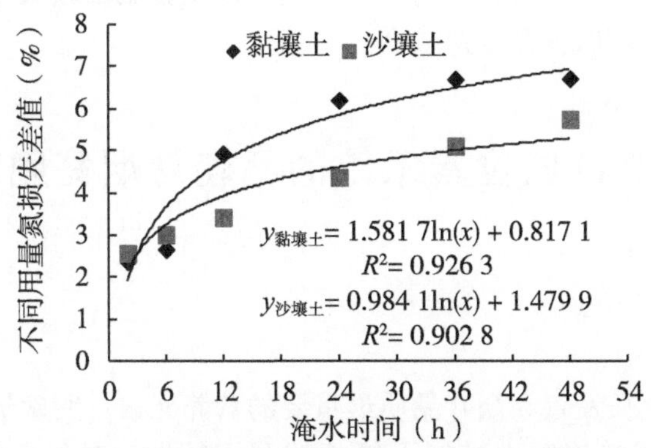

图 2-35　不同基肥用量的土壤全氮损失差值变化

四、讨论与结论

土壤氮素损失随淹水量增加而增加。淹水量从 0.6L/kg 增加至 1.2L/kg，淹水 24h，施用基肥氮处理的土壤全氮损失 2.00%～9.78%，土壤全氮损失量为 31.79～155.57mg/kg；施用追肥氮处理的土壤全氮损失 3.38%～16.68%，土壤全氮损失量为 55.47～273.50mg/kg。施用追肥氮处理损失量要大于基肥氮，主要与追肥氮的含氮率较高和配方不同有关。

土壤氮素损失随淹水次数增加而增加。淹水 1～4 次，基肥氮处理的土壤全氮累计损失率为 4.09%～12.15%，累计绝对损失量为 65.06～193.14mg/kg；追肥氮处理的土壤全氮累计损失率为 6. 23%~15. 15%，累计损失量为 102. 23~248. 49mg/kg。

土壤氮素损失随淹水时间增加而增加。淹水 2~48h，追肥氮处理的土壤全氮损失率为 7. 20%~23. 52%，绝对损失量为 117. 99~385. 67mg/kg；基肥氮处理的土壤全氮损失率为 4. 21%~17. 28%，绝对损失量为 66. 88~276. 40mg/kg。土壤全氮的损失主要发生在淹水后 2~6h。

土壤氮素损失随施肥量增加而增加。追肥氮 2. 5g/kg 的土壤，淹水 2~48h，土壤全氮损失率为 10. 77%~32. 59%，绝对损失量为 193. 91~586. 61mg/kg；追肥氮 1g/kg 的土壤，淹水 2~48h，土壤全氮损失率为 7. 20%~23. 52%，绝对损失量为 117. 99~385. 67mg/kg。基肥氮 2. 5g/kg 的土壤，淹水 2~48h，土壤全氮损失率为 6. 59%~23. 49%，绝对损失量为 112. 67~401. 76mg/kg；基肥氮 1g/kg 的土壤，淹水 2~48h，土壤全氮损失率为 4. 21%~17. 38%，绝对损失量为 168. 71~403. 03mg/kg。

沙壤土氮素损失大于黏壤土。淹水 2~48h，在沙壤土中，追肥氮处理的土壤全氮损失率为 10. 58%~26. 26%，绝对损失量为 156. 54~388. 60mg/kg；在黏壤土中，追肥氮处理的土壤全氮损失率为 7. 20%~23. 52%，绝对损失量为 117. 99~385. 67mg/kg。

淹水对追肥氮损失要多于基肥氮，主要是因为追肥氮含量高于基肥氮；随淹水量增加、淹水次数增多、淹水时间延长，氮肥损失增加；沙壤土淹水后氮肥损失要高于黏壤土，这与沙壤土的保肥性能较差有关。可见，淹水是稻茬烟区肥料氮损失的重要途径之一，这也是稻茬烟区氮肥施用量较多的主要原因。由于施肥量较大，在降水较少年份，导致烤烟落黄成熟推迟，烟碱含量普遍较高。

第八节　基于^{15}N同位素示踪的稻茬烤烟氮肥吸收利用研究

一、研究目的

氮素是影响烟株生长发育和烟叶品质最重要的营养元素。明确烟草对氮素吸收、分配和利用规律，以及不同栽培管理措施下氮素的利用特性，对指导烤烟施肥具有重要意义。^{15}N 稳定同位素示踪技术为土壤、肥料氮素利用规律的研究提供新的方法和手段，可以明确不同来源氮素和不同形态氮素在烟株中的转移和累积规律，准确测定氮肥利用率等。在烤烟中利用^{15}N 同位素方法主要研究氮素在烤烟中的吸收、分配和利用规律，这方面研究是最多的，早在 20 世纪 90 年代，唐年鑫等（1994）就采用^{15}N 同位素示踪技术研究了烟株对氮素的吸收利用规律；秦艳青等（2007）采用田间试验和微区试验方法，研究了传统施肥和优化施肥对云南烤烟生长和氮素积累的影响；习向银等（2008）研究了大田条件下土壤氮对烤烟氮素累积的影响；刘青丽等（2010）研究了饼肥、秸秆肥与无机肥配施条件下烤烟对氮素的吸收与利用规律；袁仕豪等（2008）运用^{15}N 双标 NH_4NO_3 和 KNO_3 同位素示踪技术，研究了湖南浏阳多雨地区烤烟 K326 品种在不同生育期对基肥和追肥氮素的利用效率；这些研究为充分了解烤烟氮素营养及烤烟氮肥利用率产生了积极作用。但是，利用同位素示踪技术来研究湘南稻茬烤烟氮肥吸收利用与分配、烤烟对不同来源氮素的吸收利用率，特别是其动态变化，相关报道较少。本研究通过^{15}N同位素示踪的方法，研究不同基追肥氮比例对烤烟氮素吸收、分配、利用率等影响，为丰富氮肥相关科学研究的基础理论，为烟草氮素肥料的施用提供理论支撑。

二、材料与方法

（一）试验地点与材料

试验于2021年在湖南省郴州市桂阳县敖泉镇进行（25.75°N，112.73°E）。试验田为烟稻复种田，土壤类型为水稻土。土壤全氮2.24g/kg，碱解氮162.00mg/kg，速效磷19.00mg/kg，速效钾187.00mg/kg，容重1.32g/cm^2。试验地区为多雨地区，2021年大田试验期间的2—7月，降水量分别为66.08mm、36.241mm、91.40mm、107.05mm、290.62mm、1.62mm。供试烤烟品种为湘烟6号。^{15}N标记的硝酸钾和^{15}N双标记的硝酸铵由上海化工研究院提供，丰度均为5%。

（二）试验设计

采用同位素示踪微区试验和大田试验相结合的方法。试验设计4种基追肥比例：A1，基追肥比例0：10；A2，基追肥比例2：8；A3，基追肥比例4：6；A4，基追肥比例6：4。采用随机区组设计，每处理重复3次，小区面积为75m^2（株行距为1.2m×0.5m）。各处理施氮量均按162kg/hm^{2}折算，N：P_2O_5：K_2O的比例为1：1.04：2.69。基肥穴施，追肥分4次施入（移栽时施提苗肥1次、移栽后10d第2次、移栽后25d为第3次、移栽后45d为第4次）。其他田间管理和生产措施均匀、一致，与当地烤烟管理相同。同时，在每个小区设置2个处理：B1，常规基肥+^{15}N追肥；B2，^{15}N基肥+常规追肥。各处理磷、钾肥施用量及其他栽培措施均按实际生产要求进行。^{15}N同位素微区试验的微区长3.0m，宽2.4m，种烟2行，每行3株。每个微区间用埋深1m的塑料隔板隔开，地上部分高50cm，防止降雨泥沙溅出和小区外围水分进入微区内。微区内氮肥用^{15}N标记的硝酸铵和硝酸钾。微区内外的施肥用量和施肥方法一致。

（三）主要检测指标及方法

（1）土壤测定：在移栽前取样1次，移栽后第30d、60d、90d及烟叶采收完毕后各1次，利用土钻分层采集微区内土壤样品，每个微区取3钻，取样深度为0~20cm土层的土壤，检测土壤全氮、铵态氮、硝态氮含量和^{15}N丰度。全氮采用凯氏定氮法测定。^{15}N丰度送农业农村部长江中游作物生理生态与耕作重点实验室检测，检测仪器为elementer品牌的isoprime100器型号。

（2）烟样测定：移栽后30d、60d、90d取烟株测定地上部茎秆、叶片和地下根系的干物重，检测根、茎、叶^{15}N丰度和全氮含量。烟样洗净，放烘箱于105℃杀青，60~70℃烘干，称重后磨碎成粉待测。全氮采用凯氏定氮法测定。

（3）计算公式：

烟株吸收的氮量=烟株干重×烟株含氮量；

烟株基（追）肥吸收氮的比例（%）=基（追）肥处理烟株^{15}N原子百分超/基（追）肥^{15}N原子百分超×100；

烟株基（追）肥吸收的氮量=烟株吸收的总氮量×烟株基（追）肥吸收氮的比例；

烟株土壤吸收的氮量=烟株吸收的总氮量-烟株（基+追）肥吸收的氮量；

烟株土壤吸收的氮的比例（%）=烟株土壤吸收的氮量/烟株吸收的总氮量×100；

基（追）肥氮利用率（%）=烟株基（追）肥吸收的氮量/基（追）肥施氮量×100；

氮肥利用率（%）=烟株（基+追）肥吸收的氮量/（基+追）肥施氮量×100；

基（追）肥氮土壤残留比例（%）=烟叶采收后基（追）肥处理土壤^{15}N原子百分超/基（追）肥^{15}N原子百分超×100；

基（追）肥氮土壤残留量=烟叶采收后土壤全氮含量×土壤容重×土层厚度×基（追）肥氮土壤残留比例；

基（追）肥氮土壤残留率（%）=基（追）肥氮土壤残留量/基（追）肥施氮量×100；

肥料氮土壤残留率（%）=（基+追）肥氮土壤残留量/（基+追）肥施氮量×100；

肥料氮损失量=（基+追）肥施氮量-烟株吸收（基+追）肥氮量-（基+追）肥氮土壤残留量；

肥料氮损失率（%）=肥料氮损失量/（基+追）肥施氮量×100。

三、结果与分析

（一）稻茬烤烟对肥料氮和土壤氮的吸收比例

由表2-35可知，在烤烟移栽后30d、60d、90d，稻茬烤烟吸收的氮素主要来自肥料氮。在移栽后30d、60d、90d，随追肥氮比例减少，烟株吸收的肥料氮显著减少，吸收的土壤氮略有增加，但差异不显著。至移栽后90d，烟株吸收的肥料氮占62.44%~72.50%；追肥氮比例由100%→80%→60%→40%，吸收的肥料氮比例分别可减少3.9个、6.07个、13.88个百分点。

表2-35　烤烟对肥料氮和土壤氮的吸收及比例

时间	处理	总吸氮量（kg/hm²）	肥料氮		土壤氮	
			吸氮量（kg/hm²）	比例（%）	吸氮量（kg/hm²）	比例（%）
30d	A1	17.78±1.60b	12.04±1.67ab	67.57±3.32	5.74±0.07a	32.43±3.32
	A2	20.56±2.42a	14.65±2.77a	71.10±0.99	5.91±1.65a	28.90±0.99
	A3	17.09±0.35b	10.75±1.33b	63.00±9.04	6.34±1.68a	37.01±9.04
	A4	14.03±2.24c	7.05±2.29c	50.07±1.21	6.98±1.95a	49.94±1.21
60d	A1	69.33±2.98a	50.26±2.10a	72.68±1.92	19.07±4.88a	27.33±1.92
	A2	68.67±2.25a	49.04±1.18a	71.06±9.40	19.63±4.94a	28.95±9.40
	A3	68.48±3.72a	47.04±2.45ab	68.24±4.50	21.44±1.27a	31.76±4.50
	A4	65.08±2.67a	42.77±8.95b	65.36±6.07	22.31±1.29a	34.64±6.07
90d	A1	84.15±2.43a	61.01±1.74a	72.44±0.66	23.14±3.69a	27.56±0.66
	A2	78.97±3.25ab	55.02±2.29ab	69.46±2.16	23.95±2.94a	30.54±2.16
	A3	76.40±4.61b	52.03±3.29b	68.57±4.88	24.37±8.32a	31.43±4.88
	A4	66.96±2.27c	41.81±1.51c	62.50±0.42	25.15±6.76a	37.51±0.42

（二）稻茬烤烟对基肥氮和追肥氮的吸收及比例

由表 2-36 可知，烤烟生长过程中对追肥氮的吸收比例高于基肥氮。随追肥氮比例减少，烤烟对基肥氮的吸收比例增加，对追肥氮的吸收比例减少。随追肥比例减少，烟株吸收的总肥料氮减少。追肥氮比例由 100%→80%→60%→40%，吸收的追肥氮比例分别减少 30.56 个、34.94 个、49.98 个百分点，吸收的总肥料氮分别减少 9.82%、14.72%、31.47%。可见，烤烟吸收的总肥料氮主要来自追肥氮，要提高氮肥利用率，主要依靠增加追肥氮比例。

表 2-36　烤烟对基肥氮和追肥氮的吸收及比例

取样时间	处理	总肥料氮（kg/hm²）	基肥		追肥	
			吸氮量（kg/hm²）	比例（%）	吸氮量（kg/hm²）	比例（%）
30d	A1	12.04±1.67ab	0.00±0.00	0.00±0.00	12.04±1.67a	100.00±0.00
	A2	14.65±2.77a	2.15±0.23b	15.76±6.63	12.50±4.99a	84.24±6.63
	A3	10.75±1.33b	4.22±0.89a	39.05±3.42	6.53±0.44b	60.95±3.42
	A4	7.05±2.29c	3.61±0.86ab	51.96±4.61	3.44±1.43c	48.04±4.61
60d	A1	50.26±2.10a	0.00±0.00	0.00±0.00	50.26±8.10a	100.00±0.00
	A2	49.04±1.18a	14.21±3.44b	28.87±1.02	34.83±6.75b	71.13±1.02
	A3	47.04±2.45ab	16.67±0.57ab	36.56±8.47	30.37±5.88b	63.44±8.48
	A4	42.77±8.95b	20.69±4.00a	48.46±0.78	22.08±4.95c	51.54±0.78
90d	A1	61.01±1.74a	0.00±0.00	0.00±0.00	61.01±11.74a	100.00±0.00
	A2	55.02±2.29ab	16.87±4.26b	30.56±0.91	38.15±8.03b	69.44±0.91
	A3	52.03±3.29b	18.14±1.60ab	34.94±1.17	33.89±4.70b	65.07±1.16
	A4	41.81±1.51c	20.77±4.26a	49.98±2.37	21.04±6.25c	50.02±2.37

（三）稻茬烤烟对不同器官的氮素吸收与分配

由表 2-37 可知，烤烟以叶片吸收的氮素最多，其次是茎，根吸收氮素比例相对较少。根、茎、叶器官对土壤氮的吸收在不同处理间较稳定，差异不显著；但是，对追肥氮的吸收量随追肥氮的增加而增加，对基肥氮的吸收量随追肥氮增加而减少。表明增加追肥氮比例可提高烤烟氮素吸收量，可推算为肥料利用率提高，从而可以减施化肥氮，起到减氮增效的目的。

表 2-37　烤烟各器官对氮的吸收及比例

取样时间	处理	根（kg/hm²）			茎（kg/hm²）			叶（kg/hm²）		
		基肥氮	追肥氮	土壤氮	基肥氮	追肥氮	土壤氮	基肥氮	追肥氮	土壤氮
30d	A1	0.00±0.00	0.72±0.20a	0.34±0.24a	0.00±0.00	2.28±0.29a	1.09±0.03a	0.00±0.00	9.04±1.18a	4.31±0.09a
	A2	0.17±0.03b	0.97±0.30a	0.46±0.29a	0.34±0.07b	1.92±0.56a	0.92±0.16a	1.64±0.11a	9.60±4.13a	4.53±1.41a
	A3	0.45±0.10a	0.69±0.06a	0.67±0.17a	0.69±0.06a	1.08±0.07b	1.08±0.41a	3.08±0.73a	4.75±0.45b	4.59±1.09a
	A4	0.38±0.10a	0.36±0.16b	0.73±0.23a	0.62±0.06a	0.58±0.16c	1.19±0.16a	2.61±0.71a	2.50±1.11c	5.06±1.57a

（续表）

取样时间	处理	根（kg/hm²）			茎（kg/hm²）			叶（kg/hm²）		
		基肥氮	追肥氮	土壤氮	基肥氮	追肥氮	土壤氮	基肥氮	追肥氮	土壤氮
60d	A1	0.00±0.00	8.00.±0.55a	3.02±0.50a	0.00±0.00	14.35±1.36a	5.43±1.03a	0.00±0.00	27.92±6.19a	10.62±3.34a
	A2	2.80±0.71a	6.87±1.42b	3.86±0.92a	3.80±1.32b	9.30±2.80b	5.11±0.73a	7.60±1.40b	18.67±2.53b	10.66±3.28a
	A3	3.04±0.25a	5.59±2.44b	3.92±0.42a	4.63±0.25ab	8.46±3.46b	5.95±0.47a	9.00±0.06b	16.32±5.98b	11.57±0.38a
	A4	3.54±0.5a7	3.78±0.72c	3.84±0.35a	5.43±1.22a	5.80±1.48c	5.84±0.15a	11.71±2.22a	12.50±2.75c	12.64±0.79a
90d	A1	0.00±0.00	16.89±4.82a	6.39±1.62a	0.00±0.00	18.52±4.80a	7.02±1.59a	0.00±0.00	25.60±2.12a	9.73±0.48a
	A2	4.68±0.47b	10.61±0.61b	6.71±0.21a	4.48±1.36b	10.13±2.65b	6.34±1.11a	7.71±2.43a	17.41±4.78b	10.90±2.05a
	A3	4.85±0.65b	9.06±1.68b	6.55±2.52a	4.70±0.16b	8.76±0.75b	6.27±1.82a	8.60±0.78a	16.07±2.27b	11.56±3.97a
	A4	6.02±0.88a	6.09±1.46c	7.28±1.54a	6.06±0.56a	6.11±1.14c	7.31±1.15a	8.69±2.82a	8.85±3.65c	10.56±4.07a

取样时间	处理	根（%）			茎（%）			叶（%）		
		基肥氮	追肥氮	土壤氮	基肥氮	追肥氮	土壤氮	基肥氮	追肥氮	土壤氮
30d	A1	0.00±0.00	4.01±0.77	1.90±0.08	0.00±0.00	12.78±0.49	6.14±0.69	0.00±0.00	50.78±2.06	24.39±2.71
	A2	0.91±0.45	4.74±0.02	2.30±0.30	1.80±0.91	9.38±0.19	4.55±0.67	8.47±3.20	45.81±5.76	22.04±0.03
	A3	2.63±0.64	4.06±0.41	3.92±0.91	4.07±0.42	6.34±0.25	6.27±2.29	18.05±4.63	27.84±3.2	26.81±5.84
	A4	2.70±0.09	2.51±0.38	5.19±0.05	4.56±0.97	4.16±0.12	8.73±1.51	18.73±0.62	17.41±2.63	36.02±0.26
60d	A1	0.00±0.00	11.66±1.38	4.37±0.10	0.00±0.00	20.88±1.94	7.82±0.03	0.00±0.00	40.13±1.41	15.14±1.99
	A2	4.05±0.73	9.95±1.3	5.69±1.78	5.48±1.51	13.42±3.05	7.51±1.64	11.03±1.20	27.12±1.61	15.75±5.98
	A3	4.50±0.53	7.97±1.97	5.77±0.54	6.86±1.01	12.09±2.64	8.80±1.07	13.40±2.60	23.43±4.04	17.19±2.89
	A4	5.43±0.23	5.78±0.43	5.97±1.24	8.30±0.90	8.84±1.23	9.04±1.3	17.92±1.29	19.09±1.97	19.63±3.52
90d	A1	0.00±0.00	19.88±2.09	7.55±0.54	0.00±0.00	21.86±1.69	8.31±0.37	0.00±0.00	30.71±3.12	11.70±1.57
	A2	5.98±0.56	13.62±1.86	8.68±1.94	5.61±0.63	12.74±0.89	8.05±0.15	9.65±1.22	21.87±1.83	13.81±0.07
	A3	6.38±0.36	11.87±0.07	8.41±1.70	6.24±0.98	11.59±1.23	8.12±0.83	11.37±1.16	21.13±1.07	14.90±2.35
	A4	9.13±1.03	9.11±0.17	10.94±0.53	9.25±1.55	9.21±0.67	11.06±1.13	12.86±0.89	12.94±2.11	15.50±2.08

（四）稻茬烤烟当季施入肥料氮的去向

由表2-38可知，烤烟所施化学氮肥在土壤的残留率在26.98%～42.87%；随追肥比例减少，土壤残留氮量减少，残留率也减少；追肥氮比例由100%→80%→60%→40%，土壤化肥氮残留量分别下降20.33%、31.05%、37.07%，残留率分别下降8.72个、13.31个、15.89个百分点。烤烟化学氮肥损失率在14.59%～44.13%；随追肥氮比例减少，化肥氮损失率增加。从化肥氮损失量看，随追肥氮比例减少，基肥氮损失显著增加，而追肥氮损失量A2和A3较大，A1和A3的损失量差异不显著。可见化肥氮的损失不仅与基追肥氮比例有关，而且与追肥方式也有关。总体上看，增加追肥氮比例不仅可减少化肥氮在土壤的残留，而且可减少化肥氮的其他损失，有利于减少对环境的污染。

表 2-38 化肥氮在土壤中的残留量和损失量

处理	土壤残留量（kg/hm²）	残留率（%）	损失量（kg/hm²）			损失率（%）		
			基肥	追肥	合计	基肥	追肥	合计
A1	69.44±2.53a	42.87±1.56a	0.00±0.00	23.63±2.90c	23.63±2.90d	0.00±0.00	14.59±1.79	14.59±1.79
A2	55.32±4.74b	34.15±2.93b	15.78±1.13c	29.83±4.72b	45.61±3.59c	48.71±3.49	23.02±3.65	28.16±2.21
A3	47.88±3.42c	29.56±2.11c	18.31±6.06b	36.51±1.51a	54.82±7.57b	28.24±9.35	37.56±1.56	33.84±4.67
A4	43.70±2.87d	26.98±1.77d	49.17±5.13a	22.31±3.03c	71.48±8.16a	50.58±5.28	34.42±4.67	44.13±5.04

（五）基肥氮和追肥氮在稻茬烤烟中利用率

由表 2-39 可知，烤烟整个生长期基肥氮的利用率较追肥氮要低；随着追肥氮比例减少，烤烟对基肥氮的利用率也减小，对追肥氮的利用率增加，但差异不显著。总体上看，随追肥氮比例增加，烤烟对化肥氮利用率显著增加。

表 2-39 基肥氮和追肥氮在稻茬烤烟中利用率

生育期	处理	基肥氮利用率（%）	追肥氮利用率（%）	合计（%）
30d	A1	0.00±0.00	15.27±2.12a	15.27±2.12a
	A2	7.31±0.75a	16.86±2.73a	14.58±2.75a
	A3	4.22±0.89b	17.22±1.16a	8.97±1.10b
	A4	3.01±0.72b	17.88±2.42a	5.06±1.65c
60d	A1	0.00±0.00	31.03±2.01a	31.03±2.01a
	A2	24.65±2.97a	31.68±2.14a	30.27±2.29a
	A3	22.40±0.75ab	33.46±2.08a	29.04±2.68a
	A4	20.79±2.03b	34.81±2.79a	26.4±2.53b
90d	A1	0.00±0.00	37.66±2.24a	37.66±2.24a
	A2	16.21±2.09a	38.40±2.09a	33.96±2.59b
	A3	16.13±1.41a	42.77±2.93a	32.11±1.87b
	A4	13.97±2.86b	43.57±1.94a	25.81±1.49c

四、主要研究结论

湖南省历年春季降水量都在 500mm 左右，雨水对土壤的冲刷量大，春季肥料流失严重。本试验施氮量为 162kg/hm²，基肥与追肥施用比例显著影响烤烟对基肥和追肥中氮素的吸收利用，致使烟株对氮素的总吸收量及其对肥料氮和土壤氮的吸收比例不同，从而影响烤烟氮肥利用率。

稻茬烤烟吸收的氮素主要来自肥料氮。烟株吸收的肥料氮占 62.44%~72.50%，随追肥氮比例减少，烟株吸收的肥料氮显著减少，吸收的土壤氮略有增加。

随追肥氮用量增加，烤烟总吸氮量和氮肥利用率升高，说明在多雨烟区减少基肥氮用量、增加追肥氮用量可以提高烤烟氮肥利用率，基追肥氮比例 0∶10 较 6∶4 处理的氮肥肥料利用率提高了 11.85%。在相同施氮量条件下，随追肥比例增加，烟株对追肥氮的吸收量增大，对基肥氮的吸收量减小，烤烟对追肥氮的利用率显著高于基肥氮。

增加基肥氮比例会降低肥料利用率。在烤烟生长前期对肥料氮的需求量不大，过多增加基肥氮，由于雨水过多会导致肥料流失严重。为增加烟叶产量，就必须增加施肥总量，否则，产量就没有保证，这就是烟农要多施氮肥的原因。特别是在雨水较多的年份，不补增肥料，就会影响产量，也会降低烟农收入。

土壤中肥料氮的去向包括作物吸收、土壤残留和损失 3 个方面。本试验结果表明，随追肥比例增大，基肥氮在土壤中的残留量减少，追肥氮的残留量增加，但肥料氮的总残留量和损失量降低，说明增大追肥比例可以减少肥料氮的损失量，增加土壤中的残留量，减少肥料流失对环境的污染。

由于烤烟起垄栽培，易发生地表径流，特别是南方多雨烟区，烟株生长前中期田间积水，在淹水过程中会有大量的氮肥溶解进入水中，之后排出积水导致氮肥大量损失。本试验中氮肥损失率最高可达 44.12%（A4），A1 比 A4 氮素损失率减少了 29.53%，残留率 A1 比 A4 提高了 15.88%。这可能是造成多雨地区烤烟氮肥利用率较低的重要原因。

减小基肥氮比例和增加追肥氮比例，可以提升烤烟农艺性状，促进烤烟生长发育，提高烟叶产量产值。但是，由于肥料氮利用率提高，在相同施氮量情况下，烤烟吸收氮素增加，烤烟烤后烟叶全氮含量随追肥比例的增大而增加，这也造成烤烟叶片烟碱含量升高，因为后期烟株吸收的氮素主要用于合成烟碱。因此，追肥氮量增加的情况下，必须减少施肥量，这也为减氮提供了基础。

第九节　稻作烟区土壤供氮与烤烟氮素平衡

一、湖南稻作烟区土壤供氮能力

（一）与其他烟区的植烟土壤碱解氮比较

土壤碱解氮或称水解性氮包括无机态氮（铵态氮、硝态氮）及易水解的有机态氮（氨基酸、酰铵和易水解蛋白质）。碱解氮含量常作为土壤氮素有效性的指标。由表 2-40 可知，全国植烟土壤碱解氮含量主要分布在<65mg/kg 范围；湖南稻作烟区植烟土壤碱解氮含量主要分布在 110~240mg/kg 范围，远大于全国水平。全国植烟土壤碱解氮含量平均值为 93.5mg/kg 范围；湖南稻作烟区植烟土壤碱解氮含量平均值为 183.8mg/kg 范围，较全国平均水平高 96.58%。

表 2-40　湖南稻作烟区土壤与全国的碱解氮含量比较

全国植烟土壤			湖南稻作烟区		
分级	平均值（mg/kg）	占比（%）	分级	平均值（mg/kg）	占比（%）
<65	43.7	50.3	<60	58.2	0.11
65~100	79.6	13.8	60~110	96.8	4.93
100~150	124.7	16.1	110~180	149.7	46.55
150~200	171.8	11.9	180~240	205.7	34.77
>200	254.7	7.8	>240	276.8	13.64
平均	93.5		平均	183.8	

注：全国数据来自《全国主要烟区土壤养分丰缺状况评价》（陈江华）。

由图 2-36 可知，湖南稻作烟区土壤碱解氮含量是西南烟区和黄淮烟区的 3 倍多，较东北烟区和中南烟区（福建、广东）高 35%以上，较湖南和湖北的平均值高 13.8mg/kg。

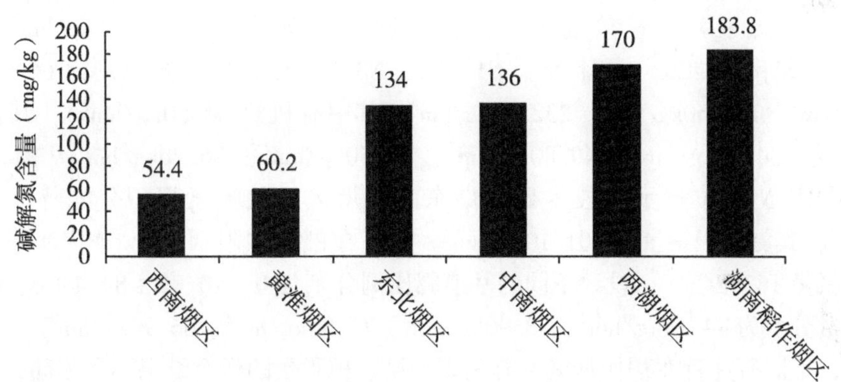

图 2-36　湖南稻作烟区土壤与全国其他烟区的碱解氮含量比较

（二）湖南稻作烟区植烟土壤供氮量

湖南稻作烟区土壤全氮含量平均值为 2.37g/kg，碱解氮含量平均值为 183.8mg/kg。按耕作层 20cm，土壤重量为 22.5×10^5kg/hm^2，校正系数 0.3（一般 0.3~0.7），从理论上计算，其 1hm^2 耕地可提供氮素为 124.05kg/hm^2。按产量 2 250kg/hm^2 需吸收氮 75.90kg/hm^2，粗略估算，湖南稻作烟区植烟土壤所提供的可吸收的有效氮远高于目前烤烟产量的需氮量。

在关于土壤氮矿化的研究中，我们选择的不同施氮量、不同产量水平、不同质地土壤进行研究（这些土壤的肥力水平远高于平均值），湖南稻作植烟土壤的大田期（0~120d）累计氮矿化量在 195.51~284.75mg/kg，平均值为 253.70mg/kg。如果按这个数据来计算土壤无机氮供给理论量，1hm^2 土壤可提供无机氮 131.85~192.15kg/hm^2，平均为 171.30kg/hm^2。按产量 2 250kg/hm^2 需吸收氮 75.90kg/hm^2，粗略估算，湖南稻作烟区烤烟大田期间土壤所提供的无机氮远高于目前烤烟产量的需氮量。

根据空白试验研究结果，湖南稻作烟区烤烟氮积累量为 49.65kg/hm^2。这个数据虽低于产量 2 250kg/hm^2 需吸收氮 75.90kg/hm^2，但这个产量水平，烤烟施氮量只有 23.55kg/hm^2。

以上分析表明，湖南稻作烟区植烟土壤碱解氮含量是相当高的，土壤氮矿化量也高，土壤供氮能力非常强，但恰恰该烟区施氮量也较高。

二、湖南稻作烟区烤烟氮素积累量及来源

（一）烤烟氮素积累量

宗钊辉等（2021）在广东省华南农业大学校内农场采用容器栽培，设置高中低 3 个施氮水平 8g N/株（HNL）、6g N/株（MNL）、4g N/株（LNL），其氮素积累量分别为 99.90kg/hm^2、81.30kg/hm^2、67.20kg/hm^2。汪耀富等（2021）在湖南浏阳市采用^{15}N同位素示踪技术，设氮用量 90kg/hm^2、120kg/hm^2 和 150kg/hm^2 3 个处理，其氮素积累量分别为 51.15kg/hm^2、54.15kg/hm^2、53.85kg/hm^2。段淑辉等（2016）在湖南浏阳市采用^{15}N同位素示踪技术，设 3 个施氮水平，施入纯氮 115kg/hm^2、136kg/hm^2 和 158kg/hm^2，其氮素积累量分别为 71.10kg/hm^2、81.90kg/hm^2、97.20kg/hm^2。王军等（2012）在广东南雄烟区，设计 N0，N1，N2，N3 4 个处理施氮量分别为 64.50kg/hm^2，112.50kg/hm^2，172.50kg/hm^2，232.50kg/hm^2（其中有机氮 64.50kg/hm^2），其氮素积累量分别为 34.20kg/hm^2、49.80kg/hm^2、67.50kg/hm^2、76.20kg/hm^2。杨志晓等（2011）采用^{15}N 同位素示踪技术研究广东南雄烟区烤烟氮素累积分配特征，施氮量 150kg/hm^2，其氮素积累量为 101.10kg/hm^2。作者在郴州桂阳烟区，采用^{15}N 同位素示踪技术，施氮量 162kg/hm^2，设计不同的基追肥比例分别为 0：10、2：8、4：6、6：4，其氮素积累量分别为 84.15kg/hm^2、78.90kg/hm^2、76.35kg/hm^2、66.90kg/hm^2。

可见，不同研究者在稻作烟区，有关烤烟氮素积累量的研究结果不尽相同，且差异较大，主要是各位研究者的施氮量不同，其追肥氮和基肥氮比例也不同。

（二）烤烟氮素积累量的来源

韩锦峰等（1992）应用^{15}N 示踪法和盆栽试验对河南省襄城县烟草氮素利用研究结果表明，施氮量 22.5~90kg/hm^2，烟株吸收的氮素有 60%~91%来源于土壤矿化氮，9%~40%来源于当季所施的肥料氮。马兴华等（2018）在山东省诸城市采用^{15}N 同位素示踪技术，设 4 个处理，分别为：T1，施纯氮 75kg/hm^2、全部基施；T2，施纯氮 75kg/hm^2、基追肥比例 7：3；T3，施纯氮 75kg/hm^2、基追肥比例 1：1；T4，施纯氮 75kg/hm^2、基追肥比例 3：7，其肥料氮积累量分别为 24.00kg/hm^2、12.60kg/hm^2、30.90kg/hm^2、30.90kg/hm^2；土壤氮积累量分别为 61.35kg/hm^2、73.95kg/hm^2、70.20kg/hm^2、61.50kg/hm^2；肥料氮占比分别为 28.62%、27.18%、30.56%、33.44%，随肥料氮施用量增加，肥料氮占比增加。焦永鸽等（2009）在云南省红河州建水县采用^{15}N 同位素示踪技术，施氮量 90kg/hm^2，烤烟吸收总氮量中 29.07%~40.26%来自肥料供氮，59.74%~70.93%来自土壤供氮；不同土壤有机质对烟株氮素吸收也产生不同影响，低（8.4g/kg）、中（15.6g/kg）、高（20.2g/kg）的肥料氮吸收占比分别为 40.26%、32.96%、29.07%。郭群召等（2006）在贵州省金沙县采用^{15}N 同位素示踪技术，在低（18.8g/kg）、高

(36.9g/kg）有机质土壤中，肥料氮吸收占比分别为59.88%、25.38%。

汪耀富等（2021）在湖南浏阳市采用^{15}N同位素示踪技术，设氮用量90kg/hm^2、120kg/hm^{2}和150kg/hm^{2}3个处理，其肥料氮积累量分别为28.20kg/hm^2、31.65kg/hm^2、32.55kg/hm^2；土壤氮积累量分别为7.95kg/hm^2、22.50kg/hm^2、21.30kg/hm^2；肥料氮占比分别为55.18%、58.45%、60.44%，随肥料氮施用量增加，肥料氮占比减少。段淑辉等（2016）在湖南浏阳市采用^{15}N同位素示踪技术，设3个施氮水平，施入纯氮115kg/hm^2、136kg/hm^{2}和158kg/hm^2，其肥料氮积累量分别为58.20kg/hm^2、62.25kg/hm^2、62.55kg/hm^2；烤烟吸收的氮素58.14%~62.55%来自肥料，37.45%~41.86%来自土壤。随肥料氮施用量增加，肥料氮吸收量增加。作者在郴州桂阳烟区，采用^{15}N同位素示踪技术，施氮量162kg/hm^2，设计不同的基追肥比例分别为0：10、2：8、4：6、6：4，其肥料氮吸收占比分别为72.50%、69.67%、68.10%、62.44%。

综上所述，北方和西南烟区的烤烟吸收氮素主要来自土壤氮（在60%以上），南方多雨烟区的稻茬烤烟氮素主要来自肥料（占60%以上），这也是南方稻作烟区施肥水平较高才能获得理想产量的原因之一；随土壤有机质增加，肥料氮占比减少；随施氮量提高，烤烟肥料氮吸收量增加；随追肥比例增加，肥料氮吸收占比增大。湖南稻作烟区植烟土壤有机质平均值为42.01%，有机质含量高，有机氮矿化量也高，但烤烟施肥量也高。可能与南方稻作烟区烤烟吸收的氮素主要来自肥料氮有关，这与其他烟区不同。湖南稻作烟区雨水多而流失率高、温度高而挥发多、土壤残留高，导致肥料利用率低。南方稻作烟区烤烟生育期短，大田前期温度低，肥料施用量较低难以保证产量，但减施氮肥的空间还是有的。

三、湖南稻作烟区烤烟氮肥利用率

韩锦峰等（1992）应用^{15}N示踪法和盆栽试验对河南省襄城县烟草氮素利用研究结果表明，烤烟氮肥利用率为29.13%~52.29%。马兴华（2018）在山东省诸城市采用^{15}N同位素示踪技术研究认为氮肥利用率为32.8%~41.2%。焦永鸽等（2009）在云南省红河州建水县采用^{15}N同位素示踪技术研究认为，不同土壤有机质的烤烟氮肥利用率在25.42%~30.61%。

汪耀富等（2021）在湖南省浏阳市采用^{15}N同位素示踪技术研究认为氮肥利用率为21.68%~31.39%。段淑辉等（2016）在湖南省浏阳市采用^{15}N同位素示踪技术研究认为氮肥利用率为35.97%~39.47%。杨志晓等（2011）采用^{15}N同位素示踪技术研究广东南雄烟区烤烟氮肥利用率为30.8%。作者在郴州桂阳烟区，采用^{15}N同位素示踪技术，施氮量162kg/hm^2，设计不同的基追肥比例分别为0：10、2：8、4：6、6：4，其氮肥利用率分别为37.66%、33.96%、32.11%、25.81%。随基肥氮比例增加，氮肥利用率下降。

综上所述，北方烟区和西南烟区的氮肥利用率高于南方稻作烟区；在湖南稻作烟区同位素示踪的氮肥利用率虽在25%~40%，实际利用率在30%以下。随施氮量增加、基肥氮比例增加，氮肥利用率下降。

四、湖南稻作烟区氮肥损失途径

段淑辉等（2016）研究认为土壤中肥料氮残留量分别为25.26～36.27kg/hm²，肥料氮残留占比21.97%～23.55%；肥料氮损失48.38～56.95kg/hm²，占比42.07%～36.98%。汪耀富等（2021）研究认为土壤中肥料氮残留量分别为24.89～45.77kg/hm²，肥料氮残留占比27.65%～30.51%；肥料氮径流损失20.18～38.69kg/hm²，占比22.42%～25.79%；肥料氮渗漏损失10.88～22.74kg/hm²，占比12.09%～15.16%；肥料氮其他形式损失5.82～10.29kg/hm²，占比6.47%～6.86%。韩锦峰等（1992）应用^{15}N示踪法和盆栽试验对河南省襄城县烟草氮素利用研究结果表明，土壤中肥料氮残留占比27.4%～54.4%；肥料氮损失占比16.5%～26.1%。袁仕豪等（2008）在湖南浏阳烟区采用^{15}N同位素示踪技术，施氮量120kg/hm²，设基肥与追肥比例为40：60、60：40和80：20 3个处理，其土壤中肥料氮残留量分别为36.99kg/hm²、38.68kg/hm²、41.61kg/hm²，肥料氮残留占比30.83%、32.23%、34.68%；肥料氮损失38.91kg/hm²、41.94kg/hm²、43.635kg/hm²，占比32.43%、34.95%、36.36%。作者在郴州桂阳烟区，采用^{15}N同位素示踪技术，施氮量162kg/hm²，土壤中肥料氮残留占比27%～42%；肥料氮径流损失11%～29%；肥料氮渗漏损失9%～15%；肥料氮挥发损失1%～4%。

综上所述，氮素在土壤中的损失包括氨的挥发损失，铵态氮经过硝化作用变为硝态氮引起的淋溶损失，氮肥的脱氮损失，微生物消耗氮素所造成的损失，氮素被土壤中的某些元素或有机物质结合，成为植物不能吸收的物质所造成的损失。在南方稻作烟区其主要损失途径有空气挥发、土壤淋溶、地表径流、土壤残留。其中土壤残留量最多，地表径流是不可忽视的氮肥损失途径。

五、湖南稻作烟区烤烟氮素平衡

依据前述分析和同位素示踪试验，湖南稻茬烤烟氮素平衡见图2-37（以基追肥4：6，施氮量162kg/hm²为例）。

从图2-37可知，湖南稻茬烤烟氮肥损失在2/3以上。湖南稻茬烤烟氮肥利用率32%，氮肥损失率68%。按施氮量162kg/hm²估算，大约氮肥损失109.64kg/hm²，烟株吸收52.36kg/hm²。随烤烟追肥比例增大，化肥氮损失减少。例如，全部化肥氮作为追肥，化肥氮损失为63%；基追肥比例为6：4，化肥氮损失为75%。

稻茬烤烟积累氮素主要分配给烟叶。湖南稻茬烤烟积累氮素59%分配给烟叶，20%分配给烟茎，21%分配给烟根。按烤烟氮素累计量75.89kg/hm²估算，分配给烟叶44.78kg/hm²，分配给烟茎15.18kg/hm²，分配给烟根15.93kg/hm²。

稻茬烤烟积累氮素主要由施肥提供。湖南稻茬烤烟积累氮素69%来自施肥提供，31%来自土壤提供。按烤烟氮素累计量75.89kg/hm²估算，施肥提供52.36kg/hm²，土壤提供23.54kg/hm²。

稻作烟区追肥利用率高于基肥。湖南稻茬烤烟基肥氮利用率为28%，追肥氮利用率为35%。按施氮量162kg/hm²和基追肥比例4：6估算，烟株吸收基肥氮18.21kg/hm²，

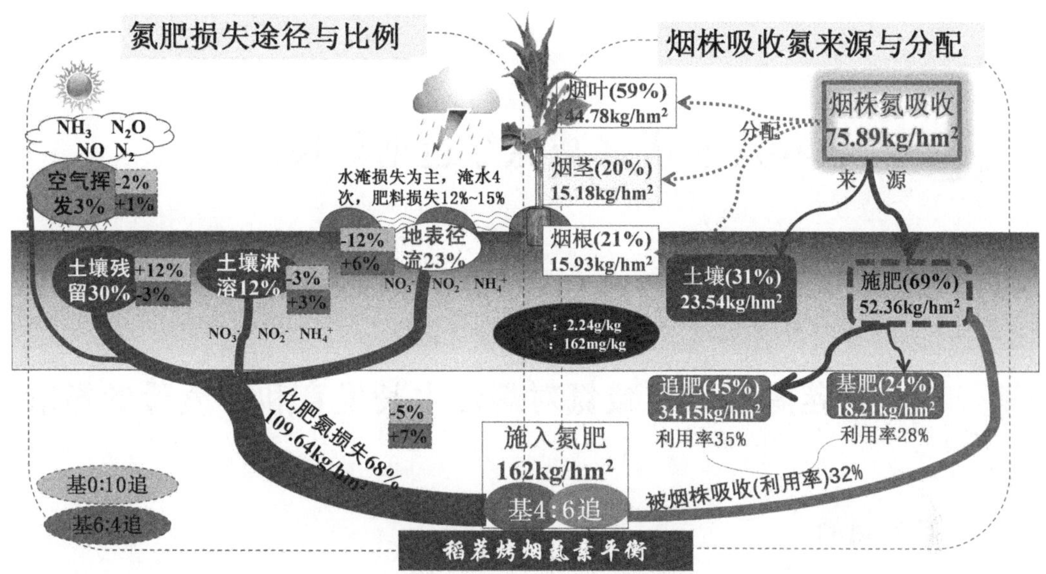

图 2-37　湖南稻茬烤烟氮素平衡图

吸收追肥氮 34.15kg/hm²。

稻作烟区氮肥损失途径主要有土壤残留、地表径流、土壤淋溶、空气挥发。湖南稻作烟区氮肥损失，土壤残留占 30%，地表径流占 23%，土壤淋溶占 12%，空气挥发占 3%。按施氮量 162kg/hm² 和基追肥比例 4∶6 估算，土壤残留占 32.89kg/hm²，地表径流占 25.22kg/hm²，土壤淋溶占 13.16kg/hm²，空气挥发占 3.29kg/hm²。稻作烟区氮肥随基肥比例增大，损失增大。湖南稻作烟区，基追肥比例 0∶10 较 4∶6，氮肥损失减少 5 个百分点。其中，土壤残留氮增加 12 个百分点，地表径流减少 12 个百分点，土壤淋溶减少 3 个百分点，空气挥发减少 2 个百分点。湖南稻作烟区，基追肥比例 6∶4 较 4∶6，氮肥损失增加 7 个百分点。其中，土壤残留氮减少 3 个百分点，地表径流增加 6 个百分点，土壤淋溶增加 3 个百分点，空气挥发增加 1 个百分点。

综合以上分析，湖南稻茬烤烟施氮量大是特殊生态条件与施肥习惯共同形成的。一是伸根期温度低，导致氮肥难以吸收，不增施氮肥，烤烟难以早生快发；二是大田期雨水多，特别是大田前期的一次过程降水量大，以硝态氮肥为主的肥料配方，容易随雨水渗透和冲刷而淋失，导致氮肥流失大；三是基肥氮所占比例大，氮肥更容易流失；四是稻田土壤大都为碱性（pH 值大于 7），不利于以硝态氮为主要养分形态的氮肥吸收。因此，稻茬烤烟要减施氮肥，一是要调整基追肥氮比例，减施基肥氮比例和增加追肥氮比例，减少氮肥流失的基数；二是要促进根系生长，提高烟株对氮肥吸收的能力；三是要改变施肥方式，提高供氮时间与烟株需肥时间吻合度；四是要农机与农艺融合，研发施肥机械，减轻施肥劳动强度和减少施肥用工，提高施肥均匀度；五是要硝态氮和铵态氮结合，提高肥料利用率。

第三章 稻茬烤烟增密减氮绿色增效技术

第一节 稻茬烤烟增密减氮对烤烟生长发育和产质量的影响

一、研究目的

合理的种植密度是保持烤烟良好个体发育和大田合理群体结构的基础，能够充分利用光、热、水和土地资源，协调烟草生长发育与环境条件、烟叶产量与品质的关系，达到优质适产的目的（李文壁等，2008；汪丽等，2007）。氮是烤烟生长发育中重要的营养元素，适宜的施氮量既可保证烟株健康生长（刘云等，2018；齐永杰等，2009），又有利于平衡烟叶碳氮化合物之间的比例，形成工业可用性高的优质烟叶（汪耀富，2002），还有利于减少肥料浪费（张翔等，2012），降低生产成本，提高种烟经济效益，减少对环境的污染。增密减氮是一项绿色减肥增效技术，已在玉米（张卫建等，2015）、水稻（谢小兵等，2015）、油菜（朱珊等，2013）等作物上得到较为广泛的应用。种植密度和施氮量影响烟株生长发育、产量、产值和品质（刘继坤等，2018；杨隆飞等，2011），杨跃华等（2012）、毛家伟等（2012）、张建等（2008）、唐先干等（2012）、周文亮等（2012）、张喜峰等（2015）、张黎明等（2010）分别研究了云南玉溪烟区、河南洛阳烟区、贵州毕节烟区、江西赣州烟区、广西百色烟区、陕西商洛烟区及湖南龙山烟区的种植密度和施氮量对烤烟产质量的影响，并分别提出了各自烟区烤烟最佳种植密度和施氮量。由于不同烟区生态环境差异，这些研究结论不具有普遍适用性。目前，南方稻作烟区因稀植和大肥大水的栽培方式而导致烟叶化学成分不协调和工业可用性差的问题依然存在。因此，研究不同施氮量和密度对稻茬烤烟生长发育和产质量的影响，为湖南稻茬烤烟优质适产提供参考。

二、材料与方法

（一）试验地与材料

试验在湖南桂阳欧阳海镇进行。试验地处于 26.02°N，112.45°E，属于亚热带季风气候，年平均气温 17.43℃，年平均降水量 1 452.10mm，年平均日照时数 1 494～1 704h。试验田前作为水稻，土壤为当地代表性水稻土，灌排方便；土壤 pH 值为 7.18，有机质含量为 42.34g/kg，碱解氮为 224.86mg/kg，有效磷为 30.68mg/kg，速效钾为 107.22mg/kg。

施用的肥料包括烟草专用基肥，m（N）：m（P_2O_5）：m（K_2O）=7.5：14.0：8.0；烟草专用追肥，m（N）：m（P_2O_5）：m（K_2O）=10.0：5.0：29.0；发酵饼肥，m（N）：m（P_2O_5）：m（K_2O）=2.0：2.0：4.0；烟草专用提苗肥，m（N）：m（P_2O_5）：m（K_2O）=20.0：9.0：0.0；硫酸钾肥，m（N）：m（P_2O_5）：m（K_2O）=0.0：0.0：50.0。供试烤烟品种为云烟87。

（二）试验设计

试验采用双因素随机区组设计。种植密度（A）设3个水平，A1，13 890株/hm^2（传统种植密度，行距120cm，株距60cm）；A2：16 680株/hm^2（行距120cm，株距50cm）；A3：18 195株/hm^2（行距110cm，株距50cm）。施氮量（B）设3个水平，B1，施纯氮120kg/hm^2；B2：施纯氮142.5kg/hm^2；B3：施纯氮165kg/hm^2（传统施氮水平）。每处理3次重复，共设27个小区，小区面积60m^2左右，采用漂浮育苗培育壮苗，3月23日移栽，初花期打顶，留叶数16~18片。起垄前将全部饼肥和60%的基肥条施于垄底，移栽前10~15d，穴施剩余40%的基肥。3月30日施50%提苗肥，4月2日施剩余50%提苗肥，4月14日施烟草专用追肥，4月29日施硫酸钾肥。其他栽培管理措施与桂阳县烤烟标准化栽培一致。

（三）主要检测指标及方法

（1）植株农艺性状：分别在烤烟移栽后30d、40d、50d、60d、70d，每个小区取有代表性烟株10株，按《烟草农艺性状调查测量方法》（YC/T 142—2010）测定株高、茎围、最大叶长与宽等，计算最大叶面积（cm^2）=最大叶长×最大叶宽×0.634 5。

（2）叶绿素测定：分别在烤烟旺长期（移栽后45d）、打顶期（移栽后60d）、始采期（移栽后75d），每个小区选择有代表性烟株10株，用SPAD-502便携式叶绿素仪测量从上至下数第5片烟叶的相对叶绿素含量。每片烟叶在主脉两侧对称选择6个点测量，以SPAD的平均值表示。

（3）叶面积指数测定：分别在烤烟旺长期、打顶期、始采期，采用Sunscan冠层分析仪测定叶面积指数。

（4）光合特性指标：分别在烤烟旺长期、打顶期、始采期，每个小区选择5株有代表性烟株，采用LI—6400便携式光合作用测定系统，将植株均匀分为3等分（标记为上、中、下叶位），分别测定每一等分中部烟叶的净光合速率（Pn）、气孔导度（Gs）、胞间二氧化碳浓度（Ci）、蒸腾速率（Tr）。在晴天的9:00—11:00进行测定，LED红/蓝光源（6400-02B），测点环境二氧化碳自动缓冲。

（5）经济性状考查：每个处理单采，挂牌烘烤，按照GB/T 2635烤烟分级标准，对各处理烟叶进行分级、称重，统计各处理产量、产值、均价、上等烟比例。

（6）烟叶物理特性测定：选取B2F、C3F等级烟叶样品，将烟叶放置在恒温箱中，在温度（22±1）℃、相对湿度（60±2）%条件下平衡水分，然后随机抽取约50片烟叶制备鉴定样品。测定叶长、叶宽、含梗率、叶片厚度、单叶重、平衡含水率、叶质重等指标。开片度（%）=叶宽/叶长×100。

（7）烟叶化学成分评价：选取B2F、C3F等级烟叶样品，使用荷兰SKALAR San++间隔流动分析仪测定烟叶总糖、还原糖、烟碱、总氮、氯含量，火焰光度法测定烟叶钾含量。糖碱比=总糖/烟碱，氮碱比=总氮/烟碱，糖氮比=总糖/总氮，钾氯比=钾/氯。

（8）经济效果：统计净收益、产投比、氮肥偏生产力、氮肥偏生产效益。净收益=烟叶产值-生产成本，产投比=烟叶产值/生产成本，氮肥偏生产力=烟叶产量/施氮量，氮肥偏生产效率=烟叶产值/施氮量。

（四）统计方法

采用 Microsoft Excel 2010、IBM Statistics SPSS17.0 统计软件初步整理试验数据，并进行方差分析，多重比较采用 Duncan 新复极差法，英文小写字母表示 5%差异显著水平，英文大写字母表示 1%差异显著水平，同指标数据差异不显著标注相同字母或不进行标注。

三、结果与分析

（一）种植密度和施氮量对烤烟农艺性状的影响

1. 对烤烟株高的影响

由表 3-1 可知，A1 的株高虽高于 A2、A3，但这种差异不显著。B3 的株高要高于 B1、B2，且 60d 和 70d 达到显著水平。从植密度及氮肥互作的株高来看，移栽后 30d，A1B3 处理最大，达到 32.98cm，A2B1 处理最小，为 23.14cm；A1B3、A1B2、A2B1 处理与其他处理间差异达到极显著水平；A3B1 处理与其他处理间差异显著，但未达到极显著水平。移栽后 40d，A1B3 处理最大，达到 44.93cm，与其他处理间差异达到极显著水平；A3B1 处理最小，为 31.92cm，除与 A2B1 处理差异不显著外，与其余各处理差异达到极显著水平。移栽后 50d 来看，A1B3 处理最大，达到 73.85cm，与 A1B2、A2B3 处理差异显著，与其他处理差异达极显著水平；A2B1 处理最小，为 61.89cm，A2B1、A2B2 处理与其他处理间差异达极显著水平。在移栽后 60d，A1B3 处理最大，为 86.84cm，A3B2 处理最小，为 73.23cm，A1B3 与 A3B3 处理间差异不显著，与其他处理间差异极显著。移栽后 70d，A1B3 处理最大，为 97.60cm，A2B1 处理最小，为 86.41cm，A1B3 与 A3B3 处理间差异不显著，但与其余各处理间差异达极显著水平。综合来看，随着种植密度增加，烟株株高呈下降趋势，随施氮量增加，烟株株高呈增加趋势；种植密度和施氮量互作显著影响烤烟株高。

表 3-1　种植密度和施氮量对烤烟株高的影响　　单位：cm

处理	30d	40d	50d	60d	70d
A1	30.91±2.21a	42.51±2.28a	72.39±1.32a	81.24±5.06a	92.76±4.20a
A2	26.47±3.19a	37.06±4.57a	67.39±5.07a	76.54±2.32a	88.67±1.96a
A3	25.71±2.01a	35.55±3.79a	68.18±2.62a	78.80±6.45a	90.59±4.90a
B1	25.31±2.89a	34.84±4.81a	66.43±4.70a	77.18±2.77b	88.04±2.16b
B2	27.63±3.20a	38.38±3.53a	69.24±2.49a	75.51±2.01b	89.41±0.97b
B3	30.15±2.56a	41.90±2.77a	72.29±1.40a	83.89±4.29a	94.56±4.12a
A1B1	28.59±2.11cdD	40.39±2.17bcBC	71.27±5.51bB	79.88±5.51bB	90.49±7.21bBC

（续表）

处理	30d	40d	50d	60d	70d
A1B2	31. 17±2. 12bB	42. 21±2. 18bB	72. 04±5. 54bAB	77. 00±5. 62cC	90. 18±6. 23bB
A1B3	32. 98±2. 21aA	44. 93±2. 28aA	73. 85±5. 36aA	86. 84±5. 88aA	97. 60±6. 57aA
A2B1	23. 14±2. 62gG	32. 22±2. 70fF	61. 89±6. 73eE	74. 35±6. 18dD	86. 41±8. 03dE
A2B2	26. 77±2. 55eE	37. 67±2. 63dDE	68. 40±6. 57cC	76. 31±6. 41bB	89. 72±7. 82bBC
A2B3	29. 49±3. 10cC	41. 3±2. 16bcBC	71. 88±5. 49bAB	78. 97±5. 61bB	89. 88±9. 74bB
A3B1	24. 20±2. 05fFG	31. 92±2. 11fF	66. 13±5. 39dD	77. 31±5. 50cC	87. 23±6. 3cD
A3B2	24. 95±2. 17fF	35. 25±2. 24eE	67. 28±5. 66dD	73. 23±5. 79dD	88. 32±6. 67cCD
A3B3	27. 99±1. 96dD	39. 48±2. 02cCD	71. 13±5. 16bB	85. 87±5. 28aA	96. 21±6. 04aA

2. 对烤烟茎围的影响

由表 3-2 可知，各处理烤烟茎围随着栽培时间的增长而增加。种植密度、施氮量对烤烟茎围的影响差异不显著。从两者互作看，移栽后 30d，各处理茎围差异不显著，以 A1B2 处理茎围最大，达到 7. 32cm，其次是 A2B3 处理，为 7. 16cm，以 A3B1 处理茎围最小，仅为 4. 51cm。移栽后 40d，各处理茎围存在统计学差异；A2B3 处理茎围最大，达到 9. 54cm，A3B1 处理最小，为 7. 13cm，A2B3 与 A1B2 处理间差异未达到显著水平，但与其余各处理均达到极显著差异，A3B1 处理与其余各处理间差异达到极显著水平。移栽后 50d，各处理 A2B3 处理茎围最大，为 10. 20cm，其次是 A1B2 处理，以 A3B1 处理最小，仅为 8. 28cm，A1B2 与 A2B3 处理间不存在显著差异，但 A1B2 与其余处理间差异达到极显著水平，A3B1 处理与其余各处理间差异达极显著水平。移栽后 60d，以 A2B3 处理茎围最大，达到 10. 41cm，其次是 A1B2 处理，以 A3B1 处理最小，为 8. 49cm；A1B2、A1B3、A2B2、A2B3 处理间无显著性差异。移栽后 70d，各处理间茎围以 A2B3 处理最大，达到 10. 55cm，其次是 A1B2 处理为 10. 52cm，以 A3B1 处理最小，为 8. 63cm；A1B2、A1B3、A2B2 与 A2B3 处理间茎围差异性不显著。综合来看，随着种植密度增加茎围下降，随施氮量增加株高先增加后下降；互作对烤烟茎围有显著影响。

表 3-2　种植密度和施氮量对烤烟茎围的影响　　单位：cm

处理	30d	40d	50d	60d	70d
A1	6. 52±0. 99a	8. 59±1. 09a	9. 74±0. 69a	9. 95±0. 69a	10. 09±0. 69a
A2	6. 61±0. 51a	8. 85±0. 62a	9. 81±0. 47a	10. 02±0. 47a	10. 16±0. 47a
A3	5. 43±1. 00a	7. 72±0. 61a	8. 85±0. 5a	9. 06±0. 50a	9. 20±0. 50a
B1	5. 36±0. 83a	7. 61±0. 64a	8. 83±0. 51a	9. 04±0. 51a	9. 18±0. 51a
B2	6. 77±0. 47a	8. 81±0. 55a	9. 77±0. 50a	9. 98±0. 50a	10. 12±0. 50a
B3	6. 42±1. 00a	8. 74±0. 96a	9. 79±0. 64a	10. 00±0. 64a	10. 14±0. 64a
A1B1	5. 41±0. 13aA	7. 36±0. 22dC	8. 94±0. 17dD	9. 15±0. 26bcBCD	9. 29±0. 16bcABC
A1B2	7. 32±0. 21aA	9. 42±0. 28abAB	10. 17±0. 15aA	10. 38±0. 21aA	10. 52±0. 14aA

（续表）

处理	30d	40d	50d	60d	70d
A1B3	6. 82±0. 25aA	9. 00±0. 21bcBC	10. 11±0. 14bB	10. 32±0. 23aA	10. 46±0. 17aA
A2B1	6. 16±0. 22aA	8. 34±0. 22cdBC	9. 28±0. 23dD	9. 49±0. 28dD	9. 63±0. 23dC
A2B2	6. 50±0. 26aA	8. 68±0. 18bcdBC	9. 94±0. 26cC	10. 15±0. 24abABC	10. 29±0. 14abAB
A2B3	7. 16±0. 15aA	9. 54±0. 24aA	10. 20±0. 19aA	10. 41±0. 24abAB	10. 55±0. 18abAB
A3B1	4. 51±0. 21aA	7. 13±0. 14eD	8. 28±0. 22eE	8. 49±0. 27cdCD	8. 63±0. 22cdBC
A3B2	6. 50±0. 13aA	8. 34±0. 14cdBC	9. 21±0. 17dD	9. 42±0. 19dD	9. 56±0. 28dC
A3B3	5. 29±0. 19aA	7. 68±0. 16dC	9. 05±0. 15dD	9. 26±0. 26cdCD	9. 40±0. 21cdBC

3. 对烤烟最大叶长的影响

由表 3-3 可知，随种植密度增加，叶片长度减少，特别是移栽后 70d，这种差异达显著水平。随施氮量增加，叶片长度增加，特别是移栽后 60d、70d，这种差异达显著水平。从互作看，移栽后 30d，处理间最大叶长差异不显著，以 A1B3 处理最大叶长最大，达到 39. 41cm，其次是 A1B2 处理，为 38. 85cm，A3B1 处理最小，为 35. 01cm，A1 最大叶长大于 A2 大于 A3。移栽 40d，以 A1B3 处理最大叶长最大，达到 56. 85cm，其次是 A1B2 处理，为 55. 28cm，A3B1 处理最小，为 49. 69cm，A1B2 与 A1B3 处理间差异不显著，但与其他各处理间差异达极显著水平。移栽后 50d，以 A1B3 处理最大，达到 58. 23cm，其次是 A1B2 处理，为 58. 01cm，最小的是 A3B1 处理，为 52. 01cm，A1B2 与 A1B3 处理间差异不显著，但与其他各处理间差异达到极显著水平，A2B3 与 A1B1、A2B1 处理间差异不显著，但与其他处理间差异显著，A3B1 处理与其余各处理差异达到极显著水平。移栽后 60d，以 A1B3 处理最大，达到 71. 88cm，其次是 A2B2 处理，为 69. 54cm，以 A2B1 处理最小，为 61. 71cm，A1B3 处理与其余各处理间差异达到极显著水平，A2B1 处理与其余各处理间呈极显著差异。移栽后 70d，以 A2B3 处理最大，达到 81. 12cm，其次 A1B3 处理，为 79. 45cm，以 A3B1 处理最小，为 66. 12cm，A2B3 与 A1B2、A1B3 处理间差异不显著，但与其余各处理间呈极显著性差异，A3B1 与 A2B1 处理间差异不显著，但与其余各处理达到极显著性差异。综上所述，在种植密度一定的条件下，烤烟最大叶长随施氮量增加而增大；同施氮量水平下，烤烟最大叶长随种植密度增加先增后降，种植密度、施氮量及其互作均对叶长有显著影响。

表 3-3　种植密度和施氮量对烤烟最大叶长的影响　　单位：cm

处理	30d	40d	50d	60d	70d
A1	38. 76±0. 70a	55. 22±1. 67a	57. 25±1. 51a	68. 21±3. 75a	77. 34±3. 37a
A2	36. 68±0. 45a	53. 22±0. 96a	54. 95±0. 67a	66. 26±4. 07a	75. 56±7. 43ab
A3	35. 63±0. 68a	51. 41±1. 85a	53. 62±1. 40a	65. 82±1. 23a	70. 23±4. 35b
B1	36. 57±1. 50a	52. 35±2. 31a	54. 12±1. 86a	63. 66±1. 70b	68. 90±3. 97b
B2	37. 44±1. 28a	53. 39±2. 06a	55. 62±2. 07a	68. 38±1. 17a	75. 79±5. 20ab

（续表）

处理	30d	40d	50d	60d	70d
B3	37. 06±2. 07a	54. 11±2. 46a	56. 08±1. 98a	68. 27±3. 31a	78. 45±3. 28a
A1B1	38. 01±0. 91aA	53. 52±2. 53bB	55. 51±3. 61bcB	64. 38±4. 3eD	73. 45±6. 28cB
A1B2	38. 85±1. 73aA	55. 28±2. 11aA	58. 01±2. 84aA	68. 38±3. 81cBC	79. 12±5. 1abA
A1B3	39. 41±1. 52aA	56. 85±2. 1aA	58. 23±3. 5aA	71. 88±3. 61aA	79. 45±5. 1abA
A2B1	36. 68±1. 61aA	53. 85±2. 15bB	54. 84±2. 4bcB	61. 71±3. 61fE	67. 12±5. 72eCD
A2B2	37. 12±1. 19aA	53. 69±2. 08bB	54. 34±3. 51cB	69. 54±4. 81bB	78. 45±6. 21bA
A2B3	36. 23±1. 82aA	52. 11±1. 93bB	55. 67±2. 43bB	67. 54±3. 92cdC	81. 12±3. 42aA
A3B1	35. 01±1. 41aA	49. 69±1. 87dC	52. 01±1. 88dC	64. 88±3. 25eD	66. 12±5. 61eD
A3B2	36. 35±1. 53aA	51. 19±1. 91cC	54. 51±2. 64cB	67. 21±2. 93dC	69. 79±1. 83dC
A3B3	35. 53±1. 32aA	53. 36±1. 67bB	54. 34±2. 83cB	65. 38±3. 43eD	74. 79±6. 49cB

4. 对烤烟最大叶宽的影响

由表 3-4 可知，随种植密度增加，叶片宽度减少，特别是移栽后 50d、60d、70d，这种差异达显著水平。随施氮量增加，叶片长度增加，特别是移栽后 50d、60d、70d，这种差异达显著水平。从两者互作看，移栽后 30d，各处理间差异未达极显著水平，以 A1B3 处理最大，达到 25. 30cm，其次是 A1B2 处理，为 24. 80cm，A3B1 处理最小，仅为 18. 96cm，A1B3 与 A1B2 处理间差异不显著，但与其余处理间最大叶宽差异达到显著水平，A3B1 处理与其余处理差异显著。移栽后 40d，各处理间最大叶宽差异未达到极显著水平；A1B3 处理最大，达到 29. 04cm，其次是 A1B2 处理，为 28. 71cm，最小是 A3B1 处理，为 22. 71cm，A1B2 与 A1B3、A1B1、A2B3 与 A3B2、A2B1 与 A3B1 处理间差异不显。移栽后 50d，最大叶宽值以 A1B3、A1B2 处理较大，A3B1 处理最小，分别为 33. 79cm、32. 77cm、24. 79cm；A1B2 与 A1B3 处理差异达到显著水平，但未达到极显著水平，A1B3 与其余处理差异达到极显著水平，A3B1 与 A2B1 处理间差异未达到显著水平，但与其余处理间呈极显著性差异。移栽后 60d，最大叶宽值以 A1B3、A1B2 处理较大，分别为 34. 27cm、33. 11cm，与其他各处理之间差异达到极显著水平；最小的是 A2B1 处理，为 25. 61cm，与其余各处理间差异达到极显著水平。移栽后 70d，A1B3、A1B2 处理最大叶宽值较大，分别达到 34. 35cm、33. 85cm，处理间差异不显著；最小的是 A2B1 处理，仅为 26. 18cm，与其余各处理间差异达到极显著水平。综上所述，在同一种植密度条件下，各处理间施氮量越高，最大叶宽值越大；同一施氮水平，种植密度增大烟叶宽度降低，在烟株生长中后期，种植密度过大，限制烟株叶片的发育。

表 3-4　种植密度和施氮量对烤烟最大叶宽的影响　　单位：cm

处理	30d	40d	50d	60d	70d
A1	24. 02±1. 80a	27. 49±2. 41a	31. 56±3. 02a	32. 05±2. 90a	32. 90±2. 09a
A2	21. 63±1. 42a	25. 09±2. 10a	28. 51±2. 66ab	28. 61±2. 60ab	28. 90±2. 36ab

（续表）

处理	30d	40d	50d	60d	70d
A3	20. 74±1. 62a	24. 6±1. 67a	26. 74±1. 70b	27. 77±0. 88b	28. 74±0. 83b
B1	20. 35±1. 51a	23. 43±1. 11a	26. 13±1. 77b	27. 05±1. 60b	28. 29±2. 16b
B2	22. 96±1. 84a	26. 99±1. 75a	30. 17±2. 66a	30. 44±2. 52a	30. 85±2. 79a
B3	23. 08±1. 93a	26. 76±1. 99a	30. 51±2. 98a	30. 94±3. 00a	31. 41±2. 56a
A1B1	21. 96±0. 6bcA	24. 71±0. 99cA	28. 13±1. 09dC	28. 77±1. 92dD	30. 50±2. 85cC
A1B2	24. 80±0. 92aA	28. 71±1. 46aA	32. 77±0. 89bA	33. 11±3. 40bB	33. 85±3. 82aA
A1B3	25. 30±0. 47aA	29. 04±2. 10aA	33. 79±1. 62aA	34. 27±2. 27aA	34. 35±3. 82aA
A2B1	20. 13±0. 83dA	22. 87±0. 84dA	25. 46±1. 38eD	25. 61±2. 82gF	26. 18±3. 29dD
A2B2	22. 96±1. 2bA	27. 04±1. 69bA	30. 29±1. 26cB	30. 11±2. 43cC	30. 35±3. 71bB
A2B3	21. 80±0. 28cA	25. 37±2. 50cA	29. 79±1. 88cB	30. 11±2. 10cC	30. 18±2. 43bB
A3B1	18. 96±0. 23eA	22. 71±1. 00dA	24. 79±1. 64eD	26. 77±2. 25fE	28. 18±3. 41cC
A3B2	21. 13±0. 49cdA	25. 21±0. 53cA	27. 46±1. 82dC	28. 11±2. 46eD	28. 34±3. 58cC
A3B3	22. 13±0. 35bcA	25. 87±0. 84bcA	27. 96±1. 94dC	28. 44±2. 83deD	29. 69±3. 43cC

5. 对烤烟最大叶面积的影响

由表 3-5 可知，随种植密度增加，最大叶面积显著减少。随施氮量增加，叶片面积增加，特别是移栽后 50d、60d、70d，这种差异达显著水平。从两者互作看，最大叶面积是由最大叶长与最大叶宽计算得来，与最大叶长、叶宽趋势相似，随种植密度增加而降低，施氮量的增加而增加；移栽后不同时期均以 A1B3、A1B2 最大，以 A3B1、A2B1 相对较低，处理间差异均达到极显著性差异。同时也说明，种植密度、施氮量及其互作对烤烟的叶面积有显著影响。

表 3-5　种植密度和施氮量对烤烟最大叶面积的影响　　单位：cm^2

处理	30d	40d	50d	60d	70d
A1	591. 20±54. 38a	963. 70±98. 78a	1 148. 71±38. 34a	1 391. 59±197. 75a	1 617. 46±170. 54a
A2	503. 47±36. 20ab	847. 13±70. 23a	994. 18±93. 84ab	1 207. 22±178. 09a	1 393. 01±241. 76ab
A3	469. 13±41. 94b	514. 17±41. 64b	843. 95±95. 53b	1 160. 18±51. 25b	1 282. 03±115. 74b
B1	473. 09±54. 37a	784. 07±69. 43a	898. 25±87. 00b	1 093. 34±86. 56b	1 239. 53±161. 07b
B2	546. 48±62. 19a	709. 59±85. 57a	1 067. 01±130. 07a	1 321. 28±119. 07a	1 488. 33±223. 04ab
B3	547. 22±76. 58a	631. 34±50. 09a	1 021. 58±243. 66a	1 344. 37±197. 23a	1 564. 64±161. 64a
A1B1	529. 62±30. 9cBC	854. 79±70. 34cdBC	990. 77±91. 33dC	1 175. 23±144. 44eD	1 421. 42±276. 2cC
A1B2	611. 33±40. 27bA	988. 79±70. 59aA	1 206. 91±168. 23bA	1 436. 55±188. 2bB	1 699. 33±341. 11aA
A1B3	632. 64±30. 64aA	1 047. 51±180. 45aA	1 248. 44±68. 5aA	1 562. 98±245aA	1 731. 62±277. 66aA
A2B1	468. 49±50. 61fE	781. 42±100. 13eDE	885. 91±80. 73fD	1 002. 76±128. 67gF	1 114. 94±295. 61eE
A2B2	540. 77±80. 46cB	921. 15±60. 29bB	1 044. 36±123. 21cB	1 328. 55±231. 56cC	1 510. 72±418. 91bB

（续表）

处理	30d	40d	50d	60d	70d
A2B3	501. 14±30. 13deCDE	838. 83±180. 45cdBC	1 052. 26±148. 27cB	1 290. 34±121. 94dC	1 553. 38±313. 52bB
A3B1	421. 17±39. 28gF	716. 01±60. 88fE	818. 08±70. 91gE	1 102. 02±146. 28fE	1 182. 24±222. 6dDE
A3B2	487. 34±50. 61efDE	818. 82±70. 91deCD	949. 75±80. 43eC	1 198. 74±61. 73eD	1 254. 94±349. 16dD
A3B3	498. 89±40. 57cdBCD	875. 88±60. 2bcBC	764. 03±90. 61deC	1 179. 79±141eD	1 408. 92±378. 17cC

（二）种植密度和施氮量对烤烟叶面积指数的影响

由表 3-6 可知，无论在哪个时期，不同种植密度的叶面积指数差异不显著，但随施氮量增加，叶面积指数增加。从种植密度和施氮量互作看，在旺长期，各处理中以 A3B3 处理叶面积指数最大，达到 3. 88，其次是 A1B3 处理，叶面积指数为 3. 85，各处理中以 A3B1 处理叶面积指数最小，仅为 2. 66；各处理中 A3B3 处理叶面积指数与其余处理间差异达到显著水平。A3B1 处理与 A2B1 处理间叶面积指数差异未达到显著水平但与其余处理间差异达到显著水平。在打顶期，各处理中以 A1B3 处理叶面积指数最大，达到 6. 4，其次是 A3B3 处理，叶面积指数为 6. 33，各处理中以 A3B1 处理叶面积指数最小，仅为 5. 58；各处理中叶面积指数大小关系为 A1B3>A3B3>A1B2>A2B3>A3B2>A1B1>A2B2>A2B1>A3B1。A3B1 处理与 A2B1 处理间叶面积指数差异未达到显著水平但与其余处理间差异达到显著水平。在始采期，各处理中以 A3B3 处理叶面积指数最大，达到 5. 60，其次是 A2B3 处理，叶面积指数为 5. 51，各处理中以 A1B1 处理叶面积指数最小，仅为 4. 99；A3B3 处理与 A2B3 处理间叶面积指数差异未达到显著水平，但与其余处理间差异达到显著水平。综上所述，当种植密度一定时叶面积指数随施氮量增加而增大，此时各施氮量处理间叶面积指数差异达到显著水平。

表 3-6　种植密度和施氮量对叶面积指数的影响

处理	旺长期	打顶期	始采期
A1	3. 69±0. 17a	6. 23±0. 20a	5. 12±0. 12a
A2	3. 13±0. 49a	5. 91±0. 27a	5. 29±0. 21a
A3	3. 33±0. 62a	6. 01±0. 39a	5. 35±0. 24a
B1	2. 98±0. 47b	5. 75±0. 23b	5. 07±0. 07b
B2	3. 37±0. 37ab	6. 10±0. 19ab	5. 24±0. 09ab
B3	3. 80±0. 11a	6. 30±0. 11a	5. 44±0. 20a
A1B1	3. 52±0. 88c	6. 01±0. 76bc	4. 99±1. 56e
A1B2	3. 71±1. 54bc	6. 27±1. 08ab	5. 15±1. 42d
A1B3	3. 85±1. 02ab	6. 40±1. 04a	5. 22±1. 39c
A2B1	2. 75±0. 62e	5. 65±1. 24d	5. 10±1. 61de
A2B2	2. 97±0. 74d	5. 90±1. 48c	5. 26±1. 22c
A2B3	3. 68±1. 31bc	6. 18±0. 62ab	5. 51±0. 92a

（续表）

处理	旺长期	打顶期	始采期
A3B1	2. 66±1. 27e	5. 58±0. 84d	5. 13±1. 18d
A3B2	3. 44±0. 65c	6. 13±1. 3bc	5. 32±1. 86b
A3B3	3. 88±1. 33a	6. 33±0. 96a	5. 60±1. 49a

（三）种植密度和施氮量对烟叶 SPAD 值的影响

由表 3-7 可知，无论在哪个时期，不同种植密度的 SPAD 值差异不显著，但随施氮量增加，SPAD 值显著增加。从种植密度和施氮量互作看，在旺长期，各处理中以 A2B3 处理叶片 SPAD 值最大，达到 47. 81，其次是 A3B3 处理，叶片中 SPAD 值为 47. 02，各处理中以 A1B1 处理叶片 SPAD 值最小，仅为 39. 74；在打顶期，各处理中以 A2B3 处理叶片 SPAD 值最大，达到 50. 38，其次是 A3B3 处理，叶片 SPAD 值 48. 96，各处理中以 A1B1 处理叶片 SPAD 值最小，仅为 42. 74；在始采期，各处理中以 A3B3 处理叶片 SPAD 值最大，达到 34. 66，其次是 A2B3 处理，SPAD 值为 31. 28，各处理中以 A1B1 处理 SPAD 值最小，仅为 27. 66；各处理中叶片 SPAD 值大小关系为 A3B3＞A2B3＞A1B3＞A3B2＞A2B2>A3B1>A2B1>A1B2>A1B1。综上所述，当种植密度一定时叶片 SPAD 值随施氮量增加而增大，当施氮量一定时各处理中叶片 SPAD 值随种植密度增加呈先增大后降低的趋势。

表 3-7　种植密度和施氮量对烤烟 SPAD 值的影响

处理	旺长期	打顶期	始采期
A1	43. 00±3. 63a	45. 44±2. 54a	28. 82±1. 73a
A2	45. 15±3. 41a	47. 21±2. 79a	29. 34±1. 69a
A3	43. 90±2. 86a	46. 09±2. 81a	31. 26±3. 13a
B1	40. 82±0. 94c	43. 74±1. 24c	28. 13±0. 43c
B2	43. 97±2. 08b	45. 96±0. 16b	29. 05±1. 38b
B3	47. 25±0. 49a	49. 04±1. 30a	32. 25±2. 10a
A1B1	39. 74±3. 41a	42. 74±7. 77a	27. 66±2. 36c
A1B2	42. 35±2. 34a	45. 81±7. 32a	28. 00±3. 24c
A1B3	46. 92±4. 44a	47. 78±8. 91a	30. 81±4. 82b
A2B1	41. 31±1. 23a	45. 13±6. 38a	28. 21±3. 72c
A2B2	46. 32±5. 21a	46. 12±5. 79a	28. 54±4. 23c
A2B3	47. 81±4. 67a	50. 38±7. 58a	31. 28±4. 57b
A3B1	41. 42±3. 19a	43. 34±8. 64a	28. 51±3. 52c
A3B2	43. 25±2. 71a	45. 96±8. 25a	30. 62±2. 85b
A3B3	47. 02±4. 45a	48. 96±9. 43a	34. 66±3. 48a

（四）种植密度和施氮量对烤烟光合特性的影响

1. 对旺长期光合特性的影响

由表 3-8 可知，不同种植密度和施氮量的光合特性指标差异不显著。在烤烟旺长期，不同处理叶片上部叶净光合速率不同，其中 A2B3 处理净光合速率最高，为 18.69μmol/(m^2·s)，A3B1 处理净光合速率最低，为 14.01μmol/(m^2·s)。在相同种植密度条件下，随氮肥用量的升高，净光合速率升高，相同氮肥用量条件下，随着密度的减少，净光合速率先升高后降低，密度和氮肥对净光合速率的影响均达到了显著水平，密度和氮肥互作对净光合速率的影响也达到了显著性水平，高氮肥处理与低氮肥处理净光合速率存在显著性差异。

表 3-8　种植密度和施氮量对旺长期光和参数的影响

处理	净光合速率 [μmol/(m^2·s)]	气孔导度 [mol/(m^2·s)]	胞间二氧化碳浓度 (μmol/mol)	蒸腾速率 [mmol/(m^2·s)]
A1	16.05±1.77a	0.68±0.05a	331.62±4.31a	8.27±0.40a
A2	17.84±1.02a	0.72±0.08a	330.71±15.85a	8.54±0.60a
A3	15.13±0.97a	0.64±0.03a	322.15±13.7a	8.04±0.16a
B1	15.03±1.46a	0.62±0.01a	319.71±10.66a	7.84±0.03a
B2	16.52±1.39a	0.70±0.05a	324.25±3.64a	8.48±0.33a
B3	17.46±1.51a	0.72±0.07a	340.51±7.34a	8.53±0.43a
A1B1	14.38±0.20d	0.62±0.09c	329.9±8.20a	7.81±0.15c
A1B2	15.86±0.54bc	0.71±0.12b	328.43±7.20a	8.50±0.13b
A1B3	17.91±0.30a	0.71±0.10b	336.52±4.34a	8.50±1.31b
A2B1	16.7±0.36bc	0.63±0.17c	320.61±8.19a	7.86±0.68c
A2B2	18.12±0.51a	0.75±0.05ab	322.54±12.21a	8.79±0.68ab
A2B3	18.69±0.47a	0.79±0.09a	348.98±13.8a	8.97±0.20a
A3B1	14.01±0.34d	0.61±0.10c	308.63±10.12a	7.85±0.95c
A3B2	15.59±0.65c	0.65±0.09c	321.78±10.00a	8.14±1.90c
A3B3	15.78±0.19bc	0.66±0.11c	336.03±14.76a	8.12±1.34c

气孔是植物体内外气体交换的重要门户，植物通过调节气孔孔径的大小控制植物光合作用中二氧化碳吸收和蒸腾过程中水分的散失，气孔导度的大小与光合及蒸腾速率紧密相关，由上表可知，气孔导度最高的为 A2B3 处理，其次为 A2B2 处理，最低的为 A3B1 和 A1B1 处理，密度对气孔导度的影响未达到显著水平，氮肥以及氮肥和密度互做对气孔导度的影响达到了显著水平。除 A2B2 处理，A2B3 处理与其他各处理均存在显著性差异。

胞间二氧化碳浓度是植物光合作用的一个重要参数，它与净光合速率联系紧密，旺长期各处理上部叶胞间二氧化碳浓度差异未到达显著水平，但氮肥对胞间二氧化碳浓度的影响达显著水平，相同种植密度条件下，随着氮肥用量的增加，胞间二氧化碳浓度升高。

植物蒸腾是植物吸收和运输水分、矿物质的一个重要动力，蒸腾速率又称为蒸腾强度或蒸腾率。指植物在单位时间、单位叶面积通过蒸腾作用散失的水量。各处理蒸腾速率最高的处理为 A2B3，蒸腾速率最低的处理为 A1B1 处理，相同种植密度条件下，随着氮肥用量的升高，蒸腾速率升高。氮肥以及密度和氮肥互作均对蒸腾速率产生显著影响，除 A2B2 处理，A2B3 处理与其他各处理均存在显著性差异。

综上所述，烤烟旺长期，在相同种植密度条件下，各处理净光合速率、气孔导度、胞间二氧化碳、蒸腾速率随施氮量的增加呈增强趋势，在相同施氮量条件下，各处理净光合速率、气孔导度、胞间二氧化碳、蒸腾速率随种植密度增加呈先增大后减小趋势。

2. 对打顶期光合特性的影响

由表 3-9 可知，在打顶期，各处理净光合速率差异未达到显著水平，各处理间净光合速率大小关系为 A2B3>A1B3>A2B2>A2B1>A1B2＝A3B3>A1B1>A3B2>A3B1。在种植密度相同时，各处理净光合速率随着施氮量增加而呈上升趋势；在相同施氮量条件下，各处理间净光合速率均随着施氮量增加呈先增加后降低趋势。

表 3-9　种植密度和施氮量对打顶期光和参数的影响

处理	净光合速率［μmol/（m^2·s）］	气孔导度［mol/（m^2·s）］	胞间二氧化碳浓度（μmol/mol）	蒸腾速率［mmol/（m^2·s）］
A1	17.66±0.38a	0.73±0.04a	325.84±9.26a	9.45±0.32a
A2	17.90±0.53a	0.75±0.06a	325.90±3.79a	9.46±0.47a
A3	17.24±0.25a	0.72±0.04a	322.84±4.13a	8.98±0.28a
B1	17.34±0.23a	0.69±0.01a	321.06±1.91a	9.00±0.27a
B2	17.42±0.29a	0.74±0.01a	322.09±1.84a	9.21±0.20a
B3	18.04±0.50a	0.77±0.03a	331.44±4.60a	9.68±0.37a
A1B1	17.38±0.23a	0.69±0.08d	320.09±13.87a	9.24±0.88cd
A1B2	17.52±0.27a	0.74±0.14bc	320.92±18.31a	9.3±1.65bc
A1B3	18.09±0.36a	0.76±0.07b	328.00±18.79a	9.82±1.67a
A2B1	17.54±0.20a	0.70±0.07d	323.26±12.35a	9.05±0.58cd
A2B2	17.65±0.37a	0.75±0.15bc	324.21±18.75a	9.35±1.27b
A2B3	18.51±0.44a	0.81±0.11a	330.24±15.75a	9.97±1.88a
A3B1	17.09±0.21a	0.68±0.13d	319.82±11.11a	8.70±1.34c
A3B2	17.1±0.52a	0.73±0.1c	321.14±17.72a	8.98±1.80d
A3B3	17.52±0.2a	0.75±0.13bc	327.55±11.79a	9.26±0.94bc

各处理中，以 A2B3 处理气孔导度最大，其次是 A1B3 处理，以 A3B1 处理气孔导度值最小，A2B3 处理与其余各处理间气孔导度差异达到显著水平。A1B1、A2B1、A3B1 处

理间气孔导度差异未达到显著水平。随着施氮量升高，净光合速率升高，随种植密度降低，净光合速率先升后降。

各处理间胞间二氧化碳浓度差异未达到显著水平，各处理中胞间二氧化碳浓度大小关系为 A2B3>A1B3>A3B3>A2B2>A2B1>A3B2>A1B2>A1B1>A3B1，处理间差异不显著。各处理净光合速率随着施氮量增加而呈上升，随着施氮量增加呈先增加后降低趋势。

就蒸腾速率而言，不同处理之间蒸腾速率差异较大，无论密度、氮肥及其互作对蒸腾速率产生了显著影响，处理 A2B3 和 A1B3 蒸腾速率最高，分别为 9.97mmol/（m^2·s）、9.82mmol/（m^2·s），与其他处理间均存在差异显著性。

3. 对始采期光合特性的影响

由表 3-10 可知，在始采期，各处理间以 A1B3 处理净光合速率最大，为 18.51μmol/（m^2·s），其次是 A2B3 处理，达到 18.50μmol/（m^2·s），两者净光合速率差异未达到显著水平；以 A3B1 处理净光合速率最小，仅为 14.29μmol/（m^2·s），A3B1 处理与其余各处理间净光合速率存在显著性差异。

表 3-10　种植密度和施氮量对始采期光和参数的影响

处理	净光合速率 [μmol/（m^2·s）]	气孔导度 [mol/（m^2·s）]	胞间二氧化碳浓度 (μmol/mol)	蒸腾速率 [mmol/（m^2·s）]
A1	17.63±1.03	0.68±0.04	322.25±12.2	7.59±0.53
A2	17.2±1.47	0.65±0.05	317.3±8.35	7.43±0.62
A3	16.02±1.59	0.64±0.06	315.28±7.56	7.06±0.77
B1	15.47±1.11	0.61±0.03	309.1±1.07	6.69±0.34
B2	17.24±0.79	0.65±0.02	317.91±3.86	7.44±0.4
B3	18.14±0.63	0.71±0.01	327.82±5.93	7.95±0.09
A1B1	16.50±0.94c	0.64±0.17a	310.05±15.8a	7.00±0.69a
A1B2	17.88±0.67b	0.67±0.14a	322.25±15.48a	7.75±1.69a
A1B3	18.51±0.54a	0.72±0.19a	334.45±14.41a	8.03±1.49a
A2B1	15.61±0.79d	0.61±0.09a	309.31±17.67a	6.75±0.88a
A2B2	17.48±0.77b	0.65±0.77a	316.62±17.93a	7.57±0.78a
A2B3	18.50±0.39a	0.70±0.15a	325.96±12.66a	7.96±1.54a
A3B1	14.29±0.62e	0.59±0.08a	307.94±17.77a	6.32±1.55a
A3B2	16.36±0.34c	0.63±0.08a	314.86±18.54a	6.99±1.35a
A3B3	17.42±0.75b	0.70±0.19a	323.04±16.35a	7.86±1.62a

各处理间气孔导度差异未达到显著水平，各处理间气孔导度大小关系为 A1B3>A2B3=A3B3>A1B2>A2B2>A1B1>A1B2>A2B1>A3B1。

各处理间胞间二氧化碳浓度差异不显著，各处理中以 A1B3 处理胞间二氧化碳浓度值最大，其次是A2B3处理，以A3B1处理胞间二氧化碳值最小。

各处理间蒸腾速率差异未达到显著水平，各处理间蒸腾速率大小关系为A1B3>A2B3>A3B3>A1B2>A2B2>A1B1>A3B2>A2B1>A3B1。

综上所述，当种植密度相同时，各处理净光合速率、气孔导度、胞间二氧化碳浓度、蒸腾速率均随着施氮量增加而增大；当施氮量相同时，各处理间净光合速率、气孔导度、胞间二氧化碳浓度、蒸腾速率均随着种植密度增加而降低。

（五）种植密度和氮肥对烤后烟叶物理特性的影响

1. 对烤后上部叶物理特性的影响

由表3-11可知，不同密度处理烤烟上部叶开片度以A2处理最大，达到31.17%，A3处理最小，为29.45%，A2处理与其他两处理间开篇度差异达到显著水平。不同处理单叶重以A1处理最大，为15.83g，A3处理最小，为13.57g，A1处理与其余两处理间单叶重差异达到显著水平。各处理间含梗率以A1处理最大为34.12%，以A2处理最小为32.73%，各处理含梗率差异未达到显著水平。各处理间叶片厚度A1处理与A2处理均为0.17mm，A3处理叶片厚度为0.15mm，A3处理与其他两处理间叶片厚度差异达到显著水平。各处理间平衡含水率以A2处理最大，达到11.24%，以A1处理最小，仅为10.95%，各处理间平衡含水率不存在显著性差异。各处理间叶质重以A1处理最大，为108.57g/m^2，而最小的处理是A3处理，仅为106.80g/m^2，各处理间叶质重差异未达到显著水平。综上所述，种植密度为A1处理时，其单叶重数值较高，含梗率数值较大，叶片较厚，平衡含水率数值较低，叶质重较重。

表3-11　种植密度和施氮量对上部烟叶物理性状的影响

处理	开片度（%）	单叶重（g）	含梗率（%）	叶片厚度（mm）	平衡含水率（%）	叶质重（g/m^2）
A1	29.92±0.64b	15.83±1.39a	34.12±4.82a	0.17±0.03a	10.95±1.08a	108.57±14.42a
A2	31.17±0.99a	14.12±1.63b	32.73±3.08a	0.17±0.02a	11.24±0.39a	106.93±15.51a
A3	29.45±0.84b	13.57±1.35b	32.78±1.54a	0.15±0.01b	11.05±0.87a	106.80±7.53a
B1	30.60±1.52a	13.63±0.93b	31.47±1.50b	0.16±0.02b	11.42±0.53a	102.92±8.96b
B2	29.90±0.52a	14.55±1.40ab	34.64±3.25a	0.15±0.01b	10.77±1.01a	108.26±4.73ab
B3	30.04±0.99a	15.34±2.14a	33.53±4.04ab	0.18±0.03a	11.04±0.66a	111.12±19.13a
A1B1	30.44±0.51bc	14.16±0.75cd	31.52±2.38c	0.17±0.02a	11.88±0.55 a	98.40±3.40a
A1B2	29.38±0.52cd	16.37±0.44ab	38.85±1.66a	0.15±0.01a	10.46±1.53 a	106.23±1.72a
A1B3	29.94±0.50bc	16.97±0.65a	31.99±5.82c	0.19±0.02a	10.52±0.34 a	121.08±10.48a
A2B1	32.36±0.61a	12.96±1.28d	30.64±1.18c	0.16±0.02a	10.93±0.32 a	102.26±11.30a
A2B2	30.29±0.32bc	13.87±0.83cd	31.81±0.27c	0.16±0.01a	11.12±0.26 a	109.37±8.77a
A2B3	30.85±0.15b	15.52±1.79bc	35.75±2.23ab	0.18±0.03a	11.66±0.02 a	109.16±26.63a
A3B1	29.00±0.29d	13.42±0.43cd	32.24±0.26bc	0.15±0.01a	11.46±0.23 a	108.09±10.52a
A3B2	30.01±0.21bc	13.42±1.11cd	33.25±0.48bc	0.14±0.01a	10.73±0.90 a	109.19±0.75a
A3B3	29.34±1.38cd	13.52±2.39cd	32.85±2.65bc	0.17±0.01a	10.95±0.81 a	103.12±9.18a

由表 3-11 可知，不同施氮量处理烤后烟叶上部叶开片度差异未达到显著水平，其中以 B1 处理最大，为 30.60%，其次是 B3 处理，达到 30.04%，以 B2 处理最小仅为 29.90%。各处理单叶重大小关系为 B3>B2>B1，B1 处理与 B3 处理间单叶重存在显著性差异。各处理中以 B2 处理含梗率最大，达到 34.64%，以 B1 处理最小仅为 31.47%，并且 B2 处理显著高于 B1 处理。各处理中叶片厚度以 B3 处理最大，其次是 B1 处理，以 B2 处理叶片厚度最小，且 B3 处理与其余两处理叶片厚度差异达到显著水平。各处理间平衡含水率大小关系为 B1>B3>B2，各处理间平衡含水率差异未达到显著水平。各处理间叶质重以 B3 处理最大，以 B2 处理次之，以 B1 处理最小，B1 处理与 B3 处理间叶质重差异达到显著水平。综上所述，施氮量达到 B3 处理时，烤后烟叶上部叶单叶重较高，含梗率数值较大，叶片过厚，叶质重过大。

由表 3-11 可知，不同处理开片度以 A2B1 处理最大，达到 32.36%，以 A2B3 处理次之，为 30.85%，以 A3B1 处理最小，仅为 29.00%，A2B1 处理开片度显著高于其余各处理。不同处理以 A1B3 处理单叶重最大，以 A1B2 处理次之，以 A2B1 处理最小，且 A2B1 处理单叶重显著低于 A1B2、A1B3、A2B3 处理。不同处理含梗率以 A1B2 处理最大，达到 38.85%，A2B3 处理次之，为 35.75%，以 A2B1 处理最小，仅为 30.64%，且 A1B2、A2B3 两处理均与 A2B1 处理间含梗率存在显著性差异。不同处理间叶片厚度差异未达到显著水平，其中以 A1B3 处理最大，达到 0.19mm，其次是 A2B3 处理，为 0.18mm，以 A3B2 处理最小，仅为 0.14mm。各处理间平衡含水率差异未达到显著水平。各处理中以 A1B1 处理平衡含水率最大，达到 11.88%，A2B3 处理次之，达到 11.66%，以 A1B2 处理最小，仅为 10.46%。不同处理间叶质重不存在显著性差异，各处理中以 A1B3 处理最大，其次是 A2B2 处理，以 A1B1 处理最小。综上所述，A3B2 处理物理特性指数最大，说明在合理范围内增加种植密度，施氮量采用中等水平，可以有效提高烤后烟叶上部叶的物理特性。

2. 对烤后中部叶物理特性的影响

由表 3-12 可知，不同密度处理烤烟上部叶开片度以 A1 处理最大，达到 34.60%，A3 处理最小，为 32.64%。单叶重以 A1 处理最大，为 10.64g，A3 处理最小，为 9.23g，A1 处理与 A3 处理间单叶重差异达到显著水平，A2 处理与其余两处理间差异未达到显著水平。各处理间含梗率以 A3 处理最大为 33.51%，以 A1 处理最小为 32.06%，A1 处理与其余两处理含梗率差异达到显著水平。各处理间叶片厚度以 A1 处理最大为 100.37um，A3 处理叶片厚度最小为 94.82um，A3 处理与 A1 处理间叶片厚度差异达到显著水平，A2 与其他两处理间叶片厚度差异未达到显著水平。各处理间平衡含水率以 A2 处理最大，达到 13.73%，以 A3 处理最小，仅为 13.40%，各处理间平衡含水率不存在显著性差异。各处理间叶质重以 A1 处理最大，为 109.52g/m^2，而最小的处理是 A3 处理，仅为 104.99g/m^2，各处理间叶质重差异未达到显著水平。综上所述，种植密度为 A3 处理时，其开片度较小、单叶重较轻、叶片厚度较薄、平衡含水率较小、叶质重过低。

由表 3-12 可知，不同施氮量处理烤后烟叶上部叶开片度大小关系为 B3>B2>B1，B1、B3 处理间开片度存在显著性差异，而 B2 处理与两处理间开片度不存在显著性差异。各处理单叶重以 B3 处理最大，达到 10.70g，其次是 B2 处理，达到 9.79g，以 B1 处理最小，仅为9.18g，B1处理与B3处理间单叶重存在显著性差异，而B2处理与其余两处理间单叶重不存在显著性差异。各处理中含梗率以B1处理最大，以B2处理最小，各处理间含梗率差异不显著。各处理中叶片厚度大小关系为B3>B2>B1，且B3处理与B1、B2两处理间叶片厚度差异均达到显著水平。各处理间平衡含水率以B2处理最大，B3处理次之，B1处理最小，各处理间平衡含水率差异未达到显著水平。各处理间以B3处理叶质重最大，B2处理次之，B1处理最小，B1处理叶质重显著低于其余两处理。综上所述，施氮量为B3时开片度过高，单叶重过重，叶片厚度过厚，叶质重过重。

由表3-12可知，从开片度看，不同处理差异显著，A1B2、A1B3、A2B3相对较高，A3B1、A3B2相对较低；从单叶重看，不同互作处理差异显著，A1B2、A1B3相对较高，A3B1、A3B2相对较低；从含梗率看，不同互作处理差异显著，A2B1、A3B3相对较高，A1B2、A1B3相对较低；从叶片厚度看，不同互作处理差异显著，A1B2、A1B3相对较高，A2B1相对较低；从平衡含水率看，不同互作处理差异不显著。从叶质重看，不同互作处理差异不显著，A1B3、A1B2相对较高，A1B1、A2B1相对较低。综上所述，在合理范围内增加种植密度，减少施氮量，可以有效提高烤后烟叶中部叶的物理特性。

表3-12　种植密度和施氮量对中部烟叶物理性状的影响

处理	开片度(%)	单叶重(g)	含梗率(%)	叶片厚度(mm)	平衡含水率(%)	叶质重(g/m^2)
A1	34.60±1.39a	10.64±1.15a	32.06±1.06b	0.101±5.12a	13.70±0.64a	109.52±10.88a
A2	34.21±1.25a	9.80±1.13ab	33.24±0.94a	0.099±5.10ab	13.73±0.78a	106.64±8.03a
A3	32.64±1.48b	9.23±1.00b	33.51±1.21a	0.095±4.18b	13.40±0.67a	104.99±6.93a
B1	32.99±1.65b	9.18±0.91b	33.41±0.69a	0.092±2.28c	13.42±0.67a	101.00±6.40b
B2	33.85±1.32ab	9.79±1.14ab	32.52±1.16a	0.098±2.51b	13.85±0.72a	108.77±7.61a
B3	34.61±1.48a	10.70±1.14a	32.88±1.59a	0.103±3.23a	13.57±0.69a	111.39±8.85a
A1B1	33.76±1.33ab	9.57±0.88bc	33.19±0.73b	0.95±1.42cd	13.62±0.70a	97.27±3.39c
A1B2	34.49±1.33a	10.82±0.80ab	31.43±0.74b	1.00±1.11b	13.50±0.69a	113.92±7.46ab
A1B3	35.54±1.33a	11.53±0.97a	31.56±0.76b	1.06±1.08a	13.99±0.69a	117.38±7.70a
A2B1	33.78±1.33ab	9.18±1.10bc	33.72±0.78ab	0.93±0.94d	13.62±0.69a	102.45±7.96bc
A2B2	34.00±1.33a	9.57±1.04bc	33.66±0.72ab	0.99±1.03b	14.36±0.69a	105.66±7.75abc
A2B3	34.84±1.33a	10.64±1.05abc	32.33±0.73ab	1.05±1.06a	13.21±0.70a	111.82±8.16ab
A3B1	31.42±1.33b	8.81±0.96c	33.32±0.74b	0.90±1.11e	13.02±0.70a	103.29±7.54abc
A3B2	33.06±1.33ab	8.98±0.90bc	32.46±0.78ab	0.95±1.08c	13.68±0.69a	106.71±7.44abc
A3B3	33.44±1.33ab	9.92±1.10abc	34.76±0.79a	0.99±1.02b	13.50±0.70a	104.96±8.44abc

（六）种植密度和氮肥对烤后烟叶化学成分的影响

1. 对烤后上部叶化学成分的影响

由表3-13可知，种植密度不同条件下，各处理烤后烟叶上部叶总糖含量以A1处理最大，达到34.25%，A2处理次之，为33.35%，以A3处理最小，仅为33.19%，三者之间差异不显著。各处理烤后烟叶上部叶还原糖含量大小关系为 A1>A2>A3，三者之间差异不显著。各处理间以 A1 处理烤后烟叶上部叶烟碱含量最高，达到 3.23%，其次是 A2 处理，为 3.05%，以 A3 处理最小，仅为 2.88%。A1 与 A3 处理间烟碱含量差异达显著水平。各处理烤后烟叶总氮各处理间以 A3 处理总氮含量最大，其次是 A2 处理，以 A1 处理总氮含量最小，三者之间差异未达到显著水平。各处理间烤后烟叶钾含量差异不显著，以 A2 处理钾含量最高，其次是 A3 处理，以 A1 处理钾含量最低。各处理烤后烟叶上部叶氯含量大小关系为 A2>A1>A3，三者之间差异不显著。说明适当增加密度有利于提高烤烟化学成分可用性。

由表 3-13 可知，各处理烤后烟叶上部叶总糖、还原糖含量大小关系为 B3>B2>B1，B2、B3 显著高于 B1。各处理烤后烟叶烟碱、总氮含量大小关系为 B3>B2>B1，三者之间差异显著。各处理间以 B1 烤后烟叶上部叶氯含量最高，B2 次之，以 B3 最小，B3 与 B1 间上部叶氯含量差异达到显著水平。表明适当减施氮肥可提高烟叶化学成分可用性。

由表 3-13 可知，在种植密度和施氮量互作条件下，各处理烤后烟叶上部叶总糖、还原糖含量以 A1B2、A1B3 处理较大，处理 A3B1 最低。烤后烟叶烟碱含量以 A1B3 处理最大，达到 3.58%，显著高于其他各处理。烤后烟叶上部叶总氮含量以 A3B3 最大，其次是 A2B3 处理，以 A1B1 处理烤后总氮含量最小，A3B3 处理烟叶总氮含量显著高于其他各处理。各处理烤后烟叶上部叶钾含量以 A2B3 最大，A1B3 处理次之，以 A1B1 处理上部叶钾含量最低，各处理间 A1B3、A2B3 处理上部叶钾含量显著高于 A1B1 处理。各处理烤后烟叶氯含量以 A2B1 处理最大，达到了 0.45%，其次是 A1B1 处理，达到 0.42%。

表 3-13　种植密度和施氮量对上部烟叶化学成分影响　　单位：%

处理	总糖	还原糖	烟碱	总氮	钾	氯
A1	34.25±3.67a	30.96±2.05a	3.23±0.30a	2.63±0.30a	2.69±0.38a	0.34±0.08ab
A2	33.35±3.73a	29.64±3.63a	3.05±0.26ab	2.67±0.19a	2.77±0.31a	0.38±0.08a
A3	33.19±3.57a	28.15±3.41a	2.88±0.18b	2.73±0.21a	2.73±0.28a	0.30±0.05b
B1	27.21±1.07b	23.12±2.07b	2.76±0.12c	2.39±0.12c	2.49±0.27b	0.38±0.08a
B2	31.51±1.01a	25.46±1.47a	3.10±0.16b	2.72±0.05b	2.75±0.25a	0.34±0.07ab
B3	31.66±1.25a	25.76±1.22a	3.30±0.24a	2.92±0.04a	2.95±0.25a	0.30±0.06b
A1B1	27.89±1.09b	25.74±0.52ab	2.90±0.10d	2.24±0.05f	2.34±0.28b	0.42±0.04ab
A1B2	32.10±0.60a	26.58±1.93a	3.23±0.11b	2.75±0.02c	2.76±0.25ab	0.26±0.09d
A1B3	32.23±1.08a	26.36±1.93a	3.58±0.09a	2.89±0.09b	2.99±0.33a	0.36±0.05bc
A2B1	26.69±1.07b	22.36±0.42c	2.73±0.03e	2.46±0.03e	2.56±0.29ab	0.45±0.10a
A2B2	31.82±0.90a	25.65±0.47ab	3.16±0.12bc	2.66±0.03d	2.76±0.20ab	0.41±0.12ab
A2B3	30.99±1.37a	25.53±1.35ab	3.27±0.05b	2.90±0.09b	3.00±0.25a	0.30±0.08cd
A3B1	27.03±1.07b	21.25±0.44c	2.67±0.08e	2.48±0.04e	2.58±0.28ab	0.29±0.05cd
A3B2	30.61±1.02a	24.16±0.43b	2.92±0.08d	2.74±0.02c	2.74±0.44ab	0.35±0.04bc
A3B3	31.77±1.44a	25.40±1.10ab	3.05±0.13c	2.96±0.02a	2.87±0.32ab	0.26±0.14d

2. 对上部叶化学协调性指标的影响

由表 3-14 可知，在种植密度与施氮量互作条件下，各处理烤后烟叶上部叶糖碱比以 A3B2 处理最大，达到了 10.50，其次是 A3B3 处理，为 10.44，以 A1B3 处理糖碱比最低，仅为 9.01，A1B3 处理与 A2B3 处理的糖碱比差异不显著，但与其余处理的糖碱比差异达到显著水平。各处理间以 A3B3 处理烤后烟叶上部叶的氮碱比最大，A3B2 处理次之，以 A1B3 处理烤后上部叶氮碱比最小，且 A1B3 处理上部叶氮碱比显著低于其余各处理。各处理烤后烟叶上部叶钾氯比以 A3B3 处理最大，达到 11.25，其次是 A1B2 处理，达到 10.81，以 A1B1 处理上部叶钾氯比值最小，仅为 5.60，A1B1 处理与 A2B1 处理上部叶钾氯比差异未达到显著水平，但与其余各处理间均呈显著性差异，各处理烤后烟叶上部叶糖氮比以 A1B1 处理最大，达到了 12.45，其次是 A2B2 处理，达到 11.96，以 A2B3 处理最低，仅为 10.69，A1B1 处理上部叶糖氮比值显著高于 A2B3 处理。

表 3-14　种植密度和施氮量对上部叶化学成分协调性指标的影响

处理	糖碱比	氮碱比	钾氯比	糖氮比
A1	9.53±0.48b	0.81±0.04b	8.27±2.61a	11.76±0.65a
A2	9.79±0.30ab	0.88±0.03ab	7.55±2.31a	11.17±0.69a
A3	10.36±0.19a	0.95±0.02a	9.39±1.71a	10.94±0.22a
B1	9.85±0.26a	0.87±0.08a	6.78±1.94b	11.40±0.91a
B2	10.18±0.29a	0.88±0.06a	8.50±2.08a	11.60±0.40a
B3	9.65±0.73a	0.89±0.08a	9.93±1.44a	10.86±0.25a
A1B1	9.63±0.16cd	0.78± 0.01f	5.60± 0.14f	12.45±0.40a
A1B2	9.95±0.06abc	0.85± 0.02d	10.81± 0.66ab	11.67±0.15bc
A1B3	9.01±0.14d	0.81± 0.01e	8.39± 0.17cd	11.15±0.31cd
A2B1	9.79±0.20bc	0.90± 0.02c	5.72± 0.12f	10.85±0.37d
A2B2	10.09±0.37abc	0.84± 0.02d	6.78± 0.02e	11.96±0.34ab
A2B3	9.49±0.51cd	0.89± 0.02c	10.15± 0.46b	10.69±0.49d
A3B1	10.14±0.20abc	0.93± 0.02b	9.02± 0.31c	10.90±0.37d
A3B2	10.50±0.42a	0.94± 0.02b	7.90± 0.11d	11.17±0.37cd
A3B3	10.44±0.72ab	0.97± 0.02a	11.25± 0.74a	10.74±0.55d

3. 对烤后中部叶化学成分的影响

由表 3-15 可知，烤后烟叶总糖含量大小为 A1>A2>A3，三者之间差异不显著。各处理烤后烟叶中部叶还原糖含量以 A1 处理最高，达到 30.96%，其次是 A2 处理，达到了 29.64%，A3 处理最低，仅为 28.15%，三者之间差异不显著。烤后烟叶中部叶烟碱含量 A1 最高，A2 次之，A3 烟叶烟碱含量最小，A1 与 A2、A3 差异达到显著水平。烤后烟叶总氮含量差异未达到显著水平，以 A3 处理总氮含量最大，其次是 A2，以 A1 总氮含量最小。烤后烟叶中部叶钾含量差异不显著，其大小为 A1>A2>A3。烤后烟叶氯含量以 A2 最高，其次是 A1，以 A3 氯含量最低，且 A2 处理与 A1、A3 烟叶氯含量差异达到显著水平。

随着种植密度的增加，烟叶总糖、还原糖、烟碱、钾呈下降趋势。

由表3-15可知，在不同施氮量条件下，烤后烟叶总糖、还原糖、总氮、钾含量表现为B3>B2>B1，三者之间差异均达到显著水平；各处理烤后烟叶烟碱含量大小关系为B3>B2>B1，B1与B3间差异达显著水平。各处理烤后烟叶中部叶氯含量以B1>B2>B3，处理间差异不显著。随着施氮量的提升，烟叶总糖、还原糖、烟碱、总氮、钾含量呈现升高的趋势。

由表3-15可知，在种植密度和施氮量互作条件下，烤后烟叶总糖含量以A1B3处理最大，达到了38.11%，其次是A3B3处理，达到了36.65%，以A2B1处理烟叶总糖含量最低，仅为28.82%，A1B3、A2B3、A3B3处理中部叶总糖含量显著高于A1B1、A2B1、A3B1处理。烤后烟叶中部叶还原糖含量以A2B3处理最大，为33.53%，其次是A1B3处理，达到32.54%，最低的是A3B1处理。烟叶烟碱含量以A1B3处理最大，为3.11%，A1B2处理次之，达到了2.83%，以A2B1处理烟碱含量最低，为2.30%，A2B1处理与A1B2、A1B3、A2B3处理间差异显著。烤后烟叶总氮含量最以A2B3、A3B3处理较大，以A1B1处理最小，A3B3处理与A1B1、A2B1、A2B2、A3B1处理间存在显著性差异。烤后烟叶钾含量以A1B3、A2B3处理较大，以A1B1处理较低，A1B3与A1B1、A2B1、A3B1处理烟叶钾含量差异达到显著水平。烤后烟叶氯含量以A1B1、A2B1处理较大，A3B3处理氯含量最低，A1B1、A2B1、A2B2处理氯含量显著高于A1B2、A3B1、A3B3处理。综上所述，各处理中，烤后烟叶中部叶化学可用性最高的是A2B1处理说明适宜增加种植密度，可进一步提高烤后烟叶中部叶的化学可用性。

表3-15 种植密度和施氮量对中部烟叶化学成分影响 单位:%

处理	总糖	还原糖	烟碱	总氮	钾	氯
A1	34.25±3.67a	30.96±2.05a	2.85±0.35a	2.56±0.29a	2.54±0.47a	0.32±0.1ab
A2	33.35±3.73a	29.64±3.63a	2.57±0.25b	2.60±0.24a	2.53±0.27a	0.35±0.08a
A3	33.19±3.57a	28.15±3.41a	2.46±0.24b	2.63±0.24a	2.45±0.22a	0.26±0.06b
B1	29.38±1.56c	26.66±2.46c	2.42±0.35b	2.33±0.17c	2.25±0.23c	0.35±0.09a
B2	34.38±1.5b	29.43±2.11b	2.65±0.22ab	2.63±0.13b	2.51±0.22b	0.31±0.08a
B3	37.04±1.47a	32.66±1.64a	2.81±0.26a	2.83±0.12a	2.76±0.31a	0.28±0.08a
A1B1	30.15±1.70c	29.20±1.65cd	2.61±0.45bcd	2.24±0.27d	2.13±0.28c	0.39±0.06ab
A1B2	34.50±1.62b	31.13±1.69abc	2.83±0.26ab	2.67±0.14ab	2.59±0.35abc	0.24±0.08c
A1B3	38.11±0.78a	32.54±1.67ab	3.11±0.14a	2.77±0.08ab	2.89±0.47a	0.34±0.09abc
A2B1	28.82±1.64c	25.96±1.72e	2.30±0.20d	2.38±0.14cd	2.35±0.28bc	0.40±0.04a
A2B2	34.88±1.62b	29.42±1.85bcd	2.64±0.06bcd	2.56±0.11bc	2.48±0.16abc	0.37±0.06ab
A2B3	36.35±1.61ab	33.53±1.77a	2.78±0.11abc	2.84±0.18ab	2.76±0.23ab	0.27±0.07bc
A3B1	29.17±1.64c	24.81±1.70e	2.34±0.39cd	2.37±0.08cd	2.26±0.08bc	0.25±0.05c
A3B2	33.75±1.65b	27.74±1.71de	2.48±0.20bcd	2.67±0.16ab	2.45±0.13abc	0.31±0.06abc
A3B3	36.65±1.67ab	31.89±1.66abc	2.54±0.08bcd	2.87±0.12a	2.64±0.24abc	0.23±0.08c

4. 对中部叶化学协调性指标的影响

由表 3-16 可知，在种植密度与施氮量互作条件下，各处理间以 A3B3 处理烤后烟叶中部叶糖碱比最大，其次是 A3B2 处理，以 A1B1 处理糖碱比最低，A1B1 处理烤后烟叶中部叶糖碱比显著低于 A3B3、A3B2、A2B2 处理。

表 3-16 种植密度和施氮量对中部叶化学成分协调性指标的影响

处理	糖碱比	氮碱比	钾氯比	糖氮比
A1	12. 07±0. 32b	0. 90±0. 05b	8. 51±2. 94a	13. 41±0. 43a
A2	12. 94±0. 33ab	1. 01±0. 04a	7. 68±2. 48a	12. 84±0. 75a
A3	13. 54±0. 91a	1. 08±0. 06a	9. 68±1. 98a	12. 58±0. 24a
B1	12. 29±0. 51a	0. 97±0. 10a	6. 89±2. 10a	12. 66±0. 78a
B2	13. 01±0. 71a	1. 00±0. 07a	8. 68±2. 45a	13. 06±0. 49a
B3	13. 25±1. 08a	1. 01±0. 12a	10. 30±1. 63a	13. 11±0. 56a
A1B1	11. 70±1. 26c	0. 86±0. 05f	5. 54±0. 16f	13. 55±0. 85abc
A1B2	12. 22±0. 60bc	0. 95±0. 04def	11. 42±2. 01ab	12. 93±0. 26bcd
A1B3	12. 28±0. 75bc	0. 89±0. 02ef	8. 57±0. 8cde	13. 75±0. 62a
A2B1	12. 57±0. 47bc	1. 04±0. 03abc	5. 83±0. 12f	12. 11±0. 22e
A2B2	13. 19±0. 36ab	0. 97±0. 02cde	6. 71±0. 55ef	13. 61±0. 25ab
A2B3	13. 06±0. 25abc	1. 02±0. 02bcd	10. 5±1. 62abc	12. 79±0. 37cde
A3B1	12. 59±1. 31bc	1. 02±0. 12bcd	9. 31±1. 28bcd	12. 32±0. 32de
A3B2	13. 61±0. 47ab	1. 08±0. 02ab	7. 92±0. 94def	12. 65±0. 24de
A3B3	14. 41±0. 26a	1. 13±0. 01a	11. 82±2. 33a	12. 78±0. 15cde

各处理烤后烟叶中部叶的氮碱比以 A3B3 处理最大，达到 1. 13，A3B2 处理次之，达到 1. 08，以 A1B1 处理最小，仅为 0. 86，且 A1B3、A1B2、A1B1 处理间中部叶氮碱比差异不显著。各处理间以 A3B3 处理烤后烟叶中部叶钾氯比最大，其次是 A1B2 处理，以 A1B1 处理中部叶钾氯比值最小，仅为 5. 54，且 A3B3 处理中部叶钾氯比显著高于 A1B1 处理。各处理烤后烟叶中部叶糖氮比以 A1B3 处理最大，其次是 A2B2 处理，以 A2B1 处理最低，A1B3 处理与 A2B1 处理间中部叶糖氮比差异达到显著水平。

（七）种植密度和施氮量对烤后烟叶经济性状的影响

由表 3-17 可知，不同种植密度的烤烟经济性状。从上等烟比例来看，各种植密度处理中烤后烟叶上等烟比例大小关系为 A2>A1>A3，且 A2 处理上等烟比例显著高于 A1、A3。从均价来看，各种植密度处理烤烟均价差异未达到显著水平，在各处理中以 A2 处理均价最高，其次是 A1 处理，以 A3 处理最低。从产量来看，各种植密度处理中以 A3 处理产量最高，达到 2 396. 21kg/hm^2，其次是 A2 处理，达到 2 183. 12kg/hm^2，以 A1 处理最低，仅为 2 135. 38kg/hm^2，各处理产量差异未达到显著水平。从产值来看，各种植密度处理中以 A3 处理产值最高，其次是 A2 处理，以 A1 处理产值最低，各处理间产值差异未达到显著水平。综上所述，当种植密度为 A1 水平时，其上等烟比例、均价适中，但是其产量较低，产值较低导致其经济效果下降。

表 3-17 种植密度和施氮量对烤烟经济性状的影响

处理	上等烟比例（%）	均价（元/kg）	产量（kg/hm²）	产值（元/hm²）
A1	52. 32±4. 11b	26. 33±1. 66a	2 135. 38±109. 11a	56 351. 81±6 111. 34a
A2	58. 27±4. 35a	27. 24±1. 15a	2 183. 12±184. 94a	59 511. 98±6 123. 51a
A3	49. 74±3. 52b	26. 01±0. 93a	2 396. 21±217. 46a	62 301. 38±5 722. 28a
B1	54. 76±3. 45a	26. 96±1. 56a	2 075. 18±106. 94b	56 019. 93±5 311. 13b
B2	54. 48±6. 73a	26. 24±1. 30a	2 285. 9±230. 95a	59 998. 41±6 856. 21ab
B3	51. 08±4. 97a	26. 38±1. 18a	2 353. 63±156. 76a	62 146. 83±5 528. 81a
A1B1	55. 05±1. 49bc	26. 79±2. 10a	2 128. 62±93. 19de	57 150. 41±7 066. 66ab
A1B2	53. 51±1. 8bcd	26. 31±1. 96a	2 082. 31±160. 38de	55 004. 11±8 489. 08b
A1B3	48. 39±5. 06d	25. 89±1. 47a	2 195. 21±59. 59cd	56 900. 92±4 822. 69ab
A2B1	56. 81±3. 80ab	27. 59±1. 52a	1 973. 45±89. 18e	54 533. 44±5 531. 49b
A2B2	62. 28±2. 52a	26. 69±1. 45a	2 219. 47±73. 04cd	59 305. 42±5 247. 68ab
A2B3	55. 71±4. 21b	27. 44±0. 40a	2 356. 43±102. 68bc	64 697. 07±3 779. 34ab
A3B1	52. 42±4. 02bcd	26. 51±1. 46a	2 123. 47±76. 19de	56 375. 94±5 184. 18ab
A3B2	47. 66±2. 99d	25. 70±0. 13a	2 555. 93±64. 19a	65 685. 7±1 332. 35a
A3B3	49. 14±2. 59cd	25. 82±0. 84a	2 509. 25±101. 09ab	64 842. 51±4 774. 35ab

由表 3-17 可知，不同施氮量处理的烤烟经济性状。从上等烟比例来看，各施氮量处理中以 B1 处理最高，达到了 54. 76%，B2 处理次之，达到 54. 48%，以 B3 处理上等烟比例最低，仅为 51. 08%，各处理间上等烟比例差异未达到显著水平。从均价来看，各施氮量处理中以 B1 处理均价最高，其次是 B3 处理，B2 处理施氮量最低，各处理间均价差异未见显著性差异。从产量来看，各施氮量处理中以 B3 处理产量最高，达到了 2 353. 63kg/hm²，B2 处理产量次之，达到 2 285. 90kg/hm²，以 B1 处理产量最低，仅为 2 075. 18kg/hm²，且 B1 处理烤后烟叶产量显著低于 B2、B3 处理。从产值来看，各施氮量处理中产值大小关系为 B3 处理>B2 处理>B1 处理，且 B1 处理与 B3 处理烤后烟叶产值差异达到显著水平。

由表 3-17 可知，在不同种植密度与施氮量互作条件下。从上等烟比例来看，各处理中以 A2B2 处理最高，达到了 62. 28%，其次是 A2B1 处理，达到了 56. 81%，以 A3B2 处理上等烟比例最低，仅为 47. 66%，A2B2 处理与 A2B1 处理上等烟比例差异未达到显著水平，但其与其他各处理间上等烟比例差异均达到显著水平。从均价来看，各处理烤后烟叶均价以 A2B1 处理最高，其次是 A2B3 处理，以 A3B2 处理均价最低，但各处理间均价差异未达到显著水平。从产量来看，各处理间以 A3B2 处理产量最高，达到 2 555. 93kg/hm²，其次是 A3B3 处理，达到了 2 509. 25kg/hm²，以 A2B1 处理产量最低，仅为 1 973. 45kg/hm²。除 A3B3 处理外，A3B2 处理产量显著高于其余各处理。从产值来看，各处理间以 A3B2 处理产值最高，其次是 A3B3 处理，以 A2B1 处理最低，各处理间

A3B2 处理产值显著高于 A1B2 处理以及 A2B1 处理。

(八) 种植密度和施氮量及其互作的经济效果评价

经济效果评价既要从种植收获产品的产值考察，也要从生产投入过程来考察。

由表 3-18 可知，劳动成本主要差异在种植密度，随种植密度增加，移栽劳动用工量增加，施氮量的劳动成本无差异；劳动成本投入以种植密度在 A3 水平处理最高，为 12 958.04 元/hm^2，其次是种植密度在 A2 水平，为 12 862.50 元/hm^2，A1 水平处理最低，为 12 686.55 元/hm^2。物化成本投入主要是烟苗与肥料方面，随种植密度提高，烟苗成本呈增加趋势，A1 低于 A2 低于 A3 随施氮量降低，肥料成本减少，B1 低于 B2 低于 B3。各处理生产成本大小顺序依次为 A3B3＞A3B2＞A2B3＞A3B1＞A2B2＞A2B1＞A1B3＞A1B2＞A1B1。

表 3-18　不同处理经济效果比较

处理	物化成本（元/hm^2）	劳动成本（元/hm^2）	净收益（元/hm^2）	产投比（%）	氮肥偏生产力（kg/kg）	氮肥偏生产效率（元/kg）
A1	13 601.44	12 686.55	30 063.82	2.14	15.22	13 601.44
A2	13 682.91	12 862.50	32 966.57	2.24	15.44	13 682.91
A3	13 727.14	12 958.04	35 616.20	2.33	16.95	13 727.14
B1	13 586.84	12 835.70	29 597.40	2.12	17.30	13 586.84
B2	13 675.01	12 835.70	33 487.71	2.26	16.04	13 675.01
B3	13 749.65	12 835.70	35 561.49	2.34	14.26	13 749.65
A1B1	13 517.78	12 686.55	30 946.08	2.18	17.74	476.25
A1B2	13 605.95	12 686.55	28 711.61	2.09	14.61	385.99
A1B3	13 680.59	12 686.55	30 533.78	2.16	13.30	344.85
A2B1	13 599.25	12 862.50	28 071.69	2.06	16.45	454.45
A2B2	13 687.42	12 862.50	32 755.50	2.23	15.58	416.18
A2B3	13 762.06	12 862.50	38 072.51	2.43	14.28	392.10
A3B1	13 643.48	12 958.04	29 774.42	2.12	17.70	469.80
A3B2	13 731.65	12 958.04	38 996.01	2.46	17.94	460.95
A3B3	13 806.29	12 958.04	38 078.18	2.42	15.21	392.98

注：烤烟种植生产成本是烤烟栽培、管理和调制所支出的劳动成本和物化成本。劳动成本主要包括田间管理（覆膜、揭膜、培土、锄草、打顶、摸杈、打脚叶）、施肥、移栽、防治病虫害、调制（采叶、编竿、烘烤、分级）等方面用工，工价为 70 元/d；物化成本主要包括购买烟苗、绿肥种、翻耕起垄、肥料、农药、调制（煤、烟夹）等投入成本。

各处理净收益大小顺序为：A3B2＞A3B3＞A2B3＞A2B2＞A1B1＞A1B3＞A3B1＞A1B2＞A2B1。各处理产投比大小与净收益大小基本一致，产投比大小依次为：A3B2>A2B3>A3B3>A2B2>A1B1>A1B3>A3B1>A1B2>A2B1。

各处理氮肥偏生产力以 A3B2 处理最大为 17.94kg/kg，A1B1 处理次之，达到 17.74kg/kg，以 A1B3 处理氮肥偏生产力最低，仅为 13.30kg/kg。各处理的氮肥偏生产效率以 A1B1 处理最大达到 476.25 元/kg，其次是 A3B1 处理，为 469.80 元/kg，以 A1B3 处理氮肥偏生产效率最低，仅为 344.85 元/kg。

四、讨论与结论

烤烟农艺性状直接反映了种植密度和氮肥互作对烤烟长势的影响。随着施氮量增加，烟株、茎围、叶长、叶宽、最大叶面积呈增加趋势，随着种植密度增加，烟株、茎围、叶长、叶宽、最大叶面积呈降低趋势。烟株生长发育对氮素的吸收比较敏感，减氮降低了氮素的供应，减少烟株氮吸收，烟株农艺指标低于高氮处理，密植加剧了烟株群体间对养分的竞争，增加种植密度，烟株生长受到一定限制，因此，可通过氮肥与密植调控烟株生长发育，协调烤烟群体与个体矛盾，达到烤烟合理群体结构的目的。随氮肥施用量增加，烤烟 SPAD 值、光合特性呈增加趋势，随种植密度增加，烤烟 SPAD 值、净光合速率、气孔导度呈先增加后降低趋势。施氮量高，烤烟营养充足，烟叶光合效率高，而烟株密度增加，加剧了对营养的竞争，在一定密度范围外，烟叶获得营养减少，烟叶叶绿素、净光合速率呈现下降趋势。

减氮增密改变了烟株整体营养供应平衡，优化了烟株株型和群体结构，烤后烟叶品质得到明显改善。种植密度增加，虽削弱烟株个体生长，但是由于密度增加，干物质量增加，对产量来说还是增加的。

从烟叶化学成分角度出发，桂阳稻茬烤烟以种植密度为 16 680~ 18 195 株/hm^2，施氮量为 120kg/hm^2 时，烟株中、上部叶化学成分可用性相对较高，而张黎明等（2010）研究表明湖南省湘西烟区以施纯氮 120kg/hm^2、移栽密度为 15 159 株/hm^2 的烤烟产值最高；张建等（2008）研究表明贵州省毕节烟区以施纯氮 9kg/hm^2、移栽密度为 16 230 株/hm^2 的烟叶产值、产量最高；本次研究结论与之有异，主要原因是不同地区气候条件不同，导致了种植密度、施氮量的不同。

本研究表明在种植密度为 18 195 株/hm^2 处理烟叶经济效益最好，在施氮量为 142.5kg/hm^2 时烟叶经济效益最好，这表明从经济效益角度来看，增大种植密度，可以增加产量，增加烟叶产值。从种植密度与施氮量互作效应来看，桂阳烟区以种植密度为 16 680 株/hm^2，施氮量为 142.5kg/hm^2 时经济效益最好。前人研究结果与本研究有异，如周文亮等（2012）研究表明，在广西百色烟区，烤烟种植密度 16 680 株/hm^2、施氮量 112.5kg/hm^2 烟叶的经济效益和烟叶质量最高。其原因主要是在不同的气候、土壤等条件下，导致不同烟区，烟株生长发育环境不同，其适产最适密度与施氮量也就不同。

第二节　稻茬烤烟增密减氮的物理性状效应分析

一、研究目的

种植密度和氮肥施用量是影响烤烟产质量的重要因素。合理密植能协调烤烟群体与个体矛盾，增强群体光合效能（王瑞等，2009）、改善田间小气候（李文璧等，2008），保证烤烟产质量。适宜氮肥用量能促进烟株协调生长和碳氮化合物平衡（杨志晓等，2011），有利于优质烟叶的形成（王海珠等，2013）。张黎明等（2010）、杨跃华等（2012）、唐先干等（2012）、张建等（2008）、毛家伟等（2012）、周文亮等（2012）和张喜峰等（2015）分别研究了湖南龙山烟区、云南玉溪烟区、江西赣州烟区、贵州毕节烟区、河南洛阳烟区、广西百色烟区和陕西商洛烟区的种植密度和施氮量对烤烟生长发育、经济性状和烟叶质量的影响，并各自提出了本烟区适宜的烤烟种植密度和施氮量。由于各烟区土壤类型和气候条件的差异，使相关种植密度和施氮量的研究结论不具有普遍适用性。目前，南方稻作烟区因稀植和大肥大水的栽培方式而导致烟叶化学成分不协调和工业可用性差的问题依然存在。

烤烟物理特性是反映烟叶质量和加工性能的重要指标，是烟叶质量评价的重要内容，也是烟草栽培研究考查的重要指标之一。彭新辉等（2010）、周越等（2015）、王育军等（2015）、彭莹等（2015）和石楠等（2015）分别研究了气候和土壤及其互作、夜温升高、海拔、油菜秸秆还田和翻压绿肥对烤烟物理特性的影响。然而，这些研究仅对烤烟物理特性指标的高低进行分析，并没有对烤烟整个物理特性进行综合量化评价和排序。关于种植密度、施氮量及其互作对烤烟生产的影响，杨跃华等（2012）和张喜峰等（2015）采用方差分析的方法（F 值或 P 值）对其进行效应分析，但就种植密度和施氮量对烤烟产质量评价指标影响的强弱尚未深入研究。鉴此，以湖南省邵阳烟区稻茬烤烟为研究对象，构建烟叶物理特性指数和采用 η_p^2（partial eta-squared，偏 Eta^2 值）研究种植密度和施氮量及其互作对烤烟物理特性的影响，以明确增密和减氮栽培措施的可行性，为特色优质烟叶开发提供参考。

二、材料与方法

（一）试验地点和材料

试验在湖南省邵阳县金称市镇现代烟草示范区进行，地理位置北纬 26°50′16″，东经 111°8′52″。试验田前作为水稻，土壤为当地代表性水稻土，灌排方便。土壤基本理化性质：pH 值 5.93，有机质 39.50g/kg，碱解氮 142.32mg/kg，速效磷 15.42mg/kg，速效钾 188.72mg/kg。烟草专用基肥（氮、磷、钾含量分别为 8%、10%、11%）、生物发酵饼肥（氮、磷、钾含量分别为 5%、0.8%、1%）、提苗肥（氮、磷、钾含量分别为 20%、0%、8.8%）、专用追肥（氮、磷、钾含量分别为 10.0%、5.0%、29.0%）为湖南金叶众望科技股份有限公司生产，硫酸钾为新疆罗布泊钾盐有限责任公司生产。供试品种为 K326。

（二）试验设计

根据目前邵阳烟区指导的烤烟种植密度（行距 120cm，株距 50cm）、施氮量（纯氮 135kg/hm^2）及增密减氮要求，将种植密度（A）和施氮量（B）分别设 3 个水平：A1，16 667 株/hm^2（行距 120cm，株距 50cm）；A2，18 182 株/hm^2（行距 110cm，株距 50cm）；A3，20 000 株/hm^2（行距 100cm，株距 50cm）；B1，施纯氮 105kg/hm^2；B2，施纯氮 120kg/hm^2；B3，施纯氮 135kg/hm^2。共 9 个处理，3 次重复，27 个小区，随机区组

排列。小区面积 60m²。漂浮育苗培育壮苗，3 月 24 日移栽。各处理施氮、磷、钾肥比例为 1∶1∶2.8。起垄前将 60%的专用基肥和生物发酵饼肥条施于垄底，移栽前 10~15d 穴施剩余 40%的专用基肥。移栽约 1 周后施 50%的提苗肥，约 2 周后施剩余 50%的提苗肥，约 3 周后施烟草专用追肥，约 4 周后施硫酸钾肥。初花期打顶，留叶数 16~18 片。其他栽培管理措施均按邵阳县优质烤烟生产规范进行。

（三）物理性状测定项目及方法

按照 GB 2635—1992 的方法选取具有代表性的 C3F 等级烟叶进行物理特性测定。参照文献（邓小华等，2009）的方法测定开片度、单叶重（单叶质量）、含梗率、叶片厚度、平衡含水率、叶质重（单位叶面积质量）等物理特性指标。

（四）物理特性指数构建

为比较不同处理烤烟物理特性的综合效果，采用开片度、单叶重、含梗率、叶片厚度、平衡含水率、叶质重等物理特性指标，运用效果测度模型和加权指数法构建烟叶物理特性指数（Physical Properties Index，PPI）作为烤烟物理特性综合评价的依据，其值越大，烤烟物理特性越好。

第 1 步，采用效果测度模型对烤烟物理特性数据进行标准化。由于 6 个物理特性评价指标的意义、量纲不同，且在数值上悬殊较大，采用灰色局势决策中的效果测度方法，将物理特性指标进行无量纲化处理，转换为 0~1 数值。对开片度采用上限效果测度模型（$r_{ij}=u_{ij}/\max u_{ij}$）；含梗率采用下限效果测度模型（$r_{ij}=\min u_{ij}/u_{ij}$）；单叶重、叶片厚度、叶质重和平衡含水率采用适中效果测度模型（$r_{ij}=u_{i_0j_0}/(u_{i_0j_0}+|u_{ij}-u_{i_0j_0}|)$）。式中 u_{ij} 为局势的实际效果，$\max u_{ij}$ 为所有局势效果的最大值，$\min u_{ij}$ 为所有局势效果的最小值，$u_{i_0j_0}$ 为局势效果指定的适中值。本文中所用的评价烟叶均为中部叶，参照文献（邓小华等，2007，2009）确定单叶重、叶片厚度、叶质重、平衡含水率的适中值分别为 9g、100μm、90g/m²、15%。

第 2 步，采用主成分分析方法确定烤烟物理特性指标权重。不同烤烟物理特性指标具有各自相对的重要性。将物理特性指标进行球形假设检验，Bartlett 值为 45.675，$P=0.000<0.05$，6 个指标间并非独立，能够进行主成分分析。对烤烟物理特性进行主成分分析，提取累积贡献率达 85.54%的前 2 个主成分（可以代表物理特性 85.54%的信息），计算这 2 个主成分的载荷矩阵，并计算开片度、单叶重、含梗率、叶片厚度、平衡含水率、叶质重等物理特性评价指标，其权重分别为 18.49%、19.40%、13.19%、19.60%、10.56%、18.76%。

第 3 步，采用加权指数法计算烤烟物理特性指数，计算公式：

$$\mathrm{PPI}=\sum_{j=1}^{6}(Q_{ij}\times W_j)$$

式中，Q_{ij} 表示第 i 个样本、第 j 个指标的标准化值，其中 $0<Q_{ij}\leqslant 1$；W_j 表示第 j 个指标的权重，其中 $\sum W_j=100$。

（五）数据统计分析

试验数据用 Excel 2007 软件进行初步整理后，再用 SPSS17.0 统计软件进行方差分析和多重比较。多重比较采用新复极差法。当数据之间差异显著时，引入 η_p^2 比较种植密度、施氮量及其互作对烤烟物理特性指标变异贡献率的大小。0.01< η_p^2 ≤0.06 表示为低度影响效应，0.06< η_p^2 ≤0.14 表示为中度影响效应，η_p^2 >0.14 为高度影响效应。计算不同种植密度、施氮量及其互作下烟叶物理特性不同指标 η_p^2 各自所占比例，并将其转换为百分率，该数据则是种植密度、施氮量及其互作对烤烟物理特性变异贡献率的大小。

三、结果与分析

(一) 种植密度对烟叶物理性状的影响

由表 3-19 可知，开片度是 A1>A2>A3，A1 和 A2 处理显著高于 A3 处理；单叶重是 A1>A2>A3，A1 处理显著高于 A2 和 A3 处理；含梗率是 A3>A2>A1，不同处理间差异不显著；叶片厚度和叶质重是 A1>A2>A3，不同处理间差异不显著；平衡含水率是 A2>A3>A1，不同处理间差异不显著。从物理特性指数看，A2>A3>A1，A2 处理显著高于 A1 处理。可见，适当增加密度，可降低烟叶的单叶重，物理特性指数提高。

表 3-19 不同种植密度对烤烟物理性状的影响

处理	开片度（%）	单叶重（g）	含梗率（%）	叶片厚度（μm）	平衡含水率（%）	叶质重（g/m²）	物理特性指数（PPI）	PPI 均值排序
A1	34.48±1.09a	10.79±1.03a	31.64±1.17a	100.83±6.69a	12.62±0.52a	102.69±4.85a	91.31±0.80b	3
A2	34.01±0.62a	9.76±0.78b	32.09±0.68a	98.89±5.61a	13.05±0.41a	96.32±4.48a	92.77±0.91a	1
A3	32.73±0.75b	9.30±0.52b	32.26±1.26a	94.72±4.55a	12.85±0.48a	95.97±3.08a	91.57±1.57ab	2

(二) 施氮量对烟叶物理特性的影响

由表 3-20 可知，开片度、单叶重、叶片厚度和叶质重是 B3>B2>B1，3 个处理间差异显著；含梗率是 B1>B3>B2，不同处理间差异不显著；平衡含水率是 B3>B2>B1，不同处理间差异不显著。从物理特性指数看，B2>B3>B1，B2 处理显著高于 B1 处理。可见，适当地减少施氮量，虽然降低了烟叶的开片度，但单叶重和叶片厚度也降低了，叶质重更适宜，提高了烟叶物理特性指数。

表 3-20 不同施氮量对烤烟物理性状的影响

处理	开片度（%）	单叶重（g）	含梗率（%）	叶片厚度（μm）	平衡含水率（%）	叶质重（g/m²）	物理特性指数（PPI）	PPI 均值排序
B1	32.99±0.96c	9.21±0.38c	32.51±0.42a	92.44±2.38c	12.48±0.24a	94.13±2.97c	91.17±1.19b	3
B2	33.65±0.61b	9.92±1.04b	31.52±0.93a	98.39±2.53b	13.00±0.66a	98.51±4.43b	92.55±1.04a	1
B3	34.57±1.19a	10.71±0.88a	31.95±1.39a	103.61±4.53a	13.05±0.17a	102.34±4.10a	91.93±1.33ab	2

(三) 种植密度和施氮量组合对烟叶物理特性的影响

由表 3-21 可知，烟叶开片度、单叶重、叶片厚度以 A1B3 处理最大，A3B1 处理最小；含梗率以 A3B3 处理最大，A1B2 处理最小；平衡含水率以 A2B2 处理最大，A1B2 处理最小；叶质重以 A1B3 处理最大，A2B1 处理最小；不同处理组合之间差异均不显著。从物理特性指数看，A2B2>A1B1>A2B1>A1B2>A2B3>A3B3>A3B2>A3B1>A1B3。

表 3-21 不同种植密度和施氮量组合对烤烟物理性状的影响

处理	开片度（%）	单叶重（g）	含梗率（%）	叶片厚度（μm）	平衡含水率（%）	叶质重（g/m^2）	物理特性指数（PPI）	PPI 均值排序
A1B1	33.52±1.03a	9.64±0.71a	32.99±0.79a	94.50±4.54a	12.39±0.38a	97.45±3.91a	92.77±1.74ab	2
A1B2	34.19±0.85a	11.10±1.04a	30.94±1.05a	100.17±4.61a	12.26±0.59a	103.61±4.64a	92.15±2.26ab	4
A1B3	35.65±1.14a	11.63±0.95a	30.99±1.28a	107.83±5.61a	13.22±0.35a	107.01±4.47a	89.79±1.69c	9
A2B1	33.56±0.90a	9.10±0.96a	32.35±1.16a	93.00±3.53a	12.76±0.41a	91.72±4.27a	92.64±1.88ab	3
A2B2	33.76±0.78a	9.56±0.71a	32.59±0.67a	99.50±2.45a	13.52±0.45a	95.54±3.70a	93.74±1.93a	1
A2B3	34.71±1.07a	10.62±0.63a	31.31±0.90a	104.17±3.46a	12.88±0.21 a	100.64±3.54a	91.93±1.37b	5
A3B1	31.88±0.79a	8.90±0.58a	32.20±0.55a	89.83±4.00a	12.30±0.33a	93.21±3.72a	90.40±1.89bc	8
A3B2	32.99±0.61a	9.11±0.91a	31.03±0.80a	95.50±4.07a	13.21±0.53a	96.39±4.45a	91.77±2.41b	7
A3B3	33.29±0.90a	9.88±0.83a	33.54±1.03a	98.83±5.07a	13.04±0.29a	99.36±4.29a	91.78±1.84b	6

（四）种植密度和施氮量及其互作对烟叶物理特性贡献率的影响

种植密度和施氮量的双因素方差分析结果见表 3-22。对烟叶开片度而言，种植密度、施氮量的 η_p^2 均大于 0.14，种植密度和施氮量互作的 η_p^2 小于 0.14。种植密度和施氮量的开片度差异显著，种植密度和施氮量互作的开片度差异不显著。从贡献率比例看，种植密度占 45.44%，施氮量占 46.28%，种植密度和施氮量互作占 8.28%。综上，种植密度、施氮量对烟叶开片度具有显著的高度影响效应，种植密度和施氮量互作效应较小。

对烟叶单叶重而言，种植密度、施氮量、种植密度和施氮量互作的 η_p^2 均大于 0.14，种植密度和施氮量的单叶重差异显著，种植密度和施氮量互作的单叶重差异不显著。从贡献率比例看，种植密度占 43.83%，施氮量占 43.16%，种植密度和施氮量互作占 13.01%。可见种植密度、施氮量对烟叶单叶重具有显著高度影响效应，种植密度和施氮量互作效应较小。

对烟叶含梗率而言，种植密度、施氮量的 η_p^2 小于 0.14，种植密度和施氮量互作的 η_p^2 大于 0.14，种植密度、施氮量、种植密度和施氮量互作的含梗率的差异均不显著。从贡献率比例看，种植密度占 9.09%，施氮量占 21.90%，种植密度和施氮量互作占 69.01%。综上，种植密度、施氮量、种植密度和施氮量互作对烟叶含梗率效应较小。

对叶片厚度而言，种植密度和施氮量的 η_p^2 均大于 0.14，种植密度和施氮量互作的 η_p^2 小于 0.14，施氮量的叶片厚度差异显著，种植密度、种植密度和施氮量互作的叶片厚度差异不显著。从贡献率比例看，种植密度占 30.76%，施氮量占 64.92%，种植密度和施氮量互作占 4.32%。综上，施氮量对叶片厚度具有显著的高度影响效应，种植密度、种植密度和施氮量互作效应较小。

对烟叶平衡含水率而言，种植密度、施氮量、种植密度和施氮量互作的 η_p^2 均小于

0.14，且种植密度、施氮量、种植密度和施氮量互作的烟叶平衡含水率差异均不显著。从贡献率比例看，种植密度占 17.96%，施氮量占 36.33%，种植密度和施氮量互作占 45.71%。综上，种植密度、施氮量、种植密度和施氮量互作对烟叶平衡含水率的效应较小。

对叶质重而言，种植密度、施氮量的 η_p^2 均大于 0.14，种植密度和施氮量互作的 η_p^2 小于 0.14，施氮量的叶质重差异显著，种植密度、种植密度和施氮量互作的叶质重差异不显著。从贡献率比例看，种植密度占 45.38%，施氮量占 51.54%，种植密度和施氮量互作占 3.08%。综上，施氮量对叶质重具有显著的高度影响效应，种植密度、种植密度和施氮量互作对叶质重的效应较小。

将 6 个物理特性指标的种植密度、施氮量及其互作的 η_p^2 乘以各自的权重，按种植密度、施氮量、种植密度和施氮量互作分别求和，计算各自所占比例，并转换为百分率，所得贡献率分别为 40.00%、48.00%、12.00%，表明施氮量对烤烟物理特性的影响最大，其次是种植密度，种植密度和施氮量互作最小。

表 3-22　种植密度和施氮量对烤烟物理性状影响的双因素方差分析效果检验

物理特性	变异来源	平方和	均方	F 值	P 值	偏 Eta^2
开片度	种植密度	55.414	27.707	18.184	0.000	0.653
	施氮量	60.194	30.097	19.627	0.000	0.665
	种植密度×施氮量	3.749	0.937	0.615	0.663	0.119
单叶重	种植密度	10.475	5.237	13.123	0.000	0.593
	施氮量	10.098	5.049	12.651	0.000	0.584
	种植密度×施氮量	1.538	0.384	0.963	0.452	0.176
含梗率	种植密度	1.835	0.917	0.207	0.815	0.022
	施氮量	4.454	2.227	0.502	0.614	0.053
	种植密度×施氮量	16.005	4.001	0.901	0.484	0.167
叶片厚度	种植密度	175.463	87.731	2.769	0.089	0.235
	施氮量	561.907	280.954	8.867	0.002	0.496
	种植密度×施氮量	19.704	4.926	0.155	0.958	0.033
平衡含水率	种植密度	0.826	0.413	0.410	0.670	0.044
	施氮量	1.763	0.882	0.876	0.434	0.089
	种植密度×施氮量	2.288	0.572	0.568	0.689	0.112
叶质重	种植密度	257.692	128.846	2.552	0.106	0.221
	施氮量	303.761	151.881	3.008	0.044	0.251
	种植密度×施氮量	13.944	3.486	0.069	0.991	0.015

四、讨论与结论

烟叶物理特性指标量纲差异较大，且不同物理特性指标并不完全是越大越好，也不是越小越好，存在最优区间。目前，综合量化评价烟叶物理特性指标比较困难，相关报道也较少。《中国烟草种植区划》采用 100 分制对烟叶物理特性指标进行无量纲标准化处理，如果样本量较大，则统计工作量也大。还有一些研究是对烟叶物理特性的单个指标进行逐一分析，然后仅凭经验来综合判断某一试验处理的优劣。由于烟叶物理特性是多个指标的综合，不同指标不一定都处于最优状态，因此这种经验判断难免带有一定的主观性。利用烟叶物理特性指数（多个指标的综合）作为评判烟叶物理特性优劣的依据，克服了单一指标不能完全比较出不同处理烟叶物理特性之间差别的缺陷，还能对不同处理烟叶物理特性进行排序，消除人为因素带来的误判，使复杂问题简单化。该方法所得结果是否与实际一致，关键是测度模型的选用及适中值的确定。通常认为开片度较大、含梗率较低的烟叶品质较优，其无量纲化应分别选用上限和下限效果测度模型。而中部叶单叶重为7~11g、叶片厚度为80~120μm、平衡含水率为12%~16%及叶质重为80~100g/m^2，其无量纲化选用适中效果测度模型为宜。本研究中，单叶重、叶片厚度、平衡含水率和叶质重适中值的确定主要依据邵阳市烟叶的实际情况，并参考相关文献确定。因此，本试验中烟叶物理特性无量纲化模型的选用及确定单叶重、叶片厚度、平衡含水率、叶质重的适中值是否可应用在其他产区，还需进一步验证。

种植密度和施氮量是影响烤烟物理特性的重要栽培因子。研究结果表明，种植密度和施氮量及其互作对烤烟物理特性不同指标的效应程度（贡献率）不一样。施氮量对烤烟物理特性影响最大（占48%），其次是种植密度（占40%），互作影响最小（占12%）。可见，在烤烟生产中，要重视肥料施用，特别是应控制好氮肥用量，从而提高烟叶的工业可用性。

不同烟区土壤类型和气候条件的差异是导致烤烟种植密度和施氮量不同的主要原因。本试验中从烟叶物理特性方面进行研究，结果表明邵阳稻作烟区在种植密度18 182株/hm^2、施氮量120kg/hm^2的条件下烟叶物理特性指数最高。目前，南方稻作烟区大部分烤烟的种植密度在16 667株/hm^2以下，施氮量在135kg/hm^2以上，烟农主要是采用稀植和大肥大水管理的方式来提高单株产量以获得较好经济效益。从本研究的结果来看，以适中密度和适中施氮量（A2B2处理）的物理特性指数最高，A1B1、A2B1和A1B2 3个处理的指数值相对较高，A1B3处理的指数最低。就烤烟物理特性而言，在邵阳烟区稻茬烤烟生产中，应适当增加烤烟的种植密度、减少氮肥施用量。

第三节　稻茬烤烟增密减氮的主要化学成分效应分析

一、研究目的

烟叶化学成分是烟叶质量的内在基础，也是烟叶质量评价的重要指标。烟叶化学成分是由多指标构成，每个指标反映烟叶化学成分的某个质量方面，但单指标较难完整描述烟叶化学成分状况，因而需要对烟叶化学成分进行综合评价。烟叶化学成分综合评价方法在对烟区化学成分特征研究中被广泛应用，如薛超群等（2007）、丁云生等（2009）和李伟等（2015）采用模糊综合评判方法分别对上海集团申豫烤烟基地、大理州、湖南浓香型烟叶产区化学成分进行了综合评价。增密减氮作为绿色增产增效的一项技术，已在玉米、水稻、油菜等作物上得到较为广泛的应用。种植密度和施氮量影响烟株生长发育、产量和产值，更是影响烟叶化学成分。张黎明等（2010）、张建等（2008）、毛家伟等（2012）、张喜峰等（2015）研究了种植密度和施氮量对烟叶化学成分高低的影响，杨跃华等（2012）、刘晶等（2008）采用方差分析对种植密度和施氮量的烟叶化学成分效应进行了分析，但上述研究或是没有对烟叶化学成分进行综合评价分析，或是就两者对烟叶化学成分评价指标的影响缺乏深入研究。

邵阳市位于湖南省中部略偏西南，属典型的中亚热带湿润季风气候，常年产烟 1.5 万吨左右，是湖南省浓香型烤烟的重要产烟区，烟稻轮作是其主要种植模式。如同我国南方其他烟稻轮作地区一样，邵阳烟区烤烟种植也是普遍采用稀植和大肥大水方式，这样的种植方式虽然可以提高烟叶产量，但烟叶化学成分不协调和工业可用性差的问题日趋突出。增密减氮技术是否能够在保证适宜产量的基础上改善烟叶化学成分和提高烟叶可用性无疑是非常值得研究的。为此，本研究通过在邵阳烟区开展小区烤烟栽培试验，构建烟叶化学成分可用性指数和采用 η_p^2 分析种植密度和施氮量及其互作对烟叶化学成分的效应，以明确增密减氮栽培措施在邵阳烟区以及我国南方类似的烟稻轮作产区的可行性，为特色优质烟叶栽培提供参考。

二、材料与方法

（一）试验地点和材料

小区栽培试验在湖南省邵阳县金称市镇金洲村（26.84°N，111.15°E）烟稻轮作田块进行。烤烟品种为 K326，试验地土壤质地为黏壤土，pH 值 5.93（适宜），有机质 39.50g/kg（偏高），碱解氮 142.32mg/kg（适宜），速效磷 15.42mg/kg（适宜），速效钾 188.72mg/kg（适宜）。供试肥料包括湖南金叶众望科技股份有限公司生产的烟草专用基肥（$N-P_2O_5-K_2O$ = 8%-10%-11%）、生物发酵饼肥（$N-P_2O_5-K_2O$ = 5%-0.8%-1%）、提苗肥（$N-P_2O_5-K_2O$ = 20%-0%-8.8%）和专用追肥（$N-P_2O_5-K_2O$ = 10.0%-5.0%-29.0%）；新疆罗布泊钾盐有限责任公司生产的硫酸钾（K_2O = 51%）。

（二）试验设计

试验采用双因素随机区组设计，设置 3 个种植密度（A）：A1（CK，邵阳烟区烤烟习惯种植密度，16 667 株/hm^2，行距 120cm×株距 50cm），A2（18 182 株/hm^2，行距 110cm×株距 50cm），A3（20 000 株/hm^2，行距 100cm×株距 50cm）；3 个施氮量（B）：B1（纯氮 105kg/hm^2），B2（施纯氮 120kg/hm^2），B3（邵阳烟区习惯施氮量，施纯氮 135kg/hm^2）。合计 9 个处理，每个处理设置 3 次重复，共 27 个小区，每个小区面积 60m^2。采用漂浮育苗，3 月 24 日移栽。各处理施氮、磷、钾肥比例为 1∶1∶2.8。60%的专用基肥和生物发酵饼肥在起垄前条施于垄底，其余在移栽前 10~15d 穴施。移栽后，约 1 周和 2 周分别浇施一半的提苗肥，约 3 周穴施烟草专用追肥，约 4 周穴施硫酸钾肥。初花期打顶，留叶数 16~18 片。按邵阳市优质烤烟生产标准开展其他田间管理措施。

（三）化学成分测定项目及方法

按照标准 GB 2635—1992 烤烟选取具有代表性的中部烟叶 C3F 等级进行化学成分测定。采用荷兰 SKALAR San++间隔流动分析仪测定烤后烟叶总糖、还原糖、烟碱、总氮、氯含量，火焰光度法测定烟叶钾含量。

（四）化学成分可用性指数构建

烟叶化学成分属于多指标，为寻找主要化学成分综合表现好的试验处理，采用隶属函数、加权指数和法构建化学成分可用性指数（Chemical Components Usability Index，CCUI），依据化学成分可用性指数高低判断不同处理优劣，其值越大，化学成分综合表现越好。

第一步，烟叶化学成分数据的标准化。烟叶化学成分不同指标的最适值范围不一致。运用模糊数学理论中的隶属函数将各化学成分指标的原始数据转换为0~1的标准化数值，其标准化公式与参数如下：

烟叶总糖、还原糖、总氮、烟碱、氯含量采用抛物线型（parabola，简称P）隶属函数，按以下公式计算隶属度：

$$N(x)=\begin{cases}0.1 & x<x_1;\ x>x_2\\ 0.9(x-x_1)/(x_3-x_1)+0.1 & x_1\leqslant x<x_3\\ 1.0 & x_3\leqslant x\leqslant x_4\\ 1.0-0.9(x-x_4)/(x_2-x_4) & x_4<x\leqslant x_2\end{cases}$$

烟叶钾含量采用S型隶属函数，按以下公式计算隶属度：

$$N(x)=\begin{cases}1.0 & x>x_2\\ 0.9(x-x_1)/(x_2-x_1)+0.1 & x_1\leqslant x\leqslant x_2\\ 0.1 & x<x_1\end{cases}$$

上述式中，x为烟叶化学成分实际检测值，x_1、x_2、x_3、x_4分别代表各化学成分的下临界值、上临界值、最优值下限、最优值上限，其值参考相关文献（薛超群等，2007；李伟等，2015）确定（表3-23）。

表3-23　烟叶化学成分的隶属函数类型和拐点值

化学成分	函数类型	下临界值（x_1）	最优值下限（x_3）	最优值上限（x_4）	上临界值（x_2）
总糖（%）	P	10.0	20.0	28.0	35.0
还原糖（%）	P	10.0	19.0	25.0	30.0
烟碱（%）	P	1.0	2.0	2.5	3.5
总氮（%）	P	1.1	1.8	2.0	3.0
氯（%）	P	0.1	0.3	0.5	1.0
钾（%）	S	1.0			2.5

第二步，烟叶化学成分各指标权重的确定。烟叶化学成分不同指标各自具有相对重要性，在综合评价中应赋予权重，采用主成分分析方法进行。烟叶化学成分球形假设检验表明Bartlett值为84.453，$P<0.05$，说明烟叶化学成分6个指标非独立，可主成分分析；提取主成分累积贡献率达88.68%的前3个主成分计算载荷矩阵。计算出总糖、还原糖、烟

碱、总氮、钾、氯的权重分别为 14.4%、15.9%、27.8%、24.6%、10.4%、6.9%。

第三步，化学成分可用性指数计算。采用加权指数和法计算不同处理烟叶化学成分可用性指数。其计算公式如下：

$$CUUI = \sum_{j=1}^{6} N_{ij} \times W_{ij}$$

式中，N_{ij}和 W_{ij}分别表示第 i 个样本、第 j 个指标的标准化值和权重系数，其中 $0<N_{ij}\leqslant 1$，$0<W_{ij}\leqslant 1$，且满足 $\sum_{j=1}^{6} W_{ij} = 100$。

（五）数据统计分析

采用 Microsoft Excel 2013 软件初步整理试验数据后，用 IBM Statistics SPSS17.0 统计软件进行方差分析，多重比较采用新复极差法。当方差分析检定为显著性差异时，同时引入 η_p^2 大小来比较种植密度和施氮量及其互作对烟叶化学成分指标变异的贡献率大小。当 $0.01<\eta_p^2\leqslant 0.06$ 表示低度影响效应，$0.06<\eta_p^2\leqslant 0.14$ 表示为中度影响效应，$\eta_p^2>0.14$ 为高度影响效应。种植密度和施氮量及其互作的烟叶化学成分指标 η_p^2 求和后转换为百分率，其结果便是种植密度和施氮量及其互作对烟叶化学成分总变异贡献率的大小。

三、结果与分析

（一）对烤烟产量的影响

从表 3-24 看，种植密度处理（A）的产量是 A3>A1>A2，产值是 A2>A1>A3；多重比较结果，主要是 A2 和 A1 处理的产值极显著高于 A3，但产量差异不显著；表明适中密度的产值最高。施氮量处理（B）的产量和产值都是 B3>B2>B1；多重比较结果，主要是 B3 处理的产量、产值极显著高于 B1；表明适当的减氮（B2 处理），其产量和产值与高施氮量没有显著差异。以上分析说明，与习惯的种植密度和施氮量相比，推荐的种植密度和施氮量是可以维持或提高烤烟的产量和产值的。

表 3-24　种植密度和施氮量对烟叶产量和产值的影响

处理	产量（kg/hm²）				产值（元/hm²）			
	B1	B2	B3	平均值	B1	B2	B3	平均值
A1	2 064.00	2 284.85	2 380.00	2 242.95a	41 805.42	45 338.06	49 668.18	45 603.89A
A2	2 060.70	2 296.70	2 359.10	2 238.83a	40 836.25	48 278.91	48 572.41	45 895.86A
A3	2 153.50C	2 247.45	2 351.95	2 250.97a	43 488.54	44 517.63	45 744.42	44 583.53B
平均值	2 092.73B	2 276.33AB	2 363.68A		42 043.40B	46 044.87AB	47 995.00A	

（二）种植密度对烟叶化学成分的影响

由表 3-25 可知，总糖和还原糖含量是 A3>A2>A1，总糖含量三者之间差异不显著，还原糖含量 A3 显著高于 A2 和 A1；烟碱含量是 A1>A2>A3，三者之间差异显著；总氮含量是 A3>A2>A1，A3 显著高于 A2 和 A1；钾含量是 A3>A2>A1，A3 和 A2 显著高于 A1；氯含量是 A2>A3>A1，三者之间差异显著。从化学成分可用性指数看，A2>A1>A3，A2 处理显著高于 A3 和 A1 处理，表明适中密度的化学成分可用性指数最高。

表 3-25　不同种植密度下烟叶化学成分含量

处理	总糖（%）	还原糖（%）	烟碱（%）	总氮（%）	钾（%）	氯（%）	CCUI	CCUI 排序
A1	31. 62±4. 07a	26. 58±3. 22b	2. 69±0. 34a	2. 36±0. 34b	2. 33±0. 33b	0. 23±0. 05c	66. 75±2. 92b	2
A2	32. 28±4. 10a	27. 49±3. 69b	2. 50±0. 29b	2. 40a±0. 22b	2. 43±0. 22a	0. 32±0. 08a	75. 42±1. 08a	1
A3	32. 99±4. 46a	29. 39±2. 16a	2. 33±0. 19c	2. 45±0. 24a	2. 46±0. 24a	0. 28±0. 08b	64. 87±3. 46b	3

（三）施氮量对烟叶化学成分的影响

由表 3-26 可知，总糖和还原糖含量是 B1>B2>B3，三者之间差异显著；烟碱、总氮、钾和氯含量是 B3>B2>B1，三者之间差异显著。从化学成分可用性指数看，B2>B3>B1，三者之间差异显著，表明适中施氮量的化学成分可用性指数最高。

表 3-26　不同施氮量下烟叶化学成分含量

处理	总糖（%）	还原糖（%）	烟碱（%）	总氮（%）	钾（%）	氯（%）	CCUI	CCUI 排序
B1	36. 08±0. 88a	30. 95±0. 82a	2. 22±0. 12c	2. 12±0. 13c	2. 22±0. 13c	0. 24±0. 05c	65. 44±3. 20c	3
B2	33. 04±0. 80b	27. 59±1. 70b	2. 55±0. 16b	2. 35±0. 05b	2. 45±0. 05b	0. 27±0. 08b	72. 82±2. 71a	1
B3	27. 77±0. 46c	24. 92±1. 98c	2. 75±0. 27a	2. 64±0. 04a	2. 64±0. 04a	0. 31±0. 09a	68. 78±2. 49b	2

（四）种植密度和施氮量组合对烟叶化学成分的影响

由表 3-27 可知，从总糖和还原糖含量看，以 A3B1 处理最高，其次是 A2B1 处理，A1B3 处理最低，不同处理之间差异不显著。不同处理之间烟碱含量差异显著，以 A1B3 处理相对较高，其次是 A2B3、A1B2、A2B2 和 A3B3 处理，A2B1 和 A3B1 处理相对较低。不同处理之间总氮含量差异显著，以 A3B3、A2B3 和 A1B3 处理相对较高，A1B1 处理相对较低。不同处理之间钾含量差异显著，以 A3B3 和 A2B3 处理相对较高，A1B1 处理相对较低。不同处理之间氯含量差异显著，以 A2B3、A3B3 和 A2B2 处理相对较高，A1B3、A3B2 和 A1B1 处理相对较低。从化学成分可用性指数看，A2B2>A2B3>A1B2>A1B1>A3B1>A3B2>A2B2>A3B3>A1B3，不同处理之间差异显著，A2B2 最高，A2B3 次之，两者显著高于其他处理，A1B3 处理最低。

表 3-27　不同种植密度和施氮量组合下烟叶化学成分含量

处理	总糖（%）	还原糖（%）	烟碱（%）	总氮（%）	钾（%）	氯（%）	CCUI	CCUI 排序
A1B1	35. 40±2. 67a	30. 01±1. 49a	2. 35±0. 16bc	1. 97±0. 19d	1. 99±0. 19d	0. 19±0. 07b	65. 97±3. 95bc	4
A1B2	32. 15±2. 48a	26. 12±2. 02a	2. 68±0. 23b	2. 48±0. 24ab	2. 39±0. 23bc	0. 28±0. 05ab	72. 68±4. 75ab	3
A1B3	27. 31±2. 49a	23. 62±2. 25a	3. 03±0. 20a	2. 62±0. 18a	2. 61±0. 18a	0. 22±0. 06b	61. 60±3. 86c	9
A2B1	35. 76±2. 28a	31. 31±2. 83a	2. 18±0. 28c	2. 17±0. 13c	2. 19±0. 13c	0. 23±0. 0b	64. 40±2. 70bc	7
A2B2	33. 32±2. 27a	27. 20±2. 60a	2. 61±0. 30b	2. 39±0. 19bc	2. 47±0. 18b	0. 34±0. 07a	81. 28±3. 58a	1

（续表）

处理	总糖（%）	还原糖（%）	烟碱（%）	总氮（%）	钾（%）	氯（%）	CCUI	CCUI排序
A2B3	27. 76±2. 46a	23. 95±2. 07a	2. 72±0. 23b	2. 64±0. 14a	2. 63±0. 14a	0. 38±0. 08a	80. 58±4. 79a	2
A3B1	37. 08±2. 63a	31. 52±1. 93a	2. 12±0. 18c	2. 20±0. 12c	2. 21±0. 11c	0. 29±0. 06ab	65. 95±4. 71bc	5
A3B2	33. 67±2. 43a	29. 46±2. 46a	2. 37±0. 25bc	2. 47±0. 20ab	2. 48±0. 19b	0. 19±0. 06b	64. 50±3. 51bc	6
A3B3	28. 23±2. 45a	27. 20±2. 70a	2. 50±0. 22b	2. 69±0. 13a	2. 63±0. 14a	0. 35±0. 08a	64. 16±3. 12bc	8

（五）种植密度和施氮量及其互作对烟叶化学成分的贡献率

种植密度和施氮量的双因素方差分析结果见表 3-28。将表中 6 个化学成分的种植密度和施氮量及其互作的 η_p^2 乘以各自的权重，求和，并转换为百分率，得出施氮量对烟叶化学成分的影响最大，施氮量对烟叶化学成分的变异贡献率为 46. 3%，其次是种植密度，为 30. 1%，而两者互作最低，为 23. 6%。

表 3-28　种植密度和施氮量对烟叶化学成分的影响效应

化学成分	变异来源	平方和	均方	F	P	η_p^2
总糖	种植密度	8. 505	4. 252	1. 541	0. 241	0. 146
	施氮量	318. 634	159. 317	57. 742	0. 000	0. 865
	种植密度×施氮量	1. 274	0. 319	0. 115	0. 975	0. 025
还原糖	种植密度	37. 004	18. 502	17. 374	0. 000	0. 659
	施氮量	163. 963	81. 981	76. 982	0. 000	0. 895
	种植密度×施氮量	7. 906	1. 976	1. 856	0. 162	0. 292
烟碱	种植密度	0. 583	0. 292	93. 982	0. 000	0. 913
	施氮量	1. 304	0. 652	210. 008	0. 000	0. 959
	种植密度×施氮量	0. 095	0. 024	7. 619	0. 001	0. 629
总氮	种植密度	0. 043	0. 022	6. 483	0. 008	0. 419
	施氮量	1. 253	0. 627	188. 790	0. 000	0. 954
	种植密度×施氮量	0. 084	0. 021	6. 336	0. 002	0. 585
钾	种植密度	0. 087	0. 043	13. 106	0. 000	0. 593
	施氮量	1. 253	0. 627	188. 790	0. 000	0. 954
	种植密度×施氮量	0. 040	0. 010	3. 025	0. 045	0. 402
氯	种植密度	0. 034	0. 017	20. 972	0. 000	0. 700
	施氮量	0. 027	0. 014	17. 023	0. 000	0. 654
	种植密度×施氮量	0. 057	0. 014	17. 683	0. 000	0. 797

四、讨论与结论

目前，南方烟稻轮作地区的烟农习惯采用稀植和大肥大水管理方式，烤烟种植密度在16 667株/hm^{2}以下，施氮量在135kg/hm^{2}以上，旨在通过提高单叶重、增加单株产量来获得较好经济效益。但这种方式烤烟用氮量高，造成氮肥利用率低，不但增加烤烟种植成本，更加重环境污染的威胁。从本研究来看，以18 182株/hm^{2}烤烟化学成分可用性指数最高，表明适当增加密度是可行的；从施氮水平看，以施氮量120kg/hm^{2}烤烟化学成分可用性指数最高，表明适当减少氮肥施用也是可行的。综合来看，适当增加烤烟种植密度和减少氮肥施用是可以改善烟叶化学成分协调性。但需要指出的是，我国不同烟区的气候和土壤条件不同，烤烟种植方式不同，得出的化学成分指标隶属函数拐点值和权重可能也不同，导致其烤烟种植密度和施氮量不同。如张黎明等（2010）指出湖南省龙山烟区以施纯氮120kg/hm^2、移栽密度为15 159株/hm^{2}的烤烟产值最高；张建等（208）认为贵州省毕节烟区以施纯氮90kg/hm^2、移栽密度为16 230株/hm^{2}的初烤烟叶产值、产量、外观质量等最佳；杨跃华等（2012）提出云南省玉溪烟区烤烟种植密度以16 680株/hm^{2}及施氮量90kg/hm^{2}为适宜；周文亮等（2012）研究表明广西壮族自治区百色烟区烤烟合理种植密度16 680株/hm^{2}及施氮量112. 5kg/hm^{2}能够得到较好的经济效益和烟叶质量。本试验从烟叶化学成分研究认为邵阳稻茬烤烟以种植密度18 182株/hm^2、施氮量120kg/hm^{2}的烟叶化学成分可用性指数最高。上述结果表明各烟区在制定合理种植密度和施氮量方案时，不能机械照搬别地模式，必须充分考虑本地的实情，通过大田试验获取适宜的参数。

一般可以用平方和（SS）或F值粗略比较多变量效应强弱，但η_p^2更能较客观地反映变量效应强弱。本研究利用η_p^2值表明，种植密度和施氮量及其互作对烟叶化学成分具有重要影响，施氮量、种植密度、两者互作的影响分别约为46%、30%和24%，这表明在烤烟生产中，同时考虑控制氮肥用量和适宜提高种植密度，是可以在稳定或提高产量的前提下，改善烟叶化学成分的可用性。

烟叶化学成分指标在反映烟叶内在质量优劣的时候存在最优区间。单一指标或凭经验进行的判断难免会存在一定的偏差。采用隶属函数模型对化学成分指标进行归一化处理后获取综合得分（化学成分可用性指数），不仅使复杂多指标问题得到简化，而且计算和判断更为便捷和客观。

本研究表明，采用η_p^2能更为客观地定量分析种植密度和施氮量及其互作对烟叶化学成分的影响。种植密度和施氮量及其互作对烟叶化学成分的效应不一样，施氮量的影响最大（约46%），种植密度次之（约30%），两者互作最低（约24%）。邵阳稻作烟区以种植密度18 182株/hm^2、施氮量120kg/hm^{2}烟叶化学成分可用性指数最高，其次是种植密度18 182株/hm^2、施氮量135kg/hm^2，与我国南方和当地现行的种植密度16 675株/hm^{2}和施氮量135kg/hm^{2}相比，就化学成分而言，增密减氮技术是可以用于烤烟种植生产的。

第四节　稻茬烤烟增密减氮的经济性状效应分析

一、研究目的

种植密度和施氮量是影响烤烟产质量的重要因素。适宜的种植密度能协调烤烟群体与个体矛盾，增强群体光合效能和改善田间小气候，保证烟叶产质量，提高烟叶品质。适宜的施氮量既可保证烤烟生长发育协调，又有利于烟叶碳氮化合物之间的比例平衡形成优质烟叶，减少肥料浪费和种烟成本，增加经济效益。张黎明等（2010）、杨跃华等（2012）、唐先干等（2012）、张建等（2008）、毛家伟等（2012）、周文亮等（2012）、张喜峰等（2015）分别就湖南省龙山烟区、云南省玉溪烟区、江西省赣州烟区、贵州省毕节烟区、河南省洛阳烟区、广西壮族自治区百色烟区、陕西商洛烟区的种植密度和施氮量对烟叶生长发育、经济性状和品质的影响开展了研究，并各自提出了本烟区适宜的种植密度和施氮量。但各烟区的土壤类型、气候条件差异，致使有关种植密度和施氮量不具有普遍适用性。烤烟经济性状一般包括烟叶等级比例、均价、产量和产值等指标，可反映烤烟种植的经济效益，也可综合体现烟叶质量，一直是烟草栽培研究重点考查的指标，有关研究也较多，但这些研究主要是不同经济性状指标的高低比较，对密度和施氮量及其互作影响强弱缺乏深入研究。邵阳市位于湖南省西南部，地处北纬 27°14′，东经 111°28′，为半山半丘陵区，属中亚热带季风湿润气候，境内年平均气温 16.1~17.1℃，无霜期 272~304d，日照时数 1 347.3~1 615.3h，降水量 1 218.5~1 473.5mm；雨水大多集中在 4—6 月，土壤偏酸性，其生产的烟叶受到广东中烟、浙江中烟、广西中烟等众多卷烟工业企业的青睐。鉴于此，以湖南省邵阳烟区稻作烤烟为研究对象，采用偏 Eta^2 值，研究种植密度和施氮量及其互作对烤烟经济性状的影响，为特色优质烟叶开发提供参考。

二、材料与方法

（一）试验地点和材料

试验在湖南省邵阳县金称市镇现代烟草示范区进行，试验点地处 26.837 78°N，111.148 01°E。试验田前作为水稻，土壤为当地代表性水稻土，灌排方便；试验地 pH 值 5.93，有机质 39.50g/kg，碱解氮 142.32mg/kg，速效磷 15.42mg/kg，速效钾 188.72mg/kg。烟草专用基肥、生物发酵饼肥、提苗肥、专用追肥为湖南金叶众望科技股份有限公司生产，其氮、磷、钾含量分别为 8%、10%、11%，5%、0.8%、1%，20%、0%、8.8%，10.0%、5.0%、29.0%；硫酸钾为新疆罗布泊钾盐有限责任公司生产。供试品种为 K326。

（二）试验设计

试验采用双因素随机区组设计。依据目前邵阳烟区指导的烤烟种植密度（行距 120cm，株距 50cm）和施氮量（纯氮 135kg/hm^2）及增密减氮要求，种植密度（A）设 3

个水平，分别为：A1，16 667 株/hm^2（行距 120cm，株距 50cm）；A2，18 182 株/hm^2（行距 110cm，株距 50cm）；A3，20 000 株/hm^2（行距 100cm，株距 50cm）。施氮量（B）设 3 个水平，分别为：B1，施纯氮 105kg/hm^2；B2，施纯氮 120kg/hm^2；B3，施纯氮 135kg/hm^2。9 个处理，3 次重复，共 27 个小区，随机排列。小区面积 60m^2。漂浮育苗培育壮苗，3 月 24 日移栽。各处理施氮、磷、钾肥比例为 1：1：2.8。起垄前将 60%的专用基肥和生物发酵饼肥条施于垄底，移栽前 10~15d，穴施剩余 40%的专用基肥。移栽后约 1 周施 50%提苗肥，约 2 周施另外 50%提苗肥，约 3 周施烟草专用追肥，约 4 周施硫酸钾肥。初花期打顶，留叶数 16~18 片。其他栽培管理措施均按邵阳县优质烤烟生产规范进行。

（三）经济性状考查项目

烘烤后，各处理分别统计上中等烟比例、均价、产量、产值。

（四）数据统计分析

用 Excel 2007 软件对数据进行初步整理，采用 SPSS17.0 统计软件进行方差分析和多重比较。多重比较采用新复极差法，英文小写字母表示 5%差异显著水平，英文大写字母表示 1%差异显著水平。当方差分析检定为显著性差异时，同时引入偏 Eta^2 值大小来比较种植密度和施氮量及其互作对烤烟每一经济性状指标变异的贡献率大小。当 $0.01 < Eta^2 < 0.06$ 表示低度影响效应，$0.06 \leq Eta^2 \leq 0.14$ 表示为中度影响效应，$Eta^2 > 0.14$ 为高度影响效应。将上中等烟比例、均价、产量和产值等 4 个经济性状指标的种植密度和施氮量及其互作 Eta^2 算术平均，并转换为百分率，其结果便是种植密度和施氮量及其互作对烤烟经济性状总变异贡献率的大小。

三、结果与分析

（一）不同种植密度对烤烟经济性状的影响

表 3-29 为不同种植密度的烤烟经济性状。上中等烟比例、均价、产值都是 A2>A1>A3，产量是 A3>A1>A2；方差分析结果表明不同处理间产量差异不显著，不同处理间上等烟比例、均价、产值的差异达极显著水平。多重比较结果主要是 A1 和 A2 处理的上中等烟比例、均价、产值极显著高于 A3。表明适中密度的上中等烟比例、均价、产值最高。

表 3-29　不同密度的烤烟经济性状

处理	上中等烟比例（%）	均价（元/kg）	产量（kg/hm^2）	产值（元/hm^2）
A1	83.12A	20.32A	2 242.95a	45 603.89A
A2	83.39A	20.48A	2 238.83a	45 895.86A
A3	81.10B	19.82B	2 250.97a	44 583.53B
P 值	0.000	0.0000	0.617	0.000
偏 Eta^2 值	0.980	0.988	0.052	0.606

从 P 值看，不同种植密度的上中等烟比例、均价和产值差异极显著，产量差异不显著。从偏 Eta^2 值大小看，产量的偏 Eta^2 值小于0.06，其他指标均大于0.14；偏 Eta^2 值大小排序为：均价>上中等烟比例>产值>产量。表明种植密度对上中等烟比例、均价和产值具有显著的高度影响效应，以对均价的影响最大。

（二）不同施氮量对烤烟经济性状的影响

表3-30为不同施氮量的烤烟经济性状。从表中看，上中等烟比例是B1>B3>B2，均价、产量和产值都是B3>B2>B1；方差分析结果表明不同处理间上中等烟比例、均价、产量、产值的差异达极显著水平。多重比较结果主要是B1和B3处理的上中等烟比例极显著高于B1；B3处理的均价、产量、产值极显著高于B1。表明在试验范围内，随着施氮量的增加，均价、产量、产值会增加。

从 P 值看，不同种植密度的均价、产量和产值差异极显著，上中等烟比例差异不显著。从偏 Eta^2 值大小看，所有指标均大于0.14；偏 Eta^2 值大小排序为：产值>产量>均价>上中等烟比例。表明种植密度对均价、产量和产值具有显著的高度影响效应，以对产值的影响最大。

表3-30　不同施氮量烤烟经济性状

处理	上中等烟比例（%）	均价（元/kg）	产量（kg/hm^2）	产值（元/hm^2）
B1	82.66a	20.09B	2 092.73B	42 043.40B
B2	82.37a	20.22A	2 276.33AB	46 044.87AB
B3	82.59a	20.30A	2 363.68A	47 995.00A
P 值	0.073	0.000	0.000	0.000
偏 Eta^2 值	0.421	0.892	0.965	0.968

（三）密度和施氮量互作对烤烟经济性状的影响

由表3-31可知，从上中等烟比例和均价看，A2B2>A1B3>A2B3>A1B1>A3B1>A1B2>A3B2>A2B1>A3B3，不同互作处理差异极显著，A2B2、A1B3、A2B3处理相对较高，A3B3处理相对较高。从产量看，A1B3>A2B3>A3B3>A2B2>A1B2>A3B2>A3B1>A1B1>A2B1，不同互作处理差异极显著，A1B3、A2B3、A3B3处理相对较高，A2B1处理相对较低。从产值看，A1B3>A2B3>A2B2>A3B3>A1B2>A3B2>A3B1>A1B1>A2B1，不同互作处理差异极显著，A1B3、A2B3、A2B2处理相对较高，A2B1处理相对较低。

从 P 值看，种植密度和施氮量互作的上中等烟比例、均价、产量和产值差异极显著。从偏 Eta^2 值大小看，所有指标均大于0.14；偏 Eta^2 值大小排序为：均价>上中等烟比例>产值>产量。表明种植密度对上中等烟比例、均价、产量和产值具有显著的高度影响效应，以对均价的影响最大。

（四）种植密度和施氮量及其互作对烤烟经济性状贡献率大小

由表3-29至表3-31可知，对烤烟上中等烟比例和均价，偏 Eta^2 值大小为：种植密度和施氮量互作>种植密度>施氮量，以互作影响最大；对烤烟产量和产值，偏 Eta^2 值大小为：施氮量>种植密度和施氮量互作>种植密度，以施氮量影响最大。

将种植密度、施氮量、互作对上中等烟比例、均价、产量和产值的偏 Eta^2 值按经济性状指标求和，并转换为百分率，对上中等烟比例、均价、产量和产值的变异贡献率分别为 25.50%、30.60%、17.54%、26.36%，表明种植密度和施氮量及其互作主要影响均价。

将种植密度、施氮量、互作对上中等烟比例、均价、产量和产值的偏 Eta^2 值按影响因子求和，并转换为百分率，种植密度、施氮量、互作对经济性状的变异贡献率分别为 27.96%、34.57%、37.47%、，表明种植密度和施氮量互作对经济性状影响最大。

表 3-31　不同处理烤后烟叶经济性状

处理	上中等烟比例（%）	均价（元/kg）	产量（kg/hm²）	产值（元/hm²）
A1B1	83.67B	20.25BC	2 064.00D	41 805.42D
A1B2	81.07C	19.84BC	2 284.85BC	45 338.06B
A1B3	84.63AB	20.87AB	2 380.00A	49 668.18A
A2B1	80.63CD	19.82BC	2 060.70D	40 836.25D
A2B2	85.40A	21.02A	2 296.70BC	48 278.91AB
A2B3	84.13AB	20.59AB	2 359.10AB	48 572.41AB
A3B1	83.67B	20.2bC	2 153.50CD	43 488.54C
A3B2	80.63CD	19.81BC	2 247.45BC	44 517.63BC
A3B3	79.00D	19.45C	2 351.95AB	45 744.42B
P 值	0.000	0.000	0.001	0.000
偏 Eta^2 值	0.994	0.995	0.630	0.901

四、讨论与结论

分析多变量效应强弱，一般可以用平方和（SS）或 F 值或 P 值进行粗略比较，但不能反映关联强度。偏 Eta^2 值是应变量受不同因素影响所致方差的比例，是扣除了其他效果项影响后的效果项和参数估计值的净相关平方值，可以反映独立变项效果的真实强度，用它来当作效果度量指标，能较客观地反映变量效应强弱。本研究中运用偏 Eta^2 值来分析种植密度和施氮量对烤烟经济性状的效应强弱，可具体计算各自效应比例，其研究结果具有实际意义，其研究方法具有一定借鉴作用。

种植密度和施氮量是影响烤烟经济性状的重要栽培因子。本研究结果表明种植密度和施氮量及其互作对烤烟化学成分不同指标的效应程度（贡献率）不一样。种植密度和施氮量及其互作对经济性状的影响以施氮量最大；种植密度和施氮量及其互作主要影响均价。可见，烤烟生产中，要重视肥料施用，特别是控制氮肥用量，以提高烟叶化学成分的可用性。

不同烟区的土壤类型、气候条件和栽培习惯存在较大差异，其烤烟种植密度和施氮量不同。张黎明等（2010）研究认为湖南省龙山烟区以施纯氮 120kg/hm^2、移栽密度为 15 159 株/hm^2 的烤烟产值最高；杨跃华等研究认为云南省玉溪烟区烤烟种植密度 16 680 株/hm^2 及施氮量 90kg/hm^2 为适宜；张建等（2008）研究认为贵州省毕节烟区以施纯氮 90kg/hm^2、移栽密度为 16 230 株/hm^2 的初烤烟叶产值、产量、外观质量等效果最佳；周文亮等（2012）研究认为广西壮族自治区百色烟区烤烟合理种植密度 16 680 株/hm^2 及施氮量 112.5kg/hm^2 能够得到较好的经济效益和烟叶质量；本试验仅从烟叶经济性状研究认为，邵阳稻作烟区以种植密度 16 667 株/hm^2、施氮量 135kg/hm^2 处理产值最高。可见，各烟区要因地制宜地制定合理种植密度和最佳施氮量，才能使烤烟种植利益最大化。

目前，大部分稻作烟区的烤烟种植密度在 16 667 株/hm^2 以下，施氮量在 135kg/hm^2 以上，烟农主要是采用稀值和大肥大水种植方式提高单株产量来获得较好经济效益。这种较稀的密度和较高的施氮量，对烟株生长有一定的助推作用，田间的烤烟生长优势比较明显，由于产量较高，导致产值也较高；但其上中等烟比例和均价并不高。如本案例，A1B3 处理的产量、产值最高，但 A2B2 处理的上中等烟比例和均价最高。因此，仅从烟农收入（产值）方面来看，以 A1B3 处理最好；如果从反映烟叶质量的上中等烟比例和均价性状看，以 A2B2 处理最好。综合考量，邵阳烟区稻田烤烟以种植密度 16 667~18 182 株/hm^2（A1~A2）、施氮量 120~135kg/hm^2（B2~B3）为好。

综上所述，种植密度和施氮量及其互作对不同烤烟经济性状指标的效应不一样，种植密度对烤烟上中等烟比例、均价和产值具有显著的高度影响；施氮量对烤烟均价、产量和产值具有显著的高度影响；种植密度和施氮量互作对烤烟上中等烟比例、均价、产量和产值具有显著的高度影响。种植密度和施氮量及其互作主要影响烤烟均价。对烤烟经济性状的影响以互作最大，占 37%左右；其次是施氮量，占 35%左右；种植密度最小，占 28%左右。邵阳稻作烟区烤烟生产以种植密度 16 667~18 182 株/hm^2、施氮量 120~135kg/hm^2 为好。

第四章 稻茬烤烟有机肥替代减氮增效技术

第一节 生物有机肥替代无机化肥对烤烟生长的影响

一、研究目的

单施化肥容易造成土壤板结、土壤营养元素失调，导致烟叶香气质量下降。有机肥和无机肥配施有利于改善土壤理化性状，调节土壤供肥性能，促进作物对养分的吸收，提高作物产量和肥料利用率。有关有机肥和无机肥配施对烟叶质量和土壤理化性状的影响研究较多，但关于有机肥和无机肥配施如何调控烤烟生长的研究较少。针对稻作烟区生态特点，采用盆栽模拟试验，研究生物有机肥和无机肥配施对烤烟生长的影响，为稻茬烤烟有机肥替代化肥技术提供参考。

二、材料与方法

（一）试验材料

试验在湖南农业大学耘园烟草基地进行。烤烟品种为K326。盆栽试验土壤为水稻土，土壤pH值为6.71，有机质为34.36g/kg，碱解氮为169.45mg/kg，有效磷为30.32mg/kg，速效钾为101.21mg/kg。烟草专用复合肥的N、P、K含量分别为8%、10%、11%；生物有机肥的N、P、K含量分别为5%、0.8%、1%；提苗肥的N、P、K含量分别为20%、0%、8.8%；专用追肥的N、P、K含量分别为10.0%、5.0%、29.0%。

（二）试验设计

试验设4个处理，分别是：T1，生物有机肥0%+烟草专用复合肥100%；T2，生物有机肥30%+烟草专用复合肥70%；T3，生物有机肥50%+烟草专用复合肥50%；T4，生物有机肥70%+烟草专用复合肥30%。采用盆栽试验，盆钵规格为直径25cm、高40cm，每盆装水稻土12kg。每盆保证相同基肥施氮量4g，由生物有机肥和烟草专用复合肥的施用比例进行调配，与盆栽土混匀。每盆移栽6叶1心的烤烟苗1株，浇透定根水。移栽后7d浇施5g/盆提苗肥，约3周穴施20g/盆烟草专用追肥。

（三）主要测定指标和方法

（1）农艺性状和生物量：在烟苗移栽后75d，每个处理取有代表性烟株10株，按

《烟草农艺性状调查测量方法》（YC/T 142—2010）测定株高、茎围、最大叶长与宽（计算最大叶面积=叶长×叶宽×0. 634 5）。每个处理选取 3 株有代表性的烟株进行整株收获，分离根、茎、叶，用清水冲洗根部附着土壤，采用烘干法分别测定根、茎、叶干重。

（2）叶绿素含量和叶片的硝酸还原酶（NR）活性、丙二醛（MDA）含量：在烟苗移栽后 25d、50d、75d，每个处理取有代表性烟株 3 株，采用分光光度法测量从上至下数第 5 片烟叶的叶绿素含量；采用活体法测定硝酸还原酶活性；采用硫代巴比妥酸法测定丙二醛含量。

（3）根系活力和根系体积：在烟苗移栽后 25d、50d、75d，每个处理随机选取 3 株烟株，采用氯化三苯基四氮唑（TTC）法测定根系活力，采用排水法测定根系体积。

（四）统计方法

采用 Microsoft Excel 2003 和 SPSS17. 0 进行数据处理和统计分析。采用 Duncan 法进行多重比较，英文小写字母表示 5%差异显著水平。

三、结果与分析

（一）对烤烟农艺性状的影响

在烟苗移栽后 75d 的农艺性状见表 4-1。从株高看，T1>T2>T3>T4，其中，T1、T2 的株高显著高于 T3、T4。从茎围看，T4>T3>T2>T1，其中，T3、T4 的株高显著高于 T1、T2。从叶片数看，T1、T2、T3、T4 之间差异不显著。从最大叶面积看，T4>T3>T2>T1，4 个处理之间存在显著差异。以上表明生物有机肥和无机肥混合配施的烟株生长稳健，以 T4 的长势最好，其次是 T3。

表 4-1　不同处理的烤烟农艺性状

处理	株高（cm）	茎围（cm）	叶片数（片）	最大叶面积（cm^2）
T1	117. 89±4. 22a	7. 06±1. 22b	20. 16±1. 06a	1 696. 24±20. 43d
T2	105. 23±5. 08a	7. 65±1. 89ab	19. 65±1. 24a	1 764. 48±25. 68c
T3	97. 34±5. 65b	8. 82±2. 06a	18. 97±0. 96a	1 862. 60±30. 41b
T4	96. 17±3. 24b	8. 95±1. 34a	19. 04±1. 16a	1 957. 48±18. 06a

（二）对烤烟生物量的影响

在烟苗移栽后 75d 的烟株生物量见表 4-2。无论是根干重，还是茎干重、叶干重，大小表现为 T4>T3>T2>T1。表明生物有机肥和无机肥混合配施，可提高烟株干物质量，以 T4 的总干物质最高，其次是 T3。

表 4-2　不同处理的烤烟生物量

处理	根干重（g/株）	茎干重（g/株）	叶干重（g/株）	总干重（g/株）
T1	17. 98±1. 20b	25. 31±1. 25b	54. 21±0. 98c	54. 21±1. 67c
T2	18. 62±1. 22b	26. 17±1. 08b	56. 56±1. 06c	56. 56±1. 54c

（续表）

处理	根干重（g/株）	茎干重（g/株）	叶干重（g/株）	总干重（g/株）
T3	20.75±0.97a	27.90±0.86ab	62.09±2.34b	62.09±2.02b
T4	21.63±1.16a	29.28±0.79a	66.36±2.56a	66.36±2.06a

（三）对叶片叶绿素含量的影响

叶绿素的含量反映了植株进行光合作用的能力。由图 4-1 可知，在移栽后的前期，不同处理叶绿素含量差异不显著。在移栽后 50~75d，不同处理的叶绿素含量差异逐渐拉大。在移栽后 50d，T4 的叶绿素含量显著高于其他处理，T3 的叶绿素含量显著高于 T2、T1。在移栽后 75d，T4、T3、T2 的叶绿素含量显著低于 T1。这一结果表明，生物有机肥与无机肥配施能够提高生长中期的烟叶叶绿素的含量，从而增强光合作用强度，增加光合作用产物的合成与积累；在移栽 75d 后，施用生物有机肥处理的烟叶叶绿素含量低于施用无机肥处理，这表明施用生物有机肥有利于烟叶后期落黄成熟。

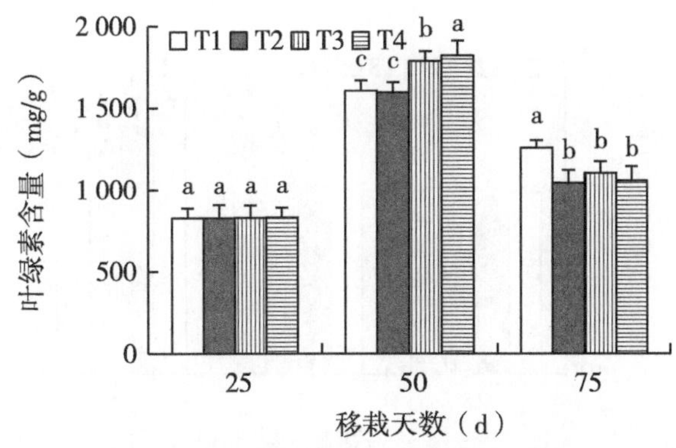

图 4-1　不同处理的烤烟叶绿素含量

（四）对叶片硝酸还原酶活性的影响

硝酸还原酶（NR）是植物氮代谢的关键酶，其活性强弱反映氮代谢的强弱。由图 4-2 可知，各处理叶片硝酸还原酶活性变化基本趋于一致，先升后降，以移栽后 50d 的叶片硝酸还原酶活性最强。3 个时期的硝酸还原酶活性均表现为 T4>T3>T2>T1，其中，T3、T4 的硝酸还原酶活性显著高于 T1、T2。表明生物有机肥与无机肥配施可提高叶片的硝酸还原酶活性，且随着生物有机肥用量增加，叶片硝酸还原酶活性增强。

（五）对叶片丙二醛含量的影响

丙二醛（MDA）是植物器官衰老或在逆境条件下发生脂氧化作用的产物，其含量高低表示细胞膜脂过氧化程度和植物对逆境条件的反应强弱。由图 4-3 可知，各处理叶片丙二醛含量变化基本趋于一致，均为上升趋势。在烟苗移栽后 25d，丙二醛含量是 T1>T2>T4>T3，其中，T1、T2 的丙二醛含量显著高于 T3、T4；在烟苗移栽后 50d，丙二醛含量是 T1>T2>T3>T4，其中，T1、T2 的丙二醛含量显著高于 T4；在烟苗移栽后 75d，丙二醛含量是 T1>T2>T3>T4，其中，T1、T2 的丙二醛含量显著高于 T3、T4。说明生物有机肥

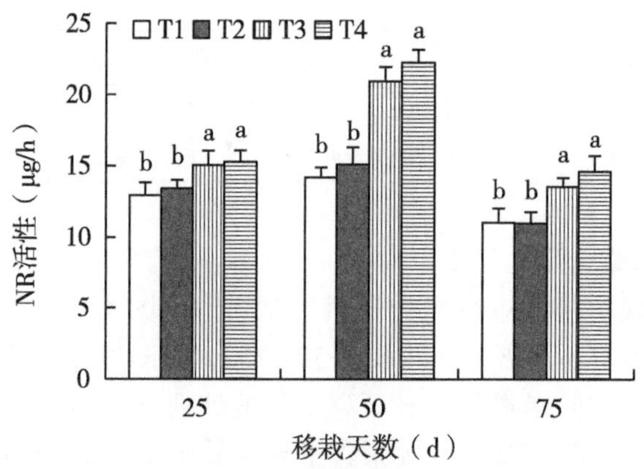

图 4-2　不同处理的烤烟叶片 NR 活性

和无机肥配施有利于烤烟的生长发育，降低烟叶中的 MDA 含量；其中，以 T4、T3 对烤烟生长的不利环境缓解能力最强，有利于烤烟的生长。

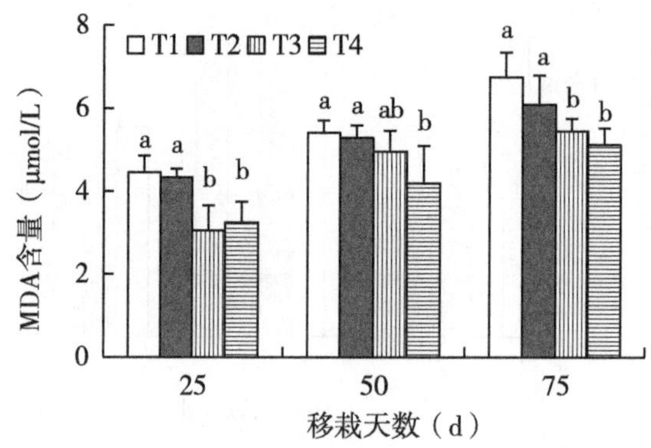

图 4-3　不同处理的烤烟叶片 MDA 含量

（六）对烤烟根系活力的影响

由图 4-4 可知，烤烟移栽后 25~75d 的根系活力变化规律为前期较高，中期高，后期较低。在移栽后 25~50d，根系活力逐渐增大，至 50d 时达最大；移栽后 50~75d，烤烟根系活力逐渐下降。从不同处理看，根系活力大小表现为 T4>T3>T2>T1，4 个处理之间差异显著。表明生物有机肥与无机肥配施可提高根系活力，且随着生物有机肥用量增加，根系活力增强。

（七）对烤烟根系体积的影响

由图 4-5 可知，在烟苗移栽后 25d，根系体积是 T4>T3>T1>T2，其中，T1、T2 的根系体积显著低于 T3、T4；在烟苗移栽后 50d，根系体积是 T4>T3>T2>T1，其中，T1、T2 的根系体积显著低于 T3、T4；在烟苗移栽后 75d，根系体积是 T4>T3>T1>T2，其中，T1、T2 的根系体积显著低于 T3、T4。说明生物有机肥和无机肥配施有利于烤烟根系生长。

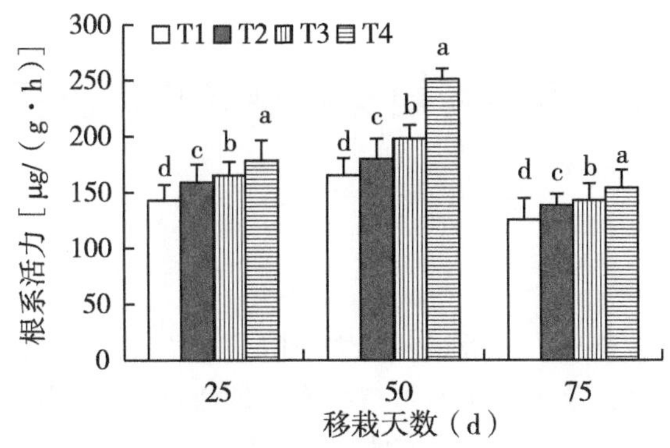

图 4-4　不同处理的烤烟根系活力

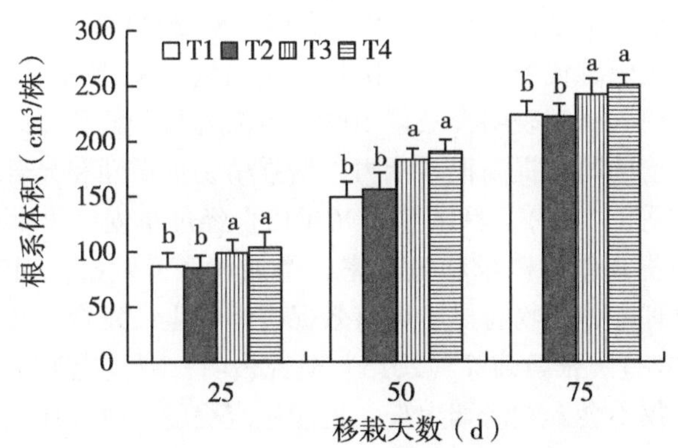

图 4-5　不同处理的烤烟根系体积

四、讨论与结论

随着微生物技术和商品有机肥的结合，符合生产绿色烟叶发展要求的生物有机肥的快速发展，将为中国现代烟草农业、烟农增产增收发挥重要作用。生物有机肥料虽以缓效养分为主，但含有一定数量的速效养分，而且肥料中存在的微生物可以产生植物激素类物质，可以促进烤烟生长。本研究结果表明，生物有机肥和无机肥配施，可提高烤烟生长期间的叶绿素含量从而提高光合作用和氮肥利用效率，可提高根系活力从而增强对不良环境的适应能力，可改善烟株农艺性状，增加根系体积，增加烤烟生物量，为优质烤烟生产打下良好基础。

生物有机肥在烟草上的应用核心问题始终是肥效，不同施用方式的促生效果明显不同。生物有机肥和无机肥配施比例显著影响生物有机肥施用效果。研究结果表明，以生物有机肥占 70%的处理（T4）促生效果最好，其次是生物有机肥占 50%的处理（T3）。生物有机肥占 30%的处理（T2）虽有一定促生效果，但与不施生物有机肥的处理（T1）在大多数指标上差异不显著。可见，生物有机肥和无机肥配施，生物有机肥至少要在 50%

以上，才能取得显著效果。

第二节　稻茬烤烟有机肥替代化肥氮研究

一、研究目的

土壤长期施用化肥，造成土壤板结、肥力下降、生物活性降低，致使烟草养分供给不足、产量低下、品质低劣，是烟叶生产可持续发展的瓶颈。有机肥不仅养分全面、肥效均衡持久，还能有效改善土壤理化和生物学特性（Wang et al.，2012）、促进烟株生长发育（胡娟等，2012；高家合等，2009）、提高烤烟产量和品质（梁伟等，2013；化党领等，2013）、增强烟株抗病性和抗逆性（Luo et al.，2010），达到绿色减肥增效、烤烟可持续发展目的。农业农村部“两减一控三基本”提出，到 2020 年化肥的施用量要实现零增长，鼓励农民施用有机肥替代部分化肥，降低化肥用量。关于有机肥替代化肥在作物生产中已开展大量研究，前人研究表明，减量 10%~30%化肥，配施与所减化肥相同用量生物有机肥，优化根际环境的同时提高根系活力，增强植物抗逆性和光合能力，最终实现养地增产的效果（刘益仁等，2009）。吕凤莲等（2018）经过小麦—玉米两个轮作年，有机肥替代 75%化肥氮可以提高作物产量和氮效率，增加年经济效益，同时有效减少土壤硝态氮的残留量。化肥合理配施生物有机肥可有效促进烟株生长发育，提高烟叶产量，改善烟叶品质（李杰等，2018）。张焕菊等（2015）研究表明，减量化肥在 30%范围内，施入等重量生物有机肥，不仅不会影响烤烟生长，还能一定程度上改善烤烟经济性状，提高烟叶的感官评吸质量；刘昌等（2018）认为不同有机、无机肥配施可改善土壤细菌的组成，也能在一定程度上提高烤烟的产值和中上等烟比例，增加烤烟的经济效益。何斌等（2017）认为在正常生长条件下以 75%烟草专用复合肥+25%的生物有机肥为最佳施肥比例。有关湖南稻作烟区有机肥替代化肥技术方面的研究报道较少。因此，开展有机肥替代化肥试验，以期为稻作烟区改进施肥技术提供参考。

二、材料与方法

（一）试验地与材料

2017 年 3-7 月于湖南省桂阳县欧阳海镇烟稻轮作田块进行田间试验。试验田前作为水稻，土壤为灌排方便的水稻土，土壤 pH 值为 7.61，有机质含量为 44.31g/kg，碱解氮为 271.35mg/kg，有效磷为 54.03mg/kg，速效钾为 262.50mg/kg。供试肥料包括烟草专用基肥，m(N)：m(P_2O_5)：m(K_2O) = 4：2：2；发酵饼肥，m(N)：m(P_2O_5)：m(K_2O) = 4：2：2；提苗肥，m(N)：m(P_2O_5)：m(K_2O) = 20：9：0；烟草专用追肥，m(N)：m(P_2O_5)：m(K_2O) = 10：0：34；硫酸钾，m(N)：m(P_2O_5)：m(K_2O) = 0：0：51；磷酸二氢钾，m(N)：m(P_2O_5)：m(K_2O) = 0：51.5：34；硫酸铵 m(N)：m(P_2O_5)：m(K_2O) = 21：0：0。烤烟品种为云烟 87。

（二）试验设计

试验共设5个处理：T1，化肥氮100%；T2，有机肥氮25%+化肥氮75%；T3，有机肥氮50%+化肥氮50%；T4，有机肥氮75%+化肥氮25%；T5，有机肥氮100%。2017年3月28日移栽烟苗。小区面积为35.2m^2，每小区植烟64株，行距为120cm，株距为50cm。施肥按照当地施氮水平及氮磷钾肥比例施入，氮肥施用量为157.5kg/hm^2，N：P_2O_5：K_2O为1：0.75：2.84。施肥处理保持施氮量一致，有机肥与复合肥用量按含氮量进行计算，无机养分使用磷酸二氢钾、硫酸钾、硫酸铵补充。各小区氮肥的基追比为7.5：2.5，磷肥100%作基肥，钾肥基追比为5：5。施肥方法及施肥量按照各处理养分要求执行。采用“101”施肥法深施基肥，起垄前将全部有机肥和60%的基肥条施于垄底，移栽前10~15d，穴施剩余40%的基肥。3月20日移栽，3月25日施50%提苗肥，3月29日施剩余50%提苗肥，4月10日施烟草专用追肥，4月25日施硫酸钾肥。各处理其他栽培措施保持一致，参照郴州烟区烤烟栽培技术规程。

（三）检测内容与方法

（1）农艺性状测定：分别在烟株旺长期（移栽后45d）每个重复取有代表性烟株10株，并挂牌，按《烟草农艺性状调查测量方法》（YC/T 142—2010），测烟株株高、有效叶片数、最大叶长与宽等农艺性状。于烤烟始采期（移栽后45d，第一次采收期），测挂牌10株烤烟从下到上的第3片（下部叶）、第10片（中部叶）、第15片（上部叶）的叶长、叶宽，同时测量烟株茎围、株高、有效叶数。

（2）叶绿素含量：分别在烤烟旺长期（移栽后45d）测量10株烤烟烟叶SPAD值，用SPAD-502便携式叶绿素仪，测量从上至下数第5片烟叶的相对叶绿素含量，每片烟叶在主脉两侧对称选择6个点测量，以SPAD的平均值表示。于始采期，测10株烤烟从下到上的第3片（下部叶）、第10片（中部叶）、第15片（上部叶）的SPAD值。

（3）冠层指标测定：在移栽后打顶期（移栽后60d）、始采期利用冠层分析仪（LAI-2000，USA）群体叶面积系数（LAI）。

（4）光合特性指标测定：分别在烤烟打顶期、始采期，每个小区选择5株，采用LI-6400便携式光合作用测定系统，测量从上至下数第5片烟叶的净光合速率（Pn）、气孔导度（Gs）、胞间二氧化碳浓度（Ci）、蒸腾速率（Tr）。在晴天的9:00—11:00进行测定，LED红/蓝光源（6400-02B），测点环境二氧化碳自动缓冲。

（5）烟叶干物质量：于烤烟始采期，每小区选择3株长势均匀一致的植株，带根挖出，分为根、茎、叶进行分类标记，在105℃杀青30min，80℃烘干至恒重后测定干物质重，将样品粉碎、过筛储存，检测烟株根茎叶中氮磷钾含量。将粉碎过筛根、茎、叶烟株样品用H_2SO_4-H_2O_2消煮，全氮采用流动分析仪测定；全磷钼锑抗比色法测定，全钾火焰光度法测定。

（6）烤后烟叶产质量指标：每个处理单采，挂牌烘烤。烘烤结束后，按挂牌标记整理归类，再由当地烟草公司质检人员按照GB/T 2635烤烟分级标准，对各处理烟叶进行分级，统计各处理产量、产值、均价、上等烟比例。每小区选取B2F、C3F等级烟叶1kg测定化学成分、物理特性、感官质量。

（7）烟叶感官评吸：主要评定B2F、C3F等级感官质量。初烤烟叶样品经回潮、抽梗、切丝、烘丝后，卷制成不加香不加料的单料烟供感官评吸鉴定。烟支的物理质量指标符合 GB 5606.3—2005 要求。齐永杰等（2018）评吸指标及标度值，由广西中烟工业有限责任公司技术中心组织 7 名感官评吸专家进行打分。

（四）主要参数计算方法

最大叶面积（cm^2）= 最大叶长（cm）×最大叶宽（cm）×0.634 5。

干物质积累量（kg/hm^2）= 单株干物重（g）×种植密度（株）/1 000。

氮（磷、钾）积累量（kg/hm^2）= 单株干物重（g）×单株含氮（磷、钾）量（%）×种植密度/1 000。

氮（磷、钾）分配率（%）= 某器官干物质（氮、磷、钾）量（kg）/植株干物质（氮、磷、钾）总量（kg）×100%。

氮（磷、钾）肥吸收效率（FAE,%）= 单位面积烟株氮（磷、钾）积累量/单位面积施氮（磷、钾）量×100%。

氮（磷、钾）肥利用效益（FUE，kg/kg）= 单位面积烟叶干物质量/单位面积施氮（磷、钾）量。

氮（磷、钾）烟叶生产效率（LPE，kg/kg）= 单位面积烟叶干物质量/单位面积植株氮（磷、钾）素积累总量。

氮（磷、钾）收获指数（HI,%）= 单位面积烟叶中的氮（磷、钾）积累量/单位面积氮（磷、钾）积累量×100%。

（五）统计方法

采用 Microsoft Excel 2010 和 IBM Statistics SPSS23.0 进行数据处理和统计分析。采用 Duncan 法进行多重比较，英文小写字母表示 5%差异显著水平，同指标数据差异不显著标注相同字母。

三、结果与分析

（一）对烤烟农艺性状的影响

1. 对旺长期烤烟农艺性状的影响

分析不同有机肥氮替代化肥氮对烤烟旺长期农艺性状的影响，结果显示（表 4-3）。不同处理株高以处理 T1 最大，其次为处理 T5，以处理 T2 最低，不同处理间差异不显著；施用有机肥氮处理烟株株高均低于 100%化肥氮；随有机肥氮施用比例提高烟株株高呈升高趋势。不同处理有叶片数以处理 T5 最大，其次为处理 T4，处理 T1 最低，不同处理间差异不显著；施用有机肥氮处理烟株叶数均高于 100%化肥处理；随有机肥氮施用比例提高烟株叶数呈升高趋势。不同处理烟株最大叶长大小表现为 T3>T4>T5>T1>T2，处理间差异不显著，随有机肥氮施用比例提高烟株叶长呈升高趋势；不同处理烟株最大叶宽大小表现为 T5>T3>T2>T1>T4，处理间差异不显著；不同处理烟株最大叶面积大小表现为 T3>T5>T2>T4>T1，处理间差异不显著。

表 4-3 不同处理旺长期烤烟农艺特性比较

处理	株高（cm）	叶数（片）	最大叶长（cm）	最大叶宽（cm）	最大叶面积（cm^2）
T1	40.56±2.01a	13.33±0.71a	48.44±2.30a	23.17±1.58a	712.13±50.49a
T2	37.56±3.50a	13.44±0.53a	47.67±3.46a	23.94±2.27a	724.10±93.65a
T3	38.44±4.00a	13.47±0.53a	51.11±4.46a	24.00±2.29a	778.30±109.03a
T4	39.44±1.94a	13.56±0.73a	49.56±3.28a	22.78±2.54a	716.346±82.54a
T5	39.56±2.07a	13.67±0.71a	49.44±3.84a	24.56±2.07a	770.44±95.73a

注：小写字母表示在 5%水平上差异显著，以下同。

2. 对始采期烤烟农艺特性的影响

由表 4-4 可知，从始采期烤烟株高来看，以处理 T4 最高，其次为处理 T3，处理 T1 最低，处理 T3、T4、T5 与处理 T1、T2 间差异达到显著水平。从烟株茎围来看，处理 T5 最大，其次为处理 T3，以处理 T4 最低，处理间差异未达到显著水平。烟株有效叶数以处理 T2、T4 最大，以处理 T1 最低，处理 T2、T4 与处理 T1 间差异达到显著水平，其他各处理间差异不显著。从各部位烟叶最大叶面积来看，上部叶叶面积以处理 T2 最大，其次为处理 T4，以处理 T1 最低，处理间差异不显著；中部叶叶面积以处理 T3 最大，其次为处理 T5，以处理 T2 最低，处理间差异不显著；下部叶最大叶面积以处理 T5 最大，其次为处理 T3，处理 T2 最低，处理间差异未达到显著水平。施用有机肥氮对始采期株高、叶数影响达到显著水平，对茎围、叶面积影响未达到显著水平。

表 4-4 不同处理始采期烤烟农艺性状比较

处理	株高（cm）	茎围（cm）	叶数（片）	上部叶面积（cm^2）	中部叶面积（cm^2）	下部叶面积（cm^2）
T1	100.80±3.97b	9.35±0.48a	15.67±0.82b	1 022.02±188.88a	1 075.15±160.30a	927.25±143.78a
T2	100.95±3.91b	9.42±0.93a	16.82±0.75a	1 081.07±169.85a	1 056.73±96.12a	897.60±92.61a
T3	114.60±4.49a	9.63±0.29a	16.67±1.03ab	1 062.40±132.09a	1 212.62±220.50a	1 046.82±159.74a
T4	114.75±6.08a	9.33±0.29a	16.83±0.98a	1 070.45±150.41a	1 129.72±154.66a	1 025.47±102.53a
T5	113.85±2.67a	9.80±0.36a	16.66±0.82ab	1 059.62±69.76a	1 131.12±183.80a	1 059.45±110.63a

（二）对烟叶 SPAD 值的影响

1. 对旺长期烟叶 SPAD 值的影响

叶绿素能提高光能利用率，在一定范围内与光合作用呈正相关，叶绿素含量是光反应进行的基础，长期以来叶绿素含量被作为衡量叶片光能吸收和利用能力的指标。SPAD 值可反映烟叶的叶绿素相对含量。由图 4-6 可知，在烤烟生长的旺长期，各处理叶绿素（SPAD 值）大小顺序为 T3>T4>T5>T2>T1，不同处理间叶绿素值差异不显著。

2. 对始采期烟叶 SPAD 值的影响

由图 4-7 可知，在烤烟始采期，不同部位烟叶 SPAD 值表现上部叶>中部叶>下部叶，不同处理间表现为有机肥氮替代化肥处理略高于 100%化肥氮处理。烟株下部叶 SPAD 值

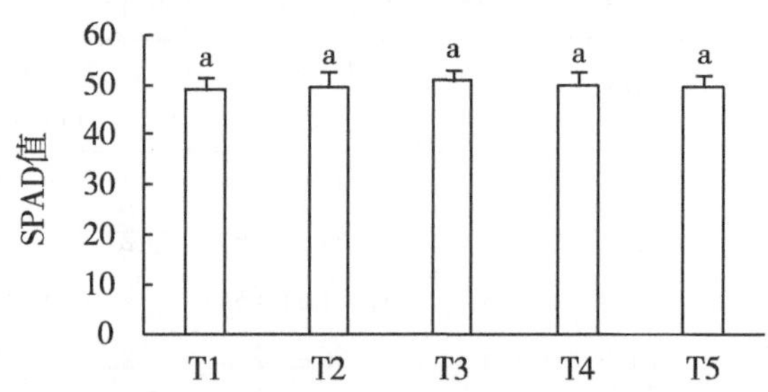

图 4-6 不同处理旺长期烟叶 SPAD 值

大小顺序为 T2>T5>T3>T4>T1，不同处理间差异不显著。烟株中部叶 SPAD 值大小顺序为 T5>T2>T3>T1>T4，处理 T5 与 T4 间差异达到显著水平。烟株上部叶 SPAD 值大小顺序为 T2>T5>T4>T3>T1，处理间差异不显著。表明施用有机肥可提高烤烟生长发育期内叶绿素含量，以处理 T2、T5 烟叶 SPAD 值相对较高。

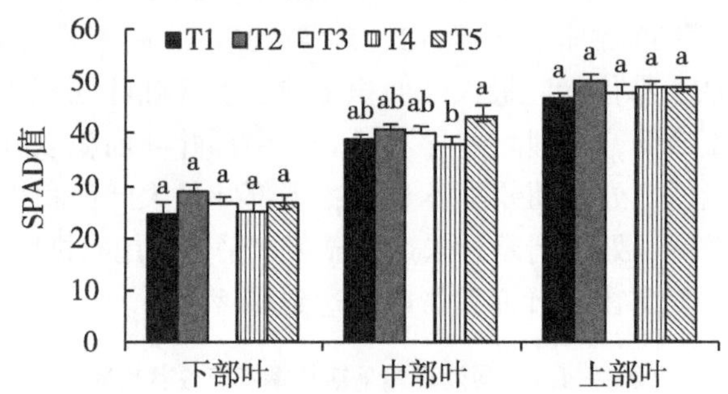

图 4-7 不同处理始采期烤烟 SPAD 值

（三）对烟叶光合特性的影响

1. 对烤烟净光合速率的影响

净光合速率（Pn）高低是叶片光合性能优劣的最终体现，净光合速率值大小是反应叶片光合性能优劣的重要指标。由图 4-8 可知，烤烟旺长阶段的光合速率均高于始采期。在烤烟旺长期，不同处理光合速率表现为处理 T1 最大，其次为处理 T4，处理 T5 最小，各处理间差异未达到显著水平。在烤烟生长始采期，以处理 T4 光合速率最大，其次为处理 T3，处理 T1 最小，处理 T4 与 T1 间差异达到显著水平。有机肥氮替代化肥前期光合速率低于 100%化肥氮处理，烤烟净光合速率随有机肥氮替代量增加呈先增加后降低的趋势。在烤烟始采期，100%化肥氮处理光合速率低于有机肥氮肥替代处理，有机肥氮替代化肥氮可提高后期烤烟光合速率，但表现出随有机肥用量增加，呈先升高后下降的趋势，以处理 75%有机肥氮用量净光合速率表现最高。

2. 对烤烟气孔导度的影响

气孔是植物叶片与大气间进行气体交换的主要通道，气孔的开闭情况可影响叶片的光合作用与蒸腾作用。气孔导度是气体及水分进出的难易程度指标。气孔导度受环境因子影响很大，适宜的光强有利于气孔开张，气孔阻力降低，气孔导度增大。在土壤水分充足

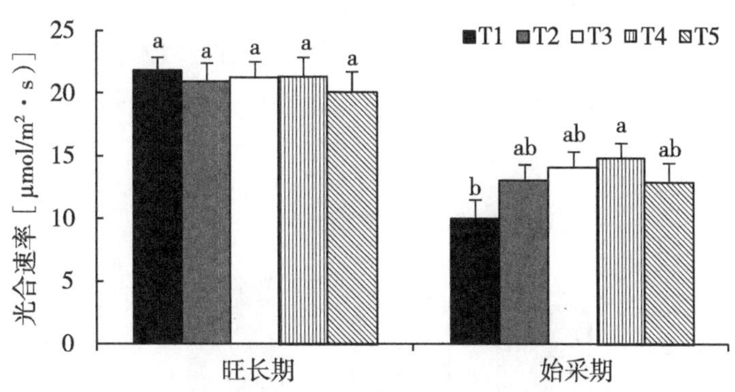

图 4-8　不同处理烤烟净光合速率比较

时，植物为避免高温灼伤叶片，将通过蒸腾作用带走叶片热量，增大气孔开度。由图 4-9 可以看出，在烤烟生长期内，随着烟株生长成熟，气孔导度略有降低的趋势。在烤烟旺长期，以处理 T1 气孔导度最高，其次为处理 T4，处理 T5 气孔导度最低，各处理间差异不显著。在烤烟始采阶段，以处理 T4 最高，其次为处理 T1，各处理间差异不显著。有机氮替代化肥旺长期气孔导度低于 100%化肥氮处理。在烤烟始采期，100%化肥氮处理气孔导度低于有机肥氮肥替代处理，有机肥氮替代化肥氮可提高后期烤烟气孔导度，但表现出随有机肥用量增加，呈先升高后下降的趋势，以处理 T4 气孔导度表现最佳。

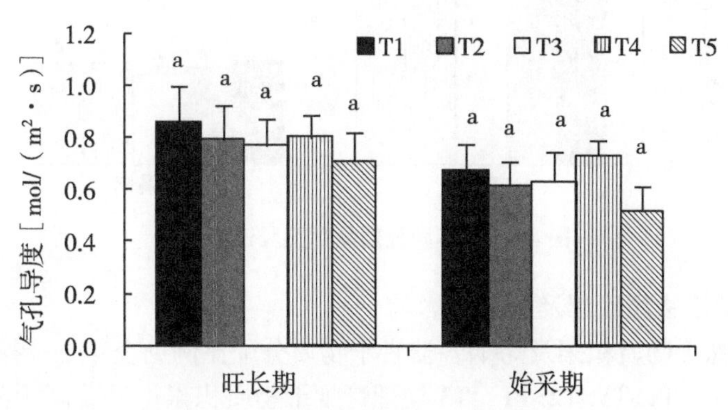

图 4-9　不同处理烤烟气孔导度比较

3. 对烤烟光胞间二氧化碳的影响

胞间二氧化碳浓度（Ci）是指内环境的二氧化碳的浓度。在一定范围内，增加二氧化碳的浓度，光合作用增强，超过一定范围，光合速率不再增加。由图 4-10 可以看出，烟株旺长期到始采期，胞间二氧化碳浓度有增加趋势，不同处理对胞间浓度的影响有所不同。在烤烟旺长阶段，胞间二氧化碳浓度以处理 T1 最高，其次为处理 T4，各处理间差异不显著。在烤烟始采阶段，以处理 T1 值最大，以处理 T2 最低，各处理间差异不显著。

4. 对烤烟蒸腾速率的影响

蒸腾作用是植物体内水分代谢的重要生理过程，既受植物形态结构的控制，又受外界诸多因素的影响，与植物关系密切。由图 4-11 可知，烤烟生长从旺长期至始采期，各处理烟株蒸腾速率均表现为降低趋势，不同处理间表现不同。在烤烟旺长期，以处理 T2 的蒸腾速率最高，其次为处理 T3，以处理 T5 最低，处理 T1、T2 与处理 T5 间差异达到显著水平。在烤烟始采期，以处理 T1 蒸腾速率最高，其次为处理 T4，以处理 T3 最低，各处理间差异不显著。

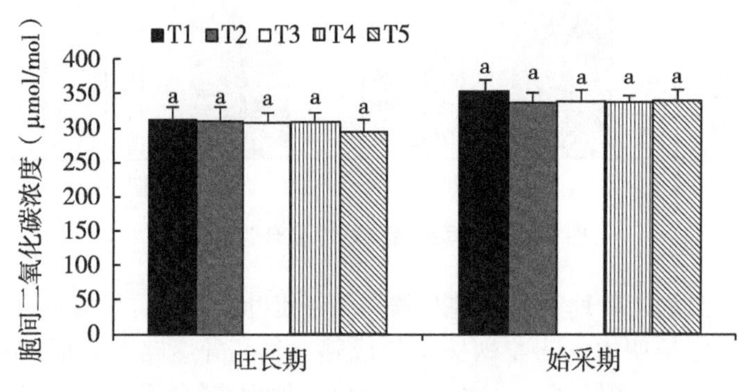

图 4-10　不同处理烤烟胞间二氧化碳浓度比较

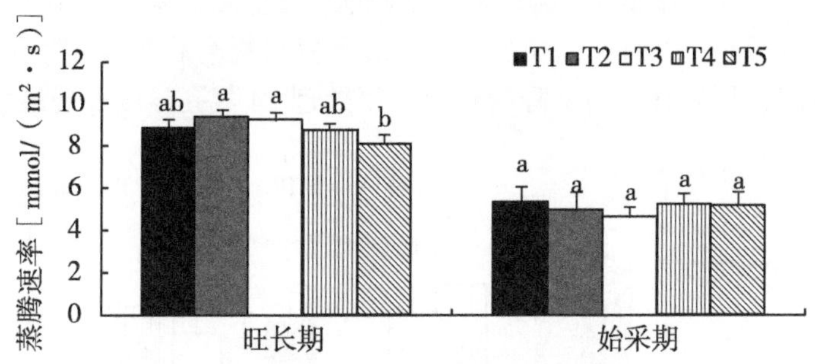

图 4-11　不同处理烤烟蒸腾速率比较

（四）对烤烟干物质积累及分配的影响

不同处理烟株干物质积累及烤烟各器官干物质分配比例见表 4-5。各处理干物质积累总量大小依次为 T3>T4>T5>T2>T1，T3 处理烤烟干物质积累量显著高于其他各处理，T4、T5 处理烤烟干物质积累量显著高于 T1、T2 处理；施用有机肥氮处理烤烟干物质积累均高于 100%化肥氮，烤烟干物质积累量随着有机肥氮施用量增加呈先增后降的趋势。不同处理烟株根干重大小与干物质重趋势一致，大小依次为 T3>T4>T5>T2>T1，T3 处理烟株根干重显著高于其他各处理，T2、T4、T5 处理显著高于 T1 处理，T2、T4、T5 处理间差异不显著，施用有机肥氮有利于烤烟根部生长发育，提升烤烟根部干重。各处理烟株茎干重大小依次为 T3>T5>T4>T1>T2，T3 处理茎干重显著高于其他各处理，T4、T5 处理显著高于处理 T1、T2，T1、T2 处理间差异未达显著水平。各处理叶干重大小依次为 T4>T5>T3>T2>T1，施用有机肥氮处理烟叶干物重高于 100%化肥氮处理，处理间差异未达显著水平。这说明施用有机肥氮后有利于促进烤烟根、茎、叶的生长发育，提高烟株总干物重。

施用有机肥氮处理烟株根干重占总干物重比例均显著高于 100%化肥氮处理，大小依次为 T3>T2>T4>T5>T1；T2 处理茎占比低于 100%化肥，其他施用有机肥氮处理烤烟茎占干物质比例均显著高于100%化肥处理；100%化肥氮处理茎占比高于施用有机肥氮处理，处理T1、T2茎占比显著低于处理T3、T4、T5；100%化肥烤烟叶占干物质比例均显著高于施用有机肥氮处理，T2处理叶占比显著高于处理T3、T4、T5。

表4-5 不同处理采烤烟干物质积累及分配比例比较

处理	总干物质量 (kg/hm^2)	干物质积累量 (kg/hm^2)			干物质分配比例 (%)		
		根	茎	叶	根	茎	叶
T1	3 339.93±56.47c	799.18±10.15c	612.73±3.15d	1 928.03±43.17a	23.93±0.10c	18.35±0.22c	57.73±0.32a
T2	3 547.50±23.33c	990.42±0.59b	612.48±2.80d	1 944.61±19.95a	27.92±0.17b	17.27±0.04c	54.82±0.21b
T3	4 183.50±10.61a	1 277.19±37.22a	957.25±0.35a	1 949.07±26.25a	30.53±0.81a	22.88±0.07a	46.59±0.75d
T4	3 910.01±139.31b	1 042.23±3.85b	814.11±7.93c	2 053.68±127.53a	26.67±0.85b	20.83±0.54b	52.50±1.39c
T5	3 871.81±103.72b	1 009.06±73.62b	835.98±12.72b	2 026.78±42.82a	26.05±1.21b	21.60±0.91b	52.35±0.30c

(五) 对烤烟氮磷钾养分积累和分配的影响

1. 对氮积累及分配比例的影响

由表4-6不同处理烟株氮积累与分配比较可知，不同处理对烟株氮积累总量影响达到显著水平，以处理T3烟株总氮含量最高，为66.19kg/hm^2，其次为处理T4，为63.89kg/hm^2，最低处理T1为51.25kg/hm^2，处理T3比处理T1、T2、T4、T5分别提高了14.94kg/hm^2、9.72kg/hm^2、2.30kg/hm^2、6.66kg/hm^2。不同处理烤烟根部氮积累总量大小依次为T3>T2>T4>T5>T1，各处理间差异达到显著水平，施用有机肥氮处理烤烟根部氮积累量均显著高于100%化肥氮处理，施用有机肥氮可提高烤烟根部氮含量；不同处理烤烟茎部氮积累总量大小依次为T3>T4>T5>T2>T1，施用有机肥氮烟株茎部氮积累量显著高于100%化肥氮，有机肥氮处理茎部氮积累量随有机肥氮用量增高呈先增高后降低的趋势，增施有机肥氮可提高茎部氮积累量；不同处理烤烟烟叶氮积累总量大小依次为T4>T3>T5>T2>T1，施用有机肥氮烟株烟叶氮积累量显著高于100%化肥氮，增施有机肥氮可提高茎部氮积累量。

表4-6 不同处理对烤烟氮积累与分配比例的影响

处理	总氮含量 (kg/hm^2)	氮积累量 (kg/hm^2)			氮分配比例 (%)		
		根	茎	叶	根	茎	叶
T1	51.25±0.51e	9.12±0.13e	7.57±0.04d	34.56±0.34d	17.80±0.06c	14.77±0.06d	67.44±0.01a
T2	56.47±0.29d	12.84±0.48b	7.92±0.11c	35.71±0.41cd	22.74±0.12a	14.03±0.18e	63.24±0.29b
T3	66.19±0.91a	14.89±0.19a	13.85±0.22a	37.46±0.60b	22.49±0.17a	20.92±0.04a	56.60±0.12d
T4	63.89±1.02b	12.15±0.22c	12.34±0.35b	39.41±0.85a	19.01±0.05b	19.32±0.39c	61.69±0.35c
T5	59.53±0.47c	11.15±0.27d	12.01±0.16b	36.37±0.71c	18.73±0.27b	20.17±0.44b	61.10±0.70c

2. 对磷积累及分配比例的影响

由表4-7不同处理烟株磷积累与分配比较可知，不同处理烟株磷积累总量影响达到显著水平，以处理T3烟株磷积累总量最高，为15.14kg/hm²，其次为处理T4，为14.80kg/hm²，最低处理T1为11.85kg/hm²；处理T3比处理T1、T2、T4、T5分别提高了3.29、2.13、0.34、1.13kg/hm²。不同处理烤烟根部磷积累总量以处理T3最大，达4.61kg/hm²，其次为处理T4，为3.70kg/hm²，处理T1最低，为2.68kg/hm²；处理T3比处理T1、T2、T4、T5分别提高了1.93、1.14、0.91、1.33kg/hm²，T3处理显著高于其他各处理，处理T4、T5茎部磷积累量显著高于处理T1，施用有机肥氮可提高烤烟茎部磷含量；不同处理烤烟茎部磷积累总量以处理T3最大，达3.42kg/hm²，其次为处理T4，为3.02kg/hm²，处理T1最低，为2.24kg/hm²，处理T3比处理T1、T2、T4、T5分别提高了1.18、1.11、0.40、0.49kg/hm²，T3处理显著高于各处理，处理T2、T4、T5根部磷积累量显著高于处理T1；不同处理烤烟烟叶磷积累总量以处理T4最大，达8.09kg/hm²，其次为处理T5，为7.81kg/hm²，处理T1最低，为6.93kg/hm²，处理T3烟叶磷积累量比处理T1、T2、T4、T5分别提高了1.16、0.85、0.97、0.28kg/hm²，处理T2、T3、T4、T5烟叶磷积累量均高于处理T1，处理间差异不显著，增施有机肥氮可提高烟叶磷积累量。

表4-7 不同处理对对烤烟磷积累与分配的影响

处理	总磷含量（kg/hm²）	磷积累量（kg/hm²）			磷分配比例（%）		
		根	茎	叶	根	茎	叶
T1	11.85±0.63c	2.68±0.05d	2.24±0.13c	6.93±0.57	22.64±1.67b	18.89±0.07c	58.48±1.59a
T2	13.01±0.47bc	3.47±0.13bc	2.31±0.12c	7.24±0.49	26.65±1.99ab	17.73±0.25d	55.62±1.74a
T3	15.14±0.40a	4.61±0.20a	3.42±0.18a	7.12±0.42	30.47±2.09a	22.57±0.57a	46.97±1.52b
T4	14.80±0.93a	3.70±0.07b	3.02±0.23ab	8.09±0.77	25.08±2.07b	20.36±0.28b	54.57±1.78a
T5	14.01±0.76ab	3.28±0.35c	2.93±0.12b	7.81±0.71	23.46±1.79b	20.90±0.29b	55.65±2.09a

3. 对钾积累及分配比例的影响

不同处理烟株钾积累量及分配比例见表4-8。各处理烟株钾积累总量大小依次为T3>T4>T5>T2>T1，T3处理烟株钾积累量显著高于其他各处理，T4、T5处理烤烟钾积累量显著高于T1、T2处理；施用有机肥氮处理烟株钾积累量均显著高于100%化肥氮，烤烟钾积累量随着有机肥氮施用量增加呈先增后降的趋势。不同处理烤烟根部钾积累量大小依次为T3>T4>T5>T2>T1，处理T3较处理T1、T2、T4、T5分别提高了7.81、6.72、4.88、5.68kg/hm²。各处理烟株茎部钾积累量大小依次为T3>T5>T4>T2>T1，处理T3较处理T1、T2、T4、T5分别提高了9.53、8.24、2.89、2.29kg/hm²，各处理间差异达到显著水平。各处理烤烟叶部钾积累量大小依次为T4>T5>T3>T2>T1，处理T4较处理T1、T2、T3、T5分别提高了8.43、4.50、3.03、2.49kg/hm²，施用有机肥氮处理烟叶钾积累量显著高于100%化肥氮处理。以上说明施用有机肥氮后有利于提高烤烟根、茎、叶钾积累量，提高烟株钾含量。

表 4-8　不同处理对烤烟钾积累与分配的影响

处理	总钾含量（kg/hm²）	钾积累量（kg/hm²）			钾分配比例（%）		
		根	茎	叶	根	茎	叶
T1	86.13±0.75e	11.14±0.30d	17.30±0.03e	57.70±0.47c	12.93±0.24b	20.09±0.21c	66.99±0.03a
T2	92.45±1.43d	12.23±0.35c	18.59±0.04d	61.63±1.12b	13.23±0.18b	20.11±0.35c	66.66±0.18a
T3	108.88±0.42a	18.95±0.65a	26.83±0.23a	63.10±1.30b	17.41±0.67a	24.65±0.30a	57.95±0.98b
T4	104.14±0.54b	14.07±0.14b	23.94±0.12c	66.13±0.58a	13.51±0.21b	22.99±0.01b	63.51±0.22b
T5	101.45±1.72c	13.27±0.07b	24.54±0.06b	63.64±0.86b	13.08±0.06b	24.19±0.18a	62.74±0.23c

（六）对烟叶物理特性的影响

1. 对上部叶物理特性的影响

烟叶的物理特性不仅反映烟叶品质特征，同时还反映烟叶的耐加工性和烟叶使用的经济性状。由表 4-9 可知，不同处理烤后烟叶开片度大小依次为 T4>T3>T2>T1>T5，处理 T3、T4 开片度显著高于其他各处理，处理 T3、T4 间差异达显著水平；上部叶开片度随有机肥氮量增加呈先增加后降低的趋势，适量提升有机肥用量可提升烤烟上部叶开片度。不同处理烤后烟叶单叶重大小依次为 T4>T3>T1>T2>T5，处理 T4 单叶重显著高于其他各处理，处理 T1、T3 单叶重显著高于处理 T2、T5；上部叶单叶重均处于适宜值内，上部叶单叶重随有机肥氮量增加呈先增加后降低的趋势。不同处理烤后烟叶含梗率大小依次为 T5>T4>T1>T3>T2，处理 T5 含梗率显著高于其他各处理，处理 T1、T3、T4 含梗率显著高于处理 T2。不同处理烤后烟叶厚度大小依次为 T5>T2>T3>T4>T1，处理 T5 显著高于其他各处理。不同处理烤后烟叶平衡含水率大小依次为 T4>T3>T1>T2>T5，处理 T4 平衡含水率显著高于 T1、T2、T5，处理 T3 平衡含水率显著高于处理 T2、T5，处理 T3、T4 间差异不显著；不同处理烤后烟叶叶质重大小依次为 T3>T4>T2>T5>T1，处理 T2、T3、T4 烟叶叶质重显著高于 T1、T5，有机肥氮施用可提高烤后上部叶烟叶叶质重。

表 4-9　不同处理对上部烟叶物理特性影响

处理	开片度（%）	单叶重（g）	含梗率（%）	叶片厚度（mm）	平衡含水率（%）	叶质重（g/m²）
T1	29.62±0.02c	12.51±0.22b	32.90±0.19b	0.11±0.05c	13.56±0.10b	104.21±2.04b
T2	29.77±0.04c	12.44±0.11c	30.38±0.67c	0.15±0.06b	12.48±0.03c	108.88±1.21a
T3	31.09±1.00b	12.55±0.65b	32.19±0.11b	0.14±0.03bc	14.19±0.09ab	110.76±3.63a
T4	32.56±0.30a	12.67± 0.32a	32.98±0.42b	0.12±0.03c	14.71±0.06a	109.40±1.40a
T5	28.97±0.68c	11.40±0.35d	39.26±0.53a	0.16±0.07a	12.20±1.21c	106.77±0.37ab

2. 对中部叶物理特性的影响

不同处理对烤后中部烟叶物理特性影响有所不同，由表 4-10 可知，不同处理烤后烟叶开片度以处理 T4 最大，其次为处理 T2，以处理 T5 最低，处理 T2、T3、T4 开片度显著高于 T1、T5 处理；中部叶开片度随有机肥氮量增加呈先增加后降低的趋势，适量提升有机肥用量可提升烤烟中部叶开片度。不同处理烤后烟叶单叶重以处理 T4 最大，其次为处理 T5，以处理 T2 最低。不同处理烤后烟叶含梗率大小依次为 T1>T2>T5>T3>T4，处理 T1 含梗率显著高于处理 T3、T4、T5；不同处理烤后烟叶厚度大小依次为 T5>T4>T3>T2>T1，处理 T5 显著高于其他各处理，其他各处理间差异不显著。不同处理烤后烟叶平衡含水率大小依次为 T4>T3>T2>T5>T1，处理 T2、T3、T4、T5 平衡含水率显著高于 T1，处理 T3、T4 平衡含水率显著高于处理 T5，处理 T2、T3、T4 间差异不显著；施用有机肥氮可提升烤后中部叶平衡含水率，随不同有机肥氮用量增加中部叶平衡含水率呈先升后降趋势。不同处理烤后烟叶叶质重大小依次为 T5>T4>T3>T2>T1，处理 T5 叶质重显著高于 T1、T2、T3、T4，处理 T3、T4 烟叶叶质重显著高于处理 T1、T2，有机肥氮施用可提高烤后烟叶叶质重，并随有机肥氮量增加而增加的趋势。

表 4-10　不同处理对中部烟叶物理特性影响

处理	开片度（%）	单叶重（g）	含梗率（%）	叶片厚度（mm）	平衡含水率（%）	叶质重（g/m²）
T1	30.43±0.55b	11.08±1.57	34.01±0.62a	0.11±0.01b	10.68±0.36c	85.77±0.97c
T2	31.77±1.06a	10.94±0.51	33.37±1.01ab	0.11±0.02b	12.41±0.55ab	86.71±1.20c
T3	31.73±0.67a	11.00±0.88	31.64±1.10bc	0.12±0.02b	12.64±0.43a	90.84±0.61b
T4	32.80±0.36a	11.83±0.63	31.48±1.18c	0.13±0.01b	12.95±0.35a	91.81±0.67b
T5	29.60±0.66b	11.15±0.56	33.04±0.60bc	0.15±0.03a	11.81±0.16b	93.70±0.31a

（七）对烟叶化学成分的影响

1. 对上部叶化学成分的影响

烤烟总糖及还原糖影响烤烟烟气的吃味，一般认为烤烟 B2F 等级烟叶总糖含量在 22%~28%，还原糖含量 15%~20%。不同处理烤后烟叶总糖、还原糖含量存在差异（表 4-11），施用有机肥氮处理间总糖含量随有机肥用量增加而降低，不同处理烤烟总糖含量大小排序为 T2>T3>T4>T1>T5，T2 总糖含量显著高于 T1、T3、T4、T5 处理，T3、T4 处理显著高于 T1、T5 处理。除处理 T2 总糖含量偏高外，其他处理总糖含量较适宜。烤后烟叶还原糖含量处理趋势与总糖趋势基本一致，还原糖含量大小表现为 T2>T3>T4>T5>T1，T2 处理烤烟还原糖含量显著高于 T1、T4、T5 处理，T3、T4 处理显著高于 T1、T5 处理。不同氮形式烤后烟叶还原糖含量均偏高。

烟碱含量是衡量烟叶品质高低最重要的指标之一，烤烟总氮含量与烟碱含量存在此消彼长的关系，也是影响烤烟品质的重要指标。一般来说烤烟 B2F 等级烟叶的烟碱含量在 2.5%左右，总氮含量在 2%左右较适宜。由表 4-11 可以看出，不同处理烤烟烟碱含量大小排序为 T2>T1>T4>T3>T5，T1、T2、T3、T4 处理显著高于 T5 处理，T2 与 T3 处理间差异达显著水平；处理 T5 烟碱含量最接近适宜值范围，其他处理烟碱含量偏高。从总氮含量来看，烤后烟叶总氮含量大小依次为 T1>T2>T3>T4>T5，处理 T1 显著高于其他各处理，处理 T2 处理显著高于处理 T3、T4、T5，T3、T4、T5 处理间差异不显著，各处理烟叶氮含量随有机肥氮含量提高呈下降趋势。

烤烟的钾和氯含量是影响烟叶制品燃烧性及吸湿性的重要指标，一般要求烤烟钾含量在2.0%以上，氯含量控制在0.3%~0.8%范围内。由表4-11可以看出，不同氮肥形式施用影响了烤后烟叶钾含量，不同处理烤烟钾含量大小排序为T4>T3>T2>T5>T1，处理T3烟叶钾含量显著高于其他各处理，处理T2、T3与处理T1、T5间差异显著。施用有机肥氮处理烤烟烟叶钾含量均高于100%化肥氮处理，表明施用有机肥氮可提高烤后烟叶钾含量，并随有机肥氮施用比例增加钾含量呈先增后降的趋势，适宜比例增施有机肥氮，可促进烟株钾吸收，提高上部烟叶钾含量。从烤烟氯含量上来看，施用有机肥氮后显著提高了烤烟氯含量，T3、T4处理烤烟氯含量更接近适宜范围。

表4-11　不同处理上部烟叶化学成分比较　　单位：%

处理	总糖	还原糖	烟碱	总氮	钾	氯
T1	25.62±0.53c	21.57±0.48c	3.26±0.06ab	3.08±0.05a	2.14±0.06c	0.29±0.04a
T2	28.27±0.34a	22.99±0.17a	3.42±0.05a	2.90±0.06b	2.37±0.03b	0.25±0.02b
T3	27.17±0.29b	22.54±0.14ab	3.09±0.0b7	2.61±0.03c	2.43±0.04b	0.31±0.02a
T4	27.08±0.20b	22.45±0.22b	3.20±0.18ab	2.58±0.07c	2.61±0.06a	0.34±0.03a
T5	25.46±0.65c	21.63±0.20c	2.77±0.16c	2.55±0.10c	2.21±0.02c	0.23±0.04b

2. 对中部叶化学成分的影响

烤烟C3F等级烟叶总糖含量在22%~28%，还原糖含量15%~20%。不同处理烤后烟叶总糖、还原糖含量存在差异（表4-12），施用有机肥氮处理总糖含量均低于纯化肥氮处理，且差异达到显著水平，施用有机肥氮处理间总糖含量未随有机肥用量增加呈增高趋势，施用有机肥氮处理烤烟总糖含量大小排序为T1>T3>T5>T2>T4，T3、T5显著高于T2、T4处理，T3与T5处理间差异达到显著水平。T2、T3、T5处理烤烟总糖含量较适宜，T1与T4处理烤烟总糖含量略高。烤后烟叶还原糖含量处理趋势与总糖趋势基本一致，大小表现为T3>T1>T5>T2>T4，其中T2、T3、T4、T5处理烤烟还原糖含量显著低于T1处理，T3、T5显著高于T2、T4处理，T3与T5处理间差异达到显著水平。T2与T4处理间差异不显著。不同氮形式还原糖含量均偏高。

烤烟C3F等级烟叶的烟碱含量在2.5%左右，总氮含量在2%左右较适宜。由表4-12可以看出，100%化肥氮烟碱含量均高于施用有机肥氮处理，有机肥氮处理烟碱含量以T1最高，其次为处理T2，以处理T3最低；T1、T2处理显著高于T3、T4、T5处理，处理T3、T4、T5间差异显著；处理T3烟碱含量处于适宜值范围，其他处理烟碱含量偏高。从总氮含量来看，烤后烟叶总氮含量与烟碱含量各处理大小基本一致，各处理总氮含量大小依次为T1>T2>T5>T4>T3，处理T1显著高于其他各处理，T2、T5处理显著高于处理T3、T4，总氮含量以处理T3最接近最优值。

烤烟钾含量在2.0%以上，氯含量控制在0.3%~0.8%范围内。由表4-12可以看出，不同氮肥形式施用影响了烤后烟叶钾含量，不同处理烤烟钾含量大小排序为T3>T4>T2>T1>T5，处理T3烟叶钾含量显著高于其他各处理，处理T2、T4与处理T1、T5间差异显著。适宜比例增施有机肥氮，可促进烟株钾吸收，提高烟叶钾含量。从烤烟氯含量上来看，施用有机肥氮后显著提高了烤烟氯含量，T2、T3、T4 处理烤烟氯含量更接近适宜范围。

表 4-12　不同处理中部烟叶化学成分比较　单位：%

处理	总糖	还原糖	烟碱	总氮	钾	氯
T1	29. 53±5. 28a	24. 54±3. 67a	3. 14±3. 04a	2. 58±3. 46a	2. 29±3. 04c	0. 23±0. 49e
T2	26. 31±2. 07d	22. 27±4. 07d	3. 12±4. 13a	2. 43±5. 32b	2. 43±2. 17b	0. 41±0. 11b
T3	29. 18±3. 17b	24. 70±2. 03b	2. 35±4. 66d	2. 06±3. 87d	2. 90±2. 95a	0. 36±0. 28c
T4	26. 21±1. 05d	22. 22±5. 12d	2. 77±3. 52c	2. 13±2. 64d	2. 46±2. 01b	0. 48±0. 56a
T5	27. 61±3. 04c	24. 06±4. 15c	3. 04±2. 14b	2. 25±1. 53c	2. 21±3. 32c	0. 27±0. 73d

3. 对烤后烟叶化学成分协调性指标的影响

烤烟的糖碱比、氮碱比和钾氯比是综合评价烤烟吃味、刺激性、醇和度等的指标。一般要求糖碱比值在 6~10，氮碱比在 0. 8~0. 9，钾氯比大于 4 较适宜。由上部叶烤烟糖碱比、氮碱比和钾氯比值可以看出（表 4-13），上部叶各处理糖碱比均在适宜范围内，不同处理烤烟糖碱比大小依次为 T5>T3>T4>T2>T1，T5 处理烤烟糖碱比与 T1、T2 差异显著。表明施用有机肥氮能显著调节烤烟糖碱比值，不同的有机肥氮施用量对烤烟糖碱比值的影响有差异。不同处理烤烟氮碱比大小依次为 T1>T5>T2>T3>T4，T2、T3、T4 处理烤烟氮碱比值接近适宜值，T1、T5 处理烤烟氮碱比值略高于适宜值范围。从烤后烟叶钾氯比值来看，不同处理烤烟钾氯比大小依次为 T2>T5>T3>T4>T1，处理 T2、T5 钾氯比值显著高于处理 T1、T3、T4，其他处理间差异不显著，各处理烤烟钾氯比值均大于 4，烤后烟叶燃烧性较好。

表 4-13　不同处理烤烟糖碱比、氮碱比和钾氯比值比较

部位	处理	糖碱比	氮碱比	钾氯比
上部叶	T1	7. 56±0. 25c	0. 94±0. 02a	7. 39±1. 05b
	T2	7. 97±0. 13bc	0. 85±0. 02bc	10. 17±0. 61a
	T3	8. 46±0. 27ab	0. 84±0. 03bc	7. 77±0. 44b
	T4	8. 16±0. 46abc	0. 80±0. 04c	7. 63±0. 68b
	T5	8. 84±0. 53a	0. 92±0. 09ab	9. 93±1. 56a
中部叶	T1	9. 39±4. 04b	0. 82±3. 21b	10. 01±4. 71a
	T2	8. 39±3. 25d	0. 78±2. 01c	5. 92±3. 26c
	T3	12. 40±4. 18a	0. 87±1. 04a	8. 06±2. 10b
	T4	9. 47±5. 06b	0. 77±2. 02c	5. 14±4. 28d
	T5	9. 08±2. 69c	0. 74±3. 01c	8. 11±4. 41b

由中部叶烤烟糖碱比、氮碱比和钾氯比值可以看出（表 4-13），中部叶烤烟糖碱比值大小依次为 T3>T4>T1>T5>T2，T3 处理烤烟糖碱比与其他处理间差异达到显著水平，处理 T1、T4 糖碱比值显著高于 T2、T5；处理 T3 糖碱比值为 12. 40，高于糖碱比最适宜范

围，其他各处理糖碱比值均处于最适宜糖碱比范围内。不同处理烤烟氮碱比大小依次为T3>T1>T2>T4>T5，T1、T3 处理烤烟氮碱比值接近适宜值，T2、T4、T5 处理烤烟氮碱比值略低于适宜值范围。从烤后烟叶钾氯比值来看，不同处理烤烟钾氯比大小依次为 T1>T5>T3>T2>T4，处理 T1 钾氯比值显著高于其他各处理，各处理烤烟钾氯比值均大于 4，烤后烟叶燃烧性较好。比较分析可知，增施有机肥氮量可提高烤烟化学成分协调性，对烤烟上部烟叶影响高于中部烟叶。

（八）对烤烟感官质量的影响

1. 对上部烟叶感官质量的影响

由表 4-14 可知，就 B2F 等级来看，不同处理间感官评吸综合以 T4 相对最佳，T1、T5 相对较差。处理 T4 主要在香气质、香气量、杂气、刺激性、柔细度、甜度、余味等指标方面较优；处理 T3 主要在香气量、刺激性、柔细度、甜度、余味、劲头方面较优，处理 T2 仅在劲头方面较优，处理 T5 在浓度、劲头上较优，T1 处理各指标相比，无明显优势。表明施用有机肥氮可提高上部烟叶感官评吸质量，以处理 T4 最佳。

表 4-14　不同处理对上部烟叶评吸质量的影响

处理	香气质	香气量	杂气	刺激性	浓度	甜度	余味	劲头
T1	5.1±0.10b	5.2±0.04c	5.1±0.06b	5.1±0.06a	5.6±0.03b	5.1±0.04	5.2±0.06a	5.9±0.06c
T2	5.1±0.04b	5.3±0.11b	4.7±0.18d	5.0±0.08b	5.8±0.04a	5.1±0.03	5.2±0.02a	6.3±0.06a
T3	5.2±0.10b	5.4±0.16a	5.1±0.06b	5.2±0.08a	5.8±0.04a	5.2±0.03	5.3±0.06a	6.3±0.02a
T4	5.4±0.06a	5.4±0.10a	5.4±0.08a	5.2±0.11a	5.8±0.05a	5.2±0.06	5.3±0.03a	6.1±0.02b
T5	5.1±0.08b	5.0±0.06d	4.9±0.06c	5.00±0.00b	5.9±0.06a	5.1±0.05	4.9±0.05b	6.3±0.06a

2. 对中部烟叶感官质量的影响

由表 4-15 可知，就 C3F 等级来看，不同处理间感官评吸综合以 T2、T4 较优，处理 T2 主要在杂气、刺激性、柔细度、余味、劲头等指标方面较优；处理 T4 主要在透发性、甜度、劲头方面较优，处理 T3 在香气质、香气量上表现较优，处理 T1 在浓度、劲头上较优，T5 处理各指标无明显优势。表明适量有机肥氮施用可提高中部烟叶感官评吸质量，过多适用有机肥，降低烟叶评吸质量，以处理 T4 最佳。

表 4-15　不同处理对中部烟叶评吸质量的影响

处理	香气质	香气量	杂气	刺激性	浓度	甜度	余味	劲头
T1	5.60±0.10ab	5.67±0.03ab	5.47±0.01a	5.53±0.08b	5.77±0.08a	5.43±0.10ab	5.43±0.02bc	5.53±0.06a
T2	5.60±0.04ab	5.60±0.10a	5.53±0.06a	5.70±0.10a	5.53±0.10b	5.43±0.06ab	5.63±0.08a	5.53±0.04a
T3	5.70±0.10a	5.63±0.06ab	5.47±0.12a	5.63±0.08ab	5.53±0.06b	5.33±0.08b	5.37±0.12b	5.40±0.00b
T4	5.63±0.08ab	5.57±0.06ab	5.50±0.10a	5.70±0.10ab	5.47±0.12ab	5.53±0.06a	5.53±0.06ab	5.53±0.04a
T5	5.53±0.06b	5.53±0.08b	5.37±0.04a	5.63±0.04ab	5.40±0.00b	5.33±0.06b	5.33±0.10b	5.43±0.07b

（九）对烤烟经济性状的影响

由表 4-16 可以看出，不同处理烤后烟叶的经济性状差异较大。从上等烟比例来看，T2 处理的烤烟上等烟比例极显著高于其他各处理，T1、T3、T4 处理的上等烟比例显著高于 T5 处理，T1、T3、T4 处理间差异不显著，烤烟上等烟比例随有机肥氮施用比例增加而降低趋势。从均价来看，不同处理烤烟均价大小依次为 T2>T3>T4>T1>T5，仅处理 T5 烤烟均价低于 100%化肥氮处理外，其他处理均高于 100%化肥氮处理，各处理间差异达显著水平，随有机肥氮施用比例增加，均价呈下降趋势，过多施用有机肥氮，不利于烤烟均价提升。从产量上来看，施用有机肥氮烤烟产量均显著高于 100%化肥氮处理，烤烟产量随有机肥氮施用量增加呈先升高后下降趋势，以处理 T4 产量最高，各处理产量差异达到显著水平。从产值来看，不同处理产值表现为 T4>T3>T2>T1>T5，除处理 T5 烤烟产值低于 100%化肥氮处理外，其他处理烤烟产值均高于 100%化肥氮，各处理间差异达到显著水平。烤烟产值随有机肥氮用量提升呈现出先升后降的趋势。

表 4-16　不同处理对烤烟经济性状的影响

处理	产量（kg/hm^2）	产值（元/hm^2）	均价（元/kg）	上等烟比例（%）
T1	1 938. 11±22. 57e	35 704. 88±150. 99d	18. 43±0. 14d	33. 70±0. 80b
T2	2 180. 75±23. 20c	44 416. 97±400. 83c	20. 37±0. 13a	36. 96±0. 78a
T3	2 469. 98±38. 42b	49 016. 98±189. 59b	19. 85±0. 23b	33. 30±0. 66b
T4	2 553. 86±7. 53a	49 731. 03±115. 46a	19. 47±0. 01c	32. 16±1. 26b
T5	2 087. 98±6. 97d	33 360. 49±62. 46e	15. 98±0. 03e	26. 05±0. 40c

（十）对烤烟养分利用效率的影响

1. 对氮素利用效率影响

氮肥吸收效率（NFAE）、氮肥利用效益（NFUE）、氮烟叶生产效率（NLPE）氮收获指数（NHI）是用来表示氮肥利用率的常用定量，它们从不同的角度描述了烤烟对氮肥的利用效率。由图 4-12 可知，随着有机肥氮施用量增加，氮肥吸收效率（NFAE）呈现先增加后降低趋势；氮肥利用效益（NFUE）随有机肥氮用量增加呈逐渐增加趋势、但氮烟叶生产效率（NLPE）、氮收获指数（NHI）均表现为先降低后增加的趋势；施用有机肥氮可提高烤烟氮肥吸收效率及氮肥利用效率，未能提高烤烟生产效益及收获指数。

2. 对磷素利用效率影响

磷肥吸收效率（PFAE）、磷肥利用效益（PFUE）、磷烟叶生产效率（PLPE）磷收获指数（PHI）是用来表示磷肥利用率的常用定量，它们从不同的角度描述了烤烟对磷肥的利用效率。由图 4-13 可知，磷肥吸收效率（PFAE）、磷肥利用效益（PFUE）随着有机肥氮施用量增加呈现先增加后降低趋势；但磷烟叶生产效率（PLPE）、磷收获指数（PHI）均表现为先降低后增加的趋势；说明增施有机肥氮可提高磷肥的吸收效率和利用效率，施用有机肥氮未能提高磷烟叶生产效率和收获指数。

3. 对钾素利用效率影响

钾肥吸收效率（KFAE）、钾肥利用效益（KFUE）、钾烟叶生产效率（KLPE）钾收获

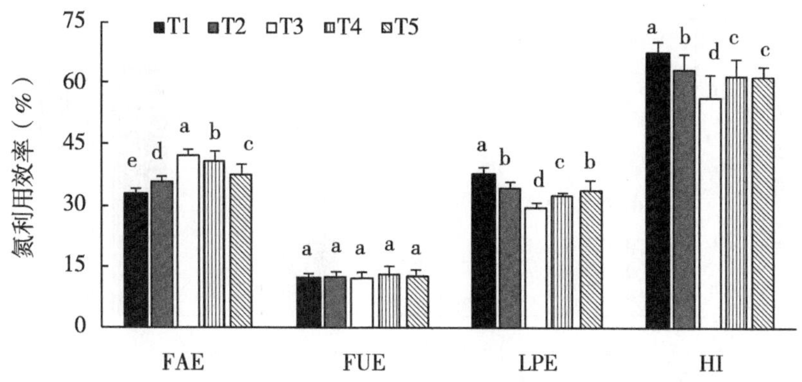

FAE-氮肥吸收效率（%）；FUE-氮肥利用效益（kg/kg）；LPE-氮烟叶生产效率（%）；HI-氮收获指数（%）

图 4-12 不同处理对氮素利用效率的影响

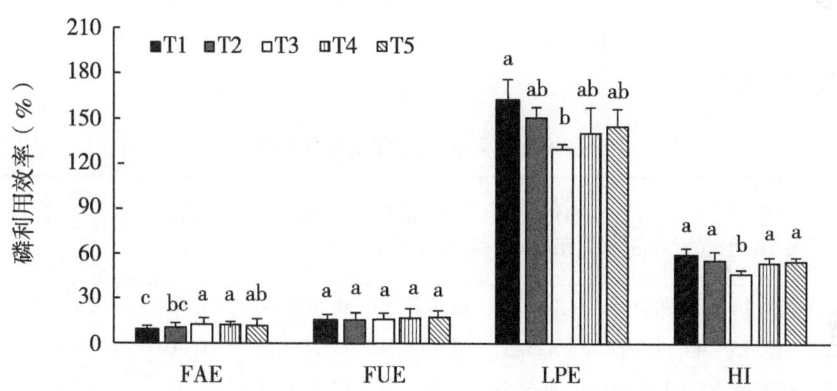

FAE-磷肥吸收效率（%）；FUE-磷肥利用效益（kg/kg）；LPE-磷烟叶生产效率（%）；HI-磷收获指数（%）

图 4-13 不同处理对磷素利用效率的影响

指数（KHI）是用来表示钾肥利用率的常用定量，它们从不同的角度描述了烤烟对钾肥的利用效率。由图 4-14 可知，从氮肥利用看，随着施氮量增加（T3 至 T1），钾肥吸收效率（NFAE）、钾肥利用效益（NFUE）先增加后降低；钾烟叶生产效率（NLPE）和钾收获指数（NHI）表现为 T1>T2>T4>T5>T3，但差异不显著；说明适量施用氮肥可提高钾肥吸收效率。

（十一）不同处理经济效果分析

由表 4-17 可知，有机肥氮替代化肥氮试验各处理劳动用工基本一致，物化成本投入主要在肥料投入方面，随化肥氮施用量减少、有机肥氮用量提升，肥料成本呈上升趋势。各处理生产成本大小顺序依次为 T5>T4>T3>T2>T1。各处理净收益、产投大小基本一致，大小顺序为：T3>T4>T2>T1>T5。各处理氮肥偏生产力以 T4 处理最大为 16.21kg/kg，T3 处理次之，为 15.58kg/kg，以 T1 处理氮肥偏生产力最低，仅为 12.31kg/kg。各处理的氮肥偏生产效率以处理 T4 最高，为 315.75 元/kg，其次是 T3 处理，为 311.22 元/kg，以 T5

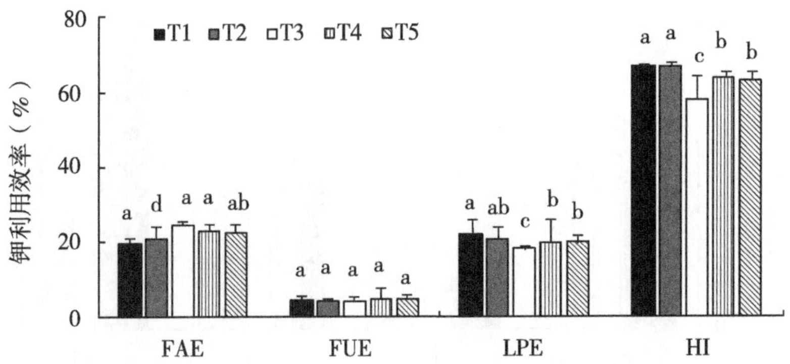

FAE-钾肥吸收效率（%）；FUE-钾肥利用效益（kg/kg）；LPE-钾烟叶生产效率（%）；HI-钾收获指数（%）

图 4-14　不同处理对钾素利用效率的影响

处理氮肥偏生产效率最低，为 211.81 元/kg。有机肥施用比例增加，烤烟种植生产成本提升，在一定范围内，增加有机肥氮施比例，可提升烤烟种植净收益，提高烤烟氮肥偏生产力及氮肥偏生产效率。

表 4-17　不同处理经济效果比较

处理	产量（kg/hm²）	产值（元/hm²）	物化成本（元/hm²）	劳动成本（元/hm²）	净收益（元/hm²）	产投比（%）	氮肥偏生产力（kg/kg）	氮肥偏生产效率（元/kg）
T1	1 938.11	35 704.88	12 066.42	12 862.50	36 500.96	1.43	12.31	226.70
T2	2 180.75	44 416.97	13 325.33	12 862.50	43 954.15	1.70	13.85	282.01
T3	2 469.98	49 016.98	14 566.58	12 862.50	47 312.91	1.79	15.68	311.22
T4	2 553.86	49 731.03	15 780.03	12 862.50	46 813.50	1.74	16.21	315.75
T5	2 087.98	33 360.49	17 116.04	12 862.50	29 106.96	1.11	13.26	211.81

四、讨论与结论

有机肥可以使土壤供肥规律与烟株养分需求规律相吻合，使养分供应更加合理，增强烟株新陈代谢，生长健壮，增强抗病性，有利于改善烟叶品质（农传江等，2016）。本研究表明，施用有机肥氮有利于促进烤烟生长发育，提高烤烟生长发育期内叶绿素相对含量及烤烟生长后期光合特性，提高烟株干物质积累及养分分配，烤烟净收益、产投比、氮肥偏生产力、氮肥偏生产效率随有机肥氮增加先增加后降低。叶绿素含量影响叶片的光合能力，在一定范围内与光合作用呈正相关，以有机肥替代化肥能提高烤烟叶片的叶绿素相对含量和光合特性，提高烤烟碳水化合物的合成和贮存，从而提高烤烟干物质积累量、产量、产值。100%化肥氮处理产量没有达到最高水平，这可能是因为纯化肥处理可以在作物生长前期迅速增加土壤中速效氮含量，但土壤中微生物的固氮作用较弱，无机态氮极易挥发损失，从而造成后期养分供应不足，烤烟干物质积累量低等问题（王恒祥等，2018）。100%有机肥氮没有出现显著的增产效果，且烤后烟叶均价、上等烟叶比例降低，这可能是因为100%有机肥氮后期养分释放，烟株吸收养分过多，致使烟叶贪青晚熟，增加烘烤难度，烤后青杂烟比例增加，致使烤后烟叶均价及上等烟比例下降，烤烟的氮肥偏生产力、生产效率降低。

有机肥本身含有大量的有机养分，具有肥效释放缓慢持久的特点，有机肥氮与化肥氮配施是速缓结合，有机无机结合，大量微量的互补，因此既不会因前期养分释放迅速而导致大量养分淋失，也不会因后期脱肥而出现养分供应不足的现象，因此有机肥替代化肥具有促进植物生长、改善烟株品质、提高产量的效果，同时，减施化肥氮有利于减少面源污染。对于有机肥施用比例存在较大争议，李文科等（2019）、潘义宏等（2018）试验结果表明，随着有机氮肥比例的提升，烟叶农艺性状、经济性状等指标均呈先升高后下降的趋势，因此，在实际烟叶生产中，既不能过量施用化肥，也不能大量增施有机肥，要注重化肥与有机肥结合施用。农传江等（2016）、徐健钦等（2013）等认为减量化肥20%配施有机肥有利于植烟土壤有机碳的积累、促进烟株生长，改善烟叶品质，保障烤烟产量，提高烤烟经济性状。李司童等（2018）研究认为土壤综合肥力评价表明蚯蚓粪肥氮替代70%化肥氮最佳。本研究认为稻作烟田采用50%~75%有机肥氮替代化肥氮表现较优，100%有机氮后期易致使烟叶贪青，烤烟物理结构差，这可能是稻作烟田土壤基础养分含量高有关。高肥力烟田可采用50%~75%有机肥氮替代化肥氮，土壤肥力高，储存养分满足烟株前期生长养分需求，提升有机氮施用量，利于土壤结构改良，烟叶品质改善。

第五章 稻茬烤烟根区施肥提质增效技术

第一节 基于盆栽的根区施肥对烤烟根系生长发育的影响

一、研究目的

生物有机肥可活化植烟土壤养分、改善土壤微生态环境、促进烤烟生长、提高烤烟产量和品质，已在烤烟生产中大面积推广应用。因担心生物有机肥伤苗而较少采用穴施，一般是全田撒施或开沟条施。烟草是稀植作物，撒施或条施于垄间和烟株间的生物有机肥利用率低，加之南方雨水较多，肥料流失也严重。湘南稻作烟区土块大，常在移栽烤烟苗时施用安蔸灰（主要是火土灰）来密封烟苗营养土团与大块水稻土之间的缝隙，促进烤烟早发。如果将安蔸灰与生物有机肥混匀后做成移栽肥施于烟苗根区土壤，使根、土、肥充分接触，不仅提高肥料利用率，更有利于烤烟早生快发。不同有机肥及其施肥方式对烤烟根系发育方面的研究较多，如张翔等（2011）、高家合等（2009）、化党领等（2011）研究了条施有机肥、生物有机肥对烤烟大田根系的影响；滕桂香等（2011）研究了微生物有机肥施用于苗床和穴施对烤烟根系生长的影响；李艳平等（2016）、李晓婷等（2013）将有机肥与土壤混匀采用盆栽方法研究了烟秆有机肥、有机肥与无机肥配施对烤烟根系生长的影响，但上述研究没有涉及根区施用微生物有机肥。鉴于此，采用盆栽试验模拟生物有机肥施于烟苗根区土壤状态，研究其对烤烟根系生长的影响，以筛选适合根区施肥的生物有机肥，为南方稻作烟区生物有机肥在烟草上高效应用及促进烤烟早生快发提供参考。

二、材料与方法

（一）试验材料

试验在湖南农业大学耘园基地进行。烤烟品种为 K326。试验土壤的 pH 值为 6.71、有机质为 34.36g/kg、碱解氮为 169.45mg/kg、有效磷为 30.32mg/kg、速效钾为 101.21mg/kg，取于湖南农业大学耘园基地的稻田，晒干备用。试验用生物有机肥为凹凸棒复合微生物有机肥（有效活菌数≥0.5 亿个/g，有机质≥45%，$N+P_2O_5+K_2O\geq5\%$）、烟秸生物有机肥（有效活菌数≥0.7 亿个/g，有机质≥60%，$N+P_2O_5+K_2O\geq5\%$）、三饼合一生物有机肥（有效活菌数≥0.5 亿个/g，有机质≥70%，$N+P_2O_5+K_2O$≥8%）、中烟多效生物有机肥（有效活菌数≥0.5 亿个/g，有机质≥30%，$N+P_2O_5+K_2O$≥5%）。提苗肥的 N、P_2O_5、K_2O 含量分别为 20%、9%、0%。

（二）试验设计

试验设 5 个处理，分别是：T1，凹凸棒复合微生物有机肥；T2，烟秸生物有机肥；T3，三饼合一生物有机肥；T4，中烟多效生物有机肥；CK，不施生物有机肥。生物有机肥用量为 15g/株。采用盆栽试验，盆钵规格为 25cm（直径）×40cm（高），每盆装水稻土 12kg。每处理 25 盆，共 125 盆。为模拟生物有机肥根区施肥的烤烟根部环境，将经风干粉碎并过 0.5~1.0mm 网筛的水稻土与生物有机肥混匀制成移栽营养土，施入营养盆中间被掏空的水稻土中（1kg/盆），然后在营养土上栽培烟苗。每盆移栽 7 叶 1 心且大小基本一致的烤烟苗 1 株，浇透定根水。移栽后 7d 浇施 5g/盆提苗肥。

（三）测定项目及方法

移栽后 15d、25d、35d、45d、55d、65d，每处理选择 3 株典型烟株用于检测。采用 LA-90 多参数根系分析系统（加拿大 Legentsys-Sintek）分析根长、平均直径、体积及根系分支数等形态学参数。采用 TTC 法测定烟草根系活力；采用硫代巴比妥酸法测定丙二醛含量；采用过氧化氢紫外分光光度法测定过氧化氢酶。按《烟草农艺性状调查测量方法》（YC/T 142—2010）测定地下部干重等。

（四）统计方法

采用 Microsoft Excel 2003 和 SPSS17.0 进行数据处理和统计分析。采用 Duncan 法进行多重比较，英文小写字母表示 5%差异显著水平。

三、结果与分析

（一）对根系长度的影响

由图 5-1 可知，在烟苗移栽后的 15d、25d、35d，T2、T3、T4 的根系总长度显著高于 T1、CK，且 T1 显著小于 CK；在烟苗移栽后的 45d、55d，T2、T3、T4 的根系总长度显著高于 T1、CK；在烟苗移栽后的 65d，T3 的根系总长度显著高于 T1、T2、T4、CK。可见，T1 根系伸长受到了生物有机肥的伤害，T2、T3、T4 生物有机物可促进根系伸长，以 T3 生物有机肥促进根系伸长作用最好。

（二）对根系体积的影响

由图 5-2 可知，T1、T2、T3、T4 的根系体积显著高于 CK，特别是在烟苗移栽 45d 以后的差异更大，表明生物有机肥可促进烟苗根系体积增加。在烟苗移栽 65d，T3、T4 的根系体积显著高于 T1、T2，表明不同生物有机肥以 T3、T4 促进根系体积增加的效果较好。

（三）对根系平均直径的影响

由图 5-3 可知，T1、T2、T3、T4 的根系平均直径显著高于 CK，特别是在烟苗移栽 55d 后的差异更大。可见，生物有机肥可促进烟苗根系增粗，不同生物有机肥以 T3、T4 促进根系增粗的效果较好。

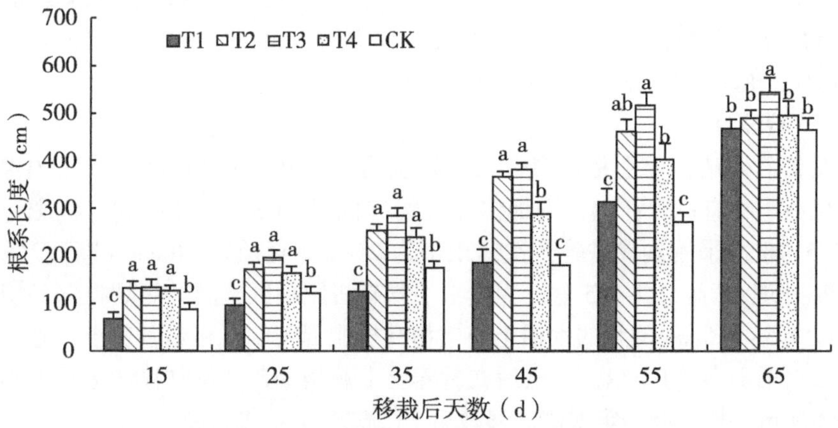

图 5-1　不同生物有机肥的烟株根系总长度

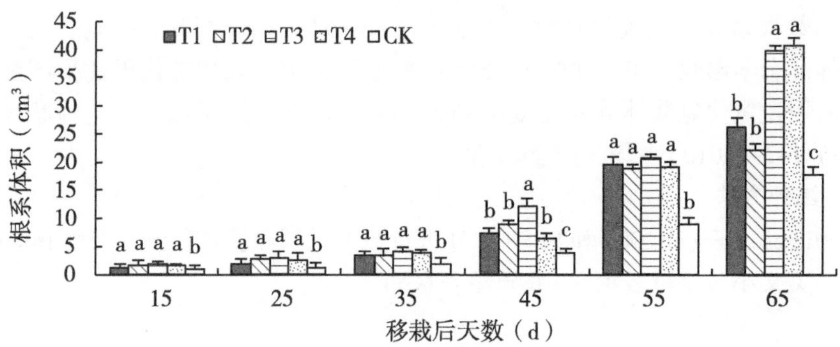

图 5-2　不同生物有机肥的烟株根系体积

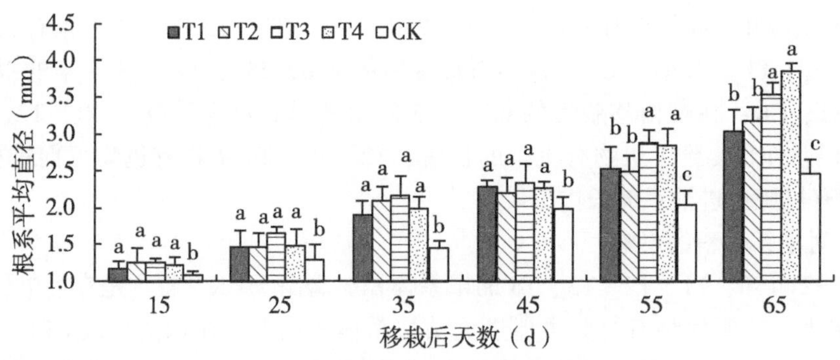

图 5-3　不同生物有机肥的烟株根系平均直径

（四）对根系分枝数的影响

由图 5-4 可知，在烟苗移栽后 15d、25d、35d，T2、T3、T4 的根系分枝数显著高于 T1、CK；在烟苗移栽后 45d，T1、T2、T3、T4 的根系分枝数显著高于 CK，特别是 T2、T3、T4 的根系分枝数显著高于 T1。至烟苗移栽后 55d，T2、T3 的根系分枝数显著高于

T1、T4、CK，T1、T4 根系分枝数也显著高于 CK。在烟苗移栽后 65d，T2、T3 的根系分枝数显著高于 T1、T4、CK，CK 根系分枝数也显著高于 T1、T4。可见，不同生物有机肥以 T2、T3 促进根系分枝数增加的效果较好。

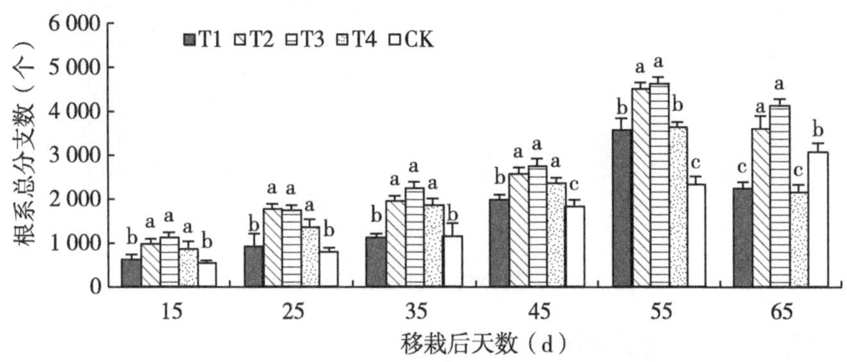

图 5-4　不同生物有机肥的烟株根系总分枝数

（五）对根系干重的影响

由图 5-5 可知，在烟苗移栽后 15d，各处理根干物重差异不显著。在烟苗移栽后 25d，T2、T3、T4、CK 的根系干物质显著大于 T1。在烟苗移栽后 35d、45d，T2、T3、T4 的根系干物质大于 T1、CK。在烟苗移栽后 55d、65d，T1、T2、T3、T4 的根系干物质显著大于 CK。不同处理以 T3 的根系干物质最高。表明施用生物有机肥可促进烟株根系生长，有利于干物质积累，以 T3 促进干物质积累的效果最好。

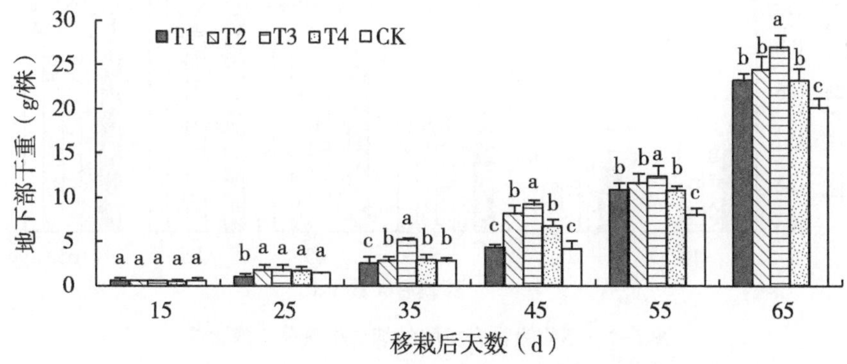

图 5-5　不同生物有机肥的烟株地下部干重

（六）对根系活力的影响

由图 5-6 可知，在烟苗移栽后 15d、25d，根系活力是 T2>T3>T4>CK>T1；其中，T2、T3、T4 的根系活力显著高于 T1、CK。至烟苗移栽后 35d，根系活力是 T3>T2>T4>T1>CK；其中，T2、T3、T4 的根系活力显著高于 CK。烟苗移栽 45d 以后，T1、T2、T3、T4 根系活力显著高于 CK，均以 T3 根系活力最高。从根系活力动态看，烟苗移栽后至 45d，根系活力增加，以后，各处理的根系活力下降。可见，施用生物有机肥可提高烟株根系活力，以 T3 提高根系活力效果最好。

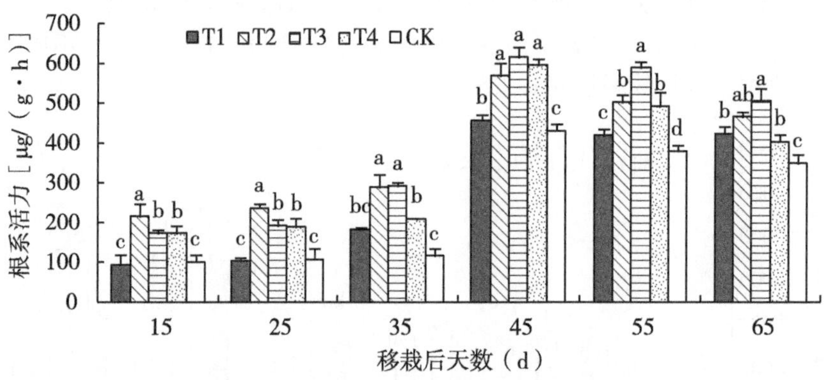

图 5-6 不同生物有机肥的烟株根系活力

(七)对根系丙二醛含量的影响

由图 5-7 可知，在烟苗移栽后 15d、25d、35d，T1 的根系丙二醛含量显著高于其他处理；在烟苗移栽 45d 及以后，T1、CK 的根系丙二醛含量相对较高，而 T2、T3、T4 的根系丙二醛含量相对较低。丙二醛主要由于植物器官在逆境条件下受伤害而产生的，可反映植物器官逆境伤害程度。施用凹凸棒生物有机肥的根系丙二醛含量在前期相对较高，可推测其对根系有伤害。CK 在 45d 及以后的丙二醛含量高，有可能是缺肥（仅施提苗肥）而导致。

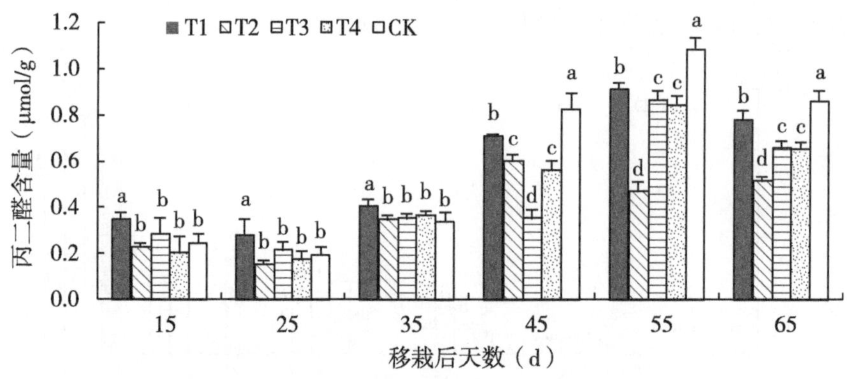

图 5-7 不同生物有机肥的烟株根系丙二醛含量

(八)对根系过氧化氢酶活性的影响

由图 5-8 可知，在烟苗移栽后 15d，各处理的根系过氧化氢酶活性差异较大，表现为：T3>T4>T2>CK>T1。在烟苗移栽 25d 以后，T1、T2、T3、T4 的根系过氧化氢酶活性高于 CK，其中在烟苗移栽 45d 以后，T1、T2、T3、T4 的根系过氧化氢酶活性显著高于 CK。以上表明，除施用凹凸棒生物有机肥的烟苗根系在前期受到伤害外，其余生物有机肥均可提高根系过氧化氢酶活性。

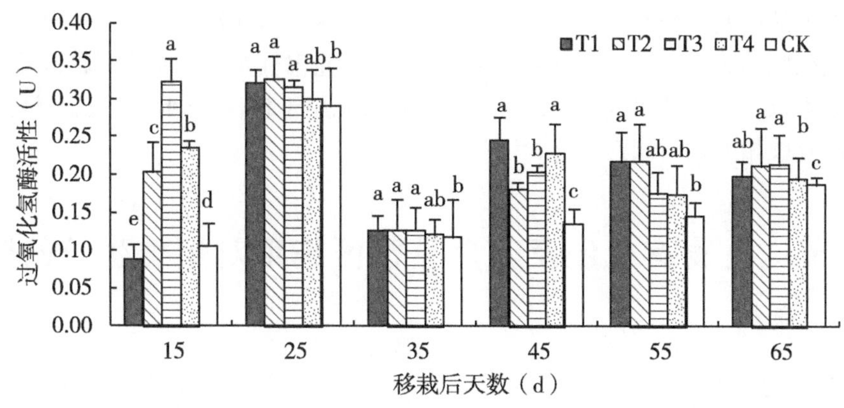

图 5-8　不同生物有机肥的烟株根系过氧化氢酶活性

四、讨论与结论

根区施肥是将肥料施到植物活性根系分布区域，使肥料养分扩散的动态范围与根系伸展的动态范围达到最佳匹配。烤烟是株距较大的作物，根区施肥将使烤烟根区成为养分供应的核心区域，可提高肥料利用效率，但必须选择适合根区施用的肥料并确保根区有一个适当的养分浓度。试验结果表明，施用凹凸棒复合微生物有机肥的丙二醛含量较高，其根系活力在生长前期低于其他处理，其根系生长也是弱于其他处理，这是根系受肥料伤害的表现。凹凸棒复合微生物有机肥是利用凹凸棒矿物、畜禽粪便和微生物制成，可能是其有机物发酵程度差，加之凹凸棒矿物吸附的养分释放快，导致根区养分浓度大而伤害根系。烟秸生物有机肥是烟秸与微生物发酵制成，三饼合一生物有机肥是 3 种饼肥与微生物发酵制成，中烟多效生物有机肥是以黄腐酸、大豆低聚糖、聚谷氨酸、抗高渗透压微生物菌剂等有机物料为主要作用物质的生物有机肥，这类微生物有机肥中的有机物发酵程度高，肥效缓和，可以用于根区施肥。可见，并不是所有的生物有机肥均可以用于烤烟根区施肥的。本研究只是盆栽实验结果，与大田生产应用还有一定差距。大田生产的施肥位点、混土比例会发生变化，养分在土壤中扩散分布也不同于盆栽，还要进一步研究才能明确其是否可以用于根区施肥。

烤烟根系不仅是重要的吸收器官，也是氨基酸、烟碱等化合物的合成部位，培养强大的烤烟根系，是烤烟优质适产的关键。试验结果表明，三饼合一生物有机肥、烟秸生物有机肥、中烟多效生物有机肥可明显促进烟苗根系的生长和发育，增加了根系的总长度、体积、平均直径和分枝数，形成具有更理想的形态参数，也提高了根系活力和根系生物量。究其原因，可能是生物有机肥腐解过程中产生的中间产物具有生理活性，可促进烟苗根系生长；此外生物有机肥含有较高的活性有机质，参与根细胞的合成与根系呼吸作用，增强了根系活力；还可能是由于生物有机肥优化了根系生长的微生态环境，从而促进根系发育；还可能与生物有机肥氮磷钾养分平衡供应有关。

从研究的生物有机肥种类看，三饼合一生物有机肥对烟株的促生效果最好，其次是烟秸生物有机肥，再次是中烟多效生物有机肥，这不仅与生物有机肥的有机质组成有关，还可能与肥料中的有效养分有关，如三饼合一生物有机肥的氮磷钾有效养分不少于 8%，而其他生物有机肥的氮磷钾有效养分不少于 5%。本研究仅仅是从烟苗根系的角度证明部分生物有机肥可以用于烤烟根区施肥，有关生物有机肥用于稻作烤烟根区施肥对烤烟产质量的影响还需开展相关大田试验进行验证。

第二节　生物有机肥及其用量根区施用对烟株生长的影响

一、研究目的

生物有机肥施用可活化土壤养分，改善土壤环境微生态，提供烟草营养，促进烟草生长，提高烟草产质量。生物有机肥施用方法是影响肥料利用效率的重要因素。罗莉等（2015）研究认为集中施肥（穴施、条施）更有利于促进土壤细菌、真菌和放线菌的繁殖；谭军利等（2011）研究认为在压砂地上生物有机肥穴施比条施更有利于促进西瓜的生长，提高西瓜产量、品质和水分利用效率。以缓效养分为主的生物有机肥，在烟草种植上主要采用全田撒施或开沟条施做基肥。由于烟草是稀植作物，施于垄间和烟株间的生物有机肥利用率低，加之南方雨水较多，肥料流失严重，撒施或条施的效果并不十分理想。为明确生物有机肥在烟草上穴施的可行性，采用盆栽模拟试验研究不同生物有机肥及其用量对烟株生长的影响，为生物有机肥在烟草上高效应用提供理论依据。

二、材料与方法

（一）试验材料

试验于 2015 年在湖南农业大学耘园烟草基地进行。烤烟品种为 K326。盆栽试验土壤为水稻土，土壤 pH 值为 6. 71，有机质为 34. 36g/kg，碱解氮为 169. 45mg/kg，有效磷为 30. 32mg/kg，速效钾为 101. 21mg/kg。试验用生物有机肥为凹凸棒复合微生物有机肥（有效活菌数≥0. 5 亿个/g，有机物≥45%，$N+P_2O_5+K_2O \geqslant 5\%$）、烟秸生物有机肥（有效活菌数≥0. 7 亿个/g，有机物≥60%，$N+P_2O_5+K_2O \geqslant 5\%$）、三饼合一生物有机肥（有效活菌数≥0. 5 亿个/g，有机物≥70%，$N+P_2O_5+K_2O \geqslant 8\%$）、中烟多效生物有机肥（有效活菌数≥0. 5 亿个/g，有机物≥30%，$N+P_2O_5+K_2O \geqslant 5\%$）。提苗肥的 N、$P_2O_5$、$K_2O$ 含量分别为 20%、0%、8. 8%。

（二）试验设计

试验选用 4 种生物有机肥，每种有机肥设低用量和高用量 2 个水平，其值参照生产应用说明书。设 9 个处理，分别是：T1，凹凸棒复合微生物有机肥 15g/株；T2，烟秸生物有机肥 15g/株；T3，三饼合一生物有机肥 15g/株；T4，中烟多效生物有机肥 15g/株；T5，凹凸棒复合微生物有机肥 25g/株；T6，烟秸生物有机肥 25g/株；T7，三饼合一生物有机肥 25g/株；T8，中烟多效生物有机肥 25g/株；CK，不施生物有机肥。采用盆栽试验，盆钵规格为 25cm ×40cm，每盆装水稻土 12kg。为模拟生物有机肥穴施烤烟根区的环境，将经风干粉碎并过 0.5~1.0mm 网筛的水稻土与生物有机肥混匀制成移栽肥，施入掏空的营养盆中间（1kg/盆），每盆移栽 7 叶 1 心的烤烟苗 1 株，浇透定根水。移栽后 7 天浇施 5g/盆提苗肥。

（三）测定项目及方法

移栽后 15d，每个处理取烟株 10 株，按《烟草农艺性状调查测量方法》（YC/T 142—2010）测定株高、最大叶长与宽（计算叶面积=叶长×叶宽×0.634 5）、地上部鲜重和植株干重。每处理选择 3 株典型烟株，采用 LA-90 多参数根系分析系统分析根长、平均直径、体积及根系分支数等形态学参数，采用 TTC 法测定烟草根系活力；采用硫代巴比妥酸法测定丙二醛含量；采用过氧化氢紫外分光光度法测定过氧化氢酶。

三、结果与分析

（一）对株高的影响

由图 5-9 可知，从生物有机肥低用量的 T1~T4 看，T3、T4 的株高显著高于 CK，分别提高了 35.71%、28.57%。从高用量的 T5~T8 看，T6、T7、T8 的株高显著高于 CK，分别提高了 42.85%、42.86%、35.71%。表明三饼合一生物有机肥、中烟多效生物有机肥及 25g/株的烟秸生物有机肥可促进株高生长。

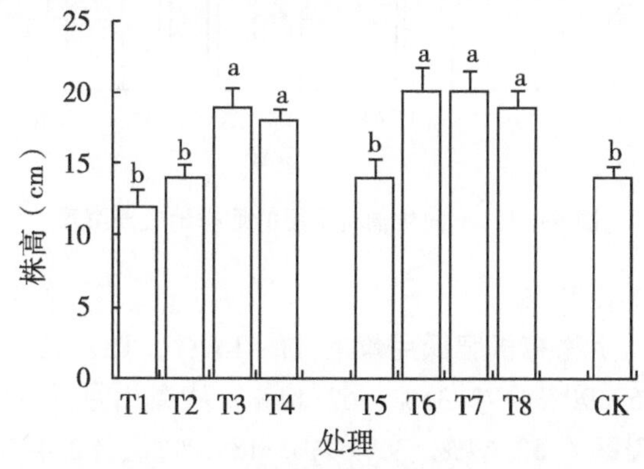

图 5-9 不同生物有机肥的烟株高度

（二）对最大叶面积的影响

由图 5-10 可知，从生物有机肥低用量的 T1~T4 看，T1 的最大叶面积显著低于 CK。从高用量的 T5~T8 看，T6、T7、T8 的最大叶面积显著高于 CK，分别提高了 24.52%、34.51%、18.61%。表明三饼合一生物有机肥、中烟多效生物有机肥、烟秸生物有机肥用量为 25g/株的可促进烟叶生长。

（三）对地上部鲜重的影响

由图 5-11 可知，从生物有机肥低用量的 T1~T4 看，T1 的地上部鲜重显著低于 CK；T2、T3、T4 的地上部鲜重显著高于 CK，分别提高了 27.16%、83.40%、22.77%。从高用量的 T5~T8 看，T6、T7、T8 的地上部鲜重显著高于 CK，分别提高了 133.20%、257.61%、122.50%。表明三饼合一生物有机肥、中烟多效生物有机肥、烟秸生物有机肥可促进烟株生长。

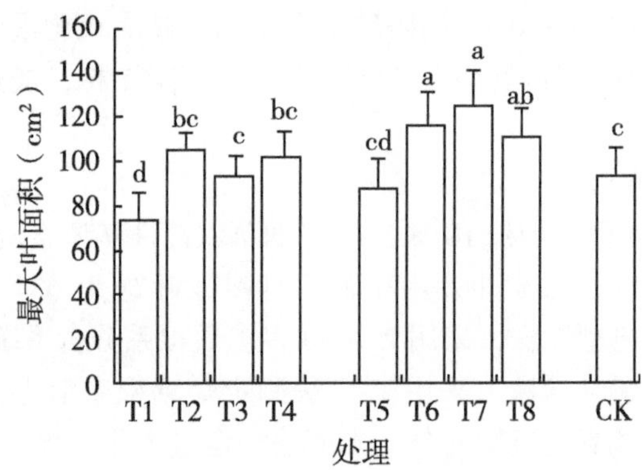

图 5-10　不同生物有机肥的烟株最大叶面积

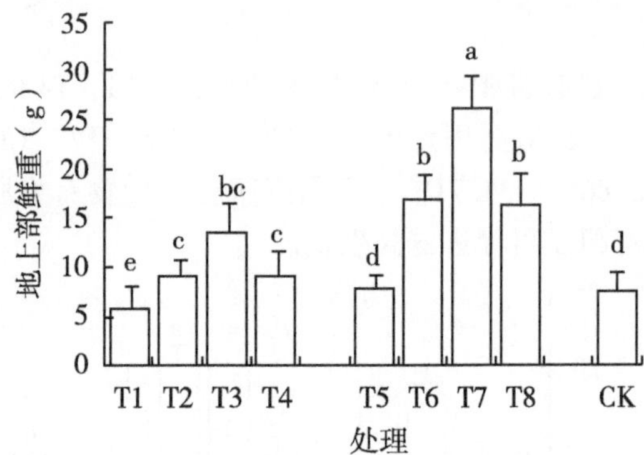

图 5-11　不同生物有机肥的烟株地上部鲜重

（四）对根系长度的影响

由图 5-12 可知，从生物有机肥低用量的 T1～T4 看，T2、T3、T4 的根系总长度显著高于 CK，分别提高了 69.90%、73.31%、62.14%。从高用量的 T5～T8 看，根系总长度均显著高于 CK，分别提高了 52.64%、92.69%、139.10%、80.48%。表明生物有机肥可促进根系长度生长（除 15g/株用量的凹凸棒生物有机肥外）。

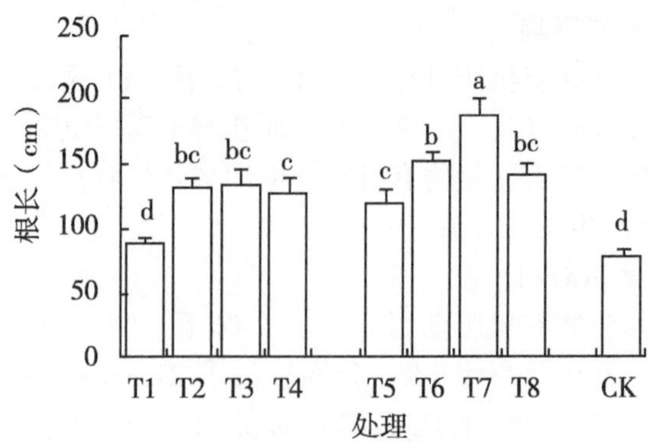

图 5-12　不同生物有机肥的烟株根系总长度

（五）对根系体积的影响

由图 5-13 可知，从生物有机肥低用量的 T1～T4 看，T2、T3 的根系体积显著高于 CK，分别提高了 41.90%、46.78%。从高用量的 T5～T8 看，T6、T7、T8 的根系体积显著高于 CK，分别提高了 73.78%、118.29%、46.08%。表明三饼合一生物有机肥、烟秸生物有机肥及 25g/株的中烟多效生物有机肥可增加根系体积。

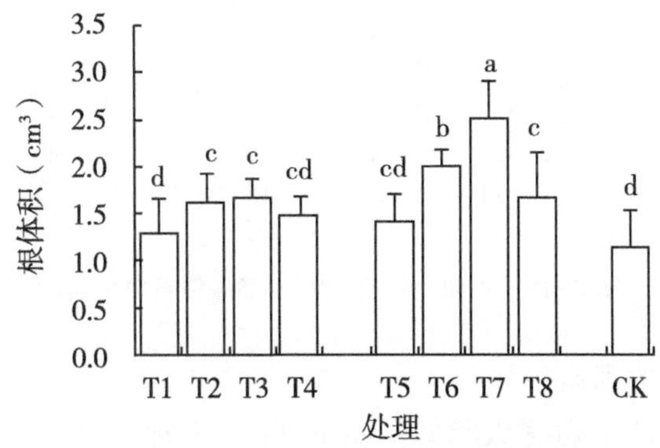

图 5-13　不同生物有机肥的烟株根系体积

（六）对根系平均直径的影响

由图 5-14 可知，从生物有机肥低用量的 T1～T4 看，T2、T3 的根系平均直径显著高于 CK，分别提高了 15.89%、16.45%。从高用量的 T5～T8 看，T6、T7、T8 的根系平均直径显著高于 CK，分别提高了 35.33%、51.59%、21.19%。表明三饼合一生物有机肥、烟秸生物有机肥及 25g/株的中烟多效生物有机肥可促进根系增粗。

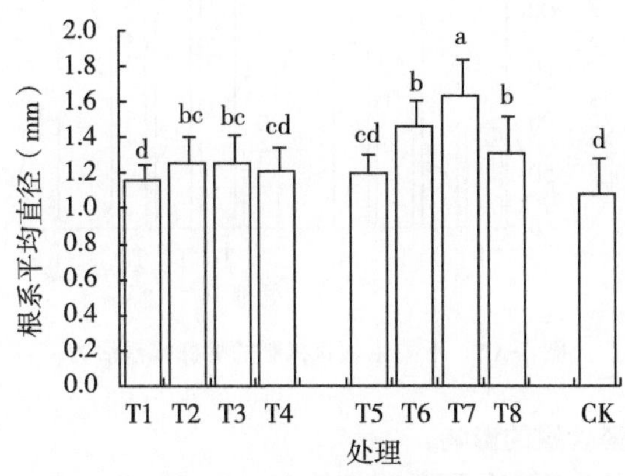

图 5-14　不同生物有机肥的烟株根系平均直径

（七）对根系分枝数的影响

由图 5-15 可知，从生物有机肥低用量的 T1～T4 看，T2、T3、T4 的根系总分枝数显著高于 CK，分别提高了 86.17%、111.40%、63.93%。从高用量的 T5～T8 看，根系总分枝数均显著高于 CK，分别提高了 59.25%、169.35%、237.94%、144.11%。表明生物有机肥可增加根系分枝数（除 15g/株用量的凹凸棒生物有机肥外）。

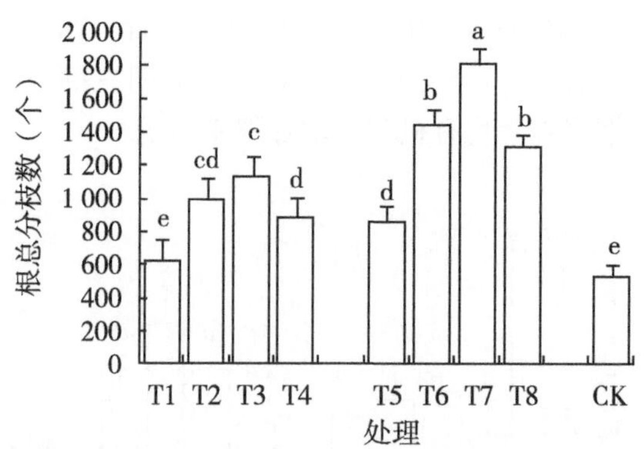

图 5-15　不同生物有机肥的烟株根系总分枝数

（八）对根系活力的影响

由图 5-16 可知，从生物有机肥低用量的 T1～T4 看，T2、T4 的根系活力显著高于 CK，分别提高了 112.33%、69.02%。从高用量的 T5～T8 看，T5 的根系活力显著低于 CK；T6、T7、T8 根系活力均显著高于 CK，分别提高了 126.82%、153.43%、78.01%。表明烟秸生物有机肥、中烟多效生物有机肥及施用 25g/株的三饼合一生物有机肥可提高根系活力。

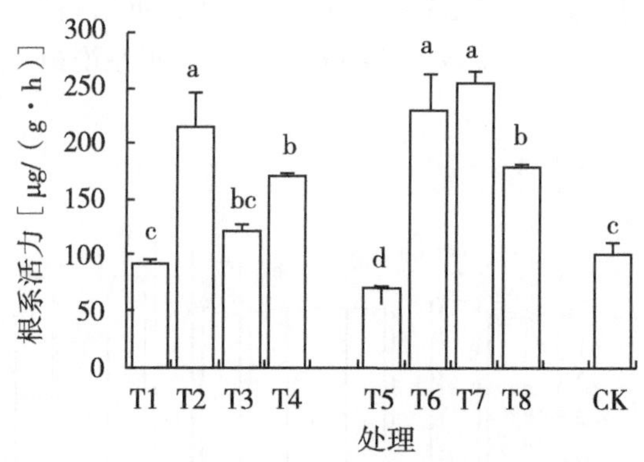

图 5-16　不同生物有机肥的烟株根系活力

（九）对根系丙二醛含量的影响

由图 5-17 可知，从生物有机肥低用量的 T1～T4 看，T1、T3 的根系丙二醛含量显著高于 CK；T4 的根系丙二醛含量显著低于 CK。从高用量的 T5～T8 看，T5、T7 的根系丙二醛含量显著高于 CK。丙二醛主要由于植物器官在逆境条件下受伤害而产生，可反映植物器官逆境伤害程度。施用凹凸棒生物有机肥和三饼合一生物有机肥的根系丙二醛含量相对较高，可推测其对根系有危害。

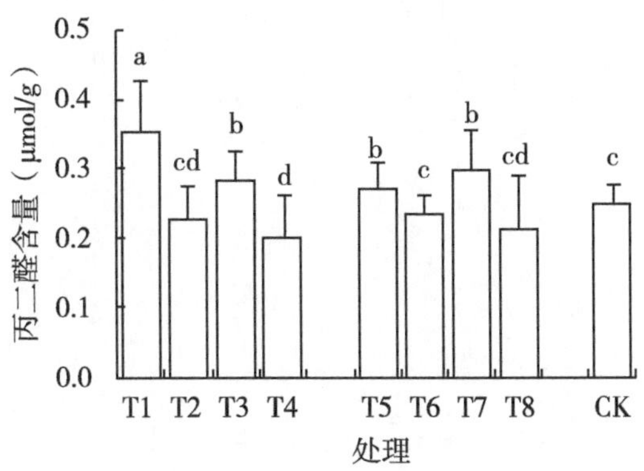

图 5-17　不同生物有机肥的烟株根系丙二醛含量

（十）对根系过氧化氢酶活性的影响

由图 5-18 可知，从生物有机肥低用量的 T1、T5 的根系过氧化氢酶活性显著低于 CK；T2、T3、T4、T6、T7、T8 根系过氧化氢酶活性显著高于 CK，分别提高了 91.51%、204.72%、121.70%、183.96%、206.60%、155.66%。以上表明施用三饼合一生物有机肥、烟秸生物有机肥、中烟多效生物有机肥可提高根系过氧化氢酶活性。

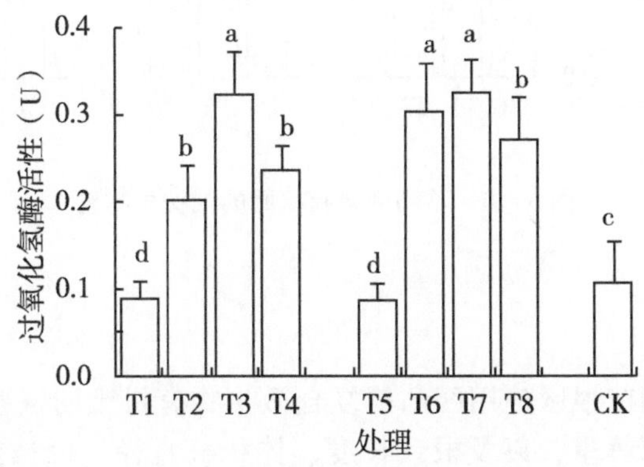

图 5-18　不同生物有机肥的烟株根系过氧化氢酶活性

（十一）对烟株生物量的影响

在烟苗移栽后 1 周内，T1、T5 有萎蔫现象，以后逐渐恢复生长。至移栽 15d 后，取各处理代表性植株拍照如图 5-19。图 5-20 为烟叶干物重，从生物有机肥低用量的 T1～T4 看，T2、T3 的生物量显著高于 CK，分别提高了 20.83%、81.25%。从高用量的 T5～T8 看，T6、T7、T8 的生物量显著高于 CK，分别提高了 133.33%、239.58%、129.17%。表明施用三饼合一生物有机肥、烟秸生物有机肥及 25g/株的中烟多效生物有机肥可提高烟株生物量。

图 5-19 不同生物有机肥的烟株长相

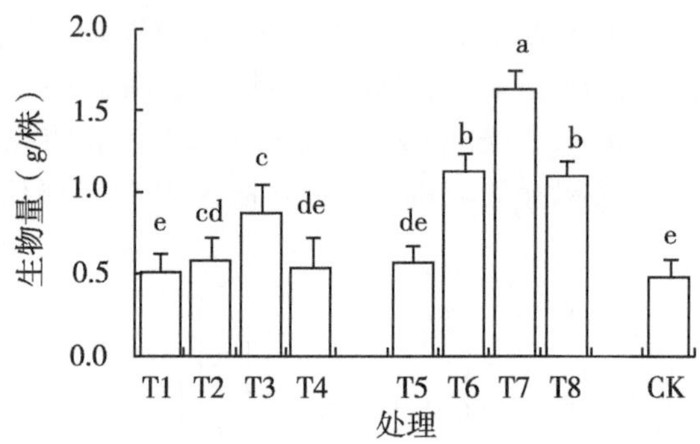

图 5-20 不同生物有机肥的烟株生物量

四、讨论与结论

试验结果表明，烟苗根区施用凹凸棒复合微生物有机肥的根系丙二醛含量较高，其株高、叶面积、地上部鲜重，以及根系长度、体积、直径、分枝数也是弱于其他处理，这是根系受肥料伤害的表现，其原因可能是生物有机肥中含有一定数量的化肥氮伤害了根系，影响烟株生长。烟苗根区际施用三饼合一生物有机肥的根系丙二醛含量虽然明显高于对照，但伤害程度小，其自身修复能力强，对烟株的生长影响没有显著影响。烟苗根区施用三饼合一生物有机肥、烟秸生物有机肥、中烟多效生物有机肥，其地上部生长和地下部根系生长与活力均优于对照。可见，并不是所有的生物有机肥均可以穴施于烟苗根区。因此，烤烟生产上将生物有机肥作为移栽肥施用应慎重，最好通过试验的验证。

湘南稻作烟区土块大、黏性重、通透性差，直接移栽烟苗，部分烟苗根系与土壤接触不充分，导致缓苗期长，影响烟苗早生快发，这是湘南稻作烤烟生产需要重点解决的问题。在湘南稻作烟区的烟农有在移栽时施用安蔸灰的习惯，但一般不添加生物有机肥，害怕生物有机肥伤害根系。本研究证明三饼合一生物有机肥、烟秸生物有机肥、中烟多效生物有机肥可以作为移栽肥施用烟苗根区土壤，促进烟株早生快发。如果南方稻作烤烟生产上在安蔸灰中添加生物有机肥作为移栽肥应用，不仅可以使烟苗根系与土壤充分接触，以弥补稻田土块大的缺陷，还可将生物有机肥料集中于烟苗根区附近，提高了烟苗根系附近的肥料浓度，烟苗更容易吸收，根际微生物更加丰富，提高生物有机肥利用效率，将为南方稻作烟区烤烟早生快发探索一条新路子。

第三节　稻茬烤烟根区施用生物有机肥的效应

一、研究目的

根区施肥是将肥料施到植物活性根系分布区域，使肥料养分扩散的动态范围与根系伸展的动态范围达到最佳匹配，力争施入的肥料养分方便、高效地被植物根系吸收，提高肥料当季利用率（王火焰等，2013）。生物有机肥集微生物和有机肥、化肥的优点于一体，不仅含有大量有机质和促生物质，同时含有较多的功能菌，可活化土壤养分，改善土壤微环境，协调作物营养的均衡供应，促进作物生长及根系建成，增强作物抗逆抗病性能，提高作物产量和品质。在烟草生产上生物有机肥施用方法是全田撒施或开沟条施，由于烟草是稀植作物，施于垄间和烟株间的生物有机肥较少被直接利用，加之南方雨水较多，撒施或条施肥料流失严重。湘南稻作烟区为弥补土块大、低温阴雨的缺陷，常施用安蔸灰（主要是火土灰）后再移栽烤烟，以密封营养土团与大块水稻土之间的缝隙，促进烤烟早生快发。如果将湘南稻作烟区施用的安蔸灰与生物有机肥混匀后作为移栽肥施于烤烟根区，使根、土、肥充分接触，不仅可提高生物有机肥利用率，也更有利于烤烟早生快发。在烟草上施用生物有机肥的研究较多，但生物有机肥与安蔸灰结合作为移栽肥施于烤烟根区的研究还是空白。鉴于此，研究稻作烟区烤烟根区施用生物有机肥的效应，以明确湘南稻作烟区根区施用生物有机肥的可行性，为南方稻作烟区烤烟早生快发寻求新途径提供参考。

二、材料与方法

（一）试验材料

试验于2015—2016年在湖南省桂阳县欧阳海基地单元进行。试验地处于26.02°N和112.45°E，属于亚热带季风气候，年平均气温17.43℃，年平均降水量1 452.10mm，年平均日照时数1 494~1 704h。试验田为烤烟—晚稻轮作烟田，土壤为当地代表性水稻土，灌排方便；土壤pH值为7.18，有机质为42.34g/kg，碱解氮为224.86mg/kg，有效磷为30.68mg/kg，速效钾为107.22mg/kg。品种为K326。三饼合一生物有机肥的有机物≥70%，N、P_2O_5、K_2O含量分别为5.0%、1.5%、1.5%，有效活菌数≥0.5亿个/g；烟草专用基肥的N、P_2O_5、K_2O含量分别为8%、10%、11%；提苗肥的N、P_2O_5含量分别为20%、9%；专用追肥的N、P_2O_5、K_2O含量分别为10%、5%、29%；硫酸钾的钾含量为 51%。

（二）试验设计

试验设 3 个处理。T1 为根区施用三饼合一生物有机肥；T2 为条施三饼合一生物有机肥；CK 为条施烟草专用基肥，不施生物有机肥。每个处理 3 次重复，共 9 个小区。小区面积 48m^2。控制施纯氮 120kg/hm^2。T1 和 T2 施化肥氮 99kg/hm^2（烟草专用基肥 300kg/hm^2、提苗肥 150kg/hm^2、专用追肥 450kg/hm^2），生物有机肥氮 21kg/hm^2（三饼合一生物有机肥 420kg/hm^2）；CK 施化肥氮 120kg/hm^2（烟草专用基肥 562.5kg/hm^2、提苗肥 150kg/hm^2、专用追肥 450kg/hm^2）。生物有机肥根区施用方法是在移栽时，将生物有机肥与安蔸灰（约 500g/蔸）混匀后施于移栽穴内，专用基肥在移栽前 10d 穴施；条施方法是在垄上开沟，将生物有机肥或烟草专用基肥撒施在条施沟内，覆土后再开穴、移栽。3 月中下旬移栽；移栽时、移栽后 7d 和 14d 分 3 次施提苗肥；移栽后 30d 施烟草专用追肥；移栽后 45d 施硫酸钾肥 150kg/hm^2。移栽密度 16 680 株/hm^2（120cm×50cm）。初花期打顶，留叶数 18 片~20 片。其他栽培管理措施与桂阳县烤烟标准化栽培一致。

（三）检测项目及方法

（1）植株农艺性状：分别在烤烟团棵期、打顶期（打顶后 1d）每个小区取有代表性烟株 10 株，按《烟草农艺性状调查测量方法》（YC/T 142—2010）测定株高、茎围、有效叶片数、最大叶长与宽等。最大叶面积=叶长×叶宽×0.634 5。

（2）叶绿素：分别在烤烟打顶期、第 1 次采烤期，每个小区选择 10 株，用 SPAD-502 便携式叶绿素仪测量从上至下数第 1~6 片烟叶的相对叶绿素含量。每片烟叶在主脉两侧对称选择 6 个点测量，以 SPAD 的平均值表示。

（3）光合特性指标：分别在烤烟打顶期、第 1 次采烤期，每个小区选择 5 株，采用 LI-6400 便携式光合作用测定系统，测量从上至下数第 5 片烟叶的净光合速率（Pn）、气孔导度（Gs）、胞间二氧化碳浓度（Ci）、蒸腾速率（Tr）。在晴天的 9:00—11:00 进行测定，LED 红/蓝光源（6400-02B），测点环境二氧化碳自动缓冲。

（4）烟叶物理特性评价：按照《烤烟》（GB 2635—1992）标准选取上部和中部烟叶具有代表性的 B2F、C3F 等级，主要测定开片度、含梗率、叶片厚度、单叶重、平衡含水率、叶质重等物理特性指标。参考田茂成等（2017）、齐永杰等（2016）的方法，对 C3F、B2F 等级分别运用效果测度模型将物理性状指标进行无量纲化处理，转换为 0~1 标准化数值；采用主成分分析方法计算开片度、含梗率、叶片厚度、单叶重、平衡含水率、叶质重等物理特性评价指标的权重分别为 16.42%、21.80%、19.06%、10.55%、12.84%、19.33%；采用加权指数和法构建烟叶物理特性指数用于比较不同处理的烟叶物理性状综合效果，其值越大，物理性状越好。

（5）烟叶化学成分评价：采用荷兰 SKALAR San++间隔流动分析仪测定 B2F、C3F 等级烟叶总糖、还原糖、烟碱、总氮、氯含量，火焰光度法测定烟叶钾含量。参考邓小华等（2017）文献的方法，运用模糊数学理论中的隶属函数将各化学成分指标的原始数据转换为 0~1 的标准化数值；采用主成分分析方法计算总糖、还原糖、烟碱、总氮、钾、氯的权重分别为 14.4%、15.9%、27.8%、10.4%、24.6%、6.9%；采用加权指数和法构建化学成分可用性指数用于比较不同处理主要化学成分综合效果，其值越大，化学成分综合表现越好。

（6）烟叶感官评吸：主要评定 B2F、C3F 等级感官质量。采用如表 5-1 的评吸指标及标度值，由广西中烟工业有限责任公司技术中心组织 7 名感官评吸专家进行打分。赋予香气质、香气量、杂气、刺激性、透发性、柔细度、甜度、余味、浓度、劲头等指标的权重分别 15%、15%、10%、10%、10%、10%、10%、10%、5%、5%，采用加权法计算感官评吸总分。

表 5-1　感官评吸指标及标度值

标度值	品质指标								特征指标	
	香气质	香气量	杂气	刺激性	透发性	柔细度	甜度	余味	浓度	劲头
9	好+	足+	轻+	小+	好+	好+	好+	好+	浓+	大+
8	好	足	轻	小	好	好	好	好	浓	大
7	好-	足-	轻-	小-	好-	好-	好-	好-	浓-	大-
6	中+	中+	中+	中+	中+	中+	中+	中+	中+	中+
5	中	中	中	中	中	中	中	中	中	中
4	中-	中-	中-	中-	中-	中-	中-	中-	中-	中-
3	差+	少+	重+	大+	差+	差+	差+	差+	淡+	小+
2	差	少	重	大	差	差	差	差	淡	小
1	差-	少-	重-	大-	差-	差-	差-	差-	淡-	小-

注：对于品质指标“+”“-”表示该指标的优劣程度；对于特征指标“+”“-”表示该指标的变化趋势。

（7）经济效果评价：每个处理单采、单烤，分级后考查上等烟比例、均价、产量、产值等烟叶经济性状。净收益=烟叶产值-生产成本；其中，生产成本=劳动成本+物化成本（化肥、农药、烟苗、机械等投入）。氮肥偏生产力=烟叶产量/施入氮量；氮肥偏生产效率=烟叶产值/施入氮量。

（四）统计方法

所有数据为 2 年试验平均值。采用 Microsoft Excel 2003 和 SPSS17.0 进行数据处理和统计分析。采用 Duncan 法进行多重比较，英文小写字母表示 5%差异显著水平。

三、结果与分析

（一）对农艺性状的影响

由表 5-2 可知，在烤烟的团棵期，不同处理的株高、茎围、叶片数差异不显著，但 T1 最大叶面积显著高于 T2、CK；T1 最大叶面积较 T2 大 24.58%。在烤烟打顶期，不同处理的株高、叶片数差异不显著，但茎围、最大叶面积差异显著，主要是 T1 显著高于 T2、CK；T1 茎围、最大叶面积较 T2 分别大 4.72%、19.29%。表明根区施用生物有机肥有利烤烟营养生长。

表 5-2　不同生育时期的植株农艺性状

处理	团棵期				打顶期			
	株高（cm）	茎围（cm）	叶片数（片）	最大叶面积（cm^2）	株高（cm）	茎围（cm）	叶片数（片）	最大叶面积（cm^2）
T1	17.47	4.22	7.02	479.69a	97.04	7.98a	20.11	1 852.67a
T2	17.83	4.45	6.67	385.04b	98.50	7.62b	18.67	1 553.14b
CK	17.85	4.34	6.96	390.25b	97.24	7.52b	19.28	1 682.35b

（二）对 SPAD 值的影响

由表 5-3 可知，在烤烟打顶期，从倒 1~倒 6 叶位，T1 的 SPAD 值均显著高于 T2、CK；其中，倒 1 叶的 SPAD 值差异达显著水平；T1 的 SPAD 值较 T2 平均高 14.78%。在第 1 次采烤期，从倒 1~倒 6 叶位，T1 的 SPAD 值均高于 T2、CK；其中，从倒 1~倒 5 叶位的 SPAD 值差异达显著水平；T1 的 SPAD 值较 T2 平均高 15.64%。表明根区施用生物有机肥有利提高烤烟叶绿素含量和烟叶耐熟性。

表 5-3　不同生育时期的烟叶 SPAD 值

处理	打顶期						第 1 次采烤期					
	倒 1 叶	倒 2 叶	倒 3 叶	倒 4 叶	倒 5 叶	倒 6 叶	倒 1 叶	倒 2 叶	倒 3 叶	倒 4 叶	倒 5 叶	倒 6 叶
T1	40.61a	38.58	38.13	37.09	35.76	34.61	40.87a	38.74a	38.06a	35.70a	34.13a	32.67
T2	35.38b	35.45	35.03	34.17	33.53	32.22	33.82b	33.42b	33.09b	31.89b	29.92b	30.55
CK	36.24b	36.35	36.12	35.02	34.66	32.58	34.65b	34.45b	33.58b	31.90b	30.05b	31.92

（三）对光合特性的影响

由表 5-4 可知，在烤烟打顶期，不同处理的气孔导度、蒸腾速率差异显著，主要是 T1 显著高于 T2、CK；T1 的净光合速率、气孔导度、胞间二氧化碳浓度、蒸腾速率较 T2 分别高 7.30%、22.64%、5.63%、32.14%。在烤烟第 1 次采烤期，不同处理的净光合速率、气孔导度、胞间二氧化碳浓度、蒸腾速率差异显著，主要是 T1 显著高于 T2、CK；T1 的净光合速率、气孔导度、胞间二氧化碳浓度、蒸腾速率较 T2 分别高 23.82%、30.00%、8.31%、15.56%。表明根区施用生物有机肥有利提高烟叶光合能力。

表 5-4　不同生育时期的烤烟光合特性参数

处理	打顶期				第 1 次采烤期			
	Pn [μmol/(m^2·s)]	Gs [mol/(m^2·s)]	Ci (μmol/mol)	Tr [mmol/(m^2·s)]	Pn [μmol/(m^2·s)]	Gs [mol/(m^2·s)]	Ci (μmol/mol)	Tr [mmol/(m^2·s)]
T1	19.12	0.53a	310.81	2.96a	17.62a	0.52a	348.97a	3.64a
T2	17.82	0.41b	294.24	2.24b	14.23b	0.40b	322.22b	3.15b
CK	18.90	0.43	299.86	2.28b	14.46b	0.40b	318.08b	3.16b

（四）对烟叶物理性状的影响

由表 5-5 可知，从 B2F 等级看，不同处理的叶片厚度和叶质重处理间差异不显著；T1 开片率显著高于 T2、CK，含梗率显著低于 T2、CK，单叶重和平衡含水率显著高于 T2、CK；不同处理的物理特性指数差异显著，T1 的物理特性指数较 T2 高 5.03%。从 C3F 等级看，不同处理间叶片厚度、单叶重、平衡含水率和叶质重差异不显著；T1 开片率显著高于 T2、CK，含梗率显著低于 T2、CK；不同处理的物理特性指数差异显著，T1 的物理特性指数较 T2 高 6.49%。表明根区施用生物有机肥可提高烟叶物理特性指数。

表 5-5　不同处理的烟叶物理性状

等级	处理	开片率（%）	含梗率（%）	叶厚（μm）	单叶重（g）	平衡含水率（%）	叶质重（g/m^2）	物理特性指数
B2F	T1	30.10a	30.72b	124.51	13.52a	14.21a	121.67	94.96a
	T2	28.72b	32.72a	115.75	11.55b	10.07b	117.86	90.40b
	CK	27.62b	33.58a	117.26	11.86b	11.08b	119.74	88.56b
C3F	T1	32.51a	32.31b	106.52	9.20	13.69	99.92	94.40a
	T2	30.09b	35.36a	111.75	8.15	11.02	98.68	88.63b
	CK	29.58b	35.04a	112.08	9.06	12.42	97.46	85.82b

（五）对烟叶化学成分的影响

由表 5-6 可知，从 B2F 等级看，不同处理间烟叶总氮和氯含量处理间差异不显著；不同处理间烟叶总糖、还原糖、烟碱、钾含量差异显著，T1 总糖、还原糖和钾含量显著高于 T2、CK，烟碱含量显著低于 T2、CK；从化学成分指数，T1 显著高于 T2、CK，T1 的化学成分指数较 T2 高 24.39%。从 C3F 等级看，不同处理间烟叶总氮和氯含量处理间差异不显著；不同处理间烟叶总糖、还原糖、烟碱、钾含量差异显著，T1 总糖、和还原糖含量显著高于 T2、CK，烟碱含量显著低于 CK，钾含量显著高于 CK；从化学成分指数，T1 显著高于 T2、CK，T1 的化学成分指数较 T2 高 12.53%。表明根区施用生物有机肥可提高化学成分可用性指数，特别是对上部烟叶效果更佳。

表 5-6　不同处理的烤烟化学成分

等级	处理	总糖（g/kg）	还原糖（g/kg）	烟碱（g/kg）	总氮（g/kg）	氯（g/kg）	钾（g/kg）	化学成分可用性指数
B2F	T1	262.8a	206.1a	31.3b	21.2	5.4	28.1a	81.71a
	T2	245.9b	180.7b	37.1a	23.2	5.5	23.0b	65.68b
	CK	224.9c	172.4b	36.8a	21.4	4.8	21.9b	64.25b
C3F	T1	293.3a	258.4a	30.2b	20.3	6.1	28.1a	79.65a
	T2	277.9b	238.3b	31.1b	19.1	5.4	26.7ab	70.77b
	CK	254.6c	193.2c	34.1a	19.6	5.7	23.5b	68.24b

（六）对烟叶感官评吸质量的影响

由表 5-7 可知，就 B2F 等级来看，不同处理间感官评吸总分排序为：T1>T2>CK，差异显著，主要体现 T1 在香气质、香气量、透发性、甜度等指标方面较优；T1 的感官评吸总分较 T2 高 5.75%，较 CK 高 9.74%。就 C3F 等级来看，不同处理间感官评吸总分排序为：T1>T2>CK，差异显著，主要体现 T1 在香气质、香气量、杂气、甜度、余味等指标方面较优；T1 的感官评吸总分较 T2 高 5.11%，较 CK 高 9.92%。表明根区施用生物有机肥可提高烟叶感官评吸质量。

表 5-7　不同处理的烤烟感官评吸质量

等级	处理	香气质	香气量	杂气	刺激性	透发性	柔细度	甜度	余味	浓度	劲头	总分
B2F	T1	5.5	5.7	5.5	5.3	5.7	5.3	5.7	5.3	5.7	5.5	55.2a
	T2	5.1	5.4	5.2	5.3	5.0	5.2	5.0	5.2	5.6	5.5	52.2b
	CK	4.5	5.0	5.1	5.0	5.0	5.3	4.5	5.1	5.3	5.5	50.3c
C3F	T1	6.0	5.9	5.8	5.6	5.7	5.6	5.8	5.8	5.7	5.1	57.6a
	T2	5.5	5.7	5.3	5.3	5.5	5.4	5.4	5.6	5.7	5.1	54.8b
	CK	5.0	5.3	5.3	5.3	5.1	5.2	5.0	5.4	5.7	5.1	52.4c

（七）对烤烟经济性状的影响

由表 5-8 可知，不同处理间上等烟比例、均价、产量、产值等经济性状指标差异显著，主要表现为 T1 上等烟比例、均价、产量、产值显著高于 T2、CK，T2 和 CK 的均价、产量、产值差异不显著。T1 与 T2 比较，T1 的上等烟比例、均价、产量、产值分别高 5.96%、4.65%、12.39%、17.51%；T1 与 CK 比较，T1 的上等烟比例、均价、产量、产值分别高 21.13%、9.15%、8.65%、18.49%。可见，根区施用生物有机肥可提高烟叶经济性状。

表 5-8　不同处理的经济效应

处理	上等烟比例（%）	均价（元/kg）	产量（kg/hm^2）	产值（元/hm^2）	物化成本（元/hm^2）	劳动成本（元/hm^2）	净收益（元/hm^2）	氮肥偏生产力（kg/kg）	氮肥偏生产效率（元/kg）
T1	39.31a	22.07a	2 135.01a	47 079.91a	9 795.50	11 872.50	25 411.88a	17.79a	392.33a
T2	37.11b	21.09b	1 899.75b	40 065.73b	9 795.50	10 822.50	19 447.73b	15.83b	333.88b
CK	32.46c	20.22b	1 965.05b	39 733.31b	8 955.50	10 822.50	19 955.30b	16.38b	331.11b

注：物化成本主要包括购买烟苗、翻耕起垄、调制的专业化服务成本和农药、化肥等投入成本；劳动成本主要包括田间管理、防治病虫害、调制、分级等方面用工，按 75 元/d 计算。

（八）对烤烟净收益和氮肥偏生产力的影响

由表 5-8 可知，T1 和 T2 投入了生物有机肥，物化成本高于 CK；T1 采用根区施肥，较条施的 T2 和 CK 的劳动成本高。但净收益大小排序为：T1>T2>CK，处理间差异显著。T1 的净收益较 T2、CK 高分别高 14.42%、16.59%。表明根区施用生物有机肥可提高烟叶净收益。

由表 5-8 可知，氮肥偏生产力大小排序为：T1>CK>T2，T1 显著高于 T2 和 CK，分别高 12.38%、8.61%；CK 的氮肥偏生产力虽然高于 T2，但差异不显著。氮肥偏生产效率大小排序为：T1>T2>CK，T1 显著高于 T2 和 CK，分别高 17.51%、18.49%；T2 的氮肥偏生产效率虽高于 CK，但差异不显著。可见，根区施用生物有机肥可提高氮肥利用效率。

四、讨论与结论

促烤烟早生快发是湘南稻作烤烟栽培的关键。制约该烟区烤烟早生快发的主要因素是移栽时低温阴雨、土壤湿度大和通气性差、土块大和黏性重导致烟苗扎根困难。为解决以上问题，烟区农民传统习惯是在烟苗移栽时施用安兜灰。但在安蔸灰中不敢添加生物有机肥，害怕生物有机肥伤害根系。本研究将三饼合一生物有机肥添加在安蔸灰中作移栽肥根区施用，集中了安兜灰和生物有机肥的优点，根、土、肥充分接触，更有利于烤烟早生快发，为湘南稻作烟区烤烟早生快发探索了一条新路子。

生物有机肥不同施用方式的促生、增产和提质效果明显不同。罗莉等（2015）对集中施入有机肥后土壤微生物数量的空间动态变化研究认为离肥料越近土壤微生物数量越高。谭军利等（2011）研究认为穴施比条施生物有机肥更有利于促进西瓜的生长，提高西瓜产量、品质和水分利用效率。本研究将三饼合一生物有机肥添加在安蔸灰中集中施于烟株根际附近（T1 与 T2 比较），可促进烟株早生快发，明显促进烟株农艺性状和光合能力的改善，提高上等烟比例，增加烟叶产量和产值，提升烟叶物理、化学和感官品质。究其原因，生物有机肥条施后，相当部分肥料养分分布于离根较远的区域，直接制约了烤烟吸收肥料养分；而生物有机肥根区施肥使烤烟根区成为养分供应的核心区域，有利烤烟直接吸收肥料养分。可见，对于根际土壤占农田土壤总体积比例较低的烤烟来说，根系吸收的养分不可能也不必要由所有的耕层土壤来提供，生物有机肥根区施用较条施具有明显的促生、增产和提质效果。

将生物有机肥氮代替部分化肥氮是可行的。本研究用三饼合一生物有机肥代替烟草专用基肥中的 $21kg/hm^2$ 化肥氮（T2 与 CK 比较），其营养生长、光合作用与单施烟草专用基肥的处理相当，其烟叶物理性状和化学成分略优于单施烟草专用基肥的处理，其烟叶评吸质量显著优于单施烟草专用基肥的处理。虽然用三饼合一生物有机肥代替部分烟草专用基肥处理的烤烟投入的物化成本有所提高，烟叶产量也略低，但上等烟比例、均价高，其烟叶产值高于单施烟草专用基肥的处理。因此，用生物有机氮代替化肥氮对提高烟叶质量和经济效益具有现实意义。

氮肥偏生产力主要反映了作物所吸收肥料转化为经济产量的能力。对于注重烟叶质量的烤烟生产来说，高产并不一定能获得较高的经济效益。因此，本研究引入一个新概念“氮肥偏生产效率”，用来反映化肥施用量综合效应。从肥料施用方法看，根区施用生物有机肥的氮肥偏生产力和氮肥偏生产效率均高于条施。从肥料种类看，生物有机肥替代部分化肥处理较单施烟草专用基肥处理的氮肥偏生产力略低，但氮肥偏生产效率是生物有机肥替代处理显著高于单施烟草专用基肥处理。可见，采用氮肥偏生产效率来反映烤烟生产化肥施用量综合效应可能更有意义。

以上研究表明，生物有机肥根区施用可改善烟株根系发育和农艺性状，提高烟叶的叶绿素含量和光合能力；生物有机肥根区施用较条施的上等烟比例提高 5.96%，产量增加 12.39%，产值增加 17.51%；生物有机肥根区施用的烟叶物理特性、化学成分可用性和感官评吸质量优于条施，其物理特性指数、化学成分指数和感官评吸总分分别提高了5.76%、18.46%、5.43%；生物有机肥根区施用氮肥偏生产力、氮肥偏生产效益较条施分别提高了12.38%、17.51%。三饼合一生物有机肥代替部分烟草专用基肥可提高烟叶评吸质量、上等烟比例和氮肥偏生产效益，生物有机氮代替化肥氮是可行的。同时生物有机肥根区施肥可提高氮肥利用效率。

第四节　根区施肥对稻茬烤烟生长和产质量的影响

一、研究目的

生物有机肥集微生物和有机肥、化肥的优点于一体，不仅含有大量有机质和促生物质，同时含有较多的功能菌，可活化土壤养分，改善土壤微环境，协调烟草营养的均衡供应，促进烟草生长及根系建成，增强烟草抗逆、抗病性，提高烟草产量和品质。在烟草生产上，生物有机肥的施用方法是全田撒施或开沟条施，由于烟草是稀植作物，施于垄间和烟株间的生物有机肥较少被直接利用，加之南方雨水较多，撒施或条施肥料流失严重。罗莉等（2015）对集中施入有机肥后土壤微生物数量的空间动态变化进行研究，发现离肥料越近土壤微生物数量越高。谭军利等（2011）研究认为穴施比条施生物有机肥更有利于促进西瓜的生长，提高西瓜产量、品质和水分的利用率。湘南稻作烟区为弥补稻田土壤土块大、烤烟移栽期间低温阴雨的缺陷，常施用火土灰后再移栽烤烟，以密封营养土团与大块水稻土之间的缝隙，促进烤烟早生快发。如果将火土灰与生物有机肥混匀后作为移栽肥施于烟株根区土壤，使根、土、肥三者充分接触，则更有利烤烟的早生快发。在特定的烟草生产环境下，不同种类的生物有机肥肥效迥异。目前有关适宜稻茬烤烟根区施用生物有机肥的研究鲜见报道。为此，研究不同种类生物有机肥根区施用对烤烟生长及产质量的影响，以筛选适合南方稻茬烤烟根区施用的生物有机肥，为南方稻茬烤烟早生快发提供依据。

二、材料与方法

（一）试验材料

于2015—2016年在湖南省桂阳县欧阳海基地单元进行田间试验。试验地位于26°1′N、112°27′E，属于亚热带季风气候，年平均气温在17.43℃，年平均降水量为1 452.10mm，年平均日照时数220.02~290.34h。试验田为烤烟—晚稻轮作烟田，土壤为当地代表性水稻土，灌排方便；土壤pH值7.18，有机质42.34g/kg，碱解氮224.86mg/kg，有效磷30.68mg/kg，速效钾107.22mg/kg。供试烤烟品种为K326。

三饼合一生物有机肥是将菜籽饼、芝麻饼、豆粕饼3种饼肥发酵而成（有机质≥70%，N、P_2O_5、K_2O含量分别为5.0%、1.5%、1.5%，有效活菌数≥0.5亿个/g）。纯天然生物有机肥是将清洁养殖所用的垫料经微生物技术处理后制成（有机质≥40%，N、

P_2O_5、K_2O 含量分别为 5.0%、2.0%、2.0%，有效活菌数≥0.5 亿个/g）。烟秸生物有机肥是将烟秸秆和废弃烟叶经微生物发酵而成（有机质≥60%，N、P_2O_5、K_2O 含量分别为 4.6%、1.8%、2.2%，有效活菌数≥0.7 亿个/g）。植物秸秆有机肥是采用玉米秸秆或小麦秸秆加微生物秸秆腐解剂堆制而成（有机质≥55%，N、P_2O_5、K_2O 含量分别为 4.2%、1.2%、2.6%，有效活菌数≥0.5 亿个/g）。火土灰 P_2O_5、K_2O 含量分别为 1.5%、5%。烟草专用基肥的 N、P_2O_5、K_2O 含量分别为 8%、10%、11%；提苗肥的 N、P_2O_5 含量分别为 20%、9%；专用追肥的 N、P_2O_5、K_2O 含量分别为 10.0%、5.0%、29.0%；硫酸钾的钾含量为 51%。

（二）试验设计

将 4 种生物有机肥分别进行根区施肥，即三饼合一生物有机肥（T1），纯天然生物有机肥（T2），烟秸生物有机肥（T3），植物秸秆生物有机肥（T4）。每个处理 3 次重复，共 12 个小区，每个小区面积为 $50m^2$。控制总施氮量 $120kg/hm^2$，其中化肥氮 $99kg/hm^2$（专用基肥氮 $24kg/hm^2$、提苗肥氮 $30kg/hm^2$、专用追肥氮 $45kg/hm^2$），生物有机肥氮 $21kg/hm^2$。氮、磷、钾肥比例为 1∶1∶2.8，不同生物有机肥施用量依据其含氮量进行调节。

专用基肥采用条施的方法，即在垄上开条施沟，将肥料撒施在沟内后覆土。生物有机肥根区施用的方法是在移栽时，将生物有机肥与火土灰（约 8 $340kg/hm^2$）混匀后施于移栽穴内，混匀土壤与肥料。3 月 19 日移栽时条施专用基肥；移栽时、3 月 26 日和 4 月 2 日分两次施提苗肥；4 月 17 日施烟草专用追肥；4 月 26 日施硫酸钾肥 $150kg/hm^2$。移栽密度为 16 680 株/hm^2（120cm×50cm）。初花期打顶，留叶数为 18~20 片。其他栽培管理措施与桂阳县烤烟标准化栽培一致。

（三）考查项目及方法

（1）烤烟根系的测定：移栽后 10d 和 20d，每个处理选择 3 株典型烟株，按半径 20~30cm、深度 20~25cm 挖取烟株，将烟株根系和携带的土壤带回实验室。用 LA-90 多参数根系分析系统（加拿大 Legentsys-Sintek 公司）分析根长、平均直径、体积及根系分支数等形态学参数。采用 TTC 法测定烟草根系活力。

（2）植株农艺性状的调查：在烤烟团棵期、打顶期（打顶后 1d）测定株高、茎围、有效叶片数、最大叶长、最大叶宽等。按照标准 YC/T 142—2010 进行测定，每个小区测定 10 株代表性烟株。最大叶面积=叶长×叶宽×0.634 5。

（3）叶绿素相对含量（SPAD 值）的测定：在烤烟打顶期、第 1 次采烤期用 SPAD-502plus 便携式叶绿素测定仪（日本柯尼卡美能达公司）测定烟叶的 SPAD 值。每个小区选择 10 株代表性烟株，测量第 1~第 6 叶位（从上至下）叶片，每片烟叶在离主脉 3cm 两侧对称处各选择 6 个点进行测量，求平均值。

（4）光合特性指标的测定：在烤烟打顶期、第 1 次采烤期采用 LI-6400XT 便携式光合作用测定仪（美国 Li-COR 公司）测定烟叶的净光合速率（Pn）、气孔导度（Gs）、胞间二氧化碳浓度（Ci）、蒸腾速率（Tr）。每个小区选择 5 株代表性烟株，测量第 5 叶位（从上至下）叶片。测定时间选择晴天上午 9:00—11:00。

（5）经济性状的考查：单采试验小区烟叶，分别编竿挂牌烘烤。烘烤后按小区进行分级，考查上等烟比例、均价、产量、产值等经济性状。

（6）烟叶物理特性指标的测定：按照标准 GB 2635—1992 选取具有代表性的 B2F、C3F 烟叶。测定烟叶开片度、含梗率、叶片厚度、单叶质量、平衡含水率、叶面密度等物理特性指标。烟叶开片度=叶片宽度/叶片长度×100%。B2F 和 C3F 等级烟叶分别运用效果测度模型、加权指数和法构建烟叶物理特性指数，用于比较不同处理的烟叶物理性状综合效果，值越大，物理性状越好。

（7）烟叶化学成分的测定：用 San++间隔流动分析仪（荷兰 Skalar 公司）测定 B2F、C3F 烟叶的总糖、还原糖、烟碱、总氮、氯含量，火焰光度法测定烟叶钾含量。采用隶属函数、加权指数和法构建化学成分可用性指数，用于比较不同处理烟叶的主要化学成分综合效果，值越大，化学成分综合效果表现越好。

（8）烟叶感官评吸指标的评定：由广西中烟工业有限责任公司技术中心组织 7 名感官评吸专家，对 B2F 和 C3F 等级烟叶进行打分。香气质、香气量、杂气、刺激性、透发性、柔细度、甜度、余味、浓度、劲头等指标分别赋予 15%、15%、10%、10%、10%、10%、10%、10%、5%、5%的权重，采用加权法计算感官评吸总分。

（四）数据处理

所有数据均为 2 年试验的平均值。采用 SPSS 17.0 进行数据处理和统计分析，利用 Duncan 法进行多重比较。

三、结果与分析

（一）对烤烟根系的影响

由表 5-9 可知，移栽 10d 后，T1、T2 处理的烤烟根系长度、体积显著高于 T3、T4 处理；不同处理的烤烟根系分枝数、根系活力差异显著，其中 T1 处理最高，T2 处理次之。移栽 20d 后，T1、T2 处理的烤烟根系长度、体积显著高于 T3、T4 处理；T1 处理的根系直径显著高于 T3 处理，根系分枝数显著高于 T4 处理，根系活力显著高于 T3、T4 处理；T2 处理的根系活力显著高于 T3 处理。表明在烟草根区施用三饼合一生物有机肥和纯天然生物有机肥的根系形态指标和活力相对较优。

表 5-9　伸根期烤烟根系形态指标和活力[①]

处理	移栽 10d 后					移栽 20d 后				
	长度(cm)	平均直径(mm)	体积(cm^3)	分枝数 个	根系活力[μg/(g·h)]	长度(cm)	平均直径(mm)	体积(cm^3)	分枝数 个	根系活力[μg/(g·h)]
T1	135.28a	1.25a	1.69a	1 131.21a	256.46a	285.80a	2.13a	3.96a	2 262.45a	291.98a
T2	132.62a	1.26a	1.63a	996.30b	229.53b	268.12a	2.02a	3.80a	1 975.67ab	279.54ab
T3	88.72c	1.07b	1.48b	625.420d	151.50d	182.86b	1.76b	3.38b	1 959.21ab	257.23c
T4	126.56b	1.12ab	1.29c	877.79c	180.14c	203.14b	1.92ab	3.45b	1 729.32b	264.42bc

注：①同列数据后的不同小写字母表示 0.05 水平上的差异显著性。下同。

（二）对烤烟农艺性状的影响

由表 5-10 可知，烤烟团棵期不同处理间的株高、茎围、叶片数差异均不显著，但最大叶面积差异达到显著水平。T1、T4 处理的最大叶面积显著高于 T2、T3 处理。烤烟打顶期，T2 处理的株高显著高于 T3 处理；烤烟茎围、叶片数差异不明显；T1、T2 处理的最大叶面积显著高于其他处理，T3 处理的最大叶面积最低。表明根区施用三饼合一生物有机肥和纯天然生物有机肥有利于烤烟后期的营养生长。

表 5-10　不同生育时期烤烟的农艺性状

处理	团棵期				打顶期			
	株高（cm）	茎围（cm）	叶片数片	最大叶面积（cm^2）	株高（cm）	茎围（cm）	叶片数片	最大叶面积（cm^2）
T1	17. 17a	4. 17a	7. 33a	479. 72a	97. 00ab	7. 97a	20. 00a	1 852. 68a
T2	17. 50a	4. 33a	6. 50a	377. 58b	105. 83a	8. 63a	19. 83a	1 917. 50a
T3	17. 83a	3. 75a	6. 33a	336. 22c	87. 67b	7. 88a	18. 33a	1 586. 74c
T4	18. 83a	4. 42a	6. 67a	470. 17a	96. 17ab	8. 65a	19. 83a	1 765. 28b

（三）对烤烟叶绿素的影响

由表 5-11 可知，在烤烟打顶期，T1、T2、T4 处理的不同叶位叶片的叶绿素相对含量（SPAD 值）显著高于 T3 处理。在第 1 次采烤期，T1、T2 处理的不同叶位叶片的 SPAD 值相对较高。表明根区施用三饼合一生物有机肥和纯天然生物有机肥的烟叶叶绿素含量相对较高。

表 5-11　不同生育时期的烟叶 SPAD 值

处理	打顶期						第 1 次采烤期					
	D1①	D2	D3	D4	D5	D6	D1	D2	D3	D4	D5	D6
T1	40. 63a	38. 63a	38. 12a	37. 12a	35. 77a	34. 62a	40. 88a	38. 73a	38. 05a	35. 69a	34. 10a	32. 68a
T2	39. 03a	38. 08a	38. 42a	36. 82a	35. 92a	34. 90a	39. 27a	38. 48a	37. 87a	35. 04a	33. 63b	32. 20a
T3	35. 35c	35. 70c	35. 58c	34. 77c	33. 90c	32. 43c	38. 71b	35. 66b	34. 63c	33. 25b	33. 04b	30. 99b
T4	36. 77b	36. 78b	36. 68b	35. 73b	34. 68b	33. 42b	38. 75b	37. 06ab	36. 21b	35. 46a	33. 33b	31. 61b

注：①D1～D6 叶位是指从上往下数第 1 至第 6 片叶。

（四）对烤烟光合特性的影响

由表 5-12 可知，烤烟打顶期的净光合速率和气孔导度在各处理之间差异不显著；T1 处理的胞间二氧化碳浓度显著高于 T3 处理；T1 处理的蒸腾速率显著高于其他处理，T3 处理最低。烤烟第 1 次采烤期，净光合速率在各处理之间差异不显著；T1、T2 处理的气孔导度显著高于 T3 处理；T1、T2 处理的胞间二氧化碳浓度和蒸腾速率显著高于 T3、T4 处理，T4 处理又显著高于 T3 处理。表明根区施用三饼合一生物有机肥和纯天然生物有机肥有利于提高烟叶光合能力。

表 5-12 不同生育时期的烤烟光合特性参数 单位：μmol/（m^2·s）

处理	打顶期				第1次采烤期			
	Pn	Gs	Ci	Tr	Pn	Gs	Ci	Tr
T1	19.10a	0.50a	310.80a	2.95a	17.61a	0.50a	348.99a	3.61a
T2	18.93a	0.46a	301.88ab	2.70b	17.23a	0.46a	343.40a	3.49a
T3	18.28a	0.47a	296.54b	2.48c	16.58a	0.44b	329.83c	3.19c
T4	18.60a	0.48a	304.51ab	2.75b	16.96a	0.45ab	336.77b	3.38b

（五）对烤烟经济性状的影响

由表5-13可知，就上等烟比例和均价而言，T1、T2和T4处理显著高于T3处理；T1处理的中等烟比例显著高于T3处理。就产量而言，不同生物有机肥之间，T1>T2>T4>T3，T1处理的产量均显著高于T2、T3、T4处理。就产值而言，不同生物有机肥之间，T1>T2>T4>T3，产值在各处理之间均达显著水平。可见，根区施用生物有机肥的烟叶经济性状以三饼合一生物有机肥最好，其次是纯天然生物有机肥。

表 5-13 不同处理的烤烟经济性状

处理	上等烟比例（%）	中等烟比例（%）	均价（元/kg）	产量（kg/hm^2）	产值（元/hm^2）
T1	39.32a	32.20a	22.06a	2 134.99a	47 079.88a
T2	40.51a	29.47ab	21.91a	2 074.80b	45 453.99b
T3	37.27b	24.39b	19.85b	1 939.85b	38 506.03d
T4	40.58a	26.45ab	21.40a	1 949.80b	41 725.72c

（六）对烤烟物理性状的影响

由表5-14可知，B2F等级的烟叶开片率、含梗率、叶片厚度和叶面密度在各处理之间差异不显著；T1、T2处理的单叶质量、平衡含水率和物理特性指数显著高于T3、T4处理。C3F等级的烟叶含梗率、叶片厚度、平衡含水率和叶面密度在各处理之间均差异不显著；T1处理的开片率显著高于T3处理；T1处理的单叶质量显著高于T3、T4处理；烟叶物理特性指数大小为：T1>T2>T4>T3，其中，T1、T2处理的物理特性指数显著高于T3、T4处理。表明根区施用三饼合一生物有机肥的物理特性指数最高，其次是纯天然生物有机肥。

表 5-14 不同处理的烤烟物理性状

等级	处理	开片率（%）	含梗率（%）	叶片厚度（μm）	单叶质量（g）	平衡含水率（%）	叶面密度（g/m^2）	物理特性指数
B2F	T1	30.09a	30.73a	124.50a	13.54a	14.20a	121.68a	94.95a
	T2	29.69a	29.83a	112.00a	13.18a	13.09a	121.21a	94.38a
	T3	29.61a	28.97a	109.00a	10.20b	10.40b	121.65a	91.19b
	T4	29.92a	28.57a	124.75a	11.20b	10.91b	127.20a	92.63b

（续表）

等级	处理	开片率（%）	含梗率（%）	叶片厚度（μm）	单叶质量（g）	平衡含水率（%）	叶面密度（g/m^2）	物理特性指数
C3F	T1	32.45a	32.30a	106.50a	9.16a	13.74a	99.91a	94.38a
	T2	31.18ab	31.33a	108.75a	9.08ab	13.32a	98.20a	93.85a
	T3	30.55b	33.70a	103.25a	8.47b	12.69a	100.79a	91.91c
	T4	31.26ab	32.93a	112.50a	8.25b	14.15a	92.99a	92.85b

（七）对烤烟化学成分的影响

由表5-15可知，从B2F等级看，不同生物有机肥之间，T1处理的总糖和还原糖含量显著高于T2、T3、T4处理；T4处理的烟碱含量显著高于T1、T2处理，T3处理的烟碱含量显著高于T1处理；总氮、氯、钾含量差异不显著；烟叶化学成分可用性指数大小为：T1>T2>T3>T4，不同处理之间差异显著。从C3F等级看，不同生物有机肥处理之间，总糖、还原糖、氯含量差异均不显著；T3、T4处理的烟碱含量显著高于T1、T2处理；T1处理的总氮含量显著高于T4处理；T1、T2、T3处理的钾含量显著高于T4处理；烟叶化学成分可用性指数大小为：T1>T2>T3>T4，不同处理之间差异显著。表明根区施用三饼合一生物有机肥的化学成分可用性指数最高，其次是纯天然生物有机肥。

表5-15　不同处理的烤烟化学成分

等级	处理	总糖（%）	还原糖（%）	烟碱（%）	总氮（%）	氯（%）	钾（%）	化学成分可用性指数
B2F	T1	27.68a	22.31a	3.05c	1.81a	0.59a	2.85a	84.57a
	T2	24.76b	16.21b	3.21cb	1.85a	0.35a	2.98a	77.83b
	T3	23.56b	16.07b	3.39ab	1.83a	0.45a	2.78a	73.11c
	T4	23.66b	15.61b	3.50a	1.75a	0.36a	2.75a	68.06d
C3F	T1	29.61a	24.74a	2.34b	1.87a	0.36a	3.35a	97.01a
	T2	27.57a	23.02a	2.48b	1.61ab	0.33a	3.30a	94.00b
	T3	27.46a	23.17a	2.97a	1.66ab	0.38a	2.82a	83.84c
	T4	28.08a	22.33a	2.87a	1.46b	0.33a	2.51b	79.88d

（八）对烤烟感官评吸的影响

由表5-16可知，就B2F等级来看，不同生物有机肥处理之间，感官评吸总分排序为：T4>T1>T2>T3，其中T1、T4处理的感官评吸总分显著高于T2、T3处理，这种差异主要体现在香气质、香气量、透发性、甜度等方面。就C3F等级来看，不同生物有机肥之间，感官评吸总分排序为：T1>T4>T3>T2，其中T1、T3、T4处理的感官评吸总分显著高于T2处理，这种差异主要体现在香气质、香气量、杂气、甜度、余味等方面。表明根区施用三饼合一生物有机肥和植物秸秆生物有机肥的感官评吸总分相对较高。

表 5-16　不同处理的烤烟感官评吸质量

等级	处理	香气质	香气量	杂气	刺激性	透发性	柔细度	甜度	余味	浓度	劲头	总分
B2F	T1	5.5	5.7	5.5	5.3	5.7	5.3	5.7	4.3	5.7	5.5	54.2a
	T2	5.1	5.5	5.1	5.4	5.4	5.3	5.2	4.3	5.6	5.6	52.2b
	T3	5.2	5.2	5.1	5.3	5.3	4.2	5.1	5.2	5.6	5.5	51.4b
	T4	5.6	5.7	5.5	5.3	5.6	5.3	5.6	5.5	5.7	5.5	55.4a
C3F	T1	6.0	5.9	5.8	5.6	5.6	5.6	5.8	5.8	5.7	5.1	57.5a
	T2	5.2	5.5	5.1	5.3	5.4	5.4	5.1	5.3	5.5	5.1	53.0b
	T3	5.4	5.8	5.5	5.7	5.5	5.4	5.3	5.7	5.7	5.1	55.3a
	T4	5.8	5.9	5.6	5.6	5.6	5.6	5.6	5.7	5.7	5.1	56.7a

四、讨论与结论

南方稻作烟区土块大、黏性重、通透性差，直接移栽烟苗后，部分烟苗根系与土壤接触不充分，导致缓苗期长，影响烟苗早生快发。移栽时施用火土灰有利于烟苗根系与土壤充分接触，但火土灰中不能添加生物有机肥，因为生物有机肥可能会对根系造成伤害。本研究中，将生物有机肥与火土灰作为移栽肥施用于烟苗根区，易于烟苗根系吸收。同时，生物有机肥中所含的有益微生物迅速复活繁殖，丰富了烟苗根区的微生物种类，微生物产生的多种促植物生长物质能改善根际的营养环境，从而促进了烤烟的根系发育和烟株的旺盛生长，提高了烟株的农艺性状、光合能力和上等烟比例，增加了烟叶的产量和产值，提升了烟叶的物理、化学和感官品质。此方法虽然费工，但提高了烤烟的产量和产值，对优化南方稻作烟区火土灰施用技术和解决南方稻茬烤烟早生快发等问题具有现实意义。

由于各烟区土壤、气候条件不同，生物有机肥种类的不同，其根区施用效果可能也会不同。施河丽等（2014）研究认为在恩施烟区烟叶生产中使用清江源生物有机肥比施用莱枯生物有机肥、金丰叶生物有机肥的效果理想。本研究中，三饼合一生物有机肥、纯天然生物有机肥在促进烤烟生长、提高烟叶光合能力、增加烟叶产量与产值等方面具有优势。这可能与生物有机肥的有机质组成、肥料中的有效养分有关，如三饼合一生物有机肥、纯天然生物有机肥的氮磷钾有效养分不少于 8%，而其他生物有机肥的氮磷钾有效养分不少于 5%。从烟叶物理特性、化学成分看，三饼合一生物有机肥和纯天然生物有机肥优于烟秸生物有机肥和植物秸秆生物有机肥；从烤后烟叶感官评吸质量看，纯天然生物有机肥的感官评吸质量明显较低，可能与该肥料主要是由清洁养殖所用的垫料加工生产而成有关。可见，生物有机肥对烤烟的促生和提质效果因种类不同而呈现出较大的差异。综合考虑，在湘南稻作烟区可选择三饼合一生物有机肥与火土灰混合施于烟苗根区，对促进烟株早生快发和提升烟叶质量的效果更佳。

以上研究表明，根区施用三饼合一生物有机肥、纯天然生物有机肥在促进烤烟生长、提高烟叶光合能力、增加烟叶产量与产值、提升烟叶物理和化学质量方面具有优势。根区施用三饼合一生物有机肥、植物秸秆有机肥在提升烟叶感官评吸质量方面具有优势。在湘南稻茬烟区选择根区施用三饼合一生物有机肥的效果最佳。

第六章 稻茬烤烟增碳减氮增效技术

第一节 低温胁迫烟苗生长对液态有机碳肥的响应

一、研究目的

湘南稻作烟区的烤烟移栽期低温阴雨影响烟苗早生快发，导致烤烟植株矮小、叶片数少、产量低，已成为生产中迫切需要解决的问题。施用促根剂、壳聚糖、生根粉等一些促进根系生长物质对促进烤烟根系生长、缓解低温胁迫具有一定作用。有机碳肥是指含有水溶性高、易被作物吸收的有机碳化合物的有机肥料，已应用在多种农林作物上并取得了良好的效果。有机碳肥可促进香榧地径、新梢生长和减少成本投入，提高种植效益（赖根伟等，2017）；有机碳肥施用能改善油茶林地土壤肥力水平，提高油茶产量（付红梅等，2017）；液态有机碳肥对雍菜增产增收效果明显，蕹菜品质较好（陈秀莲等，2014）；酚酸浓度 100mg/kg 的胁迫浓度条件下施加有机碳肥能缓解马铃薯连作障碍中酚酸物质的毒害作用（周少猛等，2019）。但是，有机碳肥对缓解低温胁迫烟苗生长的研究少有报道。据此，研究不同浓度液态有机碳肥对低温胁迫下烟苗生长状况、根系发育状况、叶绿素相对含量、丙二醛含量、硝酸还原酶活性及保护酶活性的影响，为液态有机碳肥在南方稻茬烟区应用提供参考。

二、材料与方法

（一）材料

烟草品种为云烟 87，采用漂浮育苗。液态有机碳肥为福建绿洲生化有限公司产品，水溶有机碳≥150g/L，水溶有机碳有效率≥95%。供试基质为烟草育苗专用基质。花盆规格为 31.5cm×23.0cm×7.5cm，盆底通气，每盆装 1.5kg 基质，每盆 12 株烟苗。

（二）试验设计

试验于 2019 年 4 月在湖南农业大学进行。试验设 4 个处理：T1，施液态有机碳肥 15g/盆（1.25g/株）；T2，施液态有机碳肥 45g/盆（3.75g/株）；T3，施液态有机碳肥 75g/盆（6.25g/株）；CK，不施液态有机碳肥。每盆种植长势基本一致的四叶一心烟苗 12 株，每处理重复 3 盆。将液态有机碳肥均匀喷施在基质上，烟苗移栽后移入人工气候箱中，并在10℃胁迫处理5d。将解除低温胁迫后的花盆和烟苗置于25℃培养室中，恢复生长至移栽后15d。

（三）检测指标及方法

于移栽后第5d、第15d，每处理选取5株烟苗，冲洗干净烟苗根系，主要测定如下指标。

（1）根系形态及根系活力检测指标：采用LA-2400多参数根系分析系统，测定根长、根表面积、根体积、根直径及根尖数。采用改良的氯化三苯基四氮唑（TTC）法测定根系活力。

（2）地上部生长检测指标：测定地上部分的茎长、茎围、最大叶长、最大叶宽。将干净烟苗分离根系和地上部分，于烘箱中105℃杀青30min，然后70℃烘干至恒重，分别称取干物质重。地上部分干物质比例=地上部分干物质/总干物质×100%；地下部分干物质比例=地下部分干物质/总干物质×100%。

（3）烟叶SPAD值测定：取第2片展开叶，采用SPAD-502plus便携式叶绿素测定仪（日本柯尼卡美能达公司）测定烟叶的SPAD值，每片烟叶在离主脉3cm两侧对称处各选择6个点进行测量，求平均值。

（4）烟叶丙二醛（MDA）含量采用硫代巴比妥酸法测定。

（5）烟叶酶活性测定：叶片硝酸还原酶（NR）活性采用活体法测定。叶片过氧化物酶（SOD）、过氧化氢酶（CAT）、超氧化物歧化酶（POD）活性均采用Solarbio公司生产的试剂盒进行测定。

（四）数据处理

采用Microsoft Excel 2003和SPSS17.0进行数据处理和统计分析。采用Duncan法进行多重比较。

三、结果与分析

（一）对烟苗根系生长的影响

由表6-1可知，烟苗根系平均直径没有显著差异。移栽后第5d，施用液态有机碳肥处理的烟苗根尖数高于CK；随液态有机碳肥施用浓度增加而烟苗根系的长度、表面积、体积和根尖数增加。恢复生长至第15d，施用液态有机碳肥处理的烟苗根尖数高于CK；但随液态有机碳肥施用浓度增加而烟苗根系的长度、表面积、体积和根尖数减少，这可能与T3处理的液态有机碳肥浓度过大有关。表明施用液态有机碳肥可减缓低温胁迫危害，适量浓度可促进烟苗根系生长。

表6-1　施用液态有机碳肥的烟苗根系性状及活力

处理	长度（cm）		表面积（cm^2）		体积（cm^3）		平均直径（mm）		根尖数（个）	
	5d	15d	5d	15d	5d	15d	5d	15d	5d	15d
T1	114.50±8.24c	337.96±6.24a	28.16±2.18c	104.34±9.40a	0.55±0.06c	2.56±0.17a	0.78±0.17a	0.98±0.11a	106±12b	195±12a
T2	161.29±17.22b	273.82±5.27b	45.71±4.53b	81.97±11.22b	1.03±0.08b	1.95±0.34b	0.90±0.18a	0.95±0.13a	105±6b	158±16b

（续表）

处理	长度 (cm)		表面积 (cm^2)		体积 (cm^3)		平均直径 (mm)		根尖数 (个)	
	5d	15d	5d	15d	5d	15d	5d	15d	5d	15d
T3	254.66±16.03a	181.05±12.88c	68.18±3.11a	57.46±8.260c	1.45±0.20a	1.45±0.22c	0.85±0.05a	1.01±0.12a	167±24a	106±22c
CK	86.48±7.68d	97.12±6.31d	19.70±4.08d	39.82±2.66d	0.36±0.12d	0.97±0.13d	0.73±0.09a	1.09±0.08a	85±10c	103±8c

（二）对烟苗根系活力的影响

由图 6-1 可知，移栽后第 5d，施用液态有机碳肥处理的烟苗根系活力均大于 CK；其中 T2 处理的根系活力大于 T1、T3。恢复生长后至第 15d，不同处理的烟苗根系活力均大于 CK，且 T2 处理的根系活性最强，其次是 T3，T1 的根系活力最弱。表明施用液态有机碳肥可提高根系活力，以 T2 处理的烟苗根系活力最强。

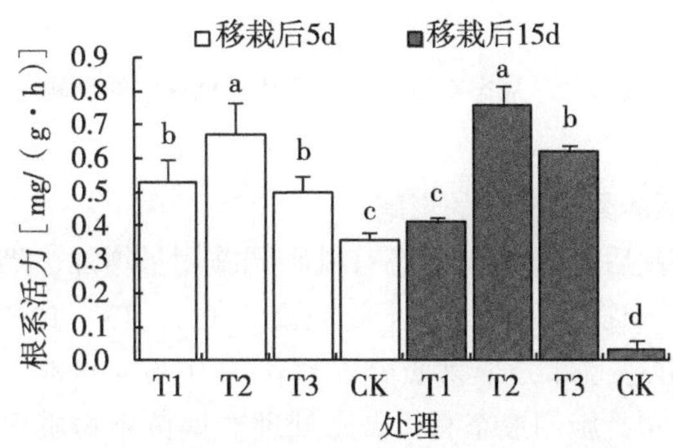

图 6-1　液态有机碳肥对烟苗根系活力的影响

（三）对烟苗地上部生长性状的影响

由表 6-2 可知，施用液态有机碳肥处理的烟苗茎长、茎围、最大叶面积均大于 CK。移栽后第 5d，T3 处理的烟苗茎长、茎围、最大叶面积均大于 T1、T2；恢复生长后至第 15d，T1 处理的烟苗茎长、茎围、最大叶面积均大于 T2、T3，这可能与 T3 处理的液态有机碳肥浓度过大有关。表明适量施用液态有机碳肥可促进烟苗地上部分生长。

表 6-2　施用液态有机碳肥的烟苗地上部生长性状

处理	茎长（cm）		茎围（cm）		最大叶面积（cm^2）	
	5d	15d	5d	15d	5d	15d
T1	8.35±0.22b	11.78±0.16a	1.26±0.03b	1.69±0.29a	61.65±3.31b	83.27±2.08a
T2	8.45±0.34b	9.86±0.13b	1.39±0.09ab	1.46±0.15b	67.63±2.35ab	78.90±1.15ab
T3	10.10±0.40a	9.51±0.08b	1.45±0.12a	1.41±0.26b	71.37±2.08a	71.92±3.05b
CK	8.05±0.15c	8.74±0.12c	1.09±0.07c	1.20±0.16c	48.17±5.56c	56.20±3.04c

（四）对烟叶 SPAD 值的影响

烟叶 SPAD 值大小可反映烟叶的叶绿素含量高低。由图 6-2 可知，施用液态有机碳肥处理的烟苗叶片 SPAD 值均大于 CK。移栽后第 5d，T3 处理的 SPAD 值高于 T1、T2。恢复生长后至第 15d，T1 处理的 SPAD 值高于 T3。说明施用液态有机碳肥可提高烟苗叶片的叶绿素含量。

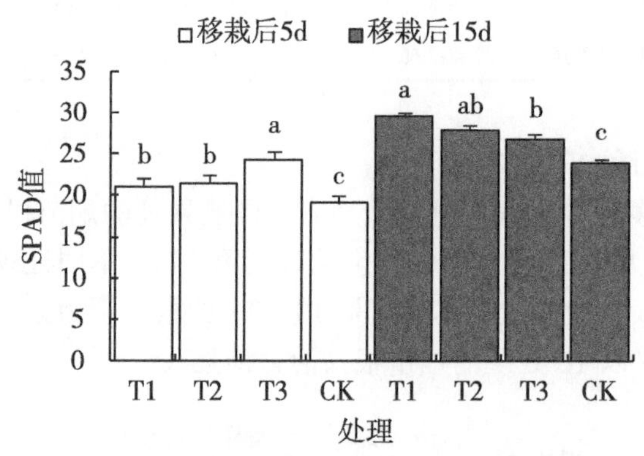

图 6-2　液态有机碳肥对烟叶 SPAD 值的影响

（五）对烟苗干物质积累与分配的影响

由表 6-3 可知，移栽后第 5d，随液态有机碳肥施用量增加，烟苗干物质积累量增加；但只有 T3 处理的烟苗总干物质和地上部干物质高于 CK，T3、T2 处理的烟苗根干物质高于 CK；不同处理的烟苗地上部分干物质分配比例为 92%~93%，根干物质比例为 7%~8%。恢复生长后至第 15d，施用液态有机碳肥处理的烟苗干物质均高于 CK，但随液态有机碳肥施用量增加而烟苗干物质降低；其中，T1 处理的烟苗干物质高于 T2、T3；T1 处理的烟苗根干物质比例较 T2、T3 高 2%左右，较 CK 高 5%左右。表明适量施用液态有机碳肥可提高烟苗干物质积累量，特别是可提高烟苗根干物质比例。

表 6-3　施用液态有机碳肥的烟苗干物质积累及分配

处理	移栽后 5d					移栽后 15d				
	总干物质 (mg/株)	地上部		地下部		总干物质 (mg/株)	地上部		地下部	
		干物质 (mg/株)	比例 (%)	干物质 (mg/株)	比例 (%)		干物质 (mg/株)	比例 (%)	干物质 (mg/株)	比例 (%)
T1	324.53±24.99b	299.05±20.01b	92.18±0.93	25.48±4.98c	7.82±0.93	837.95±90.01a	750.00±84.85a	89.48±0.51	87.95±5.16a	10.52±0.51
T2	369.72±35.33ab	340.50±35.64ab	92.06±0.84	29.22±1.31b	7.94±0.84	768.37±84.44b	706.67±73.71ab	92.01±0.53	61.70±10.8b	7.99±0.53
T3	453.70±61.35a	419.70±52.60a	92.59±1.36	34.00±9.69a	7.41±1.36	683.40±58.66b	623.33±47.26b	91.27±1.53	60.07±14.77b	8.73±1.53
CK	310.27±2.73b	286.85±6.15b	92.45±1.17	23.42±3.43c	7.55±1.17	595.20±39.56c	560.00±40.00c	94.07±0.84	35.20±4.56c	5.93±0.84

（六）对烟叶丙二醛含量的影响

丙二醛（MDA）含量高低可反映膜脂过氧化水平。由图 6-3 可知，移栽后第 5d，T3 处理的烟叶 MDA 含量显著高于其他处理，T1 处理叶片 MDA 含量显著低于 T2、T3、CK。

恢复生长后至第 15d，T1 处理叶片 MDA 含量低于 T2、T3、CK。可见，施用低浓度液态有机碳肥可减缓低温胁迫对烟苗的伤害。

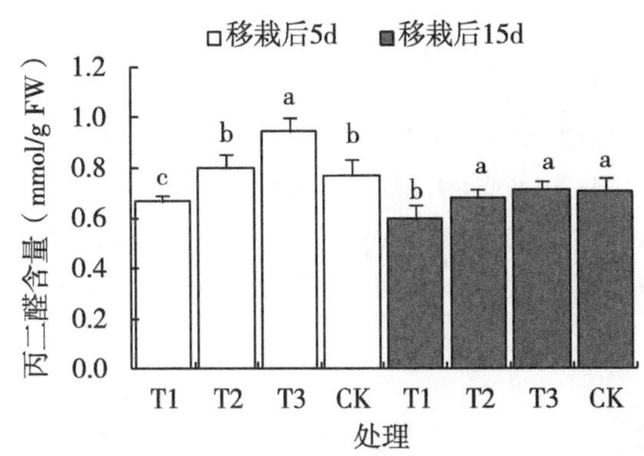

图 6-3　液态有机碳肥对烟叶丙二醛（MDA）含量的影响

（七）对烟叶硝酸还原酶活性的影响

硝酸还原酶（NR）是高等植物氮素同化的限速酶，可直接调节硝酸盐还原，从而调节氮代谢。由图 6-4 可看出，施用液态有机碳肥处理的叶片 NR 活性均高于 CK。移栽后第 5d，T3 处理的叶片 NR 活性高于其他处理。恢复生长后至第 15d，T1 处理的叶片 NR 活性高于其他处理。可见，施用液态有机碳肥可提高烟叶对氮素同化能力。

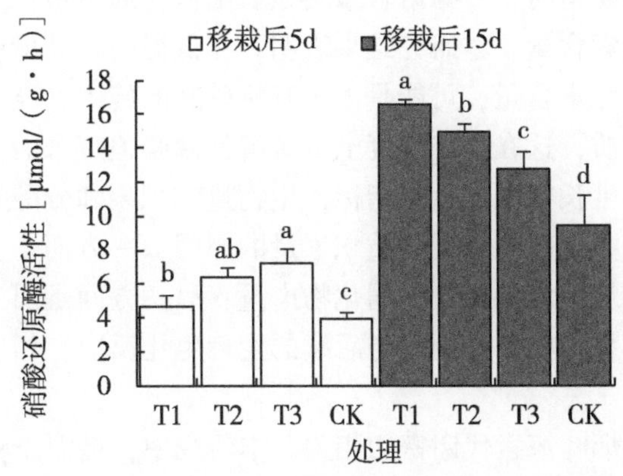

图 6-4　液态有机碳肥对烟叶硝酸还原酶（NR）活性的影响

（八）对烟叶氧化酶活性的影响

超氧化物歧化酶（SOD）、过氧化氢酶（CAT）、过氧化物酶（POD）是生物氧化过程中重要的抗氧化酶。由表 6-4 可知，移栽后第 5d，施用液态有机碳肥处理的叶片 SOD、CAT、POD 活性均高于 CK；以 T3 处理的叶片 SOD、CAT、POD 活性最高，其次是 T2。恢复生长后至第 15d，施用液态有机碳肥处理的叶片 SOD、CAT、POD 活性均高于 CK；分别以 T1 处理的叶片 SOD、T3 处理的叶片 CAT、T1 处理的叶片 POD 活性最高。表明施用液态有机碳肥后能增强烟苗的抗寒能力。

表 6-4 施用液态有机碳肥对烟叶氧化酶活性的影响

处理	SOD 活性（U/g FW）		CAT 活性（U/g FW）		POD 活性（U/g FW）	
	5d	15d	5d	15d	5d	15d
T1	345.05±18.33c	951.53±84.90a	420.36±47.39b	2422.72±39.54a	1652.87±92.43a	666.00±18.98a
T2	417.51±49.27b	804.24±70.47ab	444.09±57.66b	2404.64±60.77a	1675.74±31.82a	618.22±58.61a
T3	628.06±86.60a	796.27±50.05b	491.55±55.55a	2431.76±69.14a	1754.1±83.61a	523.11±41.18a
CK	311.17±16.50c	646.83±54.32c	344.66±34.13c	1961.68±21.06b	711.28±55.25b	409.33±16.16b

四、讨论与结论

南方烟区的伸根期常遇低温阴雨天气，这种低温冷害的非生物逆境胁迫严重影响烤烟的早生快发。植物最先感受逆境胁迫的器官是根系。烟草根系形态或生理特性与地上部分的生长发育、产量和品质形成均有密切的关系。缓解低温胁迫，促进烤烟早生快发，是南方烟区优质适产的一种重要且有效的栽培措施。本研究表明，在烟苗移栽初期施用适宜浓度的有机碳肥能促进烟苗根系的生长发育和形态建成，可增强根系对物质的吸收能力，从而增加干物质的合成与积累量，对缓解低温胁迫具有一定作用。

光合作用是绿色植物进行一切生命活动的能量基础，叶绿素含量与光合作用强度密切相关。作物在遭受低温胁迫时，叶绿素含量会显著降低。通过增水施肥或施加外源物质等方法可以提高作物叶绿素含量。本研究结果表明，在低温胁迫环境中施用一定量的液态有机碳肥可以提高烟苗叶绿素含量，可能是由于有机碳肥的施入补充了一部分烟苗进行正常生理活动所需的化学物质，这在一定程度上可缓解低温胁迫带来的伤害。

生物量是衡量作物生长状况的重要指标，生物量的积累和分配是作物对环境最直接的响应。施用液态有机碳能提高烤烟干物质积累量的原因，一方面是提高了烟叶的叶绿素含量，增强了光合作用，从而增加了烟苗同化物产量；另一方面是因为施用的碳肥是小分子有机碳，可以直接被根系吸收，继而参与后续的生理生化反应，相比于无机化肥而言肥效更好。

硝酸还原酶活性与烟叶氮素代谢密切相关。本研究中，低温条件下的烟苗 NR 活性与有机碳施用量呈正相关，解除低温后烟苗 NR 活性与有机碳施用量呈负相关，说明在正常条件下较低的有机碳用量更适宜烟苗的生长，而在低温条件下烟苗氮代谢受到抑制，有机碳用量越高，烟苗对低温的抵抗能力越强。

作物生化反应受各种酶的调控，温度是对酶活性影响最大的因素之一。低温胁迫使作物体内产生大量自由基，引起膜系统损伤，造成低温伤害。抗氧化酶是一类对氧化还原反应具有催化作用，能够清除或代谢氧化物质的酶类，在作物逆境适应和生存中，起着至关重要的作用。主要包括 SOD、POD 和 CAT，可在逆境胁迫中清除植物体内产生的 H_2O_2，减少氢氧自由基的形成，维持体内的活性氧代谢平衡和保护膜结构，减轻有毒物质对活细胞的毒害，从而使植物能在一定程度上忍耐、减缓或抵抗逆境胁迫。本研究中，在低温条件下，烟苗叶片膜脂过氧化程度加深，MDA 含量增加，施用液态有机碳肥的处理 SOD、POD 和 CAT 酶活性均高于对照处理，解除低温胁迫后 MDA 含量下降，且施用量 1.25g/株的处理 MDA 含量显著低于对照，说明烟苗的抗氧化防御系统得到了充分响应，施加有机碳肥能缓解低温胁迫的逆境生理，改善烟苗的生长环境，消减逆境胁迫，促进烟苗生长发育。

随着对碳营养重要性的认识和有机碳肥研发的不断深入，在作物生产中应用有机碳肥取得了明显的增产、提质和抗逆效果，显示了有机碳肥的各种优势，提供了良好的示范和引领作用。理论上作物存在氮饥饿现象，现应用于烟草生产的氮+磷+钾+有机肥的平衡施肥体系已经建立，但有机碳肥与有机肥有着较大的区别，有机肥虽含碳丰富，但水溶性低，因而有效性低，其功效往往需要通过微生物的分解作用释放或改良土壤而缓慢显示出来，难以作为补碳的有效途径。而有机碳肥水溶性高（多为液态），有效性强，易被植物吸收，能快速见效，能作为原有施肥体系有利的补充。有机碳营养在一定程度上可克服低温对烟苗生长制约的效果，可以考虑把有机碳肥纳入烟草施肥体系。

以上分析表明，施用有机碳肥可增强烟苗抗逆性，促进烟苗生长，在宏观上表现为地上部农艺性状、根系形态更佳及干物质积累更多，在微观上反映在根系活力、叶绿素含量及各抗氧化酶活性参数上。具体表现为，在低温胁迫条件下施用适宜浓度液态有机碳肥，可增加烟苗根系的干物质积累，提高根系活力，促进烟苗根系生长；可增加烟苗干物质积累量，提高烟苗叶片的叶绿素含量，促进烟苗地上部分生长；可提高烟苗硝酸还原酶、超氧化物歧化酶、过氧化氢酶、过氧化物酶活性，从而提高烟叶氮素同化能力，增强烟苗的抗寒能力，减缓低温胁迫对烟苗的伤害。生产上，以施用 1.25~3.75g/株的液态有机碳肥效果最好。

第二节　施用有机碳肥对低温胁迫烟苗生长发育的影响

一、研究目的

南方稻茬烟区移栽期（3—4 月）的倒春寒带来的低温冷害问题普遍存在，导致烟苗移栽后难以早生快发，严重影响烤烟产量和品质，成为提高烤烟种植效益的制约因素。覆盖栽培、施用火土灰、根区施肥、施用生物有机肥、促根剂等可促进稻茬烤烟早生快发，壳聚糖、生根粉、复硝酚钠、海藻酸钠等一些促进根系生长物质对促进烤烟根系生长、缓解低温胁迫具有一定作用。水溶性有机碳肥的有效碳含量是普通有机肥的 20 倍左右，具有快速释放水溶性碳养分的特点，可被作物根系和微生物直接吸收利用，在促进嘉宝果幼苗实生苗地上部生长（柳沈辉等，2018）、促进香榧地径和新梢生长（赖根伟等，2017）、增加蕹菜株高和茎粗及单株鲜重（陈秀莲等，2014）等方面具有明显效果，也具有一定抗逆作用，但有关水溶性有机碳肥是否对低温胁迫烤烟具有缓解作用的研究没有报道。以往的低温胁迫研究较注重低温处理后植物的生理生化反应，由于处理药剂的长效性，对低温胁迫后植物恢复生长状况的研究报道较少。据此，研究有机碳肥对低温胁迫烟苗及解除胁迫后烟苗生长、根系发育、叶绿素相对含量、丙二醛含量、硝酸还原酶活性及部分保护酶活性的影响，为丰富南方稻茬烟区促早生快发技术提供参考。

二、材料与方法

（一）试验材料

试验于 2019 年 4 月在湖南农业大学进行。花盆规格为 31.5cm×23.0cm×7.5cm，盆底通气，每盆装 1.5kg 基质。供试基质为烟草育苗专用基质。试验使用的有机碳肥料为某商品化生产的全能有机碳肥。试验烤烟品种为云烟 87。

（二）试验设计

试验设 4 个处理，分别是：T1，施有机碳肥 5g/盆（417mg/株，浓度为 7 000mg/L）；T2，施有机碳肥 10g/盆（833mg/株，浓度为 13 000mg/L）；T3，施有机碳肥 15g/盆（1 250mg/株，浓度为 20 000mg/L）；CK，不施有机碳肥。每盆种植烟苗 12 株。将有机碳肥与基质充分混匀，选用 4 叶 1 心和长势一致的烟苗，在温度 10℃下的人工气候箱中低温胁迫处理 5d。解除低温胁迫后，将试验盆和烟苗置于 25℃培养室中，恢复生长至 15d。试验期间定量浇水（50mL/株），尽可能确保每盆烟苗在试验阶段获得等量的水分。

（三）检测指标及方法

（1）根系形态指标及根系活力：于低温胁迫后、恢复生长至第 15d，每处理选取 5 株烟苗，将根系上的基质冲洗干净，置于 LA-2400 多参数根系分析系统中，测定根长、根表面积、根体积、根直径及根尖数。并采用 WinRHIZO 进行数据分析。采用改良的氯化三苯基四氮唑（TTC）法测定根系活力。

（2）地上部生长指标：于低温胁迫后、恢复生长至第 15d，每处理选取 5 株烟苗，测定地上部分的茎长、茎围、最大叶长、最大叶宽。将烟苗附带基质冲洗干净，分离根系和地上部分，于烘箱中 105℃杀青 30min，然后 70℃烘干至恒重，分别称取干物质重。地上部分干物质比例=地上部分干物重/总干物重×100%；地下部分干物质比例=地下部分干物重/总干物重×100%。

（3）烟叶 SPAD 值：于低温胁迫后、恢复生长至第 15d，每处理选取 5 株烟苗，取第 2 片展开叶，采用 SPAD-502 plus 便携式叶绿素测定仪（日本柯尼卡美能达公司）测定烟叶的 SPAD 值，每片烟叶在离主脉 3cm 两侧对称处各选择 6 个点进行测量，求平均值。

（4）烟叶丙二醛（MDA）含量：于低温胁迫后、恢复生长至第 15d，每处理选取 3 株烟苗。取 0.5g 样品，加入 2mL 预冷的 0.05mol/L pH 值 7.8 的磷酸缓冲液，加入少量石英砂，在经过冰浴的研钵内研磨成匀浆，转移到 5mL 刻度离心试管，将研钵用缓冲液洗净，清洗也移入离心管中，最后用缓冲液定容至 5mL。在 4 500r/min 离心 10min。上清液即为丙二醛提取液。吸取 2mL 的提取液于刻度试管中，加入 0.5%硫代巴比妥酸的 5%三氯乙酸溶液 3mL，于沸水浴上加热 10min，迅速冷却。于 4 500r/min 离心 10min。取上清液于 532、600nm 波长下，以蒸馏水为空白调透光率 100%，测定吸光度。

（5）烟叶酶活性：于低温胁迫后、恢复生长至第 15d，每处理选取 3 株烟苗。叶片硝酸还原酶活性采用活体法测定。叶片过氧化物酶（SOD）、过氧化氢酶（CAT）、超氧化物歧化酶（POD）活性均采用 Solarbio 公司生产的试剂盒进行测定。

（四）数据处理方法

采用 Microsoft Excel 2003 和 SPSS17.0 进行数据处理和统计分析。采用 Duncan 法进行多重比较，英文小写字母表示差异显著性为 5%水平。

三、结果与分析

（一）对烟苗根系形态指标的影响

由表 6-5 可知，低温胁迫后，随有机碳肥施用浓度增加而烟苗根系的长度、表面积、体积、平均直径和根尖数降低；其中，T1、T2 处理的根系形态指标均显著大于 CK 和 T3 处理（根尖数除外）。恢复生长至第 15d，T1 处理的根系形态指标均显著大于其他处理；T2 处理的根系长度、表面积、体积均显著大于 CK 和 T3 处理，T2 和 T3 处理的根尖数显著大于 CK。表明施用有机碳肥对烟苗的根系形态特征有显著影响，低浓度施用可减缓低温危害，并有利于烤烟根系恢复生长。

表 6-5　不同浓度有机碳肥对烟苗根系形态指标的影响

处理	低温胁迫后					恢复生长至 15d				
	长度 (cm)	表面积 (cm^2)	体积 (cm^3)	平均直径 (mm)	根尖数	长度 (cm)	表面积 (cm^2)	体积 (cm^3)	平均直径 (mm)	根尖数
T1	217.41±9.42a	69.46±1.08a	1.77±0.03a	1.02±0.06a	134±10a	440.08±11.87a	127.73±3.26a	2.95±0.12a	1.12±0.04a	311±25a
T2	128.04±7.21b	33.43±1.76b	0.70±0.04b	0.83±0.03b	80±8b	116.12±4.27b	36.39±1.27b	0.91±0.09b	1.00±0.03b	102±6b
T3	114.50±6.23c	28.16±1.21c	0.65±0.01c	0.79±0.02c	86±7b	95.64±6.80c	30.19±2.45c	0.79±0.07c	1.01±0.04b	101±4b
CK	106.04±7.24c	27.29±2.08c	0.64±0.02c	0.78±0.04c	64±8c	87.12±5.43c	29.82±2.67c	0.81±0.07c	1.03±0.02b	87±6c

（二）对烟苗根系活力的影响

由图 6-5 可知，低温胁迫后，施用有机碳肥处理的烟苗根系活力均大于 CK，以 T3 处理根系活力最强。恢复生长后至第 15d，T1、T2 处理的根系活力显著大于 CK 和 T3 处理，以 T2 处理根系活力最强。表明施用有机碳肥可提高根系活力。

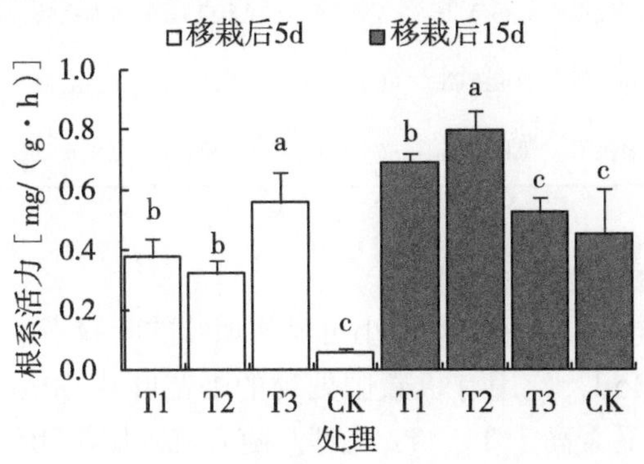

图 6-5　不同浓度有机碳肥对烟苗根系活力的影响

（三）对烟苗地上部生长的影响

由表 6-6 可知，低温胁迫后、恢复生长至 15d，T1、T2 处理的茎长、茎围、最大叶长和宽均显著大于 CK；T3 处理的茎长显著小于 CK，其他指标与 CK 差异不显著。表明适量施用有机碳肥可减缓低温危害，有利于烟苗地上部分恢复生长。

表 6-6　不同浓度有机碳肥对烟苗地上部分生长的影响

处理	低温胁迫后				恢复生长至 15d			
	茎长（cm）	茎围（cm）	最大叶长（cm）	最大叶宽（cm）	茎长（cm）	茎围（cm）	最大叶长（cm）	最大叶宽（cm）
T1	10.35±0.21a	1.30±0.02a	15.35±0.21a	7.00±0.14a	11.85±0.16a	1.46±0.05a	17.91±0.25a	8.17±0.16a
T2	9.60±0.28b	1.28±0.02a	15.15±0.21a	6.95±0.07a	10.95±0.35b	1.48±0.05a	17.68±0.21a	7.94±0.08a
T3	6.70±0.42d	1.25±0.03ab	13.05±0.07ab	6.50±0.14ab	7.65±0.49d	1.41±0.08ab	15.23±0.08ab	7.58±0.12ab
CK	8.35±0.21c	1.20±0.02b	12.65±0.21b	6.00±0.14b	9.55±0.18c	1.30±0.04b	14.76±0.13b	7.00±0.10b

（四）对烟苗干物质积累与分配的影响

由表 6-7 可知，低温胁迫后，地上部分干物质和总干物质以 T2 处理最高，且显著高于 T3、CK；T1、T2 处理的地下部分干物质显著高于 T3、CK。恢复生长后至第 15d，随有机碳肥施用量增加，烟苗干物质降低；其中，T1、T2 处理的地上部分、地下部分和总干物质显著高于 T3、CK。施用有机碳肥对干物质在地上和地下的分配比例没有影响。表明适量施用有机碳肥可促进烟苗干物质积累。

表 6-7　不同浓度有机碳肥对烟苗干物质积累及分配的影响

处理	低温胁迫后					恢复生长至 15d				
	总干物质（g/株）	地上部分		地下部分		总干物质（g/株）	地上部分		地下部分	
		干物质（g/株）	比例（%）	干物质（g/株）	比例（%）		干物质（g/株）	比例（%）	干物质（g/株）	比例（%）
T1	0.39±0.13ab	0.37±0.12ab	93.74±1.32	0.03±0.02a	6.26±1.32	0.90±0.55a	0.83±0.52a	92.52±0.91	0.06±0.03a	7.48±0.91
T2	0.42±0.09a	0.39±0.09a	94.02±1.60	0.03±0.01a	5.98±1.60	0.84±0.45a	0.78±0.45a	91.92±2.62	0.06±0.01a	8.08±2.62
T3	0.35±0.05b	0.32±0.05b	93.44±1.96	0.02±0.02b	6.56±1.96	0.59±0.11b	0.55±0.10b	94.00±1.33	0.04±0.01b	6.00±1.33
CK	0.36±0.05b	0.34±0.05b	93.81±0.62	0.02±0.01b	6.19±0.62	0.63±0.08b	0.59±0.07b	93.95±1.02	0.04±0.01b	6.05±1.02

（五）对烟叶 SPAD 值影响

SPAD 值与叶绿素含量成正比，其大小可反映烟叶的叶绿素水平。图 6-6 表明，低温胁迫后、恢复生长后至 15d，施用有机碳肥处理的烟苗叶片 SPAD 值均显著大于 CK；其中，T3 处理的 SPAD 值显著高于 T1、T2 处理。随有机碳肥施用量增加，叶片 SPAD 值增加。说明施用有机碳肥可提高烟苗叶片的叶绿素含量。

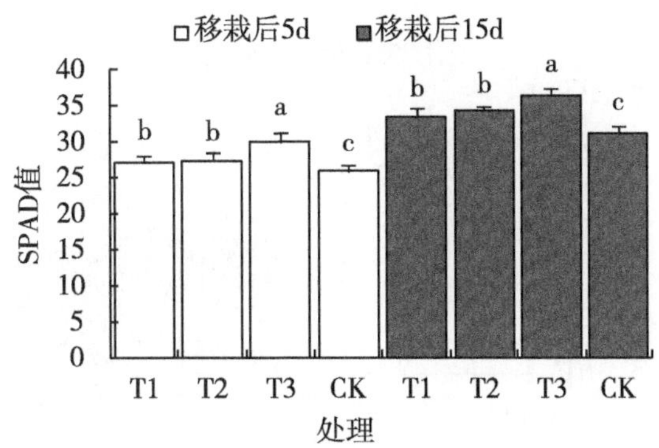

图 6-6 不同浓度有机碳肥对烟叶 SPAD 值的影响

（六）对烟叶硝酸还原酶活性影响

硝酸还原酶（NR）是高等植物氮素同化的限速酶，可直接调节硝酸盐还原，从而调节氮代谢，并影响到光合碳代谢。由图 6-7 可看出，低温胁迫后，T3 处理的叶片 NR 活性显著高于 T1 和 CK 处理。恢复生长后至第 15d，施用有机碳肥处理的叶片 NR 活性显著高于 CK，以 T3 处理的 NR 活性最高，T1 和 T2 处理 NR 活性差异不显著。表明施用有机碳肥可提高烟叶 NR 活性，从而提高烟苗利用氮的效率。

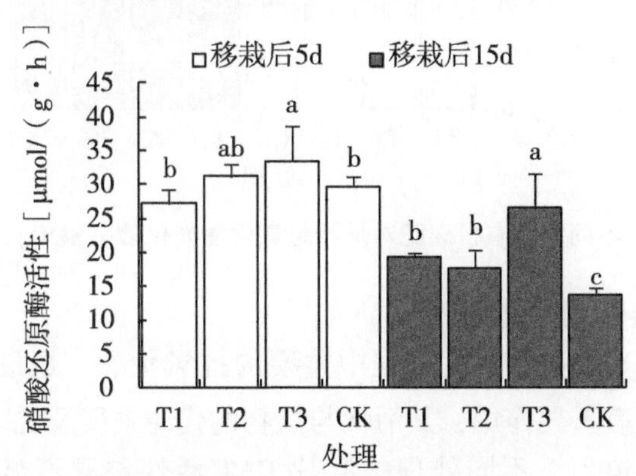

图 6-7 不同浓度有机碳肥对烟叶硝酸还原酶（NR）的影响

（七）对烟叶丙二醛含量影响

丙二醛（MDA）是膜脂过氧化的最终产物，其含量高低可反映膜脂过氧化水平。如图 6-8 所示，低温胁迫后，T3 处理叶片 MDA 含量显著高于 CK。恢复生长后至第 15d，施用有机碳肥 T3 处理的叶片 MDA 含量高于 CK；T3 处理叶片 MDA 含量显著高于 T1、T2。表明有机碳肥施用浓度过高可能会伤害烟苗。

（八）对烟叶超氧化物歧化酶活性影响

超氧化物歧化酶（SOD）是植物体内活性氧酶促防御系统的重要保护酶。如图 6-9 所示，低温胁迫后，施用有机碳肥处理的叶片 SOD 活性显著高于 CK，T2、T3 处理的叶片 SOD 活性显著高于 T1 处理。恢复生长后至第 15d，不同处理的叶片 SOD 活性没有显著差异。说明施用有机碳肥能增强低温下烟苗的抗寒能力。

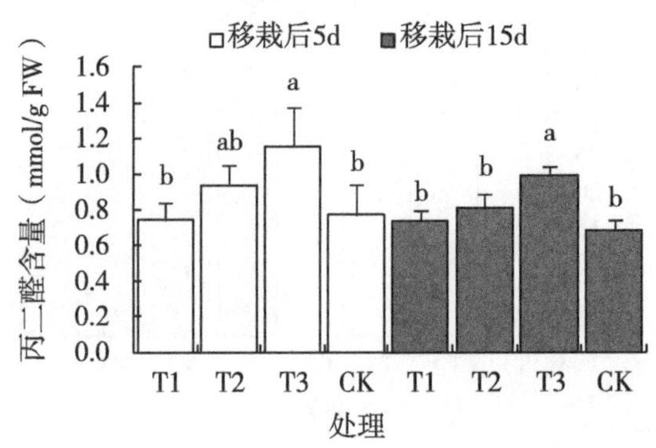

图 6-8　不同浓度有机碳肥对烟叶丙二醛（MDA）含量的影响

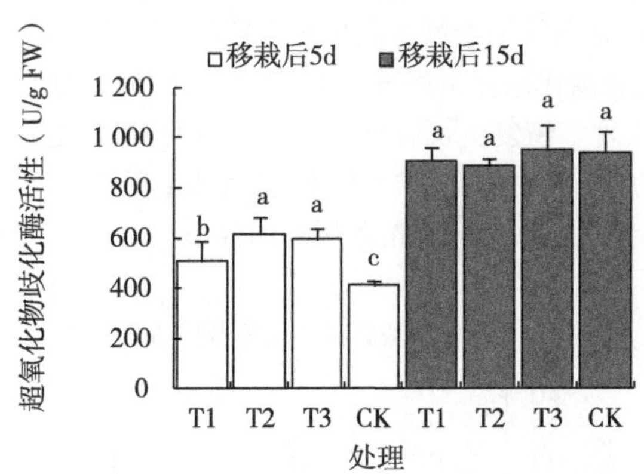

图 6-9　不同浓度有机碳肥对烟叶超氧化物歧化酶（SOD）的影响

（九）对烟叶过氧化氢酶活性影响

过氧化氢酶（CAT）是生物氧化过程中重要的抗氧化酶，是最主要的 H_2O_2 清除酶，在活性氧清除系统中具有重要作用，其活性与植物的代谢强度及抗寒能力有一定关系。如图 6-10 所示，低温胁迫后，不同处理的叶片 CAT 活性差异不显著。恢复生长后至第 15d，CAT 活性呈现随有机碳肥施用浓度增加而增加的趋势，T2 和 T3 处理的叶片 CAT 活性显著高于 T1、CK。说明施用有机碳肥能提高烟苗低温胁迫后恢复生长阶段的 H_2O_2 清除能力。

（十）对烟叶过氧化物酶活性影响

过氧化物酶（POD）是植物体内的保护酶，可催化以 H_2O_2 为氧化剂的氧化还原反应，在氧化其他物质的同时，可清除细胞内的 H_2O_2，其活性可以反映植物体内的代谢及抗逆性的变化。如图 6-11 所示，低温胁迫后、恢复生长后至第 15d，施用有机碳肥处理的叶片 POD 活性显著高于 CK；在 5d 低温处理后，叶片 POD 活性有随有机碳肥施用量增加而增加的趋势；在恢复生长后至第 15d，T2 处理的叶片 SOD 活性显著高于 T1、T3 处理。说明施用有机碳肥可增强烟苗抵御低温的能力，并提高恢复生长阶段烟苗清除 H_2O_2 能力。

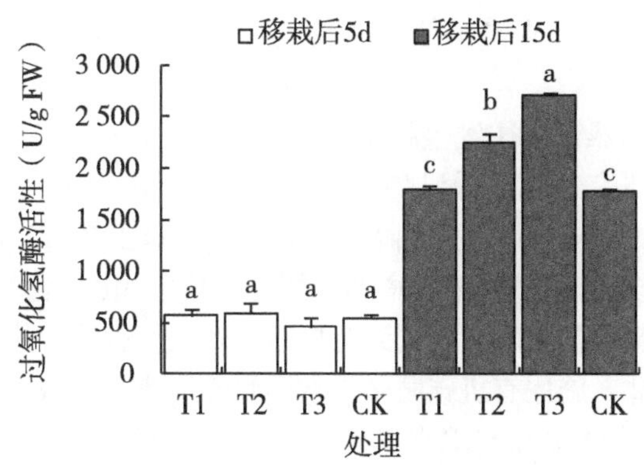

图 6-10　不同浓度有机碳肥对烟叶过氧化氢酶（CAT）的影响

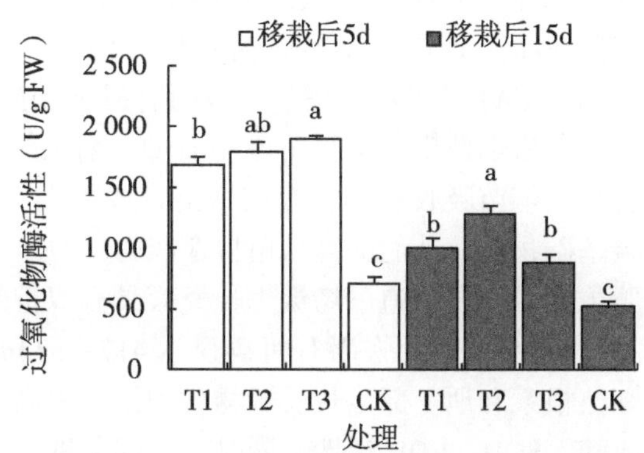

图 6-11　不同浓度有机碳肥对烟叶过氧化物酶（POD）的影响

四、讨论与结论

湖南稻茬烟区的烤烟在移栽时和伸根期常遭受低温阴雨寡照天气，导致烤烟还苗期长和伸根期烟苗长势弱，影响烟叶产量和品质。本研究结果表明，施用适宜浓度的有机碳肥可促进烟苗根系和地上部生长，有利烟苗早生快发，增加烟苗干物质积累量，可为烤烟优质丰产奠定基础。这主要是因为水溶性有机碳肥快速释放的水溶性碳养分可被烟苗根系直接吸收利用，构建烟苗体内各有机成分的碳架，补充碳短板；与此同时，烟苗吸收的有机碳肥已经是有机态，无须消耗光合能合成碳水化合物，因而这部分节省的光合能可用于其他生化反应，制造其他必需物质，从而促进烟苗更好、更快地生长。

根系活力表征根系的代谢状况，其活力越强，代表根系吸收能力越强，提供给植株地上部的养分和水分也越多。本研究结果显示，低温环境下，低浓度有机碳肥处理的根系活力较低，高浓度有机碳肥处理的根系活力较高；低温解除后，反而低浓度的根系活力大于高浓度处理。这可能是因为低温环境条件下，水溶性碳养分移动慢而烟苗吸收的数量有限；温度恢复后，烟苗吸收能力大大加强，有机碳肥浓度过高反而抑制了根部发育。

SPAD 值可反映烟叶的叶绿素水平，NR 活性可反映烟苗利用氮效率。本研究结果表明，随有机碳肥施用量增加，叶片 SPAD 值增加，烟叶 NR 活性提高。这主要是因为水溶性有机碳可被直接吸收利用，提高了低温寡照状况下的烟叶光合效率，进而提高烟苗碳氮代谢能力。

在逆境胁迫下，植物器官往往发生膜脂过氧化作用而产生 MDA，其含量越高，对生物膜的伤害程度越大。本研究发现，低温胁迫后，施用有机碳肥的 T3 处理的 MDA 显著高于 CK；恢复生长后，MDA 的含量虽有所下降，但施用有机碳肥的 T2 和 T3 处理的 MDA 还是显著高于 CK，且随着施用有机碳肥浓度增加，烟苗叶片中 MDA 含量呈现不同程度的增加，说明烟苗受到低温胁迫影响的同时，还受到有机碳肥浓度的影响。这与高浓度有机碳肥抑制根系活力是一致的。因此，施用有机碳肥必须掌握好施用浓度，否则，适得其反。

植物细胞内活性氧的产生和清除在常温条件下保持动态平衡，但当植物受低温胁迫时，其 ROS 调控能力下降从而积累大量 ROS，抗氧化酶活性增加可减轻过量 ROS 伤害，保护细胞膜系统，增强其抗寒性。本研究表明，低温条件下，适量施用有机碳肥的烟苗叶片 SOD 和 POD 活性均显著提高，但 CAT 活性普遍较低，均与 CK 的差异不大；恢复生长期间，施入有机碳肥的烟苗 CAT 活性明显增加，说明有机碳肥虽在低温阶段清除 H_2O_2 能力较弱，但能改善冷害结束后烟苗恢复生长阶段的 H_2O_2 清除能力。这可能是有机碳肥中大量的小分子碳营养极易被烟苗吸收利用，提供烟苗合成糖类、蛋白质、氨基酸、酶、激素、信号传递物质的碳基础物质，从而提高烟苗抗寒能力。

综上所述，有机碳肥浓度对低温胁迫下烤烟生长发育具有双重效果，低浓度表现为促进作用，高浓度表现为抑制作用。适量施用有机碳肥（417~833mg/株）可减缓低温胁迫，促进低温胁迫下的烟苗根系和地上部生长及干物质积累，提高叶片叶绿素含量，增强烟苗根系活力及硝酸还原酶、SOD、POD 活性。同时，在烟苗恢复生长过程中，适量施用有机碳肥可提高烟苗恢复生长能力。施用有机碳肥可提高烟苗抗寒能力和恢复生长能力，有利于南方稻茬烟区烟苗促早生快发。本盆栽试验是在模拟湘南稻茬烟区低温条件下获得的结果，有待大田试验的进一步验证。

第三节　稻茬烤烟减氮配施有机碳肥的效应

一、研究目的

合理施肥是烤烟栽培的重要环节，氮素是影响烟叶产量和质量最为重要的营养元素，碳氮平衡才能保证烤烟优质适产。由于南方稻作烟区降水量大，肥料流失严重，烤烟栽培中施氮量（160~180kg/hm^2）较高，不仅造成烟叶品质下降，而且流失的氮肥严重污染环境，减施氮肥和提高肥料利用率刻不容缓。稻茬烤烟（指烟稻复种模式中的烤烟）和水稻栽培过程中大量施用化肥氮，导致土壤碳氮失衡，补充土壤碳素营养是提高耕地质量和提高肥料利用率的重要手段。以往的碳肥补充主要是秸秆还田、种植绿肥和生物炭，而近几年施用有机碳肥对碳—光—氮调节，可改良土壤，调控土壤微生物环境，提高肥料利用效率，促进作物生长，提高作物产量和品质，有“补碳增氮”效果。桂丕等（2016）研究认为，碳营养短缺已成为影响作物高产优质的短板，施用有机碳肥可提高蕹菜碳氮代谢能力，促进生长，提高产量和品质；赖根伟等（2017）研究认为，液态有机碳肥与有机碳菌肥结合可促进香榧地径、新梢生长；付红梅等（2017）研究发现，有机碳肥的施用能提高油茶林地土壤水解氮、有效磷、速效钾含量，提高油茶产量。但是，在稻茬烤烟栽培中施用有机碳肥的效应研究少有报道。鉴于此，在南方稻茬烤烟减氮过程中配施有机碳肥，探讨其对于烤烟生长发育和干物质积累、烟叶物理特性和化学成分及经济性状的影响，为南方稻作烟区烤烟减氮增效提供参考。

二、材料与方法

（一）试验材料

试验于2020年在湖南省桂阳县梧桐村进行。试验地处于25.73°N，112.72°E，属于亚热带季风气候，年平均气温17.43℃，年平均降水量1 452.10mm，年平均日照时数1 494~1 704h。试验田为烤烟—晚稻复种轮作烟田，土壤为当地代表性水稻土，土壤pH值、有机质、碱解氮、速效磷、速效钾分别为7.71、16.69g/kg、89.83mg/kg、18.84mg/kg、71.98mg/kg。烤烟品种为云烟87。试验使用的有机碳肥料为商品化生产的全能有机碳肥和液态有机碳肥。

（二）试验设计

试验设施用有机碳肥种类和减氮量组合的7个处理，T1，施全能有机碳肥，减氮0%；T2，施全能有机碳肥，减氮10%；T3，施全能有机碳肥，减氮20%；T4，施液态有机碳肥，减氮0%；T5，施液态有机碳肥，减氮10%；T6，施液态有机碳肥，减氮20%；CK不施有机碳肥，也不减氮。有机碳肥在烟株移栽时作定根水施用一次，旺长期追施一次；其中，全能有机碳肥用量为每次3g/株，液态有机碳肥施用量为每次5g/株，稀释300倍后浇施。每个处理3次重复，共21个小区，随机区组排列。小区面积为$48m^2$，株行距为1.2m×0.5m。3月中旬移栽；烤烟不减氮的施氮量162.16kg/hm^2，m（N）：m（P_2O_5）：m（K_2O）=1：0.86：2.5，其他处理采用调节专用基肥、专用追肥和追施硫酸钾的用量保证氮、磷、钾比例一致。初花期打顶，留叶数14~16片。其他栽培管理措施与桂阳县烤烟标准化栽培一致。

（三）检测指标及方法

（1）烟株生长状况检测指标：分别在烤烟移栽后30d、60d、90d，每个小区取有代表性的典型烟株5株，按《烟草农艺性状调查测量方法》（YC/T 142—2010）测定株高、茎围、叶片数、最大叶长与宽，计算最大叶面积（叶长×叶宽×0.634 5）。

（2）烤烟干物质和氮、磷、钾测定：在烤烟移栽后75d，每个小区选择5株代表性的典型烟株，连根挖出植株，用水冲洗干净，分切为根、茎、叶片，在105℃杀青30min，80℃烘干至恒重后测定干物质量。粉样后，用H_2SO_4-H_2O_2法消煮烟株，消煮液即为待测液，吸取消煮液用凯氏定氮法测定全氮，用钼锑抗比色法测定全磷，用火焰光度法测定全钾。氮（磷、钾）积累量（g/株）=75d干物质重（g）×含氮（磷、钾）量（%）。干物质分配率（%）=某器官干物质量/烟株干物质总量×100。

（3）烟叶物理特性和化学成分检测指标：按照《烤烟》（GB 2635—1992）标准选取下部叶、中部叶和上部烟叶具有代表性的X2F、C3F和B2F等级，测定叶长、叶宽、含梗率、叶片厚度、单叶重、平衡含水率、叶质重等物理特性指标，计算宽长比=叶宽/叶长。采用荷兰SKALARSan++间隔流动分析仪测定烟叶总糖、还原糖、烟碱、总氮、氯含量，火焰光度法测定烟叶钾含量。

(4) 烤烟经济性状评价：每个处理分级后考查上等烟比例、均价、产量、产值。

(5) 氮肥生产效率计算：氮肥偏生产力（Nitrogen fertilizer partial productivity, NFPP）= 烟叶产量/施入氮量；氮肥偏生产效率（Nitrogen fertilizer partial production efficiency, NFPPE）= 烟叶产值/施入氮量。

(四) 统计方法

采用Microsoft Excel 2003和SPSS17.0进行数据处理和统计分析。采用Duncan法进行多重比较，英文小写字母表示差异显著性为5%水平。

三、结果与分析

(一) 对烟株生长的影响

减氮配施有机碳肥影响烟株生长（表6-8），移栽后30d，施用液态有机碳肥（T4，T5，T6）的株高均大于施用全能有机碳肥（T1，T2，T3），且显著高于CK；T4、T6的茎围显著大于CK；T1~T6的最大叶面积大于CK，但只有T1、T4、T6的最大叶面积显著大于CK。移栽后60d，除T3、T6以外各处理的株高均显著高于CK；T1、T4、T6的茎围显著大于CK；T1~T6的最大叶面积大于CK，但差异不显著。移栽后90d，T1、T2、T4、T5、T6的株高显著高于CK；T1~T6的叶片数显著多于CK；T1~T6的最大叶面积大于CK，但差异不显著。由此可见，在减施氮量的情况下，施用有机碳肥可改善烤烟的生长状况，提高烟株高度，增加有效叶片数，有利于烤烟营养生长；液态有机碳肥促生长效果优于全能有机碳肥。

表6-8 不同处理的烤烟农艺性状

移栽后天数（d）	处理	株高（cm）	茎围（cm）	叶片数（片）	最大叶面积（cm^2）
30	T1	17.45±1.44bc	3.93±0.61abc	7.00±0.00a	269.27±46.40a
	T2	18.10±0.96bc	3.40±0.17bc	6.67±0.58a	210.30±18.15abc
	T3	17.10±2.13bc	3.23±0.23c	6.33±0.58a	193.47±30.44bc
	T4	19.80±1.57ab	4.27±0.40a	6.67±0.58a	250.35±33.14ab
	T5	20.35±0.31ab	3.70±0.36abc	6.67±0.58a	253.42±15.47abc
	T6	21.55±2.39a	4.03±0.40a	6.67±0.58a	216.06±47.50ab
	CK	15.70±2.57c	3.37±0.25bc	6.67±0.58a	179.23±21.96c
60	T1	89.61±3.25ab	9.27±0.50a	15.33±1.15a	1 104.21±95.12a
	T2	88.23±1.06ab	8.50±0.26bc	17.67±1.15a	1 050.56±151.89a
	T3	83.63±5.64bc	8.53±0.32bc	17.00±1.73a	1 136.58±52.75a
	T4	90.57±3.95a	9.30±0.00a	15.67±1.53a	1 113.55±159.39a
	T5	92.00±4.32a	8.33±0.15bc	17.00±1.00a	992.60±92.95a
	T6	87.92±1.88abc	8.63±0.40b	15.67±0.58a	1 112.42±37.45a
	CK	81.42±2.78c	7.97±0.29c	15.67±1.15a	926.12±185.21a

（续表）

移栽后天数（d）	处理	株高（cm）	茎围（cm）	叶片数（片）	最大叶面积（cm^2）
90	T1	95.49±4.68ab	9.47±0.58a	15.67±0.58a	1 399.79±231.46a
	T2	95.45±4.26ab	9.50±0.30a	15.67±0.58a	1 344.97±79.42a
	T3	90.18±4.22bc	9.17±0.71a	15.67±0.58a	1 336.31±184.74a
	T4	100.40±6.26a	9.30±0.50a	15.33±0.58a	1 493.94±189.97a
	T5	96.71±4.12ab	9.47±0.21a	15.33±0.58a	1 441.06±201.72a
	T6	95.49±3.24ab	9.30±0.10a	15.33±0.58a	1 354.68±133.48a
	CK	87.89±1.40c	9.23±0.38a	14.33±0.58b	1 287.28±164.78a

（二）对烟株干物质积累及器官分配的影响

减氮配施有机碳肥影响烤烟干物质积累及分配（表6-9），不同处理之间的干物质积累量存在差异，并且随着减氮量的增加呈下降趋势。T1、T2、T4的总干物质积累量高于CK，但只有T1、T4的总干物质积累量显著高于CK。干物质积累分配比例均为叶>根>茎，T1、T2、T4、T5的叶干物质积累量显著高于CK，叶干物质积累量随减氮量增加而降低。不配施有机碳肥的对照根系干物质积累量较高。施用有机碳肥可有效提高干物质积累总量，减施氮肥会降低烟株干物质积累量，但减氮处理与CK无明显差异。由此可见，适量减氮配施有机碳肥可增加叶干物质积累量；不同有机碳肥对干物质积累量差异不显著。

表6-9　不同处理的烤烟干物质积累和分配

处理	总干物质量（g/株）	干物质积累量（g/株）			干物质分配比例（%）		
		根	茎	叶	根	茎	叶
T1	307.83±7.32a	58.05±0.76c	57.84±0.93a	191.95±5.69a	18.86±0.22bc	18.79±0.16bc	62.34±0.38ab
T2	288.02±4.71ab	75.71±2.12a	59.25±0.37a	153.06±2.40b	26.28±0.35a	20.57±0.24ab	53.14±0.16c
T3	265.62±4.15c	70.32±1.06b	53.48±1.08c	141.82±2.03c	26.47±0.02a	20.13±0.10ab	53.39±0.09c
T4	292.91±11.10a	48.95±0.60d	54.75±1.50bc	189.21±9.01a	16.72±0.43c	18.70±0.20bc	64.58±0.63a
T5	245.37±10.37c	43.75±0.97e	42.85±0.92d	158.77±8.64b	17.84±0.42bc	17.47±0.43c	64.69±0.85a
T6	249.80±3.54c	48.88±0.53d	52.94±0.39c	147.98±2.64c	19.57±0.07b	21.19±0.16a	59.23±0.22b
CK	270.17±28.66bc	73.27±2.36a	55.72±0.76b	141.18±28.89c	27.30±3.27a	20.75±2.29a	51.88±5.55c

（三）对烟株氮积累及分配的影响

由表6-10可知，各处理的氮积累量和分配比例存在显著性差异，总体表现叶高于根和茎。从氮累积量来说，除T6处理烟株氮累积量低于CK，其他处理的烟株氮积累量均显著高于CK；以T1处理积累氮量为最高；各处理间根和茎累积的氮素要低于CK，但叶却高于对照（较CK的氮积累量多38.68%~258.00%）。随减氮水平增加，茎和叶中氮素积累量积依次下降。从分配比例来说，CK烟株氮素在根和茎分配比例较高，在叶分配比例相对较低。叶分配比例顺序依次为：T1>T5>T4>T2>T3>T6>CK。说明施用有机碳肥能促进烤烟氮素累积，并以更高比例向叶片输送。

表 6-10　不同处理对烤烟氮积累及分配的影响

处理	氮积累量（mg/株）				器官分配比例（%）		
	烟株	根	茎	叶	根	茎	叶
T1	6 115.82±327.51a	773.72±77.08c	826.14±.0.42a	4 515.92±251.05a	12.63±0.01c	13.53±0.01d	73.84±0.01a
T2	4 667.14±125.52b	636.70±14.73d	797.65±2.16ab	3 232.82±138.07b	13.65±0.01c	17.09±0.01c	69.25±0.01a
T3	4 320.83±44.08b	850.82±58.43b	771.55±44.62b	2 698.62±27.44b	19.67±0.02b	17.85±0.02c	62.46±0.02b
T4	4 388.06±1 040.14b	508.54±2.85e	706.05±25.24c	3 173.50±1 014.91b	11.98±0.23c	16.59±0.27c	71.36±0.60a
T5	4 314.33±457.37b	487.47±5.49e	638.44±39.81d	3 188.45±419.80b	11.36±0.03c	14.85±0.02cd	73.79±0.05a
T6	3 008.75±60.91c	579.21±4.77d	680.23±9.16cd	1 749.32±56.31c	19.25±0.01b	22.61±0.03b	58.14±0.01b
CK	3 025.42±112.26c	921.41±7.46a	842.73±27.61a	1 261.43±147.16c	30.48±0.02a	27.89±0.05a	41.60±0.12c

（四）对烟株磷积累及分配的影响

由表 6-11 可知，磷累积量与分配比例同氮素一样，呈现出叶高于根和茎。从磷积累量来看，除 T6 处理烟株磷积累量低于 CK，其他处理累积量均大于 CK，以 T2 处理的累积量为最大，T6 处理的积累量为最小；除 T2 处理根茎积累的磷高于 CK，其他各处理均低于 CK；叶片以 T4 处理磷积累量最大，CK 最小。T1～T6 处理的烟叶磷积累量显著高于 CK（较 CK 的磷积累量多 12.79%～61.06%）。随减氮水平增加，磷积累量呈下降趋势。从分配比例来看，CK 和 T3 处理根磷分配最多，CK 和 T6 处理茎磷分配最多；各处理叶磷分配均高于 CK，表现为：T4>T5>T1>T6>T2>T3>CK。说明，施用有机碳肥，还能促进烤烟磷素累积，同样以更高比例向叶片输送。

表 6-11　不同处理对烤烟磷积累及分配的影响

处理	磷积累量（mg/株）				器官分配比例（%）		
	烟株	根	茎	叶	根	茎	叶
T1	528.87±17.95b	88.06±9.38c	97.34±10.48e	343.47±1.04b	16.61±0.03c	18.36±0.03b	65.01±0.06a
T2	626.60±38.29a	145.90±14.44a	127.73±1.96a	352.96±25.73b	23.25±0.01b	20.43±0.04b	56.30±0.03b
T3	477.76±14.98bc	115.92±5.99b	114.29±6.28bc	247.55±2.77c	24.25±0.00ab	23.90±0.02a	51.84±0.01c
T4	596.64±10.08a	90.50±7.61c	106.54±1.36cd	399.59±3.70a	15.15±0.02c	17.86±0.03b	66.98±0.02a
T5	527.60±9.22b	80.34±5.58cd	100.02±2.02de	347.24±16.77b	15.23±0.03c	18.97±0.01b	65.80±0.05a
T6	447.97±40.91c	70.93±5.16d	115.95±1.49b	261.09±37.20c	15.85±0.02c	26.02±0.10a	58.11±0.10b
CK	457.63±59.33c	117.34±7.55b	120.81±3.48ab	219.47±48.95d	25.78±0.04a	26.60±0.09a	47.57±0.20c

（五）对烟株钾积累及分配的影响

由表 6-12 可知，烤烟根、茎、叶中的钾累积量和分配比例同氮、磷规律一致。从钾积累量来看，以 T3 处理烟株积累的钾最低，为 6 985.19mg/株，与 CK 差异未达到显著水平，以 T1 处理 8 315.81mg/株最高，显著高于 CK；CK 的钾积累量在根茎积累较多，叶片较少。T1～T6 处理的烟叶钾积累量显著高于 CK（较 CK 的氮积累量多 4.93%～

38.99%）。从分配比例来看，T1～T6 处理根茎钾分配少，叶片分配多。叶片分配比例多少大致顺序为：T4>T5>T1>T6>T3>T2>CK。说明施用有机碳肥，更能促进钾的累积，依旧保持较高比例向叶片中输送。

表 6-12　不同处理对烤烟钾积累及分配的影响

处理	钾积累量（mg/株）				器官分配比例（%）		
	烟株	根	茎	叶	根	茎	叶
T1	8 315.81±277.82a	926.48±64.51c	1 739.55±0.00c	5 649.78±213.31a	11.13±0.00b	20.93±0.01c	67.94±0.00b
T2	8 006.48±235.94ab	1 256.91±0.00a	2 048.06±65.85a	4 701.51±170.09c	15.70±0.00a	25.58±0.00a	58.72±0.00e
T3	6 985.19±70.67d	1 077.19±78.14b	1 642.73±59.43d	4 265.26±0.00d	15.41±0.02a	23.51±0.01b	61.07±0.00d
T4	7 812.78±210.27b	718.43±0.00e	1 646.62±0.00d	5 447.74±210.27a	9.20±0.00c	21.08±0.00c	69.71±0.01a
T5	7 343.12±0.00dc	726.32±0.00e	1 536.16±0.00e	5 080.64±0.00b	9.89±0.00c	20.92±0.00c	69.18±0.00ab
T6	7 213.92±144.33cd	811.49±0.00d	1 762.01±58.83c	4 640.42±164.45c	11.25±0.00b	24.43±0.01b	64.32±0.02c
CK	7 077.52±135.91cd	1 122.38±81.42b	1 890.29±0.00b	4 064.85±156.89e	15.85±0.03a	26.72±0.00a	57.42±0.02e

（六）对烟叶物理特性的影响

减氮和施用有机碳肥影响烟叶物理特性（表 6-13）。不同处理的烟叶宽长比和含梗率差异不显著。从单叶重看，X2F 等级的 T4 处理单叶重显著高于 CK；B2F 等级 T1～T6 处理（施用有机碳肥）的单叶重显著高于 CK。从叶片厚度看，X2F 等级 T1～T6 处理（施用有机碳肥）的叶片厚度显著高于 CK；C3F、B2F 等级 T4～T6 处理的叶片厚度显著高于 CK。不同处理的平衡含水率差异显著，但规律性不明显。从叶质重看，X2F 等级的 T4 处理叶质重显著高于其他处理；C3F、B2F 等级 T1～T6 处理的叶质重显著低于 CK。由此可见，减施氮肥会降低单叶重、烟叶厚度，施用有机碳肥可提高单叶重和降低中部和上部烟叶的叶质重，烟叶结构较为疏松，但施用液态有机碳肥会增加叶片厚度。

表 6-13　不同处理的烟叶物理特性

等级	处理	宽长比	单叶重（g）	含梗率（%）	叶片厚度（mm）	平衡含水率（%）	叶质重（mg/cm^2）
X2F	T1	0.39±0.02a	8.33±1.42ab	34.18±0.76a	0.13±0.00c	16.16±0.06b	64.67±20.97bc
	T2	0.36±0.03a	8.10±0.37abc	33.22±2.59a	0.12±0.01c	14.72±0.05cd	70.33±5.53bc
	T3	0.35±0.01a	7.44±0.71c	31.87±0.99a	0.11±0.00d	18.13±0.10a	74.67±11.85bc
	T4	0.39±0.04a	9.63±1.34a	31.77±4.08a	0.18±0.01a	11.38±0.61e	91.33±2.52a
	T5	0.38±0.03a	7.49±0.44bc	30.31±1.13a	0.16±0.00b	16.09±0.72b	78.33±14.64b
	T6	0.37±0.01a	7.24±0.69bc	30.57±2.59a	0.15±0.01b	15.59±0.98bc	55.67±1.26c
	CK	0.38±0.01a	7.88±1.10bc	33.38±0.71a	0.08±0.01e	15.12±0.48d	70.50±3.77bc

（续表）

等级	处理	宽长比	单叶重（g）	含梗率（%）	叶片厚度（mm）	平衡含水率（%）	叶质重（mg/cm²）
C3F	T1	0. 31±0. 02a	15. 14±1. 09a	32. 18±2. 53a	0. 14±0. 00d	13. 76±1. 65a	85. 17±13. 88b
	T2	0. 31±0. 01a	14. 96±2. 45a	32. 35±1. 18a	0. 14±0. 00d	14. 05±0. 08a	87. 17±18. 34b
	T3	0. 34±0. 02a	12. 20±2. 37a	31. 52±0. 91a	0. 13±0. 01d	13. 74±1. 32a	87. 00±23. 02b
	T4	0. 33±0. 03a	15. 92±3. 33a	33. 76±3. 13a	0. 20±0. 01a	11. 34±0. 90b	89. 83±6. 79b
	T5	0. 32±0. 02a	15. 41±1. 60a	30. 01±3. 73a	0. 19±0. 01b	14. 67±1. 19a	86. 33±2. 02b
	T6	0. 34±0. 01a	14. 13±0. 97a	32. 70±0. 22a	0. 17±0. 01c	14. 83±0. 28a	105. 00±4. 00b
	CK	0. 34±0. 01a	14. 40±2. 42a	29. 43±3. 69a	0. 14±0. 01d	14. 99±0. 45a	122. 33±2. 25a
B2F	T1	0. 33±0. 02a	21. 45±2. 10a	29. 62±2. 79a	0. 23±0. 00c	14. 52±0. 12a	101. 50±22. 59c
	T2	0. 33±0. 01a	18. 28±1. 36b	31. 56±1. 17a	0. 19±0. 01d	12. 17±0. 54bc	109. 00±15. 26c
	T3	0. 35±0. 01a	17. 06±2. 77b	34. 15±2. 40a	0. 18±0. 00d	11. 43±0. 47bc	100. 33±14. 97c
	T4	0. 33±0. 01a	21. 11±3. 51a	34. 32±1. 35a	0. 37±0. 03a	10. 48±1. 19c	102. 50±9. 34c
	T5	0. 34±0. 02a	18. 05±1. 46b	33. 75±1. 40a	0. 31±0. 02b	12. 06±1. 55bc	113. 33±10. 41c
	T6	0. 33±0. 01a	18. 69±2. 76b	33. 47±3. 39a	0. 30±0. 01b	12. 82±1. 49ab	124. 33±10. 89b
	CK	0. 34±0. 00a	16. 68±1. 62c	32. 03±2. 53a	0. 21±0. 01c	14. 62±0. 20a	134. 33±0. 29a

（七）对烟叶化学成分的影响

减氮和施用有机碳肥影响烟叶化学成分（表 6-14）。在施用有机碳肥的不同处理中，随减氮量增加，烟叶总糖和还原糖含量升高；施用有机碳肥的 T1～T6 处理烟叶中总糖、还原糖含量高于 CK，其中 T2～T6 处理显著高于 CK。随减氮量增加，烟叶的烟碱和总氮含量降低；施用有机碳肥的 T1～T6 处理烟叶中的烟碱和总氮含量显著低于 CK。施用有机碳肥的 T1～T6 处理烟叶钾含量显著高于 CK，氯含量显著低于 CK。不同有机碳肥之间的化学成分虽有差异，但规律不明显。由此可见，减施氮肥可提高烟叶糖含量和降低烟叶的烟碱、总氮含量，施用有机碳肥可增加烟叶中总糖、还原糖、钾含量，降低烟碱、总氮、氯的含量；不同有机碳肥对烟叶化学成分的影响没有显著差异。

表 6-14　不同处理的烟叶化学成分　　单位：%

等级	处理	总糖	还原糖	烟碱	总氮	钾	氯
X2F	T1	27. 66±1. 33 c	26. 82±1. 38cd	1. 70±0. 01b	1. 54±0. 13b	2. 43±0. 05a	0. 66±0. 01b
	T2	34. 91±1. 61a	27. 22±1. 03c	1. 66±0. 03b	1. 45±0. 57bc	2. 17±0. 29b	0. 42±0. 01c
	T3	36. 03±1. 55a	33. 68±0. 39a	1. 16±0. 09f	1. 41±0. 03c	2. 04±0. 19c	0. 42±0. 01c
	T4	29. 88±0. 77b	28. 57±0. 99b	1. 40±0. 03c	1. 49±0. 02bc	2. 30±0. 11ab	0. 37±0. 03c
	T5	30. 38±0. 20b	29. 17±0. 30b	1. 31±0. 02d	1. 47±0. 13bc	2. 43±0. 03a	0. 40±0. 01c
	T6	31. 17±0. 61b	29. 94±1. 07b	1. 21±0. 02e	1. 25±0. 11d	2. 23±0. 19b	0. 28±0. 01d
	CK	27. 56±0. 21c	26. 7±0. 12d	1. 78±0. 06a	1. 71±0. 03a	1. 98±0. 44d	0. 84±0. 01a

（续表）

等级	处理	总糖	还原糖	烟碱	总氮	钾	氯
C3F	T1	22.44±1.11cd	20.44±1.42cd	2.84±0.07bc	1.82±0.01b	2.08±0.01a	0.54±0.01c
	T2	23.36±0.88c	21.56±1.09c	2.81±0.08bc	1.77±0.12c	2.11±0.11a	0.54±0.00c
	T3	26.24±0.42b	24.78±0.99a	2.70±0.06c	1.81±0.06b	2.17±0.11a	0.68±0.00b
	T4	25.20±0.48b	22.73±0.59b	2.98±0.14b	1.76±0.09c	2.17±0.11a	0.50±0.04c
	T5	25.51±1.10b	23.08±0.26b	2.79±0.02c	1.70±0.02c	2.04±0.04a	0.52±0.02c
	T6	28.22±2.24a	24.71±1.00a	2.46±0.10d	1.75±0.10c	2.04±0.04a	0.35±0.01d
	CK	21.88±0.60d	19.95±0.20d	3.20±0.02a	1.94±0.03a	1.92±0.03b	0.76±0.02a
B2F	T1	21.48±0.80bc	17.11±0.29bc	3.43±0.03b	2.19±0.01b	2.06±0.19a	0.68±0.01b
	T2	23.64±1.16a	18.64±0.82b	3.44±0.10b	2.18±0.11b	1.92±0.11a	0.58±0.01c
	T3	24.03±0.51a	19.07±0.20a	3.30±0.14bc	2.13±0.01b	2.11±0.11a	0.48±0.02d
	T4	20.37±0.51d	18.50±0.25b	3.32±0.08bc	2.14±0.09b	2.04±0.00a	0.70±0.02b
	T5	21.80±0.97b	19.01±0.21a	3.26±0.13c	2.14±0.15b	1.89±0.11b	0.56±0.07c
	T6	22.91±0.72b	19.35±0.49a	3.18±0.01d	1.96±0.05c	1.91±0.11b	0.42±0.01d
	CK	19.24±0.44c	16.33±0.69c	3.55±0.04a	2.39±0.10a	1.75±0.03c	0.80±0.01a

（八）对烤烟经济性状的影响

减氮和施用有机碳肥影响烤烟经济性状（表 6-15）。施用有机碳肥的 T1～T6 处理的上等烟比例高于 CK，但只有 T2、T4～T6 处理的上等烟比例显著高于 CK；施液态有机碳肥处理的上等烟比例高于全能有机碳肥，T6 上等烟比例显著高于 T1～T3。随减氮量增加，烟叶产量和产值降低（T6 除外）；除 T3 外，施用有机碳肥的 T1、T2、T4～T6 处理的产量和产值显著高于 CK。与 CK 相比，施用有机碳肥的 T1～T6 处理的上等烟比例分别高 1.25～9.58 个百分点；施用有机碳肥的 T1、T2、T4～T6 处理产量分别高 2.87%～14.14%，产值分别高 9.33%～17.09%。由此可见，减施氮肥会降低烟叶产量、产值，施用有机碳肥可提高上等烟比例，增加烟叶产量、产值，施用有机碳肥可减轻由于减氮所带来的产量和产值降低的影响；施用液态有机碳肥的上等烟比例优于全能有机碳肥。

表 6-15　不同处理的烤烟经济性状

处理	上等烟（%）	均价（元/kg）	产量（kg/hm^2）	产值（元/hm^2）
T1	61.58±5.79c	27.15±0.66a	2 817.71±169.41a	76 446.25±727.66a
T2	62.77±0.60b	27.34±0.01a	2 630.21±16.83ab	71 896.56±971.24b
T3	61.25±0.15c	27.11±0.08a	2 312.50±127.21c	62 666.67±1 405.05c
T4	64.14±1.45b	27.59±0.44a	2 640.63±139.94ab	72 822.40±2 689.22b
T5	63.57±1.12b	27.60±0.41a	2 583.34±183.02b	71 380.73±1 644.42b
T6	69.58±1.61a	28.12±0.01a	2 539.58±120.01b	71 412.99±938.30ab
CK	60.33±0.01c	26.50±1.41a	2 468.75±191.51c	65 286.46±1 583.62c

（九）对烤烟氮肥偏生产力和偏生产效率的影响

由图 6-12 可知，从氮肥偏生产力看，施用有机碳肥的 T1～T6 处理的氮肥偏生产力较

CK 分别高 14.17%、27.89%、17.11%、6.99%、25.60%、38.73%；其中，T6、T5、T2 相对较高。从氮肥偏生产效率看，施用有机碳肥的 T1～T6 处理的氮肥偏生产效率较 CK 分别高 17.09%、32.15%、19.98%、11.54%、31.20%、47.50%；其中，T6、T5、T2 相对较高。可见，适当减少氮肥配施有机碳肥可提高烤烟氮肥偏生产力和氮肥偏生产效率；不同有机碳肥对氮肥偏生产力和偏生产效率的影响没有显著差异。

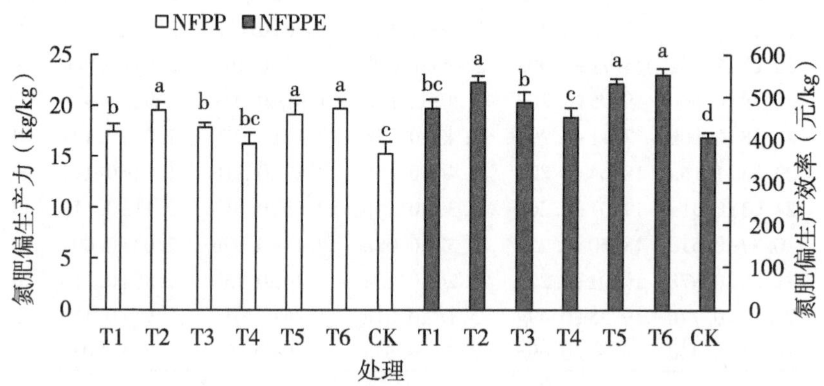

图 6-12　不同处理的烤烟偏生产力和偏生产效率

四、讨论与结论

有机碳肥主要成分为黄腐酸，其元素组成为 C 54.82%、H 2.29%、O 41.14%、N 0.66%、S 1.09%。施用有机碳肥可提高土壤碳氮比，具有补充土壤碳短板的作用。本研究结果表明，施加有机碳肥有利于烤烟营养生长，缓解减氮对于烤烟各农艺性状的不良作用，移栽后 30d 减氮 10%配施有机碳肥的处理农艺指标较好，可提高株高、茎围、最大叶面积。在施用有机碳肥不减氮或者减氮 10%的条件下，烟叶中干物质量提升，烟株内干物质积累大于 CK，全能有机碳肥效果较好，说明在施用有机碳肥并在合理的减氮水平下能促进烤烟干物质积累，减氮水平过高，土壤中的氮含量不能满足烟株生长发育的需求，降低了烟株的同化能力，不利于烤烟的干物质积累。施用有机碳肥后，烤烟叶片中氮积累量较 CK 提升 38.68%～258.00%，磷积累量 12.79%～61.06%，钾积累量 4.93%～38.99%。这主要与有机碳肥的施用有关，有机碳肥的施用提供了构建烤烟体内各有机成分的必需碳架，从而实现碳与其他元素平衡，提高土壤中 N、P、K 等矿质营养元素的利用率，达到了“补碳增氮”效果。

本研究土壤有机质含量 16.69g/kg，碱解氮含量 89.83mg/kg，是一种典型的“碳低氮高”的土壤，碳短板较为突出，在这种土壤施用有机碳肥可起到“锦上添花”的作用。本研究表明，施用有机碳肥可增加烟叶中总糖、还原糖、钾含量，降低烟碱、总氮、氯的含量；这与有机碳肥易被直接吸收，提供烤烟合成糖类基础物质，调节烤烟碳—光—氮生理，从而实现补碳增糖提钾降碱效果。

本研究结果显示，增施有机碳肥主要是增加烟叶干物质积累量，因而施用有机碳肥可提高上等烟比例，增加烟叶产量、产值，可减轻由于减氮所带来的产量和产值的损失。施用全能有机碳肥减氮 20%处理的产量和产值略低于对照，减氮 10%处理的产量和产值显著高于对照，其氮肥偏生产力和偏生产效益以减氮 10%相对较高，表明施用全能有机碳肥减氮以 10%为宜；施用液态有机碳肥减氮 10%和 20%的处理的产量和产值均显著高于对照，其氮肥偏生产力和偏生产效益也显著高于对照，表明施用液态有机碳肥可减氮 10%~20%，可见施用有机碳肥后在氮肥施用量减少的情况下与 CK 相比依旧保持优势。综合来看，以施用液态有机碳肥减氮 20%的处理的经济效果最佳。因此，在稻作烟区，烤烟减施化肥氮的同时配施有机碳肥，不仅可促进烤烟生长和干物质积累，还能提升烟叶品质，提高烤烟产量和产值，具有一定推广价值。

综上所述，在稻茬烤烟减施氮肥过程中配施有机碳肥，可增加烟株高度和有效叶片数，有利于烤烟营养生长，促进烟叶干物质和氮、磷、钾积累，提高烟叶单叶重、糖和钾含量，降低烟叶的烟碱和氯含量，提高烟叶上等烟比例和产量产值，提高氮肥偏生产力和偏生产效率。

施用全能有机碳肥可减氮 10%（减氮 16.22kg/hm^2），较不施有机碳肥增产 161.46kg/hm^2，提高产值 6 610.10 元/hm^2；施用液态有机碳肥可减氮 10%~20%（减氮 16.22~32.44kg/hm^2），较不施有机碳肥增产 70.83~114.59kg/hm^2，提高产值 6 094.27~6 126.53 元/hm^2。

第七章 稻茬烤烟促根减氮增效技术

第一节 施氮量对稻茬烤烟生长发育和产质量的影响

一、研究目的

氮是烤烟生产中重要的营养元素，对烤烟产量和品质的影响很大（李春俭等，2007）。烤烟所需氮素的主要来源于土壤氮和肥料氮。施氮肥是调控烤烟生长发育和烟叶产质量的重要措施，过多或过少施用氮肥都会影响烤烟的产量和质量（张仁椒等，2007；杨春霞等，2004；韩锦峰等，1999）。施氮量适宜，烤烟生长发育协调，有利于形成优质烟叶（赵宏伟等，1997）；施氮量过大，烟叶贪青晚熟，造成上部烟叶偏厚、烟碱含量偏高和工业可用性较差（章启发等，1999；张翔等，2012）。但由于不同烟区的土壤类型和气候条件存在较大差异，烟株对土壤和肥料中氮素养分的吸收利用状况不同，大量关于氮肥用量（杨志晓等，2011；王海珠等，2013；李宏光等，2007）对烤烟生产影响的报道不具有普遍性，给正确指导施用氮肥增加了难度。本试验针对湘南烟区稻茬烤烟特定的生态环境条件，探讨了不同施氮水平对烤烟生长发育及产质量的影响，以期为指导烟农合理施肥提供参考。

二、材料与方法

（一）试验设计

试验在郴州市桂阳县欧阳海基地单元进行。采用大区试验，不设置重复。选择在种烟优势区域的、具有5年以上种烟经验的、户均种植规模在1.5~2.0hm^{2}的种烟农户，设3个施氮水平，即T1，施氮量180kg/hm^2；T2，施氮量150kg/hm^2；T3，施氮量135kg/hm^2。具体施肥方法为：采用“101”施肥法深施基肥，用量750kg/hm^2。起垄前将全部饼肥和60%的基肥条施于垄底，移栽前10~15d，穴施剩余40%的基肥。钙镁磷肥随基肥一起使用。移栽50d左右，分五次施完所有追肥：第1次在移栽后3~5d，用30kg/hm^{2}烟草专用提苗肥浇施；第2次在移栽后12d左右，用45kg/hm^{2}烟草专用提苗肥浇施；第3次在移栽后22d左右，用37.5kg/hm^{2}烟草专用提苗肥浇施、150~225kg/hm^{2}烟草专用追肥（T1、T2、T3分别为225kg/hm^2、150kg/hm^2、150kg/hm^2）浇施；第4次在移栽后 35d，用 225～375kg/hm^2 烟草专用追肥（T1、T2、T3 分别为 375kg/hm^2、300kg/hm^2、225kg/hm^2）浇施；第 5 次可在移栽后 50d 左右，用 225～450kg/hm^2 烟草专用追肥（T1、T2、T3 分别为 450kg/hm^2、300kg/hm^2、225kg/hm^2）和 150kg/hm^2 硫酸钾浇施。品种为云烟 87。其他栽培管理措施与郴州市烤烟标准化栽培一致。

（二）主要检测指标及测定方法

（1）烤烟农艺性状观测：每个处理选择 3 处典型烟田作为观测记载点。每点选择 10 株典型烟株作为研究观测记载对象。从移栽后 30d 开始，每 10d 观测记载 1 次，按照《烟草农艺性状调查测量方法》（YC/T 142—2010），调查每株烤烟的叶片数、株高、茎围、节距、最大叶长和宽等农艺性状。

（2）叶面积指数观测：在观测农艺性状时，同步测定群体叶面积指数，采用植物冠层分析仪（LP-80，USA），测定时间为上午 9:00—11:00。

（3）根、茎、叶干物质积累和根体积测定：在观测农艺性状时，每观测点选 3 株典型烟株同步测定根、茎、叶干重，并采用排水法测定根体积。

（4）经济性状调查统计：烘烤后，分户统计上等烟比例、均价、产量、产值。

（5）烟叶物理特性：按照《烤烟》（GB 2635—1992）标准选取上、中、下部位具有代表性的 B2F、C3F、X2F 等级烟叶，主要测定开片度、含梗率、叶片厚度、单叶重、平衡含水率、叶质重等物理特性指标。

（6）烟叶化学成分：按照《烤烟》（GB 2635—1992）标准选取上、中、下部位具有代表性的 B2F、C3F、X2F 等级烟叶，采用荷兰 SKALAR San++间隔流动分析仪测定烟叶总糖、还原糖、烟碱、总氮、氯、淀粉含量，火焰光度法测定烟叶钾含量。

（三）数据统计分析

用 Excel 2007 软件对数据进行初步整理，采用 SPSS17.0 统计软件进行方差分析和多重比较。多重比较采用新复极差法，英文小写字母表示 5%差异显著水平。

三、结果与分析

（一）对烤烟农艺性状的影响

由表 7-1 可知，在移栽后 30d，生长速度为 T1>T2>T3，且差异显著。在移栽后 40～50d 间，T1 生长明显快于 T2、T3。但随着大田生长时间的延长（50d 后），不同处理生长速度之间的差异会逐渐缩小。在移栽后 60d、70d，3 个处理的叶片数、节距和最大叶的叶宽差异不显著；其他性状为 T1 处理显著高于 T2、T3 处理。

表 7-1　不同处理烤烟农艺性状动态变化

移栽后天数（d）	处理	叶数（片）	株高（cm）	茎围（cm）	节距（cm）	最大叶长（cm）	最大叶宽（cm）
30	T1	16.50a	45.45a	7.18a	2.75a	53.35a	25.85a
	T2	14.80b	27.05b	6.48b	1.83b	46.65b	21.60b
	T3	13.50c	22.70c	5.96c	1.68c	43.24c	19.00c

（续表）

移栽后天数（d）	处理	叶数（片）	株高（cm）	茎围（cm）	节距（cm）	最大叶长（cm）	最大叶宽（cm）
40	T1	19.90a	86.45a	8.02a	4.55a	65.60a	25.60a
	T2	19.00b	71.63b	7.69b	3.62b	60.00b	22.82b
	T3	18.80b	67.45b	7.33b	3.59b	57.45b	22.42b
50	T1	20.40a	96.50a	8.32a	4.73a	71.05a	24.53a
	T2	20.10b	88.10b	8.08b	4.38b	68.20b	23.10b
	T3	19.40b	88.25b	7.72b	4.55b	66.70b	23.23b
60	T1	20.80a	101.30a	8.68a	4.87a	80.43a	27.12a
	T2	20.60a	95.82b	8.41b	4.65a	76.02b	26.70a
	T3	20.20a	92.50b	8.10b	4.53a	75.63b	27.06a
70	T1	19.60a	109.70a	8.61a	4.88a	82.93a	27.35a
	T2	19.90a	101.85b	8.23b	4.46a	80.85b	26.80a
	T3	19.30a	98.80b	8.21b	4.60a	79.20b	27.38a

（二）对烤烟叶面积指数的影响

由图 7-1 可知，从烤烟移栽后 30~70d，叶面积指数始终是 T1>T2>T3，但其差距是愈来愈大。移栽后 30d，T1 叶面积指数较 T2、T3 分别高 0.13、0.31；至移栽后 70d，T1 叶面积指数较 T2、T3 分别高 0.56、0.68。方差分析结果表明，T1 处理叶面积指数显著高于 T2 和 T3 处理，但 T2 和 T3 处理的叶面积指数只是在移栽后 30d 差异显著，往后 T2 和 T3 处理的叶面积指数差异不显著。

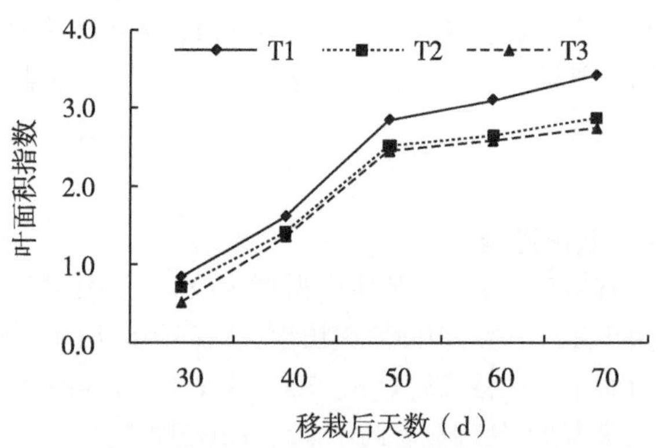

图 7-1　不同处理烤烟叶面积指数动态变化

（三）对烤烟根体积的影响

由图 7-2 可知，从烤烟移栽后 30~70d，烤烟根体积始终是 T1>T2>T3，但其差异呈增大趋势，特别是在移栽 50d 后，差异更为明显。移栽后 30~70d，T1 处理根体积较 T2 处理分别高 22.48cm^3/株、23.25cm^3/株、51.03cm^3/株、48.51cm^3/株、74.25cm^3/株；T1 处理根体积较 T3 处理分别高 25.76cm^3/株、33.24cm^3/株、62.30cm^3/株、62.53cm^3/株、94.75cm^3/株。方差分析结果表明，T1 处理根体积显著高于 T2 和 T3 处理，但 T2 和 T3 处

理的根体积差异不显著。

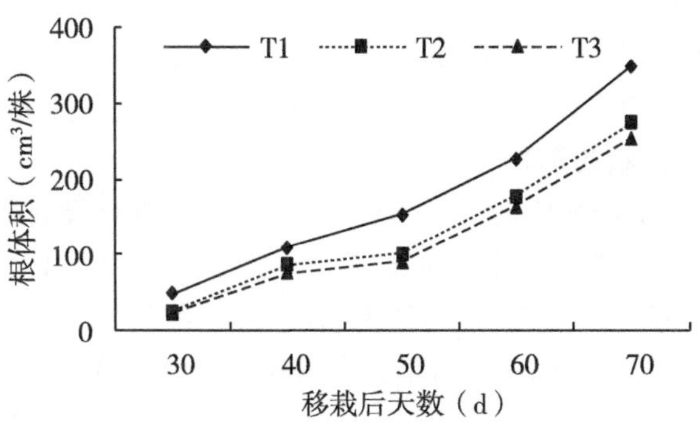

图 7-2　不同处理烤烟根体积动态变化

（四）对烤烟干物质积累的影响

由表 7-2 可知，从根干重看，移栽后 30～70d，根干重始终是 T1>T2>T3，其差距是愈来愈大。移栽后 30d，T1 处理根干重较 T2、T3 分别高 7.17g/株、8.07g/株；但至移栽后 70d，T1 处理根干重较 T2、T3 分别高 38.54g/株、41.61g/株；方差分析结果表明，T1 处理根干重显著高于 T2 和 T3 处理，但 T2 和 T3 处理差异不显著。

表 7-2　不同处理烤烟干物质积累动态变化

烟株部位	处理	移栽后天数（d）				
		30	40	50	60	70
根干重（g/株）	T1	13.68a	28.81a	34.25a	65.76a	109.84a
	T2	6.51b	18.32b	29.73b	48.56b	71.30b
	T3	5.61b	15.68b	26.42b	44.89b	68.23b
茎干重（g/株）	T1	13.27a	22.25a	53.76a	88.56a	145.48a
	T2	6.23b	16.13b	43.67b	62.54b	116.71b
	T3	4.24b	12.92b	41.42b	57.90b	93.26b
叶干重（g/株）	T1	40.10a	52.32a	118.37a	182.51a	205.54a
	T2	27.42b	43.77b	82.94b	142.81b	162.58b
	T3	28.23b	39.17b	69.43b	130.72b	157.96b
总干物重（g/株）	T1	67.05a	103.38a	206.38a	336.83a	460.86a
	T2	40.16b	78.22b	156.34b	253.91b	350.59b
	T3	38.08b	67.77b	137.27c	233.51c	319.45c

从茎干重看，移栽后 30～70d，茎干重也是始终 T1>T2>T3，其差距是愈来愈大。移栽后 30d，T1 处理茎干重较 T2、T3 分别高 7.04g/株、9.03g/株；但至移栽后 70d，T1 处理茎干重较 T2、T3 分别高 28.77g/株、52.22g/株；方差分析结果表明，T1 处理茎干重显著高于 T2 和 T3 处理，但 T2 和 T3 处理差异不显著。

从叶干重看，移栽后 30～70d，叶干重也是始终 T1>T2>T3，其差距是愈来愈大。移栽后 30d，T1 处理叶干重较 T2、T3 分别高 12.68g/株、11.87g/株；但至移栽后 70d，T1

处理叶干重较 T2、T3 分别高 42.96g/株、47.58g/株；方差分析结果表明，T1 处理叶干重显著高于 T2 和 T3 处理，但 T2 和 T3 处理差异不显著。

从全株干物质积累量看，移栽后 30~40d，总干物重 T1>T2>T3，T1 处理显著高于 T2 和 T3 处理；移栽后 50~70d，总干物重 T1>T2>T3，3 个处理差异显著。

（五）对烤烟经济性状的影响

由表 7-3 可知，从上等烟比例看，T3>T2>T1，且 T3 处理显著高于 T1 和 T2 处理。从均价看，T3>T1>T2，3 个处理差异不显著。从产量看，T1>T2>T3，且 T1 处理显著高于 T2 和 T3 处理。从产值看，T1>T2>T3，且 T1 处理显著高于 T2 和 T3 处理。可见，较高的施氮量不利于上等烟比例的提高，但由于其产量高，产值是最高的。

表 7-3　不同处理的烤烟经济性状

处理	上等烟比例（%）	均价（元/kg）	产量（kg/hm^2）	产值（元/hm^2）
T1	70.20b	30.40a	2 692.50a	81 852.00a
T2	73.30b	29.84a	2 226.00b	66 439.35b
T3	86.60a	31.60a	2 143.50b	67 734.60b

（六）对烟叶物理特性的影响

由表 7-4 可知，3 个等级的单叶重均是：T1>T2>T3，其中，T1 处理的单叶重显著大于 T3。B2F 烟叶含梗率是 T2>T1>T3，C3F 烟叶含梗率是 T3<T2<T1，X2F 烟叶含梗率是 T1<T3<T2，3 个等级的表现不一致。T1 和 T2 处理的烟叶厚度显著高于 T3，T1 和 T2 处理的烟叶厚度差异不显著。T3 处理的 B2F 烟叶的平衡含水率显著高于 T2、T1，T3 处理的 C3F 烟叶的平衡含水率显著高于 T1，X2F 烟叶的平衡含水率差异不显著。3 个等级烟叶的叶质重是 T3<T2<T1，且差异显著。

表 7-4　不同处理的烟叶物理特性

等级	处理	单叶重（g）	含梗率（%）	叶片厚度（mm）	含水率（%）	叶质重（g/m^2）
B2F	T1	8.55a	36.68ab	0.18a	11.35b	107.01a
	T2	8.27a	39.81a	0.18a	11.56b	101.91b
	T3	6.56b	32.79b	0.15b	13.01a	98.29c
C3F	T1	5.88a	42.19a	0.15a	12.45b	84.08a
	T2	5.14ab	37.02b	0.14a	13.64ab	76.43b
	T3	4.91b	33.11c	0.09b	14.29a	71.34c
X2F	T1	4.24a	39.03b	0.12a	10.91a	61.15a
	T2	3.62ab	44.56a	0.11a	11.05a	50.96b
	T3	3.32b	40.09b	0.08b	10.71a	48.22c

（七）对烟叶化学成分的影响

由表 7-5 可知，B2F 烟叶的总糖含量是 T3<T2<T1，C3F 烟叶是 T2<T1<T3，X2F 烟

叶是 T1<T2<T3。B2F 烟叶的还原糖含量是 T3>T2>T1，C3F 烟叶的是 T1>T3>T2，X2F 烟叶是 T1<T2<T3。3 个等级烟叶的淀粉含量差异不显著。3 个等级的烟叶烟碱含量均是 T3<T2<T1，其中 B2F 烟叶是 3 个处理差异显著，C3F 烟叶是 T1 显著大于 T2、T3，X2F 是 T1 大于 T3；T1 处理的 B2F 烟碱含量明显偏高。B2F 烟叶的总氮含量是 T3 显著大于 T1，C3F 烟叶总氮含量差异不显著，X2F 烟叶是 T1 和 T2 显著大于 T3。B2F 烟叶氯含量是 T3<T2<T1，C3F 和 X2F 烟叶氯含量差异不显著。B2F 烟叶钾含量差异不显著，C3F 烟叶是 T1 显著大于 T3，X2F 烟叶是 T2 显著大于 T3。

表 7-5 不同处理烟叶化学成分

等级	处理	总糖（%）	还原糖（%）	淀粉（%）	烟碱（%）	总氮（%）	氯（%）	钾（%）
B2F	T1	23. 00a	16. 99a	2. 22a	4. 08a	2. 22b	0. 78a	1. 40a
	T2	22. 97ab	15. 32a	2. 48a	3. 24b	2. 48ab	0. 56b	1. 50a
	T3	20. 02b	17. 34a	2. 84a	2. 85c	2. 84a	0. 39c	1. 35a
C3F	T1	23. 10ab	19. 56a	2. 29a	3. 01a	2. 29a	0. 47a	2. 20a
	T2	20. 98b	17. 51b	1. 94a	2. 29b	1. 94a	0. 39a	1. 80ab
	T3	25. 22a	19. 55a	2. 09a	2. 25b	2. 09a	0. 20a	1. 60b
X2F	T1	17. 35b	12. 65b	2. 25a	2. 08a	2. 25a	0. 78a	2. 60ab
	T2	19. 50ab	15. 53a	2. 32a	1. 81ab	2. 32a	1. 17a	2. 80a
	T3	21. 55a	16. 75a	1. 85a	1. 63b	1. 85b	0. 53a	2. 35b

四、讨论与结论

烤烟农艺性状、叶面积指数、干物质、根体积均是 T3<T2<T1，可见，较高的施氮量对烟株生长有一定的促进作用，田间的烤烟生长优势比较明显。但较高的施氮量对烟叶烘烤的负面影响较大，烟叶容易烤红、杂色，烤后烟叶颜色较深，光泽度较暗，上部烟叶的叶基部分微带青，不利于上等烟比例的提高（上等烟比例是 T1<T2<T3）。从烟农收入方面来看，由于 T1 处理的产量最高，产值仍然排在 3 个处理的首位。

单叶重、叶质重和叶片厚度，以及烟碱含量均是 T3<T2<T1。可见，施氮肥水平较高，烟叶长势过旺的烤烟，虽然农艺性状较好，干物质量大，但烟叶的叶片厚，烟碱含量高，特别是上部烟叶的烟碱含量偏高，其可用性相对较差。

就本研究的试验田生态环境条件，以及基肥氮比例较大的情况下，烟叶生长时期内的施氮量应随着时间进行调整，烟叶移栽前期施氮量保持在 T1～T2 水平，能有效地促进根茎的生长；后期施氮量应稍微放低，保持在 T2 的水平，有利于烟叶质量的提升。当年的烤烟大田前期的降水量较往年有所偏低，肥料流失较少，导致 T1 处理的中、上部烟叶的烟碱含量偏高。在基肥氮比例较大的施肥模式下，兼顾烟叶的产量和产值及生产成本，郴州欧阳海基地单元烤烟施氮量水平应以 150～180kg/hm^2 为好。

第二节　基追氮肥比例对稻茬烤烟生长和产质量的影响

一、研究目的

氮素是烤烟生长发育必需的营养元素，影响着烤烟的产量和品质的形成。不合理施用氮肥不仅会造成氮肥利用率低，而且还会导致烟叶质量下降。杨红武等（2008）研究认为随着追肥比例增加烟叶的香气量、劲头增加，化学成分协调；张本强等（2011）研究认为减少氮肥用量与基肥用量降低了成熟期叶片氮素含量和氮素累积量，香气质、余味得分较高；马兴华等（2016）研究认为降低施氮量和增加追肥比例均能够减少肥料氮的损失，提高肥料氮的利用率；张海伟等（2018）研究认为调整基肥施肥方式和减少基肥比例，可提升烟叶产值和烟叶质量，提高烟农收益。湖南稻作烟区在烤烟大田生长期雨水多，基肥施用过多，会导致肥料流失严重而后期养分不足，施肥时更加重视基追肥配比。鉴于此，开展湖南稻作烟区的基追肥比例研究，旨在为湖南稻茬烤烟优质适产提供科学的施肥指导。

二、材料与方法

（一）试验材料

试验于 2020—2021 年在湖南省郴州市桂阳县开展试验。该地 25°27′15″N，112°13′26″E，海拔平均 290m，年平均气温 17.2℃，年降水量 1 385.2mm，无霜期 277d，年日照时数 1 705.4h，属亚热带湿润季风气候。试验田为烟稻轮作田，土壤类型为水稻土，pH 值 7.34，有机质 40.20g/kg，碱解氮 132.07mg/kg，有效磷 34.99mg/kg，速效钾 169.82mg/kg。烤烟品种为云烟 87。施用的肥料包括烟草专用基肥，m（N）：m（P_2O_5）：m（K_2O）= 7.0：17.0：8.0；生物发酵饼肥，m（N）：m（P_2O_5）：m（K_2O）= 2.0：0.8：1.0；烟草专用提苗肥，m（N）：m（P_2O_5）：m（K_2O）= 20.0：9.0：0.0；烟草专用追肥，m（N）：m（P_2O_5）：m（K_2O）= 11.0：0.0：30.0；硫酸钾肥，m（N）：m（P_2O_5）：m（K_2O）= 0.0：0.0：50.0；钙镁磷肥，m（N）：m（P_2O_5）：m（K_2O）= 0.0：12.0：0.0。

（二）试验设计

采用单因素随机区组大田试验。试验设 4 个处理：T1，基追肥氮比例 0：10；T2，基追肥氮比例 2：8；T3，基追肥氮比例 4：6；T4，基追肥氮比例 6：4。另设一个不施肥处理，以计算肥料利用率。3 次重复，小区面积为 60m^2（5 行，每行株数 25 株左右），株行距为 1.2m×0.5m。各处理施氮量均按 162kg/hm^2 折算，N：P_2O_5：K_2O=1：1.04：2.69。追肥中磷肥不足部分用钙镁磷肥调节，钾肥不足部分用硫酸钾调节。烤烟移栽前 10d，按试验设计完成土壤翻耕和起垄，并将专用基肥和生物发酵饼肥 300kg/hm^2 以穴施方式全部施完。追肥分 4 次施入，移栽肥第 1 次，移栽后 7~10d 第 2 次，移栽后 20~25d 为第 3

次，移栽后 45~50d 为第 4 次。留叶数 16~18 片。其他田间管理和生产措施均匀、一致，与当地烤烟管理相同。

（三）检测指标及方法

（1）烤烟生长指标调查：每个小区定 5 株烟进行观察，于移栽后 30d、60d、90d，按照标准《烟草农艺性状调查测量方法》（YC/T 142—2010）测定株高、茎围、叶片数、叶长、叶宽等。叶面积＝叶长×叶宽×0.634 5。

（2）烤烟干物质和氮磷钾养分含量测定：于移栽后 75d，每个小区选择 5 株长势均匀一致的植株，分为根、茎、叶片，在 105℃杀青 30min，80℃烘干至恒重后测定干物质量和氮、磷、钾含量。植株采用 H_2SO_4-H_2O_2 消解，全氮采用流动分析仪检测，全磷采用钼锑抗比色法检测，全钾采用火焰分光光度计法检测。干物质（氮、磷、钾）分配比例（%）＝ 某器官干物质（氮、磷、钾）量/植株干物质（氮、磷、钾）总量×100。

（3）烤烟经济性状考查：每个小区单采、单烤，由分级专家分级后，考查上等烟比例、均价、产量、产值等烟叶经济性状。

（4）烟叶外观质量评价：各处理选取具有代表性的 X2F、C3F、B2F 等级烟叶，聘请分级专家对烟叶颜色、成熟度、叶片结构、油分、色度、身份等指标逐项进行鉴定。

（5）烟叶物理指标测定：收集调制后烟叶，在常温下平衡烟叶样品含水率，各处理随机抽取 X2F、C3F、B2F 等级各 50 片烟叶制备鉴定样品，测定叶长、叶宽、叶片厚度、单叶重、叶质重、含梗率、平衡含水率等物理指标。

（6）烟叶化学成分测定：各处理选取具有代表性的 X2F、C3F、B2F 等级烟叶，采用荷兰 SKALARSan++流动分析仪（荷兰 SKALAR 公司）测定总糖、还原糖、烟碱、总氮、氯含量，火焰光度法测定烟叶钾含量。

（7）单料烟感官评吸及量化评价：各处理选取具有代表性的 X2F、C3F、B2F 等级烟叶，经过回潮、切丝，卷制成每支（900±15）mg、长 85mm 的单料烟支。由浙江中烟技术中心组织专业评吸人员按 YC/T 138—1998《烟草及烟草制品》进行感官质量评价，统计感官评吸质量总分。

（8）肥料利用率计算：肥料利用率＝（施肥区烟株吸收养分量-缺素区烟株吸收养分量）/（肥料使用量×肥料中的养分含量百分比）×100%。

（四）统计分析方法

采用 Microsoft Excel 2003 和 SPSS17.0 进行数据处理和统计分析。采用 Duncan 法在 P=0.05 水平下检验显著性。

三、结果与分析

（一）对烤烟生长发育的影响

由表 7-6 可知，在第 30d，T1 处理农艺性状表现最好，其次是 T2，T4 相对较差，这种差异主要表现在株高和叶面积方面，可能是因为烤烟生长前期对氮素需求较小，基肥中的氮由于离根系相对较远，对烤烟生长的促进难以发挥。在第 60d（图 7-3）、90d，总体以 T1、T2 农艺性状较好，主要表现株高相对较高，最大叶面积较大。

表 7-6 不同基追肥比例对烤烟农艺性状的影响

时间	处理	株高 (cm)	茎围 (cm)	节距 (cm)	叶数 (片)	最大叶长 (cm)	最大叶宽 (cm)	最大叶面积 (cm^2)
30d	T1	43. 77±1. 66a	4. 63±0. 31a	3. 93±0. 15a	11. 00±1. 00a	52. 40±0. 53a	26. 83±0. 57a	892. 22±25. 17a
	T2	38. 00±4. 77a	4. 40±0. 15a	3. 80±0. 62a	10. 00±2. 00a	55. 00±0. 95a	25. 53±0. 90a	891. 26±42. 24a
	T3	30. 27±1. 31b	4. 12±0. 16a	2. 93±0. 29b	10. 00±1. 00a	51. 33±0. 38a	21. 50±0. 78b	700. 40±30. 49b
	T4	29. 90±1. 41b	4. 27±0. 10a	3. 07±0. 15b	9. 67±0. 58a	52. 27±0. 76a	22. 10±1. 49b	738. 81±40. 10b
60d	T1	96. 50±0. 30a	9. 00±0. 10a	4. 87±0. 37a	20. 50±2. 50a	73. 00±1. 40a	29. 75±3. 45ab	1 380. 02±186. 23a
	T2	93. 70±0. 90b	9. 50±0. 10a	5. 22±0. 20a	19. 50±0. 50a	78. 80±4. 70a	33. 75±0. 15a	1 687. 15±93. 15a
	T3	79. 75±1. 55c	9. 05±0. 05a	4. 80±0. 26a	18. 50±1. 50a	74. 55±4. 25a	27. 30±0. 90b	1 289. 73±31. 08b
	T4	82. 80±2. 30c	8. 25±0. 35b	4. 60±0. 62a	16. 50±0. 50b	71. 15±1. 95a	26. 25±1. 85b	1 183. 52±51. 06b
90d	T1	95. 45±0. 55a	9. 40±0. 10a	5. 35±0. 45a	20. 50±2. 50a	86. 15±0. 95a	23. 80±2. 50a	1 301. 96±151. 00a
	T2	93. 30±0. 10a	10. 05±0. 25a	5. 45±0. 45a	19. 50±0. 50a	78. 15±1. 95b	26. 50±1. 00a	1 314. 86±82. 38a
	T3	87. 60±5. 80b	9. 35±0. 05a	5. 25±0. 25a	18. 50±1. 50a	80. 95±1. 15b	23. 70±0. 40a	1 217. 10±3. 26ab
	T4	88. 65±1. 05b	9. 50±0. 30a	5. 40±0. 20a	16. 50±0. 50b	76. 25±0. 05c	23. 90±1. 90a	1 156. 26±91. 16b

图 7-3 不同处理烟株 60d 外观照片

（二）对烤烟干物质积累和分配的影响

由表 7-7 可知，烤烟干物质分配比例为叶>茎>根，且随烤烟生育进程发展，根、茎干物质分配比例增加，叶干物质分配比例降低；根、茎、叶干物质分配比例处理间差异不显著。烤烟移栽 30d，烟株总干物质积累量均表现为 T2>T1>T3>T4，T1、T2 的叶干物质积累相对较多。移栽 60d，烟株总干物质积累量表现为 T2>T1>T4>T3，T1、T2 的叶干物质积累相对较多。移栽 90d，烟株总干物质积累量表现为 T3>T1>T2>T4，T3 的叶干物质积累相对较多，T1、T2、T3 的干物质积累显著高于 T4。表明追肥施氮量比例高于基肥氮比例可促进烟株干物质积累。

表 7-7　不同基追肥比例对烟株干物质积累与分配的影响

时间	处理	总干物质（g/株）	干物质积累量（g/株）			干物质分配比例（%）		
			根	茎	叶	根	茎	叶
30d	T1	28.37±3.18ab	1.80±0.17b	5.53±0.60a	21.03±2.74ab	6.41±1.05a	19.53±1.06a	74.06±1.97a
	T2	31.50±1.67a	2.63±0.40a	5.23±0.86a	23.63±0.40a	8.33±0.85a	16.55±1.89a	75.12±2.74a
	T3	22.53±1.70b	2.27±0.12a	3.63±0.21b	16.63±1.75b	10.10±0.91a	16.20±1.72a	73.71±2.24a
	T4	15.83±3.35c	1.60±0.36b	2.77±0.90b	11.47±2.11c	10.09±0.58a	17.23±1.88a	72.68±1.84a
60d	T1	156.98±15.25b	25.00±0.80b	44.85±2.25a	87.13±12.2ab	15.99±1.05a	28.66±1.36a	55.35±2.41a
	T2	173.15±1.45a	34.10±0.60a	45.75±3.95a	93.30±3.10a	19.69±0.18a	26.41±2.06a	53.90±2.24a
	T3	135.30±11.28c	24.60±1.20b	37.50±2.60b	73.20±7.48c	18.22±0.63a	27.74±0.39a	54.05±1.03a
	T4	147.04±0.88c	25.25±0.45b	38.50±1.10b	83.29±0.23b	17.17±0.41a	26.18±0.59a	56.64±0.18a
90d	T1	287.61±4.00b	78.95±6.45ab	86.82±5.40a	121.85±7.84b	27.43±1.86a	30.17±1.46a	42.40±3.32a
	T2	281.26±0.95b	79.50±8.40ab	74.25±3.00b	127.51±6.35b	28.27±3.08a	26.40±0.98a	45.33±2.11a
	T3	312.18±6.51a	83.15±1.05a	81.07±4.74a	147.96±2.82a	26.65±0.89a	25.95±0.98a	47.40±0.09a
	T4	238.64±2.80c	69.60±2.10b	70.38±4.84b	98.66±9.73c	29.17±1.22a	29.51±2.37a	41.32±3.59a

（三）氮素在烤烟根、茎、叶的积累和分配影响

由表 7-8 可知，在烤烟移栽后 30d、60d，T1 和 T2 氮素积累量显著高于 T3、T4，主要是其叶片、茎的干物质量较高有关。在烤烟移栽后 90d，T1 氮素积累量最高，其次是 T2、T3、T4；T1 氮素积累量显著高于 T2、T3、T4，T2、T3 氮素积累量显著高于 T4。烟株氮积累量随烤烟生长而增加，且在叶中的积累量最多，根的积累量最少。基肥施氮量越少，烟株氮积累量越大。

表 7-8　不同基追肥比例对烟株氮素吸收的影响

时间	处理	含氮量（%）			单株氮积累量（$\times10^{-2}$g/株）			氮积累总量
		根	茎	叶	根	茎	叶	
30d	T1	2.43±0.01a	2.66±0.31a	3.54±0.54a	4.13±0.01a	14.61±2.31a	78.33±23.52a	97.07±25.82a
	T2	2.38±0.11a	3.01±0.08a	3.42±0.06a	5.82±0.82a	14.57±1.95a	80.21±2.58a	100.61±5.35a
	T3	2.38±0.21a	3.25±0.03a	3.21±0.07a	5.48±0.31a	11.70±1.03b	50.51±2.76b	67.68±2.05b
	T4	2.35±0.02a	3.00±0.11a	3.16±0.07a	4.11±0.80a	8.93±3.05b	38.26±6.96b	51.29±10.81b
60d	T1	1.70±0.02b	1.60±0.02a	3.40±0.02a	42.44±1.42a	71.93±4.26a	296.5±20.16a	410.87±65.83a
	T2	1.52±0.03b	1.55±0.05a	3.15±0.04a	51.88±2.39a	70.87±11.15a	293.94±10.23a	416.69±3.31a
	T3	2.10±0.11a	1.72±0.04a	3.29±0.05a	51.67±6.27a	64.58±8.01b	240.87±38.37b	357.12±52.65b
	T4	1.97±0.07a	1.62±0.03a	3.17±0.01a	49.63±0.45a	62.25±3.52b	263.63±10.22b	375.51±3.74b

（续表）

时间	处理	含氮量（%）			单株氮积累量（$\times10^{-2}$g/株）			氮积累总量
		根	茎	叶	根	茎	叶	
90d	T1	1.50±0.10a	1.48±0.05a	2.19±0.01a	118.96±21.82a	128.39±15.99a	267.03±25.3a	514.38±12.51a
	T2	1.33±0.02a	1.37±0.03a	2.13±0.09a	105.61±14.11ab	101.68±3.42b	270.81±7.40a	478.10±3.29b
	T3	1.19±0.08a	1.30±0.08a	1.94±0.06a	98.85±8.48bc	88.70±0.64c	272.39±16.68a	459.95±8.84b
	T4	1.27±0.03a	1.23±0.03a	1.93±0.01a	88.58±1.74c	86.75±10.72c	180.62±25.85b	355.95±13.39c

（四）磷素在烤烟根、茎、叶的积累和分配影响

由表 7-9 可知，在烤烟移栽后 30d，T2 磷素积累量显著高于 T1、T3、T4，T1、T3 的磷素积累量显著高于 T4，主要是 T2 叶片、茎的磷素积累量较高有关。在烤烟移栽后 60d，T2 磷素积累量显著高于 T1、T3、T4，主要是 T2 叶片、茎的磷素积累量较高有关。烤烟移栽后 90d，T2、T3 磷素积累量显著高于 T1、T4。烟株磷积累量随生育期延长而增加，且在叶中的积累量最多，根的积累量最少。由于磷素不易流失，烟株磷素积累量在不同时期表现不一致，总体上看，以基追肥比例基本相当的 T2、T3 磷素积累量较高。

表 7-9　不同基追肥比例对烟株磷素吸收的影响

时间	处理	含磷量（%）			单株磷积累量（$\times10^{-2}$g/株）			磷积累总量
		根	茎	叶	根	茎	叶	
30d	T1	0.22±0.01b	0.24±0.04b	0.24±0.01b	0.37±0.01a	1.33±0.40a	5.19±0.89b	6.89±1.28b
	T2	0.22±0.01b	0.28±0.01a	0.28±0.01a	0.55±0.08a	1.34±0.19a	6.50±0.05a	8.40±0.32a
	T3	0.22±0.01b	0.28±0.01a	0.26±0.01ab	0.49±0.01a	1.00±0.10b	4.02±0.30b	5.51±0.21b
	T4	0.25±0.01a	0.24±0.01b	0.26±0.01ab	0.43±0.09a	0.72±0.27b	3.21±0.65c	4.35±1.00c
60d	T1	0.19±0.01b	0.22±0.01b	0.22±0.01b	4.65±0.29b	9.76±0.63a	18.85±3.79b	33.26±4.72b
	T2	0.19±0.01b	0.20±0.01b	0.26±0.01ab	6.34±0.18a	9.33±1.11a	24.35±0.96a	40.01±0.33a
	T3	0.20±0.01b	0.24±0.01a	0.27±0.01ab	4.91±0.37b	9.17±1.10a	19.60±2.78b	33.68±4.26b
	T4	0.24±0.01a	0.24±0.01a	0.29±0.01a	6.09±0.20a	9.24±0.35a	20.16±0.43b	35.50±0.57b
90d	T1	0.19±0.01b	0.20±0.01b	0.18±0.01b	15.09±1.96b	17.23±2.16a	22.11±1.85c	54.43±2.26b
	T2	0.19±0.01b	0.24±0.01a	0.22±0.01a	15.27±1.91b	17.75±2.01a	28.15±1.04b	61.17±1.14a
	T3	0.24±0.01a	0.20±0.01b	0.23±0.01a	20.36±0.42a	16.24±1.83a	33.68±0.19a	70.28±1.22a
	T4	0.21±0.05ab	0.25±0.01a	0.22±0.01a	14.80±1.43b	17.26±1.49a	21.30±3.10c	53.36±0.19b

（五）钾素在烤烟根、茎、叶的积累和分配影响

由表 7-10 可知，在烤烟移栽后 30d，T1、T2 钾素积累量显著高于 T3、T4，T3 的钾素积累量显著高于 T4，主要与叶片、茎的钾素积累量较高有关。在烤烟移栽后 60d，以 T2 钾素积累量最高；移栽后 90d 以 T3 的钾素积累量最高。不同时期的钾素积累量不同，主要与施肥有关。

表 7-10　不同基追肥比例对烟株钾素吸收的影响

时间	处理	含钾量（%）			单株钾积累量（$\times10^{-2}$g/株）			钾积累总量
		根	茎	叶	根	茎	叶	
30d	T1	1.92±0.22a	4.59±0.23a	3.93±0.23a	3.27±0.37b	25.13±2.62a	86.35±18.12a	114.76±21.11a
	T2	2.28±0.03a	4.88±0.16a	3.55±0.23a	5.59±0.74a	23.62±3.03a	83.13±4.16a	112.34±0.39a
	T3	2.21±0.07a	4.27±0.15a	3.19±0.10a	5.09±0.48a	15.41±1.76b	50.30±5.42b	70.80±4.14b
	T4	2.11±0.01a	3.95±0.09a	3.12±0.03a	3.69±0.72b	11.91±4.73b	37.85±7.37c	53.45±12.82c
60d	T1	1.75±0.02a	2.69±0.03b	2.85±0.06b	43.79±1.98b	120.69±9.85c	249.1±54.25b	413.58±66.08b
	T2	1.72±0.01a	2.83±0.09b	3.46±0.10a	58.69±1.95a	129.36±11.86c	322.56±24.57a	510.61±10.75a
	T3	1.83±0.12a	4.24±0.98a	2.78±0.07b	45.00±0.27b	160.82±52.38a	204.01±34.72c	409.83±87.37b
	T4	2.32±0.10a	3.72±0.07ab	2.67±0.03b	58.65±1.48a	143.29±8.56b	222.34±3.27b	424.27±10.36b
90d	T1	1.69±0.02a	2.54±0.04b	2.96±0.04ab	133.63±13.74a	219.94±15.59a	361.37±38.14ab	714.94±8.81b
	T2	1.57±0.02a	2.96±0.04ab	2.48±0.09b	124.8±16.95a	219.98±9.35a	316.25±33.44b	661.03±25.84c
	T3	1.62±0.04a	2.41±0.04b	2.93±0.22ab	134.44±1.20a	195.76±19.69b	434.44±43.7a	764.64±64.59a
	T4	1.48±0.02a	3.24±0.00a	3.38±0.02a	102.95±2.89b	227.97±22.16a	333.03±44.35b	663.94±19.3c

（六）对氮素的利用率

由表 7-11 可知，随生育期延长，烟株各器官对氮肥的利用率增强，在同一生育期，氮肥利用率各器官比较为叶>茎>根；氮肥利用率各处理比较 T1>T2>T3>T4。在移栽后 30d，T1、T2、T3 的氮肥利用率较 T4 分别高 201.77%、188.14%、77.27%；在移栽后 60d，T1、T2、T3 的氮肥利用率较 T4 分别高 17.53%、14.70%、10.00%；在移栽后 90d，T1、T2、T3 的氮肥利用率较 T4 分别高 40.50%、26.67%、19.77%。

表 7-11　不同基追肥比例对氮利用率的影响

时间	处理	根（%）	茎（%）	叶（%）	合计（%）
30d	T1	0.67±0.08a	2.06±0.55a	12.54±0.34a	15.27±2.19a
	T2	0.61±0.02a	1.61±0.49ab	12.36±1.00a	14.58±1.50a
	T3	0.48±0.04a	1.25±0.43ab	7.25±0.72b	8.97±2.02b
	T4	0.29±0.06b	0.68±0.46b	4.09±1.10c	5.06±3.21c
60d	T1	2.00±0.18a	4.98±0.38a	24.05±0.76a	31.03±3.73a
	T2	2.96±0.02a	4.87±0.26a	22.44±0.33ab	30.27±1.85a
	T3	2.94±0.04a	5.09±0.26a	21.00±1.17b	29.04±2.35b
	T4	2.73±0.04a	4.00±0.58a	19.67±1.24b	26.40±1.60c
90d	T1	8.16±0.07a	9.32±0.22a	20.17±1.38a	37.66±3.16a
	T2	6.80±0.02b	6.60±0.61b	20.56±1.23a	33.96±1.74b
	T3	6.11±0.05b	5.28±0.27b	20.72±1.75a	32.11±3.11b
	T4	5.07±0.02c	5.08±0.29b	16.65±1.24b	26.81±2.15c

（七）对磷素的利用率

由表 7-12 可知，随生育期延长，烟株各器官对磷肥的利用率增强。在同一生育期，磷肥利用率各器官比较为叶>茎>根。在烤烟移栽后 30d，T1、T2、T3 的磷肥利用率相对较高；移栽后 60d、90d，T1 的磷肥利用率要低于其他 3 个处理。至移栽后 90d，磷肥利用率各处理比较：T3>T4>T2>T1。

表 7-12　不同基追肥比例对磷利用率的影响

时间	处理	根（%）	茎（%）	叶（%）	合计（%）
30d	T1	0. 73±0. 02a	2. 25±0. 07a	8. 40±0. 92a	11. 39±1. 14a
	T2	0. 93±0. 01a	2. 28±0. 13a	9. 68±1. 28a	12. 90±0. 55a
	T3	0. 81±0. 02a	1. 82±0. 13a	7. 67±1. 26a	10. 31±1. 49a
	T4	0. 75±0. 02a	0. 90±0. 12b	5. 19±1. 26b	6. 84±1. 43b
60d	T1	4. 79±0. 36b	13. 20±1. 26a	11. 36±2. 26a	29. 35±3. 46a
	T2	9. 37±0. 42a	12. 02±2. 22a	14. 81±1. 82a	36. 19±4. 16a
	T3	5. 51±0. 62b	14. 87±1. 20a	13. 61±1. 26a	33. 99±3. 34a
	T4	8. 69±0. 22a	11. 8±1. 24a	14. 00±3. 27a	34. 49±2. 91a
90d	T1	13. 11±1. 24a	12. 37±1. 24b	14. 27±2. 29a	39. 76±3. 09a
	T2	14. 60±1. 20a	13. 78±1. 23b	14. 09±3. 26a	42. 46±5. 50a
	T3	13. 27±1. 19a	15. 69±2. 20ab	15. 06±1. 18a	44. 02±4. 09a
	T4	11. 30±0. 92a	17. 44±1. 24b	14. 63±0. 82a	43. 38±4. 27a

（八）对钾素的利用率

由表 7-13 可知，随生育期延长，烟株各器官对钾肥的利用率增强。在同一生育期，钾肥利用率各器官比较为叶>茎>根。在烤烟大田前期，较低基肥氮处理的钾肥利用率较高；至大田后期，这种差异缩小，反而较高基肥氮处理的钾肥利用率略高，但差异不显著。

表 7-13　不同基追肥比例对钾利用率的影响

生育期	处理	根（%）	茎（%）	叶（%）	合计（%）
30d	T1	0. 51±0. 09b	3. 89±0. 17a	12. 81±1. 60a	17. 22±1. 68a
	T2	0. 83±0. 09a	3. 54±0. 24a	12. 14±1. 16a	16. 51±2. 50a
	T3	0. 74±0. 05a	2. 27±0. 38a	7. 09±0. 74b	10. 10±1. 61b
	T4	0. 49±0. 09b	1. 28±0. 23b	3. 82±0. 11c	5. 58±1. 43c
60d	T1	1. 43±0. 27b	5. 59±0. 75b	13. 27±1. 15b	20. 29±3. 17b
	T2	2. 74±0. 36a	6. 36±0. 24b	18. 73±1. 68a	27. 84±2. 28a
	T3	1. 53±0. 80b	10. 71±0. 58a	11. 23±1. 30b	23. 47±2. 36ab
	T4	2. 74±0. 38a	7. 59±1. 12b	10. 19±1. 31b	20. 52±2. 81b
90d	T1	7. 49±0. 70a	10. 93±1. 44a	18. 09±2. 38a	36. 51±2. 53a
	T2	6. 84±0. 39a	10. 93±1. 47a	14. 77±2. 67c	32. 54±3. 53a
	T3	7. 55±0. 59a	9. 15±1. 08a	23. 47±3. 10a	40. 17±3. 49a
	T4	5. 23±0. 34a	11. 52±1. 33a	21. 73±2. 35a	38. 48±3. 01a

（九）不同基追肥对烤烟经济性状的影响

由表 7-14 可知，T1、T2、T3 上等烟比例显著高于 T4，较 T4 分别高 17.24%、

14.93%、10.75%。T1、T2 均价显著高于 T3、T4，T1、T2、T3 较 T4 分别高 9.39%、8.49%、0.77%。T3 产量显著高于 T1、T2、T4，T1、T2、T3 较 T4 分别高 2.92%、6.25%、12.10%。T1、T2、T3 产值显著高于 T4，较 T4 分别高 12.57%、15.27%、8.67%。

表 7-14　不同基追肥施氮比例对烤烟经济性状的影响

处理	上等烟比例（%）	均价（元/kg）	产量（kg/hm^2）	产值（元/hm^2）
T1	87.88±0.50a	35.42±0.29a	2 227.54±22.66b	78 888.00±152.38a
T2	86.15±0.71a	35.13±0.54a	2 299.73±20.61b	80 779.68±470.31a
T3	83.02±0.21a	32.63±0.76b	2 426.37±48.30a	79 153.21±277.76a
T4	74.96±0.37b	32.38±0.23b	2 164.43±61.82b	70 077.77±210.39b

（十）不同基追肥对烟叶外观质量的影响

由表 7-15 可知，对于上部叶，T4 处理成熟度较高，叶片尚疏松，油分有，色度强，身份稍厚，总体外观质量最好。对于中部叶，T4 处理成熟度较高，叶片疏松，油分有，总体外观质量最好。对于下部叶，T4 处理成熟度较高，叶片尚疏松，油分有，色度中，身份中等，总体外观质量最好。

表 7-15　不同基追肥施氮比例对烤烟外观质量的影响

部位	处理	成熟度	叶片结构	油分	色度	身份
上部叶	T1	尚熟	稍密	稍有	中	厚
	T2	尚熟	稍密	有	强	稍厚
	T3	欠熟	稍密	稍有	中	稍厚
	T4	成熟	尚疏松	有	强	稍厚
中部叶	T1	尚熟	尚疏松	稍有	中	中等
	T2	尚熟	尚疏松	有	中	中等
	T3	尚熟	尚疏松	少	中	中等
	T4	成熟	疏松	有	中	中等
下部叶	T1	尚熟	稍密	少	弱	稍薄
	T2	尚熟	尚疏松	稍有	弱	中等
	T3	成熟	疏松	稍有	中	稍薄
	T4	成熟	疏松	有	中	中等

（十一）不同基追肥对烟叶物理性状的影响

由表 7-16 可知，从上部叶看，随着施氮量前移，叶长、叶宽、叶厚、含梗率均增加，叶质重、单叶重、平衡含水率减小。从中部叶看，随着施氮量前移，叶长、叶宽、叶厚均增加，叶质重、单叶重先增后减，平衡含水率减小。从下部叶看，随着施氮量前移，叶宽、含梗率、平衡含水率均减小，叶长、叶厚、叶质重、单叶重增加。

表 7-16　不同基追肥施氮比例对烤烟物理特性的影响

部位	处理	叶长 (cm)	叶宽 (cm)	叶厚 (μm)	单叶重 (g)	含梗率 (%)	叶质重 (g/cm^2)	平衡含水率 (%)
上部叶	T1	69.70±0.75a	16.80±3.02b	243.17±0.04b	15.70±0.87a	21.98±1.06b	105.08±2.77a	17.55±0.32a
	T2	71.40±1.40a	21.10±3.13ab	243.45±0.02b	15.50±2.35a	24.78±0.47a	93.91±1.06a	16.84±0.46a
	T3	74.10±2.32a	21.20±1.07ab	270.33±0.02a	15.40±0.35a	24.90±0.53a	89.53±2.99a	16.35±0.31a
	T4	76.30±3.91a	23.80±1.50a	274.55±0.02a	14.30±0.31a	24.96±0.69a	89.45±1.64a	16.26±0.25a
中部叶	T1	64.50±4.63a	20.30±2.16a	151.33±0.01a	9.60±0.31b	26.71±0.86a	75.19±2.36b	16.42±0.19a
	T2	66.60±5.41a	21.10±2.46a	155.52±0.02a	10.10±0.70b	24.59±1.51a	75.92±2.87b	16.16±0.38a
	T3	67.80±4.35a	22.60±2.17a	156.67±0.01a	12.30±1.40a	26.02±0.75a	81.44±1.09a	15.61±0.26a
	T4	71.90±2.10a	23.10±2.29a	160.53±0.02a	9.90±1.16b	26.16±0.25a	73.36±0.48b	15.51±0.11a
下部叶	T1	67.70±0.60	20.20±0.96	122.67±0.00	7.70±0.36	32.01±0.81	47.75±0.73	15.93±0.27
	T2	67.60±1.37	20.80±1.15	137.55±0.00	8.40±0.51	31.38±2.27	51.84±0.82	15.46±0.26
	T3	64.70±0.51	20.80±1.47	143.45±0.00	8.70±0.25	31.43±2.72	54.67±0.82	15.21±0.25
	T4	64.60±0.50	21.9±0.74	144.67±0.01	9.30±0.75	28.27±1.97	58.88±1.11	15.06±0.11

（十二）不同基追肥对烟叶化学成分的影响

由表 7-17 可知，从上部叶看，随基肥氮量增加，烟碱含量逐渐下降，总糖和还原糖呈“V”形变化。从中部叶看，随基肥氮量增加，烟碱、总氮逐渐下降，总糖和还原糖呈先升后降的单峰变化。从下部叶看，随基肥氮量增加，烟碱、总氮含量逐渐下降，总糖和还原糖呈先升后降的单峰变化。

表 7-17　不同基追肥施氮比例对烤烟化学成分的影响

部位	处理	总糖 (%)	还原糖 (%)	烟碱 (%)	总氮 (%)	氯 (%)	钾 (%)
上部叶	T1	26.70±1.06a	23.87±1.10a	3.83±0.04a	2.13±0.12a	0.12±0.02a	1.64±0.06a
	T2	25.95±1.14a	22.77±2.03a	3.69±0.05ab	2.16±0.11a	0.14±0.04a	1.64±0.13a
	T3	25.43±1.07a	21.33±2.07a	3.53±0.04ab	2.21±0.12a	0.20±0.07a	1.51±0.08a
	T4	27.75±2.26a	24.12±2.11a	3.10±0.14b	1.91±0.17a	0.13±0.02a	1.53±0.06a
中部叶	T1	24.19±1.16b	18.42±1.08b	3.07±0.03a	2.06±0.24a	0.11±0.07a	2.58±0.05a
	T2	33.37±1.06a	26.75±2.08a	2.63±0.20b	1.65±0.21b	0.15±0.06a	2.42±0.05a
	T3	34.70±1.04a	29.63±3.04a	2.58±0.01b	1.62±0.34b	0.12±0.04a	1.97±0.07b
	T4	29.28±1.15ab	23.33±2.02ab	2.50±0.07b	1.55±0.16b	0.14±0.02a	2.55±0.07a
下部叶	T1	23.64±2.10c	18.28±3.03c	2.67±0.20a	2.14±0.14a	0.19±0.02a	2.63±0.14a
	T2	28.63±2.19a	23.91±1.11a	2.61±0.01a	2.12±0.11a	0.18±0.04a	2.66±0.11a
	T3	26.67±1.16b	22.07±2.06b	1.98±0.01b	2.06±0.20a	0.26±0.01a	2.46±0.02a
	T4	26.11±3.04b	25.63±1.08b	1.97±0.02b	1.81±0.10b	0.18±0.03a	2.73±0.08a

（十三）不同基追肥对烟叶感官评吸质量的影响

由表7-18可知，对于上部叶，T4处理的感官评吸质量最好，T1最差；对于中部叶，T2处理的感官评吸质量最好，T1最差；对于下部叶，T3处理的感官评吸质量最好，T1最差。

表7-18　不同基追肥施氮比例对烤烟感官评吸质量的影响

部位	处理	专家1	专家2	专家3	平均值
上部叶	T1	63.13	63.62	64.76	63.84
	T2	60.18	66.39	67.32	64.63
	T3	67.98	76.31	73.07	72.45
	T4	71.05	79.47	80.98	77.17
中部叶	T1	69.27	72.80	67.57	69.88
	T2	88.12	79.08	76.24	81.15
	T3	83.08	77.91	79.46	80.15
	T4	79.64	77.51	75.12	77.42
下部叶	T1	64.30	66.04	62.00	64.11
	T2	75.31	71.80	72.73	73.28
	T3	75.93	84.54	78.94	79.80
	T4	72.06	73.23	74.74	73.35

四、讨论与结论

本研究表明，追肥比例高的处理前期长势较好。段凤云等（2008）与毛家伟等（2012）研究表明，追肥比例较高的烟株中后期长势明显较好，这与本研究结果不同。出现这种情况的主要原因是段凤云与毛家伟研究的区域是干旱或半干旱烟区，而本研究的区域是雨水较多的湿润地区，基肥用量过大而肥料流失多。本研究还表明，随着追肥比例的提高，烤烟干物质积累量逐渐增加，这与段凤云等（2008）、杨红武等（2008）研究结果一致。在施氮量162kg/hm^{2}的条件下，从农艺性状分析，在烤烟生长前期，追肥氮比例越大，烤烟发育状态越好，不同处理间差异显著。氮肥全作追肥处理（T1）比40%氮肥作追肥处理（T4）的烟株高34.32%，茎围粗12.24%。因为追肥氮中硝态氮比例更高，烤烟更容易吸收利用。T4处理基肥氮施用比例较高，烤烟肥料流失率高，利用率低，影响了烤烟生长。烤烟生长后期各处理间差异减小，可能是后期烤烟根系伸展范围扩大，可以吸收更多的基肥残留氮素，且T2处理多项农艺性状指标超过T1处理，说明在本试验条件下，T2处理（追肥氮占比80%）较为适合烤烟生长氮素供应需求。可见，在多雨地区，适当提高追肥氮比例，有利于烟株早生快发，能够增加烟株养分吸收，能够提高肥料的利用率，为烟株形成较高的产量和质量奠定了良好的基础。

烤烟干物质积累与农艺性状指标成正相关，总体变化趋势与农艺性状基本一致，在烤烟生长后期，T1茎干物质积累量最多，T3根、叶和总干物质量积累最多，说明T3处理（追肥氮占比60%）更适合烤烟干物质积累。

从烤烟经济性状来看，T1 处理上等烟比例最高，但产量偏低；T3 处理产量最高，但均价偏低；T2 处理综合指标较好，产值最高。

不同基追肥比例影响烟株的肥料吸收量，导致不同部位烟叶的养分分配产生变化，从而引起各处理烟叶单叶重和养分浓度的差异，影响烟叶化学成分。本研究中，追肥比例较高的处理烟碱含量明显较高，中上部叶总糖和还原糖明显较低，这与前人的研究结果基本一致。对于烤后烟叶，追肥氮比例越高，外观质量中烟叶成熟度越低，叶片结构偏紧密，油分偏少，色度偏弱，上部叶偏厚；化学成分中烟碱含量和总氮含量偏高，中下部叶总糖和还原糖含量偏低，从而导致烟叶评吸质量低。这主要是因为氮素施用时间后移，很大程度上避开了春季降水量高峰期，氮素损失减小，导致后期烤烟吸收氮素增加，烤烟出现了晚熟现象，烟碱合成量也增加。这样，在同样的采收期、同样的烤房中烘烤，成熟度相对低的 T1、T2 处理的烟叶质量就会受到影响。因为，传统烤烟栽培施肥的基追肥比例大致在 6：4。因此，在提高基追肥比例的同时，应适当减少化肥氮的施用，降低上部烟叶的烟碱含量，改善烟叶品质。

综上所述，采取追肥比例占 60%~80%的施肥模式，并适当减少氮肥施用量，可以在保证较高产量的同时兼顾合适的化学成分、外观质量和评吸质量，并且可以减少氮肥流失造成的环境污染，有利于烤烟生产的可持续发展。

第三节　稻茬烤烟对基追肥比例和追肥次数的响应

一、研究目的

烤烟水肥耦合效应是指在特定的烟田生态条件下，烟田土壤中水分与肥料中的氮、磷、钾等营养成分之间互相抵制与配合的动态平衡关系，以及这些作用对烤烟生长发育及产质量造成的影响。我国传统农业生产过程中非常重视“以水促肥，以肥调水”的运用。但郴州烟区在烤烟生产期间会受水分分配不均匀的影响，有时干旱，影响肥料吸收；有时雨量过大，养分流失多，严重影响烤烟生长和肥料的有效利用，加之大量施用化肥，造成烟叶产质量不稳定，特别是烟碱含量过高。水肥耦合主要强调的是作物生产中水分和肥料两大因素的协同互作效应，但在目前的烤烟生产中，灌水和施肥两项重要的农事操作一般是分开单独进行的，费工费时，这不但增加了烤烟生产的劳动用工，与国家烟草专卖局倡导的烟叶生产需进一步减工降本相违背，而且人为地造成施肥和灌水在时间和空间上的分离与错位，导致水分和养分的耦合互作效应不能得到及时发挥，水肥利用率较低。依据水肥耦合效应原理，探索郴州烤烟生产水肥适宜供应的时间、次数、每次供应的水肥比例，为稻茬烤烟化肥减施提供参考。

二、材料及方法

（一）试验地点和材料

在湖南省桂阳县欧阳海镇烟稻轮作田块进行。烤烟品种为云烟 87，试验地土壤质地为黏壤土，pH 值 7.65、有机质 5.98g/kg、碱解氮 266.0mg/kg、有效磷 59.10mg/kg、速效钾 235.5mg/kg。供试肥料包括湖南金叶众望科技股份有限公司生产的烟草专用基肥［m（N）：m（P_2O_5）：m（K_2O）= 8：10：11］、湖南泰谷生物科技股份有限公司生产的生物发酵饼肥［m（N）：m（P_2O_5）：m（K_2O）= 2：2：4］、提苗肥［m（N）：m（P_2O_5）：m（K_2O）= 20：9：0］和专用追肥［m（N）：m（P_2O_5）：m（K_2O）= 10：0：34］；硫酸钾［m（N）：m（P_2O_5）：m（K_2O）= 0：0：51］；磷酸二氢钾［m（N）：m（P_2O_5）：m（K_2O）= 0：51.5：34］；硫酸铵［m（N）：m（P_2O_5）：m（K_2O）= 21：0：0］。

（二）试验设计

试验为双因素随机区组设计，设置 3 个基追比例（A）：A1 为 40%氮肥作追肥；A2 为 60%氮肥作追肥；A3 为 80%氮肥作追肥。3 个追肥次数（B）：B1 为追肥 3 次，移栽后 5~7d 为第 1 次，移栽后 20d 为第 2 次，移栽后 35d 为第 3 次；B2 为追肥 4 次，移栽后 5~7d 第 1 次，移栽后 15d 第 2 次，移栽后 25 第 3 次，移栽后 35d 第 4 次；B3 为追肥 5 次，移栽后 5~7d 第 1 次，移栽后 15d 第 2 次，移栽后 25 第 3 次，移栽后 35d 第 4 次，移栽后 45d 第 5 次；CK 一次性施肥处理，在移栽前将肥料一次全部施入。共设 10 个处理，每处理 3 次重复，合计 30 个小区，小区面积为 $3.6m \times 5m = 18m^2$。氮肥用量为 $163.50kg/hm^2$，氮、磷、钾肥比例为 1：0.6：2.7。采用漂浮育苗，3 月 24 日移栽。严格按照试验各处理施肥用量、施肥时期要求进行施肥，各处理养分调节采用磷酸二氢钾、硫酸钾、硫酸铵补充。烟草专用基肥和生物发酵饼肥在移栽前 7~15d 穴施。初花期打顶，留叶数 16~18 片。按郴州市优质烤烟生产标准开展其他田间管理。

（三）测定项目及方法

（1）农艺性状考查：分别在 5 月 8 日（旺长前期）、6 月 8 日（打顶后），每个小区取有代表性烟株 5 株测量株高、茎围、有效叶片数、最大叶长与宽，均按烟草农艺性状调查标准方法（YC/T 142—1998）测定。叶面积=叶长×叶宽×0.634 5。

（2）生理特性指标测定：分别在 5 月 8 日、6 月 8 日，采用 SPAD-502 便携式叶绿素测定仪测量烟叶的相对叶绿素含量，用 SPAD 值表示。采用 LI-6400 便携式光合作用测定系统，测量净光合速率、气孔导度、胞间二氧化碳浓度、蒸腾速率。

（3）烟株干物质积累检测：在烤烟打顶期、下部叶成熟时，将整株烤烟取回，清洗根系，105℃杀青，烘干至恒重，烘干后称重。

（4）烤后烟叶物理指标测定：收集调制后烟叶，在常温下平衡烟叶样品含水率，随机抽取 50 片烟叶制备鉴定样品。物理特性测定指标主要有开片度、叶片厚度、单叶重、叶质重、平衡含水率、含梗率。参考邓小华（2007，2020）的方法计算烟叶物理特性指数。

（5）烤后烟叶化学指标检测：化学成分测定指标主要有总糖、还原糖、烟碱、总氮、钾、氯。烟叶中总糖、还原糖、烟碱、总氮、氯的含量采用 SKALAR 间隔流动分析仪测定；钾含量采用火焰光度法测定。参考邓小华（2007，2017）的方法计算烟叶化学成分可用性指数。

（6）感官质量评价：每个处理单采、单烤，由试验人员和专职分级人员按照 GB

2635—1992 标准，分别于烘烤结束后取烤后烟样 B2F、C3F、X2F 等级。由广西中烟工业有限责任公司技术中心组织 7 名感官评吸专家进行打分。赋予香气质、香气量、杂气、刺激性、透发性、柔细度、甜度、余味、浓度、劲头等指标的权重分别 15%、15%、10%、10%、10%、10%、10%、10%、5%、5%，采用加权法计算感官评吸总分。

（7）烤后烟叶经济性状：各小区挂牌单收、单烤，统一存放分级，测定各小区烟叶上等烟比例、均价、产量、产值。

（四）数据统计分析

用 Excel 2007 软件对数据进行初步整理，采用 SPSS17.0 统计软件进行方差分析和多重比较。多重比较采用新复极差法，英文小写字母表示 5%差异显著水平。

三、结果与分析

（一）不同处理对烟株生长发育的影响

由表 7-19 可知，不同处理烟株的农艺性状有一定的差异。从 5 月 8 日的烟株农艺性状来看，处理 A3B3 的烟株最高，其次为 A1B3，处理 CK 的烟株最低，其中处理 A3B3 和处理 A1B3 的株高显著高于处理 CK；处理 A3B3 的茎围最大，其次为 A1B3，处理 CK 最小，其中处理 A3B3 和处理 A1B3 的茎围显著高于处理 CK；处理 A2B3 的最大叶面积最大，其次为 A3B3，处理 CK 最小。

表 7-19　不同处理烟株农艺性状

处理	5月8日				6月8日			
	株高（cm）	茎围（cm）	有效叶片数	最大叶面积（cm^2）	株高（cm）	茎围（cm）	有效叶片数	最大叶面积（cm^2）
A1B1	26.67d	6.60e	12.33a	668.92d	87.33b	9.33a	18.00a	886.66d
A1B2	33.33c	7.23cd	13.33ba	745.11c	89.17b	10.17a	18.00a	1 021.39bcd
A1B3	41.00a	7.53bc	14.00a	829.08ab	83.50c	10.47a	18.00a	1 141.84bc
A2B1	33.83c	7.13d	13.33a	753.58c	88.83b	9.77a	17.00a	1 133.28bc
A2B2	35.33bc	7.71ab	13.00a	751.25c	86.00bc	9.77a	16.00a	1 457.04a
A2B3	37.33b	7.73ab	13.67a	855.58a	105.67a	10.37a	17.33a	1 488.09a
A3B1	29.00d	6.93de	13.00a	676.38d	80.00d	9.50a	16.33a	1 068.08bc
A3B2	32.50c	7.53bc	12.67a	803.49b	89.33b	10.00a	19.00a	992.25cd
A3B3	42.00a	8.07a	14.00a	830.46ab	100.83b	10.17a	17.67a	1 167.64b
CK	23.17e	6.00f	12.33a	581.63e	65.83e	9.40a	16.00a	692.78e

从 6 月 8 日不同处理的烟株农艺性状来看，处理 A2B3 的株高最大，其次为 A3B3，处理 CK 的最小，处理 A2B3 和 A3B3 的烟株株高显著高于处理 CK；处理 A1B3 的茎围最大，其次为 A2B3，处理 CK 最小，各处理间的茎围差异不显著；处理 A2B3 的最大叶面积最大，其次为 A2B2，处理 CK 最小，处理 A2B2 和处理 A2B3 的最大叶面积显著高于其他

处理组。烤烟以收获烟叶为主，通过对比不同处理的最大叶面积，从基追肥比例来看，60%肥料氮追肥优于40%和80%；从追肥次数来看，追肥5次最好；从两者互作来看，以60%肥料氮作追肥和5次追肥的农艺性状最好。

（二）不同处理对烟叶SPAD值的影响

SPAD值可反映烟叶叶绿素含量，与叶绿素含量呈正比。由图7-4可知，5月8日烟叶的SPAD值：处理A2B3最大，其次为A2B2，处理A3B3最小；处理A2B2和A2B3的烟叶SPAD值显著高于处理A3B3；处理A2B2和A2B3的烟叶SPAD值比处理A3B3分别高43.67%、46.49%。通过烟叶SPAD值的比较，从基追肥比例来看，SPAD值A2>A1>A3>CK（追肥60%优于40%和80%），追肥次数越多烟叶SPAD值越高。

6月8日烟叶的SPAD值：处理A3B3最大，其次为A3B2，处理CK最小；处理A3B2和处理A3B3的烟叶SPAD值显著高于处理CK；处理A3B2和处理A3B3的烟叶SPAD值比处理CK分别高31.04%、34.47%。通过烟叶SPAD值的比较，从基追肥比例来看，SPAD值A3>A2>A1>CK（追肥80%优于40%和60%），追肥次数越多烟叶SPAD值越高。

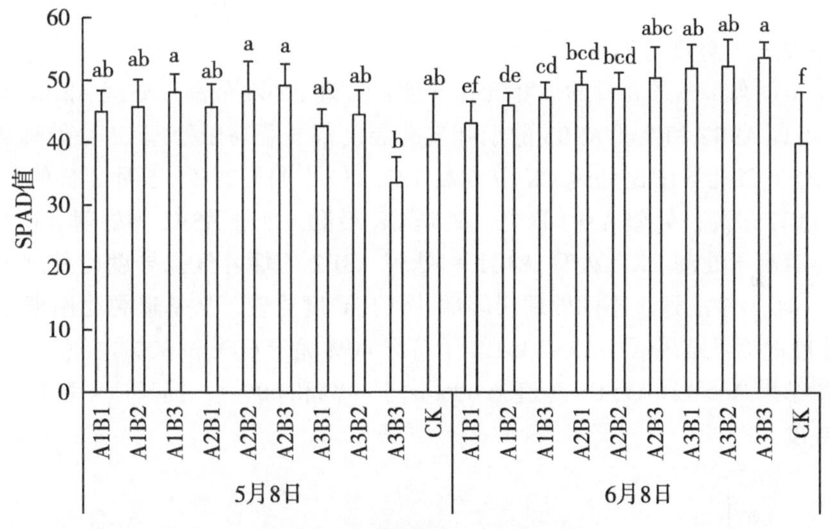

图7-4　不同处理烟叶SPAD值

（三）不同处理对烟叶光合特性指标的影响

1. 对烤烟光合速率的影响

由图7-5可知，5月8日的烟叶光合速率：处理A3B2最高，处理A2B3次之，处理CK最低；处理A3B2和处理A2B3的烟叶光合速率都显著高于处理CK；处理A2B3和处理A3B2的烟叶光合速率比处理CK分别高59.98%、62.55%。

6月8日的烟叶光合速率：处理A3B3最高，处理A3B1次之，处理CK最低；处理A3B1和处理A3B3的烟叶光合速率都显著高于处理CK；处理A3B1和处理A3B3的烟叶光合速率比处理CK分别高53.34%、75.42%。通过不同处理烤烟烟叶光合速率在5月8日和6月8日的测量结果比较，从基追肥比例来看，光合速率A3>A2>A1>CK（追肥80%优于40%和60%），追肥5次烟叶光合速率最高。

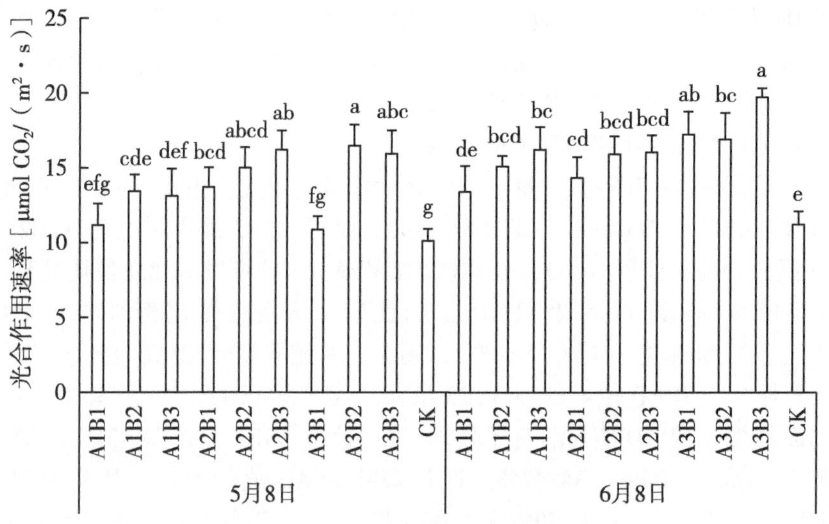

图 7-5 不同处理烤烟光合速率

2. 对烤烟气孔导度的影响

由图 7-6 可知，5 月 8 日的烟叶气孔导度：处理 A1B3 最高，处理 A2B3 次之，处理 CK 最低；处理 A3B2 和处理 A2B3 的烟叶气孔导度都显著高于处理 CK；处理 A1B3 和处理 A2B3 的烟叶气孔导度比处理 CK 分别高 121.43%、114.29%。6 月 8 日的烟叶气孔导度：处理 A3B2 最高，处理 A3B1 次之，处理 CK 最低；处理 A3B1 和处理 A3B2 的烟叶气孔导度都显著高于处理 CK；处理 A3B1 和处理 A3B2 的烟叶气孔导度比处理 CK 分别高 135.29%、141.18%。通过不同处理烤烟烟叶气孔导度比较，从基追肥比例来看，在 5 月 8 日气孔导度的测量结果 A1>A2>A3>CK（追肥 40%优于 60%和 80%）；在 6 月 8 日气孔导度的测量结果 A3>A2>A1>CK（追肥 80%优于 40%和 60%）；提高追肥次数有利于提高烟叶气孔导度。

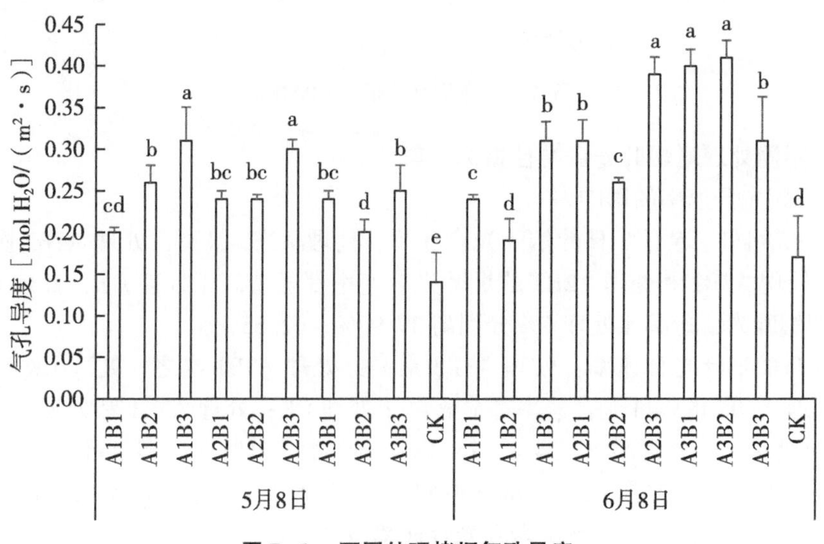

图 7-6 不同处理烤烟气孔导度

3. 对烤烟胞间二氧化碳浓度的影响

由图 7-7 可知，在烟株生长现蕾期至始采期，烤烟胞间 CO_2浓度变化较平稳；现蕾期烟株胞间 CO_2浓度以 A3B1 处理最高，其次为处理 A3B2，各处理均显著高于 CK；始采期烟株胞间 CO_2浓度以 A3B1 处理最高，其次为处理 A2B1，各处理均显著高于 CK；从基肥比例胞间 CO_2浓度前后均值来看，A1>A2>A3，即追肥比例 40%优于 60%、80%；不同追肥次数来看，B1>B2>B3，表明 3 次追肥有利于烟株提升烤烟胞间 CO_2浓度值。

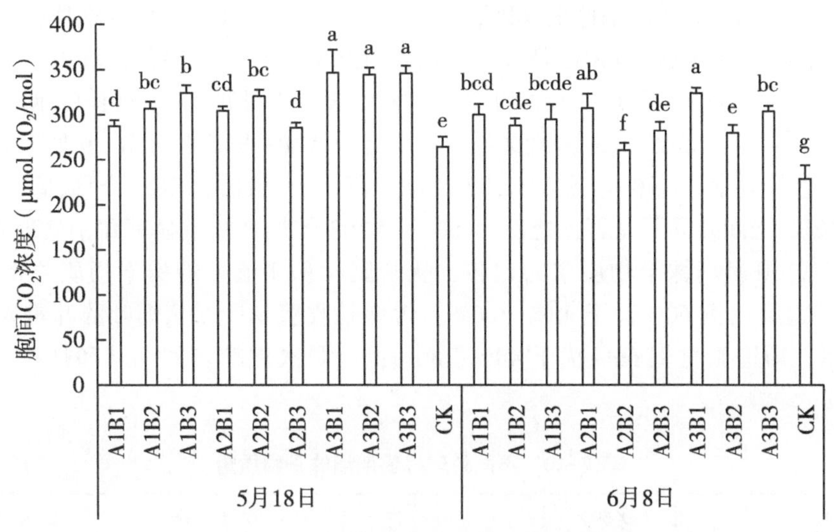

图 7-7　不同处理烤烟胞间 CO_2 浓度

4. 对烤烟蒸腾速率的影响

由图 7-8 可知，在烟株生长现蕾期至始采期，烤烟蒸腾速率整体呈上升趋势；现蕾期烟株蒸腾速率以 A3B3 处理最高，其次为处理 A3B1；始采期烟株蒸腾速率以 A3B3 处

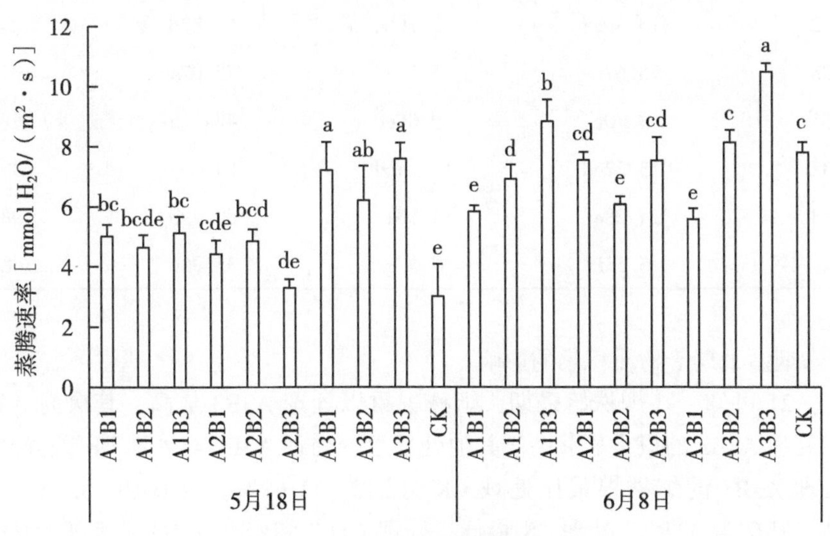

图 7-8　不同处理烤烟蒸腾速率

理最高，其次为处理 A1B3；从基肥比例蒸腾速率前后均值来看，A2>A3>A1，即追肥比例 60%优于 40%、80%；不同追肥次数来看，B1>B2>B3，表明 3 次追肥有利于烟株提升蒸腾速率。

（四）对烤烟干物质积累的影响

1. 对烤烟打顶期植株干物质积累的影响

由表 7-20 可知，在烟株打顶期，烟株根重以处理 A1B3 最高，其次为 A2B3，CK 处理最低，其中处理 A1B3 的烟株根重显著高于处理 A2B3；处理 A2B3 的烟株根重显著高于处理 CK。烟株茎重以处理 A3B3 最高，其次为 A2B3，CK 处理最低，其中处理 A3B3 与 A2B3 之间差异不显著；处理 A2B3 的烟株茎重显著高于处理 CK。烟株的烟叶重以处理 A2B3 最高，其次为 A3B3，CK 处理最低，其中处理 A2B3 与处理 A3B3 和处理 A3B3 与处理 CK 之间差异显著。烟株总重以 A2B3 最高，其次为 A1B3，CK 处理最低，其中处理 A1B3 与 A2B3 之间差异不显著，处理 A1B3 和 A2B3 的烟株叶重显著高于处理 CK。通过不同处理在打顶期烟株干物质重的比较，从基肥比例来看，烟株干物质总重 A2>A1>A3>CK，即追肥比例 60%优于 40%、80%；烤烟是收获烟叶，从烟叶的叶重来看，A2>A3>A1>CK，即追肥比例 60%优于 40%、80%；追肥次数越多的烟叶和烟株总重越重，B3>B2>B1。

表 7-20 不同处理打顶期烟株干物质重

处理	根（g/株）	茎（g/株）	叶（g/株）	总重（g/株）
A1B1	12.49d	9.26f	50.99g	72.73f
A1B2	15.47b	10.83de	60.33e	86.63d
A1B3	19.30a	13.19ab	67.80c	100.29ab
A2B1	10.71e	11.00cd	55.99f	77.70e
A2B2	13.40cd	12.16bc	63.88d	89.43c
A2B3	15.67b	14.13a	72.07a	101.86a
A3B1	9.70e	9.66ef	48.72h	68.08g
A3B2	13.22cd	11.05cd	64.75d	89.02c
A3B3	14.28c	14.16a	69.99b	98.42b
CK	5.53f	7.39g	35.96i	48.88h

2. 对烤烟始采期干物质积累的影响

由表 7-21 可知，在烟株始采期，烟株根重以处理 A3B3 最高，其次为 A3B2，处理 CK 最小；处理 A3B3 的根重显著高于其他处理组，处理 A3B2 与处理 CK 差异显著；处理 A3B2 和处理 A3B3 的烟株根重比处理 CK 分别高 62.62%、77.04%。烟株茎重以处理 A1B3 最高，其次为 A1B2，处理 CK 最低；处理 A1B2 和处理 A1B3 显著高于其他处理组；处理 A1B2 和处理 A1B3 的烟株茎重比处理 CK 分别高 24.99%、26.12%。烟株的烟叶重

(上部叶+中部叶+下部叶）以处理 A2B3 最大，其次为 A3B3，处理 CK 最小；处理 A2B3 和处理 A3B3 的烟株烟叶重比处理 CK 分别高 43.16%、42.13%。烟株的总重以处理 A3B3 最高，其次为 A2B3，处理 CK 最低；处理 A3B3 与处理 A2B3 之间差异显著，处理 A2B3 和处理 A3B3 显著高于其他处理组；处理 A3B3 和处理 A2B3 的烟株总重比处理 CK 分别高 39.91%、36.61%。从基肥比例来看，烟株的总重 A3>A2>A1，烟株烟叶 A2>A3>A1；不同追肥次数来看，B3>B2>B1。

表 7-21　不同处理始采期烟株干物质重

处理	根（g/株）	茎（g/株）	上部叶（g/株）	中部叶（g/株）	下部叶（g/株）	总重（g/株）
A1B1	34.19f	61.07b	30.04g	43.53g	38.62e	207.44f
A1B2	35.00f	63.03a	33.33f	46.45f	42.03d	219.83e
A1B3	38.97d	63.60a	36.20e	48.77e	40.60d	228.13d
A2B1	40.50c	60.60b	40.64c	44.82g	40.56d	227.10d
A2B2	44.51b	59.29c	42.06c	50.64d	46.02b	241.08c
A2B3	44.13b	52.12f	50.26a	59.95a	49.62a	256.08b
A3B1	37.14e	50.70g	37.59d	50.15d	40.48d	216.05e
A3B2	44.98b	54.00e	40.96c	53.61c	44.07c	237.61c
A3B3	48.97a	57.87d	48.29b	57.13b	50.01a	262.27a
CK	27.66g	50.43g	37.37d	40.17h	31.83f	187.45g

（五）对烤后烟叶物理特性的影响

烟叶的物理特性包括烟叶的外部形态及其物理性能，是反映烟叶质量与加工性能的重要指标，直接影响烟叶质量和卷烟制造过程中的产品风格、成本及其他经济指标。叶片厚度是烤烟分级的品质因素之一，也是烟叶身份的重要体现。不同厚度烟叶的物理性状和化学性质方面都有相应的不同之处，从而使烟叶的内在质量发生相应的变化，烤烟型优质烟的适宜厚度可能在 130μm 左右。中部叶质量较优的单叶重范围是 5~9g，烟叶的含梗率越高，出丝率越低。国产烟叶中部叶在 30%~33%，上部叶在 27%~30%。叶片的含梗率受遗传控制，同时也受栽培环境的影响。

由表 7-22 可知，从上部烟叶看，开片度以处理 A3B3 最大，其次为 A3B2，A2B3 处理最小，处理 A3B3 显著高于其他处理。单叶重以处理 A3B3 最大，其次为 A1B3，A2B1 处理最小，处理 A3B3 显著高于其他处理。平衡含水率以处理 A3B2 最高，其次为 A3B3，CK 处理最小，处理 A3B2 与处理 A3B3 差异不显著，但是显著高于其他处理。含梗率以处理 A3B3 最高，其次为 A1B2，A2B3 处理最低，处理 A3B3 显著高于其他处理。厚度以处理 A3B1 最高，CK 处理最低，处理 A3B1 显著高于其他处理。叶质重以处理 A2B3 最高，其次为 A2B2，CK 处理最低，处理 A2B2 和处理 A2B3 显著高于其他处理。通过上部烟叶物理特性指数比较，追肥比例为 60%的上部烟叶物理特性指数优于 40%和 80%，增加追肥次数有利于提高上部烟叶的物理特性。

表 7-22　不同处理烤后烟叶物理特性的影响

部位	处理	开片度（%）	单叶重（g）	平衡含水率（%）	含梗率（%）	厚度（mm）	叶质重（g/m^2）	物理特性指数
上部叶	A1B1	27. 90ef	13. 60f	14. 13d	26. 05e	0. 19b	89. 95d	85. 78c
	A1B2	29. 03de	15. 10cd	15. 44b	29. 68b	0. 16c	85. 84g	84. 61cd
	A1B3	31. 02c	16. 15b	12. 81e	26. 57e	0. 16c	87. 35ef	84. 74cd
	A2B1	29. 75d	12. 15g	13. 78d	28. 60c	0. 19b	86. 71fg	84. 10cd
	A2B2	31. 88bc	14. 15ef	15. 34b	27. 59d	0. 17c	101. 94a	89. 72b
	A2B3	27. 59f	15. 75bc	14. 86bc	23. 77f	0. 16d	103. 19a	91. 78a
	A3B1	31. 05c	14. 55de	14. 31cd	27. 02de	0. 22a	91. 81c	85. 33c
	A3B2	32. 75b	15. 94bc	17. 00a	26. 53e	0. 19b	94. 88b	85. 58c
	A3B3	34. 08a	17. 05a	16. 68a	30. 68a	0. 15d	88. 12e	85. 20c
	CK	29. 35d	13. 44f	10. 83f	29. 05bc	0. 14d	79. 73h	83. 18d
中部叶	A1B1	33. 12cd	12. 52cd	15. 82bc	33. 74bc	0. 14b	68. 52f	91. 04d
	A1B2	34. 56bc	12. 30d	15. 25cd	33. 33cd	0. 15a	72. 24de	91. 59cd
	A1B3	33. 84cd	11. 02e	14. 03e	31. 72e	0. 14b	70. 97e	91. 69cd
	A2B1	32. 72de	13. 41cd	13. 82e	33. 24cd	0. 14b	80. 87b	92. 92bc
	A2B2	35. 47ab	12. 87cd	14. 44de	32. 18de	0. 14b	71. 02e	93. 95b
	A2B3	36. 56a	13. 82c	14. 30de	30. 58f	0. 13b	71. 08e	95. 63a
	A3B1	31. 37e	16. 83a	17. 07a	34. 72b	0. 13b	83. 02a	88. 38e
	A3B2	32. 41de	15. 22b	16. 78ab	33. 10cd	0. 16a	83. 84a	88. 76e
	A3B3	33. 47cd	16. 40ab	16. 88ab	34. 61b	0. 13b	77. 97c	90. 00de
	CK	32. 65de	13. 00cd	11. 23f	36. 48a	0. 16a	74. 08d	85. 79f
下部叶	A1B1	34. 93e	7. 00c	11. 29de	33. 91bc	0. 18ab	37. 97f	75. 67d
	A1B2	35. 94cde	7. 85b	11. 53de	27. 87e	0. 19a	41. 77e	79. 79c
	A1B3	37. 00bc	8. 65a	10. 69e	30. 45cd	0. 16cd	43. 10e	80. 08bc
	A2B1	35. 15de	5. 65e	12. 35d	28. 76de	0. 15de	42. 58e	81. 30bc
	A2B2	37. 39ab	7. 75b	14. 04c	27. 98e	0. 12f	45. 10d	87. 45a
	A2B3	38. 48a	8. 90a	13. 64c	26. 97e	0. 14e	48. 13bc	88. 05a
	A3B1	35. 69cde	6. 50d	16. 24b	36. 17a	0. 17bc	50. 64a	79. 57c
	A3B2	36. 35bcd	7. 05c	17. 24ab	31. 70cd	0. 14e	49. 70ab	82. 79b
	A3B3	37. 41ab	7. 95b	17. 81a	28. 00e	0. 19a	46. 69cd	81. 60bc
	CK	32. 97f	5. 75e	12. 32d	35. 00ab	0. 10f	33. 32g	76. 77d

从中部烟叶看，开片度以处理 A2B3 最大，其次为 A2B2，A3B1 处理最小。单叶重以处理 A3B1 最大，其次为 A3B3，A1B3 处理最小。平衡含水率以处理 A3B1 最高，其次为 A3B3，CK 处理最小。含梗率以处理 CK 最高，其次为 A3B1，A2B3 处理最低，处理 CK 显著高于其他处理。叶质重以处理 A3B2 最高，其次为 A3B1，A1B1 处理最低。物理特性指数以处理 A2B3 最高，其次为 A2B2，CK 处理最低，处理 A2B3 显著高于其他处理。通过中部烟叶物理特性指数比较，追肥比例为 60%的中部烟叶物理特性指数优于 40%和 80%，增加追肥次数有利于提高中部烟叶的物理特性。

从下部烟叶看，开片度以处理 A2B3 最大，其次为 A3B3，CK 处理最小。单叶重以处理 A2B3 最大，其次为 A1B3，CK 处理最小，处理 A2B3 和 A1B3 显著高于其他处理。平衡含水率以处理 A3B3 最高，其次为 A3B2，CK 处理最小，处理 A3B2 与处理 A3B3 差异不显著，但是显著高于其他处理。含梗率以处理 A3B1 最高，其次为 CK，A2B3 处理最低。厚度以处理 A3B1 和 A1B2 最高，CK 处理最低，处理 A3B1 显著高于其他处理。叶质重以处理 A3B1 最高，其次为 A3B2，CK 处理最低，处理 A3B1 显著高于其他处理。物理特性指数以处理 A2B3 最高，其次为 A2B2，CK 处理最低，处理 A2B3 显著高于其他处理。通过上部烟叶物理特性指数比较，追肥比例为 60%的上部烟叶物理特性指数优于 40%和 80%，增加追肥次数有利于提高上部烟叶的物理特性。

（六）对烤后烟叶化学指标的影响

烤烟总糖含量为 15%~35%，较适宜含量为 20%~26%。一般要求烤烟还原糖含量为 15%~26%，以 18%~25%为最佳。其总氮含量一般要求为 1.5%~3.5%，以 2.5%为宜。烤烟烟碱含量一般要求为 1.5%~3.5%，以 2.5%为适宜值，但不同部位烟叶的要求有差别。烟叶中氯含量一般为 0.4%~0.8%时较为理想；烤烟糖碱比要求在 8~10 较好，不宜超过 10。烤烟氮碱比值一般为 0.8~1，以 1 较为合适。

由表 7-23 得知，上部叶总糖和还原糖含量：处理 A1B1 最高，其次为 A1B2，处理 CK 最低，处理 A1B1 和 A1B2 显著高于其他处理，与处理 CK 相比，处理 A1B1 的总糖和还原糖含量分别高 42.13%、41.44%。烟碱含量：处理 A1B1 最高，处理 A2B3 最低，处理 A2B3 的烟碱含量比处理 A1B1 低 25.89%。总氮含量：处理 A3B2 最高，其次为 CK，处理 A2B1 最低且显著低于其他处理组，处理 A2B1 的总氮含量比处理 A3B2 低 25.31%。氯含量：处理 A3B1 最高，其次为 A2B2，处理 A2B3 最低且显著低于其他处理组，处理 A2B3 的氯含量比处理 A3B1 低 35.16%。钾含量：处理 A2B3 最高，其次为 A2B2，处理 A1B1 最低，处理 A2B3 显著高于其他处理，处理 A2B3 的钾含量比 A1B1 高 52.45%。化学成分可用性指数：处理 A2B3 最高，其次为 A2B2，处理 A1B1 最低，处理 A2B3 的化学成分可用性指数比 A1B1 高 73.50%。通过烤后上部烟叶化学成分比较，追肥比例 60%优于 40%、80%，提高追肥次数有利于提高烤后烟叶化学成分可用性指数，处理 A2B3 的上部烟叶化学成分可用性指数最高，说明处理 A2B3 的上部烟叶化学成分更加协调。

烤后中部烟叶总糖含量：处理 A1B1 最高且显著高于处理 A2B3，其次为 A3B2，处理 A2B3 最低；处理 A1B1 的总糖含量比 A2B3 高 43.17%。还原糖含量：处理 A3B2 最高且显著高于其他处理组，其次为 A1B1，处理 A2B3 最低；处理 A3B2 的还原糖含量比 A2B3 高 27.79%。烟碱含量：处理 CK 最高且显著高于其他处理组，其次为 A3B1，处理 A3B3 最低；处理 A3B3 的烟碱含量比 CK 低 30.25%。总氮含量：处理 CK 最高且显著高于其他处理组，其次为 A3B1，处理 A3B2 最低；处理 A3B2 的总氮含量比 CK 低 36.65%。氯含量：处理 CK 最高且显著高于处理 A3B3，其次为 A3B1，处理 A3B3 最低；处理 A3B3 的氯含量比处理 CK 低 53.09%。钾含量：处理 A2B3 最高且显著高于其他处理组，其次为 A2B2，处理 A3B3 最低；处理 A2B3 的钾含量比 A3B3 高 48.26%。烤后中部烟叶化学成分可用性指数：处理 A2B3 最高且显著高于处理 CK，其次为 A2B2，处理 CK 最低；处理 A2B3 的化学成分可用性指数比处理 CK 高 92.59%。化学成分可用性指数反映着烟叶内含物的化学成分的协调性，通过对烤后中部烟叶的化学成分比较，追肥比例 60%优于 40%、80%，增加追肥次数有利于提高烤后中部烟叶的化学成分可用性指数。

表 7-23　不同处理烤后烟叶化学成分的影响

部位	处理	总糖（%）	还原糖（%）	烟碱（%）	总氮（%）	氯（%）	钾（%）	化学成分可用性指数
上部叶	A1B1	30. 05a	26. 57a	3. 09a	2. 92c	0. 85a	2. 04f	48. 46e
	A1B2	28. 93a	25. 25a	2. 92ab	2. 90c	0. 84a	2. 16ef	60. 82d
	A1B3	25. 49b	22. 26b	2. 79bc	2. 75d	0. 81a	2. 27de	71. 04b
	A2B1	21. 87c	20. 22c	2. 67c	2. 39g	0. 79a	2. 50c	83. 35a
	A2B2	23. 87b	21. 64bc	2. 47d	2. 52f	0. 89a	2. 88b	83. 52a
	A2B3	24. 96b	22. 75b	2. 29e	2. 64e	0. 65b	3. 11a	84. 08a
	A3B1	22. 13c	18. 35d	3. 07a	3. 06b	0. 91a	2. 61c	57. 53d
	A3B2	21. 54c	18. 26d	3. 00a	3. 20a	0. 79a	2. 54c	60. 40d
	A3B3	18. 84d	16. 94de	2. 72c	2. 90c	0. 82a	2. 34d	64. 98c
	CK	17. 39d	15. 56e	3. 07a	3. 08b	0. 84a	2. 16ef	48. 66e
中部叶	A1B1	34. 60a	26. 60ab	2. 22cd	2. 06de	0. 43d	2. 04f	79. 08cd
	A1B2	33. 21a	25. 04b	2. 25cd	2. 19cd	0. 57c	2. 16ef	82. 93cd
	A1B3	27. 88c	22. 43c	2. 48bc	2. 36c	0. 65bc	2. 27cde	88. 22abc
	A2B1	29. 75b	25. 82b	2. 37bcd	2. 30c	0. 57c	2. 48c	86. 83bc
	A2B2	26. 34d	22. 65c	2. 21cd	2. 18cd	0. 59c	2. 74b	95. 07ab
	A2B3	23. 79e	21. 95c	2. 13cd	2. 01de	0. 63bc	2. 98a	98. 01a
	A3B1	33. 86a	22. 81c	2. 72b	2. 55b	0. 72ab	2. 32cde	67. 37e
	A3B2	33. 91a	28. 05a	2. 02de	1. 78f	0. 63bc	2. 26de	75. 20de
	A3B3	30. 60b	22. 45c	1. 69e	1. 96e	0. 38d	2. 01f	83. 93cd
	CK	30. 63b	25. 94b	3. 26a	2. 81a	0. 81a	2. 38cd	50. 89f
下部叶	A1B1	25. 34bc	23. 05b	2. 25cde	2. 17d	0. 64b	1. 82ef	80. 29b
	A1B2	25. 04bc	22. 06bc	2. 42c	2. 40bcd	0. 39ef	1. 71f	70. 32c
	A1B3	24. 21bc	21. 74cd	2. 67b	2. 57b	0. 50cd	1. 87e	61. 74d
	A2B1	25. 73b	22. 11bc	2. 19de	2. 20d	0. 60bc	2. 47b	83. 48b
	A2B2	24. 87bc	20. 99d	2. 08ef	2. 30cd	0. 52cd	2. 61a	80. 96b
	A2B3	23. 66c	19. 94e	1. 97f	1. 82e	0. 53cd	2. 70a	93. 00a
	A3B1	24. 92bc	21. 70cd	2. 94a	2. 79a	0. 36f	1. 85e	58. 08d
	A3B2	21. 70d	18. 89f	2. 89a	2. 98a	0. 48de	1. 99d	54. 61d
	A3B3	30. 06a	24. 87a	2. 35cd	2. 27d	0. 53cd	2. 17c	79. 96b
	CK	30. 98a	24. 95a	2. 78ab	2. 51bc	1. 00a	1. 80ef	60. 52d

烤后下部烟叶化学指标可看出，总糖、还原糖含量：处理 CK 最高且显著高于 A3B2，其次为 A3B3；处理 CK 的总糖、还原糖含量比 A3B2 分别高 29. 21%、32. 08%。烟碱含量：处理 A3B1 最高且显著高于 A2B3，其次为 A3B2，处理 A2B3 最低；处理 A2B3 的烟碱含量比 A3B1 低 32. 99%。总氮含量：处理 A3B2 最高且显著高于处理 A2B3，其次为 A3B1，处理 A2B3 最低；处理 A2B3 的总氮含量比处理 A3B2 低 38. 93%。氯含量：处理

CK 最高且显著高于其他处理组，其次为 A1B1，处理 A3B1 最低；处理 A3B1 的氯含量比处理 CK 低 64.00%。钾含量：处理 A2B3 最高且显著高于 A1B2，其次为 A2B2，处理 A1B2 最低；处理 A2B3 的钾含量比 A1B2 高 57.89%。化学成分可用性指数：处理 A2B3 最高且显著高于其他处理组，其次为 A2B1，处理 A3B2 最低；处理 A2B3 的化学可用性指数比 A3B2 高 70.30%。烟叶的化学成分可用性指数是能够反映烟叶中的化学成分协调性和适宜性，通过比较烤后下部烟叶的化学成分可用性指数，追肥比例 60%的烟叶化学成分的协调性和适宜性优于 40%、80%，追肥次数对烤后下部烟叶化学成分有提高作用。

（七）对烤后烟叶感官评吸质量的影响

对于烤烟感官评吸质量（表 7-24）而言，中部烟叶的不同处理之间的感官质量指数高于下部、上部。从上部烟叶看，各处理的感官质量指数从高到低的顺序为 A2B3>A3B1>A1B2>A1B1>A2B2>A1B3>A3B3>A2B1>CK>A3B2，A2B3 的香气质、香气量、刺激性、透发性、柔细度、甜度等感官质量指标分值相对较优。

表 7-24　不同处理对烤烟感官评吸质量的影响

部位	处理	香气质	香气量	杂气	刺激性	透发性	柔细度	甜度	余味	浓度	劲头	评吸总分
上部	A1B1	5.3	5.4	4.9	5.3	5.2	5.1	5.3	5.2	6.0	5.9	53.6
	A1B2	5.5	5.6	5.3	5.3	5.5	5.3	5.4	5.3	5.8	5.9	54.9
	A1B3	5.3	5.4	5.0	5.1	5.2	5.0	5.1	5.1	6.0	6.2	53.4
	A2B1	5.2	5.3	4.9	5.2	5.1	5.0	5.1	5.2	5.9	6.0	52.9
	A2B2	5.4	5.3	5.1	5.3	5.0	5.1	5.2	5.2	5.9	6.0	53.5
	A2B3	5.8	5.7	5.6	5.7	5.4	5.5	5.5	5.7	6.1	5.9	56.9
	A3B1	5.5	5.5	5.3	5.4	5.2	5.3	5.4	5.4	5.9	5.8	54.7
	A3B2	5.0	5.1	4.8	5.1	4.8	5.1	4.9	4.9	5.8	6.0	51.5
	A3B3	5.2	5.2	5.0	5.4	5.1	5.1	5.0	5.1	5.9	6.2	53.2
	CK	5.2	5.2	5.0	5.2	5.0	5.0	5.1	5.0	5.8	6.0	52.5
中部	A1B1	5.3	5.5	5.4	5.6	5.3	5.5	5.3	5.5	5.4	5.4	54.2
	A1B2	5.7	5.7	5.6	5.7	5.6	5.7	5.6	5.7	5.5	5.5	56.3
	A1B3	5.7	5.7	5.6	5.6	5.5	5.5	5.6	5.8	5.7	5.6	56.3
	A2B1	5.5	5.6	5.4	5.4	5.2	5.3	5.5	5.4	5.8	5.8	54.9
	A2B2	5.4	5.6	5.3	5.5	5.4	5.4	5.6	5.5	5.8	5.7	55.2
	A2B3	5.7	5.9	5.6	5.7	5.6	5.8	5.5	5.4	5.8	5.8	56.8
	A3B1	5.6	5.6	5.4	5.5	5.6	5.5	5.6	5.5	5.6	5.6	55.5
	A3B2	5.6	5.6	5.3	5.5	5.3	5.5	5.4	5.4	5.8	5.8	55.2
	A3B3	5.7	5.5	5.4	5.4	5.3	5.4	5.5	5.3	5.6	5.8	54.9
	CK	5.4	5.5	5.3	5.3	5.4	5.3	5.4	5.3	5.6	5.9	54.4

（续表）

部位	处理	香气质	香气量	杂气	刺激性	透发性	柔细度	甜度	余味	浓度	劲头	评吸总分
下部	A1B1	5.2	5.1	5.2	5.5	5.2	5.5	5.3	5.2	5.2	4.9	52.3
	A1B2	5.2	5.3	5.3	5.3	5.4	5.6	5.3	5.3	5.4	5.1	53.2
	A1B3	5.3	5.3	5.4	5.4	5.3	5.4	5.4	5.4	5.4	5.3	53.6
	A2B1	5.4	5.3	5.3	5.7	5.5	5.3	5.4	5.3	5.5	5.7	54.4
	A2B2	5.4	5.1	5.4	5.6	5.4	5.5	5.4	5.5	5.3	5.3	53.9
	A2B3	5.5	5.3	5.5	5.5	5.4	5.8	5.4	5.6	5.2	5.2	54.4
	A3B1	5.2	5.1	5.0	5.3	5.1	5.2	5.2	5.2	5.4	5.3	52.0
	A3B2	5.3	5.1	5.2	5.3	5.0	5.4	5.1	5.2	5.3	5.3	52.2
	A3B3	5.1	5.1	5.0	5.3	5.2	5.3	5.1	5.3	5.0	5.2	51.6
	CK	5.3	5.1	5.1	5.3	5.1	5.3	5.1	5.1	5.3	5.2	51.9

从中部烟叶看，各处理的感官质量指数从高到底的顺序为 A2B3 > A1B3 > A1B2 > A3B1>A3B2>A2B2>A3B3>A2B1>CK>A1B1，A2B3 的香气量、柔细度等感官质量指标分值相对较优。

从下部烟叶看，各处理的感官质量指数从高到底的顺序为 A2B3 = A2B1 > A2B2 > A1B3>A1B2>A1B1>A3B2>A3B1>CK>A3B3，A2B3、A2B1 的感官质量指标分值相对较优；以上研究表明，基追比例及追肥次数对烟叶感官评吸质量贡献不同，以 A2B3 处理有利于提高烟叶感官质量。

（八）对烤后烟叶经济性状的影响

由表 7-25 可知，不同处理烤后烟叶产量以处理 A2B3 最高，其次为处理 A1B2，以处理 CK 最低；烤后烟叶产值以处理 A2B1 最高，其次为处理 A3B3，以处理 CK 最低；烤后烟叶上等烟、均价均以处理 A3B3 最高。从基肥比例对烤后烟叶经济性状影响来看，产量、产值均表现为 A2>A1>A3，均价、上等烟比例均表现为 A3>A2>A1；从追肥次数对烤后烟叶影响来看，产量、产值均表现为 B2>B3>B1，均价、上等烟比例均表现为 B1>B3>B2。

表 7-25　不同处理烤后烟叶经济性状

处理	上等烟比例（%）	均价（元/kg）	产量（kg/hm^2）	产值（元/hm^2）
A1B1	23.71c	18.01b	1 743.42b	31 404.24c
A1B2	21.74c	18.32b	2 131.10a	39 046.68a
A1B3	18.32c	16.74b	1 810.09b	30 309.85c
A2B1	35.56b	18.85b	2 118.44a	39 922.00a
A2B2	21.14c	18.86b	1 813.43b	34 194.37b
A2B3	22.45c	17.94b	2 153.44a	38 633.93a
A3B1	32.10b	20.32ab	1 843.43b	37 461.54ab
A3B2	18.47c	17.99b	2 003.44a	36 037.14b
A3B3	44.59a	22.18a	1 771.75b	39 295.63a
CK	37.18b	19.02b	1 416.73c	26 953.34d

四、讨论与结论

烤烟农艺性状研究结果表明，从株高、茎围、叶片数、最大叶面积看，A1B3 与 A3B3 处理表现相对较优，其次为处理 A2B3；从基肥比例来看，A2>A3>A1，即追肥比例 60%优于 40%、80%；不同追肥次数来看，B3>B2>B1，表明基追比例 40：60，追肥 5 次有利于促进烟株生长发育。

不同施肥措施对烟株叶片光合特性的影响也存在差异，不同施肥处理对烤烟旺长期 SPAD 值影响差异不显著，对成熟期烟株 SPAD 值影响达到差异水平，表明基追比例 60：40，追肥 5 次 SPAD 值较高。施肥方式对叶片 Pn 影响较大，现蕾期烟株光合效率以 A3B1 处理最高，成熟期烟株光合效率以 A3B3 处理最高，提高追肥次数有利于提升烤烟叶片光合效率。

不同基追比例和追肥次数对烟株干物质的积累速率也存在一定差异，前期各处理干物质的积累量差异不明显，成熟期干物质积累速率显著增加，基追比例 20：80，追肥 4 次干物质积累速率增加最快。

烤后烟叶理化特性及感官评吸质量研究结果表明，以 A2B3（即基追比为 40：60，追肥次数按 5 次施肥）烤后烟叶理化特性较为适宜，感官评吸质量较优。

确定烤烟基追比例和追肥次数，要考虑烟叶产量和产值达到最佳。本试验结果显示，不同处理烤后烟叶产量以处理 A2B3 最高，其次为处理 A1B2，以处理 CK 最低；烤后烟叶产值以处理 A2B1 最高，其次为处理 A3B3，以处理 CK 最低；表明获得烟叶产量、产值最佳的追肥次数并不是在同一点，因此，在推荐追肥次数时，应充分考虑烟叶产量、产值相协调，确定烤烟最佳追肥次数；从基肥比例及追肥次数对烤后烟叶经济性状影响来看，以基追比例 40：60，施肥 4 次较为适宜。

第四节 水溶性追肥配施促根剂对稻茬烤烟的影响

一、研究目的

南方稻作烟区雨水多易导致肥料养分流失，加之烤烟移栽期和伸根期的低温阴雨天气对早生快发的影响，导致肥料利用率低而过量施用化学肥料。如何促进烤烟大田前期根系发育提高烟株吸收养分能力，优化施肥模式以满足烟株养分需要与供应强度吻合，提高肥料利用率以减少化肥用量，改善烟叶品质，提高烤烟种植效益，已成为稻作烟区烤烟可持续生产亟待解决的问题。水溶肥具有肥效快和吸收率高的优点，朱经伟等（2020）认为水溶根施追肥可提高烤烟对氮、磷、钾肥的表观利用率，显著提高烟叶品质；夏昊等（2018）采用水溶性追肥替代常规追肥，改善了烤烟生长，提高了养分吸收率和烤烟经济性状和内在品质；沈晗等（2021）在化肥减量条件下施用水溶性追肥，显著提高了烤烟干物质积累量和肥料利用率。促根剂能显著促进低温下烤烟根系发育、干物质积累以及生长。促根类产品种类繁多，腐殖质富含羧基、酚羟基、醌基等多种活性基团，具有良好生物活性的有机高分子物质；恶霉·稻瘟灵乳油可通过模拟合成植物抗逆诱导物质，激活植物抗性，增强植物抗病能力以抵抗不良环境的影响，进而促进植物生长发育；壳聚糖作为生物激发子可启动植物抗病信号路径、形成病程相关蛋白以及提高植物抗病的多种防御性酶的活性，但这些促根产品对大田生产中烤烟及根系生长发育的研究较少。烤烟追肥单施用硝酸钾，土壤养分失衡，不利于优质烟叶生产；虽有专用追肥，但以干施、兑施为主，水溶性差，不利于烤烟吸收利用。研发一种能被根系快速吸收、抗逆促根，配方针对性强、复合化程度高的水溶性追肥以促进烤烟早生快发是很有必要的。鉴于促根剂和水溶性追肥结合施用对烤烟生长影响的相关研究仍为空白，本研究采用双因素大田试验，分析促根剂和水溶追肥及其互作对大田不同时期的烟株根系及地上部生长、干物质和养分积累、烤烟产量和质量的影响，旨在为湖南稻作烟区促烤烟早生快发提供参考。

二、材料与方法

（一）试验材料

于 2021 年在湖南省株洲市茶陵县腰陂镇开展试验。试验烤烟品种为云烟 87。试验地位于茶陵县中部，地理坐标为北纬 26°53′，东经 113°39′，属亚热带季风湿润气候区，气候温和，雨量充沛，冬寒期短。年平均气温 17.9℃，活动积温 5 509℃，无霜期 294d，年均降水量 1 423mm。试验地位于烟稻轮作烟区，pH 值 5.82，有机质 44.23g/kg，碱解氮 34.72mg/kg，有效磷 60.22mg/kg，速效钾 250.14mg/kg。

烟草专用基肥（$N-P_2O_5-K_2O=7-17-8$，总养分≥29%，硝态氮/总氮≥20%，有机质≥15%）；生物发酵饼肥（总养分≥8%，有机质≥70%）；硫酸钾［水溶性氧化钾（K_2O）≥52.0%，氯含量≤1.0%，硫含量≥17.5%］；灌蔸肥（$N-P_2O_5-K_2O=20-9-0$，总养分≥29%，硝态氮/总氮≥40%，含硼、镁、锌、钼，以及黄腐酸，含抗病解磷复合功能菌、天然生物抗病素、保水保肥营养增效剂等）；水溶追肥（$N-P_2O_5-K_2O=10-0-40$，总养分≥50%，硝态氮/总氮≥75%）；烟草专用提苗肥（$N-P_2O_5-K_2O=20-9-0$，总养分≥29%，硝态氮/总氮≥40%）；烟草专用追肥（$N-P_2O_5-K_2O=10-0-32$，总养分≥42%，硝态氮/总氮≥50%）。

试验使用促根剂为矿源腐殖质（产品名为“地康食安 1 号”，有机质含量大于 80%，氮、磷、钾含量大于 5%）；恶霉·稻瘟灵乳油（产品名为“诱抗特”，植物抗逆诱导剂）；壳聚糖（产品名为“普多收魔力根”）。

（二）试验设计

双因素随机区组试验。追肥模式（C）设 2 个水平：C1 为水溶性追肥模式，C2 为传统追肥模式，具体见表 7-26；促根剂种类（D）设 4 个水平：D1 为矿源腐殖质（兑水成 10%浓度溶液），D2 为恶霉·稻瘟灵乳油（兑水成 0.3%浓度溶液），D3 为壳聚糖（兑水成 5%浓度溶液），D4 为不施加任何促根剂。促根剂在移栽后与定根水混匀后浇施于根部。8 个处理，3 次重复，24 个小区，小区面积 65m^2，随机区组排列。烤烟漂浮育苗，3 月 12 日移栽，种植密度为 50cm（株距）×120cm（行距），单垄栽培，垄高 40cm。烤烟基肥施氮量相同，m（N）、m（P_2O_5）、m（K_2O）分别为 63.00kg/hm²、153kg/hm²、150kg/hm²；水溶性追肥（C1），m（N）、m（P_2O_5）、m（K_2O）分别为 91.50kg/hm²、10.80kg/hm²、348.00kg/hm²；传统配方追肥（C2），m（N）、m（P_2O_5）、m（K_2O）分别为 106.50kg/hm²、10.80kg/hm²、342.00kg/hm²；施用方法和具体施用时间见表 7-26。其他田间管理和生产措施一致，与株洲市优质烤烟生产技术规程相同。

表 7-26　传统追肥模式与水溶性追肥模式的施用方法

肥料种类	施肥时间	传统追肥模式	水溶性追肥模式	施用方法
基肥	移栽前 10d	烟草专用基肥 900kg/hm²，生物发酵饼肥 450kg/hm²，硫酸钾 150kg/hm²		穴施
追肥	移栽后 0d	提苗肥 45kg/hm²	灌蔸肥 45kg/hm²	兑水浇施
	移栽后 10d	提苗肥 75kg/hm²	灌蔸肥 75kg/hm²	兑水浇施
	移栽后 20d	烟草专用追肥 225kg/hm²	水溶追肥 225kg/hm²	兑水浇施
	移栽后 30d	烟草专用追肥 300kg/hm²	水溶追肥 300kg/hm²	兑水浇施
	移栽后 40d	烟草专用肥 300kg/hm²，硫酸钾 75kg/hm²	水溶追肥 150kg/hm²，硫酸钾 75kg/hm²	兑水浇施
	移栽后 55d	硫酸钾 75kg/hm²	硫酸钾 75kg/hm²	兑水浇施

（三）主要测定指标与方法

（1）烤烟根系性状指标：于移栽后 30d、60d、90d，每处理选取 5 株烟苗，挖取根系冲净后置于 LA-2400 多参数根系分析系统中，并采用 WinRHIZO 进行数据分析，测定烟株地下部的根长、根表面积、根体积、根直径及根尖数。

（2）烤烟农艺性状考查指标：每个处理定 5 株具有代表性烟株进行观察，分别在移栽后 30d、60d、90d，按照标准《烟草农艺性状调查测量方法》（YC/T 142—2010）测定烟株株高、茎围、节距、有效叶片数、最大叶长、最大叶宽等农艺性状，计算叶面积=叶长×叶宽×0.634 5。

（3）鲜烟叶 SPAD 值检测：每处理定位 5 株烟叶，采用 SPAD-502 plus 便携式叶绿素测定仪（日本柯尼卡美能达公司）测定 SPAD 值，在离烟叶主脉 3cm 两侧（避开支脉）对称处各选择 6 个点进行测，记录仪器读数并求取平均值。

（4）烤烟干物质、养分积累与分配：在烤烟团棵期（移栽后 30d），每小区选择长势具有代表性的植株 15 株，于移栽后 30d、60d、90d，每次采集 5 株烟株，按根、茎、叶分别杀青烘干，粉碎后装入自封袋待测。烟株采用 H_2SO_4-H_2O_2 消煮法，全氮采用凯氏定氮法测定，全磷采用钼锑抗比色法测定，全钾采用火焰光度法测定。氮（磷、钾）积累量（kg/hm²）= 移栽后各时期烟株某器官干物质量（kg/hm²）×烟株某器官含氮（磷、钾）量（%）。

（5）烤烟养分利用效率：氮（磷、钾）肥吸收效率（%）= 单位面积烟株氮（磷、钾）积累量（90d）/单位面积施氮（磷、钾）量×100%；氮（磷、钾）肥利用效益

（kg/kg）=单位面积烟叶干物质量（90d）/单位面积施氮（磷、钾）量。

（6）烤烟经济性状考查：每个处理单采、单烤，由分级专家分级后，考查上等烟比例、均价、产量、产值等烟叶经济性状。

（7）烟叶外观质量量化评价：各处理选取具有代表性的 X2F、C3F、B2F 等级烟叶，聘请分级专家对烟叶颜色、成熟度、叶片结构、油分、色度、身份等指标逐项进行鉴定，并按 10 分制进行打分，分别按 0.20、0.30、0.16、0.12、0.10、0.12 的权重计算外观质量总分。

（8）烟叶物理性状测定指标及方法：各处理选取具有代表性的 X2F、C3F、B2F 等级烟叶，平衡水分后，测定长度、宽度、单叶重、含梗率、叶片厚度、平衡含水率、叶质重等物理性状指标。

（9）化学成分测定指标及方法：各处理选取具有代表性的 X2F、C3F、B2F 等级烟叶，采用 SKALAR 间隔流动分析仪测定烟叶中总糖、还原糖、烟碱、总氮、氯、淀粉、绿原酸含量；钾含量采用火焰光度法测定。

（10）单料烟感官评吸及量化评价：各处理选取具有代表性的 X2F、C3F、B2F 等级烟叶，经过回潮、切丝，卷制成每支（900±15）mg、长 85mm 的单料烟支。由浙江中烟技术中心组织专业评吸人员按 YC/T 138—1998《烟草及烟草制品》进行感官质量评价，对刺激性（10 分）、干燥感（8 分）、余味（10 分）、香气质（20 分）、细腻程度（6 分）、柔和程度（6 分）、圆润感（8 分）、香气量（18 分）、透发性（6 分）、杂气（8 分）10 个评价指标打分，10 个指标分值和就是感官评吸质量总分。

（四）统计分析方法

数理统计分析采用 Excel 2010 及 SPSS 20.0 等软件。新复极差法进行多重比较，小写英文字母表示显著差异为 0.05 水平。当方差分析检定为显著性差异（$P<0.05$）时，采用 $pEta^2$ 值（Partial $\eta 2$）对追肥模式、促根剂及其互作影响烤烟某一性状大小进行评价，以 $pEta^2$ 表示自变量能够解释因变量总体方差变异的大小，$pEta^2$ 值介于 0~1，该值越大说明差异幅度越大，比如 Eta^2 为 0.1，即说明数据的差异有 10%是来源于不同组别之间的差异。$pEta^2$=SSB/SST，其中 SSB（Sum of squares between）组间平方和，表示其所在组的均值减去总均值的平方之和。SST（Sum of squares for total）总离差平方和，表示所有数据点离均值的距离的平方之和。

三、结果与分析

（一）对烤烟根系的影响

由表 7-27 可知，30d、60d、90d 的追肥模式 C1 根系长度较 C2 分别增加 28.71%、50.14%、32.70%，根系表面积较 C2 分别增加 18.62%、28.94%、59.78%，根系体积较 C2 分别增加 12.45%、35.94%、15.58%；60d、90d 的追肥模式 C1 根尖数较 C2 分别增加 47.54%、24.37%。表明水溶性追肥有利于促进根系生长。

除 30d 促根剂与不施促根剂处理的根系平均直径差异不显著外，其他时期的促根剂处理的根系长度、表面积、平均直径、体积、根尖数均显著多于不施促根剂处理。从根系长度来看，30d 的 D1、D2、D3 较 D4 分别增加 70.47%、80.90%、43.65%，60d 较 D4 分别增加 49.15%、15.00%、14.53%，90d 较 D4 分别增加 68.29%、48.10%、15.86%；从根系表面积来看，30d 的 D1、D2、D3 较 D4 分别增加 2.84%、85.75%、14.83%，60d 较 D4 分别增加 23.94%、39.47%、3.95%，90d 较 D4 分别增加 93.10%、63.66%、28.60%；从根系平均直径来看，60d 的 D1、D2、D3 较 D4 分别增加 0.66%、4.64%、4.64%，90d 较 D4 分别增加 1.22%、28.05%、32.32%；从根系体积来看，30d 的 D1、D2、D3 较 D4 分别增加 29.28%、76.13%、1.80%，60d 较 D4 分别增加 7.17%、29.05%、9.16%，90d 较 D4 分别增加 46.09%、78.98%、30.05%；从根尖数来看，30d 的 D1、D2、D3 较 D4 分别增加 16.57%、38.59%、19.32%，60d 较 D4 分别增加 49.02%、36.14%、28.74%，90d 较 D4 分别增加 85.69%、78.64%、48.18%。

表 7-27　水溶性追肥配施促根剂对烤烟根系性状指标的影响

移栽时间	因子	处理	长度 (cm)	表面积 (cm^2)	平均直径 (mm)	体积 (cm^3)	根尖数	$pEta^2$ 平均值
30d	追肥模式	C1	559.76±28.00a	143.39±12.46a	0.83±0.13a	2.98±0.18a	2 073±241a	
		C2	434.89±21.03b	120.88±12.99b	0.88±0.13a	2.65±0.52b	2 064±539a	
		P_C	0.006	0.030	0.323	0.043	0.696	
		$pEta_C^2$	0.387	0.281	0.061	0.316	0.010	0.211
	促根剂种类	D1	541.27±30.69ab	138.93±9.54b	0.84±0.07a	2.87±0.51b	2 033±454b	
		D2	574.40±44.78a	180.66±50.10a	0.88±0.11a	3.91±0.87a	2 417±423a	
		D3	456.11±12.37b	111.68±16.03c	0.82±0.18a	2.26±0.43c	2 081±235b	
		D4	317.52±35.07c	97.26±11.17c	0.88±0.15a	2.22±1.06c	1 744±228c	
		P_D	0.000	0.000	0.797	0.006	0.000	
		$pEta_D^2$	0.732	0.738	0.060	0.529	0.969	0.606
	互作	C1D1	514.88±21.62b	146.00±21.62b	0.90±0.04a	3.30±0.42a	1 619±330c	
		C1D2	848.94±41.22a	211.36±41.22a	0.80±0.02a	3.79±1.53a	2 800±4.19a	
		C1D3	531.75±74.21b	119.30±74.21bc	0.71±0.08a	2.14±0.74a	2 292±214bc	
		C1D4	343.46±27.13cd	96.88±27.13b	0.91±0.30a	2.29±1.26a	1 545±229d	
		C2D1	567.65±8.11b	131.86±8.11b	0.78±0.06a	2.44±0.03a	2 447±244ab	
		C2D2	499.86±18.8bc	149.96±18.8b	0.96±0.15a	3.62±0.98a	2 033±362bc	
		C2D3	380.47±52.65c	104.05±52.65bc	0.93±0.29a	2.38±0.55a	1 868±238c	
		C2D4	291.58±37.09d	97.64±37.09c	0.84±0.13a	2.25±2.00a	1 943±215c	
		$P_{C\times D}$	0.015	0.044	0.062	0.648	0.000	
		$pEta_{C\times D}^2$	0.471	0.275	0.360	0.095	0.962	0.433

（续表）

移栽时间	因子	处理	长度(cm)	表面积(cm^2)	平均直径(mm)	体积(cm^3)	根尖数	$pEta^2$平均值
60d	追肥模式	C1	4 501.90±51.14a	2 855.70±69.29a	1.57±0.14a	137.07±9.26a	11 297±474a	
		C2	2 998.46±81.57b	2 214.71±72.3b	1.52±0.19a	100.83±6.9b	7 657±244b	
		P_C	0.000	0.026	0.018	0.044	0.000	
		$pEta_C^2$	0.752	0.273	0.303	0.371	0.971	0.534
	促根剂种类	D1	4 674.00±57.86a	2 715.73±82.1b	1.52±0.30b	114.49±7.56b	10 993±140a	
		D2	3 603.94±92.66b	3 056.14±72.26a	1.58±0.18a	137.86±7.61a	10 043±385a	
		D3	3 589.07±64.55b	2 277.72±51.07c	1.58±0.04a	116.62±6.41b	9 497±611b	
		D4	3 133.71±41.8c	2 191.23±66.16c	1.51±0.01b	106.83±4.11c	7 377±901c	
		P_D	0.000	0.042	0.008	0.001	0.000	
		$pEta_D^2$	0.919	0.335	0.511	0.479	0.983	0.645
	互作	C1D1	5 137.24±57.06a	3 037.80±57.06a	1.59±0.09bc	133.76±9.14a	11 083±133b	
		C1D2	4 692.03±45.18ab	3 172.39±45.18a	1.43±0.02c	134.71±51.17a	12 781±122a	
		C1D3	4 079.45±66.84b	2 498.51±66.84c	1.56±0.04bc	127.70±50.4a	9 110.5±127c	
		C1D4	4 098.87±63.57b	2 714.09±63.57b	1.50±0.01bc	122.11±25.15a	10 902±95b	
		C2D1	4 210.77±77.56b	2 393.67±77.56c	1.25±0.03d	95.23±34.71a	12 214±164a	
		C2D2	2 515.85±81.09cd	2 839.89±81.09b	1.74±0.12a	111.00±11.23a	7 871.5±111d	
		C2D3	2 187.97±36.18d	1 856.93±36.18d	1.60±0.06ab	105.53±14.51a	5 644±140e	
		C2D4	3 079.27±23.49c	1 668.36±30.49d	1.51±0.01bc	91.54±29.54a	6 212±914e	
		$P_{C\times D}$	0.000	0.043	0.000	0.685	0.000	
		$pEta_{C\times D}^2$	0.721	0.170	0.954	0.086	0.978	0.582
90d	追肥模式	C1	8 412.29±24.39a	4 150.14±92.12a	1.84±0.23a	138.16±5.53a	20 369±5 805a	
		C2	6 339.22±47.75b	2 971.49±32.34b	1.92±0.46a	119.54±7.51b	16 378±6 717b	
		P_C	0.000	0.000	0.411	0.000	0.000	
		$pEta_C^2$	0.982	0.985	0.043	0.880	0.985	0.775
	促根剂种类	D1	9 644.72±61.37a	4 698.63±84.81a	1.66±0.23b	157.85±8.57b	21 371±3 116a	
		D2	8 487.68±36.65b	3 982.16±65.82b	2.10±0.32a	193.39±7.74a	20 560±8 213ab	
		D3	6 639.65±83.61c	3 129.21±92.14c	2.17±0.25a	140.52±6.54b	17 054±2 574b	
		D4	5 730.96±72.8d	2 433.26±60.41d	1.64±0.23b	108.05±11.31c	11 509±1 086c	
		P_D	0.000	0.000	0.001	0.000	0.000	
		$pEta_D^2$	0.994	0.993	0.650	0.898	0.998	0.907
	互作	C1D1	8 695.10±45.83c	5 128.19±45.83a	1.72±0.10bc	241.62±11.98a	21 540±2 412b	
		C1D2	11 437.65±63.39a	5 134.68±63.39a	1.97±0.61b	192.89±2.76b	28 054±1 929a	
		C1D3	7 988.92±91.53d	3 666.92±21.53c	1.94±0.03b	173.79±4.82bc	19 384±1 739c	
		C1D4	5 527.47±39.28e	2 670.77±39.28d	1.73±0.15bc	125.16±0.75d	12 499±1 056e	
		C2D1	10 594.34±71.42b	4 269.07±21.42b	1.52±0.45c	145.15±3.03cd	27 202±1 455a	
		C2D2	5 537.72±372.93e	2 829.64±72.93d	2.24±0.19a	122.82±8.27d	13 065±1 222e	
		C2D3	5 290.38±82.48e	2 591.49±82.48d	2.39±0.05a	107.25±3.70d	14 724±1 075d	
		C2D4	3 934.44±27.68f	2 195.75±27.68e	1.54±0.44c	102.93±0.72d	10 519±1 023f	
		$P_{C\times D}$	0.000	0.000	0.042	0.000	0.000	
		$pEta_{C\times D}^2$	0.990	0.956	0.375	0.718	0.996	0.807

注：P_C、P_D、$P_{C\times D}$分别为追肥模式 C、促根剂 D 及其互作的差异显著性值；$PEta_C^2$、$pEta_D^2$、$pEta_{C\times D}^2$分别为追肥模式 C、促根剂 D 及其互作的效应值。下同。

不同促根剂处理效果在不同取样时期不一样，30d 根系长度以 D2 和 D1、根系表面积以 D2、根系体积以 D2、根尖数以 D1、D2 效果相对较好，60d 根系长度以 D1、根系表面积以 D2、根系平均直径以 D2、根系体积以 D2、根尖数以 D2 效果相对较好，90d 根系长度以 D1、根系表面积以 D1 和 D2、根系平均直径以 D2、根系体积以 D2、根尖数以 D1 和 D2 效果相对较好。综合来看，D1 和 D2 促根剂的效果较好。

从追肥模式与促根剂的互作效果看，根系长度在 30d、90d 以 C1D2 效果最好，60d 以 C1D1、C1D2 效果较好；根系表面积在 30d 以 C1D2 效果最好，60d、90d 以 C1D1、C1D2 效果好；根系平均直径在 60d、90d 以 C2D2、C2D3 效果好；根系体积在 90d 以 C1D1 效果最好；根尖数在 30d、60d、90d 均以 C1D2、C2D1 效果较好。综合来看，以 C1D1、C1D2 效果相对较好。

表 7-27 中追肥模式和促根剂及其互作的烤烟根系性状的贡献率。从追肥模式、促根剂及其互作效应看，30d、60d、90d 的根系长度为 $pEta_D^2>pEta_{C\times D}^2>pEta_C^2$，根系表面积为 $pEta_D^2>pEta_C^2>pEta_{C\times D}^2$，根系平均直径为 $pEta_D^2>pEta_{C\times D}^2>pEta_C^2$，根系体积为 $pEta_D^2>pEta_C^2>pEta_{C\times D}^2$，根尖数为 $pEta_D^2>pEta_{C\times D}^2>pEta_C^2$；从 5 个根系性状指标平均值看，30d、60d、90d 均表现为 $pEta_D^2>pEta_{C\times D}^2>pEta_C^2$，趋势一致。根据 5 个根系性状指标的效应平均值，将 3 个时期的效应值求和，并转化为百分率，追肥模式对促进根系生长的贡献率占 27.64%、促根剂的贡献率占 39.24%，互作贡献率占 33.12%，可见促根剂对根系影响最大，其次是互作，追肥模式影响相对较小。

（二）对烤烟地上部生长的影响

由表 7-28 可知，30d 的追肥模式 C1 茎围、最大叶面积较 C2 分别增加 10.47%、10.22%；60d 的追肥模式 C1 株高、茎围、最大叶面积较 C2 分别增加 3.31%、3.36%、9.19%。表明水溶性追肥有利促进地上部生长。

由于打顶和留叶数的影响，加之烤烟处于成熟阶段，90d 的不同促根剂烤烟地上部生长指标差异不显著。30d 的株高 D1、D2、D3 较 D4 分别增加 30.98%、45.89%、10.33%，茎围较 D4 分别增加 9.73%、13.57%、4.52%，叶片数较 D4 分别增加 18.80%、24.31%、13.45%，最大叶面积较 D4 分别增加 24.76%、33.83%、14.95%；60d 的株高 D1、D2、D3 较 D4 分别增加 13.28%、8.98%、2.36%，60d 的茎围 D1、D2、D3 较 D4 分别增加 8.18%、11.01%、3.05%，叶片数较 D4 分别增加 8.11%、5.41%、0.00%，最大叶面积较 D4 分别增加 35.52%、17.92%、9.06%；但不同促根剂处理效果在不同取样时期不一样，综合来看，D1 和 D2 促进地上部生长效果较好。

从追肥模式与促根剂互作效果看，在 30d 株高以 C2D2、茎围以 C1D1 和 C1D2、叶片数以 C1D2、最大叶面积以 C1D1、C1D2 效果好；在 60d 株高以 C1D1、茎围以 C1D1 和 C1D2、叶片数以 C1D2、最大叶面积以 C1D1 效果好。综合来看，以 C1D1、C1D2 效果相对较好。

追肥模式和促根剂及其互作的烤烟根系性状的贡献率（表 7-28）。从追肥模式、促根剂及其互作效应看，30d、60d、90d 的株高为 $pEta_D^2>pEta_{C\times D}^2>pEta_C^2$；30d 的茎围为 $pEta_C^2>pEta_D^2>pEta_{C\times D}^2$，60d 的茎围为 $pEta_D^2>pEta_{C\times D}^2>pEta_C^2$，90d 的茎围为 $PEta_{C\times D}^2>pEta_D^2>PEta_C^2$；30d、60d、90d 的叶片数为 $pEta_D^2>pEta_{C\times D}^2>pEta_C^2$；30d、60d、90d 的最大叶

面积为 $pEta_D^2>pEta_C^2>pEta_{C\times D}^2$；从 5 个根系性状指标平均值看，30d、60d、90d 均表现为 $pEta_D^2>pEta_{C\times D}^2>pEta_C^2$，趋势一致。追肥模式对促进地上部生长的贡献率占 17.85%、促根剂的贡献率占 56.79%，互作贡献率占 25.36%，可见促根剂对地上部生长影响最大，其次是互作，追肥模式影响相对较小。

表 7-28　水溶性追肥配施促根剂对烤烟地上部生长的影响

移栽后时间	因子	处理	株高（cm）	茎围（cm）	叶片数（片）	最大叶面积（cm^2）	$pEta^2$ 平均值
30d	追肥模式	C1	6.55±0.69a	4.96±0.13a	7.17±0.83a	457.24±15.34a	
		C2	6.49±1.45a	4.49±0.20b	6.92±0.67a	414.85±13.37b	
		P_C	0.188	0.005	0.238	0.031	
		$pEta_C^2$	0.106	0.397	0.086	0.218	0.20
	促根剂种类	D1	6.85±0.33b	4.85±0.44ab	7.33±0.52a	459.53±55.17ab	
		D2	7.63±0.88a	5.02±0.55a	7.67±0.52a	492.94±70.12a	
		D3	5.77±0.43c	4.62±0.29b	7.00±0.63a	423.39±29.65b	
		D4	5.23±0.71c	4.42±0.44b	6.17±0.41b	368.32±42.73c	
		P_D	0.000	0.046	0.001	0.003	
		$pEta_D^2$	0.876	0.385	0.651	0.570	0.62
	互作	C1D1	6.63±0.25bc	5.2±0.26ab	7.33±0.58b	483.54±76.00ab	
		C1D2	7.00±0.50b	5.40±0.25a	8.00±0.01a	528.21±80.33a	
		C1D3	5.57±0.47d	4.70±0.21bc	7.33±0.58b	423.65±9.26bcd	
		C1D4	5.80±0.20d	4.5±0.15bc	6.00±0.00c	385.80±57.19cd	
		C2D1	7.07±0.25b	4.50±0.20c	7.33±0.58b	435.51±10.05bcd	
		C2D2	8.27±0.68a	4.60±0.40bc	7.33±0.58b	457.67±45.91bc	
		C2D3	5.97±0.35cd	4.60±0.40bc	6.67±0.58bc	423.13±45.95bcd	
		C2D4	4.67±0.50e	4.30±0.66c	6.33±0.58c	343.09±11.34d	
		$P_{C\times D}$	0.002	0.047	0.043	0.048	
		$pEta_{C\times D}^2$	0.603	0.222	0.220	0.093	0.28
60d	追肥模式	C1	96.52±1.88a	9.84±0.52a	19.17±0.72a	1 596.65±82.87a	
		C2	93.43±1.95b	9.52±0.52b	19.08±1.00a	1 462.27±60.77b	
		P_C	0.030	0.008	0.689	0.036	
		$pEta_C^2$	0.262	0.364	0.010	0.246	0.22
	促根剂种类	D1	101.35±4.61a	9.92±0.48a	20.00±0.63a	1 792.68±79.76a	
		D2	97.50±3.03ab	10.18±0.26a	19.50±0.55a	1 559.8±53.36b	
		D3	91.58±4.20b	9.45±0.36ab	18.50±0.55b	1 442.57±72.22bc	
		D4	89.47±3.24b	9.17±0.37b	18.50±0.55b	1 322.79±81.02c	
		P_D	0.000	0.000	0.000	0.000	
		$pEta_D^2$	0.769	0.772	0.717	0.686	0.74
	互作	C1D1	104.97±1.95a	10.33±0.15a	19.67±0.58a	1 821.99±32.57a	
		C1D2	96.23±3.10bc	10.27±0.15a	19.67±0.58a	1 642.19±72.70b	
		C1D3	93.23±3.2bcd	9.47±0.15b	18.33±0.58c	1 456.49±23.61bc	
		C1D4	91.63±2.68cde	9.30±0.36bc	19.00±0.00bc	1 465.92±93.01bc	
		C2D1	97.73±3.16b	9.50±0.20b	18.33±0.58c	1 654.14±50.85b	
		C2D2	98.77±2.93b	10.10±0.36a	19.33±0.58b	1 549.45±92.80b	
		C2D3	89.93±5.08de	8.87±0.23c	18.67±0.58c	1 428.64±70.2bc	
		C2D4	87.30±2.25e	9.60±0.36b	18.00±0.00c	1 179.66±108.67d	
		$P_{C\times D}$	0.026	0.009	0.048	0.049	
		$pEta_{C\times D}^2$	0.320	0.504	0.381	0.157	0.34

（续表）

移栽后时间	因子	处理	株高（cm）	茎围（cm）	叶片数（片）	最大叶面积（cm^2）	$pEta^2$ 平均值
90d	追肥模式	C1	102.04±6.27a	10.91±0.93a	14.75±1.66a	1 747.98±193.68a	
		C2	96.64±7.88a	10.74±1.02a	14.08±1.24a	1 651.64±158.61a	
		P_C	0.053	0.717	0.550	0.226	
		$pEta_C^2$	0.215	0.008	0.023	0.090	0.08
	促根剂种类	D1	101.20±2.09a	10.60±0.61a	14.33±1.03a	1 798.14±178.27a	
		D2	104.55±4.62a	10.92±0.73a	14.83±0.98a	1 739.87±148.27a	
		D3	98.18±3.79a	10.90±0.94a	13.67±1.37a	1 635.4±123.95a	
		D4	93.43±5.90a	10.88±1.54a	12.83±1.72a	1 625.84±141.5a	
		P_D	0.056	0.952	0.096	0.344	
		$pEta_D^2$	0.385	0.020	0.320	0.183	0.23
	互作	C1D1	105.10±9.57a	10.87±0.25a	14.00±0.00a	1 853.81±30.92a	
		C1D2	104.27±2.96a	11.07±0.90a	15.00±1.00a	1 802.34±192.77a	
		C1D3	102.33±6.81a	11.07±1.33a	14.00±2.00a	1 677.93±123.93a	
		C1D4	96.47±1.23a	10.63±1.38a	12.00±1.73a	1 657.85±149.95a	
		C2D1	97.30±5.15a	10.33±0.81a	14.67±1.53a	1 742.46±263.05a	
		C2D2	104.83±8.37a	10.77±0.67a	14.67±1.15a	1 677.40±78.07a	
		C2D3	94.03±4.14a	10.73±0.59a	13.33±0.58a	1 592.87±122.56a	
		C2D4	90.40±7.61a	11.13±1.96a	13.67±1.53a	1 593.83±156.52a	
		$P_{C×D}$	0.607	0.857	0.449	0.992	
		$pEta_{C×D}^2$	0.255	0.046	0.149	0.006	0.09

（三）对鲜烟叶 SPAD 值的影响

SPAD 值代表叶片叶绿素含量的相对值。由图 7-9 可知，30d 的 SPAD 值是促根剂 D1 显著高于 D4，90d 的 SPAD 值是促根剂 D2 显著高于 D4，追肥模式对鲜烟叶 SPAD 值影响差异不显著。从追肥模式与促根剂互作效果看，60d 的 SPAD 值是以 C1D1、C2D2 相对较高。可见，追肥模式对烟叶 SPAD 值没有影响，促根剂 D1 和 D2 有利于提高烟叶 SPAD 值。

从追肥模式、促根剂及其互作对 SPAD 值效应（表 7-29）看，30d、90d 的 SPAD 值为 $pEta_D^2>pEta_{C×D}^2>pEta_C^2$；60d 的 SPAD 值为 $pEta_{C×D}^2>pEta_C^2>pEta_D^2$；从 3 个时期的平均值看，$pEta_D^2>pEta_{C×D}^2>pEta_C^2$；追肥模式对 SPAD 值的贡献率占 14.49%、促根剂的贡献率占 51.40%，互作贡献率占 34.11%，可见促根剂对鲜烟叶 SPAD 值影响最大，其次是互作，追肥模式影响相对较小。

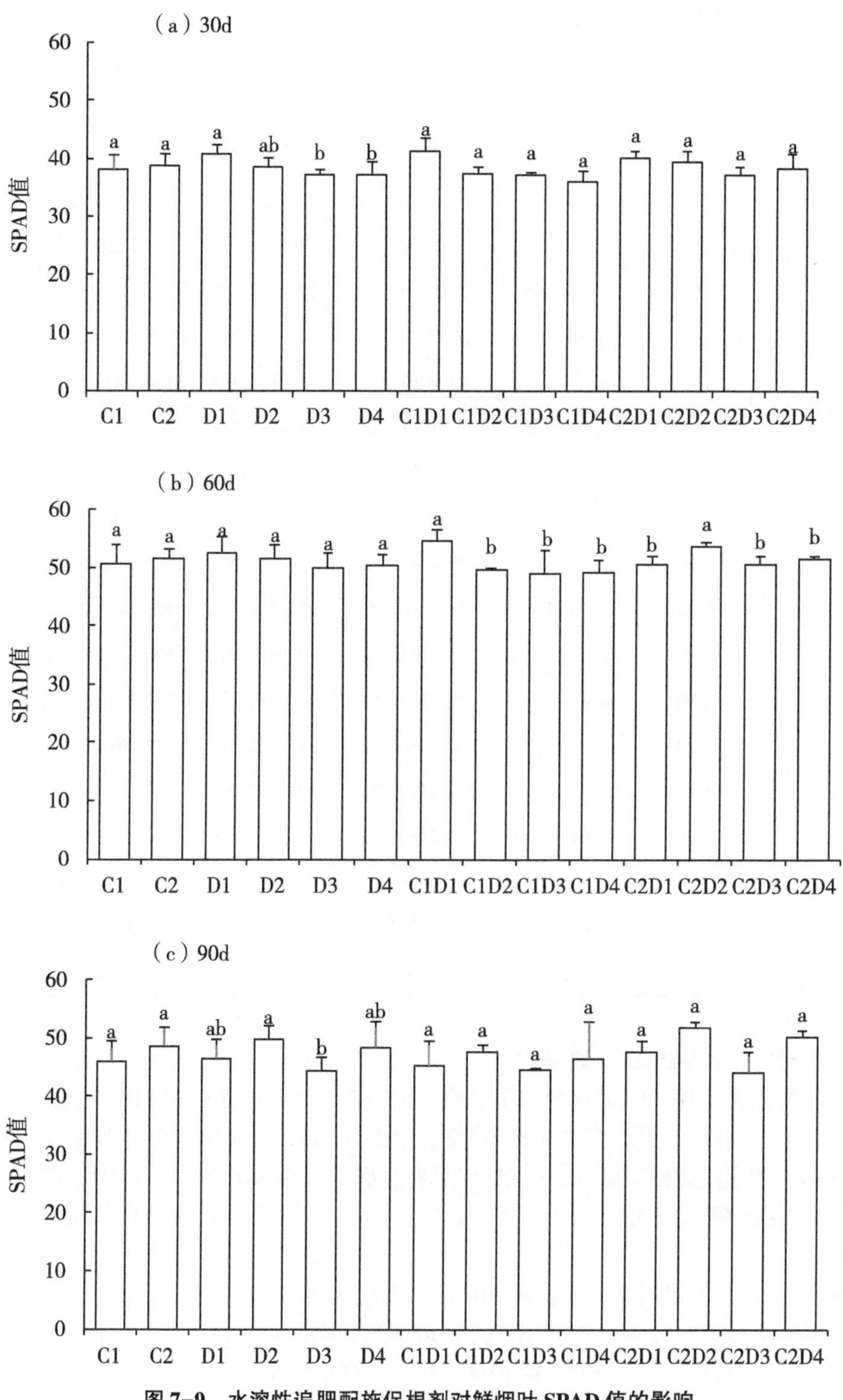

图 7-9　水溶性追肥配施促根剂对鲜烟叶 SPAD 值的影响

表 7-29 水溶性追肥配施促根剂对鲜烟叶 SPAD 值的贡献

因子	30d		60d		90d		$pEta^2$ 平均值
	P	$pEta^2$	P	$pEta^2$	P	$pEta^2$	
追肥模式	0. 248	0. 082	0. 273	0. 074	0. 069	0. 192	0. 116
促根剂种类	0. 005	0. 539	0. 095	0. 321	0. 050	0. 378	0. 413
互作	0. 246	0. 222	0. 013	0. 480	0. 557	0. 118	0. 274

(四) 对烤烟干物质积累及分配的影响

由表 7-30 可知，30d 的追肥模式 C1 干物质总量较 C2 多 19. 19%，对叶的干物质量影响最大（$pEta_C^2$最大，以下同）；60d 的追肥模式 C1 干物质总量较 C2 多 13. 01%，对茎的干物质量影响最大；90d 的追肥模式 C1 干物质总量较 C2 多 5. 43%，对叶的干物质量影响最大。可见，水溶性追肥有利于烤烟干物质积累，特别是有利于烤烟大田后期烟叶干物质积累。

30d 的促根剂 D1、D2、D3 干物质总量较 D4 分别多 59. 53%、64. 83%、15. 72%，60d 较 D4 分别多 14. 10%、10. 84%、3. 35%，90d 较 D4 分别多 9. 07%、7. 91%、3. 08%；可见，D1 和 D2 促根剂的效果较好。施用促根剂对根、茎、叶干物质量影响均达显著水平，以对叶的干物质积累影响最大。

表 7-30 水溶性追肥配施促根剂对烤烟干物质积累和分配的影响

移栽时间	因子	处理	干物质总量 (kg/hm²)	不同器官干物质量 (kg/hm²)			$pEta^2$ 平均值
				根	茎	叶	
30d	追肥模式	C1	112. 10±2. 63a	9. 94±2. 98a	15. 56±1. 05a	86. 60±2. 77a	
		C2	94. 05±1. 48b	10. 29±3. 01a	12. 56±1. 13b	71. 21±4. 34b	
		P_C	0. 000	0. 514	0. 002	0. 000	
		$pEta_C^2$	0. 825	0. 027	0. 451	0. 787	0. 523
	促根剂种类	D1	121. 83±3. 81a	10. 98±2. 45a	17. 48±2. 16a	93. 38±7. 81a	
		D2	125. 88±8. 23a	13. 58±1. 75a	15. 78±2. 27a	96. 50±2. 21a	
		D3	88. 33±8. 94b	8. 48±1. 10b	12. 33±3. 18b	67. 53±2. 91b	
		D4	76. 28±4. 66b	7. 43±1. 49b	10. 68±1. 00b	58. 23±4. 83b	
		P_D	0. 000	0. 000	0. 000	0. 000	
		$pEta_D^2$	0. 963	0. 863	0. 729	0. 944	0. 875
	互作	C1D1	143. 20±1. 96a	12. 95±1. 81a	20. 95±2. 07a	109. 25±1. 20a	
		C1D2	131. 30±5. 04b	12. 10±0. 38a	15. 50±1. 20b	103. 7±5. 02a	
		C1D3	95. 70±3. 92d	7. 80±1. 23c	14. 45±3. 38b	73. 45±5. 48c	
		C1D4	78. 20±4. 88e	6. 90±1. 62d	11. 35±1. 02cd	60. 00±4. 69d	
		C2D1	100. 45±6. 58d	9. 00±0. 15cd	14. 00±1. 65bc	77. 50±5. 94c	
		C2D2	120. 45±7. 46c	15. 05±1. 00b	16. 05±3. 34b	89. 3±5. 62b	
		C2D3	80. 95±4. 60e	9. 15±0. 40c	10. 20±0. 60d	61. 6±4. 59d	
		C2D4	74. 35±4. 40e	7. 95±1. 45cd	10. 00±0. 31d	56. 45±5. 20d	
		$P_{C\times D}$	0. 000	0. 001	0. 028	0. 001	
		$pEta_{C\times D}^2$	0. 759	0. 653	0. 426	0. 622	0. 615

（续表）

移栽时间	因子	处理	干物质总量 (kg/hm²)	不同器官干物质量（kg/hm²）			$pEta^2$ 平均值
				根	茎	叶	
60d	追肥模式	C1	1 966. 81±19. 25a	337. 55±1. 05a	526. 43±4. 49a	1 060. 88±4. 22a	
		C2	1 740. 33±13. 42b	334. 25±2. 18b	425. 24±3. 47b	980. 84±5. 54b	
		P_C	0. 000	0. 000	0. 000	0. 000	
		$pEta_C^2$	0. 900	0. 708	0. 884	0. 811	0. 826
	促根剂种类	D1	1 975. 25±10. 33a	387. 13±6. 99a	512. 75±6. 94a	1 075. 38±9. 85a	
		D2	1 918. 83±53. 22ab	373. 48±4. 23ab	497. 75±5. 51a	1 047. 6±9. 65a	
		D3	1 789. 1±52. 38bc	341. 48±3. 94bc	455. 85±2. 52b	991. 78±6. 70b	
		D4	1 731. 1±17. 88c	325. 45±1. 99	436. 98±4. 36c	968. 68±7. 60c	
		P_D	0. 000	0. 000	0. 000	0. 000	
		$pEta_D^2$	0. 870	0. 741	0. 736	0. 830	0. 794
	互作	C1D1	2 069. 85±57. 85a	398. 65±16. 41a	570. 05±32. 49a	1 101. 15±11. 57a	
		C1D2	2 058. 25±15. 80a	409. 50±24. 48a	548. 55±13. 15a	1 100. 20±19. 31a	
		C1D3	1 916. 85±90. 15b	372. 35±29. 3b	509. 10±25. 20b	1 035. 40±45. 98b	
		C1D4	1 822. 30±54. 30d	337. 55±14. 05b	478. 00±22. 59bc	1 006. 75±24. 17c	
		C2D1	1 880. 65±15. 52b	375. 60±7. 33b	455. 45±25. 2cd	1 049. 60±10. 03b	
		C2D2	1 779. 40±11. 11c	337. 45±19. 96c	446. 95±18. 80d	995. 00±14. 91c	
		C2D3	1 661. 35±31. 01e	310. 60±8. 48c	402. 60±25. 13e	948. 15±14. 66d	
		C2D4	1 639. 90±34. 55f	313. 35±9. 23d	395. 95±6. 84e	930. 60±27. 02d	
		$P_{C×D}$	0. 027	0. 019	0. 044	0. 023	
		$pEta_{C×D}^2$	0. 232	0. 363	0. 096	0. 202	0. 223
90d	追肥模式	C1	4 549. 27±35. 30a	966. 59±8. 30a	1 038. 8±5. 02a	2 543. 88±16. 04a	
		C2	4 314. 97±57. 62b	916. 78±5. 32b	986. 48±5. 44b	2 411. 72±17. 32b	
		P_C	0. 000	0. 014	0. 001	0. 001	
		$pEta_C^2$	0. 609	0. 321	0. 513	0. 523	0. 491
	促根剂种类	D1	4 603. 33±59. 08a	946. 12±16. 47ab	1 041. 95±8. 18a	2 615. 26±35. 44a	
		D2	4 554. 32±54. 62a	976. 11±23. 31a	1 043. 61±4. 68a	2 534. 60±11. 47b	
		D3	4 350. 48±42. 34b	911. 18±21. 72b	999. 12±5. 70b	2 440. 18±9. 50c	
		D4	4 220. 37±27. 06c	933. 33±28. 40b	965. 89±3. 75c	2 321. 16±9. 84d	
		P_D	0. 000	0. 023	0. 001	0. 000	
		$pEta_D^2$	0. 731	0. 296	0. 617	0. 751	0. 599
	互作	C1D1	4 823. 44±106. 49a	1 003. 52±20. 71a	1 092. 19±27. 13a	2 727. 73±75. 37a	
		C1D2	4 670. 39±91. 16ab	984. 28±28. 58ab	1 072. 91±18. 18a	2 613. 20±77. 08a	
		C1D3	4 426. 55±122. 66b	926. 63±27. 02c	1 018. 87±37. 45b	2 481. 05±92. 34b	
		C1D4	4 276. 71±32. 02cd	951. 91±29. 31bc	971. 25±26. 82bc	2 353. 55±50. 53c	
		C2D1	4 383. 22±105. 46bc	888. 72±65. 62e	991. 70±12. 35bc	2 502. 80±47. 28b	
		C2D2	4 438. 24±105. 04b	967. 93±41. 91bc	1 014. 31±10. 05b	2 456. 00±81. 16b	
		C2D3	4 274. 40±135. 08cd	895. 73±53. 90e	979. 38±51. 48bc	2 399. 30±98. 71c	
		C2D4	4 164. 03±172. 67d	914. 74±62. 94d	960. 52±41. 41c	2 288. 78±80. 59d	
		$P_{C×D}$	0. 014	0. 036	0. 030	0. 039	
		$pEta_{C×D}^2$	0. 312	0. 218	0. 290	0. 204	0. 256

追肥模式与促根剂互作对烟株干物质总量影响均达显著水平，以 C1D1、C1D2 干物

质总量相对较多。追肥模式与促根剂互作对烟株根、茎、叶的影响均达显著水平，但在不同时期对不同器官的影响不一样，30d、60d 对根的影响最大，90d 对茎的影响最大。

从追肥模式、促根剂及其互作对烟株干物质总量的影响效应看，30d、60d 时为 $pEta_D^2>pEta_C^2>pEta_{C\times D}^2$；90d 时为 $pEta_C^2>pEta_D^2>pEta_{C\times D}^2$。将 3 个时期的效应值求和，并转化为百分率，追肥模式对干物质积累的贡献率占 35.37%、促根剂的贡献率占 43.59%，互作贡献率占 21.04%。可见促根剂对干物质积累影响最大，其次是追肥模式，互作影响相对较小。

（五）对烤烟氮积累及分配的影响

由表 7-31 可知，30d、60d、90d 的追肥模式 C1 氮积累总量较 C2 分别多 45.07%、79.85%、10.72%，对根、茎、叶氮积累量影响均显著，以对茎的氮积累量影响最大，可见水溶性追肥有利于烟株氮积累。但是，在 90d 时，C2 的烟叶氮积累量显著大于 C1（多 20.75%），说明追肥模式 C1 有利于烟叶后期脱氮，可促进烟叶落黄成熟。

30d 的促根剂 D1、D2、D3 氮积累总量较 D4 分别多 65.56%、70.37%、11.85%，60d 较 D4 分别多 45.24%、42.16%、23.26%，90d 较 D4 分别多 12.36%、9.90%、9.25%；可见，D1 和 D2 促根剂对促进烟株氮积累效果较好。施用促根剂对根、茎、叶的氮积累量影响均达显著水平，但在不同时期对不同器官的影响不一样，30d 对茎、叶的影响最大；60d 对茎的影响最大，其次是根；90d 对根的影响最大，其次是叶。

表 7-31　水溶性追肥配施促根剂对烤烟氮积累和分配的影响

移栽时间	因子	处理	总氮含量（kg/hm²）	不同器官氮积累量（kg/hm²）			$pEta^2$ 平均值
				根	茎	叶	
30d	追肥模式	C1	4.38±0.32a	0.35±0.09a	0.74±0.05a	3.17±0.11a	
		C2	3.01±0.59b	0.24±0.03b	0.43±0.15b	2.34±0.58b	
		P_C	0.000	0.000	0.000	0.000	
		$pEta_C^2$	0.941	0.936	0.985	0.893	0.939
	促根剂种类	D1	4.47±0.57a	0.36±0.13a	0.86±0.26a	3.25±0.17a	
		D2	4.60±0.81a	0.33±0.06a	0.60±0.26b	3.67±0.51a	
		D3	3.02±0.50b	0.25±0.02b	0.63±0.16b	2.14±0.33b	
		D4	2.70±0.23b	0.25±0.04b	0.49±0.27c	1.96±0.1b	
		P_D	0.000	0.000	0.000	0.000	0.951
		$pEta_D^2$	0.960	0.921	0.962	0.962	
	互作	C1D1	5.88±0.49a	0.48±0.05a	1.09±0.04a	4.31±0.41a	
		C1D2	5.31±0.33a	0.39±0.01b	0.84±0.02b	4.09±0.34a	
		C1D3	3.45±0.34bc	0.26±0.02cd	0.77±0.08b	2.41±0.24c	
		C1D4	2.89±0.15cd	0.28±0.03c	0.74±0.07b	1.87±0.06c	
		C2D1	3.05±0.02cd	0.24±0.02cd	0.62±0.02c	2.19±0.06c	
		C2D2	3.89±0.39b	0.28±0.02cd	0.36±0.03e	3.25±0.34b	
		C2D3	2.59±0.25d	0.23±0.02cd	0.50±0.05d	1.86±0.18c	
		C2D4	2.51±0.11d	0.22±0.01d	0.25±0.02f	2.04±0.08c	
		$P_{C\times D}$	0.000	0.000	0.000	0.000	
		$pEta_{C\times D}^2$	0.877	0.888	0.730	0.891	0.847

（续表）

移栽时间	因子	处理	总氮含量（kg/hm²）	不同器官氮积累量（kg/hm²）			$pEta^2$ 平均值
				根	茎	叶	
60d	追肥模式	C1	77. 39±14. 87a	13. 98±1. 99a	24. 19±5. 31a	39. 22±3. 49a	
		C2	43. 03±4. 79b	5. 80±0. 87b	7. 18±1. 09b	30. 05±3. 13b	
		P_C	0. 000	0. 000	0. 000	0. 000	
		$pEta_C^2$	0. 979	0. 992	0. 992	0. 877	0. 960
	促根剂种类	D1	68. 45±12. 86a	11. 10±1. 58a	17. 75±1. 32a	39. 59±1. 13a	
		D2	67. 00±12. 99a	11. 19±1. 65a	18. 73±1. 37a	37. 08±1. 09a	
		D3	58. 26±12. 16b	8. 47±1. 06b	14. 47±1. 59b	35. 33±1. 65b	
		D4	47. 13±8. 02c	8. 79±1. 7b	11. 80±1. 09c	26. 55±1. 60c	
		P_D	0. 000	0. 000	0. 000	0. 000	
		$pEta_D^2$	0. 919	0. 918	0. 930	0. 891	0. 915
	互作	C1D1	89. 11±2. 37a	15. 28±0. 40a	28. 04±2. 32a	45. 79±3. 45a	
		C1D2	87. 73±2. 79ab	16. 31±1. 45a	29. 06±2. 34a	42. 36±3. 00a	
		C1D3	78. 40±4. 57b	12. 17±0. 51b	23. 22±0. 71b	43. 01±4. 37a	
		C1D4	54. 33±2. 13c	12. 16±0. 43b	16. 44±0. 43c	25. 73±2. 13c	
		C2D1	47. 79±4. 68cd	6. 93±0. 52c	7. 46±0. 76d	33. 39±3. 40b	
		C2D2	46. 28±4. 51cd	6. 08±0. 62cd	8. 39±0. 85d	31. 81±3. 04bc	
		C2D3	38. 13±1. 71d	4. 77±0. 15d	5. 72±0. 58d	27. 65±0. 98bc	
		C2D4	39. 93±2. 51d	5. 41±0. 14cd	7. 16±0. 59d	27. 36±2. 06bc	
		$P_{C\times D}$	0. 000	0. 000	0. 000	0. 000	
		$pEta_{C\times D}^2$	0. 840	0. 750	0. 905	0. 781	0. 819
90d	追肥模式	C1	62. 47±1. 65a	10. 18±0. 84a	24. 42±0. 79a	27. 86±1. 49b	
		C2	56. 42±1. 12b	8. 73±1. 10b	15. 65±1. 04b	33. 64±0. 61a	
		P_C	0. 000	0. 000	0. 000	0. 000	
		$pEta_C^2$	0. 683	0. 769	0. 980	0. 884	0. 829
	促根剂种类	D1	62. 44±6. 39a	10. 03±1. 28a	20. 97±0. 08a	31. 44±1. 14a	
		D2	61. 07±4. 77a	9. 97±0. 87ab	19. 38±0. 60b	31. 71±0. 82a	
		D3	60. 71±3. 25a	9. 66±0. 40ab	19. 01±0. 70b	32. 05±5. 94a	
		D4	55. 57±2. 97b	8. 17±1. 20b	19. 58±0. 35b	27. 82±5. 51b	
		P_D	0. 000	0. 000	0. 004	0. 000	
		$pEta_D^2$	0. 697	0. 783	0. 551	0. 727	0. 690
	互作	C1D1	68. 11±0. 18a	11. 13±0. 36a	26. 49±0. 01a	30. 49±0. 18bc	
		C1D2	65. 42±0. 02ab	10. 66±0. 2ab	23. 56±0. 82bc	31. 20±1. 04bc	
		C1D3	58. 98±1. 07bcd	9. 77±0. 31ab	22. 35±0. 11c	26. 86±0. 65cd	
		C1D4	57. 39±1. 41cd	9. 18±0. 79b	25. 29±2. 05ab	22. 93±1. 43d	
		C2D1	56. 78±3. 42cd	8. 93±0. 91b	15. 46±1. 49d	32. 39±1. 02b	
		C2D2	56. 72±0. 67cd	9. 28±0. 95b	15. 21±0. 55d	32. 23±0. 83b	
		C2D3	62. 45±5. 80bc	9. 55±0. 80ab	15. 66±1. 19d	37. 23±3. 81a	
		C2D4	53. 75±4. 7d	7. 16±0. 73c	13. 88±1. 42d	32. 71±2. 54b	
		$P_{C\times D}$	0. 000	0. 012	0. 000	0. 000	
		$pEta_{C\times D}^2$	0. 729	0. 484	0. 678	0. 810	0. 675

追肥模式与促根剂互作对烟株氮积累量影响均达显著水平，以 C1D1、C1D2 氮积累量相对较多。但在 90d 时，C1D1、C1D2 氮积累量显著小于 C2D3，也说明 C1D1、C1D2 烟叶后期脱氮快，有利于烟叶落黄成熟。追肥模式与促根剂互作对烟株根、茎、叶的影响均达显著水平，但在不同时期对不同器官的影响不一样，30d 对根、叶的影响相对较大，60d 对茎的影响最大，90d 对叶的影响最大。

从追肥模式、促根剂及其互作对烟株氮积累量的影响平均效应看，30d 时为 $pEta_D^2 > pEta_C^2 > pEta_{C\times D}^2$；60d、90d 时为 $pEta_C^2 > pEta_D^2 > pEta_{C\times D}^2$；可见，烤烟大田前期，促根剂对氮积累影响大，大田中后期，追肥模式对氮积累影响大。将 3 个时期的效应值求和，并转化为百分率，追肥模式对氮积累的贡献率占 35.78%、促根剂的贡献率占 33.52%，互作贡献率占 30.70%。可见追肥模式对氮积累影响最大，其次是促根剂，互作影响相对较小。

（六）对烤烟磷积累及分配的影响

由表 7-32 可知，30d、60d、90d 的追肥模式 C1 磷积累总量较 C2 分别多 92.00%、86.38%、29.79%，对根、茎、叶磷积累量影响均显著，30d 以对茎的磷积累量影响最大，60d、90d 以对根的磷积累量影响最大，可见水溶性追肥有利于烟株磷积累。

表 7-32　水溶性追肥配施促根剂对烤烟磷积累和分配的影响

移栽时间	因子	处理	总磷含量（kg/hm^2）	不同器官磷积累量（kg/hm^2）			$pEta^2$ 平均值
				根	茎	叶	
30d	追肥模式	C1	0.48±0.14a	0.03±0.01a	0.06±0.02a	0.38±0.13a	
		C2	0.25±0.05b	0.03±0.01a	0.03±0.01b	0.19±0.04b	
		P_C	0.000	0.298	0.000	0.000	
		$pEta_C^2$	0.978	0.067	0.986	0.979	0.753
	促根剂种类	D1	0.46±0.19a	0.03±0.01ab	0.06±0.03a	0.36±0.16a	
		D2	0.44±0.13a	0.04±0.01a	0.04±0.01b	0.36±0.13a	
		D3	0.33±0.13b	0.03±0.01ab	0.04±0.02b	0.26±0.11b	
		D4	0.23±0.04c	0.02±0.01b	0.04±0.01b	0.17±0.02c	
		P_D	0.000	0.000	0.000	0.000	
		$pEta_D^2$	0.968	0.954	0.962	0.969	0.963
	互作	C1D1	0.63±0.05a	0.03±0.01bc	0.09±0.01a	0.51±0.05a	
		C1D2	0.55±0.03b	0.04±0.01b	0.05±0.01c	0.47±0.03a	
		C1D3	0.45±0.04c	0.03±0.01cd	0.06±0.01b	0.36±0.03b	
		C1D4	0.27±0.01de	0.02±0.01d	0.05±0.01bc	0.19±0.01cd	
		C2D1	0.28±0.01de	0.03±0.01cd	0.03±0.01d	0.22±0.01c	
		C2D2	0.33±0.03d	0.05±0.01a	0.04±0.01d	0.24±0.02c	
		C2D3	0.21±0.02ef	0.03±0.01cd	0.03±0.01e	0.16±0.01d	
		C2D4	0.20±0.01f	0.02±0.01d	0.03±0.01e	0.15±0.01d	
		$P_{C\times D}$	0.000	0.000	0.000	0.000	
		$pEta_{C\times D}^2$	0.903	0.736	0.955	0.911	0.876

（续表）

移栽时间	因子	处理	总磷含量（kg/hm²）	不同器官磷积累量（kg/hm²）			$pEta^2$ 平均值
				根	茎	叶	
60d	追肥模式	C1	7.25±1.66a	1.33±0.25a	1.61±0.37a	4.32±1.25a	
		C2	3.89±0.64b	0.58±0.08b	0.83±0.13b	2.48±0.59b	
		P_C	0.000	0.000	0.000	0.000	
		$pEta_C^2$	0.983	0.991	0.980	0.969	0.981
	促根剂种类	D1	6.43±2.47a	1.01±0.36a	1.56±0.65a	3.86±0.47a	
		D2	6.03±2.70a	1.16±0.61a	1.29±0.44b	3.58±0.65ab	
		D3	5.12±2.20ab	0.80±0.32b	1.00±0.38c	3.32±0.50b	
		D4	4.71±0.15b	0.84±0.35b	1.04±0.25c	2.83±0.59c	
		P_D	0.000	0.000	0.000	0.000	
		$pEta_D^2$	0.907	0.943	0.941	0.842	0.908
	互作	C1D1	8.67±0.50a	1.34±0.05b	2.14±0.18a	5.19±0.37a	
		C1D2	8.48±0.59a	1.71±0.13a	1.69±0.13b	5.09±0.34a	
		C1D3	7.12±0.45b	1.10±0.04c	1.34±0.02c	4.68±0.47a	
		C1D4	4.74±0.15c	1.16±0.01c	1.27±0.05c	2.31±0.20c	
		C2D1	4.19±0.39cd	0.68±0.06d	0.97±0.09d	2.54±0.25c	
		C2D2	3.58±0.31de	0.61±0.06de	0.89±0.09d	2.08±0.16c	
		C2D3	3.12±0.09e	0.51±0.03e	0.65±0.05e	1.96±0.01c	
		C2D4	4.68±0.28c	0.51±0.03e	0.81±0.08de	3.36±0.23b	
		$P_{C×D}$	0.000	0.000	0.000	0.000	
		$pEta_{C×D}^2$	0.951	0.896	0.840	0.963	0.913
90d	追肥模式	C1	6.71±0.25a	1.38±0.18a	2.16±0.21a	3.17±0.96a	
		C2	5.17±0.64b	0.87±0.05b	1.85±0.34b	2.45±0.35b	
		P_C	0.000	0.000	0.000	0.000	
		$pEta_C^2$	0.961	0.969	0.833	0.961	0.931
	促根剂种类	D1	7.29±0.30a	1.27±0.41a	2.35±0.16a	3.67±0.73a	
		D2	5.72±0.21b	1.14±0.28ab	1.73±0.24b	2.86±0.70b	
		D3	5.79±0.75b	1.04±0.20b	2.12±0.09a	2.63±0.49b	
		D4	4.96±0.26c	1.05±0.23b	1.82±0.28b	2.09±0.34c	
		P_D	0.000	0.000	0.000	0.000	
		$pEta_D^2$	0.967	0.807	0.925	0.984	0.921
	互作	C1D1	8.46±0.16a	1.65±0.06a	2.48±0.01a	4.34±0.11a	
		C1D2	6.82±0.10b	1.39±0.06b	1.95±0.09b	3.49±0.05b	
		C1D3	6.45±0.22bc	1.22±0.07b	2.16±0.06b	3.07±0.09c	
		C1D4	5.12±0.02d	1.25±0.09b	2.06±0.09b	1.80±0.17e	
		C2D1	6.11±0.35c	0.89±0.07c	2.22±0.18b	3.00±0.09d	
		C2D2	4.62±0.05d	0.88±0.08c	1.52±0.07c	2.22±0.1d	
		C2D3	5.14±0.41d	0.87±0.09c	2.09±0.18b	2.18±0.14d	
		C2D4	4.81±0.45d	0.85±0.09c	1.57±0.16c	2.39±0.2d	
		$P_{C×D}$	0.000	0.000	0.002	0.000	
		$pEta_{C×D}^2$	0.874	0.747	0.584	0.965	0.793

30d 的促根剂 D1、D2、D3 磷积累总量较 D4 分别多 100.00%、91.30%、43.48%，60d 较 D4 分别多 36.52%、28.03%、8.70%，90d 较 D4 分别多 46.98%、15.32%、16.73%；可见，D1 促根剂对促进烟株磷积累效果最好，其次是 D2。施用促根剂对根、茎、叶的磷积累量影响均达显著水平，但在不同时期对不同器官的影响不一样，30d 对根、茎、叶的影响都较大；60d 对根、茎的影响较大；90d 对茎、叶的影响较大。

追肥模式与促根剂互作对烟株磷积累量影响均达显著水平，以 C1D1、C1D2 磷积累量相对较多。追肥模式与促根剂互作对烟株根、茎、叶的影响均达显著水平，但在不同时期对不同器官的影响不一样，30d 对茎、叶的影响相对较大，60d、90d 对叶的影响最大。

从追肥模式、促根剂及其互作对烟株磷积累量的影响平均效应看，30d 时为 $pEta_D^2>pEta_{C\times D}^2>pEta_C^2$；60d 时为 $pEta_C^2>pEta_{C\times D}^2>pEta_D^2$；90d 时为 $pEta_C^2>pEta_D^2>pEta_{C\times D}^2$；可见，烤烟大田前期，促根剂对磷积累影响大，大田中后期，追肥模式对磷积累影响大。将 3 个时期的效应值求和，并转化为百分率，追肥模式对磷积累的贡献率占 33.15%、促根剂的贡献率占 34.74%，互作贡献率占 32.11%。可见促根剂对磷积累影响最大，其次是追肥模式，互作影响相对较小。

（七）对烤烟钾积累及分配的影响

由表 7-33 可知，30d、60d、90d 的追肥模式 C1 钾积累总量较 C2 分别多 25.78%、113.12%、17.79%，对根、茎、叶钾积累量影响均显著，30d 以对茎的钾积累量影响最大，60d 以对根的钾积累量影响最大，90d 以对叶的钾积累量影响最大，可见水溶性追肥有利于烟株钾积累。

表 7-33　水溶性追肥配施促根剂对烤烟钾积累和分配的影响

移栽时间	因子	处理	总钾含量（kg/hm²）	不同器官钾积累量（kg/hm²）			$pEta^2$ 平均值
				根	茎	叶	
30d	追肥模式	C1	5.61±0.43a	0.40±0.09a	0.80±0.16a	4.41±0.16a	
		C2	4.46±0.98b	0.39±0.11a	0.55±0.10b	3.52±0.81b	
		P_C	0.000	0.566	0.000	0.000	
		$pEta_C^2$	0.886	0.021	0.941	0.857	0.676
	促根剂种类	D1	5.99±1.55a	0.36±0.06b	0.92±0.33a	4.71±1.18a	
		D2	6.15±0.38a	0.54±0.03a	0.70±0.07b	4.91±0.35a	
		D3	4.32±0.48b	0.35±0.02b	0.55±0.10c	3.42±0.40b	
		D4	3.68±0.30c	0.32±0.03b	0.54±0.10c	2.82±0.20c	
		P_D	0.000	0.000	0.000	0.000	
		$pEta_D^2$	0.963	0.932	0.958	0.958	0.953
	互作	C1D1	7.37±0.68a	0.40±0.08b	1.21±0.02a	5.76±0.59a	
		C1D2	6.42±0.34b	0.53±0.01a	0.75±0.04b	5.15±0.38ab	
		C1D3	4.72±0.25c	0.34±0.02b	0.63±0.07b	3.75±0.16c	
		C1D4	3.95±0.10cd	0.33±0.06b	0.62±0.07b	3.00±0.02cd	
		C2D1	4.60±0.20c	0.32±0.01b	0.62±0.02b	3.67±0.22c	
		C2D2	5.88±0.42b	0.56±0.04a	0.65±0.10b	4.67±0.37b	
		C2D3	3.92±0.4cd	0.37±0.03b	0.46±0.04c	3.09±0.33cd	
		C2D4	3.41±0.04d	0.32±0.01b	0.45±0.03c	2.64±0.06d	
		$P_{C\times D}$	0.000	0.009	0.000	0.000	
		$pEta_{C\times D}^2$	0.835	0.502	0.905	0.782	0.756

（续表）

移栽时间	因子	处理	总钾含量（kg/hm²）	不同器官钾积累量（kg/hm²）			$pEta^2$ 平均值
				根	茎	叶	
60d	追肥模式	C1	89.64±10.39a	17.94±2.44a	20.99±3.90a	50.71±7.32a	
		C2	42.06±6.47b	3.77±0.69b	10.09±1.23b	28.20±5.11b	
		P_C	0.000	0.000	0.000	0.000	
		$pEta_C^2$	0.985	0.996	0.980	0.958	0.980
	促根剂种类	D1	69.83±4.20ab	9.64±1.24b	18.77±1.63a	41.42±11.40a	
		D2	72.64±2.75a	11.97±1.32a	16.44±1.39ab	44.23±13.11a	
		D3	67.50±7.8b	11.37±1.53a	14.21±1.73b	41.91±14.70a	
		D4	53.42±23.22c	10.44±1.01a	12.73±1.38c	30.25±11.16b	
		P_D	0.000	0.000	0.000	0.000	
		$pEta_D^2$	0.865	0.791	0.896	0.841	0.848
	互作	C1D1	91.83±4.29a	14.42±0.46c	25.71±1.19a	51.70±3.56a	
		C1D2	99.43±9.77a	20.44±1.90a	23.10±2.46a	55.88±5.41a	
		C1D3	92.74±6.38a	19.16±0.51ab	18.52±0.32b	55.06±6.57a	
		C1D4	74.54±4.36b	17.74±0.89b	16.62±2.16b	40.18±5.63b	
		C2D1	47.83±2.57c	4.86±0.26d	11.83±0.87c	31.13±1.44bc	
		C2D2	45.85±4.91c	3.50±0.22d	9.77±0.90d	32.57±3.8bc	
		C2D3	42.26±1.03cd	3.59±0.03d	9.90±0.72d	28.76±0.27cd	
		C2D4	32.30±0.63d	3.13±0.15d	8.84±0.49d	20.33±0.29d	
		$P_{C\times D}$	0.046	0.000	0.000	0.240	
		$pEta_{C\times D}^2$	0.385	0.903	0.753	0.225	0.567
90d	追肥模式	C1	103.73±9.59a	14.64±1.89a	33.03±1.53a	56.06±5.36a	
		C2	88.06±5.26b	11.26±1.04b	30.10±1.73b	46.69±2.22b	
		P_C	0.000	0.000	0.000	0.000	
		$pEta_C^2$	0.877	0.864	0.629	0.819	0.797
	促根剂种类	D1	102.09±10.82a	14.37±3.31a	34.14±2.51a	53.59±1.63a	
		D2	101.33±11.94a	13.45±1.54ab	33.96±1.94a	53.93±1.68a	
		D3	90.27±10.51b	12.30±0.89b	27.29±1.99b	50.31±1.21a	
		D4	89.89±5.00b	11.70±2.18b	30.88±1.53ab	47.68±1.82b	
		P_D	0.000	0.000	0.000	0.003	
		$pEta_D^2$	0.797	0.701	0.860	0.574	0.733
	互作	C1D1	111.88±1.13a	17.24±2.15a	36.05±1.81a	58.60±2.83ab	
		C1D2	111.99±5.54a	14.77±0.82ab	35.47±2.24a	61.75±2.47a	
		C1D3	91.75±8.17bc	13.01±0.58bc	25.78±1.98c	52.97±5.62abc	
		C1D4	99.31±4.37b	13.57±1.43bc	34.82±0.98a	50.92±6.78bc	
		C2D1	92.31±3.02bc	11.50±0.90cd	32.23±2.5ab	48.58±0.38c	
		C2D2	90.67±0.48bc	12.13±0.88bcd	32.44±0.32ab	46.10±1.67c	
		C2D3	55.51±3.51d	5.51±0.33d	18.21±0.82d	31.78±2.36b	
		C2D4	52.44±4.24d	4.34±0.46d	17.7±2.06d	30.39±1.72b	
		$P_{C\times D}$	0.002	0.002	0.000	0.019	
		$pEta_{C\times D}^2$	0.586	0.583	0.750	0.455	0.594

30d 的促根剂 D1、D2、D3 钾积累总量较 D4 分别多 62.77%、67.12%、17.39%，60d 较 D4 分别多 30.72%、35.98%、26.36%，90d 较 D4 分别多 13.57%、12.73%、0.42%；可见，D1、D2 促根剂对促进烟株钾积累效果较好。施用促根剂对根、茎、叶的钾积累量影响均达显著水平，但在不同时期对不同器官的影响不一样，30d、60d 对茎、叶的影响都较大；90d 对茎的影响较大。

追肥模式与促根剂互作对烟株钾积累量影响均达显著水平，30d 以 C1D1 钾积累量相对较多；60d 以 C1D1、C1D2、C1D3 钾积累量相对较多；90d 以 C1D1、C1D2 钾积累量相对较多。追肥模式与促根剂互作对烟株根、茎、叶的影响均达显著水平，但在不同时期对不同器官的影响不一样，30d、90d 对茎的影响相对较大，60d 对根的影响最大。

从追肥模式、促根剂及其互作对烟株钾积累量的影响平均效应看，30d 时为 $pEta_D^2 > pEta_{C\times D}^2 > pEta_C^2$；60d、90d 时为 $pEta_C^2 > pEta_D^2 > pEta_{C\times D}^2$；可见，烤烟大田前期，促根剂对钾积累影响大，大田中后期，追肥模式对钾积累影响大。将 3 个时期的效应值求和，并转化为百分率，追肥模式对钾积累的贡献率占 35.53%、促根剂的贡献率占 36.71%，互作贡献率占 27.76%。可见促根剂对钾积累影响最大，其次是追肥模式，互作影响相对较小。

（八）对烟叶外观质量的影响

由表 7-34 的 B2F 等级看，追肥模式 C1 的颜色、成熟度、叶片结构、油分、色度和身份的分值均高于 C2，C1 外观质量总分较 C2 高 7.40%；不同促根剂的外观质量指标差异显著，促根剂 D1、D2、D3 的外观质量总分较 D4 分别高 13.49%、8.23%、7.93%，达显著水平；追肥模式与促根剂互作的外观质量指标差异显著，以 C1D1、C1D2 的外观质量总分相对较高。由 C3F 等级看，追肥模式 C1 的颜色、成熟度、叶片结构、油分、色度和身份的分值与 C2 差异不显著；C1 外观质量总分较 C2 高 6.95%，达显著水平；不同促

表 7-34　水溶性追肥配施促根剂对烤烟外观质量的影响

等级	因子	处理	颜色	成熟度	叶片结构	油分	色度	身份	总分
B2F	追肥模式	C1	7.63±0.48a	7.25±0.65a	8.13±0.75a	7.75±0.29a	6.63±0.75a	5.88±0.25a	72.98±1.99a
		C2	7.50±0.41a	7.13±0.48a	7.25±0.29b	6.63±0.44b	5.88±0.25b	5.13±0.63a	67.95±2.01b
	促根剂种类	D1	8.00±0.01a	7.75±0.35a	8.00±0.71a	7.25±0.35a	6.50±0.71a	6.00±0.03a	74.45±1.32a
		D2	7.75±0.35ab	7.50±0.02ab	7.75±0.06ab	6.25±1.47a	6.50±0.71a	5.50±0.71ab	71.00±1.93ab
		D3	7.50±0.01b	7.00±0.04bc	7.75±0.06ab	7.75±0.35a	6.50±0.71a	5.50±0.71ab	70.80±1.68b
		D4	7.00±0.01c	6.50±0.04c	7.25±0.35b	7.50±0.02a	5.50±0.03b	5.00±0.71b	65.60±0.28c
	互作	C1D1	8.00±0.01a	8.00±0.02a	8.50±0.13a	7.50±0.05ab	7.00±0.02a	6.00±0.05a	76.80±0.29a
		C1D2	8.00±0.04a	7.50±0.01ab	8.50±0.10a	8.00±0.01a	7.00±0.06a	6.00±0.02a	75.90±0.10a
		C1D3	7.50±0.06ab	7.00±0.05bc	8.50±0.10a	8.00±0.19a	7.00±0.05a	6.00±0.01a	73.40±0.37ab
		C1D4	7.00±0.14b	6.50±0.01c	7.00±0.04b	7.50±0.02ab	5.50±0.11c	5.50±0.01ab	65.80±0.17c
		C2D1	8.00±0.18a	7.50±0.01ab	7.50±0.18b	7.00±0.01b	6.00±0.14b	6.00±0.32a	72.10±0.30ab
		C2D2	7.50±0.04ab	7.50±0.01ab	7.00±0.03b	4.50±0.01c	6.00±0.04b	5.00±0.23bc	66.10±0.65bc
		C2D3	7.50±0.02ab	7.00±0.03bc	7.00±0.03b	7.50±0.02ab	6.00±0.15b	5.00±0.39bc	68.20±0.56b
		C2D4	7.00±0.01b	6.50±0.04c	7.50±0.09b	7.50±0.17ab	5.50±0.06c	4.50±0.06c	65.40±0.28c

（续表）

等级	因子	处理	颜色	成熟度	叶片结构	油分	色度	身份	总分
C3F	追肥模式	C1	7.88±0.75a	7.88±0.63a	8.63±0.48a	7.25±0.50a	7.00±0.41a	6.75±0.29a	76.98±2.09a
		C2	7.38±0.48a	7.50±0.41a	7.88±0.63a	6.63±1.49a	6.38±1.31a	6.50±0.41a	71.98±1.18b
	促根剂种类	D1	8.25±0.35a	8.25±0.35a	8.75±0.35a	8.00±0.02a	7.50±0.01a	7.00±0.01a	80.75±2.33a
		D2	8.00±0.71ab	7.75±0.35ab	8.50±0.71ab	5.75±1.77c	5.75±1.77c	6.75±0.35ab	73.60±1.92ab
		D3	7.25±0.35b	7.75±0.35ab	8.25±0.35ab	7.00±0.03b	7.00±0.02ab	6.50±0.01ab	74.15±2.33ab
		D4	7.00±0.02b	7.00±0.04b	7.50±0.71b	7.00±0.01b	6.50±0.04b	6.25±0.35b	69.40±1.56b
	互作	C1D1	8.50±0.14a	8.50±0.06a	9.00±0.16a	8.00±0.01a	7.50±0.05a	7.00±0.06a	82.40±0.50a
		C1D2	8.50±0.11a	8.00±0.05ab	9.00±0.02a	7.00±0.03ab	7.00±0.07ab	7.00±0.01a	79.20±0.13ab
		C1D3	7.50±0.07ab	8.00±0.01ab	8.50±0.05ab	7.00±0.01ab	7.00±0.04ab	6.50±0.18ab	75.80±0.51ab
		C1D4	7.00±0.16b	7.00±0.03b	8.00±0.09ab	7.00±0.04ab	6.50±0.01b	6.50±0.19ab	70.50±0.64ab
		C2D1	8.00±0.20ab	8.00±0.05ab	8.50±0.10ab	8.00±0.05a	7.50±0.20ab	7.00±0.06a	79.10±1.52ab
		C2D2	7.50±0.05ab	7.50±0.15ab	8.00±0.28ab	4.50±0.10b	4.50±0.14c	6.50±0.03ab	68.00±0.70b
		C2D3	7.00±0.55b	7.50±0.19ab	8.00±0.37ab	7.00±0.07ab	7.00±0.15ab	6.50±0.12ab	72.50±1.81ab
		C2D4	7.00±0.23b	7.00±0.01b	7.00±0.12b	7.00±0.01ab	6.50±0.04b	6.00±0.01b	68.30±0.21b
X2F	追肥模式	C1	8.00±0.71a	7.38±0.63a	8.25±0.50a	7.50±0.05a	6.25±0.29a	6.38±0.25a	74.23±1.52a
		C2	7.38±0.63a	7.00±0.41a	7.75±0.29a	7.25±0.29a	5.88±0.25a	6.13±0.25a	70.08±1.24b
	促根剂种类	D1	8.25±0.35a	7.75±0.35a	8.25±0.35a	7.50±0.03a	6.25±0.35a	6.50±0.03a	76.00±1.69a
		D2	8.00±0.71ab	7.25±0.35ab	8.25±0.35a	7.25±0.35a	6.25±0.35a	6.25±0.35a	73.40±1.24b
		D3	7.75±0.35ab	7.25±0.35ab	8.00±0.71a	7.25±0.35a	6.00±0.03a	6.25±0.35a	72.25±1.75b
		D4	6.75±0.35b	6.50±0.03b	7.50±0.05b	7.50±0.05a	5.75±0.35a	6.00±0.02a	66.95±1.06c
	互作	C1D1	8.50±0.03a	8.00±0.02a	8.50±0.03a	7.50±0.01a	6.50±0.12a	6.50±0.01a	77.90±0.19a
		C1D2	8.50±0.06a	7.50±0.02ab	8.50±0.04a	7.50±0.19a	6.50±0.11a	6.50±0.15a	76.40±0.66a
		C1D3	8.00±0.06ab	7.50±0.02ab	8.50±0.03a	7.50±0.27a	6.00±0.10ab	6.50±0.01a	74.90±0.16ab
		C1D4	7.00±0.06bc	6.50±0.02c	7.50±0.06b	7.50±0.02a	6.00±0.02ab	6.00±0.02a	67.70±0.98c
		C2D1	8.00±0.12ab	7.50±0.01ab	8.00±0.04ab	7.50±0.02a	6.00±0.05ab	6.50±0.01a	74.10±0.14ab
		C2D2	7.50±0.02b	7.00±0.01b	8.00±0.05ab	7.00±0.08a	6.00±0.02ab	6.00±0.01a	70.40±0.91b
		C2D3	7.50±0.01b	7.00±0.06b	7.50±0.10b	7.00±0.01a	6.00±0.11ab	6.00±0.15a	69.60±0.54b
		C2D4	6.50±0.08c	6.50±0.05c	7.50±0.03b	7.50±0.07a	5.50±0.02b	6.00±0.09a	66.20±0.97c

根剂的外观质量指标差异显著，促根剂 D1、D2、D3 的外观质量总分较 D4 分别高 16.35%、6.05%、6.83%，D1 显著高于 D4；追肥模式与促根剂互作的外观质量指标差异显著，以 C1D1 的外观质量总分相对较高。由 X2F 等级看，追肥模式 C1 的颜色、成熟度、叶片结构、油分、色度和身份的分值与 C2 差异不显著；C1 外观质量总分较 C2 高 5.92%，达显著水平；不同促根剂的颜色、成熟度和叶片结构等外观质量指标差异显著，促根剂 D1、D2、D3 的外观质量总分较 D4 分别高 13.52%、9.63%、7.92%，达显著水平；追肥模式与促根剂互作的颜色、成熟度、叶片结构和色度等外观质量指标差异显著，外观质量总分以 C1D1、C1D2 相对较高。由此可见，水溶性追肥、促根剂及其互作有利于提高烟叶外观质量。

（九）对烟叶物理特性的影响

由表7-35看，水溶性追肥、促根剂及其互作对烟叶宽度、单叶重的影响差异不显著。追肥模式C1和C2的烟叶长度差异不显著；在C3F、X2F等级中，不同促根剂的烟叶长度差异不显著，但B2F等级的促根剂D1、D2、D3的烟叶长度较D4分别高8.87%、15.71%、11.59%；追肥模式与促根剂互作的B2F、C3F等级烟叶长度差异显著，B2F等级烟叶长度以C1D1、C1D2、C1D3、C2D2处理相对较长，C3F等级烟叶长度以C1D1、C1D3、C1D4、C2D1处理相对较长。追肥模式C1和C2的叶片厚度差异不显著；B2F等级的促根剂D1、D2、D3的叶片厚度较D4分别高10.49%、19.86%、7.64%；C3F等级的促根剂D1、D2、D3的叶片厚度较D4分别高9.06%、23.23%、27.16%；X2F等级的促根剂D1、D2、D3的叶片厚度较D4分别高15.16%、4.22%、7.49%；追肥模式与促根剂互作的叶片厚度差异显著，B2F等级以C1D2、C2D2处理相对较厚，C3F等级以C1D3、C2D2处理相对较厚，X2F等级以C1D1、C2D3处理相对较厚。在B2F、C3F、X2F等级中，追肥模式C1的叶质重较C2分别高10.08%、18.61%、22.84%；B2F等级的促根剂D1、D2、D3的叶质重较D4分别高37.30%、25.75%、4.95%；C3F等级的促根剂D1、D2、D3的叶质重较D4分别高27.36%、11.58%、2.10%；X2F等级的促根剂D1、D2、D3的叶质重较D4分别高40.25%、12.97%、15.57%；追肥模式与促根剂互作的叶质重差异显著，3个等级均以C1D1处理相对最高。追肥模式C1和C2的含梗率差异不显著；B2F等级的促根剂D1、D2、D3的含梗率较D4分别低8.15%、11.22%、13.49%；C3F等级的促根剂D1、D2、D3的含梗率较D4分别低9.21%、10.71%、3.38%；追肥模式与促根剂互作的含梗率在B2F、C3F等级差异显著；水溶性追肥、促根剂及其互作对X2F等级含梗率影响不显著。B2F等级的追肥模式C1的平衡含水率较C2高26.89%；促根剂D1、D2、D3的平衡含水率较D4高，但只有C3F等级的差异显著；追肥模式与促根剂互

表7-35　水溶性追肥配施促根剂对烤烟物理特性影响

等级	因子	处理	长度（cm）	宽度（cm）	叶片厚度（μm）	单叶重（g）	叶质重（mg/cm²）	含梗率（%）	平衡含水率（%）
B2F	追肥模式	C1	68.11±5.63a	18.69±2.11a	236.78±14.35a	10.88±1.30a	68.80±2.15a	32.73±2.91a	17.32±1.31a
		C2	66.41±4.61a	19.23±1.29a	225.17±11.72a	10.38±2.16a	62.50±1.67b	34.20±3.56a	13.65±1.84b
	促根剂种类	D1	67.15±4.88b	19.47±1.13a	233.06±8.10b	10.20±1.49a	77.04±3.43a	33.49±1.79b	15.14±1.26a
		D2	71.37±3.49a	20.30±0.53a	252.83±7.54a	10.38±2.44a	70.56±2.57b	32.37±1.32b	15.81±2.94a
		D3	68.83±3.37b	18.93±1.76a	227.06±16.20b	11.75±1.01a	58.89±2.17c	31.54±3.67b	16.83±1.20a
		D4	61.68±3.47c	17.15±1.67a	210.94±13.67c	10.18±1.07a	56.11±3.20c	36.46±1.70a	14.15±3.34a
	互作	C1D1	68.67±6.85ab	19.57±1.27a	240.56±17.86ab	10.77±0.76a	87.41±1.70a	31.64±1.31b	15.98±1.34b
		C1D2	71.13±4.72a	20.60±0.61a	252.89±5.32a	11.57±1.53a	75.56±1.01b	33.25±1.28b	18.39±1.30a
		C1D3	69.70±4.91ab	18.33±2.20a	243.44±19.34ab	11.53±0.57a	53.33±1.21e	30.18±4.08b	17.72±1.09ab
		C1D4	62.93±4.80bc	16.27±1.44a	210.22±12.55c	9.67±1.55a	58.89±1.32d	35.85±0.13ab	17.19±0.27ab
		C2D1	65.63±2.40b	19.37±1.25a	225.56±19.28bc	9.63±2.00a	66.67±1.24c	35.34±4.90ab	14.29±0.21b
		C2D2	71.60±2.84a	20.00±0.26a	252.78±10.67a	9.20±2.88a	65.56±1.35c	31.49±0.63b	13.24±0.20bc
		C2D3	67.97±1.42b	19.53±1.36a	210.67±6.03c	11.97±1.59a	64.44±1.11c	32.89±3.38b	15.94±0.24b
		C2D4	60.43±1.55c	18.03±1.59a	211.67±18.41c	10.70±2.01a	53.33±1.02e	37.08±2.46a	11.11±0.21c

（续表）

等级	因子	处理	长度(cm)	宽度(cm)	叶片厚度(μm)	单叶重(g)	叶质重(mg/cm²)	含梗率(%)	平衡含水率(%)
C3F	追肥模式	C1	79.17±3.57a	22.67±2.02a	162.92±15.24a	12.31±2.09a	63.15±4.62a	33.75±2.30a	14.04±1.44a
		C2	75.07±4.07a	23.01±2.64a	157.94±12.54a	12.64±1.63a	53.24±2.98b	33.77±2.01a	15.5±2.57a
	促根剂种类	D1	81.53±2.06a	25.33±1.97a	152.33±12.35b	14.28±0.82a	67.22±12.82a	32.55±1.32b	15.35±2.41a
		D2	73.53±3.29a	21.30±2.08a	172.11±15.01a	11.80±1.74a	58.89±5.49b	32.01±1.83b	15.72±1.51a
		D3	76.47±3.10a	22.52±1.86a	177.61±11.82a	12.55±2.15a	53.89±5.57c	34.64±1.27a	16.00±0.94a
		D4	76.93±4.52a	22.20±1.34a	139.67±11.12c	11.27±1.01a	52.78±2.08c	35.85±1.51a	12.01±0.41b
	互作	C1D1	82.87±1.76a	25.13±1.75a	152.22±18.86bc	14.37±1.95a	78.89±1.11a	31.63±0.75b	13.15±0.16c
		C1D2	75.43±3.65b	21.50±1.91a	165.11±19.41ab	11.53±1.51a	63.70±0.64b	32.30±1.34b	15.38±0.53b
		C1D3	78.57±1.48ab	22.23±1.12a	178.33±13.67a	12.13±3.15a	51.11±1.26cd	35.81±2.07a	15.27±0.75b
		C1D4	79.80±2.95ab	21.80±1.39a	156.00±12.11bc	11.20±1.28a	58.89±1.64bc	35.28±1.66a	12.34±0.20c
		C2D1	80.20±1.49ab	25.53±2.56a	127.11±16.92c	14.20±1.87a	55.56±1.43c	33.48±1.10ab	17.54±0.28a
		C2D2	71.63±1.69c	21.10±2.66a	179.11±10.41a	12.07±2.25a	54.07±2.31c	31.72±2.51b	16.07±2.25ab
		C2D3	74.37±2.94bc	22.80±2.69a	176.89±7.40a	12.97±1.03a	54.44±1.01c	33.99±0.16ab	16.72±0.28ab
		C2D4	74.07±4.21bc	22.60±1.44a	148.67±13.33bc	11.33±1.96a	48.89±1.18d	35.89±1.19a	11.67±0.23c
X2F	追肥模式	C1	74.71±3.29a	24.09±1.59a	124.25±13.42a	9.56±1.36a	55.28±3.33a	33.20±1.12a	15.54±2.21a
		C2	75.08±4.35a	23.63±1.20a	137.08±10.15a	8.96±0.80a	45.00±5.56b	34.16±3.94a	14.25±1.63a
	促根剂种类	D1	75.82±5.50a	24.07±2.00a	141.00±19.81a	9.97±1.81a	60.00±14.64a	34.75±2.54a	14.26±1.01a
		D2	74.27±2.88a	23.52±1.36a	127.61±15.14bc	8.97±0.86a	48.33±4.37b	33.84±0.79a	16.78±0.64a
		D3	76.25±2.30a	24.07±1.49a	131.61±21.27b	9.38±0.63a	49.44±12.82b	35.42±3.24a	13.56±0.61a
		D4	73.23±3.84a	23.78±0.79a	122.44±13.83c	8.72±0.69a	42.78±1.18b	30.74±2.23a	14.98±3.14a
	互作	C1D1	74.07±6.96a	24.70±2.69a	140.22±7.35a	11.23±1.33a	73.33±2.11a	33.39±1.19a	14.10±1.54b
		C1D2	76.23±1.34a	24.00±1.71a	118.67±6.23c	9.20±1.01a	44.44±1.17d	33.26±0.65a	17.31±0.34a
		C1D3	75.03±1.32a	23.83±1.43a	115.89±7.99c	9.13±0.87a	42.22±3.11d	33.46±1.99a	13.05±0.28bc
		C1D4	73.50±1.08a	23.83±0.95a	122.22±17.13bc	8.67±0.90a	61.11±1.13b	32.71±0.77a	17.71±0.25a
		C2D1	77.57±4.25a	23.43±1.27a	141.78±10.42a	8.70±1.25a	46.67±1.05d	36.11±3.02a	14.43±0.28b
		C2D2	72.30±2.71a	23.03±1.02a	126.22±19.91bc	8.73±0.81a	52.22±2.11c	34.41±0.40a	16.25±0.28ab
		C2D3	77.47±2.66a	24.30±1.82a	147.33±18.05a	9.63±0.21a	43.33±1.21d	37.37±3.28a	14.07±0.29b
		C2D4	72.97±5.95a	23.73±0.81a	133.00±13.86ab	8.77±0.60a	37.78±2.13e	32.76±0.38a	12.25±1.48c

作的平衡含水率差异显著，B2F 等级以 C1D2、C1D3、C1D4 相对较高，C3F 等级以 C2D1、C2D2、C2D3 相对较高，X2F 等级以 C1D2、C1D4、C2D2 相对较高。以上表明，水溶性追肥可提高叶质重，提高上部烟叶的平衡含水率；促根剂可增加烟叶长度和厚度，提高叶质重，降低中部和上部烟叶的含梗率。

（十）对烟叶化学成分的影响

从表 7-36 看，水溶性追肥、施用促根剂有利于提高烟叶糖含量，B2F、C3F、X2F 等级中，C1 总糖含量较 C2 分别高 5.16%、5.12%、15.53%，C1 还原糖含量较 C2 分别高 8.13%、8.14%、9.19%；促根剂 D1、D2、D3 的糖含量均高于 D4，其中促根剂 D1 的糖含量显著高于 D4。追肥模式与促根剂互作总体上以 C1D1、C1D2 相对较高。水溶性追肥、施用促根剂提高了 B2F 等级烟碱含量，C1 烟碱含量较 C2 高 7.25%，D1、D2、D3 烟碱含量较 D4 分别高 23.64%、9.69%、10.85%；追肥模式与促根剂互作以 C1D1 烟碱含量最高。水溶性追肥有利于提高烟叶钾含量，B2F、C3F、X2F 等级中，C1 钾含量较 C2 分别高 38.85%、7.76%、8.82%；施用促根剂有利于提高 B2F、C3F 等级的烟叶钾含量，B2F 等级中 D1、D2、D3 钾含量较 D4 分别高 34.00%、4.67%、5.33%，C3F 等级中 D1、D2、D3 钾含量较 D4 分别高 28.71%、17.32%、4.46%；追肥模式与促根剂互作以 C1D1、C1D2 的烟叶钾含量较高。水溶性追肥、促根剂及其互作对烟叶总氮、氯含量的影响差异不显著。由此可见，水溶性追肥和促根剂可增糖增钾，但也会提高上部烟叶的烟碱含量。

表 7-36　水溶性追肥配施促根剂对烤烟常规化学成分的影响

等级	因子	处理	总糖（%）	还原糖（%）	烟碱（%）	总氮（%）	钾（%）	氯（%）
B2F	追肥模式	C1	26.10±0.37a	23.80±0.61a	2.96±0.36a	2.17±0.23a	1.93±0.27a	0.49±0.12a
		C2	24.82±0.54b	22.01±0.25b	2.76±0.11b	2.26±0.08a	1.39±0.17b	0.48±0.03a
	促根剂种类	D1	27.72±0.46a	24.52±0.44a	3.19±0.27a	2.41±0.10a	2.01±0.39a	0.44±0.02a
		D2	26.28±0.40ab	23.48±0.60ab	2.83±0.15ab	2.20±0.10a	1.57±0.34b	0.43±0.08a
		D3	24.98±0.87b	23.20±1.02ab	2.86±0.13ab	2.24±0.06a	1.58±0.21b	0.48±0.02a
		D4	24.26±0.55b	22.41±0.82b	2.58±0.12b	2.00±0.14a	1.50±0.25b	0.59±0.09a
	互作	C1D1	28.04±0.08a	24.42±0.40a	3.44±0.02a	2.50±0.04a	2.36±0.01a	0.43±0.05a
		C1D2	26.37±0.20ab	23.79±0.27ab	2.97±0.01ab	2.11±0.04a	1.87±0.02ab	0.36±0.02a
		C1D3	25.53±0.12bc	23.96±0.10ab	2.98±0.01ab	2.19±0.04a	1.77±0.07ab	0.50±0.04a
		C1D4	24.46±0.11c	23.05±0.58ab	2.46±0.01c	1.97±0.03a	1.72±0.04ab	0.67±0.01a
		C2D1	27.40±0.45ab	24.63±0.53a	2.94±0.01ab	2.32±0.01a	1.65±0.07b	0.45±0.03a
		C2D2	26.18±0.58ab	23.18±0.74ab	2.70±0.01b	2.30±0.04a	1.26±0.04c	0.5±0.01a
		C2D3	24.42±0.99c	22.45±0.95bc	2.73±0.02b	2.29±0.02a	1.39±0.04c	0.47±0.01a
		C2D4	24.06±0.79c	21.77±0.32c	2.69±0.02bc	2.13±0.03a	1.27±0.01c	0.50±0.02a
C3F	追肥模式	C1	29.36±0.33a	26.44±0.89a	2.47±0.22a	2.12±0.17a	2.36±0.12a	0.52±0.07a
		C2	27.93±0.52b	24.45±0.63b	2.49±0.25a	2.06±0.12a	2.19±0.08b	0.47±0.04a
	促根剂种类	D1	30.99±0.69a	29.68±0.12a	2.38±0.24a	2.05±0.04a	2.60±0.08a	0.58±0.05a
		D2	30.29±2.26a	26.65±1.93b	2.75±0.16a	2.11±0.16a	2.37±0.04ab	0.45±0.02a
		D3	27.13±0.48b	23.43±1.02c	2.56±0.18a	2.01±0.04a	2.11±0.13bc	0.49±0.04a
		D4	26.17±1.63b	22.03±1.24c	2.24±0.20a	2.19±0.22a	2.02±0.19c	0.46±0.03a
	互作	C1D1	30.38±0.16a	29.78±0.02a	2.37±0.01a	2.09±0.05a	2.68±0.04a	0.62±0.11a
		C1D2	32.35±0.03a	28.39±0.16a	2.61±0.31a	1.96±0.11a	2.38±0.06b	0.43±0.05a
		C1D3	27.51±0.21b	22.57±0.27	2.73±0.21a	2.04±0.04a	2.23±0.07bc	0.53±0.02a
		C1D4	27.21±1.69b	21.03±0.54c	2.18±0.02a	2.39±0.01a	2.16±0.17bc	0.49±0.01a
		C2D1	31.61±0.13a	29.58±0.09a	2.38±0.06a	2.01±0.03a	2.53±0.02ab	0.53±0.05a
		C2D2	28.24±0.30b	24.90±0.42b	2.89±0.45a	2.25±0.03a	2.36±0.02b	0.47±0.03a
		C2D3	26.74±0.30bc	24.28±0.6b	2.40±0.31a	1.97±0.13a	2.00±0.03c	0.45±0.01a
		C2D4	25.14±0.71c	23.04±0.71bc	2.29±0.12a	2.00±0.01a	1.88±0.03c	0.43±0.02a

（续表）

等级	因子	处理	总糖（%）	还原糖（%）	烟碱（%）	总氮（%）	钾（%）	氯（%）
X2F	追肥模式	C1	21.87±1.85a	18.54±0.58a	1.93±0.11a	1.97±0.11a	2.59±0.11a	0.48±0.09a
		C2	18.93±1.62b	16.98±0.95b	1.95±0.28a	1.94±0.15a	2.38±0.08b	0.36±0.06a
	促根剂种类	D1	24.79±0.07a	23.96±0.08a	2.12±0.21a	2.14±0.04a	2.43±0.25a	0.52±0.07a
		D2	23.11±3.57ab	21.16±1.37ab	1.77±0.02a	1.90±0.08a	2.79±0.08a	0.42±0.14a
		D3	23.57±2.30ab	20.87±1.86ab	1.78±0.15a	1.81±0.01a	2.50±0.07a	0.38±0.01a
		D4	20.12±0.57b	18.06±0.79b	2.08±0.01a	1.98±0.02a	2.41±0.16a	0.37±0.04a
	互作	C1D1	24.81±0.11a	23.90±0.06a	1.93±0.03a	2.10±0.02a	2.65±0.02ab	0.58±0.01a
		C1D2	26.36±0.17a	24.91±0.02a	1.79±0.02a	1.97±0.01a	2.73±0.04a	0.55±0.06a
		C1D3	25.68±0.01a	22.57±0.01ab	1.91±0.21a	1.81±0.04a	2.44±0.01b	0.39±0.04a
		C1D4	20.63±0.12b	18.78±0.05bc	2.08±0.02a	2.00±0.15a	2.55±0.03b	0.40±0.02a
		C2D1	24.77±0.02a	24.01±0.04a	2.31±0.32a	2.18±0.12a	2.20±0.07c	0.45±0.01a
		C2D2	19.86±0.18b	17.41±0.06c	1.76±0.03a	1.83±0.05a	2.86±0.06a	0.30±0.04a
		C2D3	21.47±0.01b	19.18±0.01b	1.74±0.51a	1.80±0.02a	2.57±0.03b	0.37±0.07a
		C2D4	19.61±0.08b	17.34±0.02c	2.08±0.01a	1.96±0.01a	2.28±0.10c	0.33±0.02a

（十一）对烟叶评吸质量影响

由图 7-10 可知，水溶性追肥 C1 的评吸总分显著高于 C2，在 B2F、C3F、X2F 等级中，C1 评吸总分较 C2 分别高 3.30%、4.75%、3.21%。从不同促根剂施用效果看，B2F 等级中 D1、D2、D3 评吸总分较 D4 分别高 1.94%、6.24%、8.29%，C3F 等级中 D1、D2、D3 评吸总分较 D4 分别高 11.10%、4.76%、1.49%，X2F 等级中 D1、D2、D3 评吸总分较 D4 分别高 23.18%、17.50%、1.58%。追肥模式与促根剂互作的评吸总分在 B2F、C3F、X2F 等级均以 C1D1、C1D2 处理较高。可见水溶性追肥可提高烟叶评吸质量，施用促根剂 D1 和 D2 也可提高评吸质量，两者互作以 C1D1、C1D2 处理的评吸质量较好。

（十二）对烤烟经济性状的影响

由表 7-37 可知，追肥模式 C1 的上等烟率、均价、产量和产值较 C2 分别高 1.45%、0.43 元/kg、183.45kg/hm^2、6 781.38 元/hm^2；其中，不同追肥模式的上等烟率、产量和产值的差异达显著水平，表明水溶性追肥有利于提高烤烟经济性状。施用促根剂可提高烤烟经济性状，促根剂 D1、D2、D3 的上等烟率较 D4 分别高 4.9%、2.01%、1.88%，均价较 D4 分别高 1.32 元/kg、0.81 元/kg、0.71 元/kg，产量较 D4 分别高 416.85kg/hm^2、169.35kg/hm^2、215.10kg/hm^2，产值较 D4 分别高 16 082.12 元/hm^2、7 018.97 元/hm^2、8 180.81 元/hm^2；其中，不同促根剂的上等烟率、产量和产值的差异达显著水平，综合来看，以促根剂 D1 的经济性状最好，其次是 D2。追肥模式与促根剂互作对烤烟上等烟率、产量和产值的影响均达显著水平，均以 C1D1 的经济性状最好。

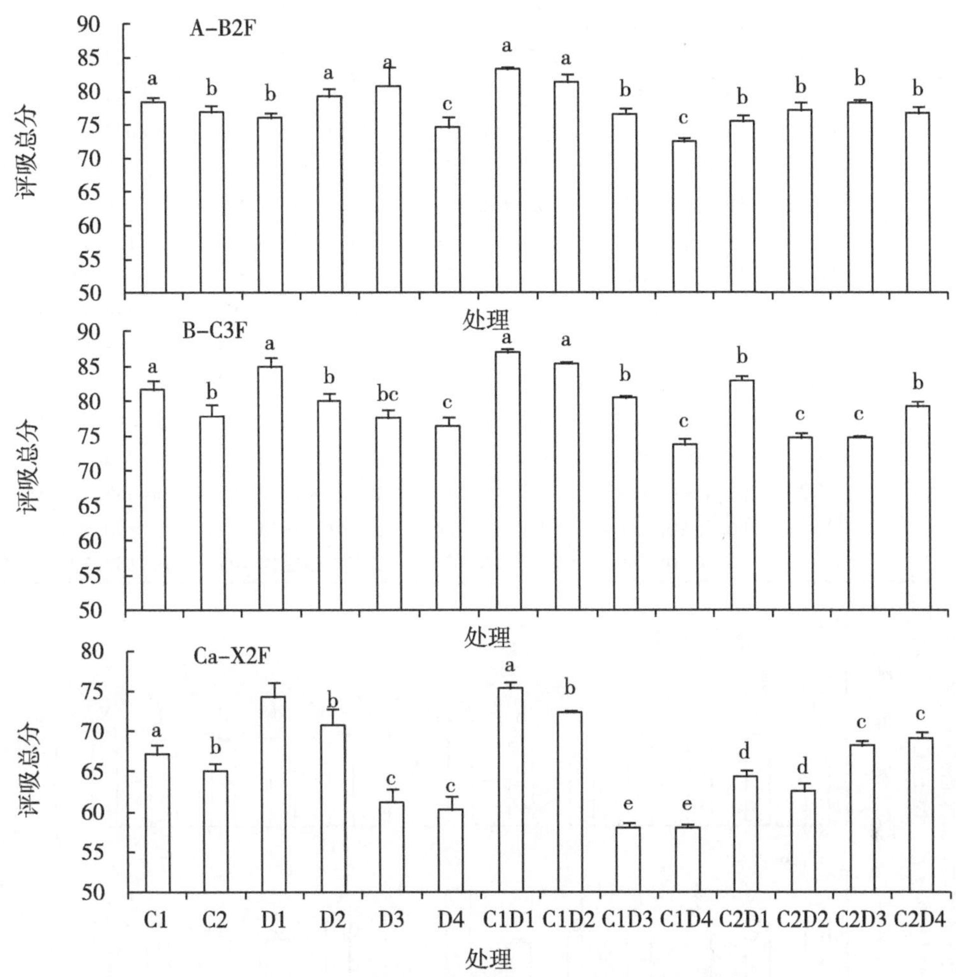

图 7-10 水溶性追肥配施促根剂对烤烟评吸总分的影响

(十三) 对烤烟养分利用效率的影响

1. 对肥料吸收效率的影响

由图 7-11 可知，不同追肥模式 C1 氮、磷、钾吸收效率较 C2 分别高 12.79%、33.05%、19.23%，且达显著差异，表明水溶性追肥有利于烤烟吸收氮、磷、钾肥，特别是对磷肥的吸收。施用促根剂 D1、D2、D3 氮吸收效率较 D4 分别多 12.48%、9.97%、9.13%，磷吸收效率较 D4 分别多 47.04%、15.54%、16.81%，钾吸收效率较 D4 分别多 13.10%、12.26%、-0.47%；表明促根剂 D1、D2 有利于烤烟对氮、磷、钾肥的吸收，特别是对磷肥的吸收。追肥模式与促根剂互作对烤烟氮、磷、钾肥吸收效率均达到显著水平，从图 7-11（A）看，以 C1D1 对氮肥吸收效率最高，其次是 C1D2；从图 7-11（B）看，以 C1D1 对磷肥吸收效率最高，其次是 C1D2；从图 7-11（C）看，以 C1D1、C1D2 对钾肥吸收效率最高；表明水溶性追肥与促根剂 D1、D2 配合施用有利于烤烟对肥料的吸收，提高肥料利用率。

表 7-37 水溶性追肥配施促根剂对烤烟经济性状的影响

因子	处理	上等烟率（%）	均价（元·kg）	产量（kg/hm²）	产值（元/hm²）
追肥模式	C1	69.04±0.99a	31.10±0.34a	2 446.20±17.18a	76 212.97±407.10a
	C2	67.59±0.86b	30.67±0.33a	2 262.75±17.19b	69 431.59±365.57b
促根剂种类	D1	71.02±0.59a	31.50±0.46a	2 571.00±14.87a	81 083.93±441.53a
	D2	68.13±0.59b	30.99±0.48a	2 323.50±14.8b	72 020.78±421.86b
	D3	68.00±0.71b	30.89±0.47a	2 369.25±14.83b	73 182.60±419.67b
	D4	66.12±0.69c	30.18±0.49a	2 154.15±14.85c	65 001.81±408.20c
互作	C1D1	73.19±0.80a	31.88±0.37a	2 797.50±14.91a	89 184.45±402.19a
	C1D2	67.85±0.81cd	31.11±0.43a	2 496.00±14.88b	77 655.90±411.48b
	C1D3	69.04±0.83b	31.01±0.88a	2 359.50±12.28bc	73 165.20±416.39c
	C1D4	66.07±0.89d	30.42±0.87a	2 131.80±12.36c	64 846.32±400.00d
	C2D1	68.84±0.56bc	31.13±0.88a	2 344.50±12.32bc	72 983.40±396.72c
	C2D2	68.41±0.61bc	30.86±0.31a	2 151.00±14.75c	66 385.65±408.20d
	C2D3	66.96±0.19d	30.77±0.43a	2 379.00±14.61bc	73 200.00±406.56c
	C2D4	66.16±0.96d	29.94±0.37a	2 176.50±14.68c	65 157.30±450.27d

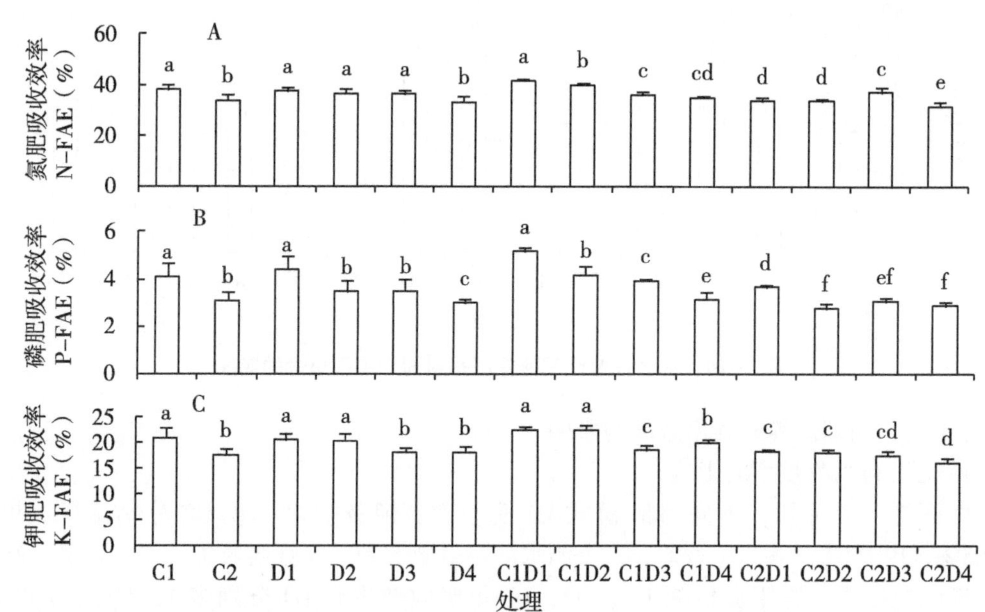

N-FAE：氮肥吸收效率,%；P-FAE：磷肥吸收效率,%；K-FAE：钾肥吸收效率,%

图 7-11 水溶性追肥配施促根剂对肥料吸收效率的影响

2. 对肥料生产效益的影响

由图 7－12 可知，不同追肥模式 C1 氮、磷、钾生产效益较 C2 分别高 9.35%、8.09%、6.77%，且达显著差异，表明水溶性追肥有利于烤烟吸收氮、磷、钾肥分配给烟叶。施用促根剂 D1、D2、D3 氮生产效益较 D4 分别多 12.73%、9.23%、5.13%，磷生产效益较 D4 分别多 12.73%、9.23%、5.15%，钾生产效益较 D4 分别多 12.69%、9.21%、

5.13%；表明促根剂 D1、D2、D3 有利于烤烟吸收的氮、磷、钾肥的分配给叶片，以促根剂 D1 效果最好。追肥模式与促根剂互作对烤烟氮、磷、钾肥的生产效益均达到显著水平，从图 7-12 看，以 C1D1、C1D2 的氮、磷、钾肥生产效益相对较好。可见，水溶性追肥与促根剂 D1、D2 配合施用有利于烤烟吸收的肥料分配给叶片，提高肥料的生产效益。

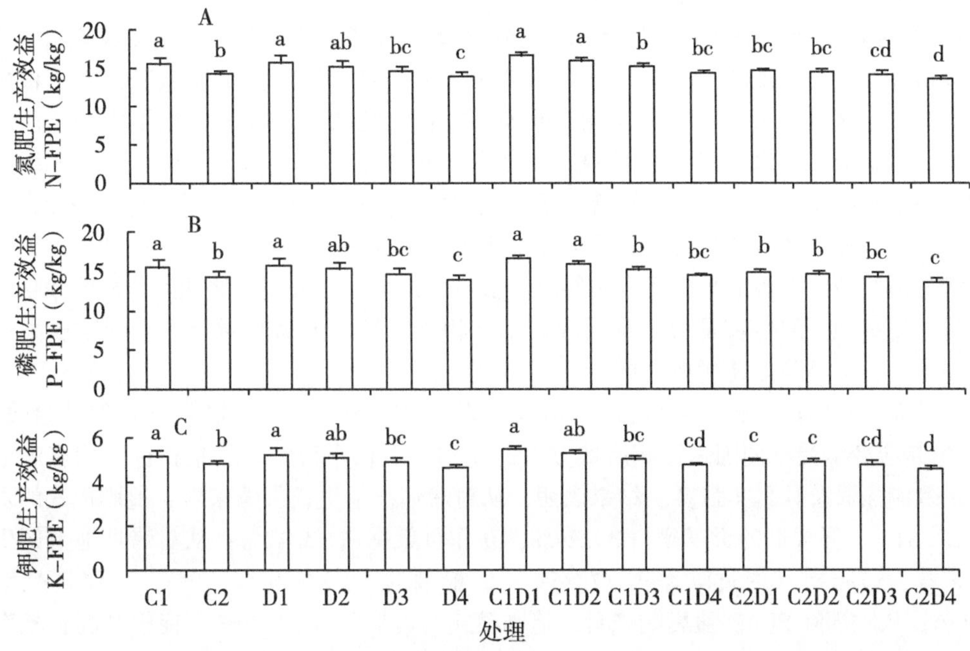

N-FAE：氮肥生产效益，kg/kg；P-FAE：磷肥生产效益，kg/kg；K-FAE：钾肥生产效益，kg/kg

图 7-12　水溶性追肥配施促根剂对氮磷钾肥料生产效益的影响

四、讨论与结论

烟草根系影响着烤烟烟碱的合成以及对养分的吸收，其发育状况不仅对烟草生长具有重要影响，而且显著影响着烟草品质与产量。湖南稻作烟区烤烟移栽后至旺长前期常处在低温阴雨环境条件，不利于烟株还苗和根系生长，促根剂的施用可提高烤烟根系生长能力，从而促进烤烟前期生长，提高对养分的吸收利用能力。前人研究（武丽等，2005；祁帅等，2016；张永辉等，2020）发现，植物生长调节剂、壳聚糖等促根剂可促进烟苗根系生长，提高烟苗素质，陈鹏宇等（2021）盆栽试验结果表明，壳聚糖、萘乙酸+吲哚丁酸、复硝酚钠+海藻酸钠、生根粉和生物促根剂均能显著增加低温下烤烟的株高和茎围、地上部干物质积累，以及根系发育，本研究结果也表明不同促根剂均能促进烤烟根系和地上部生长，提高烟叶中叶绿素含量水平。不同的促根剂中，矿源腐殖质和恶霉・稻瘟灵乳油对烤烟生长促进效果较好。

夏昊等（2018）研究发现，采用水溶性追肥替代常规追肥后，在水溶性追肥中氮、磷、钾比例 50 : 50 : 50 时烤烟的长势最好，可促进烤烟养分吸收和积累，改善烤烟经济性状，协调烟叶化学成分。有研究表明，水溶性追肥可以缓解土壤酸化现象，改善土壤物理化学性状，促进根系发育，从而提高作物养分利用效率，改善品质，增加产量。本试验研究发现，在水溶性施肥施氮量减少的处理下，施用水溶性肥料可提高烤烟的干物质积累量，有助于烟株氮、磷、钾的积累，可显著促进烤烟对氮、磷、钾肥的吸收，有利于氮、磷、钾肥分配给烟叶，提升生产效益。

施用水溶性肥料可缩短烤烟生育期，促进烤烟的生长，提升烟株干物质积累量，改善烤烟经济性状，提高烟叶产质量。曹小闯等（2020）研究发现，常规施氮条件下根施有机水溶肥能显著提高水稻产量，且优于叶面喷施；氮肥减施 15%时，根施肥和叶面肥配施可显著缓解减氮对水稻产量的影响。夏全杰（2015）研究表明，有机水溶肥能缓解过量化肥对蔬菜品质的负面影响，缓解土壤酸化现象，促进大田蔬菜根系发育，进而改善蔬菜品质，提高蔬菜产量及包心率，显著提高氮肥利用效率，提高蔬菜经济效益。本研究采用水溶性追肥替代常规追肥，在减施氮肥 6kg/hm^2 情况下，可提高烤烟经济性状和烟叶外观质量，促进烟株的生长发育，从而改善烟叶物理特性，提高叶质重，有利于提高烟叶糖、钾含量，可显著提高评吸质量。

本研究为双因素试验，采用 $pEta^2$ 值大小判断促根剂和水溶追肥及其互作试验效果，$pEta^2$ 值是应变量受不同因素影响所致方差的比例，用它作为效果度量指标，能客观地反映变量效应强弱及其真实强度。结果表明，从对烤烟根系生长影响来看，追肥模式的贡献率占 27.64%、促根剂的贡献率占 39.24%，互作贡献率占 33.12%；从对烤烟地上部生长影响来看，追肥模式的贡献率占 17.85%、促根剂的贡献率占 56.79%，互作贡献率占 25.36%；从对烟叶 SPAD 值影响来看，追肥模式的贡献率占 14.49%、促根剂的贡献率占 51.40%，互作贡献率占 34.11%；追肥模式对干物质积累的贡献率占 35.37%、促根剂的贡献率占 43.59%，互作贡献率占 21.04%；追肥模式对氮积累的贡献率占 35.78%、促根剂的贡献率占 33.52%，互作贡献率占 30.70%；追肥模式对磷积累的贡献率占 33.15%、促根剂的贡献率占 34.74%，互作贡献率占 32.11%；追肥模式对钾积累的贡献率占 35.53%、促根剂的贡献率占 36.71%，互作贡献率占 27.76%；水溶性追肥与促根剂 D1、D2 配合施用有利于烤烟对肥料的吸收和分配，提高肥料利用率和生产效益。综合看来，促根剂对烤烟生长、养分积累影响最大，其次为追肥模式对养分积累、促根剂与追肥互作对烤烟生长。

本试验结果表明，促根剂和水溶追肥对烤烟地上部分及根系生长均有促进作用，但以水溶性追肥配施矿源腐殖质和恶霉·稻瘟灵乳油两种促根剂的效果更好，且促根剂的贡献率最大，其次是促根剂和水溶性追肥互作；在烤烟施用水溶性追肥的同时配施促根剂，有利于烤烟干物质积累，可提高肥料的利用率和生产效益，水溶性追肥与促根剂 D1、D2 配合施用综合效益最好，促根剂的贡献率最大，其次为追肥模式；烤烟施用水溶性追肥配施促根剂，可提高烟叶外观质量，有利于提升烤烟产量、产值、上等烟率，改善烟叶物理特性，协调烟叶化学成分，提高烟叶评吸质量。因此，在南方低温阴雨的稻作烟区，稻茬烤烟移栽时添施合适的促根剂，有利于促进烤烟早生快发，不仅可提高追肥效果，还可以促进烤烟地下和地上部生长，减少化肥施用量，改善烟叶品质，提高烟叶产质量，为烤烟优质适产打下良好基础。

第五节　促根减氮施肥模式对稻茬烤烟生长和产质量的影响

一、研究目的

合理和科学施肥能够改善土壤理化性状，促进烤烟生长，提高烟叶产质量。目前施肥面临的问题主要是施肥过量，导致土壤板结、养分流失严重、烟株晚熟贪青、烟叶质量下降。湖南稻作烟区烤烟大田前期的低温阴雨和稻田土壤的黏性重、土块大而硬，不利于烤烟伸根期的根系生长和烟株对养分的吸收，加之过程降水量大肥料流失严重，烤烟种植氮肥施用量远大于北方烟区和西南烟区，导致烟叶烟碱含量过高和可用性下降，肥料利用率偏低而污染环境，减施氮肥迫在眉睫。减施氮肥可保证土壤养分稳定，增加根际土壤细菌多样性，有利于改善烤烟农艺性状，提高烟叶质量，在水肥一体下减氮更有利于叶片的干物质积累。邓小华等（2016，2017）认为增密减氮和培育中棵烟可保证烟叶产量和产值，提高烟叶质量；任梦娟等（2018）研究发现，减氮 20%加喷施壳寡糖的施肥模式可提高烤烟对氮素的吸收和氮素利用率；陈壮壮等（2019）研究认为，氮钾肥为“基肥+RTNM追肥”的施肥模式能够提高烤烟产量和品质；舒晓晓等（2019）研究发现减氮配施有机物的施肥模式能够有效调控土壤氮素淋失；张海伟等（2018）研究认为，在多雨地区，采用基肥穴施、提高追肥比例、减氮 15%的条件下，能够促进烟株早生快发，促进烤烟生长。但是，针对湖南稻作烟区烤烟大田前期气候特点，如何促根减氮提高烟叶产质量的报道较少。因此，本研究围绕稻茬烤烟减氮、减工、节本、增效，以减少基肥氮比例、改传统提苗肥为促根灌蔸肥、改变传统追肥形态和施用方式，开发了稻作烟区专用穴肥、灌蔸肥、专用追肥等肥料种类，形成新的促根减氮施肥模式，为稻茬烤烟促早生快发氮肥管理提供支撑。

二、材料与方法

（一）试验材料

试验于 2020—2021 年在郴州市桂阳县（北纬 25°27′15″~26°13′30″，东经 112°13′26″~112°55′46″）开展。属亚热带湿润季风气候，年平均气温 17.2℃，年平均日照时数 1 705.4h，年平均降水量 1 385.2mm，全年无霜期为 277d。试验田为烟稻轮作田，土壤类型为水稻土，土壤养分含量为全氮 2.27g/kg，全磷 0.54g/kg，全钾 38.1g/kg，碱解氮 162.8mg/kg，速效磷 29.8mg/kg，速效钾 159.5mg/kg。供试烤烟品种为云烟 87。供试肥料由湖南金叶众望科技股份有限公司提供，烟草专用基肥 N、P_2O_5、K_2O 含量分别为 8%、17%、7%；生物发酵饼肥总养分≥8%，有机质≥70%；硫酸钾 K_2O≥50.0%；烟草专用提苗肥 N、P_2O_5、K_2O 含量分别为 20%、9%、0%；烟草专用追肥 N、P_2O_5、K_2O 含量分别为 11%、0%、31%；专用穴肥 N、P_2O_5、K_2O 含量分别为 6%、15%、11%；灌蔸肥 N、P_2O_5、K_2O 含量分别为 20%、9%、0%，总养分≥29%，硝态氮/总氮≥40%，含硼、镁、锌、钼、黄腐酸、抗病解磷复合功能菌、天然生物抗病素、保水保肥营养增效剂等，为全水溶肥；水溶追肥 N、P_2O_5、K_2O 含量分别为 10%、0%、40%，总养分≥50%，硝态氮/总氮≥75%，全水溶。

（二）试验设计

试验设 2 个处理，T，促根减氮施肥模式；CK，传统施肥模式，具体见表 7-38。T 处理总施肥量 2 025.0kg/hm^2，氮、磷、钾投入量分别为 126.0kg/hm^2、103.5kg/hm^2、418.5kg/hm^2；氮磷钾比例为 1∶0.82∶3.32；基肥氮∶追肥氮＝28.6∶71.4；相较于 CK 减施氮肥 27.0kg/hm^2，相当于减氮 22.2%。CK 处理总施肥量 2 362.0kg/hm^2，氮、磷、钾投入量分别为 162.0kg/hm^2、137.7kg/hm^2、435.0kg/hm^2；氮磷钾比例为 1∶0.83∶2.64；基肥氮∶追肥氮＝36.4∶63.6。各处理 3 次重复，每小区面积在 200m^2，单因素随机区组排列。烤烟漂浮育苗，3 月 15 日移栽，5 月 1 日打顶，5 月 25 日进入采收期，种植密度为 50cm（株距）×120cm（行距）。其他管理措施同当地生产技术方案。

表 7-38 促根减氮施肥模式与传统施肥模式的肥料施用方法

肥料类型	促根减氮施肥模式			传统施肥模式		
	施肥时间	施用量	施用方法	施肥时间	施用量	施用方法
基肥	移栽前 10d	专用穴肥 600kg/hm^2，生物发酵饼肥 450kg/hm^2	穴施，与土混匀	移栽前 10d	专用基肥 750kg/hm^2，生物发酵饼肥 450kg/hm^2	穴施
追肥	移栽后 0d	灌蔸肥 30kg/hm^2	淋施烟蔸	移栽后 0d	清水	淋施烟蔸
	移栽后 7d	灌蔸肥 75kg/hm^2	兑水浇施	移栽后 7d	提苗肥 45kg/hm^2	兑水浇施
	移栽后 15d	灌蔸肥 45kg/hm^2，水溶追肥 225kg/hm^2	兑水浇施	移栽后 15d	提苗肥 45kg/hm^2	兑水浇施
	移栽后 30d	水溶追肥 300kg/hm^2，硫酸钾 45kg/hm^2	兑水浇施	移栽后 25d	专用追肥 300kg/hm^2，提苗肥 22.5kg/hm^2	兑水浇施
	移栽后 45d	水溶追肥 75kg/hm^2，硫酸钾 150kg/hm^2	兑水浇施	移栽后 35d	专用追肥 375kg/hm^2，硫酸钾 75kg/hm^2	兑水浇施
				移栽后 45d	专用肥 75kg/hm^2，硫酸钾 225kg/hm^2	兑水浇施

（三）主要检测指标及方法

（1）烤烟根系生长指标测定：在烤烟移栽后 30d、60d、90d 时，每个处理取有代表性烟株 5 株，小心连同根际土壤一起将植株挖出，分离根系和地上部分，用水将根系小心冲洗干净，用网筛接住根系，尽量保持根系的完整。采用 LA-2400 多参数根系分析系统（北京易科泰生态技术有限公司），测定根长、根表面积、根体积、根平均直径、根尖数及分叉数。

（2）烤烟地上部生长指标测定：在烤烟移栽后 30d、60d、90d 时，每个处理取有代表性烟株 5 株，按照标准《烟草农艺性状调查测量方法》（YC/T 142—2010）测量烤烟株高、茎围、节距、叶片数、最大叶长和叶宽；最大叶面积＝叶长×叶宽×0.634 5。

（3）烤烟干物质及氮磷钾含量测定：于烤烟移栽后30d、60d、90d时，每个处理选择5株长势均匀一致的植株，分为根、茎、叶片，在105℃杀青30min，80℃烘干至恒重后测定干物质量。植株用H_2SO_4-H_2O_2法消煮，全氮采用凯氏定氮法测定，全磷采用钼锑抗比色法测定，全钾采用火焰光度法测定。干物质积累量（kg/hm^2）= 某时期烟株干物质量（g）×种植密度×15/1000。干物质分配率（%）= 某器官干物质量/植株干物质总量×100。氮、磷、钾积累量（kg/hm^2）= 某时期烟株氮、磷、钾量（%）×干物质量。氮、磷、钾分配率（%）= 某器官氮、磷、钾量/植株氮、磷、钾总量×100。

（4）烤烟养分利用效率指标测定：参考相关文献，氮（磷、钾）肥吸收效率（FAE,%）= 单位面积烟株氮（磷、钾）积累量（90d）/单位面积氮（磷、钾）肥施用量×100%；氮（磷、钾）收获指数（HI,%）= 单株烟叶中的氮（磷、钾）积累量（90d）/植株氮（磷、钾）积累量×100%；氮（磷、钾）肥利用效益（FUE，kg/kg）= 单位面积烟叶干物质量（90d）/单位面积氮（磷、钾）肥施用量；氮（磷、钾）烟叶生产效率（LPE，kg/kg）= 单株烟叶干物质量（90d）/植株氮（磷、钾）素积累总量。

（5）烤烟外观质量鉴评：选取上部、中部、下部具有代表性的B2F、C3F、X2F等级烟叶，依照烤烟国标GB 2635—1992以及前人研究成果，聘请分级专家对烟叶颜色、成熟度、叶片结构、油分、色度、身份等指标逐项进行量化鉴评，并按10分制进行打分，分别按0.20、0.30、0.16、0.12、0.10、0.12的权重计算外观质量总分。

（5）烤烟物理特性检测：选取上部、中部、下部具有代表性的B2F、C3F、X2F等级烟叶，平衡烟叶样品水分，每个处理随机抽取50片烟叶制备鉴定样品。参考邓小华（2007，2020）的方法测定长度、宽度、单叶重、含梗率、叶片厚度、平衡含水率、叶质重等物理性状指标。

（6）烤烟化学成分指标检测：选取上部、中部、下部具有代表性的B2F、C3F、X2F等级烟叶，分别用H_2SO_4-H_2O_2法进行消煮。烟叶中总糖、还原糖采用蒽酮硫酸法测定；烟碱、总氮、氯和淀粉的含量采用SKALAR间隔流动分析仪测定；钾含量采用火焰光度法测定。

（7）烤烟感官评吸质量鉴评：选取上部、中部、下部具有代表性的B2F、C3F、X2F等级烟叶，经过回潮、切丝，卷制成每支（900±15）mg、长85mm的单料烟支。由浙江中烟技术中心组织专业评吸人员按YC/T 138—1998《烟草及烟草制品》进行感官质量评价，对刺激性（10分）、干燥感（8分）、余味（10分）、香气质（20分）、细腻程度（6分）、柔和程度（6分）、圆润感（8分）、香气量（18分）、透发性（6分）、杂气（8分）等10个评价指标打分，10个指标分值和就是感官评吸质量总分。

（8）烤烟经济性状指标：各小区挂牌单收、单烤，统一存放分级。由分级专家按烤烟国家分级标准GB 2635—1992进行等级评定，考查烟叶上等烟比例、均价、产量、产值。

（9）烤烟经济效果指标：计算各处理从播种到烘烤分级后的人工成本和物化成本，以及各处理烟叶烘烤后的净收益、产投比、氮肥偏生产力和氮肥偏生产效益。人工成本主要包括田间管理（覆膜、揭膜、培土、锄草、打顶、抹杈、打脚叶）、施肥、移栽、防治病虫害、调制（采叶、编竿、烘烤、分级）等方面用工；物化成本主要包括购买烟苗、翻耕起垄、肥料、农药、调制（煤、烟夹）等投入成本。肥料成本根据 3.38 元/kg 的单价计算。纯收益=烟叶产值-生产成本，产投比=烟叶产值/生产成本，氮肥偏生产力=烟叶产量/施氮量，氮肥偏生产效益=烟叶产值/施氮量。

（四）数据分析

采用 Microsoft Excel 2003 和 SPSS 17.0 进行数据处理和统计分析。采用 Duncan 法在 $P=0.05$ 水平下检验显著性。

三、结果与分析

（一）对烤烟地下部根系生长的影响

从表 7-39 可以看出，烤烟移栽 30d、60d 和 90d 时，T 处理的烤烟根系总长度、总表面积、根尖数及根分叉数显著高于 CK 处理，差异达到显著水平，而两个处理的根平均直径和总体积无明显差异；其中 30d、60d 和 90d 时 T 处理的根系总长度较 CK 处理分别多 305.51cm、179.26cm、155.23cm，根总表面积较 CK 处理分别多 157.28cm²、91.29cm²、172.70cm²，根尖数较 CK 处理分别多 938、353、724，根分叉数较 CK 处理分别多 2 388、3 190、4 358。由此可得，促根减氮施肥模式的烤烟根系生长较传统配方施肥的烤烟根系生长好。

表 7-39　不同氮肥施用模式对烤烟根系生长的影响

取样时间（d）	处理	长度（cm）	表面积（cm²）	平均直径（mm）	体积（cm³）	根尖数	根分叉数
30	T	1 186.29±48.22a	398.85±15.49a	0.92±0.43a	9.17±1.72a	2 498±420a	18 590±328a
	CK	880.78±75.04b	241.57±23.76b	1.13±0.48a	6.83±2.92a	1 560±105b	16 202±498b
60	T	1 643.11±22.14a	632.08±17.17a	1.62±0.53a	25.58±3.67a	3 105±716a	25 922±420a
	CK	1 463.85±65.58b	540.79±27.86b	1.81±0.44a	21.10±2.07a	2 752±198b	22 732±773b
90	T	1 825.84±48.66a	803.11±22.28a	1.75±0.48a	36.87±2.56a	3 983±296a	32 511±817a
	CK	1 670.61±74.54b	630.41±23.18b	2.04±0.54a	37.31±12.37a	3 259±166b	28 153±662b

（二）对烤烟地上部生长的影响

由表 7-40 可以看出，在烤烟移栽后 30d 时，T 处理的烤烟株高、最大叶面积显著大于 CK 处理，分别大 14.5cm 和 64.7cm²，其他指标差异不显著；在烤烟移栽后 60d 时，T 处理的烤烟株高显著大于 CK 处理，两个处理的烤烟茎围、节距、叶片数、最大叶长、最大叶宽和最大叶面积无显著差异；在烤烟移栽 90d 时，T 处理的烤烟地上部生长略优于 CK 处理，但两个处理的烤烟地上部生长指标均无显著差异。由此可得，在促根减氮施肥模式下，烤烟的地上部生长略优于传统施肥模式的烤烟，但无显著差异。

表 7-40　不同氮肥施用模式对烤烟地上部生长的影响

取样时间（d）	处理	株高（cm）	茎围（cm）	节距（cm）	有效叶片数（片）	最大叶长（cm）	最大叶宽（cm）	最大叶面积（cm^2）
30	T	58.00±1.48a	5.22±0.30a	3.90±0.13a	13.33+0.52a	60.50±1.26a	28.80±0.50a	1 105.85±19.46a
	CK	43.50±2.95b	5.13±0.40a	3.55±0.35a	12.67+0.48a	57.67±1.36a	28.43±1.46a	1 041.15±17.52b
60	T	97.85±1.16a	8.85±0.21a	4.63±1.14a	17.33±1.15a	71.80±1.41a	30.45±1.73a	1 384.64±23.61a
	CK	91.30±0.99b	8.60±0.14a	4.48±0.49a	17.00±1.73a	71.50±1.66a	29.90±0.42a	1 357.23±26.57a
90	T	95.90±1.32a	9.10±0.61a	5.67±0.31a	17.50±1.12a	75.60±1.75a	30.40±2.66a	1 459.32±83.32a
	CK	95.83±1.65a	9.03±0.32a	5.10±0.20a	16.00±1.41a	74.53±1.05a	29.13±2.45a	1 418.74±82.99a

（三）对烤烟干物质积累和分配的影响

由表 7-41 可以看出，在烤烟移栽后 30d 和 60d 时，T 处理的烤烟总干物质积累量、根茎叶中的干物质积累量均显著高于 CK 处理；在烤烟移栽后 90d 时，处理的烤烟总干物质积累量、茎和叶中的干物质积累量显著高于 CK 处理，说明减氮 36kg 可以增加总干物质量 207.91kg，两个处理的根干物质积累量无显著差异；在 30d、60d 和 90d 的干物质分配比例中，T 处理和 CK 处理的干物质分配比例均无显著差异。由此可得，促根减氮施肥模式可以提高烟株和茎、叶的干物质积累量，但对干物质分配比例无显著影响。

表 7-41　不同氮肥施用模式对烤烟干物质积累与分配的影响

取样时间（d）	处理	干物质总量（kg/hm^2）	干物质积累量（kg/hm^2）			干物质分配比例（%）	
			根	茎	叶	根	茎
30	T	496.10±25.31a	38.50±2.00a	68.20±3.18a	389.40±1.50a	7.76±1.63a	13.75±1.13a
	CK	346.50±18.03b	33.55±5.30b	54.45±4.67b	258.50±2.28b	9.68±1.91a	15.71±2.64a
60	T	2 561.19±34.05a	461.18±5.30a	758.18±7.42a	1 341.84±10.04a	18.01±0.11a	29.60±0.15a
	CK	2 373.40±19.41b	430.65±6.36b	707.85±4.24b	1 234.90±15.13b	18.14±0.78a	29.82±0.57a
90	T	5 059.72±55.37a	1 163.60±20.00a	1 548.94±19.62a	2 347.18±11.34a	23.00±0.42a	30.61±1.38a
	CK	4 821.81±44.97b	1 147.58±28.94a	1 370.66±20.64b	2 303.58±11.82b	23.80±1.90a	28.43±1.73a

（四）对烤烟氮素积累和分配的影响

由表 7-42 可以看出，在烤烟移栽后 30d 时，T 处理的烤烟氮素积累总量、根茎叶中氮素积累量显著高于 CK 处理，两个处理根茎叶的氮素分配比例无显著差异；在烤烟移栽后 60d 时，T 处理的烤烟氮素积累总量、叶中氮素积累量和叶分配比例显著高于 CK 处理，CK 处理的茎分配比例显著高于 T 处理，两个处理根、茎的氮素积累量和根分配比例无显著差异；在烤烟移栽后 90d 时，T 处理的烤烟氮素积累总量、茎叶中氮素积累量和茎分配比例显著高于 CK 处理，减氮 36kg 可以增加烤烟氮素积累总量 15.24kg，CK 处理的根分配比例显著高于 T 处理，两个处理的根积累量和叶的氮素分配比例无显著差异。由此可得，促根减氮施肥模式可以提高烤烟的氮素积累总量和氮素在叶中的积累量。

表 7-42　不同氮肥施用模式对烤烟氮素积累和分配的影响

取样时间（d）	处理	氮素积累总量（kg/hm²）	氮积累量（kg/hm²）			氮分配比例（%）		
			根	茎	叶	根	茎	叶
30	T	12.45±1.06a	0.91±0.14a	1.42±0.05a	10.12±1.00a	7.37±0.61a	11.41±0.53a	81.22±1.14a
	CK	10.33±0.73b	0.66±0.13b	1.20±0.31b	8.48±0.55b	6.42±1.69a	11.51±2.15a	82.07±0.47a
60	T	41.80±0.91a	6.12±0.10a	9.66±0.43a	26.02±1.38a	14.64±0.43a	23.12±0.02b	62.24±0.45a
	CK	38.71±0.32b	6.15±0.36a	10.50±0.39a	22.05±0.29b	15.89±0.91a	27.12±0.61a	56.96±0.31b
90	T	71.27±1.05a	13.00±0.76a	18.37±0.33a	39.91±0.62a	18.23±0.80b	25.77±0.84a	55.99±0.04a
	CK	56.03±0.87b	13.04±0.93a	12.47±0.76b	30.51±0.82b	23.26±1.30a	22.25±1.01b	54.48±2.31a

（五）对烤烟磷素积累和分配的影响

由表 7-43 可以看出，在烤烟移栽后 30d、60d 和 90d 时，T 处理的烤烟磷素积累总量、磷素在烤烟根茎叶中的积累量以及分配比例与 CK 处理相比均无显著差异。促根减氮施肥模式可以提高烤烟的磷素积累总量和磷素在叶中的积累量，但促根减氮施肥模式对烤烟的磷素积累与分配无显著影响。

表 7-43　不同氮肥施用模式对烤烟磷素积累和分配的影响

取样时间（d）	处理	磷素积累总量（kg/hm²）	磷积累量（kg/hm²）			磷分配比例（%）		
			根	茎	叶	根	茎	叶
30	T	1.13±0.07a	0.08±0.02a	0.17±0.01a	0.88±0.07a	7.33±0.58a	15.31±0.23a	77.37±0.81a
	CK	0.97±0.05a	0.06±0.01a	0.14±0.04a	0.76±0.03a	6.56±1.60a	14.78±2.89a	78.66±1.29a
60	T	5.02±0.05a	0.71±0.04a	1.47±0.01a	2.84±0.04a	14.25±1.03a	29.25±0.18a	56.51±0.21a
	CK	5.00±0.13a	0.84±0.06a	1.46±0.02a	2.71±0.16a	16.71±0.56a	29.11±1.16a	54.18±1.73a
90	T	9.17±0.06a	1.59±0.05a	2.50±0.18a	5.09±0.17a	17.28±0.42a	27.20±1.76a	55.52±2.18a
	CK	9.10±0.13a	1.76±0.07a	2.55±0.2a	4.79±0.41a	19.31±1.05a	28.09±2.65a	52.60±3.71a

（六）对烤烟钾素积累和分配的影响

由表 7-44 可以看出，在烤烟移栽 30d 后，T 处理的烤烟钾素积累总量、根茎叶中钾素积累量显著高于 CK 处理，两个处理根茎叶的钾素分配比例无显著差异；在烤烟移栽后 60d 时，T 处理的烤烟钾素积累总量、茎叶中钾素积累量显著高于 CK 处理，CK 处理的根分配比例显著高于 T 处理，两个处理根的钾素积累量和茎叶的分配比例无显著差异；在烤烟移栽后 90d 时，T 处理的烤烟叶中钾素积累量显著高于 CK 处理，CK 处理的根积累量和根分配比例显著高于 T 处理，两个处理的钾素积累总量、茎积累量和茎叶的钾素分配比例无显著差异。由此可得，促根减氮施肥模式可以提高钾素在烟叶中的积累量。

表 7-44　不同氮肥施用模式对烤烟钾素积累和分配的影响

取样时间（d）	处理	钾素积累总量（kg/hm²）	钾积累量（kg/hm²）			钾分配比例（%）		
			根	茎	叶	根	茎	叶
30	T	14.79±0.93a	0.79±0.01a	2.69±0.05a	11.31±0.89a	5.39±0.41a	18.18±0.80a	76.43±1.21a
	CK	11.07±0.73b	0.57±0.09b	2.03±0.55b	8.47±0.26b	5.17±1.11a	18.25±3.76a	76.58±2.65a
60	T	64.94±1.98a	6.53±0.14a	21.35±0.43a	37.06±2.41a	10.06±0.24b	32.90±0.85a	57.04±1.09a
	CK	57.12±0.22b	6.70±0.11a	18.62±0.39b	31.8±0.72b	11.73±0.24a	32.61±0.81a	55.67±1.05a
90	T	78.92±1.70a	8.87±0.77b	26.37±2.07a	43.68±0.40a	11.25±1.21b	33.39±1.90a	55.36±0.69a
	CK	78.25±0.10a	11.19±1.23a	25.52±1.63a	41.55±1.76b	14.29±1.55a	32.60±2.04a	53.10±3.59a

（七）对烤烟外观质量的影响

由表 7-45 可知，上部叶 T 处理的烤烟颜色、成熟度、油分分值显著大于 CK，外观质量总分较 CK 高 14.94%。中部叶 T 处理的烤烟颜色、叶片结构分值显著大于 CK，外观质量总分较 CK 高 5.77%。下部叶的 T 处理和 CK 的外观质量无显著差异。由此可见，促根减氮肥施肥模式有利于提高烟叶外观质量。

表 7-45　促根减氮施肥模式对烤烟外观质量的影响

部位	处理	颜色	成熟度	叶片结构	油分	色度	身份	总分
上部叶	T	8.5±0.5a	8.0±0.1a	7.0±0.1a	7.5±0.4a	7.5±0.5a	7.5±0.1a	77.7±2.1a
	CK	7.0±0.3b	6.5±0.1b	6.5±0.5a	6.5±0.2b	7.5±0.3a	7.0±0.3a	67.6±1.6b
中部叶	T	8.5±0.1a	7.5±0.3a	9.0±0.3a	7.5±0.4a	7.5±0.3a	8.5±0.1a	80.6±1.3a
	CK	7.0±0.2b	7.5±0.3a	8.5±0.1b	7.0±0.5a	7.5±0.1a	8.5±0.3a	76.2±1.5b
下部叶	T	7.0±0.2a	7.0±0.2a	8.5±0.3a	5.0±0.5a	3.5±0.1a	6.5±0.3a	65.9±1.2a
	CK	6.5±0.3a	7.0±0.3a	8.5±0.5a	5.0±0.5a	4.0±0.3a	6.5±0.2a	65.4±1.5a

（八）对烤烟物理特性的影响

由表 7-46 可知，对于上部叶，T 处理的叶长、叶宽、单叶重、叶片厚度、叶质重显著大于 CK，两个处理的含梗率、平衡含水率无显著差异；对于中部叶，CK 的叶片厚度显著大于 T 处理，T 处理的叶长、叶宽显著大于 CK，两个处理的单叶重、含梗率、叶质重、平衡含水率无显著差异；对于下部叶，T 处理的叶长、叶片厚度显著大于 CK，两个处理的叶宽、单叶重、叶质重、含梗率、平衡含水率无显著差异。可见，促根减氮施肥模式有利于促进烟叶生长，提高上部烟叶单叶重和叶质重。

表 7-46　促根减氮模式对烤烟物理特性的影响

部位	处理	叶长（cm）	叶宽（cm）	叶片厚度（um）	单叶重（g）	含梗率（%）	叶质重（g/cm²）	平衡含水率（%）
上部叶	T	69.01±0.29a	22.56±0.36a	246.58±0.35a	17.00±0.28a	22.79±1.20a	112.19±0.45a	17.70±0.20a
	CK	66.30±0.28b	20.90±0.49b	226.72±0.30b	15.00±0.28b	24.98±1.17a	103.46±0.49b	17.85±0.49a
中部叶	T	74.50±0.14a	25.00±0.28a	138.62±1.40b	13.40±0.42a	26.47±1.22a	82.71±0.28a	16.27±0.33a
	CK	72.10±0.28b	23.65±0.21b	143.94±1.38a	13.00±0.14a	24.33±1.25a	80.57±1.47a	15.62±0.30a

（续表）

部位	处理	叶长（cm）	叶宽（cm）	叶片厚度（um）	单叶重（g）	含梗率（%）	叶质重（g/cm^2）	平衡含水率（%）
下部叶	T	65.85±0.35a	23.71±0.29a	136.78±0.15a	8.05±0.21a	32.61±1.15a	55.50±0.36a	15.88±0.32a
	CK	70.23±0.11b	22.00±0.14a	119.46±0.30b	8.25±0.21a	29.25±1.23a	53.70±1.30a	15.28±0.22a

（九）对烤烟化学成分的影响

由表 7-47 可知，对于上部叶，CK 的烤烟还原糖、淀粉含量和糖碱比显著高于 T 处理，两个处理的烟碱、总氮、钾含量以及氮碱比和钾氯比无显著差异；对于中部叶，T 处理的烤烟钾氯比显著高于 CK，两个处理的烟碱、总氮、还原糖、钾、淀粉含量和氮碱比、糖碱比均无显著差异；对于下部叶而言，CK 的烤烟烟碱、还原糖、淀粉含量显著高于 T 处理，总氮含量、氮碱比、糖碱比和钾氯比无显著差异。由此可见，促根减氮施肥模式的烟碱含量低于传统施肥模式，但在上部和中部烟叶并没有达到显著水平；促根减氮施肥模式上部叶和下部叶的还原糖含量低于传统施肥模式，但均在适宜范围内。

表 7-47　促根减氮施肥模式对烤烟化学成分的影响

部位	处理	烟碱（%）	总氮（%）	还原糖（%）	钾（%）	淀粉（%）	氮碱比	糖碱比	钾氯比
上部叶	T	3.29±0.03a	2.35±0.05a	18.28±0.05b	1.34±0.03a	5.34±0.18b	0.73±0.01a	5.64±0.11b	8.74±0.34a
	CK	3.39±0.13a	2.41±0.04a	20.43±0.11a	1.56±0.04a	6.24±0.16a	0.71±0.02a	6.92±0.03a	7.65±0.18a
中部叶	T	2.00±0.02a	1.71±0.02a	26.06±0.11a	2.32±0.04a	8.88±0.10a	0.86±0.02a	16.72±0.29a	59.01±0.36a
	CK	2.22±0.09a	1.60±0.11a	25.89±0.01a	2.47±0.06a	8.60±0.01a	0.72±0.08a	14.55±0.59a	13.49±0.64b
下部叶	T	1.45±0.13b	2.13±0.01a	20.44±0.14b	3.16±0.01a	2.51±0.01b	1.47±0.03a	16.47±0.20a	9.68±0.19a
	CK	1.89±0.04a	2.11±0.00a	25.00±0.03a	2.60±0.01b	3.17±0.01a	1.12±0.02a	14.73±0.26a	11.01±0.31a

（十）对烤烟感官评吸的影响

由图 7-13 可以看出，T 处理的烤烟上部叶和中部叶的感官评吸总分均显著高于 CK，分别高 3.95%和 7.57%。T 处理的下部叶较 CK 高 3.71%，但差异不显著。可见，促根减氮施肥模式可提高上部和中部烟叶的评吸质量。

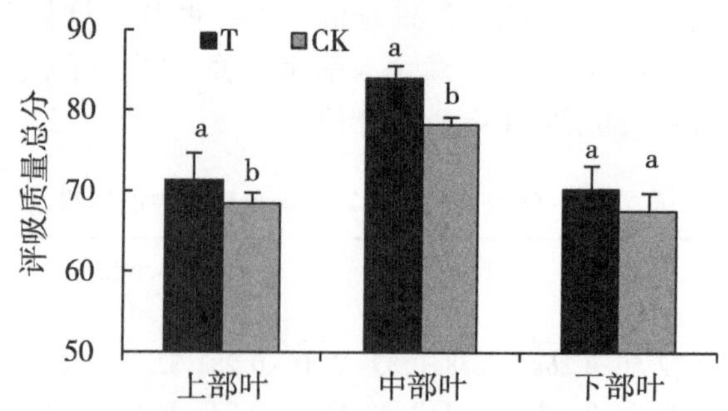

图 7-13　促根减氮施肥模式对烤烟感官评吸总分的影响

（十一）对烤烟经济性状的影响

由表7-48可知，T处理的烤烟上等烟比例、均价和产值较CK分别高2.32%、1.49元/kg和3219.83元/hm^2，而产量较CK略低9.94kg/hm^2。可见，促根减氮施肥模式可提高烤烟上等烟比例、均价和产值，改善烟叶经济性状。

表7-48 促根减氮施肥模式对烤烟经济性状的影响

处理	上等烟比例（%）	均价（元/kg）	产量（kg/hm^2）	产值（元/hm^2）
T	84.70±0.25a	35.01±0.18a	2 358.03±20.26a	82 561.06±428.80a
CK	82.38±0.38b	33.52±0.39b	2 367.97±25.21a	79 341.23±946.75b

（十二）对烤烟经济效果的影响

由表7-49可知，T处理较CK少了1次追肥，可减少人工成本1 200元/hm^2，省工5.81%；T处理较CK减少了总施肥量和施氮量，可减少物化成本1 140.75元/hm^2，节约农资成本3.27%；T处理较CK纯收益可提高23.37%；产投比可提高6.29%；氮肥偏生产力可提高27.98%；氮肥偏生产效益可提高33.79%。由此可见，促根减氮施肥模式可降低用工成本和物化成本，提高烤烟种植纯收益和氮肥利用率，提高烤烟种植经济效益和环境效益。

表7-49 促根减氮施肥模式对烤烟经济效果的影响

处理	人工成本（元/hm^2）	物化成本（元/hm^2）	纯收益（元/hm^2）	产投比	氮肥偏生产力（kg/kg）	氮肥偏生产效益（元/kg）
T	19 440.00±120.00a	33 769.50±105.00a	29 351.56±154.12a	1.52±3.00a	18.71±0.00a	655.25±0.01a
CK	20 640.00±180.00b	34 910.25±150.00a	23 790.98±250.06b	1.43±5.01b	14.62±0.00b	489.76±0.01b

（十三）对烤烟养分利用效率的影响

由图7-14可以看出，T处理的氮肥吸收效率（FAE）和氮肥利用效益（FUE）显著高于CK处理，分别高21.98%和10.39kg/kg，两个处理的氮收获指数及氮烟叶生产效率差异不显著。由图7-15可知，从磷肥利用看，T处理的磷肥吸收效率和磷肥利用效益显著高于CK处理，分别高2.26%和13.87kg/kg，两个处理的磷收获指数及磷烟叶生产效率差异不显著。由图7-16可知，从钾肥利用方面可以看出，两个处理的钾吸收效率、收获指数、利用效益和烟叶生产效率差异均不显著。以上说明促根减氮施肥模式有利于提高烤烟的氮、磷肥利用效率。

四、讨论与结论

根系是作物吸收养分的主要器官。南方稻作烟区移栽期处于低温阴雨天气，烟苗移栽后根系受损和低温冷害，不仅易感染土传病害，还抑制烤烟根系生长，导致烤烟缓苗期长，甚至影响烟叶产量和品质。研究认为，良好的促根措施可以在低温冷害情况下使土壤

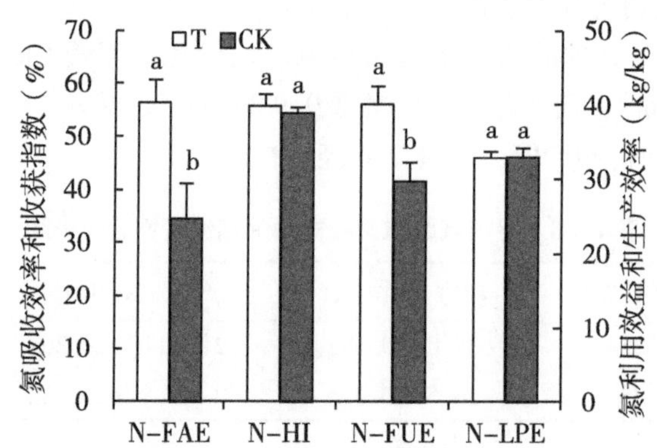

N-FAE：氮肥吸收效率,%；N-HI：氮收获指数,%；N-FUE：氮肥利用效益，kg/kg；N-LPE：氮烟叶生产效率，kg/kg

图 7-14　不同氮肥施用模式的烤烟氮素利用效率比较

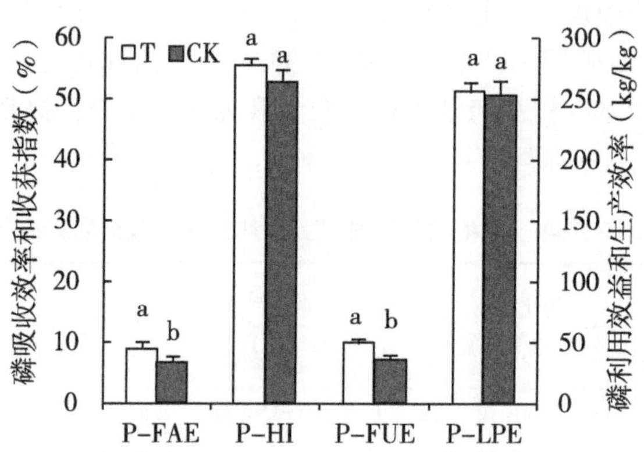

P-FAE：磷肥吸收效率,%；P-HI：磷收获指数,%；P-FUE：磷肥利用效益，kg/kg；P-LPE：磷烟叶生产效率，kg/kg

图 7-15　不同氮肥施用模式的烤烟磷素利用效率比较

增温，缩短烤烟缓苗期，促进烤烟早生快发，提早进入旺长期，从而提高烟叶质量。本研究的促根减氮施肥模式，一是将原提苗肥改为具有促根效果的灌蔸肥，其含有黄腐酸、解磷菌及各类微量元素，具有促根效果；二是增加了灌蔸肥施用量，将原提苗肥 112.5kg/hm^2，改为灌蔸肥后施用量提高到 150kg/hm^2；三是将原提苗肥施用时间（移栽后 7d）提前至烟苗移栽当天施用灌蔸肥；四是将原烟草专用追肥改为水溶性追肥，并将移栽后 25d 的原追肥时间提前至移栽后 15d 施用水溶性追肥，较好地解决了南方稻茬烤烟低温阴雨天气的根系发育差的问题，促进了烤烟早生快发，提高了烟叶产量和质量，可增加烟农收入。

氮素对烤烟的产量与品质起到关键作用，氮素吸收过多导致烤烟烟碱含量偏高，影响烤烟质量。烟株吸收的氮素主要来源于人为施入的肥料氮及土壤氮，减氮措施主要以减施肥料氮为主。增加追肥比例能够减少氮肥损失，提高烟叶质量和烤烟经济效益。本试验将原传统施肥模式的追肥氮比例 63.6%增加至促根减氮模式的 71.4%，氮肥偏生产力提高

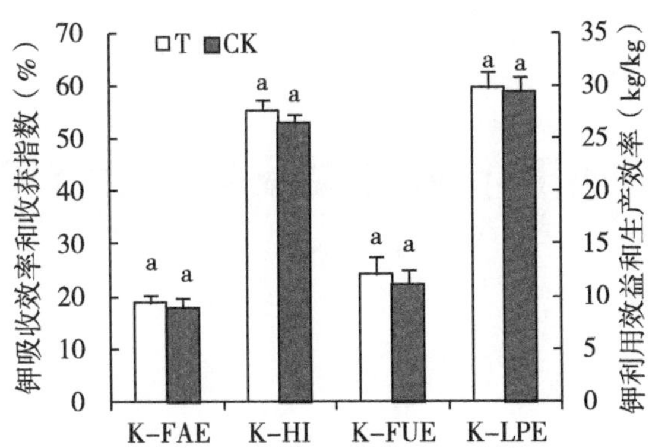

K-FAE：钾肥吸收效率,%；K-HI：钾收获指数,%；K-FUE：钾肥利用效益，kg/kg；K-LPE：钾烟叶生产效率，kg/kg

图 7-16 不同氮肥施用模式的烤烟钾素利用效率比较

了 28.11%；氮肥偏生产效益提高了 33.79%。在减氮 22.22%基础上，不仅提高了烟叶质量，降低物化成本，而且提高了烤烟的经济效果。

促根措施可以促进烤烟根系生长，提高烤烟对养分的吸收，但发达的根系会增加烟碱合成，导致烟叶烟碱含量过高。而烤烟减氮措施虽能提高烟叶质量，但往往导致烤烟减产。本研究将促根与减氮相结合，促根措施可提高烟苗对肥料的吸收，提高肥料利用率；减施氮肥可控制烟株发育过旺，培育中棵烟。两者相互协同，从而实现烤烟减氮提质增效。

促根措施可提高烤烟对氮的吸收，从而减少氮的流失，而土壤的含氮量对烤烟根系有显著影响，氮素缺乏时能够刺激不定根数量的增加，烤烟根系更为发达。因此，在促根基础上进行减氮措施，可有效提高烤烟氮肥利用率及磷肥利用率，本试验采用促根减氮施肥模式，每减氮 1kg，可以分别提高烤烟氮肥吸收效率和氮肥利用效益 0.61%、0.29kg/kg。因此促根减氮施肥模式可有效促进烤烟生长发育，提高烤烟对干物质及养分的吸收利用，适用于生长前期多雨寡照的桂阳烟区。

综上所述，促根减氮施肥模式有利于促进烤烟根系生长和地上部生长，增加烟株的干物质积累总量及烟茎和烟叶中的干物质积累量；促根减氮施肥模式可以增加烟株的氮素积累总量及烟叶中的氮、钾积累量，有效提高烤烟氮、磷肥的肥料吸收效率及肥料利用效益。促根减氮施肥模式有利于提高烟叶外观质量，提高上部烟叶单叶重和叶质重，降低烟碱含量，提高上部和中部烟叶的评吸质量，提高烤烟上等烟比例、均价和产值，省工降本，提高烤烟种植效益和肥料利用效率。在减氮 22.2%的情况下，提高稻茬烤烟种植经济效益和环境效益，在南方稻作烟区具有推广价值。

第八章 稻秸还田重构耕层减氮增效技术

第一节 稻草秸秆配施腐熟剂对植烟土壤有机碳组分的影响

一、研究目的

秸秆还田是增加土壤碳库水平和改善土壤肥力的重要农田管理措施，但秸秆直接还田的腐解速率较慢，养分不能及时释放，导致土壤碳氮比失调、有机酸积累和耕作困难。针对该问题，有研究表明秸秆还田时配施腐熟剂可加速秸秆腐解进程、提高土壤微生物活性、改善土壤肥力从而提高作物产量。杨欣润等（2020）发现秸秆腐熟剂具有促进秸秆快速腐解的作用，能实现秸秆的大量直接还田；李培培等（2012）研究发现，秸秆腐解菌剂施入土壤后能增加分解秸秆的微生物数量，加快秸秆的分解和腐熟过程；勉有明等（2020）通过研究秸秆还田配施腐熟剂对宁夏扬黄灌区土壤改良和玉米增产的效应，发现秸秆还田配施腐熟剂不仅可有效促进秸秆腐解，还能改善土壤理化性质，促进玉米生长发育，显著提高作物产量与经济效益。然而，作为反应土壤肥力的重要指标，土壤有机碳受秸秆配施腐熟剂影响的相关研究还鲜见报道。因此，利用盆栽试验，通过秸秆还土配施优势菌种分别为细菌和真菌及细菌、真菌和放线菌的 2 种类型腐熟剂，分析稻草秸秆配施腐熟剂对植烟土壤养分和有机碳组分的影响，旨在为腐熟剂研发、秸秆资源利用和土壤培肥提供参考。

二、材料与方法

（一）试验材料

供试土壤取自湖南农业大学中国烟草中南农业试验站试验田的耕作层，试验田长期烤烟–蔬菜轮作，土壤类型为红底河潮泥。采集的土壤经风干过 2mm 筛后备用。耕层土壤的理化性质为：土壤容重 1.12g/cm^3，pH 值 5.04，有机质 12.25g/kg、碱解氮（AN）105.23mg/kg、有效磷（AP）8.37mg/kg、速效钾（AK）421.81mg/kg。供试稻草秸秆［C/N=70.3，N 0.77%，P 0.13%，K 0.16%（质量分数）］与采集供试土壤来自同一田块，秸秆经粉碎至 2cm 左右备用。供试腐熟剂种类和用量见表 8–1。

表 8-1　供试腐熟剂种类和用量

名称	生产厂家	微生物优势菌种	有效活菌数（亿个/g）	秸秆指导用量（g/kg）	试验用量（g/盆）
沃葆牌微生物菌剂	河南省沃宝生物科技有限公司	细菌+真菌	≥100	1	0.6
丽科牌生物腐秆剂	合肥丽科农业有限公司	细菌+真菌	≥100	1	0.6
谷霖牌微生物腐秆剂	上海联业农业科技有限公司	细菌+真菌+放线菌	≥50	2	1.2

（二）试验设计与采样

盆栽试验在湖南农业大学试验基地分 2 年进行，试验设 5 个处理，CK：化肥；T1：稻草秸秆+化肥；T2：稻草秸秆+化肥+沃宝腐熟剂；T3：稻草秸秆+化肥+丽科腐熟剂；T4：稻草秸秆+化肥+谷霖腐熟剂。试验所用盆钵的直径为 42cm，高为 40cm，每盆装土壤 20kg，其中 T2～T4 分别混入 3%（质量分数）粉碎后的稻草秸秆；肥料用量为氮素 4.32g/盆，扣除稻草秸秆氮并以硝酸铵控制氮素用量，m（N）：m（P_2O_5）：m（K_2O）＝1：1.5：3，N、P、K 肥分别为分析纯硝酸铵、磷酸二氢钾、硫酸钾；充分混合均匀后装盆，按田间持水量的 70%加入去离子水；每处理 10 盆，完全随机排列，行株距 120cm×50cm，共计 50 盆。待土壤稳定后，选择生长状况相似的健康烟苗进行移栽，每盆移栽 1 株。烟苗于 3 月移栽，7 月收获完毕，定量浇水，其他管理按照常规栽培方式进行。供试作物为烤烟，品种为“云烟 87”。

烤烟收获完毕后，采用多点采样法从各个盆中采集土壤样品，将土样在常温、通风条件下风干，过 2mm 不锈钢筛后装袋，待下一步检测。

（三）检测方法与计算

土壤总有机碳（TOC）含量（质量分数）采用高温外热重铬酸钾-外加热法测定；颗粒有机碳（POC）含量采用 Cambardella 等研究中的方法测定；易氧化有机碳（EOC）含量（质量分数）采用 333mmol/L $KMnO_4$ 氧化，可见分光光度计（T6 新锐，北京普析通用仪器有限责任公司）565 nm 波长比色测定。溶解有机质（DOC）含量（质量分数）采用水提取-震荡过滤法测定。土壤速效养分含量（质量分数）均采用常规方法测定。

（1）土壤活性有机碳各组分碳素有效率计算公式为：

$$\text{POC 有效率}=\text{POC}/\text{TOC}\times 100\%$$

$$\text{EOC 有效率}=\text{EOC}/\text{TOC}\times 100\%$$

$$\text{DOC 有效率}=\text{DOC}/\text{TOC}\times 100\%$$

（2）土壤有机碳氧化稳定系数（Kos）计算公式为：

$$\text{Kos}=(\text{TOC}-\text{EOC})/\text{EOC}$$

式中，TOC 为土壤总有机碳含量，g/kg；EOC 为易氧化有机碳含量，g/kg。

（四）数据处理及统计分析

数据整理及统计采用 Excel 和 SPSS 18.0 软件进行；采用单因素方差分析（one-way ANOVA）比较处理间差异，用 Duncan's 法检验差异显著性（$P<0.05$），采用 Pearson 法进行相关性分析。使用 Canaco 5 软件进行土壤有机碳及其组分、有机碳稳定指标及速效养分间的主成分分析。

三、结果与分析

（一）稻草秸秆配施腐熟剂对土壤速效养分的影响

由表 8-2 可知，相比单施化肥处理，稻草秸秆配施化肥处理的土壤 AN 和 AP 含量变化不显著，AK 则显著降低了 23.37%。3 个稻草秸秆配施腐熟剂处理的 AN、AP 含量均显著高于 CK 和 T1 处理，但 AK 含量仅显著高于 T1 处理。其中 T2、T3 处理的 AN 含量分别比 CK 处理显著增加了 28.33%和 24.25%，比 T1 处理分别显著增加了 22.14%和 18.26%；T2、T3 处理的 AP 含量分别比 CK 处理显著增加了 55.12%和 49.94%，比 T1 处理分别显著增加了 39.15%和 34.51%，而 AK 含量仅分别比 T1 处理显著增加了 30.04%和 19.26%。T4 处理的 AN 含量比 CK 和 T1 处理分别显著增加了 17.42%和 11.76%，AP 含量比 CK 和 T1 处理分别显著增加了 55.68%和 39.66%，AK 含量仅比 T1 处理显著增加了 21.65%。然而，3 个稻草秸秆配施腐熟剂处理间的土壤速效养分含量差异不显著。稻草秸秆配施腐熟剂可提高 AN 和 AP 含量，同时细菌+真菌型（XZ）和细菌+真菌型+放线菌型（XZF）的腐熟剂对提高土壤 AN、AP 和 AK 含量的效果差异不显著。

表 8-2　不同处理土壤速效养分　　单位：mg/kg

处理	AN	AP	AK
CK	107.32±11.39b	8.89±0.038b	437.14±32.06a
T1	112.75±2.19b	9.91±0.45b	334.99±44.85b
T2	137.72±3.81a	13.79±1.51a	435.65±45.50a
T3	133.34±0.69a	13.33±0.67a	399.51±19.51a
T4	126.01±7.55a	13.84±0.78a	407.50±24.27a

（二）稻草秸秆配施腐熟剂对土壤有机碳组分的影响

由表 8-3 可知，T1 处理的土壤 TOC 含量与 CK 处理的差异不显著，但有机碳组分中的 POC、EOC 和 DOC 含量和 3 个稻草秸秆配施腐熟剂处理的土壤 TOC、POC、EOC 和 DOC 含量均显著高于 CK 处理。相比 T1 处理，T2 和 T3 处理的土壤 POC、EOC 和 DOC 含量均显著升高，T4 处理的土壤 EOC 含量显著高于 T1 处理，但 3 个稻草秸秆配施腐熟剂处理间的土壤有机碳组分含量变化不显著。说明稻草秸秆分别配施化肥和腐熟剂显著提高了土壤活性有机碳组分含量，同时稻草秸秆配施 XZ 型腐熟剂对提高土壤有机碳组分含量更显著，而配施 XZF 型腐熟剂效果不显著。

表 8-3　不同处理土壤有机碳组分

处理	TOC（g/kg）	POC（g/kg）	EOC（g/kg）	DOC（mg/kg）
CK	11. 38±0. 50b	2. 06±0. 32c	1. 95±0. 07c	25. 75±0. 70c
T1	12. 13±0. 33ab	2. 82±0. 13b	2. 55±0. 10b	45. 52±3. 17b
T2	13. 11±0. 21a	3. 21±0. 19a	3. 05±0. 18a	57. 75±4. 70a
T3	12. 57±0. 38a	3. 59±0. 13a	3. 21±0. 13a	51. 45±6. 18a
T4	12. 73±0. 91a	2. 87±0. 249b	3. 01±0. 25a	47. 53±3. 86ab

（三）稻草秸秆配施腐熟剂对土壤活性有机碳有效率及抗氧化能力的影响

由表 8-4 可见，相比 CK 处理，T1～T4 处理土壤的颗粒态有机碳有效率（POC/TOC）、易氧化有机碳有效率（EOC/TOC）及溶解有机碳有效率（DOC/TOC）均显著增加。稻草秸秆配施腐熟剂处理中 T2、T3 处理的 EOC/TOC 分别比 CK 处理显著增加了 35. 49%和 49. 13%，比 T1 处理分别显著增加了 10. 87%和 22. 03%，DOC/TOC 比 CK 处理分别显著增加了 91. 30%和 95. 65%，比 T1 处理分别显著增加了 25. 71%和 28. 57%；T4 处理的 EOC/TOC 比 CK 显著增加了 37. 70%，比 T1 处理显著增加了 12. 68%，DOC/TOC 比 CK 处理显著增加了 60. 87%，但与 T1 处理的差异不显著。同时 3 个稻草秸秆配施腐熟剂处理间的土壤 POC/TOC、EOC/TOC 差异不显著，而 T4 处理的 DOC/TOC 比 T2 和 T3 处理显著降低。说明稻草秸秆分别配施化肥和腐熟剂显著提高了土壤 POC、EOC 和 DOC 的有效率，同时稻草秸秆配施 XZ 型腐熟剂显著提高了土壤活性有机碳有效率，而配施 XZF 型腐熟剂的效果则不显著。

如表 8-4 所示，T1 处理的 Kos 比 CK 处理显著降低了 22. 27%；3 个稻草秸秆配施腐熟剂处理间的 Kos 差异不显著，但均显著低于 CK 和 T1 处理。稻草秸秆分别配施化肥和腐熟剂显著降低土壤有机碳抗氧化能力，但后者更为显著，稻草秸秆配施 XZ 或 XZF 型腐熟剂降低土壤有机碳抗氧化能力的差异不显著。

表 8-4　不同处理土壤有机碳组分有效率及有机碳氧化稳定系数

处理	POC/TOC	EOC/TOC	DOC/TOC	Kos
CK	18. 12±2. 63c	17. 16±1. 29d	0. 23±0. 01c	4. 85±0. 45a
T1	23. 22±4. 36ab	20. 97±0. 38c	0. 35±0. 02b	3. 77±0. 09b
T2	24. 47±1. 07ab	23. 25±1. 65b	0. 44±0. 01a	3. 32±0. 29c
T3	28. 58±1. 85a	25. 59±0. 27a	0. 45±0. 04a	2. 91±0. 04c
T4	22. 54±1. 01b	23. 63±0. 27b	0. 37±0. 03b	3. 23±0. 05c

（四）土壤速效养分、有机碳组分及其评价指标间相互关系与主成分分析

对土壤有机碳组分、有机碳组分评价指标及速效养分间进行主成分分析，结果表明（图 8-1），第 1 主成分（PCA1）和第 2 主成分（PCA2）分别解释了总方差的 68. 33%和 19. 24%。土壤 TOC、POC、EOC、DOC、AN、AP 含量以及 POC/TOC、EOC/TOC、DOC/TOC 均与 PCA1 负轴密切相关；Kos 与 PCA1 正轴密切相关。PCA1 主要代表稻草秸秆分

别配施化肥和腐熟剂的应用，通过稻草秸秆配施化肥及稻草秸秆配施不同品种腐熟剂将各区组分开，T1~T4 处理点均与 CK 处理点分离且相距较远；同时，T2、T3、T4 处理点均与 T1 处理分离，且相距 CK 处理更远和具有较高的荷载；此外，T2、T3、T4 处理区组间临近，同时 T2 和 T4 处理区组交叉。

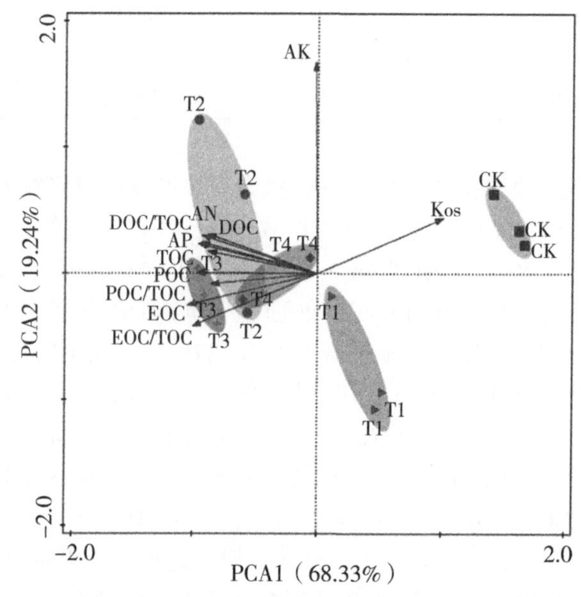

图 8-1 土壤有机碳组分及其评价指标和速效养分间的主成分分析

四、讨论与结论

本研究中发现稻草秸秆配施化肥的土壤 AN 和 AP 含量与单施化肥相比差异不显著，但 AK 含量显著降低，这可能与稻草秸秆腐解速率低，有机碳输入和养分释放速度较慢有关。同时，烟草作物和土壤微生物养分竞争吸收，导致土壤速效养分变化不显著甚至降低，这也可能是导致该结果的原因。稻草秸秆配施化肥的土壤活性有机碳中的 POC、EOC 及 DOC 含量均显著高于单施化肥，但土壤 TOC 含量的差异不显著，与尤锦伟等（2020）和杨敏芳等（2013）的研究结果一致，这可能是由于稻草秸秆配施化肥增加了有机物料的输入量，可供给微生物足够的底物，从而促进土壤原有有机碳的矿化和植物残体及有机物料的腐解，释放活性碳组分促进土壤碳循环，因此活性有机碳组分含量升高。此外，本研究中稻草秸秆配施化肥可能因腐解速率较低，新输入的土壤有机碳较少，且活性有机碳仅占土壤碳库极小比例，其含量变化对 TOC 库影响较小；同时秸秆还土后可引起正激发效应，可能加速消耗土壤有机碳，从而导致稻草秸秆配施化肥对土壤 TOC 含量的影响不显著。

稻草秸秆配施腐熟剂处理的土壤 AN、AP、TOC 及有机碳组分含量均高于单施化肥和稻草秸秆配施化肥处理，原因可能是稻草秸秆配施腐熟剂增加了富含高效微生物菌系的腐熟剂，同时腐熟剂中微生物具有较强的定殖与扩繁能力，加速了秸秆分解、腐熟，促进了秸秆中纤维素、木质素等富碳物质的腐解，导致稻草秸秆及时释放活性有机物和有效养分进入土壤，提高了土壤 AN、AP 及活性有机碳含量。此外，活性有机碳是微生物及其代谢产物，稻草秸秆配施腐熟剂在加速秸秆腐解、腐熟的同时，相对较多的复杂高分子惰性有机碳被释放进入土壤，有利于有机碳的积累，导致土壤 TOC 含量增加。稻草秸秆分别配施 XZ 和 XZF 型腐熟剂提高土壤在速效养分、有机碳及其组分含量方面差异不显著，可能是由于细菌和真菌是秸秆中木质纤维素降解的主要参与者，而放线菌对秸秆碳的同化量、周转速率均远低于真菌和细菌，其秸秆腐解量仅占秸秆碳的 1%~5%。

本研究中稻草秸秆分别配施化肥和腐熟剂处理的土壤 POC/TOC、EOC/TOC 及 DOC/TOC 均显著高于单施化肥处理，但 Kos 显著降低。通常土壤 EOC 和 DOC 等有机碳组分含量越高，有机碳组分有效率越高，有机碳越容易被微生物分解和矿化，反之，有机碳组分有效率越低，土壤有机碳稳定且不易被生物降解，Kos 值越大，土壤有机碳的抗氧化能力越高。因此，推测本研究中可能施用稻草秸秆处理增加了新鲜有机物料的投入，短时间内会刺激土壤微生物的生命活动，促进土壤原有碳的分解，释放更多的土壤易氧化及溶解性有机碳，同时新鲜有机物料在逐渐分解过程中与部分砂粒结合，直接提供了与 POC 组成相近的有机碳组分，增加了 POC 组分，在 TOC 增加量较少的条件下，POC、EOC 及 DOC 有效率增加，而 Kos 则降低。主成分分析进一步表明，TOC、活性有机碳组分含量及其有效率和 Kos 均属第一主成分，关联性较强，且主成分区组表明，稻草秸秆分别配施化肥和腐熟剂的处理点与单施化肥处理点分离，且相距较远和荷载较高，说明稻草秸秆分别配施化肥及腐熟剂在增加土壤活性有机碳组分含量的同时，提高了土壤活性有机碳组分的有效率并降低了有机碳抗氧化能力。

本研究中稻草秸秆配施腐熟剂处理的土壤 AN、AP 及有机碳组分含量和 EOC/TOC 及 DOC/TOC 显著高于稻草秸秆配施化肥处理，而 Kos 相反。主成分区组进一步表明，稻草秸秆配施腐熟剂的处理点均与稻草秸秆配施化肥处理分离，且具有较高的荷载，说明稻草秸秆配施腐熟剂增加土壤 AN、AP、TOC 及其组分含量，提高土壤活性有机碳组分有效率和降低有机碳抗氧化的能力更显著。此外，稻草秸秆分别配施 XZ 和 XZF 型腐熟剂的处理间，土壤速效养分、TOC 及其组分含量、活性有机碳组分有效率及 Kos 差异不显著，且主成分区组进一步表明，T2、T3 和 T4 处理的区组间临近，同时 T2 和 T4 处理区组交叉，说明稻草秸秆分别配施 XZ 和 XZF 型腐熟剂，对增加土壤速效养分、TOC 及其组分含量，提高土壤活性有机碳组分有效率和降低有机碳抗氧化能力不显著。因此，稻草秸秆配施不同腐熟剂（细菌+真菌+放线菌和细菌+真菌为优势菌种）在对植烟土壤有效养分和有机碳组分的影响方面无显著差异。

综上所述，稻草秸秆配施化肥显著提高了植烟土壤 POC、EOC 及 DOC 含量，而稻草秸秆配施腐熟剂显著增加了土壤 AN、AP、TOC 及其组分含量；稻草秸秆分别配施化肥和腐熟剂均可显著提高植烟土壤活性有机碳组分有效率并降低有机碳抗氧化能力，但后者更显著；稻草秸秆分别配施以细菌+真菌和细菌+真菌+放线菌为优势菌种的腐熟剂，对植烟土壤有效养分和有机碳组分的影响无显著差异。

第二节　稻草秸秆配施腐熟剂对植烟土壤团聚体稳定性及其有机碳的影响

一、研究目的

土壤团聚体作为土壤理化性质的核心调节器，影响有机碳的化学和生物化学过程，而团聚体有机碳的周转与团聚体自身的稳定性息息相关。因此，研究土壤团聚体及其有机碳对提升土壤结构状况、土壤碳储存和土壤质量具有现实意义。目前关于秸秆还田对土壤团聚体及其有机碳的影响已备受关注。王秀娟等（2018）研究表明秸秆还田能够提高耕层土壤>2mm 团聚体含量以及 1～0.25mm 和<0.25mm 粒级中的有机碳含量；Huang 等（2020）长期定位试验研究表明，秸秆还田促进了>0.25mm 大中团聚体的形成，显著增加了土壤有机碳含量；高洪军等（2020）认为土壤有机碳含量随秸秆还田量增加而增加，且主要固持在大团聚体中。秸秆还田作被认为是增加土壤碳库水平和改善土壤肥力的重要农田管理措施，但同时秸秆还田后也会引起土壤碳氮比失调、耕作困难等问题。秸秆配施腐熟剂因可加速秸秆腐解、及时供给作物养分，减轻农田负效应而受农户欢迎。近年研究证实，秸秆配施腐熟剂可以加速秸秆腐解进程、提高土壤微生物活性；然而，秸秆配施腐熟剂尤其是配施含不同优势微生物菌种的腐熟剂对土壤团聚体及其有机碳影响的研究还鲜见报道。本研究利用盆栽试验，通过秸秆还土配施优势菌种分别为细菌和真菌及细菌、真菌和放线菌的 2 种类型腐熟剂，分析烤烟收获后土壤团聚体组成及其稳定性、团聚体有机碳的变化，明确稻草秸秆配施腐熟剂对植烟土壤团聚体稳定性及其有机碳的影响，旨在为南方稻草秸秆资源的合理利用和腐熟剂选用及研发提参考。

二、材料与方法

（一）试验材料

供试土壤取自中国烟草中南农业试验站试验田的耕作层，耕作制度为烟-莱轮作，土壤类型为河潮土；采集的土壤经风干过 2mm 筛后备用。耕层土壤的理化性质为：土壤容重 1. 12g/cm^3，pH 值 5. 04，有机质 12. 25g/kg、碱解氮 105. 23mg/kg、速效磷 8. 37mg/kg、速效钾 421. 81mg/kg。供试稻草秸秆（C/N=70. 3，N 0. 77%，P 0. 13%，K 0. 16%）与采集供试土壤来自同一田块，秸秆经粉碎至 2cm 左右备用。供试腐熟剂如表 8-1。

（二）试验设计与采样

试验在湖南农业大学试验基地通过盆栽试验方式于 2019 年、2020 年 2 个年度分别开展。试验设 5 个处理：CK：不施用稻草秸秆和腐熟剂；T1：稻草秸秆；T2：稻草秸秆+沃宝秸秆腐熟剂；T3：稻草秸秆+丽科生物秸秆腐熟剂；T4：稻草秸秆+谷霖微生物秸秆腐熟剂。试验所用盆钵的直径为 42cm，高为 40cm，每盆装土壤 20kg，其中 T2～T4 分别混入 3%（w/w）粉碎后的稻草秸秆；肥料用量为氮素 4. 32g/盆，扣除稻草秸秆氮并以硝酸铵控制氮素用量，m（N）∶m（P_2O_5）∶m（K_2O）=1∶1.5∶3，N、P、K 肥分别为分析纯硝酸铵、磷酸二氢钾、硫酸钾；充分混合均匀后装盆，按田间持水量的 70%加入去离子水；每处理 10 盆，完全随机排列，行株距 120cm×50cm，共计 50 盆。待土壤稳定 1 周后，选择生长状况相似的健康烟苗进行移栽，每盆移栽 1 株。烟苗于 3 月移栽，7 月收获完毕，定量浇水，其他管理按照常规栽培方式进行。供试作物为烤烟，品种为“云烟 87”。

烤烟收获完毕后，每盆四分法取约 1kg 原状土样，分成两份，其中一份风干后用于土壤理化性质测定，另一份自然风干，当土壤含水量到土壤塑限（含水量 22%~25%）时沿土壤自然裂隙掰成直径 1cm 左右的小块继续风干，供团聚体分析测试使用。

（三）土壤团聚体分组及土壤有机碳测定方法

土壤团聚体分离方法在 Six（2002）的基础上稍作修改，采用湿筛法进行土壤团聚体分组。将自然风干的土样四分法分出 100g，置于土壤团粒分析仪的套筛上（孔径分别为 2、0.25、0.053mm），置于水桶中，水面高于样品 2cm，上下振荡 30min，振荡频率 30 次/min，振幅 3cm，然后将各级筛子上的土样冲洗到铝盒中，50℃烘干，称重，获得>2mm、0.25~2mm、0.053~0.25mm 和<0.053mm 4 个粒级的土壤团聚体重量；将烘干的各级团聚体土样磨细，过 0.149mm 筛，硫酸重铬酸钾外加热-容量法测定团聚体及土壤总有机碳。

（四）数据计算

（1）土壤团聚体稳定性指标计算公式如下：

$$MWD = \sum_{i=1}^{n} W_i X_i$$

$$GMD = \exp\left[\frac{\sum_{i=1}^{n} W_i \ln X_i}{\sum_{i=1}^{n} W_i}\right]$$

式中，*MWD* 为团聚体重量平均直径（mm）；*GMD* 为团聚体几何平均直径（mm）；W_i 为各粒级团聚体质量百分数（%）；X_i 为某级团聚体的平均直径（mm）。

土壤团聚体分形维数（D）采用杨培岭等土壤颗粒分形模型：

$$D = 3 - \frac{\lg(W_i / W_0)}{\lg(\overline{d_i} / \overline{d_{max}})}$$

式中，W_0 为全部粒级土粒质量之和（g）；W_i 为直径小于 d_i 土粒的累积质量（g）；$\overline{d_{max}}$ 为最大粒级团聚体的平均直径（mm）；$\overline{d_i}$ 为两筛分粒之间粒径的平均值（mm）。

（2）团聚体有机碳贡献率：

某粒级团聚体有机碳对土壤有机碳贡献率（%）计算公式为，

$$Con_i = \frac{w(SAOC_i) \times w(A_i) \times 100}{w(SOC)}$$

式中，Con_i 为第 i 级团聚体有机碳贡献率，%；$w(SAOC_i)$ 为第 i 级团聚体有机碳含量，g/kg；$w(A_i)$ 为第 i 级团聚体百分含量，%；$w(SOC)$ 土壤有机碳含量，g/kg。

（五）数据处理及统计

采用 Excel 2020 软件进行数据整理；使用 SPSS 24.0 作单因素方差分析，采用 Duncan 法对各项测定数据进行多重比较；采用 Pearson 法进行相关性分析。运用 Canaco 5 软件进行土壤总有机碳、团聚体稳定性及其有机碳间的主成分分析。

三、结果与分析

（一）稻草秸秆配施腐熟剂对土壤团聚体及其稳定性的影响

不同处理土壤团聚体组成及其稳定性如表 8-5。相较单施化肥（CK），稻草秸秆配施化肥（T1）的土壤 0.25~2mm 及 0.053~0.25mm 团聚体含量、MWD 和 GMD 显著升高，而<0.053mm 团聚体含量及分形维数（D）相反，3 个稻草秸秆配施腐熟剂处理（T2、T3、T4）的土壤>2mm、0.25~2mm 和 0.053~0.25mm 团聚体含量分别显著升高 10.08%~10.42%、27.24%~46.82%和 45.33%~64.76%，MWD 和 GMD 分别显著升高 18.57%~21.43%、48.15%~81.48%，而<0.053mm 团聚体含量和 D 分别显著降低 48.94%~53.73%、6.27%~11.44%；相对 T1，T3 和 T4 处理的土壤 0.053~0.25mm 团聚体含量分别显著增加 28.01%、27.14%，T2 处理的 MWD 和 GMD 分别显著增加 6.02%和 25.64%，而 D 显著降低 6.61%。说明稻草秸秆配施化肥和稻草秸秆配施腐熟剂提高土壤>0.053mm 团聚体含量、团聚体 MWD 和 GMD，降低团聚体 D，但后者更为明显。3 个稻草秸秆配施腐熟剂处理间，T2 处理的土壤 0.25~2mm 团聚体含量、MWD 及 GMD 均显著高于 T3 和 T4，D 则相反，但 T3、T4 之间差异不明显。因此，稻草秸秆配施细菌+真菌型（XZ）型的沃葆牌腐熟剂对提高土壤大团聚体含量及团聚体稳定性效果较显著。

表 8-5　不同处理土壤团聚体组成及其稳定性

处理	土壤团聚体组成（%）				团聚体平均直径（mm）		D
	>2mm	0.25~2mm	0.053~0.25mm	<0.053mm	MWD	GMD	
CK	18.14±0.66b	26.14±2.44c	16.06±1.88c	39.66±3.67a	0.70±0.04c	0.27±0.03c	2.71±0.03a
T1	19.09±0.06ab	35.99±0.53ab	20.67±0.79b	24.26±0.45b	0.83±0.01b	0.39±0.01b	2.57±0.01b
T2	19.97±0.84a	38.34±2.46a	23.34±2.13ab	18.35±0.85c	0.88±0.02a	0.49±0.03a	2.40±0.07c
T3	20.03±0.36a	33.26±2.47b	26.46±3.94a	20.25±2.20c	0.83±0.03b	0.40±0.02b	2.54±0.02b
T4	19.88±0.39a	33.69±0.87b	26.28±1.56a	20.16±1.44c	0.85±0.03ab	0.43±0.04b	2.50±0.07b

（二）稻草秸秆配施腐熟剂对土壤总有机碳及团聚体有机碳的影响

不同处理土壤总有机碳及团聚体有机碳含量差异显著（表 8-6）。相较于 CK，T1 处理土壤 TOC 虽有升高，但差异不显著，而 3 个稻草秸秆配施腐熟剂处理的土壤 TOC 含量显著升高 10.46%~15.20%。说明稻草秸秆配施腐熟剂显著提高土壤总有机碳含量；同时，3 个稻草秸秆配施腐熟剂处理间的土壤 TOC 含量变化不显著，说明稻草秸秆分别配施 XZ 型和 XZF 型腐熟剂在提高土壤 TOC 含量中差异不明显。

相较于 CK，T1 处理土壤各级团聚体的有机碳含量变化不明显，但 3 个稻草秸秆配施腐熟剂处理土壤>2mm、0.053～0.25mm和<0.053mm团聚体有机碳含量分别增加26.30%～42.57%、14.99%～23.91%和19.28%～30.71%，同时，T2处理土壤0.25～2mm团聚体有机碳含量相较于CK显著升高20.36%；此外，相较于T1，3个稻草秸秆配施腐熟剂处理土壤>2mm、0.053～0.25mm和<0.053mm团聚体有机碳含量分别增加18.29%～33.53%、20.64%～29.24%和19.14%～30.25%。因此，稻草秸秆配施腐熟剂显著提高土壤团聚体有机碳含量。3个稻草秸秆配施腐熟剂处理间，稻草秸秆配施XZ型腐熟剂中的沃葆牌腐熟剂显著提高土壤0.25～2mm团聚体有机碳含量，丽科牌腐熟剂显著提高土壤<0.053mm团聚体有机碳含量，而配施细菌+真菌型+放线菌型（XZF）的谷霖牌腐熟剂显著提高土壤>2mm团聚体有机碳含量，因此，配施XZ和XZF型腐熟剂对土壤团聚体有机碳含量影响的变化规律不明显。

表8-6　不同处理土壤总有机碳及团聚体有机碳含量　　单位：g/kg

处理	TOC	>2mm	0.25～2mm	0.053～0.25mm	<0.053mm
CK	11.38±0.50b	11.37±0.16c	10.56±0.26b	8.21±0.09b	8.09±0.69c
T1	12.13±0.33ab	12.14±0.35c	11.61±0.34ab	8.38±0.19b	8.10±0.50c
T2	13.11±0.21a	14.36±0.33b	12.71±0.75a	10.83±1.02a	9.65±0.29b
T3	12.57±0.38a	14.36±0.60b	11.38±0.75b	10.66±0.26a	10.55±0.40a
T4	12.73±0.91a	16.21±1.20a	11.61±1.02ab	10.11±0.73a	9.72±0.25b

（三）稻草秸秆配施腐熟剂对土壤团聚体有机碳贡献率的影响

不同处理土壤团聚体有机碳贡献率变化明显（表8-7）。相较于CK，T1处理土壤0.25～2mm团聚体有机碳贡献率显著升高42.14%，<0.053mm团聚体有机碳贡献率显著降低43.09%；3个稻草秸秆配施腐熟剂处理土壤>2mm、0.25～2mm和0.053～0.25mm团聚体有机碳贡献率分别显著升高20.81%～39.68%、23.98%～53.53%和65.26%～93.45%，而<0.053mm团聚体有机碳贡献率显著降低39.92%～52.41%。此外，相较于T1，3个稻草秸秆配施腐熟剂处理土壤>2mm和0.053～0.25mm团聚体有机碳贡献率分别增加14.43%～32.31%和19.14%～30.25%。因此，稻草秸秆配施腐熟剂显著提高土壤>0.053mm团聚体有机碳贡献率。3个稻草秸秆配施腐熟剂处理间，稻草秸秆配施XZ型的沃葆牌腐熟剂显著提高土壤0.25～2mm团聚体有机碳贡献率，而配施XZF型的谷霖牌腐熟剂显著提高土壤>2mm团聚体有机碳贡献率，因此，配施XZ和XZF型腐熟剂对土壤团聚体有机碳贡献率影响的变化规律不明显。

表8-7　不同处理土壤团聚体有机碳贡献率　　单位：%

处理	>2mm	0.25～2mm	0.053～0.25mm	<0.053mm
CK	18.12±0.46c	24.23±1.48c	11.60±1.55b	28.43±5.41a
T1	19.13±1.03c	34.44±0.94a	14.30±1.26b	16.18±0.57b
T2	21.89±1.34b	37.20±3.39a	19.17±0.53a	13.53±1.10b
T3	22.90±1.06b	30.04±1.30b	22.44±3.25a	17.08±2.71b
T4	25.31±1.08a	30.71±0.83b	20.88±1.23a	15.40±0.90b

（四）土壤有机碳及其组分、团聚体稳定性及其有机碳的主成分分析

对土壤有机碳、团聚体稳定性及其有机碳间进行主成分分析，结果表明（图 8-2），第 1 主成分（PCA1）和第 2 主成分（PCA2）分别解释了总方差的 80. 17%和 16. 59%。TOC、GMD、MWD 及土壤>2mm、0. 25～2mm 和 0. 053～0. 25mm 团聚体有机碳与 PCA1 负轴密切相关；分形维数（D）与 PCA1 正轴密切相关。PCA1 分别代表稻草秸秆配施化肥和配施腐熟剂的应用，通过稻草秸秆配施化肥及配施不同品种腐熟剂将各区组分开，T1～T4 处理点均与 CK 处理点分离且相距较远；同时，T2、T3、T4 处理点均与 T1 分离，且相距 CK 更远和具有较高的荷载；此外，T2、T3、T4 区组间临近，且相互交叉。

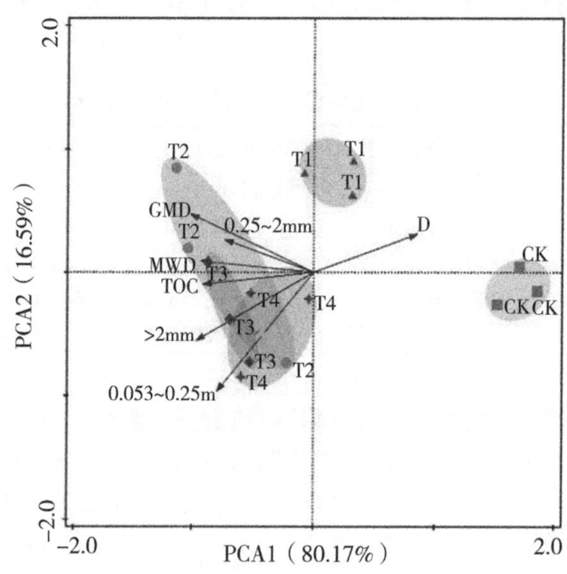

图 8-2　土壤总有机碳、团聚体稳定性及其有机碳间的主成分分析

四、讨论与结论

土壤团聚体是土壤肥力的基本结构单元，直接决定土壤养分供给、物理过程和土壤有机质的周转。秸秆还田改变土壤团聚体的分布及稳定性。本研究施用稻草秸秆显著提高土壤>0. 053mm 各级团聚体含量，增加团聚体 MWD、GMD，降低分型维数（D），团聚体稳定提高，与孙汉印等（2012）结果一致。秸秆还田伴随的是土壤有机物料输入量增加，增加的有机物料转化成的有机质是团聚体形成的重要胶结物，促进了大团聚体的形成，从而提高了土壤大团聚体含量及其稳定性；此外，秸秆降解过程中释放的养分可促进作物根系生长，而根系增加的结果导致作物根系代谢产物增加，两者能促使土壤中较小的颗粒胶结成大的水稳性团聚体，相应<0. 053mm 团聚体含量减少。同时，相较于稻草秸秆配施化肥，稻草秸秆配施腐熟剂对提高土壤>0. 053mm 各级团聚体含量和增加团聚体 MWD、GMD 及降低 D 更为明显；秸秆腐熟剂能应用微生物的分解代谢加速秸秆分解、腐熟，提高土壤有机质含量和土壤速效养分含量，因此同时段新输入的土壤有机质及根系代谢产物相对较多，促进了有机胶结物质的形成，更有利于团聚体的形成及稳定性提高。此外，稻

草秸秆配施沃葆牌腐熟剂的土壤，因土壤含有相对较高的有机碳含量，因此具有相对较高的土壤大团聚体含量及团聚体稳定性，其机理还有待土壤微生物和稻草秸秆降解动力学的数据验证。

研究表明秸秆进入土壤后主要转化成土壤团聚体中的有机碳，被隔离保存以限制土壤微生物的分解作用。本研究稻草秸秆配施化肥处理对各级团聚体有机碳含量的影响不明显，而稻草秸秆配施腐熟剂均能显著提高团聚体有机碳含量。稻草秸秆配施化肥的土壤中秸秆降解功能微生物缺乏，同时稻草秸秆 C/N 达到 70，降解难度较大；且稻草秸秆施入土壤后，烟草作物和土壤微生物养分竞争吸收，氮素缺乏，微生物活性低，加之在烤烟生长期相对较短的时间内，降解形成的腐殖质等有机物少，从而被团聚体保护固定的新碳少，差异不明显；而稻草秸秆配施腐熟剂能及时降解稻草秸秆，新输入的土壤有机碳量相应较高，团聚体有机碳含量显著升高。从团聚体有机碳贡献率来看，施用稻草秸秆导致土壤<0. 053mm 团聚体有机碳贡献率显著降低，稻草秸秆配施化肥提高了土壤 0. 25~2mm 团聚体有机碳贡献率，而稻草秸秆配施腐熟剂处理提高了 3 个粒级团聚体有机碳贡献率。土壤团聚体有机碳贡献率的大小主要受其团聚体含量高低的影响，影响团聚体组成的因素都会影响到对有机碳的贡献率。由于施用稻草秸秆增加了有机物料输入，土壤有机碳含量相应增加，促进了土壤>0. 053mm 团聚体的形成，其团聚体有机碳贡献率相应增加，而土壤<0. 053mm 团聚体有机碳贡献率减少；其中稻草秸秆配施化肥处理，由于稻草秸秆降解速度慢，土壤 TOC 增加量不明显，但 0. 25~2mm 团聚体含量显著增加，从而导致其 0. 25~2mm 团聚体有机碳贡献率显著增加；而稻草秸秆配施腐熟剂在显著增加土壤有机碳及其组分含量同时，>0. 053mm 的 3 个粒级团聚体含量均显著升高，因此以上粒级团聚体有机碳贡献率提升明显。

添加秸秆有助于提高土壤有机碳含量。本研究稻草秸秆配施化肥处理的土壤 TOC 含量相对 CK 差异不明显，而 3 个稻草秸秆配施腐熟剂处理的土壤 TOC 含量均显著升高。土壤有机碳含量是输入土壤的动植物残体等有机物量和微生物分解造成有机物质的输出之间平衡的结果。稻草秸秆配施化肥处理虽然增加了有机物料的输入量，但在烤烟生长期相对较短的时间内，稻草秸秆中富碳物质如纤维素、木质素等可能难以分解，TOC 增加量不明显；而稻草秸秆配施腐熟剂因增加了富含高效微生物菌系的腐熟剂，促进了秸秆中纤维素、木质素等富碳物质的腐解，相对较多有机碳释放，其 TOC 含量显著升高。此外，由于细菌和真菌是秸秆中木质纤维素降解的主要参与者，而放线菌对秸秆碳的同化量、周转速率均远低于真菌和细菌，其秸秆腐解能力仅占 1%~5%，从而导致稻草秸秆分别配施 XZ 和 XZF 型腐熟剂在提高土壤在有机碳含量中差异不明显。因此能被团聚体保护固定的有机碳数量相对一致，其结果是稻草秸秆配施 XZ 和 XZF 型腐熟剂对团聚体有机碳含量及团聚体有机碳贡献率影响的变化规律不明显。

稻草秸秆配施腐熟剂改变土壤有机碳含量，影响团聚体稳定性及其有机碳含量。本研究主成分区组表明，稻草秸秆配施腐熟剂的处理均与稻草秸秆配施化肥处理分离，且具有较高的荷载；说明稻草秸秆配施腐熟剂对增加土壤 TOC 含量，提高团聚体稳定性及其有机碳含量更显著。此外，稻草秸秆分别配施 XZ 和 XZF 型腐熟剂的处理间，TOC、团聚体有机碳差异不明显，且主成分区组进一步表明，T2、T3 和 T4 处理的区组间临近，同时三者区组相互交叉；说明稻草秸秆分别配施 XZ 和 XZF 型腐熟剂，对增加土壤 TOC、团聚体有机碳含量和提高团聚体稳定性差异不明显。因此，稻草秸秆分别配施以细菌+真菌+放线菌和细菌+真菌为优势菌种的腐熟剂，对植烟土壤团聚体稳定性及其有机碳含量的影响无明显差异。以上结论仅基于本研究中 3 个品牌腐熟剂的盆栽试验数据分析，其相关分析结果和机理仍有待大样本、大田试验及微生物结构数据的论证。

综上所述，稻草秸秆配施腐熟剂提高植烟土壤大团聚体含量和团聚体稳定性，显著提高各级团聚体有机碳含量及其贡献率；稻草秸秆分别配施以细菌+真菌和细菌+真菌+放线菌为优势菌种的腐熟剂，对植烟土壤团聚体稳定性及其有机碳含量的影响无明显差异。因此，稻草秸秆还土配施腐熟剂对提高土壤团聚体稳定性及其有机碳含量具有积极作用。

第三节　稻草秸秆配施腐熟剂对烤烟生长及产质量的影响

一、研究目的

秸秆还田作为传统农业生产中的重要组成部分，仍是秸秆处理与综合利用中的最主要措施之一。但由于秸秆还田后腐解较慢，养分释放速率跟不上作物需求以及妨碍耕作和下茬作物发苗，使得我国秸秆还田利用率一直较低。近年研究表明，秸秆配施腐熟剂能促进作物秸秆较快腐解，在减轻和防止还田秸秆量多给作物生长带来不利影响的同时，可稳定和提高土壤养分含量，显著增加作物产量。如马超等（2013）发现秸秆腐熟剂能促进秸秆快速腐解，可实现秸秆的大量直接还田；Li 等（2019）田间试验表明，腐秆剂施用后小麦秸秆腐解速率和玉米产量分别提高了 20.5%和 21.6%。张莹莹等（2019）的山东齐河潮土试验显示，施用腐秆剂分别显著提高玉米秸秆腐解率和小麦产量的 18.5%和 10.7%；而勉有明等（2020）在宁夏扬黄灌区试验表明，秸秆还田配施腐熟剂不仅可有效促进秸秆腐解，还能促进玉米生长发育，显著提高作物产量与经济效益；杨欣润等（2020）通过秸秆配施腐熟剂对玉米和水稻产量影响的整合分析表明，秸秆配施腐熟剂在不同气候类型、还田条件、秸秆类型和 SOM 含量情况下均能显著提高作物产量，且秸秆促腐率和作物增产率呈极显著的线性关系。然而，秸秆配施腐熟剂尤其是配施含不同优势微生物菌种的腐熟剂对烤烟生长发育及产质量的影响研究尚鲜见报道。本研究利用盆栽试验，通过秸秆还土配施优势菌种分别为细菌和真菌（XZ）及细菌、真菌和放线菌（XZF）的 2 种类型腐熟剂，分析稻草秸秆配施腐熟剂对烤烟生长发育及产质量的影响，旨在为秸秆资源利用、腐熟剂研发和优质烟叶生产提供参考。

二、材料与方法

（一）试验材料

供试土壤取自湖南农业大学中国烟草中南农业试验站试验田的耕作层，试验田长期烤烟—蔬菜轮作，土壤类型为红底河潮泥；采集的土壤经风干过 2mm 筛后备用。耕层土壤的理化性质为：土壤容重 1.12g/cm^3，pH 值 5.04，有机质 12.25g/kg、碱解氮 105.23mg/kg、速效磷 8.37mg/kg、速效钾 421.81mg/kg。供试稻草秸秆（C/N = 70.3，N 0.77%，P 0.13%，K 0.16%）与采集供试土壤来自同一田块。供试腐熟剂如表 8-1。

（二）试验设计

试验在湖南农业大学试验基地通过盆栽方式分 2 年进行。试验设 5 个处理：CK：化肥；T1：稻草秸秆+化肥；T2：稻草秸秆+化肥+沃宝腐熟剂；T3：稻草秸秆+化肥+丽科腐熟剂；T4：稻草秸秆+化肥+谷霖腐熟剂。试验所用盆钵的直径为 42cm，高为 40cm，每盆装土壤 20kg，其中 T2～T4 分别混入 3%（w/w）粉碎后的稻草秸秆；肥料用量为氮素 4.32g/盆，扣除稻草秸秆氮并以硝酸铵控制氮素用量，m（N）：m（P_2O_5）：m（K_2O）= 1：1.5：3，N、P、K 肥分别为分析纯硝酸铵、磷酸二氢钾、硫酸钾；充分混合均匀后装盆，按田间持水量的 70%加入去离子水；每处理 10 盆，完全随机排列，行株距 120cm×50cm，共计 50 盆。待土壤稳定后，选择生长状况相似的健康烟苗进行移栽，每盆移栽 1 株。烟苗于 3 月移栽，7 月收获完毕，定量浇水，其他管理按照常规栽培方式进行。供试作物为烤烟，品种为“云烟 87”。

（三）分析方法

（1）烟株农艺性状测定：参照 YC/T 142—2010 分别于团棵期、现蕾期、打顶期和采收期测定烤烟株高、茎围、最大叶面积（叶长×叶宽×0.634 5）等农艺性状。

（2）烤烟生物量及产量分析：不同处理单独采收、单独烘烤，烟叶干质量为烤后烟叶称重；烤后烟叶参照 GB 2635—1992 记录各等级产量，计算烟叶产量、生物量及上中等烟比例；根茎干质量为根茎 105℃杀青 30min 后，于 65℃条件下烘至恒重后称重。

（3）烤烟常规化学成分：烟叶成熟后，按部位分批全部采收并进行烘烤，选取初烤后各处理的上（B2F）、中（C3F）、下部（X2F）烟叶 1kg，碾碎后过 60 目筛，采用连续流动化学分析仪测定初烤后烟叶烟碱、总氮、总糖、还原糖和氯离子含量等常规化学成分。

（四）数据处理及统计

数据整理及统计采用 Excel 2010 和 SPSS 18.0 软件进行；采用单因素方差分析（one-way ANOVA）比较处理间差异，用 Duncan's 法检验差异显著性（$P<0.05$）。运用 Canaco 5 软件进行农艺性状和生物量间及不同部位烤后烟叶化学成分与协调性指标间的主成分分析。

三、结果与分析

（一）稻草秸秆配施腐熟剂对烤烟生长发育的影响

不同处理的烤烟生长发育特征见表 8-8。从团棵期和旺长期的烤烟株高看，稻草秸秆配施化肥处理（T1）相较单施化肥处理（CK）分别显著（$P<0.05$）低 29.86%和 21.10%，而稻草秸秆配施腐熟剂处理中的 T4 显著升高，但 T2、T3 差异不显著；相较 T1，3 个稻草秸秆配施腐熟剂处理显著增加 19.19%～70.25%和 27.95%～65.16%；就 3 个稻草秸秆配施腐熟剂处理间而言，T4 显著高于 T2 和 T3，但 T2、T3 间差异不显著。从现蕾期和打顶期的烤烟株高看，各处理间差异均不显著。说明稻草秸秆配施化肥及腐熟剂

对烤烟株高的影响主要体现在团棵期和旺长期，其中稻草秸秆配施化肥的烤烟株高降低，而稻草秸秆配施腐熟剂则增加，且稻草秸秆配施细菌+真菌+放线菌（XZF）型腐熟剂相较配施细菌+真菌（XZ）型腐熟剂，对提高团棵期和旺长期烤烟株高更明显。

表 8-8　不同处理的烟株主要农艺性状

处理	株高（cm）			
	团棵期	旺长期	现蕾期	采收期
CK	55. 20±2. 82b	73. 13±9. 87b	113. 33±24. 66a	120. 33±24. 66a
T1	38. 72±5. 73c	57. 70±11. 16c	133. 92±14. 76a	137. 17±13. 29a
T2	51. 43±6. 13b	76. 52±8. 92b	117. 00±14. 26a	120. 00±10. 17a
T3	46. 15±7. 24b	73. 83±18. 27b	113. 83±24. 43a	124. 63±25. 08a
T4	65. 92±5. 59a	95. 30±10. 58a	119. 08±7. 75a	132. 60±6. 43a
处理	茎围（cm）			
	团棵期	旺长期	现蕾期	采收期
CK	4. 03±0. 25d	4. 23±0. 21c	4. 63±0. 15c	4. 83±0. 15c
T1	4. 33±0. 28c	4. 70±0. 37b	5. 22±0. 27b	5. 40±0. 00b
T2	4. 57±0. 27bc	5. 13±0. 19a	5. 77±0. 46a	6. 15±0. 30a
T3	4. 73±0. 27b	5. 15±0. 32a	5. 98±0. 20a	6. 13±0. 22a
T4	5. 18±0. 33a	5. 52±0. 30a	6. 03±0. 37a	6. 18±0. 15a
处理	最大叶面积（cm^2）			
	团棵期	旺长期	现蕾期	采收期
CK	341. 14±8. 20d	428. 30±33. 60b	466. 99±18. 75c	489. 03±21. 03d
T1	484. 52±89. 23c	552. 24±120. 30b	614. 33±85. 30b	703. 97±53. 35c
T2	672. 78±104. 70b	775. 23±107. 60a	920. 20±116. 66a	933. 70±85. 10ab
T3	650. 70±149. 09b	730. 49±138. 48a	876. 96±43. 92a	888. 07±78. 11b
T4	797. 44±123. 73a	844. 73±109. 62a	951. 46±00. 38a	1 005. 87±100. 11a

从烤烟茎围看，全生育期 T2~T4 处理的茎围均显著大于 CK 和 T1，同时 T1>CK；说明稻草秸秆配施化肥及腐熟剂均促进烤烟茎围发育，但添加腐熟剂后更明显；除团棵期外，3 个稻草秸秆配施腐熟剂处理间的茎围差异不明显，说明稻草秸秆分别配施 XZF 和 XZ 型腐熟剂对烤烟茎围无明显影响。

团棵期 T1 处理的烤烟最大叶面积相较 CK 显著降低，而现蕾期及打顶期显著升高；全生育期烤烟最大叶面积均表现为 T2~T4>CK 和 T1；表明稻草秸秆配施化肥在团棵期导致烤烟最大叶面积减小，但现蕾期及打顶期显著增加，而稻草秸秆配施腐熟剂显著增加烤烟最大叶面积；此外，3 个稻草秸秆配施腐熟剂处理间，T4 处理的烤烟最大叶面积分别在团棵期和打顶期显著高于 T2 和 T3，说明稻草秸秆配施 XZF 型腐熟剂相较 XZ 型腐熟剂，对提高团棵期和打顶期烤烟最大叶面积更明显。

（二）稻草秸秆配施腐熟剂对烟株生物量及烤烟产量的影响

稻草秸秆配施腐熟剂对烤烟生物量及产量影响显著（表 8-9）。烟叶、烟杆及烟根重和生物量表现为 T1～T4 处理显著高于 CK，T2～T4 处理显著高于 T1；3 个稻草秸秆配施腐熟剂处理间，除 T3 处理的烟叶重显著高出 T4 处理的 10.58%和 T4 处理的烟杆重分别显著高出 T2、T3 处理的 30.70%、19.74%外，其他处理差异不明显；说明稻草秸秆配施腐熟剂促进烤烟生长，但稻草秸秆分别配施 XZF 和 XZ 型腐熟剂在促进烤烟生长中差异不明显。中上部烟叶占生物量比率表现为 T3 显著高于 CK、T1 和 T4，T2 显著高于 T1；而中上等烟叶比率则表现为 CK 和 T1 间差异不明显，但 3 个稻草秸秆配施腐熟剂处理显著高于 CK 和 T1，同时 T3 分别显著高出 T2 和 T4 处理的 4.24%和 2.00%；说明稻草秸秆配施腐熟剂显著提高烤烟产量，但稻草秸秆分别配施 XZF 和 XZ 型腐熟剂间差异不明显。

表 8-9　不同处理的烟株生物量及烤烟产量

处理	烟叶重（g）	烟杆重（g）	烟根重（g）	生物量（g）	中上部烟叶占生物量比率（%）	中上等烟叶比率（%）
CK	20.56±0.52d	20.23±2.63d	6.54±1.19c	47.33±2.10c	34.50±1.48bc	79.36±0.50c
T1	34.31±1.66c	30.07±1.87c	11.55±1.01b	79.04±4.81b	33.54±1.05c	77.21±0.80c
T2	45.01±3.74ab	34.53±2.05b	16.64±1.14a	96.18±1.95a	38.27±3.24ab	81.79±1.75b
T3	47.85±1.75a	37.69±3.94b	16.43±1.49a	98.86±9.10a	41.46±3.47a	85.26±2.08a
T4	43.27±2.96b	45.13±2.34a	14.51±1.60a	102.91±3.40a	35.11±1.00bc	83.59±0.70ab

（三）稻草秸秆配施腐熟剂对烤烟品质的影响

依据烟叶化学成分的适宜性指标，不同处理对烤后烟叶化学成分的影响结果如表 8-10。烤后烟叶的总氮、烟碱含量（适宜范围为 1.5%～3.5%，以 2.5%为最佳）范围分别为 1.89%～3.45%和 2.22%～4.00%；总糖含量（适宜范围为 18%～22%）范围为 17.20%～24.12%；还原糖含量（16%～20%）范围为 15.31%～21.56%；氯含量（0.3%～0.8%，以 0.45%为最佳）范围为 0.26%～0.47%；氮碱比（氮碱比≤1，接近 1 为最佳）范围为 0.79～0.93；糖氮比（6～10）范围为 5.00～12.01；糖碱比（8～12）范围为 4.32～10.23；其中 CK 处理的上部烟叶烟碱含量高于适宜范围，而上部烟糖氮比和中部烟氯含量及 3 个等级的烟叶糖碱比均低于适宜范围；T1 及 3 个稻草秸秆配施腐熟剂处理（T2～T4）的上部烟烟碱含量和糖碱比分别高、低于适宜范围，不同部位烟叶的其他指标均处于适宜范围，且向较优水平接近。从各处理间变化来看，相较于 CK 和 T1，稻草秸秆配施腐熟剂显著降低上部烟叶烟碱含量，提高还原糖含量及糖碱比，显著提高中部烟叶总氮、总糖和还原糖含量，同时增加下部烟叶总糖及还原糖含量，提高糖氮及糖碱比。因此，稻草秸秆配施腐熟剂显著改善烟叶化学成分及协调性。

（四）烟株采收期农艺性状和烤烟产量间及烤后烟叶品质间主成分分析

对烟株采收期农艺性状和生物量间进行主成分分析，结果表明（图 8-3a），第 1 主成分（PCA1）和第 2 主成分（PCA2）分别解释了总方差的 92.58%和 2.27%。烟秆重、烟根重、茎围、最大叶面积及烤烟产量均与PCA1负轴密切相关，且前述指标间均呈正相关关系；PCA1主要代表稻草秸秆分别配施化肥和腐熟剂的应用，通过稻草秸秆配施化肥及稻草秸秆配施不同品种腐熟剂将各区组分开，T1~T4处理点均与CK处理点分离且相距较远；同时，T2、T3、T4处理点均与T1处理分离，且相距CK处理更远和具有较高的荷载；此外，T2、T3、T4处理区组间临近，同时三者区组交叉。

表8-10　不同处理烤烟烟叶化学成分含量及协调性

部位	处理	总氮（%）	总糖（%）	还原糖（%）	烟碱（%）	氯（%）	氮碱比	糖氮比	糖碱比
上部	CK	3.45±0.16a	17.20±1.06c	15.31±0.24c	4.00±0.15a	0.33±0.01c	0.87±0.01a	5.00±0.53b	4.32±0.22c
	T1	3.22±0.10ab	19.40±0.74bc	16.10±0.66c	3.93±0.14a	0.39±0.05bc	0.82±0.01b	6.03±0.40a	4.95±0.35b
	T2	3.11±0.11b	21.20±2.54ab	17.25±0.48b	3.69±0.12b	0.44±0.05ab	0.83±0.01b	6.81±0.74a	5.65±0.32a
	T3	3.18±0.12b	22.27±0.76a	19.24±0.47a	3.53±0.13b	0.47±0.02a	0.83±0.01b	7.02±0.49a	5.82±0.38a
	T4	3.12±0.16b	20.56±0.67ab	19.04±0.65a	3.61±0.11b	0.45±0.02ab	0.82±0.02b	6.59±0.19a	5.39±0.10a
中部	CK	2.06±0.13b	20.75±0.03b	18.57±0.02b	2.62±0.08a	0.26±0.05b	0.79±0.02b	10.12±0.62a	7.94±0.22b
	T1	2.09±0.16b	21.09±1.67b	18.87±1.48b	2.24±0.15b	0.40±0.03a	0.93±0.03a	10.14±0.90a	9.45±0.98a
	T2	2.42±0.09a	24.12±1.22a	21.56±1.09a	2.60±0.04a	0.36±0.05ab	0.93±0.02a	9.96±0.50a	9.27±0.43a
	T3	2.48±0.08a	23.60±0.35a	21.10±0.31a	2.70±0.08a	0.42±0.08a	0.92±0.00a	9.51±0.44a	8.76±0.40ab
	T4	2.31±0.10a	23.85±0.19a	21.33±0.17a	2.62±0.21a	0.44±0.05a	0.89±0.04a	10.32±0.36a	9.16±0.67ab
下部	CK	2.09±0.14a	17.88±0.33b	16.19±0.30b	2.57±0.13a	0.36±0.02b	0.81±0.01b	8.58±0.42c	6.97±0.21c
	T1	2.15±0.29a	20.92±1.08a	18.97±0.91a	2.47±0.30a	0.40±0.03ab	0.87±0.01a	9.88±0.64b	8.56±0.32b
	T2	2.17±0.05a	22.47±1.25a	20.32±1.13a	2.52±0.04a	0.39±0.06ab	0.86±0.01a	10.37±0.83ab	8.94±0.61ab
	T3	2.00±0.12a	22.10±0.39a	19.99±0.36a	2.37±0.12a	0.45±0.05a	0.84±0.01a	11.08±0.79a	9.35±0.58a
	T4	1.89±0.05a	22.74±1.38a	20.57±1.24a	2.22±0.10a	0.43±0.02a	0.85±0.02a	12.01±0.54a	10.23±0.31a

分别对不同部位烤后烟叶化学成分与协调性指标间进行主成分分析。上部烟叶（图8-3b）第1主成分（PCA1）和第2主成分（PCA2）分别解释了总方差的86.57%和7.39%，中部烟叶（图8-3c）第1主成分（PCA1）和第2主成分（PCA2）分别解释了总方差的61.32%和27.79%，而下部烟叶（图8-3d）第1主成分（PCA1）和第2主成分（PCA2）分别解释了总方差的87.84%和10.14%。其中上、下部烟叶的糖碱比、糖氮比、氮碱比、总糖、还原糖及氯之间呈正相关，与PCA1负轴密切相关，而总氮和烟碱与氮碱比、总糖、还原糖及氯之间呈正相关，与糖碱比、糖氮比之间呈负相关，与PCA2正轴密切相关；中部烟叶的前述指标之间均呈正相关，且均与PCA1负轴密切相关。3个部位烤后烟叶化学成分与协调性指标均表现出一致的区组特征，即T1~T4处理点均与CK处理点分离且相距较远；同时，T2、T3、T4处理点均与T1处理分离，且相距CK处理更远和具有较高的荷载；此外，T2、T3、T4处理区组间临近，同时三者区组相互交叉。

四、讨论与结论

秸秆还田配施腐熟剂对植株生长具有促进作用。李冬等（2014）研究表明，秸秆腐熟剂可以增加土壤养分，促进作物根系生长；李方杰等（2021）通过2年期大田试验研究表明，秸秆配施腐熟剂的夏玉米单株叶面积、株高和茎粗增加，籽粒产量增加9.40%~

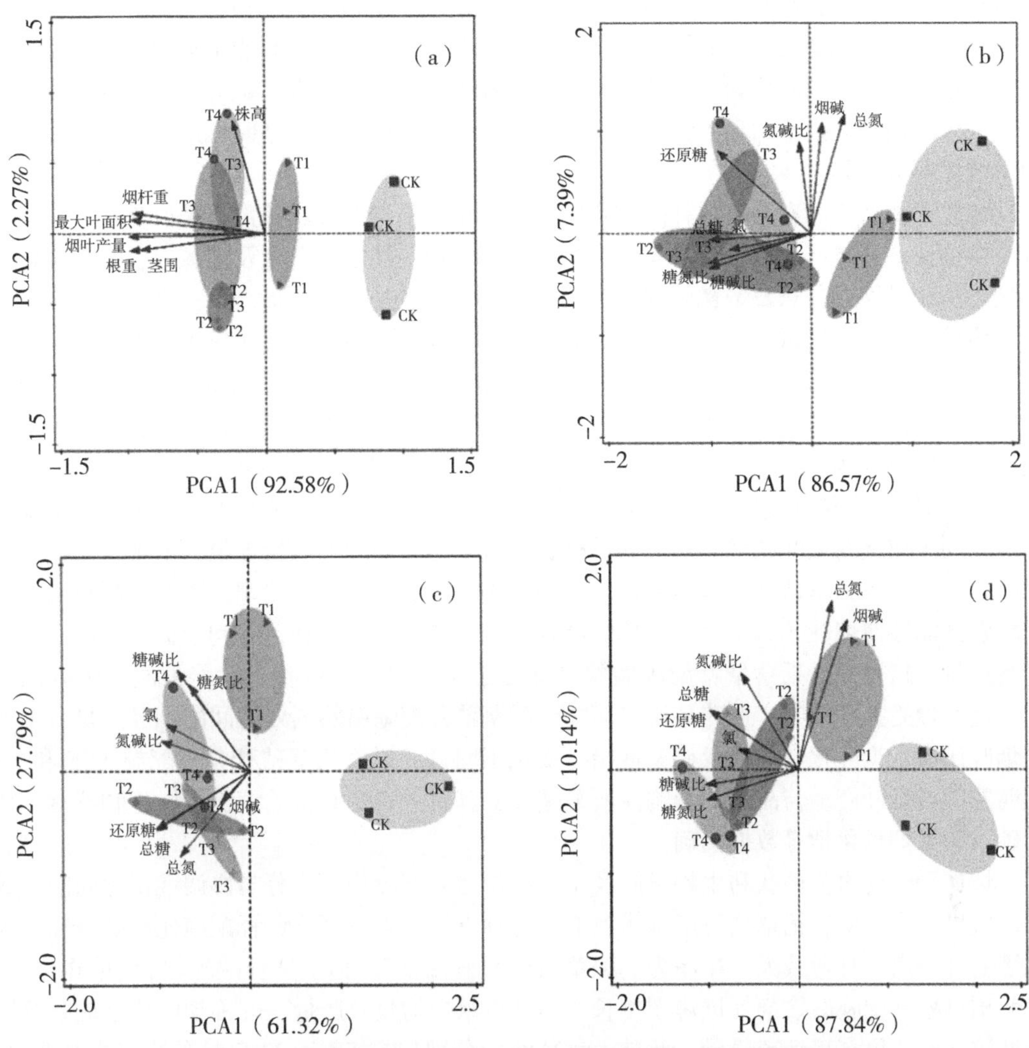

图 8-3　农艺性状及生物量间（a）和烤烟化学成分与协调性指标间（b：上部烟，c：中部烟，d：下部烟）主成分分析

9.62%；本研究稻草秸秆配施腐熟剂处理的烤烟茎围、最大叶面积，生物量中的烟叶、烟杆及根系重量，均显著高于稻草秸秆配施化肥和单施化肥处理，说明稻草秸秆配施腐熟剂促进烤烟生长发育。稻草秸秆配施腐熟剂因增加了富含高效微生物菌系的腐熟剂，促进了秸秆中纤维素、木质素等富碳物质的腐解，改善土壤生态环境。首先，秸秆腐熟剂能应用微生物的分解代谢加速秸秆分解、腐熟，提高土壤有机质含量和土壤速效养分含量；其次，秸秆降解过程中释放的养分可促进作物根系生长，而根系增加的结果导致作物根系代谢产物增加，两者能促使土壤中较小的颗粒胶结成大的水稳性团聚体；再次，稻草秸秆配施腐熟剂由于添加了大量的可降解秸秆的微生物，施入土壤后经历不同时间仍能不同程度地保持其特有微生物种群的活力，且丰富的土壤微生物群落，影响其“核心根际微生物组”，并可在农作物根际形成一层生物膜提高植物抗病能力；此外，通过分泌关键活性物质对根系分泌物、植物激素、信号分子产生影响来改变植物与微生物之间的通讯，从而间接诱导农作物的抗逆性与抗病性，促进农作物对营养物质的吸收和能量流动，从而达到促进农作物生长、提高农作物产量的效果。3 个稻草秸秆配施腐熟剂处理间的烤烟株高、茎围及最大叶面积变化不明显，说明稻草秸秆分别配施 XZF 和 XZ 型腐熟剂对烤烟生长发育的影响无明显差异。

相较于单施化肥和稻草秸秆配施化肥处理，稻草秸秆配施腐熟剂显著改善烟叶化学成分及协调性。其降低上部烟叶的烟碱含量，提高总糖、还原糖含量及糖碱比，从而降低上部烟叶的刺激性、苦味及辛辣等烟气劲头及评吸质量；虽然显著提高中部烟叶总氮、总糖和还原糖含量，但氮碱比、糖氮比及糖碱比等指标变化不明显，说明对中部烟叶的化学协调性影响不大；此外，稻草秸秆配施腐熟剂处理的下部烟叶总糖及还原糖含量显著升高，同时糖氮及糖碱比增加，说明稻草秸秆配施腐熟剂有利于增加烤烟的香气量，减轻烟叶杂气。稻草秸秆配施腐熟剂整体增加不同部位烟叶总糖、还原糖含量，与周米良等（2015）研究玉米秸秆促腐还田对烤烟产质量的影响一致；其原因可能是稻草秸秆配施腐熟剂有利于成熟期烟叶碳代谢途径的进行，降低了烤后烟叶的淀粉含量，增加了总糖和还原糖含量；而且稻草秸秆配施腐熟剂显著增加烟叶重及上等烟叶比率。因此，稻草秸秆配施腐熟剂能够使烟叶尤其是上、下部烟叶内在成分结构趋于合理，有利于提升烟叶感官质量与产量，这可能是稻草秸秆配施腐熟剂活化了土壤养分，更利于营养物质的吸收及转化，进而最终提高烟叶产量与品质。而 3 个稻草秸秆配施腐熟剂处理间的烟叶产量、中上等烟叶比率、烟叶化学成分及协调性指标变化不明显，说明稻草秸秆分别配施 XZF 和 XZ 型腐熟剂对烟叶产量与品质的影响无明显差异，其有关机理有待后续土壤微生物群落、烟叶碳代谢及烟草化学等数据明确。

烟株采收期农艺性状和生物量间及不同部位烤后烟叶化学成分与协调性指标间的主成分区组进一步表明，稻草秸秆配施腐熟剂的处理点均分别与稻草秸秆配施化肥处理和单施化肥处理分离，且荷载大小排序为：稻草秸秆配施腐熟剂>稻草秸秆配施化肥>单施化肥；说明稻草秸秆配施腐熟剂促进烤烟生长，提高烤烟生物量及产量，改善烟叶化学成分及协调性较显著，提高烤烟产质量。此外，稻草秸秆分别配施 XZ 和 XZF 型腐熟剂的处理间，烤烟生长发育、生物量、烟叶产量、化学成分及协调性指标间差异不明显，且主成分区组进一步表明，T2、T3 和 T4 处理的区组间临近，同时各处理间区组相互交叉，说明稻草秸秆分别配施 XZ 和 XZF 型腐熟剂，对促进烤烟生长发育，提高烤烟生物量及烟叶产量，改善化学成分及协调性不明显。因此，稻草秸秆配施不同腐熟剂（细菌+真菌+放线菌和细菌+真菌为优势菌种）在对烤烟生长和产质量的影响方面无明显差异。

综上所述，稻草秸秆配施腐熟剂提高烤烟茎围、最大叶面积，增加烟杆及根系重量和生物量，促进烤烟生长发育，且提高烟叶产量及上等烟叶比率，改善烟叶尤其是上、下部烟叶化学成分及协调性；稻草秸秆分别配施细菌+真菌和细菌+真菌+放线菌为优势菌种的熟剂，对促进烤烟生长发育，提高烤烟生物量及烟叶产量，改善化学成分及协调性不明显。

第四节　垂直深旋耕与晚稻秸秆还田融合的减氮效应

一、研究目的

影响优质烟叶生产的诸多因素包括土壤、烟草品种、栽培技术、烟草生长气候条件等；构建良好的烟草生产土壤环境是优质烟叶生产的基础，是影响烟叶质量的最重要的环境因素。耕作是提高土壤质量的重要措施，合理的耕作方式可以改善土壤内部结构与理化性状，为作物生长提供合适的土壤环境。与之相反，不合理的耕作方式则势必会导致土壤质量下降。而耕作方式对土壤性状最直接的影响是对土壤容重、孔隙度、土壤团聚体等物理性状的影响。目前，南方烟田多采用单犁浅耕或旋耕机进行翻耕，有效耕深多在 15cm 左右。而多年不合理的耕作模式使土壤犁底层上移，加剧了植烟土壤质量的下降。同时，烤烟生产中的氮肥施用量大，氮肥的利用率比较低，氮肥的浪费严重，大量施用化肥造成土壤环境恶化，地下水污染等问题，已成为相关政府部门、专家学者及农户等共同关注的热点。垂直深旋耕作为一种新型的耕作方式，采用转轴垂直于被耕地面的立式螺旋形钻头实现深耕、深松、碎土等深旋耕作业，既具有犁翻耕的深松作用，同时具有旋耕后土壤疏松、土粒粉碎均匀的特点，能够提高土壤中的速效养分含量，增加赤红壤的中团聚体含量，提高土壤的保肥蓄水能力，而受到重视。然而，垂直深旋耕对植烟土壤有机碳、肥力质量和烤烟产质量的影响及其减氮效应还有待研究，明确此类问题对植烟土壤固碳和土壤质量提升及烟叶高效、绿色生产具有参考价值。

二、材料与方法

（一）试验区概况

田间试验地位于湖南省耒阳市马水镇燕中村（北纬 26°40′，东经 112°58′），是典型的烟稻轮作土壤，土壤类型为红壤性水稻土，0~20cm 耕层土壤基本理化性质为 pH 值 5.83，有机质 26.06g/kg，全氮 1.42g/kg，全磷 1.20g/kg，全钾 10.37g/kg。试验分 2 年开展，采用裂区双因素试验设计。小区面积：6.0m×10.0m，每处理 3 次重复，共计 21 个小区，随机区组排列，四周设保护行。起垄（厢宽 1.2m，垄高 0.3m，垄底宽 0.9m，行间距 0.3m），开穴移栽株距：0.5m；种植 105 株烟。每小区间筑埂（宽 30cm），以减少各小区间的相互影响。小区间田埂用塑料薄膜包裹，避免各小区间的相互影响。采用当地习惯施肥。晚稻收割后，将稻草切成 20~25cm 长，均匀撒于田面上直接还田，还田量为 6 000kg/hm^2，在烟株移栽前的整地过程中，采用旋耕机或粉垄机翻入耕层土壤中，再掏沟、施肥、起垄、覆膜、移栽烟株。

（二）试验设计

小区试验分别于 2020、2021 年开展。共设 7 个处理，CK：水平旋耕（稻草离田），纯氮用量为 9kg（N：P_2O_5：K_2O = 1：1：2.8）；T1：稻草还田+水平旋耕（施肥量按

CK)；T2：稻草还田+垂直深旋耕（施肥量按 CK）；T3：稻草还田+水平旋耕+减氮 10%（纯氮施用量为 CK 的 90%）；T4：稻草还田+水平旋耕+减氮 20%（纯氮施用量为 CK 的 80%，下同）；T5：稻草还田+垂直深旋耕+减氮 10%；T6：稻草还田+垂直深旋耕+减氮 20%。烟草专用肥施用量按当地习惯，N：P_2O_5：K_2O 比例为 1：1.75：3.05；不足部分以尿素（含 N 46%）、过磷酸钙（含 P_2O_5 12%）、硫酸钾（含 K_2O 50%）补足。稻草测定 N、P、K 含量后及磷肥全部于栽烟前一次作基肥施用，N 肥，K 肥分别为 60%和 40%作基肥；栽烟后 7d 和 25d 左右分别追肥施 10%、20%和 30%、40%，施肥方法为穴施，追施深度 15～20cm，追肥位置为烤烟根冠的边缘，即垂直于最大叶片叶尖的位置四周。其他栽培管理措施同当地烤烟生产的管理方法。烤烟品种为当地普遍适应栽种的高产优质品种云烟 87。采用漂浮育苗，当烟苗达到 5 叶 1 心，进行小苗膜下移栽，要求苗壮、苗齐，同一天移栽结束，四周做好排灌措施，田间无杂。烟苗移栽后观测烤烟农艺性状。

（三）样品采集与测定方法

（1）土壤样品的采集与测定：在烤烟成熟采集后，每试验小区按“S”取样法选取 3 个采样点，分别取 0～20cm 垄体耕层土壤充分混匀，共计 21 个土壤样品。获得的土样无损，免受挤压带回实验室自然风干，待样品风干达到土壤塑限时，将其沿着自然结构轻轻掰成 1cm^3 左右的土块，并将可识别的砾石、落叶残体和根茬移除。摊开后继续风干，待土样完全风干后，用于土壤理化指标的测定。土壤理化性质的测定：土壤容重的测定采用环刀法，土壤有机质采用重铬酸钾外加热法测定，土壤有效磷采用 0.5mol/L 碳酸氢钠浸提-钼锑抗比色法测定，土壤速效钾含量采用 1mol/L 醋酸铵浸提-火焰光度法，土壤碱解氮采用碱解扩散法测定；颗粒态有机碳（POC）含量采用 Cambardella 和 Elliott 的方法测定；易氧化有机碳（EOC）含量采用 333mmol/L $KMnO_4$ 氧化，可见分光光度计 565nm 波长处比色。溶解性有机碳（DOC）含量采用水浸提-震荡过滤法测定。土壤团聚体分离方法采用湿筛法进行土壤团聚体分组。将自然风干的土样用四分法分出 100g，置于土壤团粒分析仪的套筛上（孔径分别为 2mm、0.25mm、0.053mm），置于水桶中，水面高于样品 2cm，上下振荡 30min，振荡频率 30 次/min，振幅 3cm，然后将各级筛子上的土样冲洗到铝盒中，50℃烘干，称重，获得>2mm、0.25～2mm、0.053～0.25mm 和<0.053mm 4 个粒级的土壤团聚体重量；将烘干的各级团聚体土样磨细，过 0.149mm 筛，用重铬酸钾外加热法测定土壤有机碳。

（2）烤烟植株观察记载与取样：每个小区选取有代表性的烟株 5 株挂牌作标记，分别在烤烟生长团棵期、现蕾期和成熟期考察烤烟的农艺性状，包括株高、茎围、最大叶长、最大叶宽、最大叶面积。

（3）植株样品的测定：采摘烟叶开始后，每棵采集烟叶 6 片，共 30 片烟叶，最后收割每小区选定烟株的烟杆。按地上、地下部分分别采集，测定烤烟生物量及烤烟产量。其中，地上部分生物量按烟叶和烟杆单独测定；烟叶按上、中、下部叶分别测定生物量。植株全氮、全钾测定参照《土壤农化分析》。全氮的测定采用 H_2SO_4-H_2O_2 消煮-凯氏定氮法；全钾的测定采用 H_2SO_4-H_2O_2 消煮-火焰光度计法。

（4）烟叶化学成分测定：按当地常规方法进行采摘，烘烤，样品粉碎过 0.5mm 筛后，并分上部叶、中部叶、下部叶测定常规化学成分，烤后烟叶总糖、还原糖、烟碱、氯离子均采用荷兰 SKALARSan++间隔流动分析仪测定。钾采用火焰光度法测定。

(5) 经济性状考查：各小区单独计产，并根据烤烟国标对烤后烟叶分级，确定烤烟的产值、均价、上等烟比例及中上等烟比例。

三、结果与分析

(一) 垂直深旋耕对植烟土壤团聚体的影响

1. 土壤团聚体粒径分布

如表 8-11 所示，相比于 CK（稻草离田），T1（稻草还田+旋耕）处理土壤>2mm 团聚体含量增加了 13.66%，土壤 0.053~0.25mm 团聚体含量减少了 45.39%，都达到显著差异，而土壤 0.25~2mm 和<0.053mm 团聚体含量虽有所增加，但差异不显著。相比于 T1，T2（稻草还田+垂直深旋耕）处理土壤>2mm 团聚体含量增加了 12.13%，达到显著差异，土壤 0.053~0.25mm 和<0.053mm 团聚体含量分别减少了 33.08%和 57.22%，达到显著差异。结果表明，稻秸还田增加了土壤>2mm 团聚体含量，减少了 0.053~0.25mm 团聚体含量，垂直深旋耕增加了土壤>2mm 团聚体含量，减少了 0.053~0.25mm 和<0.053mm 团聚体含量。

表 8-11　不同处理间土壤各粒级团聚体粒径分布　　单位:%

处理号	>2mm	0.25~2mm	0.053~0.25mm	<0.053mm
CK	46.79±1.36c	28.23±2.42a	19.21±1.49a	5.87±1.52a
T1	53.18±2.02b	29.42±1.71a	10.49±1.77b	7.41±1.16a
T2	59.63±1.60a	27.51±2.30a	7.02±0.90c	3.17±1.84b

2. 土壤团聚体稳定性评价

如图 8-4 所示，相比于 CK，T1 处理下土壤 MWD 和 GMD 增加了 10.16%和 17.86%，达到显著差异，土壤 D 减少了 2.53%，达到显著差异。相比于 T1，T2 处理土壤 MWD 和 GMD 增加了 9.93%和 28.28%，土壤 D 减少了 9.96%。结果表明，稻秸还田和垂直深旋耕显著增加了土壤 MWD 和 GMD，减少了分形维数 D，增加了土壤团聚体的稳定性。

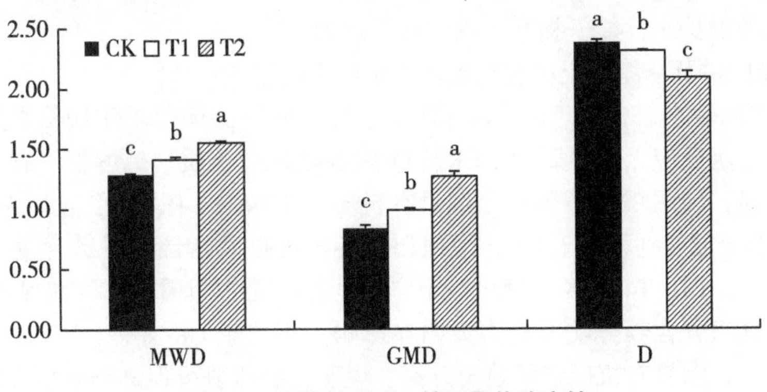

图 8-4　不同处理间土壤团聚体稳定性

（二）垂直深旋耕对土壤孔隙和有机碳的影响

1. 垂直深旋耕及减氮对秸秆还田土壤容重及孔隙状况的影响

表 8-12 为不同处理土壤容重及孔隙特征。CK（稻草离田）与 T1（稻草还田）间的土壤容重及孔隙指标差异不显著，说明相对稻草离田，秸秆还田对土壤容重及孔隙状况影响不明显；同时 T3（稻草还田+旋耕+减氮 10%）、T4（稻草还田+旋耕+减氮 20%）与 CK 和 T1 个指标均无明显差异，说明减氮对秸秆还田土壤容重及孔隙状况影响不显著。T2（稻草还田+垂直深旋耕）、T5（稻草还田+垂直深旋耕+减氮 10%）、T6（稻草还田+垂直深旋耕+减氮 20%）处理间土壤容重及孔隙指标差异不明显，说明减氮对粉垄深耕的稻草还田土壤容重及孔隙状况影响不明显。T2、T5、T6 处理的容重均显著低于其他处理，而各孔隙指标相反，显示粉垄深耕显著提高稻草还田土壤孔隙状况及降低土壤容重。因此，相对稻草离田，减氮对土壤容重及孔隙状况影响不明显；而粉垄深耕可显著降低土壤容重，改善土壤孔隙状况。

表 8-12　土壤容重及孔隙状况

处理号	容重（g/cm^3）	总孔隙度（%）	毛管孔隙（%）	非毛管孔隙（%）
CK	1. 13±0. 05a	54. 38±3. 59bc	34. 1±2. 95b	20. 29±0. 79ab
T1	1. 12±0. 05a	52. 96±4. 19c	33. 20±2. 77b	19. 76±1. 73ab
T2	1. 01±0. 02b	61. 01±1. 38a	43. 09±1. 94a	17. 91±1. 03bc
T3	1. 12±0. 01a	55. 34±1. 25bc	33. 21±3. 43b	22. 12±2. 20a
T4	1. 11±0. 04a	53. 76±1. 86c	32. 46±1. 44b	21. 30±0. 55a
T5	1. 01±0. 07b	57. 56±1. 50abc	41. 39±1. 80a	16. 18±3. 16c
T6	0. 97±0. 05b	58. 79±1. 58ab	41. 07±2. 26a	17. 72±1. 02bc

2. 垂直深旋耕及减氮对剂秸秆还田土壤持水性能的影响

图 8-5 为不同处理土壤蓄水性能。CK、T1、T3、T4 间的土壤饱和蓄水量、吸持蓄水量及滞留蓄水量差异不明显，说明相对秸秆离田，秸秆还田及减氮对土壤的持水性能影响不显著；土壤饱和蓄水量、吸持蓄水量均表现为 T2>T1、T5>T3、T6>T4，说明垂直深旋耕显著提高土壤的持水性能，提高土壤的抗旱能力。

3. 垂直深旋耕及减氮对土壤有机碳及供肥能力的影响

表 8-13 可以看出。各处理间土壤 pH 值差异不明显，烟稻轮作烟田常规耕作、粉垄深耕及减氮对土壤反应无明显影响；CK、T1 间各处理有机质、碱解氮、有效磷及速效钾含量差异不明显，说明稻草还田对土壤总有机质和土壤 N、P、K 供应能力影响不明显，但 T1 颗粒有机碳含量显著高于 CK，说明稻草还田可提高活性有机碳含量；减氮 10%和 20%条件下，T1、T3、T4 间各指标间差异均不显著；说明烟稻轮作区减氮 10%和 20%对土壤有机碳及其组分含养分功能能力无明显影响。相较于 CK 处理，T2 总有机碳和碱解氮含量显著降低，颗粒有机碳含量显著升高，说明粉垄深耕可促进稻草秸秆腐解，但会降低土壤 N 的供应能力；相较于 T2 处理，减氮 10%和 20%条件下，各指标间差异不明显，

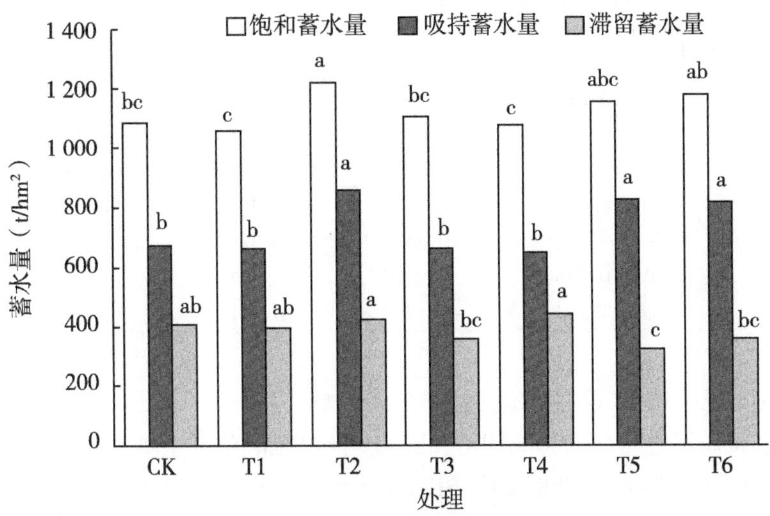

图 8-5　不同处理土壤蓄水性能

说明减氮对粉垄深耕烟田稻草腐解及养分供应能力不影响。综上，烟稻轮作区，稻草还田对土壤总有机碳无影响，但可提高土壤有机碳活性组分含量；粉垄深耕降低土壤有机碳及碱解氮含量，但对颗粒有机碳含量影响不明显，说明粉垄深耕可促进土壤有机碳矿化；不管常规耕作还是粉垄深耕，烟稻轮作区减氮 10%和 20%对土壤有机碳及其组分和土壤 NPK 供应能力均无影响。

表 8-13　土壤有机碳及速效养分

处理	pH 值	有机质（g/kg）	颗粒有机碳（g/kg）	碱解氮（mg/kg）	有效磷（mg/kg）	速效钾（mg/kg）
CK	5. 23±0. 25a	32. 23±1. 09a	6. 95±0. 50b	155. 02±0. 32a	11. 08±0. 52a	258. 66±56. 25a
T1	5. 24±0. 15a	31. 05±2. 01ab	8. 45±0. 79a	153. 76±6. 56a	10. 14±3. 32a	280. 98±52. 54a
T2	5. 29±0. 08a	29. 18±1. 00b	8. 39±0. 44a	145. 43±1. 72bc	10. 45±0. 20a	307. 01±108. 70a
T3	5. 28±0. 15a	32. 35±2. 25a	9. 76±0. 67a	153. 07±5. 81a	10. 61±2. 75a	332. 82±92. 36a
T4	5. 19±0. 17a	31. 83±1. 47ab	8. 33±1. 08a	150. 74±2. 24ab	9. 51±0. 42a	276. 67±50. 91a
T5	5. 1717±0. 04a	29. 94±0. 58b	8. 61±0. 84a	141. 33±2. 06c	11. 39±1. 85a	324. 18±29. 28a
T6	5. 34±0. 15a	29. 69±0. 50b	8. 62±0. 60a	144. 54±2. 18bc	9. 57±1. 53a	223. 83±10. 30a

4. 有机碳活性组分与土壤孔隙状况及团聚体间的相关关系

通过有机碳活性组分与土壤孔隙状况及团聚体间的相关性分析（表 8-14）表明，TOC 与总孔隙度、毛管孔隙度和粗大团聚体呈极显著正相关关系，与非毛管孔隙度、细大团聚体、粗微团聚体及细微团聚体呈显著负相关；LFOC 和 POC 均分别与总孔隙度、毛管孔隙度和粗大团聚体呈极显著正相关关系，均与非毛管孔隙度、细大团聚体及粗微团聚体呈极显著负相关关系；EOC 则仅与两个粒级的微团聚体呈显著负相关关系。

表 8-14　有机碳活性组分与土壤孔隙及团聚体的相关系数

项目		TOC	LFOC	EOC	POC
孔隙状况	总孔隙度	0.789**	0.678**	0.102	0.729**
	毛管孔隙度	0.832**	0.743**	0.179	0.768**
	非毛管孔隙度	−0.869**	−0.799**	−0.343	−0.797**
团聚体	>2mm	0.738**	0.564**	0.106	0.588**
	0.25~2mm	−0.553*	−0.384*	0.196	−0.437*
	0.053~0.25mm	−0.822**	−0.803**	−0.566**	−0.720**
	<0.053mm	−0.525*	−0.391	−0.495*	−0.389

5. 土壤孔隙及团聚体对有机碳活性组分的影响

为明确有机碳活性组分的影响因素，通过构建 SEM 分析土壤孔隙及团聚体变化对有机碳活性组分的综合响应（图 8-6）。SEM 拟合结果为：$\chi2=4.525$，$df=23$，$P=0.237$，RMSEA=0.051，GFI=0.986，说明模型适配良好，能代表自变量和因变量的关系。模型分别解释了 LFOC、POC 的 85%和 74%变异；仅解释了 EOC 12%的变化，且影响不显著。同时模型用路径及回归系数来估计自变量对应变量影响效应。模型中存在 4 条影响显著的路径，其中影响 LFOC 的路径 2 条，粗微团聚体—细大团聚体—粗大团聚体—毛管孔隙度—LFOC 和粗微团聚体—粗大团聚体—毛管孔隙度—LFOC；2 条影响 POC 的路径分别是粗微团聚体—细大团聚体—粗大团聚体—毛管孔隙度—POC 和粗微团聚体—粗大团聚体—毛管孔隙度—POC。总孔隙度与非毛管孔隙度虽影响有机碳活性组分，但均不显著。总体上，毛管孔隙度对土壤 LFOC 和 POC 均产生直接影响，影响系数大小分别为 1.28 和 1.13；而孔隙状况对土壤 EOC 影响不显著。

土壤毛管孔隙分别直接影响 LFOC 和 POC，其作用路径可分为 2 条：①粗微团聚体通过负向作用粗大团聚体，粗大团聚体再通过正向作用毛管孔隙度后，分别间接作用 LFOC 和 POC；说明由于稻草还田导致粗微团聚体直接参与粗大团聚体的形成，粗大团聚体形成的结果增加了毛管孔隙度，从而分别促进了 LFOC 和 POC 的积累；②粗微团聚体通过正向作用细大团聚体而间接作用粗大团聚体，且为负向作用，粗大团聚体再通过作用毛管孔隙度后，分别作用 LFOC 和 POC；说明由于稻草还田还可导致粗微团聚体和细大团聚体共同参与形成粗大团聚体，粗大团聚体增加促进了土壤毛管孔隙度形成，有利于 LFOC 和 POC 的积累。因此，烟稻轮作土壤 LFOC 和 POC 稳定与累积的途径之一在于粗大团聚体的形成促进了土壤毛管孔隙的形成，保护或稳定了 LFOC 和 POC。

（三）垂直深旋耕及减氮对稻秸还田烤烟产质量的影响

1. 垂直深旋耕及减氮对秸秆还田烤烟生长发育的影响

团棵期烤烟株高表现为 T1 显著高于 T3 和 T4，T2 显著高于 T5 和 T6，说明减氮稻秆还田降低团棵期烤烟的株高；同时，T2>T1、T5>T3 及 T6>T4，说明垂直深旋耕可提高团棵期烤烟的株高。最大叶面积表现为 CK、T1、T3 和 T4 各处理间差异不显著，但 T2 显著高于 T6，说明减氮对稻草还田烤烟叶片发育的影响不明显，但在垂直深旋耕条件下，减氮 20%条件下，烤烟叶片发育相对较弱；同时各处理垂直深旋耕最大叶面积表现为：

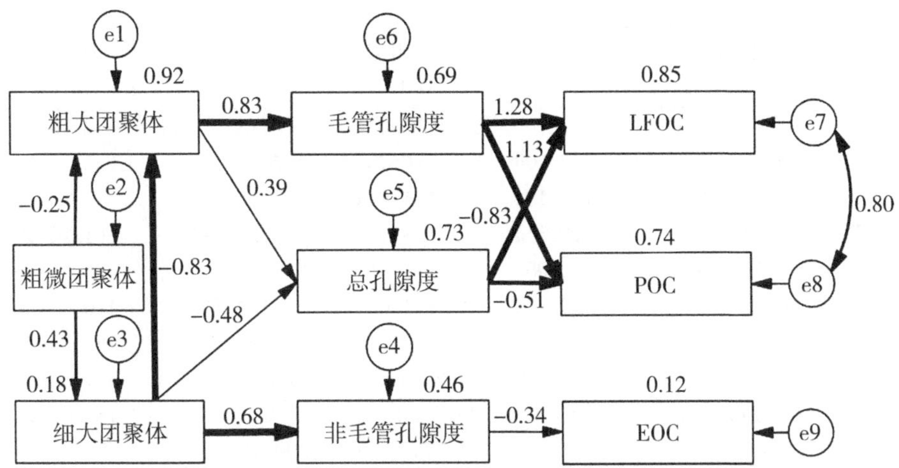

图 8-6　有机碳活性组分影响因素的结构方程模型（SEM）分析

（图中箭头上的数字为标准化路径系数，正值表示正向影响，负值表示负向影响；箭头的粗细表示影响水平，⟶表示 $P>0.05$ 不显著水平，⟶表示 $P<0.05$ 显著水，⟶表示 $P<0.01$ 极显著水平）

T2>T1、T5>T3 及 T6>T4，显示垂直深旋耕促进团棵期叶片发育。旺长期 T1 处理的茎围、最大叶长、最大叶宽及最大叶面积均显著高于 CK，同时 T4 处理的株高显著低于 T1，说明稻草还田促进旺长期烤烟的茎围及叶片发育，稻草还田在减氮 20%条件下烤烟株高显著降低；旺长期烤烟株高、茎围及烤烟叶片指标均表现为 T2>T1、T5>T3 及 T6>T4，说明垂直深旋耕促进旺长期烤烟生长。

现蕾期及成熟期烤烟 T1 处理的最大叶宽及最大叶面积显著高于 CK，显示稻草还田促进烤烟现蕾期及成熟期叶片生长；现蕾期及成熟期烤烟株高、茎围、最大叶长、最大叶宽及最大叶面积均表现为 T1>T3>T4，且 T2>T5>T6，说明减氮显著抑制现烤烟生长；同时烤烟株高、茎围及烤烟叶片指标均表现为 T2>T1、T5>T3 及 T6>T4，说明垂直深旋耕促进现烤烟生长。此外，CK、T3 及 T4 各生长指标差异不明显，表明从生长发育来看，稻草还田和垂直深旋耕分别在减氮 10%和 20%条件下，可与稻草离田保持一致。

表 8-15　不同处理的烤烟农艺性状

生育期	处理	株高（cm）	茎围（cm）	最大叶长（cm）	最大叶宽（cm）	最大叶面积（cm^2）
团棵期	CK	6. 6±0. 35b		31. 13±1. 03ab	16. 00±0. 80b	316. 13±16. 34bc
	T1	6. 47±0. 32b		32. 10±3. 22a	15. 50±1. 65bc	321. 50±65. 03bc
	T2	9. 10±0. 79a		34. 10±1. 84a	18. 93±1. 04a	410. 67±21. 00a
	T3	6. 10±0. 173c		31. 20±0. 78ab	13. 33±2. 55c	264. 23±54. 22c
	T4	5. 20±0. 87c		28. 67±1. 37b	16. 07±1. 51b	294. 03±40. 01c
	T5	7. 27±0. 38b		33. 33±1. 97a	18. 20±1. 04ab	384. 53±23. 22ab
	T6	7. 10±0. 96b		30. 83±0. 50ab	16. 40±0. 46ab	320. 43±33. 93bc

（续表）

生育期	处理	株高（cm）	茎围（cm）	最大叶长（cm）	最大叶宽（cm）	最大叶面积（cm^2）
旺长期	CK	83.73±1.47c	9.10±0.10d	60.7333±0.42d	22.07±0.31cde	849.40±15.56d
	T1	85.67±0.64bc	10.30±0.10c	64.93±0.70c	25.20±1.51bc	1 040.13±72.62c
	T2	93.93±2.72a	12.23±0.12a	75.33±1.81a	29.73±0.95a	1 417.70±59.66a
	T3	83.00±2.51c	8.87±0.15d	61.47±1.29d	22.07±0.99cd	861.20±24.00d
	T4	69.33±3.19d	8.23±0.06e	56.87±1.81e	18.87±1.90df	676.55±46.77e
	T5	88.07±1.21b	11.17±0.23b	67.53±1.62b	27.73±1.36ab	1 190.00±86.02b
	T6	81.93±1.15c	8.90±0.26d	59.27±0.70d	22.60±3.42c	865.27±21.34d
现蕾期	CK	85.73±1.22cd	11.80±0.10b	72.20±1.06cd	21.60±0.80d	989.00±43.35d
	T1	88.67±1.29c	11.97±0.42b	73.73±0.90c	24.93±0.50c	1 169.07±21.16c
	T2	116.40±1.51a	13.07±0.12a	81.27±2.21a	30.530.46a	1 572.53±25.12a
	T3	85.27±1.60d	11.23±0.76b	71.00±0.346d	22.27±0.12d	1 003.10±2.816d
	T4	72.53±3.35e	8.00±0.40c	68.20±1.40e	18.60±1.25e	804.90±47.81e
	T5	100.33±1.90b	11.93±0.12b	78.87±0.50b	27.80±1.00b	1 391.67±60.25b
	T6	84.40±0.72d	11.60±0.44b	70.93±1.29d	21.20±1.91d	953.63±86.35d
成熟期	CK	85.47±4.36c	12.77±0.15c	73.33±1.42d	22.07±1.01d	1 026.97±56.09d
	T1	88.87±1.33c	12.8±0.173c	77.20±1.00c	25.53±0.50c	1 250.67±21.98c
	T2	117.73±2.97a	14.03±0.12a	84.67±2.30a	31.27±0.61a	1 678.83±65.65a
	T3	87.07±3.50c	12.87±0.15c	73.20±1.00d	22.87±0.12d	1 062.07±1.70d
	T4	72.87±3.26d	11.23±0.40d	69.9333±0.64e	19.27±1.17e	856.00±41.76e
	T5	100.93±1.60b	13.27±0.15b	79.53±0.81b	28.40±1.00b	1 434.70±64.27b
	T6	89.00±0.92c	12.60±0.10c	72.53±0.70d	21.80±1.91d	1 002.37±75.58d

2. 减氮对秸秆还田烤烟质量的影响

上部烟叶，相较于 CK，T1 处理使总氮、还原糖、烟碱、氯离子和氮碱比显著增加了 57.24%、17.53%、26.77%、150%和 23.33%，同时也显著降低了糖碱比、糖氮比和钾氯比。相较于 T1，T3（稻草还田+减氮 10%）处理使还原糖、氯离子和氮碱比显著增加了 17.68%、31.43%和 12.16%，其余无显著差异。相较于 T1，T4（稻草还田+减氮 20%）处理使总糖、氮碱比显著降低了 11.33%和 9.46%。中部烟叶，相较于 CK，T1 处理使氯离子、氮碱比和糖碱比显著升高了 46.67%、57.75%和 48.93%，同时也显著降低了烟碱和钾氯比。相较于 T1，T3 处理使总糖、还原糖、烟碱和糖氮比显著增加了 14.37%、15.39%、26.76%和 32.85%，同时也降低了总氮和氮碱比，其余无显著差异。相较于 T1，T4 处理使还原糖、烟碱和糖氮比显著增加了 9.69%、39.44%和 22.17%。同时也显著降低了钾、总氮、氯离子、氮碱比和糖氮比。下部烟叶，相较于 CK，T1 处理使氯离子、氮碱比和糖碱比显著升高了 133.33%、50.72%和 36.53%，同时也显著降低了钾、总糖、还原糖、烟碱、糖氮比和钾氯比。相较于 T1，T3 处理使还原糖、氮碱比、糖碱比、糖氮比和钾氯比显著增加了 9.24%、10.58%、25.53%、13.19%和 33.16%，同时也降低了氯离子的含量，其余无显著差异。相较于 T1，T4 处理使钾、氮碱比和糖碱比显著增加了 11.7%、44.23%和 41.58%，同时也降低了烟碱的含量。说明稻草还田减氮 10%

和20%均改善中上部烟叶化学成分及化学协调性，但稻草还田减氮20%较为明显。

表 8-16　不同处理烤烟上部叶化学成分

等级	处理	钾含量（%）	总氮（%）	总糖（%）	还原糖（%）	烟碱（%）	氯离子（%）	氮碱比	糖碱比	糖氮比	钾氯比
B2F	CK	2.19b	1.52b	23.50b	15.40c	2.54b	0.14c	0.60d	9.27a	15.42a	15.99a
	T1	2.37ab	2.39a	24.27ab	18.10b	3.22a	0.35b	0.74b	7.55bc	10.15b	6.71b
	T3	2.61a	2.42a	25.13a	21.30a	2.93a	0.46a	0.83a	8.68ab	10.45b	5.69b
	T4	2.30ab	2.20a	21.52c	17.98b	3.29a	0.33b	0.67c	6.54c	9.81b	6.97b
C3F	CK	2.87a	1.65a	21.65ab	15.49bc	2.33a	0.15b	0.71b	9.32b	13.10b	19.68a
	T1	2.82a	1.59a	19.76b	14.75c	1.42c	0.22a	1.12a	13.88a	12.45b	13.16b
	T3	2.69ab	1.37b	22.60a	17.02a	1.80b	0.18ab	0.76b	12.53a	16.54a	15.20ab
	T4	2.49b	1.38b	20.97ab	16.18b	1.98b	0.15b	0.70b	10.63b	15.21a	16.85ab
X2F	CK	3.93a	1.71a	16.23a	12.28a	2.48a	0.12c	0.69d	6.57d	9.53a	33.09a
	T1	3.59b	1.60a	13.82bc	10.82c	1.54b	0.28a	1.04c	8.97c	8.64b	13.12c
	T3	3.62b	1.54a	15.06ab	11.82ab	1.34b	0.21b	1.15b	11.26b	9.78a	17.47b
	T4	4.01a	1.56a	13.21c	11.31bc	1.04c	0.31a	1.50a	12.70a	8.46b	12.80c

3. 垂直深旋耕及减氮对秸秆还田烤烟生物量及经济性状的影响

各处理的烤烟生物量及经济指标如表8-17。T1处理的烟叶产量、烟杆重及地上生物量均与CK差异不明显，说明稻草还田对烤烟生长影响不明显。烟叶产量、烟杆重及地上生物量均表现出T1>T3>T4，且T2>T5>T6，说明减氮稻草还田烤烟生长相对受到抑制，烟叶相对减产；同时，3个生物量指标均表现出：T2>T1、T5>T3及T6>T4，说明垂直深旋耕促进现烤烟生长，烟叶增产。

从烤烟经济性状指标来看。T1上等烟及中上等烟比例、均价和产值均与CK差异不明显，因此稻草还田对烤烟经济性状的影响不明显；T3处理的上等烟及中上等烟比例、均价和产值均显著高于CK和T1，同时T4处理显著低于CK和T2，说明稻草还田在减氮10%的条件下可提高烤烟质量及产值；其中上等烟及中上等烟比例分别提高18.39%和11.24个百分点；均价和产值分别提高23.95%和8.51%；减氮20%中上等烟比例、产值则分别显著降低8.9个百分点和18.17%。此外，相对于水平旋耕，垂直深旋耕条件下烤烟各项经济性状指标表现出：T2>T1、T5>T3及T6>T4，各指标增加比例分别为：上等烟比例增加12.26~37.53个百分点，中上等烟比例增加6.69~12.99个百分点，均价增加4.70%~22.12%，产值增加20.84%~46.37%，说明垂直深旋耕可提价烤烟的质量和产值。T2、T3处理烤烟的各项经济性状指标均显著高于CK，T4处理相反，但T6处理的中上等烟比例和产值与CK差异不明显，说明减氮10%稻草还田提改善烤烟的经济性状，提高烤烟产质量和产值；在垂直旋耕条件下减氮20%稻草还田虽可提高烤烟中上等烟比率、均价，但降低产量，从而降低烤烟产值；在垂直深旋耕条件下，减氮 20%稻草还田则能提高上等烟比率，提高烤烟均价，但对烤烟产值影响不明显。

表 8-17　不同处理烤烟生物量及经济性状的影响

处理	烟叶产量 (kg/hm²)	烟杆重 (kg/hm²)	地上生物量 (kg/hm²)	上等烟比例 (%)	中上等烟比例 (%)	均价 (元/kg)	产值 (元/hm²)
CK	1 864.89±37.02b	822.22±13.88d	2 687.11±42.97c	30.92±9.22d	64.24±5.15d	21.96±1.60d	40 964.55±3 226.54d
T1	1 857.78±64.02b	835.56±10.18d	2 693.34±67.06c	30.4±14.69d	68.79±3.49d	21.93±1.83d	40 656.91±2 023.34d
T2	2 223.56±123.67a	1 146.67±86.67a	3 370.22±210.34a	67.93±2.03a	75.48±3.08c	26.78±0.49ab	59 507.85±2 246.01a
T3	1 633.66±68.01c	777.78±16.78de	2 411.44±63.52d	49.31±7.73bc	84.42±3.36b	27.22±0.29ab	44 449.05±1 378.56c
T4	1 371.22±66.65d	722.46±75.24e	2 093.68±141.59e	44.67±0.44cd	55.26±2.70e	24.46±0.52c	33 519.22±1 194.33e
T5	1 893.67±64.91b	1 026.54±34.87b	2 920.20±35.24b	61.57±8.78ab	94.03±3.93a	28.50±0.48a	53 958.97±1 096.73b
T6	1 537.56±71.25c	926.67±46.67c	2 464.22±117.82d	62.52±1.38ab	68.25±1.76d	26.36±0.61b	40 505.88±1 032.28d

四、讨论与结论

土壤团聚体是土壤结构的重要组成单位，它的数量以及大小在一定程度上反映土壤供储养分、持水性和通透性等能力的高低。垂直深旋耕也显著增加了土壤 MWD、GMD 和>2mm 大团聚体含量，降低了<0.25mm 团聚体含量以及 D，可能是由于垂直深旋耕措施一方面增加了土壤中的胶结物质，另一方面将耕层下部的胶结物质翻起，使其在土壤中分布更加均匀。垂直深旋耕显著降低了土壤容重，增加了土壤有机质、速效钾和碱解氮含量，其原因在于垂直深旋耕采用转轴垂直于被耕地面的立式螺旋形钻头，多把旋耕刀切削、撞击、捶打、挤压土壤，能将全耕层土壤粉碎成细小颗粒，可达到降低土壤容重、提高土壤孔隙度、增加土壤肥力和土壤蓄水抗旱能力的效果，而且通过旋切刀的垂直搅拌，将稻草与土壤搅拌，充分均匀混入表层土壤和表下层土壤，加速了稻草养分的释放，从而提高土壤有机质、碱解氮、有效磷和速效钾含量。有研究表明，秸秆还田增加土壤 SOC、MBC、POC、DOC 和 EOC 的含量。本试验垂直深旋耕显著提升了土壤总有机碳和颗粒态有机碳；而且显著提升了总有机碳、易氧化有机碳含量和有机碳储量，其原因可能是垂直深旋耕后由于稻草秸秆与土壤接触较充分，土壤微生物活性以及矿质化进程高于单独稻草还田处理；溶解性有机碳含量变化不大，其原因可能是微生物对土壤活性有机碳的过度利用所造成的。

翻耕是烤烟生产过程中重要的农艺措施。本研究结果表明，垂直深旋耕显著增加了现蕾期最大叶宽和叶面积以及成熟期最大叶长和叶面积，同时还提前了上部叶成熟期，缩短了大田生育期，说明垂直深旋耕有利于促进烤烟后期的生长发育，这可能是由于垂直深旋耕下烟株前期偏重于根系生长，地上部长势较传统耕作烟株弱，中后期以后，由于发达根系支撑，烟株地上部生长加快，并逐渐超越水平旋耕处理烟株。同时，垂直深旋耕显著增加了产量、产值、均价和地上生物量；同时还显著提升了中部烟叶总氮、钾、总糖、还原糖、烟碱含量和下部烟叶烟碱和钾含量，改善了烤烟化学成分的协调性，这可能是垂直深旋耕显著改善土壤耕层结构，增强了土壤的通透性，有利于微生物的活动和养分的释放，使得烟株根系发达、代谢旺盛、生长状态良好、落黄及时，从而提高烤烟的产量和品质。垂直深旋耕下减氮 10%和 20%团棵期和现蕾期最大叶宽和叶面积均低于不减氮处理，减氮 20%还显著降低了成熟期株高和叶面积，而减氮 10%成熟期农艺性状与不减氮处理差异不大，其原因可能是垂直深旋耕可将稻草秸秆与土壤混匀，增加了土壤通透性，有利于土壤微生物活动和稻草腐解，激发土壤有效养分的释放，从而促进了烤烟后期的生长发育；同时减氮 10%和 20%推迟了团棵期和打顶期，提前了下部叶和上部叶成熟期，说明垂直深旋耕后减氮 10%和 20%不利于烟株前、中期的生长，但有利于烟株后期的落黄采烤。另外，减氮 10%和 20%都降低了产量和生物量，但是减氮 10%显著增加了产值、上等烟比例和均价，且显著高于不减氮和减氮 20%处理；同时减氮 10%显著增加了中部叶总糖和烟碱含量以及下部叶总糖、还原糖和烟碱含量，提升了烟叶化学成分的协调性，而减氮 20%降低了上中部烟叶总糖、烟碱和氯离子含量，不利于烟叶化学成分的协调性。因此，垂直深旋耕减氮 10%既减少了肥料的用量，又达到了提高烟叶品质的精益生产目的。

第九章 稻茬烤烟化肥氮减施增效模式构建与应用研究实践

第一节 研究目的和意义

烟草在国民经济中具有举足轻重的地位。保障烟叶生产安全和烟叶原料有效供给是建设现代烟草农业的首要任务。肥料是烤烟生产中最大的物资投入，特别是化肥，既是重要的农业生产资料，也是烤烟作物的“粮食”，在烤烟生产中发挥着不可替代的作用。为了保障烟叶的有效供应，多年来依靠化肥的大量投入维持烤烟单产，在我国部分烟区形成了化肥高量投入、农田高强度利用的烤烟生产技术体系。然而，化肥用量偏高、施肥结构不合理、施肥方式落后、化肥利用率不高、有机肥资源利用率低等问题，带来了土壤板结、酸化、环境污染和生态平衡破坏等一系列问题，不仅导致烟叶风格弱化、降低了烟叶可用性，而且增加了烤烟生产成本、带来环境污染，严重威胁着我国烤烟安全生产和农业生态环境安全。

化肥减施是节本增效和控制烟田面源污染的重要手段。烤烟生产的物资投入主要来自化肥投入。湖南省的稻茬烤烟一般施氮量 180kg/hm^2 左右，远远高于河南、云南烟区的烤烟施氮量，也高于临近的广东和福建。特别是个别烟农为追求更高的经济收益，以增加施肥量来换取人工成本的降低，烟田施氮量甚至在 225kg/hm^2 以上，出现化学肥料滥施现象。这种过度依赖化肥氮现象，并不是湖南省稻茬烤烟真正的需氮量，而是我们不了解稻茬烤烟的氮肥需求特性和稻茬烟区的气候特点，盲目采取的施肥措施，氮肥不能被烟株及时吸收利用而损失，导致氮肥利用率低，烤烟病害加重。不仅增加烤烟种植成本，也加剧烤烟生产对环境的污染。因此，需要对烤烟传统施肥方式进行梳理和改进，减少烤烟生产中化肥投入使用，降低烤烟生产成本，提高烟农收入，保护烟区生态环境，促进烤烟生产与生态环境协调发展，形成绿色循环发展体系。

化肥减施是高端原料定制化生产和调正烤烟营养状态的重要举措。提升湖南烟叶使用价值和有效供给能力，缓解烟叶供需结构性矛盾，满足高端卷烟品牌原料需求，提高烟叶可用性，实现烤烟定制化生产，是湖南烟叶可持续发展的关键路径。氮素是影响烟叶产量和品质最为重要的营养元素，合理施用氮肥是提高烟叶产量的有效手段，但在我国稻茬烤烟生产中，氮肥施用过量的现象较为普遍。这种大肥大水的管理方式，导致烟株个体和群体过大，违背了烤烟“中棵烟”生产理念，造成叶片颜色过深、叶片过厚、烟气刺激性强、烟气浓度与劲头不协调、烟气有害成分增加等烟叶品质下降和风格弱化问题，严重影响湖南烟叶在高端卷烟原料中的使用价值。造成这种现象主要原因，是烤烟生产中没有针对湖南稻茬烤烟前期低温多雨的生态条件，制定的施肥措施与烟株生长、化肥需求规律不一致。因此，减施化肥，调正烟株营养状态，培育中棵烟，构建湖南高端卷烟原料绿色增效技术模式，对提升湖南烟叶的烟气浓度和劲头的协调性、推动湖南烟叶持续稳健发展具有重要意义。

2019 年，中国烟草总公司湖南省公司立项重点课题《稻茬烤烟化肥减施增效技术模式构建与应用》（19-22Aa03），由中国烟草总公司湖南省公司烟叶管理处牵头，组织湖南省烟草公司郴州市公司、湖南省烟草公司衡阳市公司、湖南农业大学、湖南金叶众望科技股份有限公司等单位开展联合攻关。项目针对湖南稻作烟区生态特点和稻茬烤烟化肥氮用量偏高导致化肥利用率低而污染环境、烟田土壤质量下降、烤烟生产成本提升、影响烟叶质量和烟田可持续利用这一现实问题，围绕调优稻作烟田土壤生态、调正稻茬烤烟营养状态、控制烟田面源污染和提高高端原料定制化生产水平的目标，探索湖南稻茬烤烟化肥氮吸收规律和氮肥损失途径，明确了湖南稻茬烤烟氮素平衡特点，研制和改进新型灌蔸肥和烟草专用追肥，构建稻茬烤烟化肥氮减施与高效利用的方法和技术模式，并开展稻茬烤烟化肥减施技术模式的大面积示范推广，减少了烤烟生产中肥料面源污染、降低了生产成本、提高了烟叶质量、增加了烤烟种植效益，推动了烟草发展“转方式、调结构”，促进了稻茬烟区的烟叶生产可持续发展。

第二节　研究内容和方法

一、研究内容

针对湖南稻作烟区生态特点和烤烟化肥氮施用现状，围绕“绿色、生态、优质、安全”烟叶发展目标，采取边研究、边示范、边推广的方法，采用模拟试验和大田试验相结合，紧紧围绕烟田肥料资源高效利用、烤烟肥料供需平衡、化肥减施增效与土地肥力持续提升这一核心，开展稻茬烤烟化肥氮减施增效关键技术创新研究，构建稻茬烤烟化肥氮减施增效技术模式并示范。主要研究内容如下：

（1）稻茬烤烟化肥氮吸收与损失途径；

（2）稻茬烤烟增密减氮增效技术；

（3）有机肥替代化肥氮增效技术；

（4）根区施肥提质增效技术；

（5）基于补短板碳模式的增碳减氮增效技术；

（6）稻茬烤烟促根减氮增效技术；

（7）稻秸还田重构耕层减氮增效技术；

（8）稻茬烤烟减氮提质增效模式构建与示范。

二、研究思路

立足烟区实际，围绕调优稻作烟田土壤生态、调正稻茬烤烟营养状态、控制烟田面源污染和提高高端原料定制化生产水平的目标，以烤烟生产减施化肥氮提质增效为主线，探索湖南稻茬烤烟氮素高效利用机制和氮素损失途径，根系/根层调控实现养分释放与作物养分需求规律相匹配，4R（Right rate，Right time，Right source，Right placement）施肥技术优化养分管理；“精”（精准施肥）、“调”（调整化肥使用结构）、“改”（改变施肥方法）、“替”（有机替代）等途径控制化肥氮投入，明确湖南稻作烟区化肥氮减量、提质、增效的可行性和技术，构建稻茬烤烟化肥氮减施与高效利用的方法和技术模式并示范推广，推动烟草发展“转方式、调结构”，实现烤烟生产、生态环境、社会的协调发展。

三、技术路线（图 9-1）

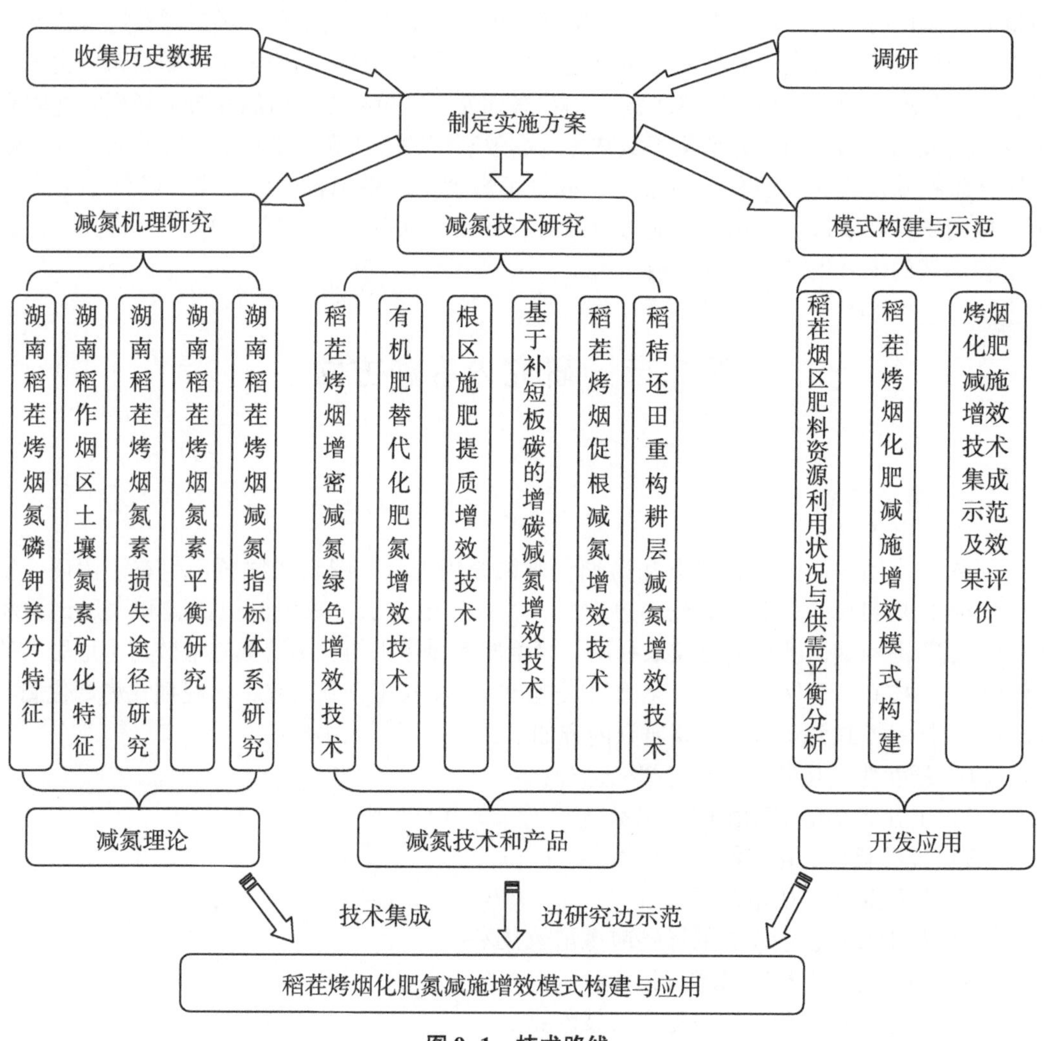

图 9-1　技术路线

第三节　主要创新成果

一、明确了稻茬烤烟氮素高效利用机制和氮素损失途径，绘制了稻茬烤烟氮素平衡图

（一）明确了湖南稻茬烤烟生长和养分积累、分配、利用的规律

采用典型案例分析方法，以郴州桂阳烟区和衡阳耒阳烟区稻茬烤烟为研究材料，研究了湖南稻作烟区不同产量水平、不同施氮水平、不同土壤的稻茬烤烟生长和养分积累、分配、利用效率。主要结论如下。

（1）随烤烟发育进程，干物质和氮、磷、钾的积累量在烟叶中的分配比例变小。

（2）稻茬烤烟增施追肥氮可促进烤烟根系生长，改善农艺性状，增加干物质积累，提高氮、钾肥吸收效率。

（3）丰产水平较适产水平烤烟地上部生长发育好，根系发达，干物质和氮、磷、钾养分积累多，氮、磷、钾肥利用效率高。

（4）丰产烟田的烟株根系发达、数量多、吸收表面积大，茎秆粗壮，叶面积大，干物质和氮、磷、钾养分的积累较多。

（5）耒阳烟区烤烟植株高大，茎粗、根粗、根与茎的干物质和养分积累多；桂阳烟区烤烟叶片面积大，侧根多，烟叶干物质和养分积累多。

因此，针对稻作烟田的土块大和低温阴雨天气，要选择适宜土壤类型，及早冬翻晒垡促进土壤熟化，适当增加追肥施氮量，重视中耕培土以提高土壤通气性和地温，为烤烟根系生长创造一个良好的土壤环境，促进烤烟早生快发。

（二）探明了稻茬烤烟氮素积累和分配规律，明确了稻茬烤烟氮肥损失途径，绘制了湖南稻茬烤烟氮素平衡图

以同位素示踪技术为手段，采用微区和大田试验相结合，研究了稻茬烤烟对氮素的吸收利用及烟田肥料氮的去向，主要研究结论如下。

（1）稻茬烤烟积累氮素主要由施肥提供（约占69%）。

（2）稻茬烤烟吸收氮素75.89kg/hm^2（按施氮量162kg/hm^{2}估算），主要分配给烟叶（约占59%）。

（3）湖南稻茬烤烟氮肥利用率25%~37%，追肥氮利用率高于基肥（约高7个百分点）。

（4）稻作烟区氮肥损失途径主要有土壤残留、地表径流、土壤淋溶、空气挥发，其中土壤残留占27%~42%，地表径流占17%~35%，土壤淋溶占9%~15%，空气挥发占1%~4%。

（5）随烤烟追肥比例增大，化肥氮损失减少。

（6）湖南稻茬烤烟氮素平衡图见图2-37。

二、探索了稻茬烤烟增密减氮效应，创建了稻茬烤烟增密减氮绿色增效技术模式

针对稻茬烤烟种植的密度小、施氮量高而造成的烟株个体发育过度、叶片过大过厚，烟叶风格弱化、品质下降的问题，采用施氮量和密度的双因素大田试验，研究了不同施氮量和密度水平对烤烟生长和烟叶质量及经济性状的影响，探索了种植密度和施氮量对烟叶经济性状、物理特性和化学成分的效应，创建了以“增密减氮培育中棵烟”为核心的稻茬烤烟绿色减氮增效技术模式。主要研究结论如下。

（1）随着施氮量的增加，株高、茎围、最大叶长和宽、最大叶面积增大，特别是低密度和高施氮量处理的烤烟农艺性状优势更加明显，这就是烟农喜欢采用低密度和大肥大水种植烤烟的理由。

（2）施氮量高的烟田叶面积指数较高，种植密度的增加对叶面积指数的影响不显著；烟叶的叶绿素含量随着施氮量增加而增加，随种植密度增加而减少；随氮肥用量的升高，净光合速率、气孔导度、胞间二氧化碳浓度、净蒸腾速率升高；上部叶和中部叶随着种植密度的减少，净光合速率、气孔导度、胞间二氧化碳浓度、净蒸腾速率先升高后降低；下部叶随种植密度的减少，净光合速率、气孔导度、胞间二氧化碳浓度、净蒸腾速率增加。

（3）随种植密度增加，烟叶的单叶重降低、含梗率降低、叶片厚度降低、叶质重降低，可见适当增加种植密度，可使叶片身份适中，结构疏松。随施氮量增加，烟叶的单叶重增加、叶片厚度增加、叶质重增加，可见增加施氮量，可使叶片身份变厚，结构紧密。因此，适当增加密度和减少氮肥施用，可提高烟叶的可用性。

（4）随种植密度增加，烟叶的烟碱、总氮含量降低；随施氮量增加，烟叶的烟碱、总氮含量增加。因此，适当增加密度和减少氮肥施用，可降低烟叶的烟碱含量，提高烟叶化学成分协调性。

（5）较高种植密度不利于上等烟比例和均价的提高，但由于其产量和产值高，其经济性状相对较好。施氮量主要影响烤烟产量和产值，较高施氮水平的上等烟比例和均价相对较低，但由于其产量和产值高，其经济性状也较好。不同互作处理的经济性状以高密度中氮相对较好，其次是高密度高氮，再次是中密度高氮，以低密度中氮经济性状相对较差。

（6）种植密度和施氮量及其互作对不同烤烟物理特性、化学成分和经济性状指标的效应不一样。施氮量主要影响烟叶开片率、单叶重、叶片厚度和叶质重，种植密度主要影响开片率、单叶重；施氮量对烤烟物理特性的影响贡献率占47%左右，种植密度占39%左右，种植密度与施氮量互作占14%左右。施氮量对烤烟化学成分的影响贡献率占46%左右，种植密度占30%左右，种植密度与施氮量互作占24%左右。种植密度对烤烟上等烟比例和均价具有显著的高度影响效应，但施氮量、种植密度和施氮量互作效应较小；种植密度、施氮量、种植密度和施氮量互作对烤烟产量和产值具有显著的高度影响效应；种植密度对烤烟经济性状的影响贡献率占40%左右，施氮量、种植密度与施氮量互作各占30%左右。

（7）研究提出稻茬烤烟绿色减氮增效技术模式：提高稻茬烤烟种植密度和减少氮肥

用量，增加追肥氮比例、减少前期氮肥用量、增加追肥次数、追肥氮水施等措施，辅之其他群体调控栽培技术，既能保证烤烟优质适产，又能显著提高烤烟对氮肥的利用效率，实现绿色减氮、丰产增效的协同。具体要求：施氮量 120~135kg/hm^2，行距 110~120cm，株距 50cm，密度 16 675~18 195 株/hm^2；单株留叶数 16~18 片；单叶重平均为 9~11g；上等烟比例 65%以上；产量 2 250~3 000kg/hm^2。较传统种植方式，减氮 15%~25%，增密 10%~20%，产值增加 15%~20%，净收益增加 20%~25%。

三、探索了稻茬烤烟有机无机肥料协同促进效应，创建了稻茬烤烟根区施用有机肥替代化肥减氮增效技术模式

为减少化肥在烟草生产中的使用，充分利用生物有机肥料来提高烟草的产量、内在品质和安全性，采用盆栽试验和大田试验相结合的办法，研究了生物有机肥与无机化肥配合施用对烤烟生长、烟株干物质和养分积累、烟叶生理特性和光合特性、烤后烟叶经济性状、烟叶物理特性、烟叶化学成分、烟叶评吸质量的影响，明确了生物有机肥在减施氮肥情况下根区施用的效应，创建了“根区施用生物有机肥替代化肥”减氮增效技术。主要研究结论如下。

（1）增施有机肥氮可提高烤烟叶绿素含量，改善烤烟生长后期光合特性，增加烟株干物总重，促进烟株氮磷钾量积累，提高烤烟肥料利用率，有利于改善烟叶物理特性和化学成分协调性，提高烟叶评吸质量，提高烟叶产量、产值和上等烟比例；生物有机肥和无机肥配施比例显著影响生物有机肥施用效果，以 50%~75%有机肥氮替代化肥氮的效果较优，100%有机氮后期易致使烟叶贪青，烤烟物理结构变差、化学成分协调性变差；烤烟种植物化成本随有机肥氮施用量增加而增加，烤烟净收益和产投比随有机肥氮施用量增加呈先增加而后降低的趋势，以 50%有机肥氮最高，烤烟氮肥偏生产力及偏生产效率以 75%有机肥氮最高。因此，稻茬烤烟可采用 50%~75%有机肥氮替代化肥氮，以提高烟叶质量，减少化肥氮施用。但有机肥含氮量低，增加有机肥氮占比，增加了肥料成本。因此，实际生产中，适当采用有机肥氮替代化肥氮，以降低生产成本。

（2）生物有机肥施于根区，可增加烤烟根系长度、体积、直径和分枝数，提高烤烟根系活力，有利烤烟营养生长，提高烤烟叶绿素含量和光合能力，增加烤烟干物质量，提高上等烟比例、产量、产值、物理特性指数、化学成分指数、感官评吸总分、氮肥偏生产力、氮肥偏生产效益。有机肥可替代部分烟草专用基肥中化肥氮（21kg/hm^2），不仅可减少化肥氮用量（化肥氮用量 99kg/hm^2），还可减少氮肥总用量（可减至 120kg/hm^2）。按 160kg/hm^2 的常规施氮量计算，总施氮量可减至 120kg/hm^2，减少总施氮量 25%，减少化肥氮 38. 13%。

（3）稻茬烤烟根区施用有机肥替代化肥减氮增效技术模式：总施氮量可减少 20%~30%，有机肥氮控制在 20%~30%；在烤烟移栽前 7~10d，将烟草专用追肥和生物有机肥的 1/2 混匀后穴施，采用人工或小型机械将基肥与移栽穴附近土壤混匀，以免局部浓度过高而伤根矬苗；将剩余生物有机肥的 1/2 按生物有机肥：火土灰=1：25 的比例混匀配制成移栽营养土，堆垛发酵 10~15d，移栽时用作围兜营养土（安蔸肥），具有保温爽水、丰富烟苗根区微生物、优化根系微生态环境的作用，可密封烟苗根系与大块水稻土之间的

缝隙，根、土、肥充分接触，使肥料集中于烟苗根区而更容易吸收，具有明显的促早生快发、增产和提质效果。该模式较传统种植方式，有机肥氮增加 20%~30%，减氮 20%~30%，产值增加 20%~30%，净收益增加 25%~30%。

四、探索了有机碳肥施用促进稻茬烤烟早生快发效应，创建了稻茬烤烟增碳减氮增效技术模式

针对稻茬烤烟施氮量大，导致碳氮不平衡、碳短板突出，特别是土壤有机质下降、化肥的“胃口”越来越大的问题，研究了补施有机碳肥对稻茬烤烟生长和产质量的影响，探索了补施有机碳肥促进稻茬烤烟早生快发的机理，创建了以施用有机碳肥（补碳短板）为核心的稻茬烤烟增碳减氮增效技术模式。主要研究结论如下。

（1）有机碳肥浓度对低温胁迫下烤烟生长发育具有双重效果，低浓度表现为促进作用，高浓度表现为抑制作用。适量施用有机碳肥可促进低温胁迫下的烟苗根系和地上部生长及干物质积累，提高叶片叶绿素含量，增强烤烟幼苗硝酸还原酶（NR）、超氧化歧化酶（SOD）、过氧化物酶（CAT）、过氧化物酶（POD）活性及根系活力。施用有机碳肥可提高烟苗抗寒能力和恢复生长能力，有利于南方稻茬烟区烟苗早生快发。

（2）施有机碳肥可增加土壤有机质，提高植烟土壤氮、磷、钾的有效性；施有机碳肥可提高土壤酶活性。

（3）施用有机碳肥有利于烤烟根系发育，增加烟叶面积，可促进烤烟干物质和氮、磷、钾、烟碱、氯的积累，并提高烟叶产量。施用有机碳肥有利于提高烟叶糖、钾含量，但烟叶烟碱含量增加。在烤烟移栽时结合定根水浇施和移栽后 20d 结合追肥浇施液态有机碳肥，对烤烟生长和干物质积累的效果较好。

（4）稻茬烤烟增碳减氮增效技术模式：施用液态有机碳肥辅助化肥氮，促进碳氮平衡，提高化肥氮利用率。在烤烟移栽时（结合浇定根水时施用）和移栽后 7~10d 分 2 次施用（结合浇施提苗肥或灌蔸肥时施用），施用量严格按照产品说明书规定的量和浓度施用，如全能有机碳肥用量为每次 45~50kg/hm^2，液态有机碳肥施用量为每次 75~80kg/hm^2，稀释 300 倍后浇施。较传统种植模式，该模式减氮 10%~20%，烟叶增产 10%~15%，产值增加 10%~20%，净收益增加 10%~15%。

五、探索了稻茬烤烟不同基追肥比例和施用促根剂效应，创建了稻茬烤烟促根减氮增效技术模式

针对湖南稻作烟区雨水多而肥料养分易流失、烤烟伸根期的低温阴雨而根系吸收养分困难等导致肥料利用率低而过量施用化学肥料的问题，为促进烤烟大田前期根系发育，提高烟株吸收养分能力，优化施肥模式以满足烟株养分需要与供应强度吻合，提高肥料利用率以减少化肥用量，改善烟叶品质以提高烤烟种植效益，研究了不同施氮量、不同基追肥氮比例、追肥次数、水溶性追肥配施促根剂对烤烟生长和产质量的影响；在明确了烟株氮素营养需求规律和土壤供肥能力基础上，将部分基肥氮后移至追肥，优化追肥中氮含量，使肥料更好地满足烟株营养需求和品质形成规律；以促进根系发育提高对肥料的吸收利

用，提高肥料利用率；从技术和管理层面对肥料配方进行调整开发新型肥料；创建了以“氮肥后移+促根+新型肥料”为核心的稻茬烤烟促根减氮增效技术模式。主要研究结论如下。

（1）在多雨稻作地区，适当提高追肥氮比例（60%~80%），有利于烟株早生快发，增加干物质积累量，提高烟叶产量和产值，改善烟叶品质，提高肥料的利用率。

（2）增加追肥次数有利于促进烟株早生快发，改善烟叶农艺性状，提高烟叶片光合效率，增加烤烟干物质积累，提高烟叶产量和产值及质量。从烟叶产量和产值看，稻茬烤烟追肥 4 次较为适宜。

（3）在南方低温阴雨的稻作烟区，稻茬烤烟移栽时添施合适的促根剂，有利于促进烤烟早生快发。不仅可提高追肥效果，还可以促进烤烟地下和地上部生长，减少化肥施用量，改善烟叶品质，提高烟叶产质量。

（4）采用促根减氮施肥模式有利于促进烤烟根系生长和地上部生长，增加烟株的干物质积累总量，增加烟株的氮素积累总量及烟叶中的氮、钾积累量，有效提高烤烟氮、磷肥的肥料吸收效率及肥料利用效益。与此同时，促根减氮施肥模式有利于提高烟叶外观质量，提高上部烟叶单叶重和叶质重，降低烟碱含量，提高上部和中部烟叶的评吸质量，提高烤烟上等烟比例、均价和产值，省工降本，提高烤烟种植效益和肥料利用效率。

（5）稻茬烤烟促根减氮增效技术模式：采用促进根系发育，减少基肥氮比例，增加追肥氮比例和追肥次数，适当推迟氮肥追施时期的施肥原则。用氮总量控制在 126~165kg/hm^2；N：P_2O_5：K_2O 比例为 1：（0.8~1）：（2.5~3）；基追肥比例控制在（2~4）：（6~8）。在烤烟移栽前 7~10d，将烟草专用基肥 750~900kg/hm^2，生物发酵饼肥 450kg/hm^2，与火土灰 1 200~15 000kg/hm^2 混匀，穴施基肥。移栽当天，结合淋定根水，浇施灌蔸肥 30kg/hm^2；移栽后的 7~10d 浇施灌蔸肥 75kg/hm^2；移栽后的 15~20d，施烟草专用追肥 225~300kg/hm^2；栽后的 30~35d，施烟草专用追肥 300~375kg/hm^2，另加硫酸钾 75~150kg/hm^2；移栽后 45~50d，施烟草专用追肥 75kg/hm^2，另加硫酸钾 150kg/hm^2；追肥采用兑水浇施或机械施肥或干施，按株均匀施肥。该施肥模式较传统施肥，氮肥利用率可提高 8.11 个百分点（基追肥氮 2：8 vs 6：4），可减氮 20%~30%，烟叶产值增加 5%~10%，净收益可提高 20%~25%。

六、探索了晚稻秸秆原位还田提高土壤地力和减施化肥氮的机理，创建了稻秸还田重构耕层减氮增效技术模式

针对秸秆直接还田的腐解速率较慢，养分不能及时释放，导致土壤碳氮比失调、有机酸积累和耕作困难等问题。利用盆栽试验，通过秸秆还土配施优势菌种分别为细菌和真菌及细菌、真菌和放线菌的 2 种类型腐熟剂，分析了稻草秸秆配施腐熟剂对植烟土壤有机碳组分、团聚体及烤烟生长与产质量的影响。垂直深旋耕作为一种新型的耕作方式，具有犁翻耕的深松作用，通过大田试验，研究了垂直深旋耕对植烟土壤有机碳、肥力质量和烤烟产质量的影响及其减氮效应。研究创建了以“秸秆还田+腐熟剂+垂直深旋耕+减氮 10%”为核心的稻秸还田重构耕层减氮增效技术模式。主要研究结论如下。

（1）稻草秸秆配施腐熟剂显著增加了土壤有效氮、有效磷、有机质及其组分含量；显著提高植烟土壤活性有机碳组分有效率并降低有机碳抗氧化能力；提高植烟土壤大团聚体含量和团聚体稳定性，显著提高各级团聚体有机碳含量及其贡献率；提高烤烟茎围、最大叶面积，增加烟杆及根系生物量，促进烤烟生长发育，且提高烟叶产量及上等烟叶比例，改善烟叶尤其是上、下部烟叶化学成分及协调性。

（2）稻草秸秆分别配施细菌+真菌和细菌+真菌+放线菌为优势菌种的腐熟剂，可促进烤烟生长发育，提高植烟土壤有效养分和有机碳组分、土壤团聚体稳定性及其有机碳含量，提高烤烟生物量及烟叶产量。

（3）垂直深旋耕可增加土壤有机质、速效钾、有效磷和碱解氮含量分别为 20.13%、8.20%、16.51%和 86.14%，降低土壤容重 10.32%；增加土壤总有机碳、易氧化有机碳、颗粒态有机碳和有机碳储量分别为 20.80%、14.68%、46.04%和 17.97%；增加土壤>2mm 大团聚体含量 27.44%，增加>2mm 团聚体有机碳含量 26.56%，增加>2mm 团聚体有机碳贡献率 37.73%。团聚体重量平均直径（MWD）和团聚体几何平均直径（GMD）显著增加了 21.09%、51.19%，土壤团聚体分形维数（D）显著降低了 12.24%。

（4）垂直深旋耕显著增加了现蕾期最大叶宽和叶面积以及成熟期最大叶长和叶面积，同时还提早了上部叶成熟期，缩短了大田生育期，促进了烤烟后期的生长发育。垂直深旋耕后减氮 10%推迟了团棵期和打顶期，但提早了下部叶和上部叶成熟期，缩短了大田生育期，有利于烤烟后期落黄采烤。较传统水平旋耕，垂直深旋耕后减氮 10%烤烟产值、上等烟比例和均价均分别提高了 52 181元/hm^2、52.20%和 28.63 元/kg，烤烟化学成分协调性趋优。

七、研发了稻茬烤烟专用基肥、灌蔸肥和追肥及其施用技术，丰富了南方烤烟肥料产品

依据研究成果，对现有基肥、提苗肥和追肥进行改造，优化基肥配方，研制了新型烤烟专用基肥、灌蔸肥和专用追肥，由湖南金叶众望科技股份有限公司组织生产，并对其施用量、施用时间和施用方法进行了改进。一是在传统专用基肥（$N-P_2O_5-K_2O$ =8-17-7，总养分≥32%，硝态氮/总氮≥15%，有机质≥15%，含硼、镁）的原配方上调整改进，开发新型专用基肥（$N-P_2O_5-K_2O$ =6-15-11，总养分≥32%，硝态氮/总氮≥20%，有机质≥20%，含硼、镁，含抗病解磷复合功能菌、营养增效剂等），降低了基肥中氮含量，增加了基肥中有机质含量和其他功能。二是将原提苗肥（$N-P_2O_5-K_2O$=20-9-0，总养分≥29%，硝态氮/总氮≥40%，含硼、镁、锌）改为灌蔸肥（$N-P_2O_5-K_2O$=20-9-0，总养分≥29%，硝态氮/总氮≥40%，含硼、镁、锌、钼；含黄腐酸，含抗病解磷复合功能菌、天然生物抗病素、保水保肥营养增效剂等，为全水溶肥），使提苗肥不仅具有营养的作用，还具有促根、防病功能。三是研制新型烤烟专用追肥，将原专用追肥（$N-P_2O_5-K_2O$=11-0-31，总养分≥42%，硝态氮/总氮≥50%）优化配方，开发为水溶性专用追肥（$N-P_2O_5-K_2O$=10-0-40，总养分≥50%，硝态氮/总氮≥75%，全水溶），减少了肥料含氮量，提高了硝态氮含量，且肥料为全部水溶性，作为液态水施不会堵塞施肥枪头。总施氮量下降了 28.8%，基肥全部穴施，追肥次数由 5 次降为 4 次，最后一次施肥延迟 5~10d。

第四节　示范应用

一、示范模式

针对科研成果推广难的问题，立足烟区实际，以烤烟生产化肥氮减施提质增效为主线，采用边试验、边示范、边推广的方法，在郴州烟区的桂阳县和衡阳烟区的耒阳市建立核心试验区开展相关技术研究，形成研究成果；以项目研究成果为主，引进已有成熟技术为辅，优化集成稻茬烤烟化肥氮减施增效技术模式，在郴州烟区和衡阳烟区的10个县市建立技术集成示范区，形成规模开发效益，依据规模开发存在的问题，反馈给试验区开展改进研究；依据集成示范区的示范效果，进一步优化技术模式，形成技术过程，将成果辐射至湖南、广东、江西等稻作烟区，开发特色优质烟叶，依据特色优质烟叶开发中发现的问题，反馈给试验区和示范区开展改进研究。创建了“试验区+示范区+辐射区”为核心的互反馈示范推广模式（图9-2），通过示范区和辐射区的建设带动作用，提升了稻作烟区烤烟生产水平，促进了稻作烟区的烟叶生产可持续发展。

二、示范效果

项目研究成果采用“三边”（边试验、边示范、边推广）应用，2020—2022年在桂阳县、耒阳市、茶陵县分别进行了促根减氮增效技术模式的小面积示范。2022年在耒阳市（$15hm^2$）、桂阳县（$54hm^2$）分别进行了不同模式的大面积示范。

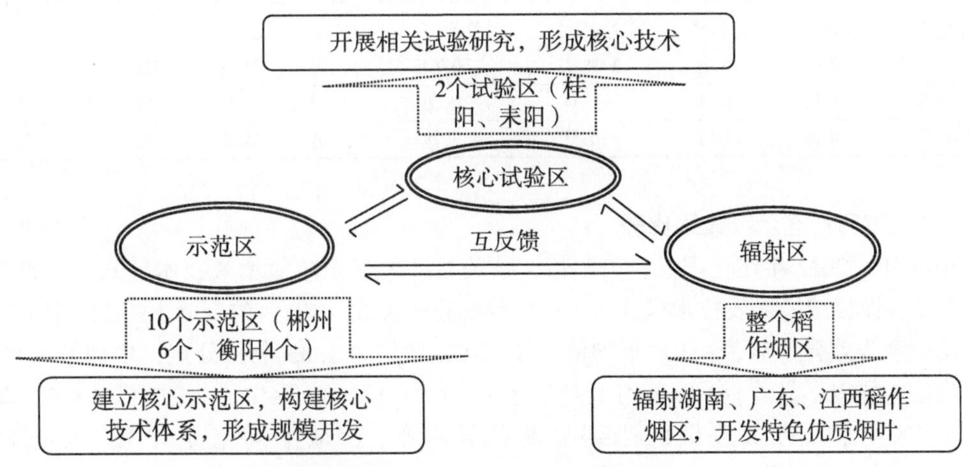

图9-2　“三区”互反馈示范推广模式

（一）不同年份示范效果比较

2020年、2021年、2022年桂阳县的促根减氮增效技术模式的示范结果见表9-1。烟叶上等烟比例不同年份虽有差异，但促根减氮增效技术模式（T）与传统施肥模式（CK）差异不显著；3 年平均值是 T 较 CK 增加了 0.12 个百分点，增加了 0.16%。烟叶均价不同年份也有差异，主要是 2021 年是 T 显著高于 CK；3 年平均值是 T 较 CK 增加了 0.53 元/kg，增加了 1.66%。不同年份烟叶产量差异不显著；3 年平均值是 T 较 CK 减产了 37.14kg/hm^2，减产了 1.53%。烟叶产值在不同年份表现不一样，2020 年是 T 低于 CK，2021 年和 2022 年是 T 高于 CK，但只有 2021 年表现为 T 显著高于 CK；3 年平均值是 T 较 CK 增加了 216.20 元/hm^2，增加了 0.28%。可见，2 个模式的产量性状指标差异不是特别明显。

从施氮量看，3 年平均 T 较 CK 减施了 36.50kg/hm^2，减施氮量为 22.05%；3 年氮肥利用率平均值是 T 较 CK 提高了 13.51 个百分点，氮肥利用率相对提高了 54.97%；3 年平均氮肥偏生产力 T 较 CK 提高了 3.89kg/kg，提高了 26.50%；3 年平均氮肥偏生产效益 T 较 CK 提高了 135.16 元/kg，提高了 28.99%。由此可见，采用促根减氮增效技术模式，虽对烟叶经济性状影响不是较明显，但减少了氮肥用量，提高了氮肥利用率和生产力；在减施氮肥 22.05%的情况下，还可维持烟叶原有产量和产值，可提高氮肥利用率 13.51 个百分点，提高氮肥偏生产力 26.50%，提高氮肥偏生产效益 28.99%。

表 9-1　不同年份促根减氮增效技术模式示范效果比较

年份	处理	上等烟比例 (%)	均价 (元/kg)	产量 (kg/hm^2)	产值 (元/hm^2)	施氮量 (kg/hm^2)	氮肥利用率 (%)	氮肥偏生产力 (kg/kg)	氮肥偏生产效益 (元/kg)
2020	T	77.34±2.56a	29.07±0.84a	2 351.73±68.22a	68 364.82±704.17a	135.00	35.01±1.46a	17.42±0.74a	506.41±10.21a
	CK	77.01±1.41a	28.96±0.47a	2 494.58±44.83a	72 243.04±213.35a	169.50	24.78±2.08b	14.72±0.90b	426.21±9.63b
2021	T	84.70±0.25a	35.01±0.18a	2 358.03±20.26a	82 561.06±428.80a	126.00	39.03±1.02a	18.71±0.52a	655.25±9.07a
	CK	82.38±0.38b	33.52±0.39b	2 367.97±25.21a	79 341.23±946.75b	162.00	23.86±2.67b	14.62±0.58b	489.76±8.32b
2022	T	75.36±1.04a	32.83±0.04a	2 465.67±60.64a	80 960.12±210.08a	126.00	40.22±3.25a	19.57±1.22a	642.54±11.25a
	CK	77.64±1.73a	32.85±0.68a	2 424.29±37.74a	79 653.13±299.33a	165.00	25.09±3.63b	14.69±0.86b	482.75±16.80b
3 年平均	T	79.13	32.30	2 391.81	77 295.33	129.00	38.09	18.57	601.40
	CK	79.01	31.78	2 428.95	77 079.13	165.50	24.58	14.68	466.24
绝对增加量		0.12	0.53	-37.14	216.20	-36.50	13.51	3.89	135.16
相对增加率 (%)		0.16	1.66	-1.53	0.28	-22.05	54.97	26.50	28.99

（二）不同产区示范效果比较

2021 年、2022 年在桂阳县、耒阳市、茶陵县开展促根减氮增效技术模式的示范结果见表 9-2。促根减氮增效技术模式（T）与传统施肥模式（CK）的烟叶上等烟比例在 3 个烟区均表现为差异不显著；3 地平均值是 T 较 CK 增加了 1.33 个百分点，增加了 1.98%。烟叶均价差异也不显著；3 地平均值是 T 较 CK 增加了 1.05 元/kg，增加了 3.51%。T 产量低于 CK，但只有茶陵烟区达到显著差异水平；3 地平均值是 T 较 CK 减产了 80.68kg/hm^2，减产了 3.39%。烟叶产值在不同产区表现也不一样，桂阳县和耒阳市是 T 高于 CK，茶陵县是 T 低于 CK，但差异不显著；3 地平均值是 T 较 CK 增加了 654.09 元/hm^2，增加了 0.92%。

从施氮量看，3 地平均 T 较 CK 减施了 37.50kg/hm^2，减施氮量为 22.94%；3 地氮肥利用率平均值是 T 较 CK 提高了 14.75 个百分点，氮肥利用率相对提高了 60.15%；3 地平均氮肥偏生产力 T 较 CK 提高了 3. 70kg/kg，提高了 25. 39%；3 地平均氮肥偏生产效益 T 较 CK 提高了 135. 28 元/kg，提高了 31. 03%。

由此可见，采用促根减氮增效技术模式，不同烟区的产量虽低于传统施肥模式，但与传统施肥模式的产值比较，桂阳县和耒阳市略有增加，只有茶陵县的产值显著较低。但总体上看，促根减氮增效技术模式减少了氮肥用量，提高了氮肥利用率和生产力；在减施氮肥 22. 94%的情况下，还可基本维持烟叶原有产量和产值，可提高氮肥利用率 14. 75 个百分点，提高氮肥偏生产力 25. 39%，提高氮肥偏生产效益 31. 03%。

表 9-2　不同产区促根减氮增效技术模式示范效果比较

年份	处理	上等烟比例（%）	均价（元/kg）	产量（kg/hm²）	产值（元/hm²）	施氮量（kg/hm²）	氮肥利用率（%）	氮肥偏生产力（kg/kg）	氮肥偏生产效益（元/kg）
桂阳县	T	72. 41±2. 61a	32. 37±0. 55a	2 397. 60±37. 83a	77 610. 31±813. 53a	126. 00	39. 42±1. 28a	19. 03±0. 96a	615. 95±15. 25a
	CK	70. 20±3. 05a	32. 08±0. 26a	2 419. 19±12. 70a	77 607. 12±825. 03a	165. 00	25. 65±2. 13b	14. 66±1. 06b	470. 35±12. 08b
耒阳市	T	72. 46±0. 86a	30. 61±0. 67a	2 418. 92±92. 61a	74 043. 14±678. 22a	126. 00	41. 29±1. 34a	19. 20±1. 06a	587. 64±9. 88a
	CK	70. 99±1. 27a	29. 02±0. 90a	2 446. 20±65. 48a	70 988. 72±780. 63a	165. 00	25. 74±2. 56b	14. 83±2. 16b	430. 24±7. 07b
茶陵县	T	60. 14±3. 90a	30. 84±0. 14a	2 084. 29±78. 96b	64 279. 50±601. 45a	126. 00	37. 08±3. 25a	16. 54±0. 63a	510. 15±20. 65a
	CK	59. 83±0. 68a	28. 57±1. 39a	2 277. 45±66. 81a	65 374. 86±568. 04a	160. 50	22. 16±3. 63b	14. 19±0. 42b	407. 32±25. 46b
3 地平均	T	68. 34	30. 94	2 300. 27	71 977. 65	126. 00	39. 26	18. 26	571. 25
	CK	67. 01	29. 89	2 380. 95	71 323. 57	163. 50	24. 52	14. 56	435. 97
绝对增加量		1. 33	1. 05	-80. 68	654. 09	-37. 50	14. 75	3. 70	135. 28
相对增加率（%）		1. 98	3. 51	-3. 39	0. 92	-22. 94	60. 15	25. 39	31. 03

（三）不同减氮增效技术示范模式的技术经济评价

2022 年在耒阳市和桂阳县开展了不同减氮增效技术模式大面积示范。示范设 4 个模式，分别为：S1（促根减氮施肥模式）、S2（促根减氮施肥+垂直深旋耕模式）、S3（促根减氮施肥+垂直深旋耕+液态有机碳肥模式）、CK（传统施肥模式）。

1. 不同减氮增效技术模式对烤烟根系的影响

由表 9-3 可知，不同模式的根系总长度、投影面积、表面积、体积表现基本一致，就是 S3、S2、S1 显著高于 CK，同时 S3 显著高于 S1；不同模式的根平均直径差异不显著；S1、S2 的根尖数显著高于 S3、CK。可见，促根减氮增效技术模式由于采用了促根措施，其根系性状优于传统施肥模式，采用垂直深旋耕技术可细碎土壤，其根系发育更好。

表 9-3　不同减氮增效技术模式的烤烟根系性状指标（打顶期）

处理	总长度（cm）	投影面积（cm²）	表面积（cm²）	平均直径（mm）	体积（cm³）	根尖数
S1	8 241. 93b	1 045. 01b	3 282. 99b	1. 35a	111. 79b	25 196a
S2	8 511. 38a	1 063. 75ab	3 356. 54ab	1. 21a	115. 85ab	25 522a
S3	8 543. 17a	1 087. 84a	3 403. 50a	1. 34a	127. 19a	24 950b
CK	7 935. 74c	1 025. 88c	3 181. 94c	1. 33a	103. 46c	23 453c

2. 不同减氮增效技术模式对烤烟农艺性状的影响

由表 9-4 可知，促根减氮增效技术模式的株高、茎粗、最大叶长均高于传统施肥模式，S3 和 S1 模式的叶片数和最大叶面积显著高于 CK；不同促根减氮增效技术模式以 S3 的农艺性状指标相对较优。表明采用促根减氮增效模式有利于改善烟株农艺性状，以促根减氮施肥+垂直深旋耕+液态有机碳肥模式的效果最好。

表 9-4　不同减氮增效技术模式的烤烟农艺性状（打顶期）

处理	株高（cm）	茎围（cm）	叶数	最大叶长（cm）	最大叶宽（cm）	最大叶面积（cm^2）
S1	107. 22ab	27. 14a	20. 67ab	71. 92a	20. 92c	951. 64b
S2	105. 87b	24. 92b	19. 33bc	60. 41b	23. 82b	910. 15c
S3	112. 69a	27. 93a	21. 33a	73. 44a	25. 30a	1 175. 21a
CK	103. 74c	22. 29c	18. 67c	55. 38c	25. 93a	908. 27c

3. 不同减氮增效技术模式对烤烟干物质积累与分配的影响

由表 9-5 可知，S3 和 S2 模式的烟株干物质积累显著高于 S1、CK，其叶的干物质积累量也相对较高。S1 模式的干物质积累量在烟叶中分配比例最大，在 50%以上。表明采用促根减氮增效模式有利于烟株干物质积累（S1、S2）或有利于干物质分配给烟叶（S1）。

表 9-5　不同减氮增效技术模式的烤烟干物质积累与分配（圆顶期）

处理	干物质积累总量（g/株）	器官干物质积累量（g/株）			器官分配（%）		
		根	茎	叶	根	茎	叶
S1	191. 94c	41. 92b	51. 43b	98. 59b	21. 84a	26. 79b	51. 37a
S2	217. 03b	44. 97a	67. 09a	104. 97ab	20. 72a	30. 91a	48. 37b
S3	230. 85a	45. 65a	73. 94a	111. 26a	19. 77a	32. 03a	48. 20b
CK	188. 49c	40. 25b	59. 30b	88. 94c	21. 35a	31. 46a	47. 19b

4. 不同减氮增效技术模式对烤烟经济性状的影响

由表 9-6 可知，不同模式的上等烟比例、均价虽有差异，但没有达到显著水平。从烟叶产量看，S1、S2、S3 模式的产量均低于 CK，但没有达到显著水平。从烟叶产值看，S2、S3 模式显著高于 S1、CK。采用促根减氮增效模式的 S1、S2、S3，由于减施了氮肥，烟叶成熟度较均匀，落黄较早，易烘烤；CK 施氮量较高，产量虽较高，但烘烤后烟叶均价略低于促根减氮增效模式。总体上看，促根减氮增效模式有利于提高烟叶产值，增加烟农收入。

表 9-6 不同减氮增效技术模式的烤烟经济性状

处理	上等烟比例（%）	均价（元/kg）	产量（kg/亩）	产值（元/亩）
S1	73.52a	30.48a	2 415.90a	73 636.63b
S2	74.28a	31.28a	2 403.30 a	75 175.22a
S3	71.27a	31.05a	2 453.40a	76 178.07a
CK	70.58a	29.11a	2 512.20a	73 130.14b

5. 不同减氮增效技术模式对烟叶化学成分的影响

由表 9-7 可知，从上部叶看，S1 处理总糖、还原糖含量较高，淀粉含量较低；S2 处理烟碱含量最低；S3 处理钾含量最高；CK 烟碱、总氮和淀粉含量最高。从中部叶看，S3 总糖、还原糖和钾含量最高；CK 烟碱和总氮含量最高。从下部叶看，S3 总糖、还原糖和钾含量最高；CK 烟碱和总氮含量最高。总体上看，采用促根减氮增效技术模式的处理的烟叶化学成分均在适宜范围内；CK 由于施氮量高，其上部烟叶的烟碱含量偏高；S3 处理施用了液态有机碳肥，有利于提高烟叶总糖和还原糖。

表 9-7 不同减氮增效技术模式的烟叶化学成分

部位	处理	总糖	还原糖	烟碱	总氮	氯	钾
上部	S1	25.72a	18.46a	3.02b	2.03b	0.52a	2.04b
	S2	21.21bc	15.52b	2.81c	2.27ab	0.31a	2.07b
	S3	23.50ab	17.62a	3.30ab	2.32ab	0.26a	2.26a
	CK	19.89c	14.61b	3.58a	2.41a	0.43a	1.85b
中部	S1	25.44b	16.14b	2.41b	1.96ab	0.47a	2.66b
	S2	24.94b	16.12b	2.06c	1.82ab	0.37 a	3.07a
	S3	31.93a	23.10a	2.34b	1.61b	0.37a	3.03a
	CK	22.26c	14.82c	2.88a	2.02a	0.49a	2.88ab
下部	S1	19.63ab	12.00b	2.31a	2.00a	0.48b	3.09a
	S2	20.10a	12.98b	2.11b	1.79b	0.29b	3.50a
	S3	20.62a	15.17a	1.72c	2.10a	0.39 b	3.59a
	CK	18.05b	12.84b	2.39a	2.18a	0.69a	3.30a

6. 不同减氮增效技术模式对烟叶评吸质量的影响

由表 9-8 可知，对于上部叶，S2、S3 模式的感官评吸质量相对较好，S1 最差。对于中部叶，S1 模式的感官评吸质量最好，其次是 S3，CK 最差；对于下部叶，S1 感官评吸质量最好，其他模式差异不明显。总体上看，采用促根减氮增效技术模式的烟叶评吸质量要优于传统施肥模式。

表 9-8　不同减氮增效技术模式的烟叶感官评吸质量

部位	处理	专家 1	专家 2	专家 3	均值
上部	S1	77.69	72.40	82.74	77.61b
	S2	87.89	87.03	79.89	84.94a
	S3	88.73	81.00	79.78	83.17a
	CK	76.05	74.50	80.44	77.00b
中部	S1	93.95	90.73	91.49	92.06a
	S2	89.41	88.10	86.22	87.91bc
	S3	89.61	88.07	92.83	90.17ab
	CK	85.46	87.08	84.17	85.57c
下部	S1	77.24	69.62	73.11	73.32a
	S2	72.80	68.51	75.20	72.17b
	S3	71.71	70.09	71.24	71.01b
	CK	72.33	71.84	72.91	72.36b

7. 不同减氮增效技术模式的环境效应分析

借助刘钦普提出的化肥使用环境风险指数模型，计算各作物化肥使用的环境风险指数（表 9-9），以评价不同种植方案的环境效应。促根减氮增效技术模式与传统施肥模式氮肥使用风险等级均为低度风险，钾肥使用风险等级均为严重风险；促根减氮增效技术模式的磷肥使用风险等级为中度风险，传统施肥模式的磷肥使用风险等级为重度风险，化肥使用环境风险总指数促根减氮增效技术模式为低度风险，传统施肥模式为中度风险。表明促根减氮增效技术模式可以降低肥料使用环境风险。

表 9-9　不同施肥模式环境风险指数及环境风险等级

施肥模式	氮肥		磷肥		钾肥		风险总指数 R_t	风险等级
	风险指数	风险等级	风险指数	风险等级	风险指数	风险等级		
S	0.50	低度风险	0.62	中度风险	0.87	严重风险	0.57	低度风险
CK	0.57	低度风险	0.69	重度风险	0.87	严重风险	0.63	中度风险

备注：氮肥、磷肥、钾肥的权重分别为 0.648、0.230、0.122。

8. 不同减氮增效技术模式的投入产出分析

由表 9-10 可知，促根减氮增效技术模式化肥施用量减少，节约了肥料成本；S2、S3 模式由于采用垂直旋耕或施用有机碳肥，物化成本相应增加。S3 模式总产值最大，但总成本也最大，其净产值略低于 S1。S1 总产值虽然不高，但物化成本低，净产值最高。总体上看，促根减氮增效技术模式，不仅可增加烤烟种植的总产值，也可提高净产值，有利于增加烟农收入。

表 9-10　不同减氮增效技术模式的投入和产出　　单位：元/hm²

处理	总产值	物化成本	人工成本	总成本	净产值
S1	73 636. 63b	40 294. 71c	3 625. 96a	43 920. 67c	29 715. 96a
S2	75 175. 22a	42 594. 71a	3 625. 96a	46 220. 67a	28 954. 55b
S3	76 178. 07a	42 994. 71a	3 625. 96a	46 620. 67a	29 557. 40a
CK	73 130. 14b	41 548. 04b	3 625. 96a	45 174. 00b	27 956. 14b

9. 不同减氮增效技术模式的综合效应评价

将综合效应分为经济效应、环境效应两个一级指标，在一级指标下设置 10 个二级指标（9-11）。具体指标如下。

（1）经济效应指标，包括总产值、净产值、成本利润率与化肥产值比。总产值、净产值能够反映不同模式的价值总和；成本利润率代表不同模式的经营成果；另外，引入化肥产值比这一指标，化肥产值比为某模式生产总值与总化肥使用量之比，反映不同模式的化肥使用产生的价值。这 4 个指标能够较全面地反映出不同施肥模式的经济效果。

（2）环境效应指标，包括氮肥、磷肥、钾肥使用量、化肥风险总指数和农作物的固碳量。化肥使用会对环境产生不利的影响，化肥使用量越大，越可能对环境造成危害。化肥环境风险总指数可以反映化肥使用对环境造成风险的程度。在全球气候变暖的大背景下，增加碳汇、减少温室气体排放的意义重大，作物固碳量可以反映作物的固碳能力。因此，将农作物固碳量纳入评价环境效应的指标体系，以生物产量表征。上述 5 个指标能够较全面地反映不同施肥模式的环境效应。

表 9-11　综合评价指标体系及权重

一级指标	二级指标	权重	指标方向
经济效应	总产值	0. 13	正向
	净产值	0. 15	正向
	成本利润率	0. 17	正向
	化肥产值比	0. 14	正向
环境效应	氮肥使用量	0. 04	负向
	磷肥使用量	0. 06	负向
	钾肥使用量	0. 05	负向
	化肥环境风险总指数	0. 07	负向
	烤烟固碳量	0. 19	正向

利用熵值法求得各指标权重，结果如表 9-11 所示。利用表 9-11 中的权重与相应数据，得到不同模式的经济效应与环境效应得分，二者相加得到各模式的综合效应得分，结果如表 9-12 所示。表中经济效应 S3 最佳，CK 最差；环境效应 S3 最佳，CK 最差，主要由于 CK 施肥量较大，环境风险等级较高。最终综合得分排序为 S3>S2>S1>CK。由此可见，促根减氮增效技术模式的综合效应高于传统施肥模式，促根减氮施肥+垂直深旋耕+

液态有机碳是一种兼顾经济效益与环境效益的促根减氮增效技术模式。

表 9–12　不同减氮增效技术模式综合效应

处理	经济效应	环境效应	综合效应
S1	0. 38	0. 36	0. 74
S2	0. 41	0. 38	0. 79
S3	0. 50	0. 41	0. 91
CK	0. 33	0. 07	0. 40

三、社会效益

化肥减量增效是农业绿色发展的必然要求。用化肥增量换取烟叶增产的时代已经结束。本项目围绕烟叶品质提升和氮素养分高效利用两大目标，协调土壤、化肥和烤烟三者关系，改善烟株对肥料的吸收能力和利用效率，在保证烟叶质量的前提下，获得较高的产量来保证种植者有较高收益。项目研发的稻茬烤烟减氮增效技术模式集成示范验证，示范区烤烟营养均衡、发育良好、长势稳健、成熟落黄特征明显，上等烟比例提高，烟叶品质提升，种植效益增加，取得了良好示范效果，对稻茬烤烟化肥减施起到了示范带动作用。一是节本增效。据多年、多点示范测算，氮肥利用率提高 13～14 个百分点，减少氮素用量 36～37kg/hm^2，相当于减少尿素用量 78～80kg/hm^2（实物量），减少生产投入约 250 元/hm^2。二是提质增效。在减少氮肥用量的同时，增加了烟叶糖含量，降低了烟叶的烟碱含量，提升了烟叶品质，烟叶风格特色更加彰显，烟叶产值可增加 200～650 元/hm^2。三是减排增效。氮肥利用率提高 13～14 个百分点，减少氮排放 36～37kg/hm^2，相当于减少碳排放约 100kg/hm^2，相当于碳交易收入约 20 元/hm^2。四是稻作烟区的烟叶化学成分更加协调，提升了品牌价值；五是增加了烟农收入，稳定了烟农队伍，稳定了烟叶生产，为稻作烟区的烤烟生产高质量发展提供了坚实的科技支撑。

四、生态效益

项目成果本身对环境没有污染。项目在实施过程中，牢固树立人与自然和谐共生的绿色发展理念，始终坚持“优质、特色、生态、安全”的烟叶发展目标，集成推广稻茬烤烟减氮增效技术模式。有机肥替代化肥根区施用，提高了有机肥利用效率，有效缓解了土壤板结和酸化，保持了土壤中微量元素的平衡。晚稻秸秆原位还田重构耕层，减少了稻秸焚烧带来的空气污染，改善了土壤物理结构，提高了土壤肥力，促进了烟粮协同发展。有机碳肥施用，促进了土壤碳氮平衡，提高了肥料利用率。增密减氮和促根减氮等非施肥手段和措施，减少了化肥施用，避免了土壤环境污染，降低了烤烟生产成本。总之，稻茬烤烟减氮增效技术模式的推行有效推动了化肥的合理使用，降低了施肥所造成的环境污染，净化空气，美化人居环境，使烟区生态更加安全，具有显著的生态效益。

参考文献

鲍士旦，2008. 土壤农化分析［M］. 北京：中国农业出版社：30-281.
曹小闯，李烨锋，吴龙龙，等，2020. 有机水溶肥对水稻干物质、氮素积累和转运的影响［J］. 作物杂志（5）：110-118.
陈鹏宇，杨超，汪代斌，等，2021. 基于盆栽试验的促根剂对低温条件下烤烟地上部生长和根系发育的影响［J］. 烟草科技，54（1）：17-23.
陈萍，李天福，张晓海，等，2003. 利用15N示踪技术探讨烟株对氮素肥料的吸收与分配［J］. 云南农业大学学报，18（1）：1-4.
陈秀莲，魏晓琼，吴德淼，2014. 液态有机碳肥对蕹菜品质的影响［J］. 中国果菜（12）：67-69.
陈懿，张纪利，潘文杰，等，2010. 贵州典型烟区土壤对烤烟生长发育相关生理特性的影响［J］. 贵州农业科学，38（12）：131-134.
陈壮壮，郭俊杰，陈泽鹏，等，2015. 不同施肥模式对烤烟氮钾肥利用效率及产量和品质的影响［J］. 华北农学报，30（5）：180-188.
邓小华，2007. 湖南烤烟区域特征及质量评价指标间关系研究［D］. 长沙：湖南农业大学：46-64.
邓小华，蔡兴，于庆涛，等，2016. 增密和减氮对稻茬烤烟物理性状的效应分析［J］. 烟草科技，49（10）：23-30.
邓小华，陈冬林，周冀衡，等，2009. 湖南烤烟物理性状比较及聚类评价［J］. 中国烟草科学，30（3）：63-68，72.
邓小华，邓井青，宾波，等，2014. 邵阳植烟土壤有机质含量时空特征及与其他土壤养分的关系［J］. 烟草科技（6）：82-86.
邓小华，王新月，杨红武，等，2020. 粉垄耕作深度对烤烟生长和物质积累及烟叶产质量的影响［J］. 中国烟草科学，41（5）：28-35
邓小华，向清慧，刘勇军，等，2020. 施用改良剂对山地土壤pH和烤烟生长及产质量的效应［J］. 核农学报，34（7）：1568-1577.
邓小华，肖志君，齐永杰，等，2016. 种植密度和施氮量及其互作对湘南稻茬烤烟经济性状的效应［J］. 湖南农业大学学报（自然科学版）（3）：274-279.
邓小华，谢鹏飞，彭新辉，等，2010. 土壤和气候及其互作对湖南烤烟部分中性挥发性香气物质含量的影响［J］. 应用生态学报，21（8）：2063-2071.
邓小华，杨丽丽，邹凯，等，2017. 烟稻轮作模式下烤烟增密减氮的主要化学成分效应分析［J］. 植物营养与肥料学报，23（4）：991-997.
邓小华，周冀衡，杨虹琦，等，2007. 湖南烤烟外观质量量化评价体系的构建与实证分析［J］. 中国农业科学，40（9）：2036-2044.
丁云生，何悦，曹金丽，等，2009. 大理州烤烟主要化学成分特征及其可用性分析［J］. 中国烟草科学，30（3）：13-18.
段凤云，周廷中，杨红武，等，2008. 基追肥比例对烤烟干物质累积和碳氮代谢的影响［J］. 昆明学院学报，30（4）：46-49.
段淑辉，刘天波，张璐，等，2016. 浏阳烟区烤烟氮素吸收利用特征［J］. 中国烟草科学，37（5）：28-33.
符云鹏，刘国顺，汪耀富，等，1998. 雨养烟区烤烟干物质积累及养分吸收分配规律的研究［J］. 河南农业大学学报（9）：38-42.
付红梅，曹华，温从育，2017. 有机碳肥对油茶林地土壤养分和产量的影响［J］. 江苏林业科技，44（3）：31-34.
高洪军，彭畅，张秀芝，等，2020. 秸秆还田量对黑土区土壤及团聚体有机碳变化特征和固碳效率的影响［J］. 中国农业科学，53（22）：4613-4622.
高家合，杨祥，李梅云，等，2009. 有机肥对烤烟根系发育及品质的影响［J］. 中国烟草科学，30（6）：38-41，45.
高真真，段卫东，胡坤，等，2019. 温度和水分对典型香型烟区植烟土壤氮素矿化的影响［J］. 土壤，51（3）：442-450.
桂丕，陈娴，廖宗文，等，2016. 不同氮水平下有机碳对蕹菜碳氮代谢及生长的影响［J］. 土壤学报，53（3）：746-756.
郭培国，陈建军，郑燕玲，1998. 应用^{15}N 示踪法研究烤烟的氮素营养［J］. 中国烟草学报，4（2）：64-68.
郭群召，姜占省，张新要，等，2006. 不同有机质含量土壤对烤烟生长发育和氮素积累及上部叶化学成分的影响［J］. 中国农学通报，22（5）：254-257.
韩锦峰，郭培国，1990. 氮素用量、形态、种类对烤烟生长发育及产量品质影响的研究［J］. 河南农业大学学报，28（3）：275-285.
韩锦峰，郭培国，黄元炯，等，1992. 应用^{15}N 示踪法探讨烟草对氮素利用的研究［J］. 河南农业大学学报，26（3）：224-227.
韩锦峰，郭月清，刘国顺，1987. 烤烟干物质积累和氮磷钾的吸收及分配规律的研究［J］. 河南农业大学学报（3）：8-12.
侯毛毛，邵孝侯，翟亚明，等，2016. 基于^{15}N 示踪技术的烟田肥料氮素再利用分析［J］. 农业工程学报，32（增刊 1）：118-123.
化党领，杨秋云，王镇，等，2011. 施用生物有机肥对烤烟生长及香气物质含量的影响［J］. 中国烟草学报，17（1）：62-66.
赖根伟，叶飞林，胡双台，2017. 有机碳肥对香榧幼林生长影响研究初报［J］. 林业科技（4）：10-12.
李超，林建委，曾繁东，等，2014. 不同氮肥管理模式对烤烟产量、品质形成和氮肥利用率的影响［J］. 华南农业大学学报，35（5）：57-63.
李春俭，张福锁，李文卿，等，2007. 我国烤烟生产中的氮素管理及其与烟叶品质的关系［J］. 植物营养与肥料学报，13（2）：331-337.
李冬，陈蕾，夏阳，等，2014. 生物炭改良剂对小白菜生长及低质土壤氮磷利用的影响［J］. 环境科学学报，34（9）：2384-2391.
李方杰，时明坤，庞海芳，等，2021. 松土促根剂和秸秆腐熟剂对砂姜黑土农田夏玉米生长及产量的影响［J］. 河南农业大学学报，55（2）：234-242.
李宏光，赵正雄，杨勇，等，2007. 施肥量对烟田土壤氮素供应及烟叶产质量的影响［J］. 西南师范大学学报（自然科学版），32（4）：37-42.
李君，张云贵，谢强，等，2020. 泸州烤烟养分管理的关键技术参数研究［J］. 中国土壤与肥料（2）：100-106.
李培培，张冬冬，王小娟，等，2012. 促分解菌剂对还田玉米秸秆的分解效果及土壤微生物的影响［J］. 生态学报，32（9）：2847-2854.
李莎，2008. 氮磷钾配比对烤烟生长发育及产质量的影响［D］. 重庆：西南大学.
李伟，邓小华，周清明，等，2015. 基于模糊数学和 GIS 的湖南浓香型烤烟化学成分综合评价［J］. 核农学报，29（5）：0946-0953.
李文璧，朱凯，段凤云，等，2008. 施氮量和种植密度对红花大金元烟田小气候和产值的影响［J］. 中国烟草科学，29（2）：27-32.
李文卿，江荣风，陈顺辉，等，2010. 不同施氮处理对烤烟生长和植物碱积累的影响［J］. 中国烟草学报，16（2）：55-60.
李晓婷，常寿荣，孔宁川，等，2013. 不同有机肥与无机肥配施对烤烟生长及铅、镉含量的影响［J］. 中国烟草科学，34（5）：37-41.
李艳平，任天宝，李建华，等，2016. 烟秆有机肥对烤烟根系发育和矿质元素含量的影响响［J］. 中国烟草科学，37（6）：21-26.
李永富，邓小华，宾波，等，2015. 湖南省邵阳烟区土壤有效锌含量时空特征及其影响因素［J］. 中国烟草学报，21（1）：53-59.
李峥，张保全，杨双剑，等，2018. 不同类型土壤对烤烟感官质量的影响［J］. 昆明学院学报，40（3）：21-27.
梁洪波，刘昌宝，许家来，等，2006. 山东不同土壤类型对烟叶品质的影响［J］. 中国烟草科学，27（2）：41-43.
刘大义，高琼玲，1984. 烤烟干物质积累和氮、磷、钾养分吸收分配规律的研究［J］. 贵州农业科学（3）：39-46，30.
刘国顺，符云鹏，高致明，等，1998. 豫西雨养烟区烤烟生长发育规律研究［J］. 河南农业大学学报，32（增刊）：1-8.
刘晶，苟正贵，陈颖，2008. 密度和纯氮用量对烤烟总氮和烟碱含量的影响［J］. 山地农业生物学报，27（3）：195-199.
刘青丽，石俊雄，张云贵，等，2010. 应用^{15}N示踪研究不同有机物对烤烟氮素营养及品质的影响［J］. 中国农业科学，43（22）：4642-4651.

刘思峰，党耀国，方志耕，等，2004. 灰色系统理论及其应用［M］. 3 版 . 北京：科学出版社：229-233.

刘卫群，郭群召，汪庆昌，等，2004. 不同施氮水平对烤烟干物质、氮素积累分配及产质的影响［J］. 河南农业科学（8）：25-28.

刘卫群，郭群召，张福锁，等，2004. 氮素在土壤中的转化及其对烤烟上部叶烟碱含量的影响［J］. 烟草科技（5）：36-39.

柳沈辉，伍俊为，黄裕钧，等，2018. 有机碳对嘉宝果地上部生长和叶绿素含量的影响［J］. 亚热带农业研究，14（3）：177-180.

陆引罡，杨宏敏，魏成熙，等，1990. 硝酸铵施入烟草土壤中的去向［J］. 烟草科技（2）：39-40.

罗莉，何倩，李俊华，等，2015. 集中施入有机肥后土壤微生物数量的空间动态变化［J］. 石河子大学学报（自然科学版），33（4）：421-427.

马超，周静，刘满强，等，2013. 秸秆促腐还田对土壤养分及活性有机碳的影响［J］. 土壤学报，50（5）：915-921.

马新明，王小纯，倪纪恒，等，2003. 不同土壤类型烟草根系发育特点研究［J］. 中国烟草学报，9（1）：39-44.

马兴华，梁晓芳，刘光亮，等，2016. 氮肥用量及其基追施比例对烤烟氮素利用的影响［J］. 植物营养与肥料学报，22（6）：1655-1664.

马兴华，荣凡番，苑举民，等，2011. 典型植烟土壤氮素矿化研究［J］. 中国烟草科学，32（3）：61-65.

马兴华，张忠锋，荣凡番，等，2009. 高低土壤肥力条件下烤烟对氮素吸收、分配和利用的研究［J］. 中国烟草科学，30（1）：1-4，9.

毛家伟，张翔，李彰，等，2012. 氮用量及基追比例对烤烟生长发育及产量的影响［J］. 河南农业科学，41（12）：67-71.

毛家伟，张翔，王宏，等，2012. 种植密度和氮用量对烟叶光合特性和产量质量的影响［J］. 干旱地区农业研究，30（5）：66-71.

勉有明，李荣，侯贤清，等，2020. 秸秆还田配施腐熟剂对砂性土壤性质及滴灌玉米生长的影响［J］. 核农学报，34（10）：2343-2351.

彭新辉，邓小华，易建华，等，2010. 气候和土壤及其互作对烟叶物理性状的影响［J］. 烟草科技（2）：48-54.

彭莹，李海林，田峰，等，2015. 油菜秸秆覆盖还田对烤烟生长和产质量的影响［J］. 作物研究，29（6）：622-625.

普匡，高家合，田旺海，等，2014. 烤烟营养器官对氮肥的吸收利用效率［J］. 西南农业学报，27（5）：2035-2039.

齐永杰，邓小华，徐文兵，等，2016. 密度和施氮量对稻茬烤烟上部烟叶物理性状的效应［J］. 中国农业科技导报，18（6）：129-137.

祁帅，赖勇林，王军，等，2016. 壳聚糖对土壤栽培条件下烟草根系生长的影响［J］. 生态学杂志，35（3）：698-708.

秦艳青，李春俭，赵正雄，等，2007. 不同供氮方式和施氮量对烤烟生长和氮素吸收的影响［J］. 植物营养与肥料学报，13（3）：436-442.

任梦娟，段卫东，孙军伟，等，2018. 减氮条件下喷施壳寡糖对烤烟氮素利用率及烟叶品质的影响［J］. 烟草科技，51（11）：14-19.

单德鑫，杨书海，李淑芹，等，2007. ^{15}N 示踪研究烤烟对氮的吸收及分配［J］. 中国土壤与肥料（2）：43-45.

沈晗，石俊雄，杨凯，等，2021. 化肥减量条件下水溶性追肥比例对烤烟产质量的影响［J］. 中国土壤与肥料（5）：89-94.

施河丽，谭军，秦兴成，等，2014. 不同生物有机肥对烤烟生长发育及产质量的影响［J］. 中国烟草科学，35（2）：74-81.

石楠，周米良，邓小华，等，2015. 翻压绿肥后减施氮肥对烤烟产质量的影响［J］. 作物研究，29（2）：166-169.

舒晓晓，门杰，马阳，等，2019. 减氮配施有机物质对土壤氮素淋失的调控作用［J］. 水土保持学报，33（1）：186-191.

孙汉印，姬强，王勇，等，2012. 不同秸秆还田模式下水稳性团聚体有机碳的分布及其氧化稳定性研究［J］. 农业环境科学学报，31（2）：369-376.

谭军利，田军仓，李应海，等，2011. 不同生物有机肥施肥方法对压砂西瓜生长及产量的影响［J］. 干旱地区农业研究，29（6）：135-138.

唐年鑫，沈金雄，1994. 应用^{36}Cl、^{15}N 示踪研究烟草对氯化铵养分的吸收与分布［J］. 中国烟草（4）：34-37.

唐先干，李祖章，胡启锋，等，2012. 种植密度与施氮量对江西紫色土烤烟产量及农艺性状的影响［J］. 中国烟草科学，33（3）：47-51.

滕桂香，邱慧珍，张春红，等，2011. 微生物有机肥对烤烟育苗、产量和品质的影响［J］. 中国生态农业学报，19（6）：1255-1260.

滕永忠，李素华，王瑞宝，等，2005. 滇东南烟区烤烟干物质和养分的分配状况研究［J］. 中国烟草科学，26（1）：17-19.

田茂成，邓小华，陆中山，等，2017. 基于灰色效果测度和主成分分析的湘西州烟叶物理特性综合评价［J］. 核农学报，31（1）：187-193.

田茂成，陆中山，邓井青，等，2015. 湘西州烟叶物理特性分析［J］. 作物研究，29（3）：263-266.

汪耀富，邵孝侯，孙德梅，等，2019. 基于微区设计的多雨地区烟田土壤氮素平衡研究［J］. 烟草科技，52（3）：18-25.

王海珠，马浩，李钠钾，等，2013. 不同施氮量对云烟 87 光合、呼吸以及产、质量的影响［J］. 西南大学学报（自然科学版），35（3）：22-27.

王火焰，周健民，2013. 根区施肥-提高肥料养分利用率和减少面源污染的关键和必需措施［J］. 土壤，45（5）：785-790.

王瑞，刘国顺，倪国仕，等，2009. 种植密度对烤烟不同部位叶片光合特性及其同化物积累的影响［J］. 作物学报，35（12）：2288-2295.

王世济，刘炎红，权仁，等，2004. 皖南烟区烤烟干物质和养分的积累研究［J］. 烟草科技（7）：40-43.

王秀娟，解占军，董环，等，2018. 秸秆还田对玉米产量和土壤团聚体组成及有机碳分布的影响［J］. 玉米科学（1）：108-115.

王彦亭，谢剑平，李志宏，2010. 中国烟草种植区划［M］. 北京：科学出版社：24-29，36-37.

王育军，周冀衡，张一扬，等，2015. 海拔对烤烟品种 NC102 和 NC297 物理特性和化学成分的影响［J］. 中国烟草科学，36（1）：42-47.

武丽，徐晓燕，李章海，等，2005. 不同植物生长调节剂及其与 Mo、维生素 C 配施对烤烟农艺性状和化学成分的影响［J］. 安徽农业大学学报，32（3）：273-277.

习向银，晁逢春，李春俭，2008. 利用^{15}N 示踪法研究土壤氮对烤烟氮素累积和烟碱合成的影响［J］. 植物营养与肥料学报，14（6）：1232-1236.

夏昊，刘青丽，张云贵，等，2018. 水溶肥替代常规追肥对黔西南烤烟产量和质量的影响［J］. 中国土壤与肥料（1）：64-69.

夏全杰，2015. 有机水溶性肥在蔬菜（叶菜类）上的应用效果及其高效机制初探［D］. 武汉：华中农业大学.

熊淑萍，郭飞，李春明，等，2004. 根系调节剂对不同土壤类型烤烟叶片主要化学成分的影响［J］. 河南农业大学学报，38（2）：151-158.

徐文兵，卢健，邓小华，等，2015. 湖南省桂阳县烟叶物理特性分析与综合评价［J］. 作物研究，29（6）：626-629，646.

薛超群，尹启生，王信民，等，2007. 模糊综合评判在化学成分评价烟叶可用性中的应用［J］. 烟草科技（4）：62-64.

薛刚，杨志晓，张小全，等，2012. 不同氮肥用量和施用方式对烤烟生长发育及品质的影响［J］. 西北农业学报，21（6）：98-102.

杨春霞，李永梅，洪常青，2004. 不同形态氮在土壤中的转化及其对烤烟生长发育、产量和品质的影响［J］ 作物杂志（4）：22-25.

杨红武，周冀衡，赵松义，等，2008. 基追肥比例对烤烟生长及产质量影响的研究［J］. 作物研究（3）：184-188.

杨宏敏，陆引罡，魏成照，等，1991. 应用^{15}N 示踪研究烤烟对氮的吸收及分布［J］. 贵州农业科学（5）：29-33.

杨敏芳，朱利群，韩新忠，等，2013. 不同土壤耕作措施与秸秆还田对稻麦两熟制农田土壤活性有机碳组分的短期影响［J］. 应用生态学报，24（5）：1387-1393.

杨欣润，许邶，何治逢，等，2020. 整合分析中国农田腐秆剂施用对秸秆腐解和作物产量的影响［J］. 中国农业科学，53（7）：1359-1367.

杨跃华，李军营，邓小鹏，2012. 云南烟区种植密度与施氮水平互作对烤烟生长及品质的影响［J］. 广东农业科学（23）：49-52.

杨志晓，2009. 南雄烟区土壤-烟株氮素循环规律及氮肥调控方式研究［D］. 郑州：河南农业大学.

杨志晓，刘化冰，柯油松，等，2011. 广东南雄烟区烤烟氮素累积分配及利用特征［J］. 应用生态学报，22（6）：1450-1456.

尤锦伟，王俊，胡红青，等，2020. 秸秆还田对再生稻田土壤有机碳组分的影响［J］. 植物营养与肥料学报，26（8）：1451-1458.

袁仕豪，易建华，蒲文宣，等，2008. 多雨地区烤烟对基肥和追肥氮的利用率［J］. 作物学报，34（12）：2223-2227.

云南省烟草科学研究所，中国烟草育种研究（南方）中心，2006. 云南烟草栽培学［M］. 北京：科学出版社.

张本强，马兴华，王术科，等，2011. 施氮方式对烤烟氮素吸收积累及品质的影响［J］. 中国烟草科学，32（5）：56-62.

张海伟，何宽信，叶为民，等，2018. 多雨烟区烤烟氮肥优化施用的减氮效应及对烤烟产质量的影响［J］. 中国土壤与肥料（3）：36-41.

张海伟，翟晶，程小强，等，2013. 不同基追肥比例及施氮量对紫色土旱地烤烟产质量的影响［J］. 中国烟草学报，19（2）：72-76.

张建，2008. 不同施氮量及栽培密度对烟叶质量的影响［J］. 贵州农业科学，36（5）：59，62.

张黎明，李云，2010. 种植密度与施氮量对烤烟生长发育及产质量的影响［J］. 安徽农业科学，38（23）：12437-12438.

张仁椒，洪晓薇，李春英，等，2007. 土壤有效氮含量对烤烟代谢及氮素营养的影响［J］. 福建农林大学学报（自然科学版），36（4）：342-346.

张喜峰，2015. 密度和氮肥互作对烤烟生长及产质量的影响［J］. 农学学报，5（4）：68-72.

张喜峰，张立新，高梅，等，2012. 密度与氮肥互作对烤烟圆顶期农艺及经济性状的影响［J］. 中国烟草科学，33（5）：36-41.

张翔，毛家伟，黄元炯，等，2011. 不同施肥处理对烤烟干物质积累与分配的影响［J］. 中国土壤与肥料（3）：31-35.

张翔，毛家伟，黄元炯，等，2012. 不同施肥处理烤烟氮磷钾吸收分配规律研究［J］. 中国烟草学报，18（1）：53-57，63.

张翔，毛家伟，李彰，等，2012. 氮用量及基追比例对烟叶产量、品质及氮肥利用效率的影响［J］. 植物营养与肥料学报，18（6）：1518-1523.

张莹莹，曹慧英，2019. 秸秆腐熟剂对玉米秸秆腐解及下茬小麦生长的影响［J］. 中国农技推广，35（5）：57-59.

张永辉，王飞，年夫照，等，2020. 不同促根剂对烟苗素质及烤烟产质量影响的研究［J］. 江西农业学报，32（4）：98-102.

章启发，陈刚，刘光亮，等，1999. 施肥技术对上部烟叶使用价值的影响［J］. 中国烟草科学（4）：16-18.

赵宏伟，邹德堂，袁丽梅，1997. 氮素用量对烤烟生长发育及产质量影响的研究［J］. 黑龙江农业科学（5）：16-19.

周米良，邓小华，田峰，等，2015. 玉米秸秆促腐还田的腐解及对烤烟生长与产质量的影响［J］. 中国烟草学报，22（2）：67-74.

周少猛，马海艳，郑顺林，等，2019. 有机碳肥对酚酸胁迫下马铃薯开花期叶片抗逆性的影响［J］. 四川农业大学学报，37（6）：832-837.

周文亮，赖洪敏，黄瑾，等，2012. 百色烟区烤烟合理种植密度及施肥量研究［J］. 安徽农业科学，40（26）：12823-12826.

周越，范幸龙，周冀衡，等，2015. 夜温升高对云南省高海拔烤烟理化特性及产、质量的影响［J］. 中国生态农业学报，23（1）：61-68.

朱经伟，沈晗，张恒，等，2020. 化肥减量条件下追肥方式对皖南烤烟产量和品质的影响［J］. 烟草科技，53（7）：10-18.

COHEN B H，2008. Explaining psychological statistics［M］. New York：New York University.

COHEN J，1988. Statistical power analysis for the behavioral sciences［M］. Hillsdale，NJ：Lawrence Erlbaum Associates.

HUANG R，GAO X，WANG F，et al.，2020. Effects of biochar incorporation and fertilizations on nitrogen and phosphorus losses through surface and subsurface flows in a sloping farmland ofEntisol［J］. Agriculture，Ecosystems & Environment，300：1-11.

LI M H，TANG C G，CHEN X，et al.，2019. High performance bacteria anchored by nano-clay to boost straw degradation［J］. Materials，12（7）：1148-1162.

LÓPEZ-BELLIDO L，LÓPEZ-BELLIDO R J，REDONDO R，2005. Nitrogen efficiency in wheat under rain fed Mediterranean conditions as affected by split nitrogen application［J］. Field Crops Research，94（1）：86-97.

REICH P B，DAVID F，GRIGAL J，1997. Nitrogen mineralization and productivity in 50 hardwood and conifer stands on diverse soils［J］. Ecology，72：335-347.

SIX J，CALLEWAERT P，LENDERS S，GRYZE S D，2002. Measuring and understanding carbon storage in afforested soils by physical fractionation［J］. Soil Science Society of America Journal，66：1981-1987.

SOLLINS P，SPECHER G，GLASSMEN C A，1984. Net nitrogen mineralization from light- and heavy-fraction forest soil organic matter［J］. Soil Boil. Bbiochem，16：31-57.

附录一 研发期间公开发表的论文目录

[1] 邓小华，杨丽丽，邹凯，齐永杰，徐文兵，张光利，于庆涛，雷天义．烟稻轮作模式下烤烟增密减氮的主要化学成分效应分析［J］．植物营养与肥料学报，2017，23（4）：991-997.

[2] 邓小华，蔡兴，于庆涛，邹凯，张光利，雷天义，肖志翔，齐永杰．增密和减氮对稻茬烤烟物理性状的效应分析［J］．烟草科技，2016，49（10）：23-30.

[3] 齐永杰，邓小华，徐文兵，罗建钦，黄崇峻，黄聪光，李宏光，王生才．种植密度和施氮量对上部烟叶物理性状的影响效应分析［J］．中国农业科技导报，2016，18（6）：129-137.

[4] 邓小华，肖志君，齐永杰，罗建钦，徐文兵，黄崇峻，黄聪光，李宏光，王生才．种植密度和施氮量及其互作对湘南稻茬烤烟经济性状的效应［J］．湖南农业大学学报（自然科学版），2016（3）：274-279.

[5] 杨丽丽，邓小华，徐文兵，齐永杰，罗建钦，吴峰，李伟，李宏光，方明．稻茬烤烟根区施用生物有机肥的效应［J］．土壤，2019，51（1）：39-45.

[6] 齐永杰，徐文兵，邓小华，杨丽丽，卢健，罗建钦，吴峰，李宏光，李伟，肖艳松．根区施用不同生物有机肥对稻茬烤烟生长和产质量的影响［J］．烟草科技，2018，51（5）：24-31.

[7] 徐文兵，吴峰，邓小华，齐永杰，罗建钦，李群岭，杨丽丽，李海林，罗伟．根区施用不同生物有机肥对烤烟根系生长发育的影响［J］．中国烟草科学，2017，38（5）：45-49.

[8] 何铭钰，肖汉乾，邓小华，李良勇，李武进，周孚美，陈治锋，肖艳松，黄琼慧，黄杰．浓香型稻茬烤烟生长和物质积累与养分利用效率［J］．华北农学报，2021，36（4）：139-146.

[9] 王新月，肖汉乾，邓小华，黄杰，周孚美，李伟，陈治锋，单雪华．追肥氮量对稻茬烤烟生长和养分积累的影响［J］．湖南农业大学学报（自然科学版），2021，47（2）：153-160.

[10] 黄杰，张敏，邓永晟，肖汉乾，肖文锋，陈治锋，单雪华，颜成生，向鹏华，邓小华．三类稻作烟田的烤烟生长、物质积累分配及养分利用效率特征［J］．西南农业学报，2022，35（3）：655-661.

[11] 向清慧，肖汉乾，杨坤，陈治锋，吴晶晶，严倩萍，陈梦思，黄杰，邓小华．有机碳肥在作物生产上的应用研究进展［J］．作物研究，2020，34（2）：

196-200.

[12] 蒋宇仙，向清慧，黄杰，陈治锋，肖汉乾，肖艳松，成军平，侯建林，秦凌，邓小华．施用液态有机碳肥对低温胁迫烟苗生长及生理生化特性的影响［J］．湖南农业大学学报（自然科学版），2021，47（4）：399-405.

[13] 黄琼慧，肖汉乾，肖艳松，江智敏，徐均华，胡庆辉，向清慧，邓小华．稻茬烤烟减氮配施腐植酸碳肥的效应［J］．湖南农业大学学报（自然科学版），2022，48（5）：520-527.

[14] 李群岭，徐文兵，齐永杰，罗伟，罗建钦，吴峰，邓小华．生物有机肥与无机肥配施对烤烟生理特性和生长的影响［J］．作物研究，2017，31（3）：289-292.

[15] 罗建钦，齐永杰，邓小华，黄崇峻，黄聪光，徐文兵，方明，王生才．不同施氮水平对湘南稻作烤烟生长发育和经济性状的影响［J］．作物研究，2016，30（2）：132-135.

[16] 张阳，王新月，陈舜尧，谢会雅，齐刚毅，刘昭伟，何铭钰，邓小华．不同促根剂对烟苗生长和部分生理指标的影响［J］．湖南农业科学，2022（3）：13-17.

[17] 廖超林，杨振宇，陈治锋，肖汉乾，肖志鹏，向鹏华，肖孟宇，母婷婷，单雪华．基于盆栽试验分析 3 种品牌稻草秸秆腐熟剂对植烟土壤有机碳组分的影响［J］．烟草科技，2022，55（6）：12-18.

[18] 肖孟宇，廖超林，肖亦雄，向鹏华，黄国济，肖志鹏，单雪华．烟稻复种连作对河潮土团聚体的影响及相关因素分析［J］．中国烟草科学，2022，43（2）：19-24.

[19] 廖超林，黎丽娜，谢丽华，孙钰翔，邹炎，戴齐，尹力初．增减施有机肥对红壤性水稻土团聚体稳定性及胶结物的影响［J］．土壤学报，2021，58（4）：978-988.

[20] 谢丽华，廖超林，林清美，唐茹，孙钰翔，黎丽娜，尹力初．有机肥增减施后红壤水稻土团聚体有机碳的变化特征［J］．土壤，2019，51（6）：1106-1113.

[21] 李伟，江智敏，肖汉乾，邓永晟，黄杰，向铁军，李武进，肖艳松，张仲文，邓小华．基追氮肥比例对郴州稻茬烤烟生长和产量及质量的影响［J］．作物研究，2021，35（6）：576-580.

[22] 侯建林，李思军，何铭钰，肖汉乾，向铁军，黄杰，李武进，肖艳松，江智敏，徐均华，邓小华．不同施肥模式对稻茬烤烟生长和干物质积累及产质量的影响［J］．中国农学通报，2022，38（33）：39-43.

[23] 黄琼慧，张阳，谢会雅，蔡奇，陈舜尧，周毅，王旋，何伟，王新月，邓小华．水溶性追肥配施促根剂对烤烟产质量的影响［J］．安徽农业大学学报（自然科学版），2023，50（2）：1-8.

[24] 黄琼慧，邓小华，王新月，张阳，谢会雅，蔡奇，周毅，王旋，何伟，黄子

戓，刘昭伟．水溶性追肥配施促根剂对烤烟养分积累及利用率的影响［J］．湖南农业大学学报（自然科学版），2023，49（3）：268–278.

［25］张阳，王新月，谢会雅，蔡奇，陈舜尧，王旋，黄琼慧，邓小华．烤烟生长对水溶性追肥配施促根剂的响应［J］．核农学报，2023，37（5）：1030～1039.

［26］李伟，何铭钰，邓小华，肖汉乾，黄杰，向铁军，李武进，肖艳松，张仲文，江智敏．促根减氮施肥模式对稻茬烤烟生长和养分积累及利用效率的影响［J］．安徽农业大学学报（自然科学版），2023，50（5）：1–5.

［27］陈治锋，肖汉乾，邓小华，何铭钰，黄杰，夏冰，向铁军，邓小强，李武进，肖艳松．促根减氮施肥模式对烤烟产量和品质的影响［J］．湖南农业大学学报（自然科学版），2023，49（1）：12–17.

［28］黄琼慧，秦凌，肖汉乾，李伟，李武进，李良勇，杨坤，陈治锋，黄杰，向清慧，邓小华．施用有机碳肥对低温胁迫烟苗生长和叶片生理生化特性的影响［J］．［云南农业大学学报（自然科学版），2023，已接收］

［29］全柯颖，肖艳松，康力夫，李宏光，刘利佳，张阳，陈舜尧，秦凌，夏冰，邓小华．湖南稻作烟区植烟土壤全氮分布特征及其主要影响因素［J］．作物研究，2023，37（1）：22–27.

［30］陆峰，廖超林，周红审，肖志鹏，熊宏春，肖孟宇，孙曙光，母婷婷，单雪华，张文坤．稻草秸秆配施腐熟剂对植烟土壤团聚体稳定性及其有机碳的影响［J］．江西农业学报，2023，35（2）：83–88，109.

附录二 研发期间公开的专利目录

1. 齐永杰，邹凯，徐文兵，邓小华，潘武宁，李群岭．南方稻作烤烟氮肥施用方法（ZL201510658089.5）

2. 邓小华，杨丽丽，齐永杰，徐文兵，裴晓东，陈金．一种稻茬烤烟移栽安蔸肥及其施用方法（ZL201710704871.5）

3. 邓小华，邹凯，徐文兵，杨丽丽，齐永杰．稻茬烤烟的栽培方法（ZL201610956256.9）

4. 邓小华，黄杰，江智敏，谢会雅，张阳，张敏，肖汉乾，张仲文，章程，王新月，邓永晟．一种促稻茬烤烟早生快发的施肥方法（ZL202111263890.1）

5. 邓小华，王新月，张阳，张仲文，谢会雅，肖汉乾，江智敏，章程，黄杰，邓永晟．一种烟稻复种烟田的稻秸激发式原位还田（ZL202111324062.4）

6. 刘文，向铁军，江涛，谭美，刘爱华，张振宇．一种全水溶性有机无机复混肥料及其制备方法（ZL201910875399.0）

7. 向铁军，张振宇，易百科，罗志敏，方平云，李细民，刘爱华．有机无机复混肥生产线（ZL201921561599.0）

8. 戴美玲，向铁军，江涛，张振宇，易百科，刘爱华，卢盛杰．一种生物有机肥及其制备方法（ZL201910744676.4）

9. 谭美，向铁军，江涛，张振宇，刘文，刘爱华，邓金球．一种含大量元素水溶肥及其制备方法（ZL201910744687.2）

10. 廖超林，张敏，肖志鹏，陈治锋，单雪华，肖汉乾，肖孟宇，向鹏华，丁建冰，黄瑞寅．一种利用稻草秸秆还田改良植烟土壤的方法（ZL202110289055.9）

附录三 研发期间制定的技术规程

1. 稻茬烤烟施肥技术规程
2. 稻茬烤烟施用有机碳肥技术规程
3. 烟稻轮作模式下稻草促腐还田技术规程

ICS 65.160
CCS B 31

DB43

湖 南 省 地 方 标 准

DB 43/T 2759—2023

稻茬烤烟施肥技术规程

Technical specifications of fertilization on flue-cured tobacco in tobacco-rice rotation

2023-09-27 发布　　2023-12-27 实施

湖南省市场监督管理局　　发布

前　言

本文件按照 GB/T 1. 1—2020《标准化工作导则　第 1 部分：标准化文件的结构和起草规则》的规定起草。

请注意本文件的某些内容可能涉及专利，本文件的发布机构不承担识别这些专利的责任。

本文件由湖南省烟草专卖局提出并归口。

本文件起草单位：湖南省烟草公司长沙市公司、中国烟草总公司湖南省公司、湖南省烟草公司郴州市公司、湖南省烟草公司衡阳市公司、湖南农业大学。

本文件主要起草人：陈治锋、肖汉乾、邓小华、李伟、肖艳松、母婷婷、赵阿娟、谭志鹏、杨柳、陆超、操张洪、龙大彬、钟越峰、丁建冰、黄杰、王新月、邓永晟、杨丽丽、何命军、段美珍、邓茹婧、刘聪聪、贺仪、肖志鹏、李宏光、单雪华、周世民、李建勇、谢鹏飞、邓志强、秦凌。

稻茬烤烟施肥技术规程

1 范围

本文件规定了稻茬烤烟施肥原则、肥料种类、施肥量与施肥比例、施肥方法等。

本文件适用于稻茬烤烟施肥技术。

2 规范性引用文件

下列文件中的内容通过文中的规范性引用而构成本文件必不可少的条款。其中，注日期的引用文件，仅该日期对应的版本适用于本文件；不注日期的引用文件，其最新版本（包括所有的修改单）适用于本文件。

GB/T 6274 肥料和土壤调理剂　术语

NY/T 496 肥料合理使用准则　通则

NY/T 525 有机肥料

3 术语和定义

GB/T 6274、NY/T 496 和 NY/T 525 界定的以及下列术语和定义适用于本文件。

3.1　稻茬烤烟 flue-cured tobacco in tobacco-rice rotation

在先年种植晚稻的田块中第二年种植的烤烟。

3.2　提苗肥 raising seedling fertilizer

在烤烟移栽后 10 d 内，兑水追施于烟苗根系周围的肥料。

4 施肥原则

测土平衡施肥，有机无机相结合，控氮稳磷增钾；提高氮追肥比例，增加追肥次数，延长氮肥追施时期；基肥穴施或条施，追肥兑水浇施。

5 肥料种类

5.1　基肥

烟草专用基肥、生物发酵饼肥、钙镁磷肥、硫酸钾、腐熟农家肥、火土灰等。

5.2　追肥

提苗肥、烟草专用追肥、硫酸钾、硝酸钾等。

6 施肥量与施肥比例

6.1　施肥量

施氮量根据土壤肥力水平确定，土壤肥力水平高的，纯氮总量 125~135 kg/hm^2；土壤肥力水平中等的，纯氮总量 135～150 kg/hm^2；土壤肥力水平低的，纯氮总量 150～165kg/hm^2。磷、钾用量按 N：P_2O_5：K_2O 比例计算确定。

6.2 N：P_2O_5：K_2O 比例

湘南烟区 1：0.8～1.0：2.5～3.0；湘中烟区 1：0.8～1.0：2.0～2.5。

6.3 基追肥比例

以氮计，壤土为 3：7；黏壤土为 4：6；黏土为 5：5。

7 施肥方法

7.1 基肥

7.1.1 用量

烟草专用基肥 750～1 200kg/hm^2、生物发酵饼肥 450～750kg/hm^2、钙镁磷肥 225～375kg/hm^2、火土灰或腐熟农家肥 12 000～15 000kg/hm^2。湘中烟区宜增加硫酸钾 225～300kg/hm^2。

7.1.2 施肥方式和施肥时间

7.1.2.1 穴施

于烤烟移栽前 7 ～15d，在起垄后的垄体中间开深 18～20cm、穴口直径 10～15cm 的移栽穴。基肥施入移栽穴，并将肥料与移栽穴中的土壤混匀。

7.1.2.2 条施

采取下列方式之一：

——在起垄前，沿垄体方向的中心线条施基肥，肥料带宽 10～15 cm，再覆土起垄；

——在起垄后的垄体中间开一条深 18～20 cm 的施肥沟，条施后覆土恢复垄体。

7.2 追肥

7.2.1 总用量

提苗肥 75～150kg/hm^2；烟草专用追肥 600～750kg/hm^2、硫酸钾 225～450kg/hm^2，或硫酸钾 75～150kg/hm^2、硝酸钾 225～375kg/hm^2。

7.2.2 施肥方式

7.2.2.1 兑水浇施

将肥料充分溶解于水中，浓度控制在 2%～5%，浇施于烟株根系密集区。

7.2.2.2 穴施

在距烟株茎基部 10～15cm 处，打穴深度 10～15cm，穴施后覆土。

7.2.3 施肥时间及用量

追肥分 4 次进行：

——第 1 次在移栽后的 7～10d，兑水浇施提苗肥 75～150kg/hm^2；

——第 2 次在移栽后的 15～20d，施烟草专用追肥 225～300kg/hm^2，或硫酸钾 75～150kg/hm^2、硝酸钾 150～225kg/hm^2，采用兑水浇施，按株均匀施用；

——第 3 次在栽后的 30～35d，施烟草专用追肥 300～375kg/hm^2、硫酸钾 75～150kg/hm^2，或硝酸钾 75～150kg/hm^2，采用兑水浇施或穴施，按株均匀施用；

——第 4 次在移栽后 45～50d，施烟草专用追肥 75kg/hm^2、硫酸钾 150kg/hm^2，采用兑水浇施或穴施，按株均匀施用。

Q/HYYC

湖南省烟草公司衡阳市公司企业标准

Q/HYYC-J-02-30-2022-A/0

稻茬烤烟施用有机碳肥技术规程

2022-02-25 发布　　2022-03-01 实施

湖南省烟草公司衡阳市公司　　发布

前　言

本标准按照 GB/T 1.1—2020《标准化工作导则　第 1 部分：标准化文件的结构和起草规则》的规定起草。

本标准由湖南省烟草公司衡阳市公司提出并归口。

本标准起草单位：湖南省烟草公司衡阳市公司、湖南省烟草公司、湖南省烟草公司长沙市公司、湖南农业大学。

本标准主要起草人：王灿、肖汉乾、肖志鹏、向鹏华、母婷婷、邓小华、陈治锋、李伟、单雪华、盛丰、马云明、肖孟宇、肖艳松、黄杰、王新月、邓永晟、杨丽丽。

本标准为首次发布。

稻茬烤烟施用有机碳肥技术规程

1 范围

本标准规定了稻茬烤烟施用液态有机碳肥的原则、肥料种类、施肥量和施肥方法等技术要求。

本标准适用于湖南省稻茬烤烟施肥技术。

2 规范性引用文件

下列文件中的条款通过本标准的引用而成为本标准的条款。凡是注日期的引用文件，其随后所有的修改单（不包括勘误的内容）或修订版均不适用于本标准，然而，鼓励根据本标准达成协议的各方研究是否可使用这些文件的最新版本。凡是不注日期的引用文件，其最新版本适用于本标准。

GB/T 6274 肥料和土壤调理剂 术语

NY/T 525 有机肥料

NY/T 1118 测土配方施肥技术规范

NY/T 496 肥料合理使用准则

Q_ SXGY002—2019 液态微生物有机碳肥

3 术语和定义

3.1 *稻茬烤烟*

采用烟稻复种制度，种植在稻田中的烤烟。

3.2 *有机碳肥*

能为植物提供有机质养分，富含小分子水溶有机碳的肥料产品被称为有机碳肥。以发酵工业废液和生物质为原料，通过降解废液提高有机碳产物活性，经工业装置浓缩成含水率低于一定指标的浓缩液，再经特殊工艺加工就制造出了液态有机碳肥。其技术指标如下：液态有机碳肥的相对密度 1.28~1.30；水溶有机碳 w（C）≥12.5%（160 g / L），水溶碳在慢速定量滤纸下自然过滤率（50 倍液）≥95%。

4 有机碳肥作用

有机碳肥的有效成分可水溶、能速效，可被植物根系和土壤微生物直接吸收利用，因而具有促长根系、改良土壤、增强植物光合作用和提高化肥利用率等作用。

5 有机碳肥施用原则

5.1 施用液态有机碳肥辅助化肥氮，促进碳氮平衡，提高化肥氮利用率；

5.2 液态有机碳肥宜早不宜迟，在烤烟移栽后 15d 内施用完毕；

5.3　施用有机碳肥可适当减氮 10%~20%。

6　有机碳肥施用量

6.1　严格按照产品说明书规定的量和浓度施用；
6.2　全能有机碳肥用量为每次 45~50kg/hm^2，稀释 300 倍后浇施；
6.3　液态有机碳肥施用量为每次 75~80kg/hm^2，稀释 300 倍后浇施。

7　施用时间

分 2 次施用，第 1 次在烤烟移栽时施用；第 2 次在烤烟移栽后 7~10d 施用。

8　施用方法

8.1　第 1 次在烤烟移栽时结合浇定根水时施用，根据烟田面积计算施用量，用清水调节肥料浓度，或结合灌蔸肥施用，采用兑水浇施，要求按株均匀施肥。
8.2　第 2 次在烤烟移栽后 7~10d 结合浇施提苗肥或灌蔸肥时施用，根据烟田面积计算施用量，用清水调节肥料浓度，或结合浇施提苗肥或灌蔸肥施用，采用兑水浇施或机械施肥，要求按株均匀施肥。

Q/HYYC

湖南省烟草公司衡阳市公司企业标准

Q/HYYC-J-02-31-2022-A/0

烟稻轮作模式下稻草促腐还田技术规程

2022-02-25 发布　　2022-03-01 实施

湖南省烟草公司衡阳市公司　　发布

前　言

本标准按照 GB/T 1. 1—2020《标准化工作导则 第 1 部分：标准化文件的结构和起草规则》的规定起草。

本标准由湖南省烟草公司衡阳市公司提出并归口。

本标准起草单位：湖南省烟草公司衡阳市公司、湖南省烟草公司、湖南省烟草公司长沙市公司、湖北中烟工业有限公司、湖南农业大学。

本标准主要起草人：王灿、肖汉乾、廖超林、肖志鹏、母婷婷、陈治锋、单雪华、陆峰、向鹏华、刘峰峰、李伟、何结望、马云明、肖孟宇。

本标准为首次发布。

烟稻轮作模式下稻草促腐还田技术规程

1 范围

本标准规定了烟稻轮作模式下稻草促腐还田的原则、还田量和还田方法、田间管理等技术要求。

本文件确立了烟稻轮作模式下稻草促腐还田的程序，规定了腐熟剂准备、还田方法、烟田管理的操作指示，描述了稻草配施腐熟剂还田过程记录追溯方法。

本标准适用于湖南省烟稻轮作模式下稻草促腐还田技术。

2 规范性引用文件

下列文件对于本文件的应用是必不可少的。凡是注日期的引用文件，仅所注日期的版本适用于本文件。凡是不注日期的引用文件，其最新版本（包括所有的修改单）适用于本文件。

GB 20287　农用微生物菌剂

NY/T 496　肥料合理使用准则　通则

NY 609　有机物料腐熟剂

DB36/T 1304—2020　双季稻稻草全量还田栽培技术规程

3 术语和定义

下列术语和定义适用于本文件。

3.1　烟稻轮作

采用烤烟、水稻复种的耕作制度。

3.2　稻草全量还田

晚稻成熟后，利用联合收割机进行水稻收割，留茬 10~15cm，稻草就地全量撒播还田。

3.3　稻草切碎还田

利用联合收割机的切碎装置对稻草秸秆切碎，切碎后的秸秆均匀铺撒田间进行还田。秸秆切碎长度宜为 2~18cm。

4 技术要求

4.1　腐熟剂准备

4.1.1　腐熟剂

发酵菌剂应具有低温发酵能力，质量应符合 GB 20287 和 NY 609 的规定。用量应按照每吨稻草喷施有效活菌数量在 20×10^9 CFU 以上。

4.1.2　活化物料

配料成分应含有水、氮、糖以及淀粉等。水质应符合 GB 5084 的规定；肥料应符合 NY/T 496 的规定，糖应符合 GB 13104 每吨稻草应符合下列条件：

a）水，腐熟剂有效活菌数量：水 = 1×10^9CFU：20～30g；

b）氮，腐熟剂有效活菌数量：氮 = 1×10^9CFU：5～7.5g；

c）糖，腐熟剂有效活菌数量：糖 = 1×10^9CFU：1～1.5g。

4.2　秸秆还田腐解

4.2.1　稻草秸秆还田

在晚稻谷收获后，利用联合收割机的切碎装置对稻草秸秆切碎，稻草秸秆全部均匀铺撒还田。

4.2.2　腐熟技术

稻草秸秆全量切碎还田后，每 667m² 可选用秸秆腐熟剂 2～3kg，并配施硝酸铵 4～6kg 拌匀撒施；然后深翻耕、翻压、起垄，起垄效果以土壤刚好覆盖秸秆为宜，加速稻草腐熟降解，下年度 3 月份移栽烤烟。有条件的地区每 667m² 可撒施石灰 50～75kg，提高土壤 pH 值。

4.3　烟田耕作

4.3.1　翻耕方式

旋耕。

4.3.2　翻耕时期

宜选择晚稻收割后即时翻耕。

4.3.3　翻耕深度与要求

4.3.3.1　翻耕深度

翻耕土层深度一般在 20cm 左右，不宜太深。

4.3.3.2　翻耕要求

稻草全量切碎还田后，稻田耕作一般宜采用旋耕机耕作，以提高作业效率。不宜采用大型旋耕机翻耕土壤，易导致泥脚太深。同时翻耕过程中，稻桩与还田秸秆尽量翻埋土中，加速稻草腐解，防止稻草秸秆纠缠起团，影响烤烟移栽及烟苗生长。

4.3.4　烟田起垄

采用高垄单行种植。起垄效果以土壤完全覆盖稻草为宜，按 1.2m 宽开厢。垄体要求土壤匀细疏松，垄高 30cm，呈龟背型，垄底宽 90cm，行间距 30cm，严禁宽窄行。

4.4　田间管理

4.4.1　养分管理

稻草秸秆已腐解完毕，增加了土壤中 N、P、K 养分含量，当季烤烟应减施氮肥 10%～20%，磷、钾肥及中量元素施肥方法应遵照 NY/T 496、NY/T 497 执行。

4.4.2　水分管理

烟田水分管理做到“看天，看地，看烟”三看，以满足不同生育期烟株对水分的需要。一般情况下，保持旺长期烟的土壤含水量为田间最大持水量的 80%左右。打顶期维持土壤含水量为田间最大持水量的 60%左右，成熟期的土壤含水量为最大田间持水量的

70%左右为宜。

4.4.3　病虫草害防治

应按照 GB 4285、HJ 556 的规定执行。

4.4.4　采收

分层落黄逐片采收，成熟一片采收一片，方法应遵照 GB/T 23221—2008 执行。